Hinweise zur Gliederung des Buches

Dieses Buch soll Schüler und Lehrer durch den Physikunterricht begleiten. Es will den Unterricht mit seinen Experimenten nicht ersetzen, doch bietet es die Möglichkeit, den Lernstoff selbstständig nachzuarbeiten. Ferner enthält es interessante Zusatzinformationen und gibt zahlreiche Anregungen, um selbst zu forschen.

Die Seiten im Buch sind so gestaltet worden, dass ein rascher Überblick über deren Inhalt und den Gedankengang möglich ist. Dabei werden die Informationen nur mit den notwendigen Begriffen angeboten, um Schwierigkeiten zu vermeiden. Dies kann und soll eine Erarbeitung nach eigenen Bedürfnissen nicht ersetzen.

Vorhaben
Blauer Balken über die ganze Seitenbreite. Das Buch ordnet den Stoff in fünf Themenbereiche, denen projektartige Fragestellungen vorangestellt werden. Mit ihnen kann der Stoff selbstständig, etwa in Kleingruppen, erarbeitet werden. Die Lehrkraft sollte organisatorische und inhaltliche Hilfestellung bieten. Die Stoffreihenfolge wird dann von den Anforderungen beim Lösen bestimmt.

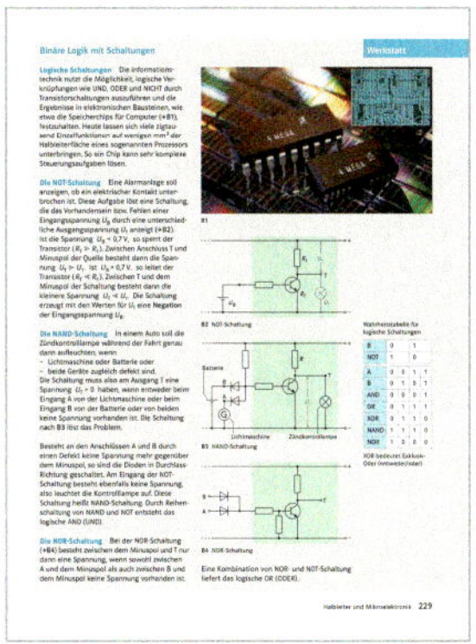

Werkstatt
Graublauer Hintergrund, blaue Fahne mit Schriftzug „Werkstatt“. Inhalt: Beschreibung der grundlegenden Arbeitsmethoden und Vorgehensweisen der Physik sowie Anleitungen zu selbstständigem Arbeiten und Experimentieren.

Kapitelbeginn
Abbildung mit Phänomen aus dem Kapitelinhalt über die ganze Seitenbreite. Darunter Kapitelüberschrift (siehe Inhaltsverzeichnis); die Überschrift wird auf jeder der folgenden Seiten unten bei der Seitenzahl wiederholt. Inhalt: Verschiedene Probleme, die zum folgenden Stoff hinführen.

Ergänzungen
Abschnitte oder ganze Seiten auf hellem Hintergrund. Orangefarbene Fahne mit Schriftzug „Physik überall“. Inhalt: Weiterführender Stoff sowie Zusatzinformationen zu Kontexten aus Umwelt, Medizin und Naturwissenschaften, Technik und Geschichte.

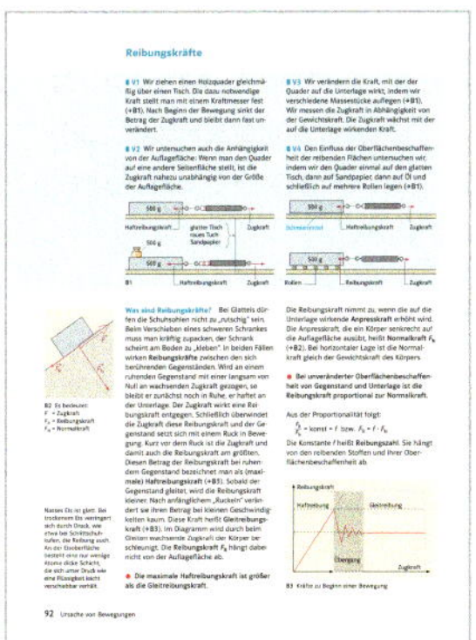

Versuche
Hellblauer Hintergrund. Inhalt: Beschreibung der grundlegenden Versuche, Beobachtungen und Messergebnisse. Anschließend Grundwissen ohne gesonderte Kennzeichnung.

Grundwissen
Inhalt: Problemgeschichte mit Begriffsdefinitionen, Erklärungen und Folgerungen aus Experimenten, Merksätzen und Fragen.

Rückblick
Am Ende eines Kapitels befinden sich, auf blauem Hintergrund und mit „Fahnen“ gekennzeichnet, zusammenfassend
- Fragen zum Merkwissen als Rückblick auf die wichtigsten Inhalte zum Selbstprüfen,
- Phänomene, Alltagserscheinungen als Bildfragen,
- Lösungsbeispiele von Musteraufgaben,
- Heimversuche,
- Fragen zu den verschiedenen Unterabschnitten des Kapitels.

Analogien & Strukturen
→ S. 252

Verweis auf themen- und fachübergreifende Begriffe und Denkansätze im Kapitel „Analogien und Strukturen“

Inhaltsverzeichnis

* als Einstiegskapitel geeignet

Innere Energie und Entropie 143

Vorhaben **Struktur der Materie** 167
Struktur der Materie 169

Vorhaben **Energie: Versorgung + Umwelt** 191
Energie: Versorgung und Umwelt 193

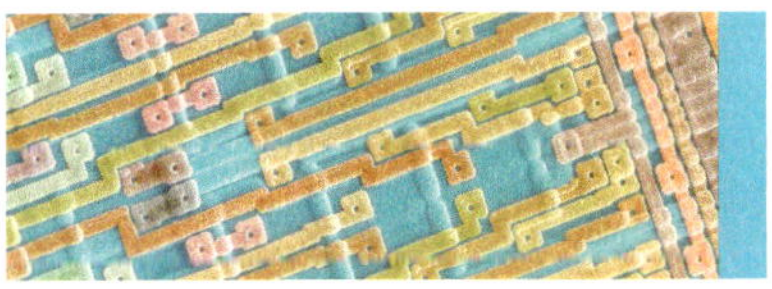

Halbleiter und Mikroelektronik 215

Grenzen klassischer Physik 237

Analogien und Strukturen 251

Anhang 273

Lernlandkarte der Physik

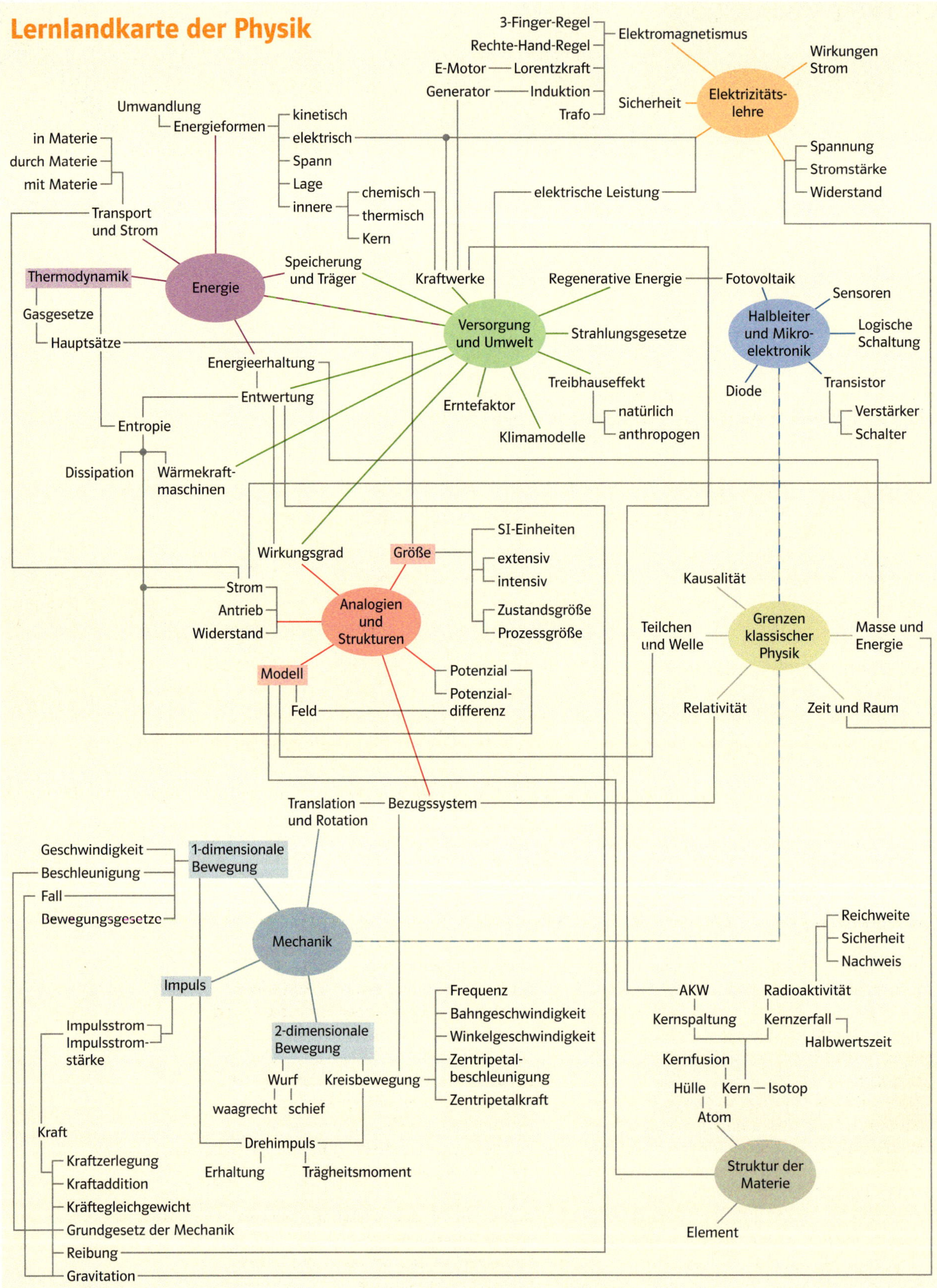

Vorhaben **Elektrizitätslehre**

Untersuche in „Forschungsvorhaben", wie elektrische in mechanische Energie umgewandelt werden kann und umgekehrt!
- **Formuliere dein Vorhaben genau.**
- **Plane deine Experimente und führe sie sorgfältig durch.**
- **Protokolliere zuverlässig.**
- **Entwickle eine Präsentation und trage sie vor.**

Der Elektromotor und der Generator Eine stromführende Spule erzeugt ein Magnetfeld. Möchte man Bewegungen erzeugen, kann man ausnutzen, dass sich nicht gleichnamige Pole von Magneten anziehen.

Konstruiere deinen eigenen Elektromotor, der dieses Prinzip verwendet.

Hilfen:
- Die Spulen kannst du aus Klingeldraht, Telefondraht oder am besten Kupferlackdraht selbst wickeln. Achte darauf, dass die Spulen keinen zu großen Durchmesser haben.
- Als Halterung für die Spulen eignen sich runde, längliche Körper, z.B. eine Plastikflasche, ein Besenstiel, Korken … Wichtig ist, dass der Körper nicht zu dick ist.
- Die Bürsten sollten leicht federn. Hierzu eignet sich das Metallplättchen aus einem Schnellhefter. Diese sind allerdings teilweise lackiert und leiten den Strom erst, wenn man die Lackierung mit Schleifpapier entfernt hat. Ist die Reibung der Hefterplättchen zu groß, kannst du das Graphit einer Bleistiftmine zur Schmierung verwenden.
- Die Magnete sollten sehr stark sein. Hierzu eignen sich Neodym-Magnete, die du im Handel bekommen oder im Internet bestellen kannst.
- Die Energieversorgung des Elektromotors hängt stark vom Draht und der Drahtlänge ab. Mit einem regelbaren Netzgerät kannst du deine ersten Prototypen ausprobieren. Ziel ist es, einen Motor zu bauen, der auch mit einer Batterie funktioniert. Experimentiere hierzu mit unterschiedlichen Drahtlängen, so dass eine 9-V-Batterie beim Betrieb nicht zu heiß wird. Wie musst du die Drahtlänge verändern, falls die Batterie heiß wird?
- Die Achse sollte möglichst mittig sein, so dass der Spulenkörper nicht „eiert" und die Bürsten immer Kontakt haben.
- Die Achse sollte am besten auf Metall gelagert werden, damit die Reibung der Achse den Motor nicht zu stark bremst.
- Probiere verschiedene Methoden aus, wie dein Motor „besser" werden könnte, d.h. dass der Motor sich schneller drehen kann.
- Kannst du mit deinem Motor auch elektrische Energie erzeugen?
- Versuche aus deinem Motor ein kleines Windkraftwerk zu bauen.

B1

Wichtige Kenntnisse zur Lösung:

- Wozu dient der äußere Magnet?
- Was ist ein Kommutator?
- Was versteht man unter Bürsten?
- Was ist ein Generator?
- Wodurch unterscheiden sich Elektromotor und Generator?

Wichtige Untersuchungen:

- Wovon hängt die Stärke der Abstoßung zweier Magnete ab?
- Wie kann man das Magnetfeld einer Spule verstärken?
- Welche Auswirkung hat die Dicke des Spulenkörpers?
- Welche Möglichkeiten gibt es für die Lagerung der Achse?
- Welche Auswirkung hat eine Veränderung der:
  - angelegten Spannung?
  - Entfernung der Magnete zum Spulenkörper?
  - der Drahtdicke?
  - der Drahtlänge?
- Betreibe den Motor als Generator (→**B2**) und miss die erzeugte Spannung. Wovon hängt die Größe der erzeugten Spannung ab?

B1 Bürstenloser Motor mit feststehender Spule und Neodymmagnet als Rotor

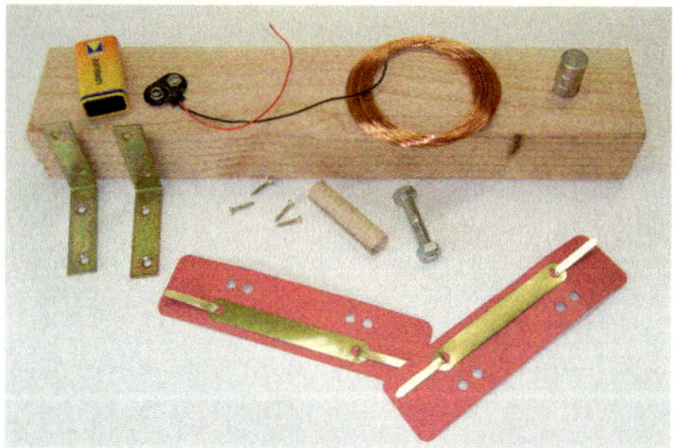

B3 Bauteile für einen Elektromotor (Draht: Durchmesser 0,3 mm, Länge mindestens 11 m)

B4 Schnellhefter-Bürsten-Motor mit rotierender Spule und Metallringkommutator

B6 Verschiedene Spulenkörper

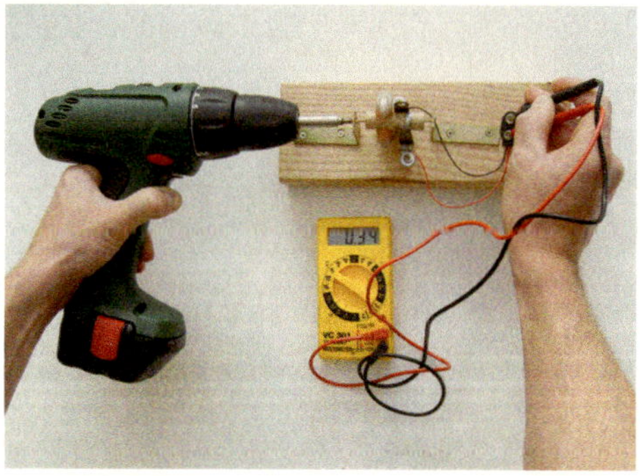

B2 „Elektromotor als Generator“

B5 Schnellhefter-Bürsten-Motor mit rotierender Spule und weiterer Kommutator-Variante

Zum weiteren Nachdenken:

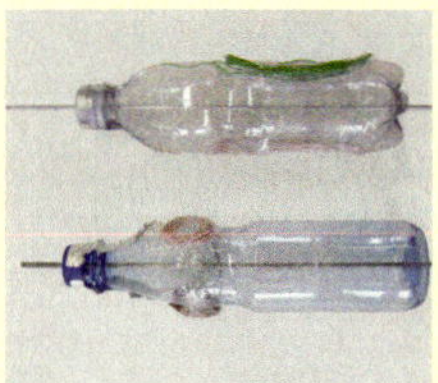

B7

- Welche Merkmale muss ein Motor haben, damit man ihn mit einer Batterie betreiben kann?
- Ein Generator wird mit einem Windrad angetrieben. Überlege dir Möglichkeiten, wie man die erzeugte Spannung vergrößern kann. Denke hierbei auch an die Gangschaltung eines Fahrrades.
- Statt der Spule kann auch der viel kleinere Magnet rotieren. Hierbei helfen dir Überlegungen zum Trägheitsmoment.
- Warum sind dicke Schrauben besser als Rotor geeignet?
- Mit den Rotoren in **B7** laufen Motoren nicht mit einer Batterie, sondern nur mit einem Netzgerät. Woran könnte das liegen?

Prüfe dein Wissen – Elektrizitätslehre

Schaltzeichen, 230 Volt, elektrische Energiequelle, Stromstärke – in der Elektrizitätslehre gibt es viele Begriffe, die du aus den letzten Schuljahren schon kennst. Mit folgendem Arbeitsauftrag kannst du diese wiederholen und dein Wissen überprüfen. Dazu solltest du auch deine alten Hefte und Bücher zu Rate ziehen oder im Internet nachschlagen.

A1 Rechts sind Kärtchen mit wichtigen physikalischen Begriffen, Größen, Einheiten und Formeln abgebildet. Fertige eine Tabelle mit den Überschriften Größe/Begriff, Symbol, Einheit und Formel an. Trage in diese Tabelle die zueinander passenden Begriffe, Symbole und Einheiten der abgebildeten Kärtchen ein. Versuche Zusammenhänge zwischen den Größen durch entsprechende Formeln in der letzten Spalte zu beschreiben.

A2 Elektrische Schaltungen sind oft unübersichtlich, kreuz und quer liegen Kabel herum, die Geräte verbinden. Um einen guten Überblick über Schaltungen zu erhalten, fertigt man daher Schaltpläne an (→**B3**). Hier gelten klare Regeln. Erinnerst du dich an sie? Entwirf die Schaltung eines Versuches, mit dem man den Zusammenhang zwischen Spannung und Stromstärke bei einem erhitzten Eisendraht messen kann (→**B2**). Erkläre die Begriffe Spannung, Stromstärke und Widerstand.

A3 Erinnere dich an das Wassermodell des elektrischen Stroms (→**B1**). Die elektrische Stromstärke wird definiert durch die Menge der Ladung, die durch die Querschnittsfläche des Leiters in einer bestimmten Zeitspanne fließt. Gib die Formel dafür an und vergleiche die Größen mit denen beim Wassermodell.

Elektrische Ladung kann positiv oder negativ sein. Es gibt positive und negative Ladungsträger. In Metallen sind Elektronen die beweglichen Ladungsträger. Hier kann uns das Wassermodell nicht mehr helfen. Welche Kräfte wirken auf geladene Körper? Wie kann man Ladungen transportieren? (→**B4**, **5**, **6**).

A4 Erkläre den Unterschied zwischen elektrischer Spannung und elektrischem Potenzial an folgender Frage: Eine 6-V-Batterie wird so in eine komplizierte Schaltung gebracht, dass der Minuspol auf einem Potenzial von 18 V liegt. Welches Potenzial hat der Pluspol?

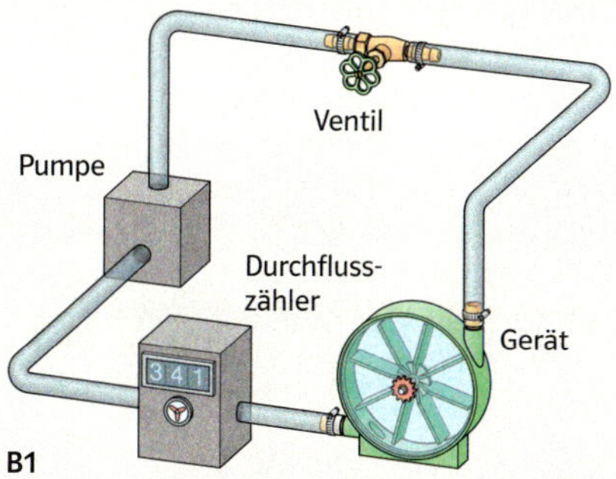

B1

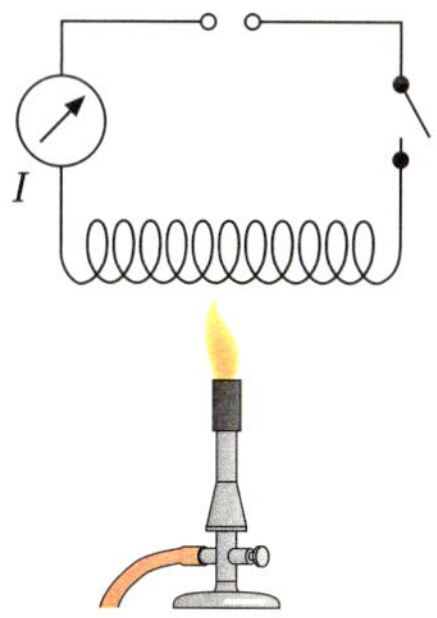

B2

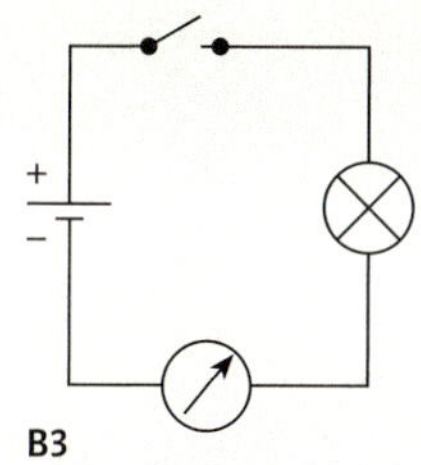

B3

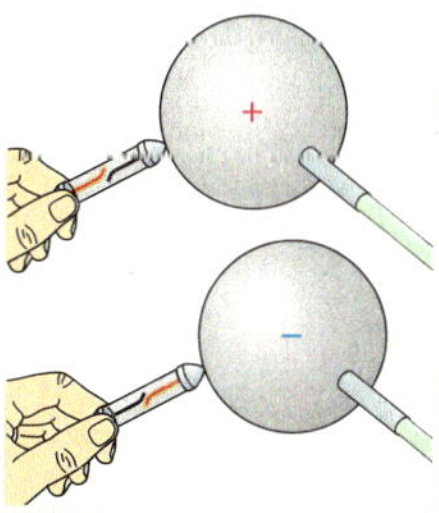
B4

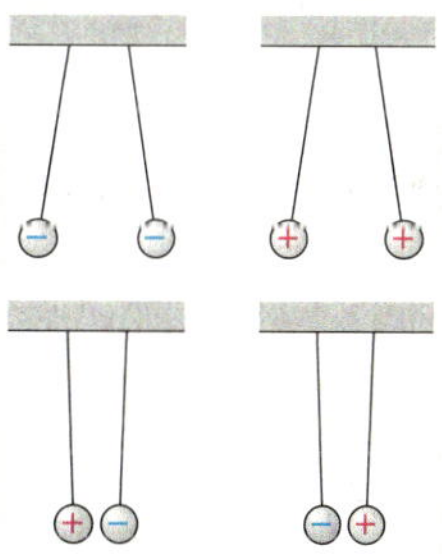
B5

B6

- Spannung U
- 1 Ω (Ohm); 1 Ω = 1 V/A
- elektrische Ladung Q
- 1 C (Coulomb) 1 C = 1 As
- elektrischer Widerstand R
- 1 V (Volt)
- Leistung P
- Elementarladung
- Stromstärke I
- $1{,}6 \cdot 10^{-19}$ C
- $P = U \cdot I$
- $I = \frac{\Delta Q}{\Delta t}$
- $U = R \cdot I$
- $R = \frac{U}{I}$
- Potenzial φ
- Elektron
- 1 A (Ampere)
- 1 W (Watt); 1 W = 1 VA

Prüfe dein Wissen – Magnetismus

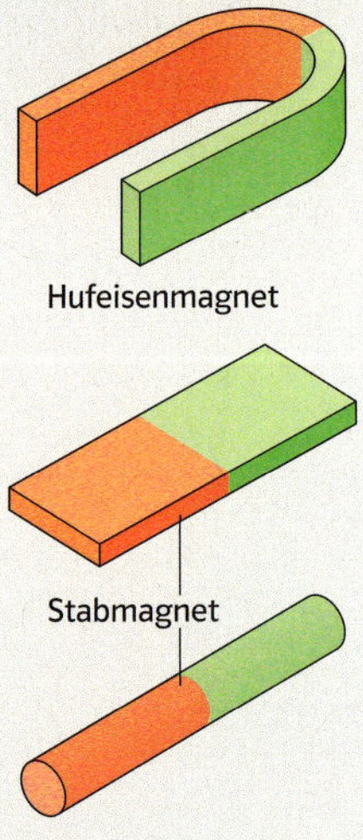

B1

A5 Ein Dauermagnet (Permanentmagnet) kann Körper aus ferromagnetischen Stoffen wie z.B. Eisen anziehen. Zeichne einen solchen Magneten und beschrifte ihn mit den Begriffen Nordpol und Südpol. Färbe die Pole gemäß der Vereinbarung ein. Bezeichne, an welchen Stellen die magnetische Kraft auf einen Körper aus Eisen am größten ist.

A6 Den Aufbau von Permanentmagneten kann man durch ein Modell beschreiben, in dem man sich den Magneten aus sogenannten Elementarmagneten aufgebaut denkt (→**B2**).

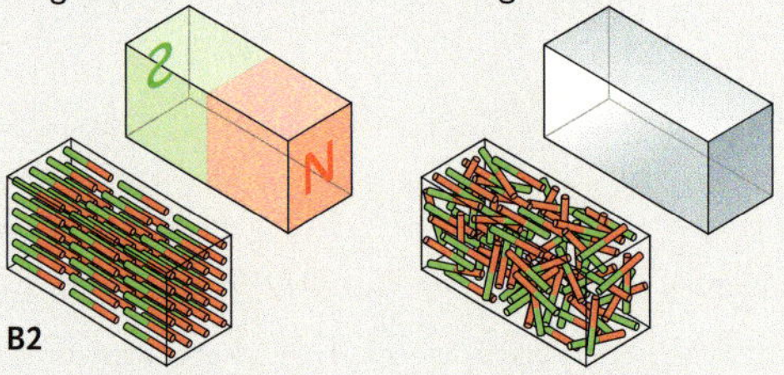

B2

Beschreibe mit Hilfe dieses Modells folgende Versuchsergebnisse:

1 Teilt man einen Magneten, so entstehen zwei neue vollständige Magnete.
2 Erhitzt man einen Magneten oder schlägt man mehrfach mit einem Hammer auf ihn, so verliert er an magnetischer Wirkung.
3 Bringt man einen eisenhaltigen Körper in die Nähe eines starken Magneten und erhitzt ihn, so wird daraus nach dem Abkühlen ein Magnet.
4 Streicht man mit einem Magneten über einen Eisenkörper, so wird dieser magnetisch.

A7 Beschreibe, wie mit Hilfe einer Magnetnadel die Himmelsrichtung auf der Erde bestimmt werden kann. Was lässt sich deshalb über die Erde sagen?

A8 Wie kann man die magnetische Wirkung eines stromführenden Leiters nachweisen bzw. verstärken? Nenne eine technische Anwendung für einen Elektromagneten.

Lösungen

L1

Größe/Begriff	Symbol	Einheit	Formel
el. Spannung Potenzialdiff.	U ($\Delta\varphi$)	1V (Volt)	$U = R \cdot I$
el. Ladung	Q	1 As = 1 C	$Q = I \cdot t$
Elementarladung; Elektron	e	$1{,}6 \cdot 10^{-19}$ C	
Widerstand	R	1 Ω (Ohm)	$R = U/I$
el. Stromstärke	I	1 A (Ampere)	$I = U/R$ $I = Q/t$
el. Leistung	P	1 VA = 1 W (Watt)	$P = U \cdot I$
el. Potenzial	φ	1V (Volt)	

L2 Leiter werden als gerade Linien gezeichnet, die sich nicht schneiden. Verzweigungen werden mit einem Punkt markiert. Für Bauteile werden die festgelegten Symbole benutzt (→**B3**).

L3 $e = 1{,}6 \cdot 10^{-19}$ C; $I = Q/t$; Der elektrischen Stromstärke I im Stromkreis entspricht die Wasserstromstärke im Wassermodell; eine Modellgrenze stellt z.B. der Elektromagnetismus dar, abstoßende Kräfte (gleichartig geladene Körper); Trennung: z.B. durch Reiben versch. Gegenstände; Messung: über eine Glimmlampe oder ein Ladungsmessgerät; Transport: Aufbringen auf einen Leiter; Strom durch einen Leiter.

L4 24 V, denn die Batterie mit der Spannung 6 V erzeugt eine Potenzialdifferenz zwischen Minus- und Pluspol von 6 V.

L5 Nordpol rot, Südpol grün; an den Polen ist die Kraft am stärksten.

L6 **1** Im zerschnittenen Teil des Magneten befinden sich wiederum Elementarmagnete mit Nord- und Südpol, die geordnet sind.
2 Die Ordnung der Elementarmagnete geht verloren.
3 Die Elementarmagnete richten sich aus und bleiben nach dem Abkühlen in dieser Lage.
4 Die Elementarmagnete richten sich aus.

L7 Der magnetische Nordpol der Nadel richtet sich zum magnetischen Südpol (= geografischer Nordpol) hin aus. Die Erde zeigt die Eigenschaften eines großen Magneten, dessen Pole in der Nähe der geografischen Pole sind.

L8 Bringt man kleine Magnetnadeln in die Nähe eines stromdurchflossenen Leiters, so richten sich diese aus. Durch Aufwickeln eines Leiters zu einer Spule auf einen Eisenkern wird seine magnetische Wirkung verstärkt (→**B4**). Klingel und Relais sind technische Anwendungen eines Elektromagneten.

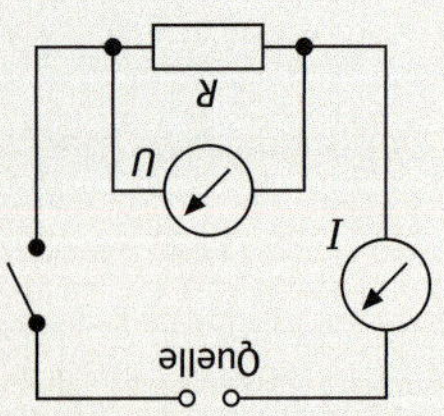

B3

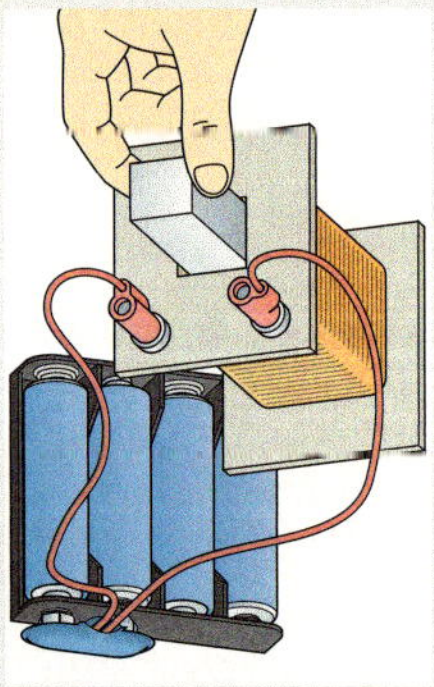
B4

Grundbegriffe der Elektrizitätslehre

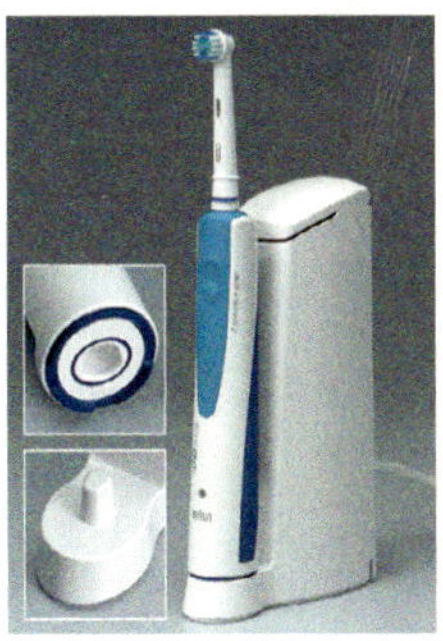

Überall Elektrizität Kaum etwas hat unser Leben so verändert wie die Elektrizität. Kaum einer kann sich heute ein Leben ohne Elektrizität vorstellen. Wird die Elektrizitätsversorgung einmal durch Unwetter unterbrochen, so merken wir sehr schnell, wie abhängig wir sind: Kühlschrank, Licht und sogar die Heizung fehlen. Denn selbst wenn man nicht mit elektrischer Energie heizt, so braucht man doch elektrische Energie, um das heiße Wasser aus dem Keller in die Heizung zu pumpen. Man benötigt die elektrische Energie mittlerweile fast überall, selbst wenn dies auf den ersten Blick nicht erkennbar ist.

Obwohl man elektrische Erscheinungen wie z. B. elektrisch geladenen Bernstein bereits seit dem Altertum kennt und sich Wissenschaftler bereits seit mehreren hundert Jahren mit der Elektrizität beschäftigen, begann für den Alltag des Menschen die Elektrizität erst vor circa 120 Jahren eine Rolle zu spielen. Ein relativ kurzer Zeitraum also, vielleicht haben deine Urgroßeltern noch in dieser Zeit gelebt. Wie wird unser Leben in weiteren 100 Jahren aussehen?

Fragen an den Alltag Wie funktioniert eine Küchenmaschine? Wieso wird ein Tankwagen beim Befüllen der Vorratstanks an Tankstellen geerdet? Wie kann man eine elektrische Zahnbürste aufladen, wenn es hier keine Kontakte gibt, über die elektrische Energie zum Akku gelangen kann? Warum sind in den USA die Stromleitungen so dick?

Die elektrische Ladung

B1

V1 Wir schneiden aus einer Aluminiumfolie einen langen dünnen Streifen und hängen ihn mittig über eine Büroklammer, die in einem Korken steckt, oder einen Holzspieß. Die Alufolie soll frei in der Luft hängen. Die herabhängenden Streifen der Aluminiumfolie sollten möglichst nahe beieinander hängen. Wir reiben nun einen Plastikkugelschreiber o. Ä. an einem Synthetikpulli (z. B. Fleece) und berühren mit ihm die Aluminiumfolie. Die Streifenhälften stoßen sich gegenseitig ab (→**B1**).

V2 Reibt man einen Gegenstand aus Kunststoff (Kugelschreiber, Lineal o. Ä.) mit einem Wolltuch, so werden kleine Papierschnipsel von diesem angezogen. Zum Teil bleiben sie sogar daran hängen, z. T. fallen sie herab und werden anschließend wieder abgestoßen.

V3 Wiederholt man **V2** mit einem Glasstab, so beobachtet man entsprechende Vorgänge.

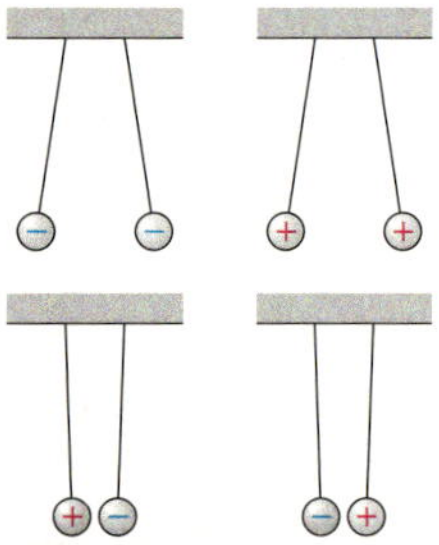
B2 Kräfte zwischen geladenen Körpern

Elektrisch geladene Körper Zieht man seinen Pulli aus und greift nach der Türklinke, so bekommt man manchmal einen „elektrischen Schlag". Wir sagen, dass wir **elektrisch geladen** waren. Dass man nur in diesen Fällen etwas von der elektrischen Ladung merkt, liegt daran, dass in Stoffen normalerweise gleich viel **positive (+)** wie **negative (−) Ladung** vorhanden ist. Der Körper ist **elektrisch neutral**, da sich die Wirkungen von positiver und negativer Ladung nach außen hin aufheben: positive und negative Ladung „neutralisieren sich".

● **Elektrische Ladung kann positiv oder negativ sein. Gleich viel positive und negative Ladung kann sich gegenseitig neutralisieren.**

Die Atome von Stoffen bestehen aus Elektronen, Protonen und Neutronen. Elektronen und Protonen tragen elektrische Ladung, sie sind **Ladungsträger**. Das Neutron trägt keine Ladung.

● **Elektrische Ladung befindet sich auf Ladungsträgern.**

Da elektrisch neutrale Atome aus gleich viel Protonen wie Elektronen bestehen, kann man auch sagen, die Gesamtladung ist 0 C.

Das Elektron trägt die negative Ladung $-1{,}6 \cdot 10^{-19}$ C, das Proton die positive Ladung $+1{,}6 \cdot 10^{-19}$ C.

$1{,}6 \cdot 10^{-19}$ C ist die kleinstmögliche Ladungsmenge, die **Elementarladung**.

Wenn ein Atom zu viele oder zu wenige Elektronen hat, nennt man es ein **Ion**. Das Ion ist also nicht elektrisch neutral (→**S. 14**).

Man kann die elektrische Neutralität eines Körpers aufheben, indem man Ladungsträger hinzufügt oder entfernt. Zwei positiv geladene Körper stoßen sich gegenseitig ab, ebenso zwei negativ geladene Körper. Ist einer positiv und der andere negativ geladen, so ziehen sie sich gegenseitig an (→**B2**).

● **Sind zwei Körper gleichnamig geladen, so ziehen sie einander an. Sind sie ungleichnamig geladen, so stoßen sie einander ab.**

In (→**B3**) sind Tuch und Stab neutral, da sie jeweils gleich viel positive wie negative Ladung besitzen. In (→**B5**) ist der Stab negativ geladen und das Tuch positiv (dargestellt durch die Anzahl der Plus- und Minuszeichen). Tuch und Stab zusammen sind insgesamt neutral, es ging keine Ladung „verloren". Es gilt das **Gesetz der Ladungserhaltung**. Ladung entsteht nicht und wird nicht vernichtet.
Die Ladung im Universum ist unveränderbar. Wird ein Körper positiv geladen, so wird ein anderer daher gleichzeitig negativ geladen.

● **Ladungserhaltung: Die Gesamtmenge von positiver und negativer Ladung ist immer gleich. Man kann Ladungen nur trennen, aber nicht erzeugen oder vernichten.**

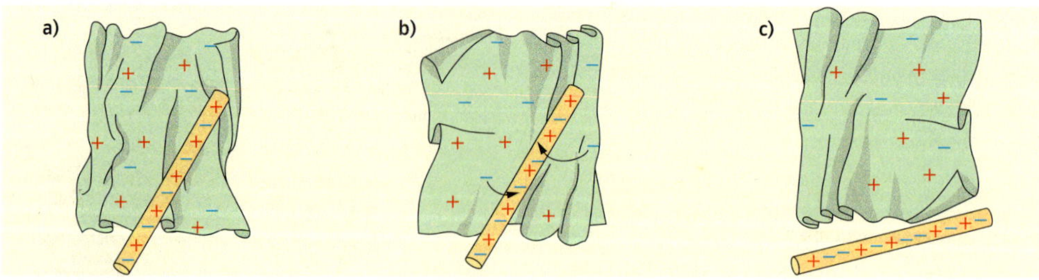

B3 vor der Berührung (a); während der Berührung (b); nach der Berührung (c)

Der elektrische Strom und seine Wirkungen

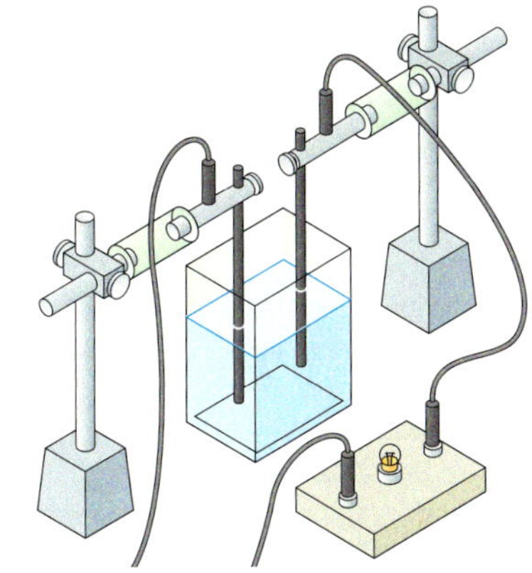

B1

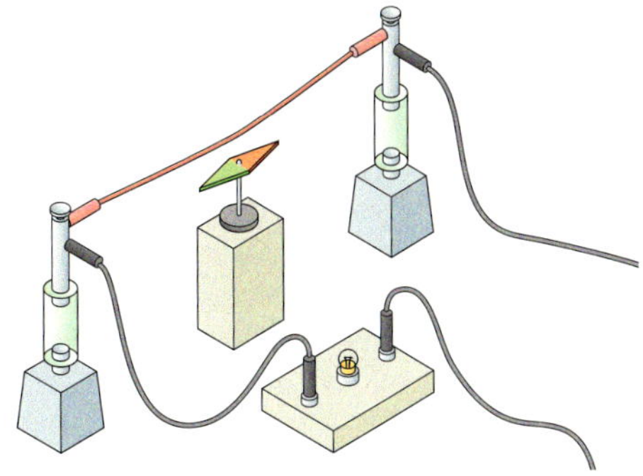

B2

Elektrischen Strom kann man nicht sehen. Er ruft jedoch Wirkungen hervor, die wir beobachten und interpretieren können.

V1 In einem Glasgefäß befindet sich Wasser, das mit etwas Schwefelsäure leitend gemacht wurde (→**B1**). In das Gefäß tauchen wir zwei Kohlestäbe als Elektroden. Verbinden wir sie mit einer elektrischen Energiequelle, so steigen Gasblasen auf.

Wird das Experiment mit einer Apparatur wie in (→**B3**) durchgeführt, so sammeln sich die entstehenden Gase in jeweils einer der Glasröhren. Skalen an den Röhren gestatten es jeweils, das Volumen der Gase abzulesen. Bei Wasser entstehen zwei verschiedene Gase, wobei am Minuspol doppelt so viel Gas wie am Pluspol entsteht. Auch wenn wir die Quelle umpolen, d.h. die Anschlüsse zu Pluspol und Minuspol vertauschen, so erhalten wir wieder die gleichen Ergebnisse: Am neuen Minuspol entsteht doppelt so viel Gas wie am neuen Pluspol.

V2 Wir wiederholen den Versuch (→**B1**) mit einer Kupfersulfatlösung und ersetzen die Kohlestäbe durch ein Kupferblech und eine Geldmünze. Das Blech verbinden wir mit dem Pluspol, die Geldmünze mit dem Minuspol der Quelle. Wir beobachten, dass sich die Münze nach einiger Zeit verfärbt, am Pluspol steigen dagegen Gasblasen auf.

V3 Wir stellen eine Magnetnadel in Nord-Süd-Richtung auf und spannen in der gleichen Richtung über die Magnetnadel ein Kabel (→**B2**). Schließen wir mit ihm den Stromkreis, so dreht sich die Nadel aus ihrer Nord-Süd-Richtung heraus. Wenn wir den Leiter umpolen, dreht sich die Magnetnadel in die andere Richtung.

V4 Ein dicker Bleistift wird mit einem isolierten Kupferdraht umwickelt. Die Drahtenden verbinden wir mit einem Netzgerät. Wir halten den Bleistift mit dem Draht in die Nähe einer Magnetnadel. Sie wird ausgelenkt.

V5 Wir führen einen geraden Draht durch ein Loch in einer senkrecht zu ihm angebrachten Glas- oder Plexiglasplatte. Auf diese Platte stellen wir viele kleine Magnetnadeln. Dann schließen wir den Draht an eine Quelle an (→**B4a**).

Statt des geraden Drahtes nehmen wir eine Spule, deren Windungen durch eine Plexiglasplatte geführt sind (→**B4b**). Wir beobachten, dass sich die Nadeln in bestimmten Mustern ausrichten. Auch hier erhalten wir ein ähnliches Bild, wenn wir den Leiter oder die Spule umpolen, die Nadeln zeigen nun jedoch in die entgegengesetzte Richtung.

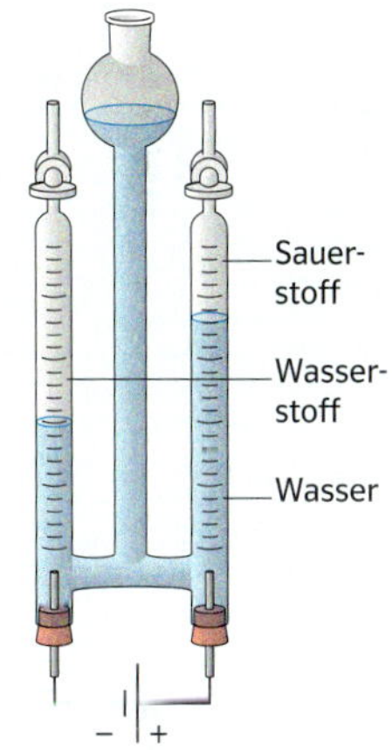

B3

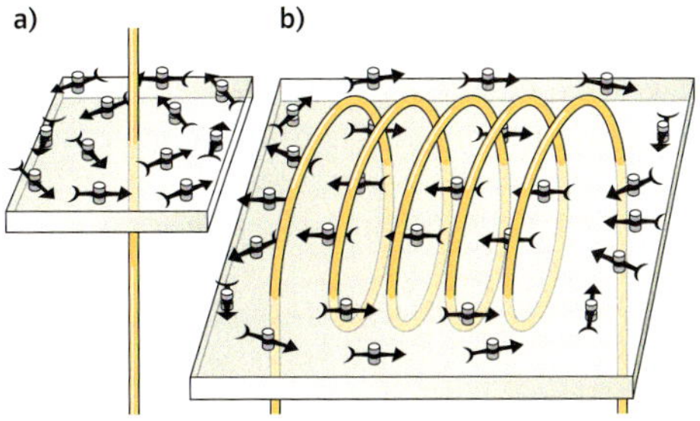

B4

Eine weitere Wirkung des elektrischen Stromes findest du auf S. 15 und 29!

Um Aussagen über den unsichtbaren elektrischen Strom machen zu können, muss man seine Wirkungen beobachten.

Die chemische Wirkung des elektrischen Stromes Säuren, Laugen und Lösungen von Salzen in Wasser leiten den Strom. Dabei laufen chemische Reaktionen ab (→B1), wie man an der Entstehung von Gasen oder anderen stofflichen Veränderungen feststellen kann. Diese Vorgänge in der Flüssigkeit bezeichnet man als **Elektrolyse**. Das mit dem Pluspol der Quelle verbundene Leiterende heißt bei der Elektrolyse **Anode**, das andere **Kathode**.

● **Elektrischer Strom in flüssigen, nichtmetallischen Leitern ist mit chemischen Reaktionen verbunden.**

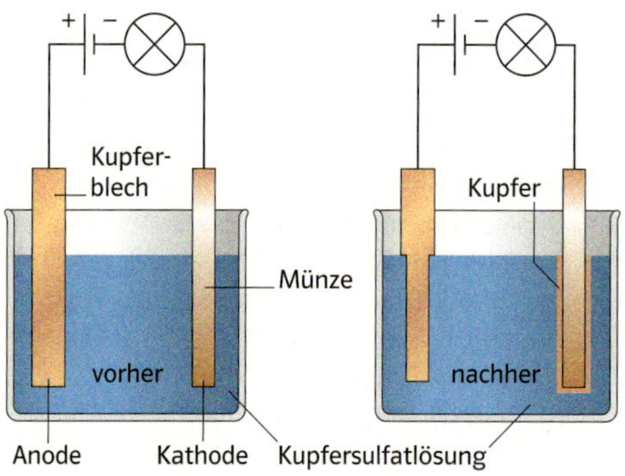

B1 Eine Elektrolyse mit Stofftransport

Befindet sich im Gefäß Wasser, das mit etwas Schwefelsäure leitend gemacht wurde, so steigen Gasblasen auf, wenn der Stromkreis durch diese Flüssigkeit geschlossen wird. Das Gasvolumen an der Kathode ist doppelt so groß wie an der Anode. An der Kathode entsteht Wasserstoff, an der Anode Sauerstoff. Mit elektrischem Strom kann Wasser in elementare Bestandteile zerlegt werden.

Bewegte Ladung bei der Elektrolyse Im Wasserstromkreis fließt das Wasser von hohem Druck zu niedrigem Druck. Analog haben wir für den elektrischen Strom definiert, dass elektrische Ladung von hohem Potenzial zu niedrigem Potenzial fließt. Da wir den Minuspol einer elektrischen Quelle als Nullpotenzial festgelegt haben, bedeutet dies für uns: Elektrizität fließt vom Pluspol zum Minuspol. In Versuchen haben wir dies jedoch noch nicht nachgewiesen. In welche Richtung der Strom sich nun tatsächlich bewegt, können wir beim Strom selbst nicht wie beim Wasser einfach durch bloßes Betrachten erkennen.

Bei der Elektrolyse beobachtet man aber, dass sich an Anode und Kathode, den Elektroden, Niederschläge bilden können oder dass dort Gase aufsteigen. In der Lösung ist keine Bewegung von Stoffen zu sehen. Mit farbigen Salzen lässt sich in der Lösung jedoch eine Bewegung sichtbar machen. Wird z. B. ein Körnchen Kaliumpermanganat in die Lösung gebracht, so färbt sie sich in der Umgebung des Körnchens dunkelrot-violett. Der farbige Teil der Lösung wandert zur Anode, er wird also elektrisch geladen sein. Bei jeder Elektrolyse ist elektrischer Strom mit einem Stofftransport verbunden. Wir stellen uns vor, dass sich in einer Salzlösung geladene Teilchen des Stoffes befinden. Sie heißen **Ionen** (griech. ion, der Wanderer). Sie sind **Ladungsträger**. Es gibt also Ionen mit positiver bzw. negativer Ladung. Als Strom in der Flüssigkeit bewegen sich die positiv und negativ geladenen Ionen in entgegengesetzter Richtung zu den jeweils umgekehrt geladenen Elektroden. Dort werden sie beim Auftreffen neutralisiert.

● **Elektrischer Strom hat zwei verschiedene Richtungen. Positive Ladungsträger fließen vom Pluspol zum Minuspol, negative Ladungsträger fließen vom Minuspol zum Pluspol.**

Gasvolumina bei der Elektrolyse Bei der Elektrolyse von Wasser erhält man an der Kathode ein doppelt so großes Volumen an Gas wie an der Anode. Die Begründung dafür liefert die chemische Betrachtung: Wasser besteht aus H_2O-Molekülen. Diese sind elektrisch neutral. Wird eine Spannung angelegt, so spalten sich die Moleküle in verschiedene Ionen auf, diese sind positiv und negativ geladen. Die positiv geladenen werden von der Kathode, die negativ geladenen von der Anode angezogen und dort jeweils entladen. Insgesamt entstehen so aus zwei Wassermolekülen zwei Wasserstoffmoleküle H_2, aber nur ein Sauerstoffmolekül O_2. Chemiker schreiben somit:

$$2\,H_2O \rightarrow 2\,H_2 + O_2$$

A1 Was ist zu erwarten, wenn der Versuch in **B1** sehr lange läuft?

A2 Die in der Kupfersulfatlösung enthaltenen Kupferionen wandern im Versuch zu **B1** zur negativ geladenen Kathode. Wie sind die Kupferionen geladen?

A3 In welche Richtung bewegen sich Elektronen im Stromkreis?

Die magnetische Wirkung des Stromes Ein elektrischer Strom in einem Leiter ist von einem Magnetfeld umgeben. Mit Hilfe einiger Versuche wie z. B. **V3** oder **V5** können wir feststellen, dass sich die Richtung der magnetischen Feldlinien umkehrt, wenn wir die Stromrichtung umkehren. Können wir aber auch schon vorhersagen, wie die Feldlinien aussehen werden, bevor wir den Stromkreis schließen?

Dazu untersuchen wir das Magnetfeld von stromführenden Leitern mit Magnetnadeln. Sie zeigen an: Die magnetischen Feldlinien eines elektrischen Stromes in einem geraden Leiter bilden Kreise, sie haben weder Anfang noch Ende (→**B3**). Der Leiter geht durch den gemeinsamen Mittelpunkt dieser Kreise und steht senkrecht zu den Kreisflächen. Wenn man die Leitung so zeichnet, dass der Pluspol oben und der Minuspol unten liegt und man von oben schaut, so zeigen die Feldlinien in Uhrzeigerrichtung. Vertauscht man die beiden Pole, so zeigen die Feldlinien entgegen dem Uhrzeigersinn.

Aus diesen Beobachtungen kann man die sogenannte **Rechte-Hand-Regel** (→**B1**) aufstellen:

● **Wird der Leiter so mit der rechten Hand umfasst, dass der ausgestreckte Daumen in die Richtung des Leiters zum Minuspol der Quelle zeigt, so geben die gekrümmten Finger die Richtung der magnetischen Feldlinien an.**

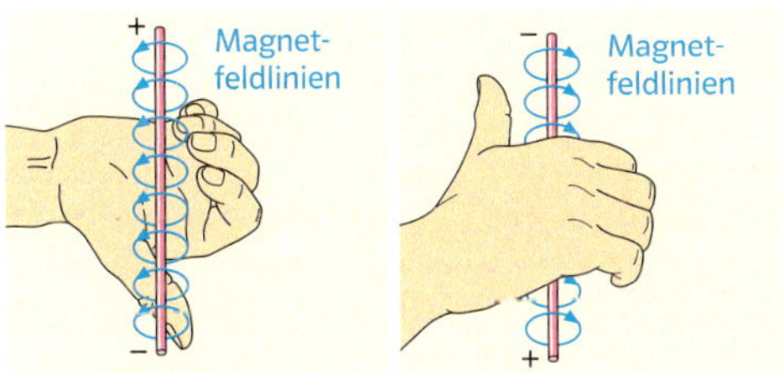

B1 Rechte-Hand-Regel

Das magnetische Feld von Leiterschleife und Spule Biegt man einen Leiter wie in **B2a**, so entsteht eine **Leiterschleife**. Das Magnetfeld des Stromes ändert sich durch die veränderte Lage der Leiterabschnitte. Zum Mittelpunkt der Schleife hin werden die ursprünglich kreisförmig umlaufenden Feldlinien „gestreckt". Sie umlaufen den Leiter außen im größeren Abstand als innen. Die Richtung der Feldlinien ergibt die Rechte-Hand-Regel.

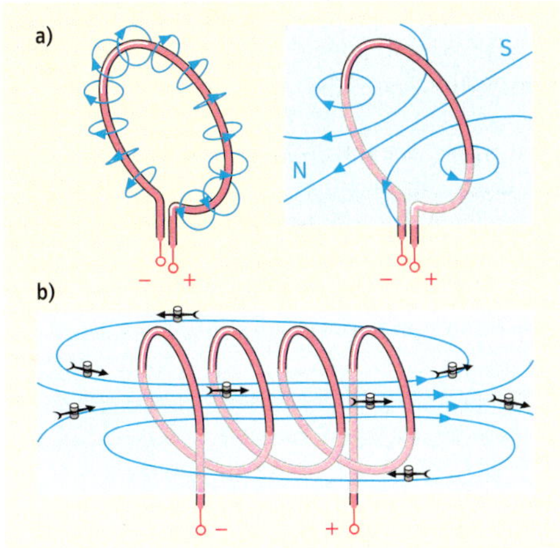

B2 Magnetfeld einer Leiterschleife (a) und einer Spule (b)

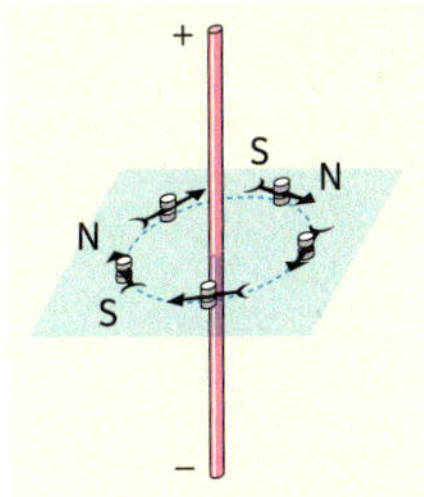

B3 Der Strom im Draht richtet die Magnetnadeln aus.

Ein schraubenförmig gewundener Leiter kann als Folge mehrerer Leiterschleifen aufgefasst werden (→**B2b**). Eine solche Leiteranordnung heißt **Spule**. Die Feldlinien im Inneren der Schleifen verlaufen auf engem Raum nebeneinander. Die den Leiter an jeder Stelle kreisförmig umgebenden magnetischen Felder überlagern sich gegenseitig und es kommt im Inneren der Leiterschleife zur Verstärkung des Feldes. Die Rechte-Hand-Regel beschreibt die Richtung der Feldlinien.

Wird eine lange Spule mit vielen, eng gewickelten Schleifen an eine elektrische Quelle angeschlossen, so entsteht ein Magnetfeld, dessen Feldlinien innerhalb der Spule annähernd parallel verlaufen (→**B2b**). Das Magnetfeld ist dort also überall gleich stark, das Feld ist **homogen**. An einem Ende treten die Feldlinien aus der Spule heraus und laufen außerhalb der Spule zum anderen Ende zurück. Die Feldlinien sind geschlossen.

● **Das äußere Magnetfeld des elektrischen Stromes in einer Spule gleicht dem eines Stabmagneten. Die Seite, an der die Feldlinien aus der Spule hinausweisen, wirkt wie ein Nordpol. Die Seite, an der die Feldlinien in die Spule hineinweisen, wirkt wie ein Südpol.**

A1 Wie lässt sich die Richtung der magnetischen Feldlinien einer Spule ändern?

A2 In **B2b** entsteht der magnetische Südpol dort, wo die Spule an den elektrischen Minuspol angeschlossen ist. Ist dies immer so?

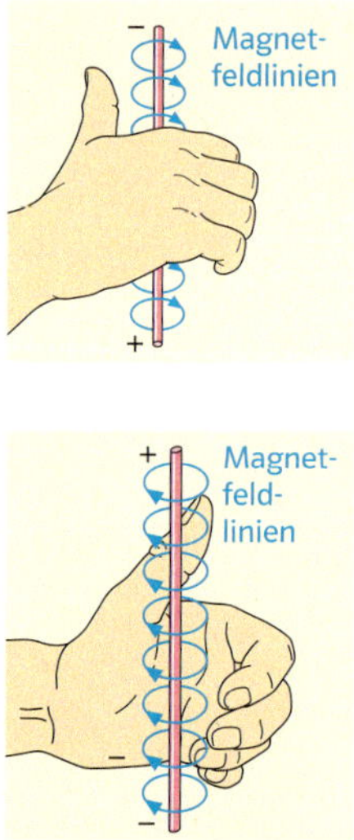

B1 Rechte-Hand-Regel und Linke-Hand-Regel

Ströme in Metallen Der Ladungstransport in Salzlösungen läuft in beide Richtungen, da hier positiv und negativ geladene Ionen frei beweglich sind. In Metallen ist dies nicht so. Dort findet man nur Elektronen, also frei bewegliche negative Ladungsträger. Da negative Ladung vom Pluspol der Quelle angezogen und vom Minuspol abgestoßen wird, fließen in einem geschlossenen Stromkreis die Elektronen in Richtung vom Minuspol zum Pluspol.

● **Im geschlossenen Stromkreis bewegen sich in Metallen nur die Elektronen vom Minuspol zum Pluspol der elektrischen Quelle.**

Es war lange nicht nachweisbar, dass es in Metallen tatsächlich die Elektronen sind, die fließen. Die Technik hatte sich zu dieser Zeit schon lange den Strom zunutze gemacht und mit seinen Wirkungen gearbeitet. Dabei wurde stets angenommen, dass der Strom vom Pluspol zum Minuspol fließt. Diese Sichtweise war so gefestigt, dass sich die Erkenntnis über den Elektronenfluss und seine Richtung von Minus nach Plus in der Technik bis heute nicht durchgesetzt hat.

● **Man unterscheidet die physikalische Stromrichtung von Minus nach Plus und die technische Stromrichtung von Plus nach Minus.**

Tatsächlich ist es egal, welche Definition der Stromrichtung man verwendet. Die Rechte-Hand-Regel stellt sich z. B. so dar, dass der Daumen in die technische Stromrichtung zeigt und man so die Richtung der magnetischen Feldlinien durch die Finger bildet. Für die physikalische Stromrichtung gilt dies nicht. Nimmt man die linke Hand anstatt der rechten, so kann man mit der physikalischen Stromrichtung arbeiten (→**B1**).

● **Die Rechte-Hand-Regel gilt nur für die technische Stromrichtung.**

Wir verwenden die technische Stromrichtung, da wir den Stromkreis mit dem Wassermodell veranschaulichen und nach ihm der Strom vom hohen („positiven") Potenzial zum niedrigen („negativen") Potenzial gerichtet ist. Zudem sind alle Schaltzeichen in der Elektronik auf die technische Stromrichtung abgestimmt.

Physik überall

Vorstellungen über Elektronen und Atome

B2 Ernest Rutherford und das Atommodell, mit dem wir uns den Ladungstransport erklären.

Wie ist es möglich, dass sich Elektronen in Metallen bewegen können? Schon in der Antike glaubte man, dass alle Stoffe aus kleinsten unteilbaren Teilchen, den Atomen (griech. atomos, unteilbar) bestehen. Erst gegen Ende des 19. Jahrhunderts fand man bei Experimenten Anzeichen dafür, dass diese Vorstellung über die Zusammensetzung der Materie auch tatsächlich zutrifft.

Im Jahre 1911 entwickelte der englische Physiker **Ernest Rutherford** (1871–1937) das folgende Atommodell (→**B2**):

1. Alle Stoffe sind aus Atomen zusammengesetzt.
2. Die Atome bestehen aus einem elektrisch positiv geladenen Kern und einer elektrisch negativ geladenen Hülle. Die positive und die negative Ladung ist jeweils gleich groß, so dass das Atom insgesamt elektrisch neutral ist.
3. Die Masse der Atome ist fast vollständig auf den im Vergleich zur Hülle sehr kleinen Kern konzentriert.
4. Die Hülle wird von Elektronen gebildet. Die Elektronen sind in allen Stoffen gleich.

Mit diesem Atommodell lässt sich, unter der plausiblen Annahme, dass in festen Körpern die Atome unverrückbar und dicht nebeneinander angeordnet sind, Folgendes über das elektrische Verhalten dieser Körper aussagen:

Bei **Nichtleitern** sind die Elektronen fest in den Atomen gebunden. Nur an der Oberfläche kann man einigen Atomen durch Reiben Elektronen entreißen oder hinzufügen. Der Nichtleiter wird dadurch positiv oder negativ geladen.

In **Leitern** dagegen gibt es viele Elektronen, die nicht fest zu einem bestimmten Atom gehören. Diese Elektronen können sich zwischen den „Atomrümpfen" frei bewegen, wenn an ihre Stelle andere Elektronen treten.

Im **Stromkreis** bewegen sich Elektronen aufgrund eines Potenzialunterschieds durch den Draht. Dabei bewegen sie sich an den positiv geladenen, ortsfesten „Atomrümpfen" vorbei. Da sich stets gleich viele Elektronen in den Leiter hineinbewegen wie am anderen Ende heraus, bleibt der Leiter insgesamt neutral.

Elektrische Ströme vergleichen

V1 Wir schließen zwei dicht nebeneinander hängende Metallfäden an eine veränderbare Quelle (→ **B1**). Wenn wir die Quelle einschalten und langsam höher drehen, so stoßen sich die Metallfäden gegenseitig immer stärker ab.

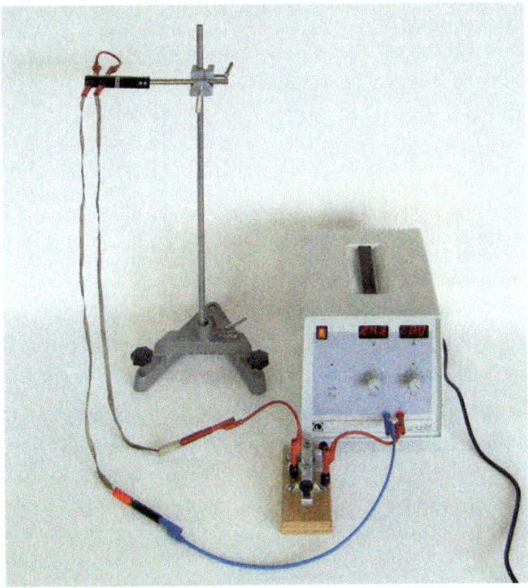

B1

V2 Wir schließen wie in (→ **B2**) verschiedene Versuchsgeräte an eine in der Stärke regelbare elektrische Quelle an:
- eine Glühlampe,
- in leitend gemachtes Wasser (Elektrolyt) eingetauchte Elektroden,
- eine zwischen den Polen eines Magneten befindliche, gegen Federn drehbare, Spule.

Wir regeln die Spannung der Quelle hoch und beobachten, dass die Lampe zunehmend heller leuchtet, die Gasentwicklung im Wasser stärker wird und die Spule sich weiter aus ihrer Anfangsstellung heraus verdreht.

Achtung:
Ähnlich wie in **V2** kommt es auch beim Aufladen älterer „Autobatterien" zu Gasentwicklung. Deshalb muss dabei gut gelüftet werden.

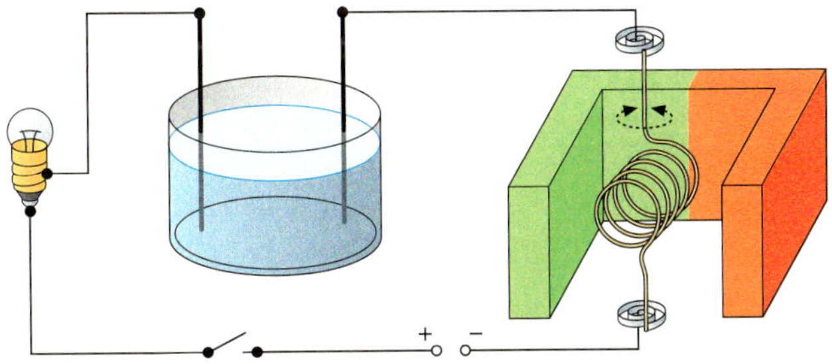

B2 Verschiedene Wirkungen des elektrischen Stromes gleichzeitig im Stromkreis.

Messverfahren für die Stromstärke Um die Stromstärke zu messen, schaltet man ein Stromstärkemessgerät an der zu messenden Stelle in Reihe in den Stromkreis und liest die Stromstärke ab. **B3** zeigt drei Möglichkeiten, wie man die verschiedenen Wirkungen des Stromes zur Messung der Stromstärke einsetzen kann. Sie alle orientieren sich am Prinzip **Einheit, Gleichheit** und **Vielfachheit**: In **B3a** wird beispielsweise das innerhalb einer bestimmten Zeit bei der Elektrolyse mit Wasser gebildete Gasvolumen gemessen. Die Einheit 1 Ampere wurde früher auf diese Weise als die Stromstärke definiert, bei der sich pro Sekunde 0,19 cm^3 Gas bildet. Zwei Ströme sind gleich, wenn in der gleichen Zeit gleich viel Gas entsteht. Wenn in den beiden Zweigen einer Parallelschaltung jeweils 1 A gemessen wird, so ist die Stromstärke überall dort, wo die Leitungen wieder vereinigt sind, 2 A groß. Man kann nun feststellen, dass bei 2 A in gleicher Zeit doppelt so viel Gas gebildet wird.

Analogien & Strukturen → S. 265

A1 Welche Stromstärke misst man in **B3a**, wenn sich pro Minute 28,5 cm^3 Gas bilden?

A2 Wie misst man die Einheit?

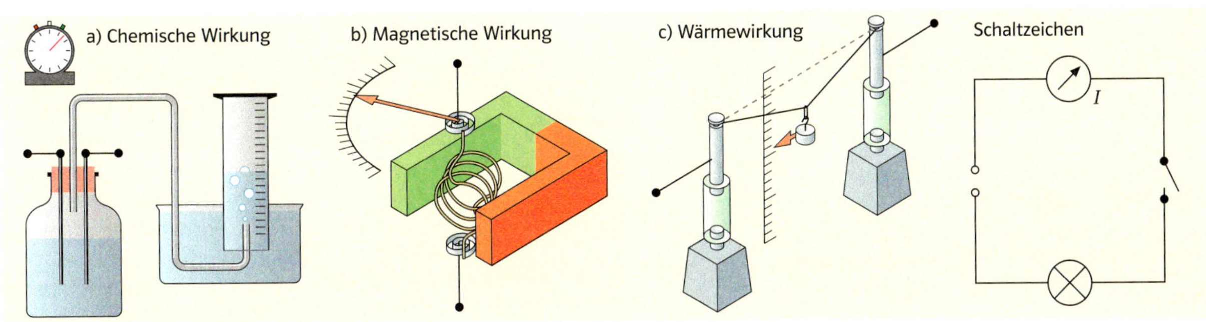

B3 Messungen der elektrischen Stromstärke entsprechend den drei Wirkungen des elektrischen Stromes

Analogien & Strukturen
→ S. 265

Definition der Stromstärke Viele Größen der Naturwissenschaften sind durch Formeln verknüpft. Man muss insofern nicht für jede Größe einen neue Einheit einführen, sondern kann die Einheiten von sieben zu definierenden Basiseinheiten ableiten. Da die Wahl dieser Basiseinheiten prinzipiell beliebig ist, wurde 1954 ein Einheitensystem festgelegt, das **Einheitensystem SI** (Système International d'Unités). Die Stromstärke 1 A ist eine solche Basiseinheit der Physik, weitere Basiseinheiten sind die Länge 1 m, die Zeit 1 s, die Masse 1 kg, die Temperatur 1 K, die Stoffmenge 1 mol und die Lichtstärke 1 cd. Dies war nicht immer so. Bevor die SI-Definition für das Ampere eingeführt wurde, war das Coulomb, also die Einheit für die Ladung, eine Basiseinheit. Man definierte: Ein Coulomb ist die Ladung, die fließt, wenn bei der Elektrolyse mit Wasser 0,19 cm^3 Knallgas entsteht. Das Ampere folgt abgeleitet aus der Definition als ein Ladungsfluss von einem Coulomb pro Sekunde.

Heute ist es umgekehrt, das Ampere ist die Basiseinheit, die die magnetische Wirkung des elektrischen Stromes über eine Grunddefinition festlegt (→**B1**). Coulomb ist die Einheit für die Ladung, die pro Sekunde bei einer Stromstärke von einem Ampere fließt.

B1 Poster mit SI-Definition für ein Ampere

Physik überall

Elektromagnetismus – Entdeckung und Anwendung

Hans Christian Oersted
(1777 – 1872)

Eine Zufallsentdeckung? Wir schreiben das Jahr 1812. Der dänische Physiker **Hans Christian Oersted** (1777 – 1872) entdeckte, dass durch das Schließen eines Stromkreises die Ausrichtung einer Magnetnadel verändert wird. Immer wieder öffnete und schloss er den Stromkreis. Jedes Mal pendelte die Magnetnadel hin und her. Damit war eine bahnbrechende Entdeckung gelungen, der „Elektromagnetismus". In der Folge stand die Welt – und nicht nur die Fachwelt – kopf, wie das folgende Zitat aus Gehlers Physikalischem Wörterbuch aus den Jahren 1824 bis 1845 zeigt: *„Kaum waren aber die Nachrichten in Publicum angekommen, als nicht bloß alle Physiker, sondern auch eine Menge Naturforscher, Aerzte, Dilettanten und sogar solche, welche wissenschaftlichen Forschungen übrigens fremd zu sey pflegen, sich mit einer unerhörten Leidenschaft der neuen Entdeckung bemächtigten."*

Dieser Pioniertat und der weiteren Forschung und Entwicklung verdanken wir heute nicht zuletzt unsere Stromerzeugung über Generatoren in Kraftwerken, ohne die die Menschheit niemals ihre Energiebedürfnisse stillen könnte. Dass Oersted seine Beobachtung rein zufällig während seiner Vorlesung über die Elektrizitätslehre gemacht haben soll, ist historisch allerdings umstritten.

Das Weicheiseninstrument Dieses nutzt den Elektromagnetismus zur Stromstärkemessung aus (→**B2**). In einer Spule werden, sobald durch diese Elektrizität fließt, zwei Eisenstäbe gleichgerichtet magnetisiert und stoßen sich dadurch gegenseitig ab. Ein Stab ist an der Spule befestigt, der andere drehbar gelagert und mit einem Zeiger versehen. Je stärker der Strom durch die Spule ist, umso größer ist der Zeigerausschlag. Dieser Effekt ist nicht linear, d. h. bei doppelter Stromstärke schlägt der Zeiger nicht doppelt so weit aus. Daher haben die Zahlen auf der Skala nicht den gleichen Abstand. Weicheiseninstrumente wurden durch andere Instrumente, bis hin zum heute gebräuchlichen Digitalmessgerät, verdrängt.

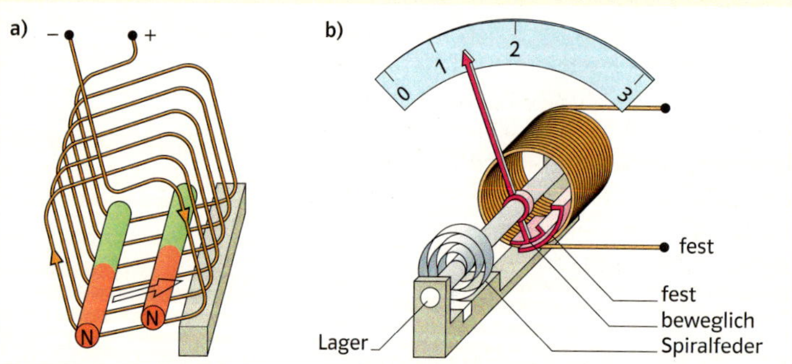

B2 Wirkungsprinzip (a) und Weicheiseninstrument (b)

Das elektrische Feld

V1 Wir reiben einen luftgefüllten Luftballon oder einen Kunststoffkamm an unserem Pulli und halten den Luftballon oder den Kamm nahe an einen dünnen Wasserstrahl. Der Wasserstrahl wird abgelenkt (→**B1**).

V2 Wir nähern einem ungeladenen Elektroskop eine geladene Kugel, ohne es zu berühren. Der Zeiger schlägt aus.

V3 Wir stellen das Elektroskop unter einen Drahtkäfig und nähern ihm wieder die geladene Kugel. Der Zeiger ändert seine Stellung nicht.

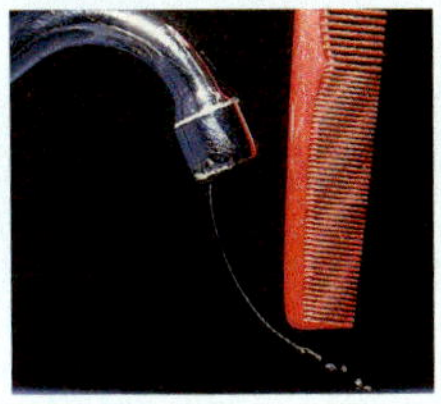

B1

Die Umgebung geladener Körper Geladene Körper üben Kräfte aufeinander aus, ohne sich zu berühren. Die Kraftwirkung nimmt mit der Entfernung der Körper ab. Wir nehmen an, dass geladene Körper ihre Umgebung so verändern, dass auf andere geladene Körper Kräfte ausgeübt werden.

● **Den Wirkungsbereich in der Umgebung elektrischer Ladung, in dem auf andere Ladungen Kräfte ausgeübt werden, nennt man elektrisches Feld.**

Bringen wir eine geladene Kugel in die Nähe eines Elektroskopes, so schlägt der Zeiger aus. Entfernen wir die Kugel, so geht der Zeigerausschlag wieder zurück. Im vermeintlich ungeladenen Elektroskop sind positive und negative Ladungsträger vorhanden.

● **Man nennt einen Körper mit gleich viel positiver wie negativer Ladung neutral.**

Durch das elektrische Feld der Kugel wird Ladung im Elektroskop getrennt.

Ist die Kugel z. B. positiv geladen, so wird von ihrem Feld negative Ladung im Elektroskop zur Kugel hingezogen. Stab und Zeiger sind dann positiv, der Zeiger schlägt aus (→**B3**). Sind zwei gleich große, gegensätzliche Ladungen nah beieinander, so kann man in einigem Abstand kein elektrisches Feld mehr feststellen, ihre Felder heben sich gegenseitig auf.

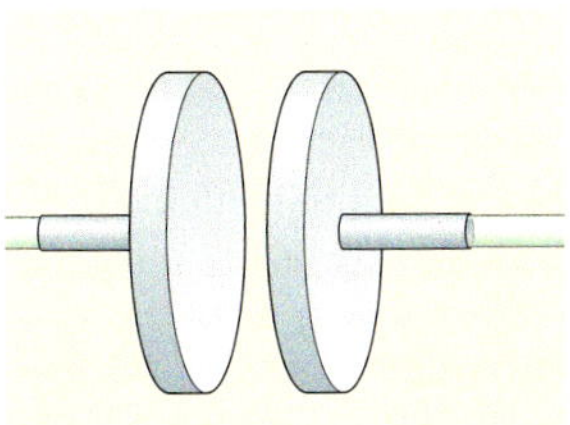

B2 Kondensator

● **Wird positive und negative Ladung eines Körpers durch ein äußeres elektrisches Feld vorübergehend getrennt, so nennt man dies Influenz.**

Speicherung von Energie Entfernt man einen Körper von der Erde, indem man ihn entgegen der Erdanziehungskraft hochhebt, so benötigt man Energie. Ähnlich verhält es sich mit geladenen Körpern. Um positive von negativen zu entfernen, muss man gegen ihre gegenseitige Anziehungskraft wirken. Dazu benötigt man Energie. Diese Energie ist im Feld gespeichert. Je weiter der positiv geladene Körper vom negativen getrennt ist, desto höher ist sein Potenzial bezüglich des negativen Körpers.

● **Je höher der Potenzialunterschied zwischen zwei Ladungen ist, umso größer ist die im Feld gespeicherte Energie.**

B2 zeigt einen **Kondensator**, welcher aus zwei gegeneinander isolierten Metallplatten besteht. Befinden sich auf den beiden Platten gegensätzliche Ladungen, so sind diese getrennt voneinander, es ist also Energie gespeichert. Diese wird frei, wenn man die Platten elektrisch leitend verbindet.

● **Im Feld eines Kondensators kann elektrische Energie gespeichert werden.**

Zum Beispiel werden in Autos mit großen Stereoanlagen Kondensatoren zur Energiezwischenspeicherung verwendet. Die Batterie könnte für einen lauten Basston nicht kurzzeitig die benötigte elektrische Energie bereitstellen, diese wird dann von einem parallel zur Autobatterie geschaltenen Kondensator geliefert.

A1 Woran erkennt man, dass ein Körper durch Influenz geladen worden ist?

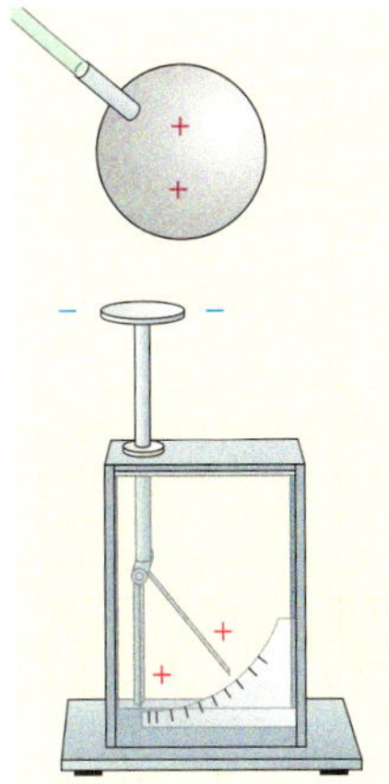

B3 Influenz

Analogien & Strukturen
→S. 266

Elektrische Spannung und elektrische Leistung

Herr Hoch und Frau Groß sind zwei Großunternehmer mit einer Wassermühle. Sie diskutieren darüber, wer mit seinem Stausee mehr Energie für seine Mühle zur Verfügung hat. Herr Hoch hat einen Stausee, der doppelt so hoch liegt wie der von Frau Groß, diese besitzt dagegen einen größeren Stausee, der das doppelte Volumen des Stausees von Herrn Hoch hat. Wer hat nun mehr Energie zur Verfügung? Beide haben gleich viel Energie zur Verfügung, da bei Herrn Hoch ein Liter Wasser die doppelte Energie hat wie bei Frau Groß. Diese wiederum hat die doppelte Menge an Wasser.

B1

Die elektrische Spannung Im elektrischen Feld zweier Ladungen ist Energie gespeichert.

Man kann nun das Potenzial eines der beiden Ladungsträger als Null definieren (üblicherweise das des negativen Ladungsträgers). Der andere (positive) Ladungsträger besitzt dann ein bestimmtes positives Potenzial bezüglich dieses Nullpotenzials. Entfernt man ihn noch weiter vom Nullpotenzial, so überträgt man auf ihn zusätzlich Energie zu seiner bereits gespeicherten Energie. Diese zusätzliche Energie des Ladungsträgers ergibt sich aus dem Produkt der Spannung (also der Differenz seiner Potenziale vor und nach der Ortsänderung) und seiner Ladung:

● $\Delta E = Q \cdot U = Q \cdot \Delta\varphi$

Umgeformt ist dies die Definition der Spannung:

$$U = \frac{\Delta E}{Q}$$

Die Spannung stellt somit die Energie pro Ladung dar.

Eine Batterie mit der Spannung 1,5 V ist also in der Lage, mit der Ladung 1 C eine Energie von 1,5 J zu transportieren (→**B1**).

Laut Definition ist die Einheit $1\,\text{V} = 1\frac{\text{J}}{\text{C}}$.

In einem Stromkreis fließt Ladung und Energie. Die Ladung wird im „Verbraucher" nicht vernichtet, denn es gilt der Grundsatz der Ladungserhaltung. Ein „Verbraucher" überträgt lediglich die elektrische Energie auf andere Energieträger, so dass sich die elektrische Energie pro Ladung verringert.

Die elektrische Leistung Die Spannung zwischen zwei Punkten ergibt sich aus einer Zustandsbetrachtung. Wenn innerhalb der Zeitspanne Δt an einem Punkt Ladung der Menge Q vorbeifließt, so spricht man von einem Strom der Stromstärke

$$I = \frac{Q}{\Delta t}.$$

Löst man diese Gleichung nach $Q = I \cdot \Delta t$ auf und setzt dies in die Gleichung $\Delta E = Q \cdot U$ für Q ein, dann ergibt sich die Gleichung

$$\Delta E = U \cdot I \cdot \Delta t.$$

Teilt man noch durch Δt, so ergibt sich die Gleichung der elektrischen Leistung:

● $P = \Delta E / \Delta t = U \cdot I$

Laut Definition ist die Einheit 1 W = 1 VA. Beträgt bei einer 6-V-Glühbirne die Stromstärke 5 A, dann hat sie die Leistung 30 W. Sind es bei einer Glühbirne bei 230 V 0,3 A, dann hat sie die elektrische Leistung 69 W, leuchtet also deutlich heller. In der gleichen Zeitspanne wird mehr elektrische Energie in Strahlungsenergie umgewandelt.

Durch Umformen kann man mit Leistungsangaben auf Geräten die Stromstärke ermitteln: $I = P/U$. Sie beträgt z. B. bei 230 V und 800 W ca. 3,5 A.

A1 An einer Herdplatte steht: 230 V/2 000 VA. Was bedeutet diese Angabe?

Merke:
Spannung ist
$U = \frac{\Delta E}{Q}$
oder
$U = \frac{P}{I}$

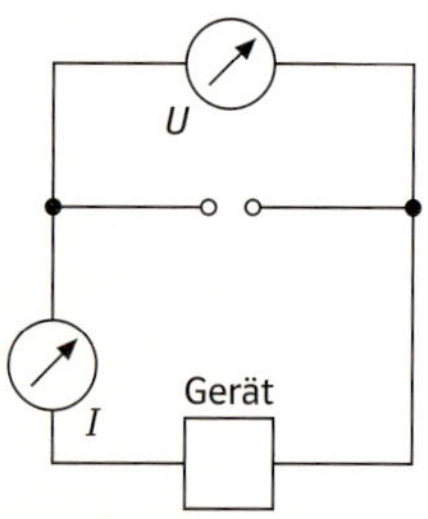

Bestimmung der elektrischen Leistung P: U und I messen, dann P nach $P = U \cdot I$ berechnen.

Leistung und elektrische Spannung

Wir nehmen mehrere gleiche Glühlampen (z. B. 6 V/0,5 A) und zwei regelbare elektrische Energiequellen. Eine Glühlampe schließen wir an eine Quelle an und stellen den erforderlichen Wert für die Spannung ein. Die von der elektrischen Energiequelle gelieferte Energie wird nun durch die Lampe zu einem Teil in Strahlungsenergie umgewandelt, der Rest wird entwertet. Diese Lampe soll von nun an unsere Referenzlampe (franz. référence = Bezugnahme) sein, d. h. wir vergleichen die Helligkeit anderer Lampen mit dieser Lampe. Bei gleicher Helligkeit gehen wir davon aus, dass beide Lampen in gleicher Zeit die gleiche Energie abgeben. Wir vergleichen also die Leistung $P = \Delta E / \Delta t$ der Energiequellen.

Leuchten in einem anderen Stromkreis zwei Lampen jeweils genauso hell wie unsere Referenzlampe, so wissen wir, dass die elektrische Energiequelle dieses Stromkreises die doppelte Leistung verrichtet wie die Energiequelle unseres Referenzstromkreises (→**B1**).

Untersuche, wie Spannung und Stromstärke in einem Stromkreis mit der Leistung zusammenhängen. Fertige hierzu zwei Messreihen an:

In der ersten Messreihe sollst du erst zwei, dann drei, dann x Lampen parallel zur zweiten elektrischen Energiequelle schalten. Verändere die Spannung an der Quelle so lange, bis alle Lampen gleich hell wie unsere Referenzlampe leuchten. Notiere dir dann jeweils die Spannung und die Stromstärke, welche die Quelle liefert. Fertige hierzu eine Tabelle an:

Anzahl d. Lampen	1	2	3
U in V			
I in A			

Auswertung Messreihe 1: Wenn du in der Parallelschaltung zwei statt einer Lampe hast, muss die Leistung der elektrischen Energiequelle doppelt so groß sein. Wie könnte die Leistung der Energiequelle mit den Größen Spannung und Stromstärke zusammenhängen? Formuliere dein Ergebnis als Proportionalitätszusammenhang.

In der zweiten Messreihe sollst du die Lampen in Reihe schalten. Weiterhin gehst du wie bei Messreihe 1 vor.

Formuliere den gefundenen Zusammenhang auch hier über eine Proportionalität.

A1 Kannst du eine allgemeine Aussage für den Zusammenhang von Leistung, Spannung und Stromstärke aus den Versuchen ableiten?

A2 Die Referenzlampe leuchtet so, dass die Energiequelle die folgenden Daten liefert: $U = 6\,\text{V}$, $I = 0{,}5\,\text{A}$ und $P = 3\,\text{W}$ (→**B1a**). Folgere Angaben für die Daten der Energiequellen in den Bildern 1b, 1c, 1d.

Lösungen:

L1 Aus Messreihe 1 folgt die Proportionalität $P \sim I$ (bei U = konstant).
Aus Messreihe 2 folgt die Proportionalität $P \sim U$ (bei I = konstant).
Zusammen folgt daraus $P \sim U \cdot I$.

L2 Bild 1b: $U = 6\,\text{V}$, $I = 1\,\text{A}$, $P = 6\,\text{W}$
Bild 1c: $U = 18\,\text{V}$, $I = 0{,}5\,\text{A}$, $P = 9\,\text{W}$
Bild 1d: $U = 18\,\text{V}$, $I = 1\,\text{A}$, $P = 18\,\text{W}$

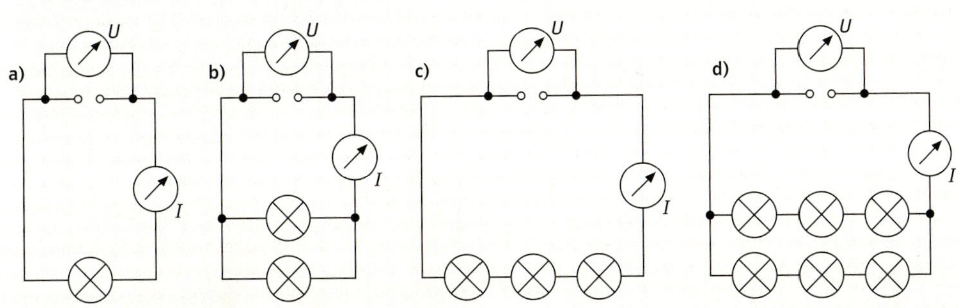

B1 Gleiche Helligkeit = gleiche Wirkung = gleiche Leistung

Physik überall

Elektrische Leistung und Energie im Alltag

B1 Akkuschrauber

Die verfügbare Ladung eines Akkus Fast alle Geräte funktionieren heute mit elektrischer Energie. Sollen diese Geräte mobil einsetzbar sein, so verwendet man hierzu Batterien oder Akkumulatoren – kurz Akkus. Eine Batterie ist im Gegensatz zu einem Akku nicht aufladbar, weshalb man in oft benützten Geräten heutzutage Akkus einsetzt. Ein Auto benötigt einen Akku, damit es starten kann, in einem Wohnmobil kann man ohne Akkus die Abende nur bei Kerzen- oder Gaslicht verbringen und mit „leerem" oder gar ganz ohne Akku ist das beste Handy nutzlos.

Auf der „Batterie" eines Autos (→**B4**, die eigentlich ein wiederaufladbarer Akku ist!) steht die Aufschrift 50 Ah; 12 V. Was bedeutet dies?

Wir analysieren die Einheit 1 Ah: Dies bedeutet „ein Ampere mal Stunde", beschreibt also das Produkt aus Stromstärke und Zeit. Dieses Produkt ist uns bekannt, es ist eine Ladung. Hier ist es die Ladung, die der Akku zur Verfügung stellen kann. Ein Strom der Stärke 1 A kann bei dieser „Autobatterie" also 50 h lang aufrechterhalten werden, ein Strom der Stärke 2 A kann nur 25 h fließen, usw.

Der Fahrer des Autos vergisst nun, das Standlicht auszuschalten. Die vorderen Scheinwerfer haben beispielsweise je die Leistung 25 W, die Rücklichter je 5 W. Wie lange kann das Licht leuchten, bis die Autobatterie „leer" ist? Alle Lampen zusammen haben die Leistung 60 W. Bei 12 V Spannung ist zum Betrieb ein Strom von $I = P/U = 60\,\text{W}/12\,\text{V} = 5\,\text{A}$ erforderlich. Bei einer Ladung von 50 Ah leuchten die Lampen also 10 h lang.

Lange bevor der Akku „leer" ist, kann man den Motor nicht mehr starten. Beim Starten benötigt man eine Stromstärke von über 100 A für bis zu zwei Sekunden. Die benötigte Ladung liegt zwar nur bei knapp 0,06 Ah. Eine Stromstärke von über 100 A stellt aber eine Höchstbelastung dar, welche der Akku nur in einem noch guten Ladezustand schafft.

Die Angabe der Ladungsmenge einer Batterie in der Einheit 1 Ah liefert somit schnell Informationen über die mögliche Betriebsdauer. Man kann diese Angabe jedoch auch ebenso einfach wieder in die übliche Ladungseinheit 1 Coulomb umformen:

$$1\,\text{Ah} = 1\,\text{A} \cdot 1\,\text{h} = 1\,\text{C/s} \cdot 3600\,\text{s} = 3\,600\,\text{C}.$$

Typische verfügbare Ladung üblicher Akkus:
Micro (AAA): 800 mAh
Mignon (AA): 1 500 mAh
Baby: 3 500 mAh
Mono: 6 000 mAh
Handyakku: 1 200 mAh
Akkuschrauber: 2 Ah
Laptop: 6 Ah
Bleiakku (Auto): 60 Ah

B2 Überall erreichbar – mit Hilfe von Akkus!

Die verfügbare Energie eines Akkus Wie wir wissen, stellt die Spannung die Energie pro Ladung dar. Somit können wir durch die Angaben auf einem Akku die in ihm gespeicherte Energie bestimmen.

Hierzu betrachten wir einen Handyakku (z. B. einen sog. „Lithium-Ionen-Akku") mit der Aufschrift 750 mAh; 3,6 V. 750 mAh ist wiederum die Angabe der verfügbaren Ladung, d. h. dies sind 0,75 Ah. Die Spannung beträgt 3,6 V. Somit können wir auf den Energieinhalt des Akkus schließen, dieser ist das Produkt aus Spannung und Ladung:

$$\begin{aligned}\Delta E &= U \cdot Q \\ &= 3{,}6\,\text{V} \cdot 750\,\text{mAh} = 3{,}6\,\text{V} \cdot 0{,}75\,\text{Ah} \\ &= 3{,}6\,\text{V} \cdot 0{,}75\,\text{A} \cdot 3\,600\,\text{s} \\ &= 9\,720\,\text{VAs} = 9\,720\,\text{J}\end{aligned}$$

Mit der gesamten Energiemenge des Handyakkus könnte man die Temperatur von einem Liter Wasser gerade einmal um 2,3 °C erhöhen!

B3 Akkuladegerät mit Netzteil und Solarzelle

B4 Auto-„Batterie"

Elektrische Leistung und Energie im Alltag

Die „Stromrechnung" und die Kilowattstunde
Die Stromrechnung unseres „Stromversorgers" wird über Kilowattstunden (kWh) abgerechnet. Welche Größe uns hier „verkauft" wird, kann man anhand der Einheiten erschließen: 1 kWh = 1 000 Wh. Das „Wh" deutet auf ein Produkt der Leistung und der Zeitspanne hin, dies ist bekanntlich eine Energie. Die Einheit 1 kWh ist also, ebenso wie das Joule, eine Einheit der Energie, der „Stromversorger" ist also eigentlich ein Energieversorger.

1 kWh kostete im Jahr 2007 18 Ct (privat) bzw. 21 Ct (Industrie). Die Verwendung der Energieeinheit kWh erleichtert es dem Kunden, seine Energiekosten zu berechnen, da auf den meisten Elektrogeräten eine Leistungsangabe steht. Ein Kühlschrank der „Energieeffizienzklasse B" mit großem Gefrierfach benötigt im Jahr ca. 750 kWh Energie. Die Energiekosten sind somit 750 kWh · 18 Ct/kWh = 13 500 Ct = 135 €. Bei einem Kühlschrank mit kleinem Gefrierfach der Klasse „A++" liegt der Energiebedarf bei ca. 130 kWh, das entspricht Kosten von lediglich 130 kWh · 13 Ct/kWh = 2 340 Ct = 23,40 €!

Die Kilowattstunde und das Joule Normalerweise berechnet man den Energieumsatz in der Einheit Joule. So kann man z. B. berechnen, dass man 25 200 kJ Energie benötigt, um 200 kg Wasser einer Badewanne von 8 °C auf die Badetemperatur von 38 °C zu erhitzen. Wie teuer ist dann die „heiße Badewanne"? Dazu müssen wir wissen, wie viel Joule einer kWh entspricht. Wir müssen somit die Einheiten umrechnen:

$$1\,\text{kWh} = 1000\,\text{Wh} = 1000\,\text{J/s} \cdot 3600\,\text{s} = 3\,600\,000\,\text{J} = 3{,}6\,\text{MJ}$$

Nun kann man die zugeführte Energie in die Einheit kWh umrechnen:

$$\Delta E = \frac{25{,}2\,\text{MJ}}{3{,}6\,\frac{\text{MJ}}{\text{kWh}}} = 7\,\text{kWh}$$

Um die Wassertemperatur um 30 °C zu erhöhen benötigt man somit 7 kWh, was also bei 18 Ct/kWh immerhin schon über 1,20 € kostet.

Haushaltsgeräte und Sicherung Die folgende Situation dürfte so oder ähnlich schon einigen passiert sein. Der Fernseher läuft, der Video- oder DVD-Rekorder zeichnet gerade einen Spielfilm auf und der Trockner nebenan surrt vor sich hin. Betätigt man dann noch den Staubsauger, wird es plötzlich dunkel – die Sicherung „ist rausgeflogen". Wie kann man solche Situationen vermeiden? Auf den Elektrogeräten stehen Leistungsangaben, z. B. Fernseher 85 W, DVD-Spieler 20 W, Trockner 2800 W, Glühlampe 60 W, usw. Ein normaler Haushalt ist meistens pro Stromkreis mit einer 16-A-Sicherung abgesichert (→B2). Die maximale Gesamtstromstärke in allen Leitungen einer Sicherung darf also 16 A betragen. Da die Leistung das Produkt aus Stromstärke und Spannung ist, ist bei einer Spannung von 230 V die maximal verfügbare Leistung pro Sicherung 16 A · 230 V = 3 680 W.

B1 Wie viel kostet ein Wannenbad?

In obigem Beispiel beträgt die insgesamt erbrachte Leistung 2 965 W. Man hat noch eine „Leistungsreserve" von 715 W. Schaltet man den Staubsauger mit einer Leistung von 1500 W ein, hat man die maximal verfügbare Leistung überschritten und die Sicherung löst aus. Manchmal könnte die Sicherung auch bei einem Gerät mit der Leistung von 400 W auslösen, da einige Geräte beim Einschalten kurzfristig eine höhere Stromstärke verursachen als üblich. Dies nennt man einen Anlaufstrom.

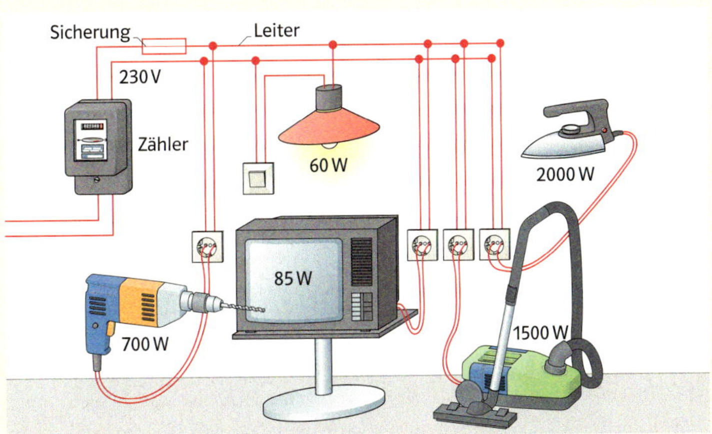

B2 Leistungen von Haushaltsgeräten

Widerstände in Reihe geschaltet

V1 Wir bauen wie in (→**B1**) einen Stromkreis mit zwei in Reihe geschalteten Widerständen auf. An der elektrischen Quelle messen wir eine Spannung $U = 6\,\text{V}$. Die Stromstärke beträgt in beiden Leitungen zur Quelle $I_{\text{Gesamt}} = 0{,}15\,\text{A}$.

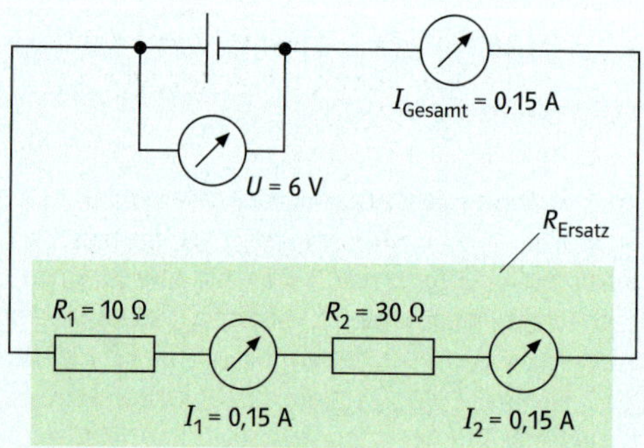

B1

Mit zusätzlichen Messgeräten bestimmen wir die Stromstärke an anderen Stellen des Stromkreises, z. B.:
Beim Widerstand R_1 ist $I_1 = 0{,}15\,\text{A}$.
Beim Widerstand R_2 ist $I_2 = 0{,}15\,\text{A}$.
Die Stromstärke ist überall gleich.

V2 Wir schließen die Widerstände R_1 und R_2 aus dem vorhergehenden Versuch einzeln an die elektrische Quelle mit der Spannung $U = 6\,\text{V}$ an.
Wir messen:
Mit dem Widerstand R_1 ist $I_1^* = 0{,}6\,\text{A}$.
Mit dem Widerstand R_2 ist $I_2^* = 0{,}2\,\text{A}$.

Die Stromstärke ist je nach Widerstand verschieden.

Gesamtwiderstand einer Reihenschaltung

Wenn ein bestimmtes elektrisches Gerät in seinem Inneren aus zwei Widerständen besteht, die in Reihe geschaltet sind, kann man nicht herausbekommen, wie groß jeder einzelne Widerstand ist, wenn man das Gerät nicht öffnet.

Analogien & Strukturen →S. 262 und S. 268

Dafür kann man aber einen sogenannten **Gesamt-** oder **Ersatzwiderstand** bestimmen, indem man die außen angelegte Spannung U_{ges} und die Gesamtstromstärke I_{ges} misst. So erhält man

$$[1]\quad R_{\text{ges}} = \frac{U_{\text{ges}}}{I_{\text{ges}}}.$$

Wie hängt dieser Ersatzwiderstand von den beiden Widerständen im Inneren ab? Dazu stellt man folgende Überlegungen an:
Da der Strom mit I_{ges} durch beide Widerstände hindurchfließt (Reihenschaltung!), ist

$$[2]\quad I_{\text{ges}} = I_1 = I_2.$$

Außerdem wissen wir, dass die einzeln an den beiden Widerständen anliegenden Teilspannungen zusammen die Gesamtspannung U_{ges} ergeben müssen, also gilt

$$[3]\quad U_{\text{ges}} = U_1 + U_2.$$

Wenn man [2] und [3] in [1] einsetzt, folgt:

$$R_{\text{ges}} = \frac{U_{\text{ges}}}{I_{\text{ges}}} = \frac{U_1 + U_2}{I_{\text{ges}}} = \frac{U_1}{I_{\text{ges}}} + \frac{U_2}{I_{\text{ges}}} = \frac{U_1}{I_1} + \frac{U_2}{I_2}$$
$$= R_1 + R_2$$

d. h. der Gesamtwiderstand in einer Reihenschaltung aus zwei Widerständen R_1 und R_1 ergibt sich zu $R_{\text{ges}} = R_1 + R_2$.

Diese Regel kann man mit ähnlichen Überlegungen auf Reihenschaltungen aus beliebig vielen Widerständen erweitern.

● **In einer Reihenschaltung aus mehreren Widerständen berechnet sich der Gesamtwiderstand als Summe der einzelnen Widerstände:**
$$R_{\text{ges}} = R_1 + R_2 + R_3 + \ldots$$

Beispiel: Wenn zwei Widerstände mit $100\,\Omega$ und $350\,\Omega$ in einem Gerät in Reihe geschaltet sind, dann hat das Gerät den Gesamtwiderstand $R_{\text{ges}} = 100\,\Omega + 350\,\Omega = 450\,\Omega$, d. h. das Gerät verhält sich wie ein einzelner 450-Ω-Widerstand.

A1 Begründe mit Hilfe des Wassermodells, ob der Ersatzwiderstand in einer Reihenschaltung größer als der größte oder kleiner als der kleinste Einzelwiderstand sein muss.

A2 Berechne den Ersatzwiderstand im Schaltkreis aus **B1** mit den verschiedenen Angaben über zwei verschiedene Rechenwege.

Widerstände parallel geschaltet

V1 Wir bauen einen Stromkreis mit zwei parallel geschalteten Widerständen wie in (→**B1**) auf. An der elektrischen Quelle messen wir die Spannung $U = 6\,V$. Die Stromstärke in den gemeinsamen Kabeln beträgt $I = 0{,}8\,A$.

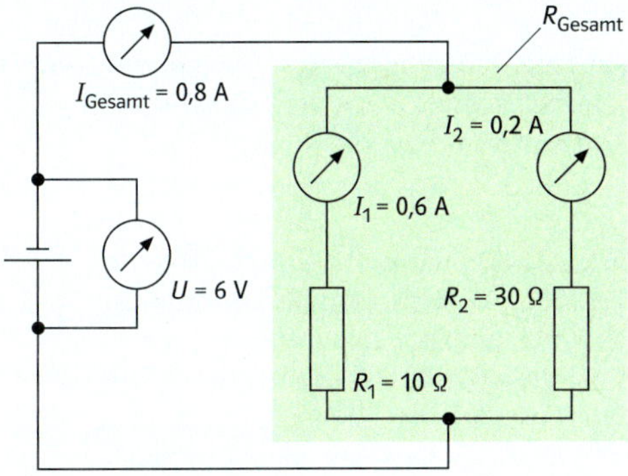

B1

Mit zwei zusätzlichen Messgeräten bestimmen wir die Stromstärken in den beiden Teilkreisen für die Widerstände R_1 und R_2 (→**B1**). Wir finden: $I_1 = 0{,}6\,A$ und $I_2 = 0{,}2\,A$.

V2 In der Schaltung nach (→**B1**) wird der Widerstand R_1 entfernt. Das Messgerät im gemeinsamen Kabel sowie das Messgerät im zweiten parallelen Zweig mit R_2 zeigen eine Stromstärke von 0,2 A an.

Wir fügen den Widerstand R_1 wieder in die Schaltung ein und nehmen den Widerstand R_2 heraus. An den jetzt anzeigenden Messgeräten lesen wir jeweils eine Stromstärke von 0,6 A ab.

Gesamtwiderstand einer Parallelschaltung

Wieder denken wir uns ein elektrisches Gerät, das in seinem Inneren aus zwei Widerständen besteht, nun seien sie jedoch parallel geschaltet.

Der Gesamtwiderstand lässt sich auch hier bestimmen zu

[1] $R_{ges} = \frac{U_{ges}}{I_{ges}}$.

Bei Parallelschaltungen ist die Spannung jedoch an jedem Widerstand dieselbe, nämlich die Gesamtspannung, also

[2] $U_{ges} = U_1 = U_2$.

Außerdem gilt: Die Stromstärke I_{ges} teilt sich laut Knotenregel auf die Zweige auf, somit folgt

[3] $I_{ges} = I_1 + I_2$.

Analog zur bei der Reihenschaltung durchgeführten Rechnung folgt hier:

$$\frac{I_{ges}}{U_{ges}} = \frac{I_1 + I_2}{U_{ges}} = \frac{I_1}{U_{ges}} + \frac{I_2}{U_{ges}} = \frac{I_1}{U_1} + \frac{I_2}{U_2}$$

Auf den ersten Blick scheint diese Berechnung keine Vereinfachung wie bei der Gleichung der Reihenschaltung zu enthalten. Bei genauer Betrachtung entdeckt man aber, dass hier statt des Widerstandes $R = U/I$ der Kehrwert $1/R = I/U$ in der Gleichung steckt.

Man kann die obige Gleichung also als

[4] $\frac{1}{R_{ges}} = \frac{1}{R_1} + \frac{1}{R_2}$ schreiben.

Auch dies kann man verallgemeinern:

● **Für den Gesamtwiderstand einer Parallelschaltung aus den Widerständen $R_1, R_2, \ldots$ gilt**

$$\frac{1}{R_{ges}} = \frac{1}{R_1} + \frac{1}{R_2} + \frac{1}{R_3} + \ldots$$

Beispiel: Wenn zwei Widerstände $R_1 = 100\,\Omega$ und $R_2 = 350\,\Omega$ in einem Gerät parallel geschaltet werden, so gilt:

$$\frac{1}{R_{ges}} = \frac{1}{100\,\Omega} + \frac{1}{350\,\Omega} = \frac{9}{700}\,\frac{1}{\Omega}$$

Es folgt: $R_{ges} = \frac{700}{9}\,\Omega = 77{,}8\,\Omega$

A1 Überlege und begründe mit Hilfe des Wassermodells, ob der Ersatzwiderstand in einer Parallelschaltung größer als der größte oder kleiner als der kleinste Einzelwiderstand sein muss.

A2 Berechne den Ersatzwiderstand im Schaltkreis aus **B1** mit den verschiedenen Angaben auf zwei verschiedene Arten.

Analogien & Strukturen
→S. 262 und S. 268

Achtung:
Aus der Summe in [4] folgt, dass man nicht direkt die Widerstandswerte aufsummieren darf, sondern erst die einzelnen Kehrwerte bilden muss. Diese werden dann addiert und aus dem Ergebnis erneut der Kehrwert gebildet. Denn:

$\frac{1}{2} + \frac{1}{4} = \frac{3}{4}$

und nicht

$\frac{1}{2} + \frac{1}{4} = \frac{1}{6}$!

Technische Anwendungen von Widerständen

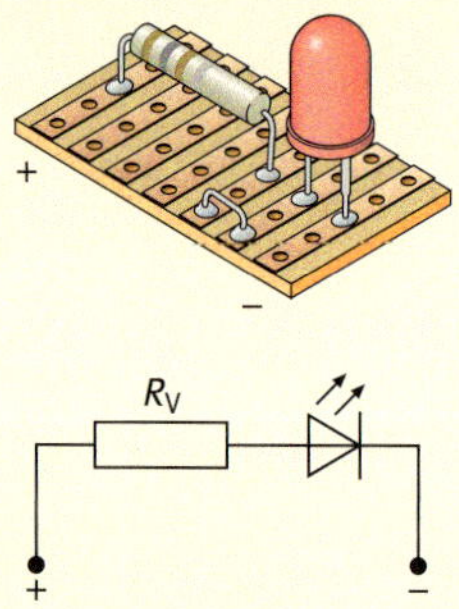

B1 Leuchtdiode mit Vorwiderstand

Vorwiderstände schützen Bei vielen elektrischen Geräten und Bauteilen muss die Stromstärke begrenzt werden, um sie vor Beschädigungen zu schützen. Ein Beispiel sind die Leuchtdioden (LED). Leuchtdioden haben eine besondere *U*-*I*-Kennlinie (→ **B2**).

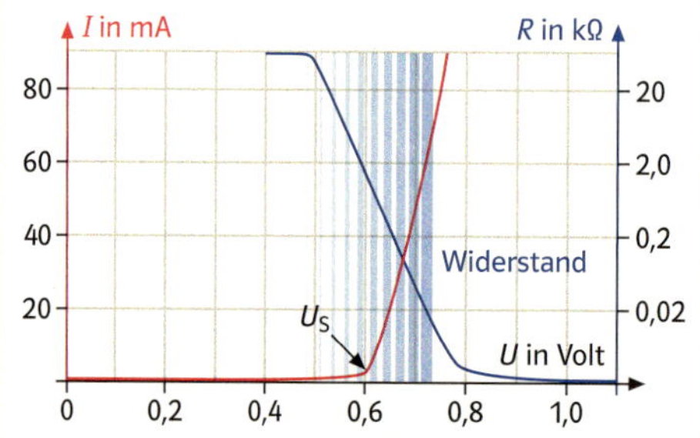

B2 Kennlinie einer Leuchtdiode

Bis zu einer bestimmten Spannung U_S ist die Stromstärke nahezu 0 A, der Widerstand der Leuchtdioden also sehr hoch. Oberhalb von U_S steigt die Stromstärke bei geringfügiger Erhöhung der Spannung stark an, d.h. der Widerstand der Leuchtdiode nimmt stark ab. Eine zu große Stromstärke würde sie zerstören. Deshalb schaltet man die Leuchtdioden in Reihe mit einem **Vorwiderstand** R_V (→ **B1**).

siehe hierzu auch S. 47, **B1b**!

Auch bei sehr geringem Widerstand der Leuchtdiode kann die Stromstärke nicht über den Wert $I_{max} = U/R_V$ ansteigen.

Vorwiderstände können auch Menschen vor zu starken Strömen bewahren. Mit einem sogenannten **Phasenprüfer** (→ **B3**) kann der Elektriker feststellen, ob eine Steckdose „unter Strom" steht. Man schließt dabei aber den Stromkreis zur Erde über den eigenen Körper in Reihe zum Phasenprüfer! Weshalb bekommt man trotzdem keinen „Stromschlag"? In diesen einfachen Phasenprüfern befindet sich ein schützender Vorwiderstand. Achtung: Auch ein Phasenprüfer kann defekt sein! Man sollte generell Geräte vermeiden, bei denen auch noch so kleine Ströme durch den eigenen Körper geleitet werden.

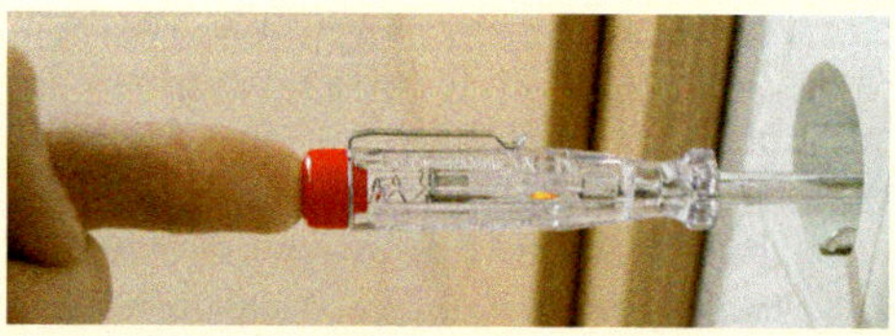

B3 Phasenprüfer für Elektriker

Der Spannungsteiler In vielen Geräten kann man die Spannung mit einem (Dreh-)Knopf verändern, z. B. zur Lautstärkeregelung an einem Radio oder zum Dimmen einer Lampe. Die Steckdose hat jedoch konstant eine 230-V-Wechselspannung. Die Regelung der Spannung muss deshalb von einem so genannten **Spannungsteiler** bzw. **Potenziometer** im Gerät übernommen werden. Ein Spannungsteiler besteht oftmals aus einem gewickelten Draht oder Leiterstreifen, dessen Länge und somit Widerstand man mit einem Gleitkontakt (→ **B4**) in zwei Abschnitte unterteilen kann, so entstehen „zwei" in Reihe geschaltete Widerstände R_1 und R_2 (→ **B5**). Zwischen ihren Enden misst man die Teilspannungen U_1 bzw. U_2, deren Werte ebenfalls von der Stellung des Gleitkontaktes abhängig sind. U_1 kann man von 0 V bis maximal zur angelegten Spannung U variieren.

Schließt man an die Anschlussstellen von R_1 jetzt ein Gerät mit Widerstand R', spricht man von einem belasteten Spannungsteiler (→ **B6**). Bei ihm wird die Spannung U_1 noch einmal geringer: Der zu R_2 in Reihe geschaltete Ersatzwiderstand aus der Parallelschaltung von R_1 und R' ist kleiner als R_1 und somit ist die an der Parallelschaltung anliegende Spannung U' kleiner als U_1 im unbelasteten Fall. Der Spannungsteiler hat einen großen Nachteil: An den Widerständen R_1 und R_2 wird ständig Energie ohne Nutzen entwertet.

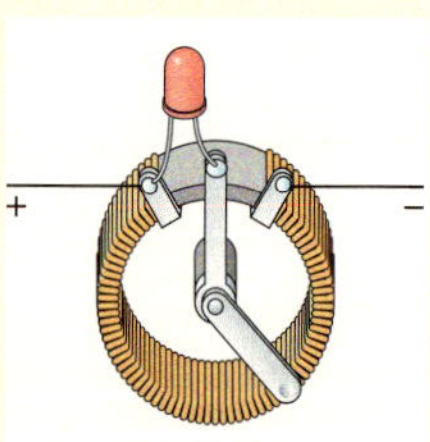

B4 Leuchtdiode an Spannungsteiler

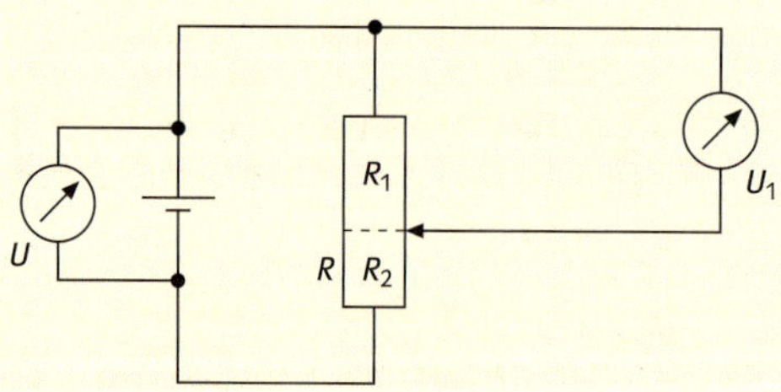

B5 Teilspannung U_1 am Spannungsteiler

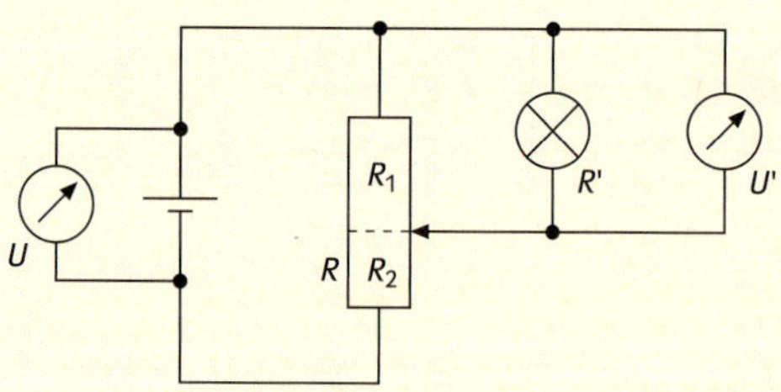

B6 Belasteter Spannungsteiler

Widerstand und Leistung

V1 Wir schalten zwei gleich lange, aber unterschiedlich dicke Konstantandrähte parallel und schließen sie an eine regelbare Quelle (→**B1**). Wir erhöhen die Spannung allmählich. Der dickere Draht glüht auf, während der dünnere Draht noch dunkel ist.

V2 Der Versuch **V1** wird erneut durchgeführt, dieses Mal werden die Drähte in Reihe geschaltet. Nun glüht der dünnere Draht zuerst.

V3 Wir schalten zwei 6-V-Lämpchen, eines mit 0,3 W, das zweite mit 3 W Nennleistung in Reihe (→**B2**) und erhöhen die Spannung langsam. Während Lämpchen 1 schon leuchtet, bleibt Lämpchen 2 noch dunkel. Lämpchen 2 kann nicht zum hellen Leuchten gebracht werden, da vorher Lämpchen 1 durchbrennen würde.

B1

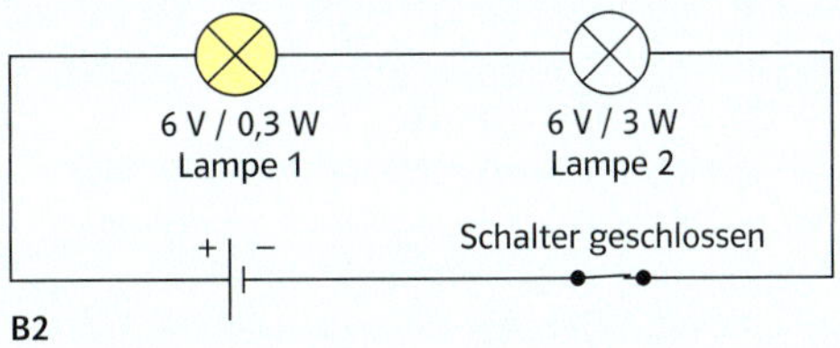

B2

Widerstand, Leistung und Energie In einer Schaltung wird an jedem Widerstand elektrische Leistung erbracht. Die Gesamtleistung setzt sich einerseits als Summe der Einzelleistungen zusammen, also $P = P_1 + P_2 + \ldots$ Andererseits hat die Schaltung einen (Gesamt-) Widerstand. Betrachtet man die insgesamt verrichtete Leistung, so gilt bei Gesamtspannung U und Gesamtstromstärke I:

$$P = U \cdot I = U \cdot \frac{U}{R} = \frac{U^2}{R}$$

● **Die elektrische Leistung ist umgekehrt proportional zum Gesamtwiderstand einer Schaltung.**

In einer Parallelschaltung aus den Widerständen R_1 und R_2 gilt $U = U_1 = U_2$, somit folgt für die elektrischen Leistungen an den Widerständen:

$$P_1 = \frac{U^2}{R_1} \text{ und } P_2 = \frac{U^2}{R_2}.$$

Der Zusammenhang zwischen den einzelnen Widerständen und den dazugehörigen Leistungen zeigt der Quotient:

$$\frac{P_1}{P_2} = \frac{\frac{U^2}{R_1}}{\frac{U^2}{R_2}} = \frac{R_2}{R_1}$$

● **Leistung und Stromstärke teilen sich bei parallel geschalteten Widerständen im umgekehrten Verhältnis wie die Widerstände auf.**

In einer Reihenschaltung gilt dagegen $I = I_1 = I_2$ und $U = U_1 + U_2$. Somit folgt $P_1 = U_1 \cdot I$ und $P_2 = U_2 \cdot I$.

Der Quotient aus den einzelnen Leistungen ergibt deshalb hier:

$$\frac{P_1}{P_2} = \frac{U_1}{U_2} = \frac{R_1 \cdot I_1}{R_2 \cdot I_2} = \frac{R_1}{R_2}$$

● **Leistung und Spannung teilen sich bei in Reihe geschalteten Widerständen im Verhältnis der einzelnen Widerstände auf.**

Eine Batterie ist nicht nur elektrische Quelle, sie ist im Stromkreis selbst ein Widerstand. Man spricht vom **Innenwiderstand** der Batterie. Wird durch die Batterie ein Stromkreis mit einem äußeren Widerstand R_a geschlossen, so liegt automatisch eine Reihenschaltung vor (→**B3**). Wenn R_a kleiner ist als R_i, so ist auch P_a kleiner als P_i, d.h. der größere Teil der Leistung wird in der Batterie selbst verrichtet. Die Batterie kann dabei sogar gefährlich heiß werden!

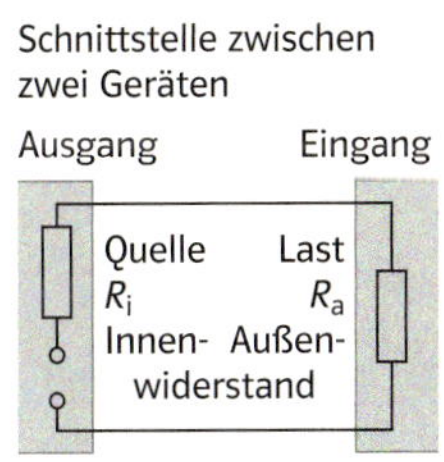

B3 Innenwiderstand einer Quelle

A1 Formuliere den Zusammenhang zwischen umgewandelter Energie und Widerständen für beide Schaltungsarten.

A2 Man schaltet zwei gleich dicke unterschiedlich lange Drähte parallel (in Reihe). Welcher Draht glüht zuerst? Weshalb?

Physik überall

Vom Froschschenkel zur elektrischen Quelle

Luigi Galvani
(1737 – 1798)

Alessandro Volta
(1745 – 1827)

In der Via Ugo Bassi in Bologna wurde im Jahre 1858 am Balkon des Hauses Nr. 29 eine Gedenktafel folgenden Inhalts enthüllt:

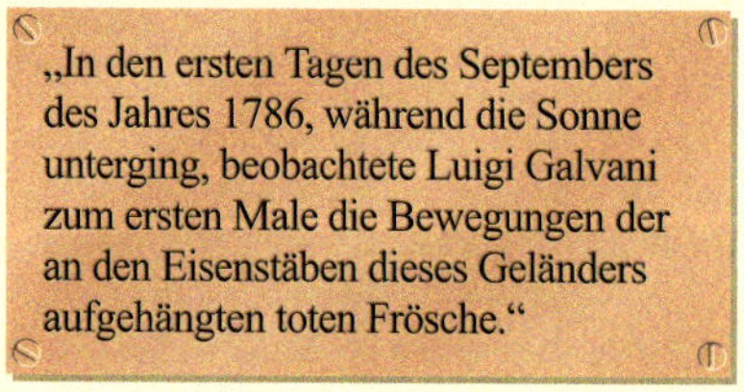

„In den ersten Tagen des Septembers des Jahres 1786, während die Sonne unterging, beobachtete Luigi Galvani zum ersten Male die Bewegungen der an den Eisenstäben dieses Geländers aufgehängten toten Frösche."

Luigi Galvani wurde in Bologna geboren und wirkte dort als praktischer Arzt und später als Professor für Anatomie. Über die Elektrizität bei der Muskelbewegung berichtet er:
„Die Sache fing so an. Ich sezierte einen Frosch und präparierte ihn, so dass die Froschschenkel ihrer Haut beraubt und die Nerven bloß gelegt sind. Sie stehen mit einem kurzen Stück des Rückgrats in Verbindung.
Ich legte ihn, ohne etwas zu vermuten, auf einen Tisch, auf dem eine Elektrisiermaschine stand, die ganz von ihrem Konduktor getrennt und weit davon entfernt war. (Konduktor ist die alte Bezeichnung für einen isolierten Leiter, an dem die Elektrisiermaschine als Quelle angeschlossen wurde; den zweiten Anschluss über die Erde erkannte er noch nicht.)
Wie nun der eine von meinen Helfern mit der Spitze des Skalpellmessers die inneren Schenkelnerven des Frosches zufällig berührte, schienen sich alle Muskeln an den Gelenken wiederholt derart zusammenzuziehen, als wären sie von heftigen Krämpfen befallen.
Ein anderer Helfer aber glaubte bemerkt zu haben, dass sich das ereignet hätte, während dem Konduktor der Maschine ein Funke entlockt wurde. Verwundert über diese neue Erscheinung, machte er mich, der ich etwas gänzlich Anderes vor hatte und in Gedanken versunken war, darauf aufmerksam. Daraufhin wurde ich von einem unglaublichen Eifer und Begehren entflammt, dasselbe zu erproben und das, was darunter verborgen wäre, ans Licht zu ziehen …"

Dies soll am 6. November 1780 geschehen sein. Galvani wiederholte die Versuche und untersuchte auch den Einfluss von Blitzen auf die Muskelbewegungen der Froschschenkel. Im September des Jahres 1786 machte er die auf der Gedenktafel angegebene Entdeckung, die aber zu seinem Erstaunen nicht nur beim Blitz, sondern auch bei heiterem Himmel auftrat. Er zog daraus aber den falschen Schluss, dass *„den Tieren selbst Elektrizität innewohne"*.

Die richtige Deutung verdanken wir Alessandro Volta. Er erkannte, dass die eigentliche Ursache für das Entstehen des elektrischen Stromes in der Berührung der Froschschenkelnerven mit zwei verschiedenen Metallen liegt.

Nach zahlreichen Versuchen mit präparierten Froschschenkeln benutzte er den nur durch eine dünne Haut geschützten Muskel der menschlichen Zunge. Er legte auf die Zungenspitze ein glattes Stück Zinn und auf die Mitte der Zunge eine Gold- oder Silbermünze, so dass sich beide berührten. Die Zunge zuckte aber nicht zusammen, sondern an ihrer Spitze verspürte er einen eigenartigen säuerlichen Geschmack, gleich jenem, den ein aufgeladener Konduktor erzeugt und der solange anhielt, wie sich die beiden Metalle berührten. Volta folgerte daraus, dass man mit Hilfe zweier verbundener Metalle und angesäuertem Wasser eine elektrische Quelle bauen kann. Mit dem Volta-Becher und der Volta'schen Säule begann die Entwicklung elektrischer Quellen aufgrund chemischer Vorgänge.

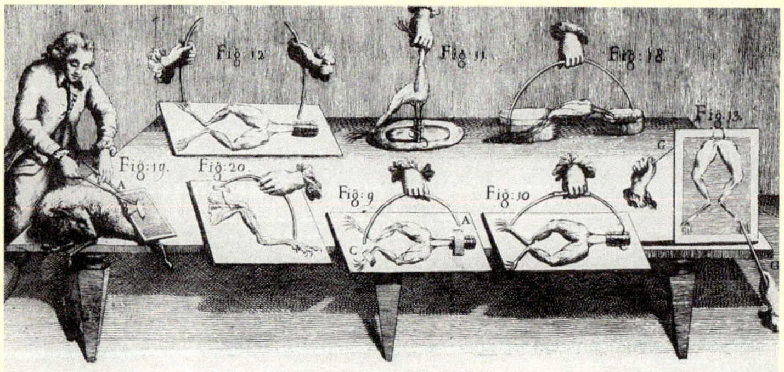

B1 Galvanis Experimente mit Froschschenkeln

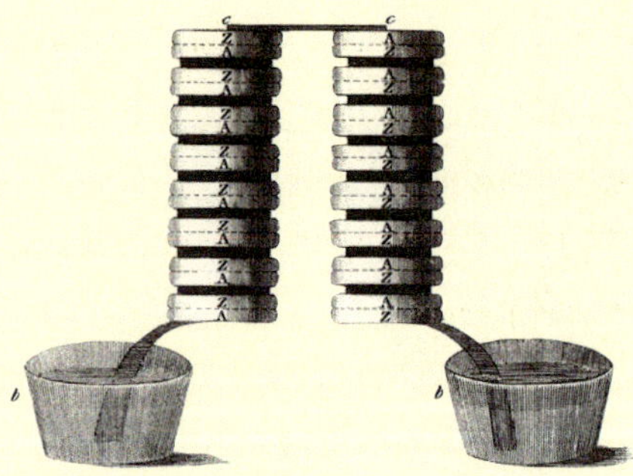

B2 Volta'sche Säule

Der glühelektrische Effekt

V1 In einem luftleer gepumpten Glaskolben sind ein Glühdraht und eine Metallplatte eingeschmolzen. Diese haben Anschlüsse nach außen. Wir verbinden die Metallplatte mit einem Elektroskop und laden dieses positiv auf (→**B1**). Danach erhitzen wir den Glühdraht und beobachten das Elektroskop. Es entlädt sich.

V1 Wir wiederholen den Versuch, laden aber das Elektroskop negativ auf. Diesmal entlädt sich das Elektroskop nicht.

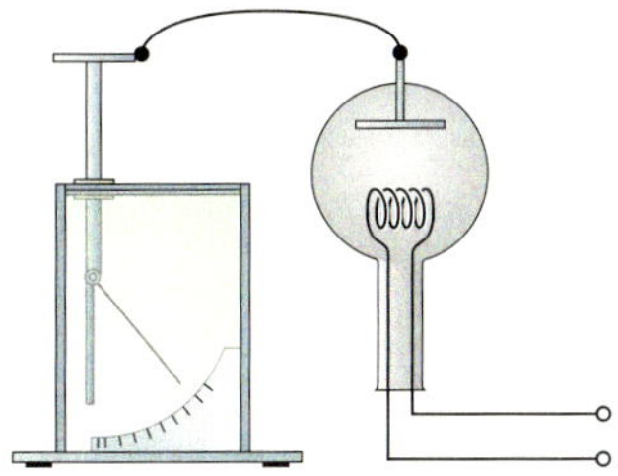

B1

Der glühelektrische Effekt In einem luftleeren Glaskolben befindet sich eine feste Metallplatte und ihr gegenüber ein dünner Draht, den man durch elektrischen Strom zum Glühen bringen kann. Eine solche Vorrichtung wird **Diode** genannt. Glüht der Draht, kann beobachtet werden, dass ein mit der Metallplatte verbundenes, positiv geladenes Elektroskop entladen wird. Ein negativ geladenes Elektroskop wird dagegen nicht entladen. Der Draht muss also Teilchen mit negativer Ladung abgeben, die durch den leeren Raum zur positiv geladenen Platte gelangen. Diese Teilchen sind die Elektronen. Ihre Masse muss sehr klein sein, denn es wird kein Massetransport beobachtet. Man spricht vom **glühelektrischen Effekt,** da die Elektronen durch Glühen aus dem Metall austreten.

Die Braun'sche Röhre

Physik überall

Bei der nach ihrem Erfinder, dem Physiker **Karl Ferdinand Braun** (1850–1918), benannten Röhre handelt es sich um eine Diode (→**B2**), deren Metallplatte („**Anode**“) in der Mitte ein Loch hat. Den Glühdraht bezeichnet man wegen seiner gegenüber der Anode negativen Ladung als **Glühkathode**. Die aus der Kathode austretenden Elektronen werden durch einen negativ geladenen Zylinder, der sie zu einem Strahl bündelt, auf die Anode zu beschleunigt. Durch ein Loch in der Anode hindurch gelangen die Elektronen als feiner Elektronenstrahl auf einen Leuchtschirm, wo sie die entsprechende Stelle zum Leuchten bringen. Mit Hilfe von zwei um 90° gegeneinander versetzten Plattenpaaren mit entgegengesetzter Ladung kann dieser Elektronenstrahl sowohl vertikal als auch horizontal abgelenkt werden. Dieser „Urahn“ des Fernsehers wird in Oszilloskopen für Messzwecke verwendet.

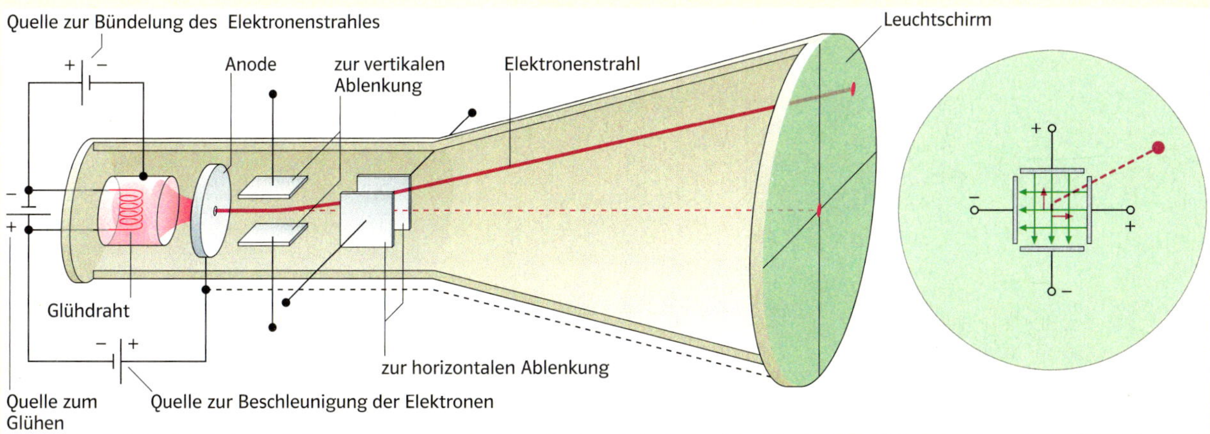

B2 Braun'sche Röhre mit zwei Paar Ablenkplatten zur Steuerung des Elektronenstrahls auf dem Leuchtschirm

Rückblick

Auf den vorhergehenden Seiten hast du einige Versuche, neue Begriffe, Beobachtungen und Erklärungen kennengelernt. Wenn du die folgenden Aufgaben bearbeitest, erstellst du dir selbst eine Zusammenfassung des Kapitels und kannst überprüfen, ob du das Wichtigste verstanden hast. Bist du an einer Stelle unsicher, dann sieh auf der entsprechenden Seite noch einmal nach.

1 Begriffe

Was versteht man unter
- einem Elektroskop?
- der Ladung?
- der technischen Stromrichtung?
- der physikalischen Stromrichtung?
- dem elektrischen Feld?
- elektrischer Spannung, Elementarladung und Stromstärke?

2 Beobachtungen

Was beobachtet man, wenn
- zwei unterschiedlich geladene Körper sich nähern?
- zwei gleich geladene Körper sich nähern?
- man verschiedene Leiter aneinander reibt?
- man verschiedene Isolatoren (z. B. Glasstab, Wolle) aneinander reibt?
- einen geladenen Körper in ein elektrisches Feld bringt?
- bei einer Reihen- bzw. Parallelschaltung von zehn gleichen Lampen je eine weitere hinzugefügt wird?
- statt eines Drahtes zwei solche Drähte als Leitungsdrähte verwendet werden?
- ein dünner und ein dicker Draht aus demselben Material in Reihe bzw. parallel geschaltet sind und die Spannung anwächst?

3 Erklärungen

Wie lässt sich begründen, dass
- geladene Körper im elektrischen Feld beschleunigt werden?
- Vögel ohne Gefahr auf Hochspannungsleitungen sitzen können?
- in einer Parallelschaltung zweier verschieden großer Widerstände die größere Energie beim kleineren Widerstand umgesetzt wird?
- Stromstärke und Spannung zur Leistung bzw. zur Übertragung von Energie beitragen?

4 Gesetzmäßigkeiten

Beschreibe mit eigenen Worten den Zusammenhang
- wie man die Kraftrichtung auf geladene Körper in einem elektrischen Feld ermitteln kann.
- von Spannung, Energie und Leistung.
- von Widerstand und umgesetzter Energie bzw. Leistung bei einer Parallel- und bei einer Reihenschaltung.
- zwischen Ladung und Stromstärke.
- zwischen Ladung und der auf sie bei der Ladungstrennung übertragenen Energie.

Erläutere die Erscheinungen in den folgenden Bildern und beantworte die Fragen!

B1 Lassen sich diese Stoffe elektrisch laden?

B2 Wie erreicht man diese Anziehung?

B3 Beide Lampen leuchten gleich hell, obwohl die Stromstärken verschieden sind. Weshalb?

B4 Auf dieser Batterie steht: 12 V / 45 Ah / 360 A. Welche Energie ist ihr maximal zu entnehmen?

Beispiele

Widerstandsvariationen Zwei Widerstände R_1 und R_2 werden in Reihe geschaltet, als Spannungsquelle wird eine Autobatterie (12 V) verwendet. Wenn beide Widerstände gleich groß sind, fließt ein Strom der Stärke 60 mA.

a) Welche Stromstärke herrscht, wenn R_2 mit einem Kurzschlusskabel überbrückt wird?
b) Welche, wenn man R_1 und R_2 verdoppelt?
c) Welche, wenn nur R_1 verdoppelt wird?
d) Welche, wenn nur R_1 verdreifacht wird?
e) Welche Stromstärke herrscht, wenn R_1 verdoppelt und R_2 halbiert wird?

Lösung: R_{Gesamt} ergibt sich als $R_{\text{Gesamt}} = U/I = 12\,\text{V}/0{,}06\,\text{A} = 200\,\Omega$. Daraus folgt dann $R_1 = R_2 = 100\,\Omega$.

a) Der überbrückte Widerstand ist wirkungslos, also $R_{\text{Gesamt}} = 100\,\Omega$.

Damit ist $I_{\text{Gesamt}} = U/R_{\text{Gesamt}} = 0{,}12\,\text{A} = 120\,\text{mA}$.

b) $R_{\text{Gesamt}} = 400\,\Omega$. Damit $I = 0{,}03\,\text{A} = 30\,\text{mA}$.
c) $R_{\text{Gesamt}} = 300\,\Omega$. Damit $I = 0{,}04\,\text{A} = 40\,\text{mA}$.
d) $R_{\text{Gesamt}} = 400\,\Omega$. Damit $I = 0{,}03\,\text{A} = 30\,\text{mA}$.
e) $R_{\text{Gesamt}} = 250\,\Omega$. Damit $I = 0{,}048\,\text{A} = 48\,\text{mA}$.

Heimversuche

1 Ballonzauber Binde zwei aufgeblasene Luftballons mit einem etwa 1 m langen Faden zusammen. Bitte eine zweite Person, die Ballons so zu halten, dass sie nahe beieinanderliegen. Lade sie jetzt durch Reiben mit einem Wolllappen auf! Sie stoßen sich gegenseitig ab.

2 Wassermagie Reibe einen Kunststoffkamm mit einem Wolltuch und halte ihn in die Nähe eines dünnen Wasserstrahls. Dieser Strahl wird ein wenig in Richtung zum Kamm hin abgelenkt (→**B1**). Kannst du diese Erscheinung erklären?

3 Elektrische Energie wird gezählt Schaue auf dem „Elektrizitätszähler" nach, wie viele Umdrehungen die Scheibe für die Entnahme einer Energie von einer Kilowattstunde ausführt. Wie viele Umdrehungen führt sie in 10 min aus, wenn eine 100-W-Lampe in Betrieb ist?

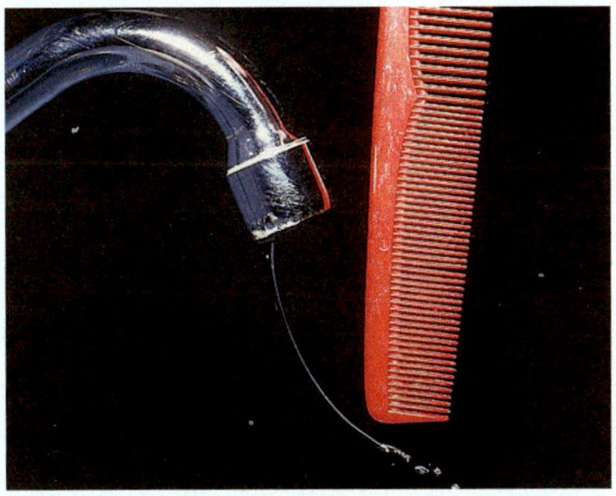

B1

4 Wie viel kostet 1 kWh? Erläutere die letzte Abrechnung des Elektrizitätswerkes. Wie viel kostet 1 kWh elektrische Energie einschließlich aller Abgaben? Schätze, wie lange alle Elektrogeräte im Laufe eines Jahres in Betrieb sind und vergleiche die umgesetzte Energie mit der auf der Rechnung.

Fragen

Ladung und elektrisches Feld

1 Was sind Unterschiede und Gemeinsam keiten von Ladung und Ladungsträger?

2 Mit einer Glimmlampe werden die geladene Kugel des Bandgenerators und ein großes aufgeladenes Kunststofflineal nacheinander an mehreren Stellen berührt. Beim Berühren der Kugel leuchtet sie nur einmal auf, beim Lineal mehrmals. Begründe!

3 Warum kann es passieren, dass man beim Berühren der Autotür einen leichten, aber deutlich spürbaren elektrischen Schlag erhält?

4 Drei verschiedene Stoffe A, B und C werden gerieben. Sie verhalten sich zueinander so, wie es die Abbildung zeigt (→**B2**):

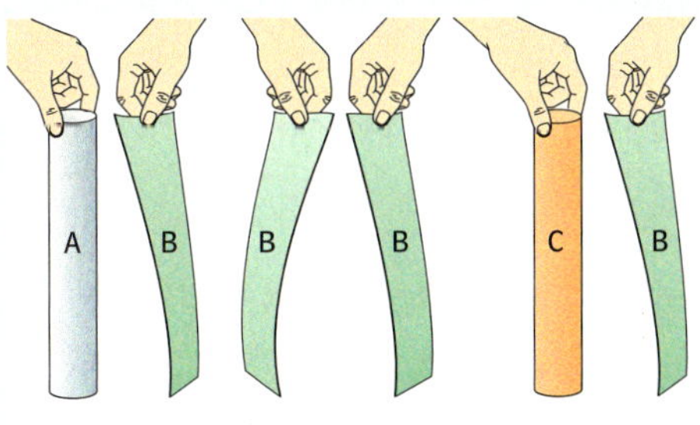

B2

Was lässt sich über ihre elektrische Ladung sagen?

5 Eine CD wird mit einem weichen Tuch gerieben und über Papierstückchen gehalten, die auf einem Tisch liegen. Die Papierstückchen hüpfen einige Male auf und ab. Erkläre!

Fragen

Ist Energie aus der Batterie so preiswert wie aus der Steckdose?

Beide Lampen haben die gleiche Leistung. Worin unterscheiden sie sich?

Elektrische Energie und Leistung

6 Gib den Zusammenhang zwischen elektrischer Spannung und Energie als Satz und als Formel an, der die Stromstärke nicht enthält.

7 Eine Lithium-Batterie hat eine Spannung von 3,5 V. Sie kann für 90 Minuten die Stromstärke 2,0 A in einem Stromkreis hervorrufen. Wie groß sind gelieferte elektrische Energie und geflossene Ladung?

8 Ersetzt man in der Formel $\Delta E_{el} = U \cdot I \cdot \Delta t$ die Spannung U durch die Beziehung $U = I \cdot R$, so gilt $\Delta E_{el} = I^2 \cdot R \cdot \Delta t$. Darf man daraus folgern, dass mit größerem Widerstand die umgesetzte Energie zunimmt? Begründe!

9 In einer Lampe wird eine 100-W-Glühlampe durch eine 15-W-Energiesparlampe ausgetauscht. Wie viel Geld spart man in einem Jahr, wenn die Lampe täglich 4 Stunden in Betrieb ist? (Der Preis für 1 kWh sei 18 Cent.)

10 Welche elektrische Leistung kann man im Höchstfall der Steckdose (230 V) entnehmen, wenn die Sicherung bei 16 A anspricht?

11 Für kurze Zeit kann die Netzspannung zwischen 210 V und 240 V schwanken. Um wie viel Prozent ändert sich dadurch die Leistung eines Gerätes mit konstantem Widerstand?

12 Eine Heizspirale trägt die Angaben 12 V/30 W. Gib ein Experiment an, mit dem du diese Angaben überprüfen kannst. Was ist bei der Auswahl der Messbereiche zu beachten?

13 Nimmt die Leistung einer Glühlampe zu, wenn der Glühfaden dünner wird? Begründe.

Parallel- und Reihenschaltung

14 a) Wie lässt sich bei einer Schaltung mehrerer Bauteile prüfen, ob eine Reihen- oder eine Parallelschaltung vorliegt?

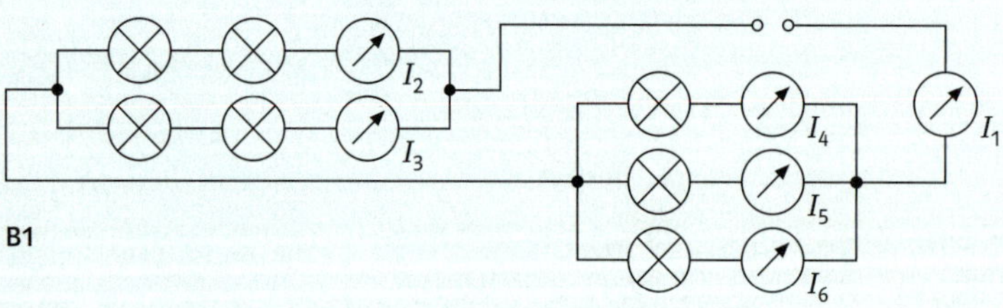

B1

b) Welche Gesetze gelten bei gleicher Spannung für die Stromstärken in einer Reihen- bzw. in einer Parallelschaltung? Formuliere in Worten und durch Gleichungen.

15 Für eine Festbeleuchtung sind 25 gleiche Glühlampen parallel geschaltet. Die Gesamtstromstärke beträgt 20 A.
a) Berechne die Stromstärke in jeder Lampe.
b) Wie viele Glühlampen dürfen in gleicher Weise hinzugeschaltet werden, wenn die Gesamtstromstärke 25 A nicht überschreiten darf?

16 Die Lämpchen in der Schaltung **B1** sind alle gleich. Das Messgerät Nr. 1 zeigt eine Stromstärke von 2 A an. Welche Stromstärken zeigen die anderen Messgeräte an?

Energie und Leistung bei Parallel- und Reihenschaltung

17 Die folgenden Stromkreise sind alle aus gleichen Batterien mit $U = 10\,V$ und gleichen Widerständen aufgebaut. Das Messgerät zeigt im Beispiel a) die Stromstärke 0,4 A an. Welche Stromstärken werden dann von den übrigen Messgeräten angezeigt? Wie groß ist die Leistung der Quellen in den Beispielen?

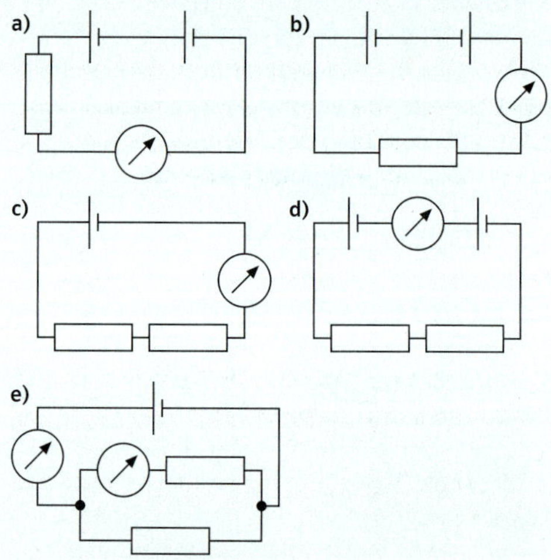

18 Auf einer Kabeltrommel steht: „Beim Anschluss leistungsstarker Geräte Kabel ganz abrollen. Überhitzungsgefahr!" Begründe.

19 Weshalb brennt der Draht einer Schmelzsicherung früher als die Leitungen durch?

Elektromagnetismus

Der Dynamo – eine elektrische Energiequelle
1879 hat der Amerikaner Edison die Glühlampe zur Serienreife entwickelt. Sie hätte wohl nie eine so große Bedeutung erreicht, wenn es nicht gleichzeitig gelungen wäre, leistungsfähige elektrische Energiequellen zu entwickeln – die Generatoren. Generatoren stehen heute in jedem Elektrizitätswerk. Auch im „Kleinformat" findest du einen Generator im Dynamo am Fahrrad.

Wie funktionieren Generatoren? Einen Hinweis darauf erhältst du, wenn du ein Messgerät, das den Nullpunkt in der Skalenmitte hat, an den Dynamo anschließt. Die Anschlüsse sind die Kontaktklemme am unteren Ende und irgendeine Stelle am Gehäuse des Dynamos. Beobachte das Messgerät, während du langsam am Antriebsrad drehst.

Eine Schachtel als elektrische Quelle Eine Glühlampe ist nur mit einer Spule verbunden. Diese Spule hat keine Verbindung zu einer elektrischen Quelle. Trotzdem leuchtet das Lämpchen.

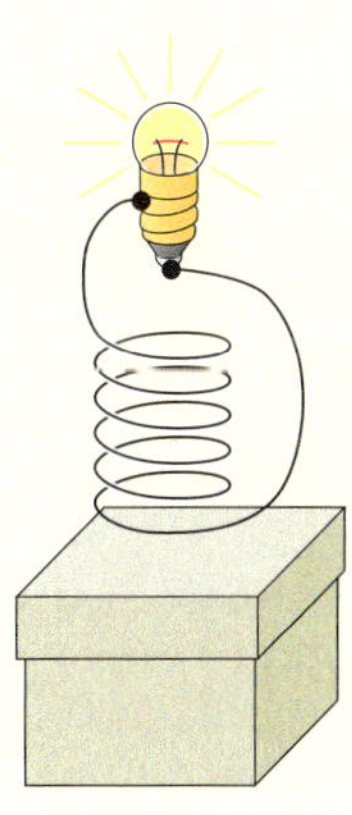

Die Lösung des Rätsels verbirgt sich in der Schachtel. Wie ihr Inhalt das Lämpchen zum Leuchten bringt, erfährst du in diesem Kapitel.

Elektrischer Strom und Magnetfeld

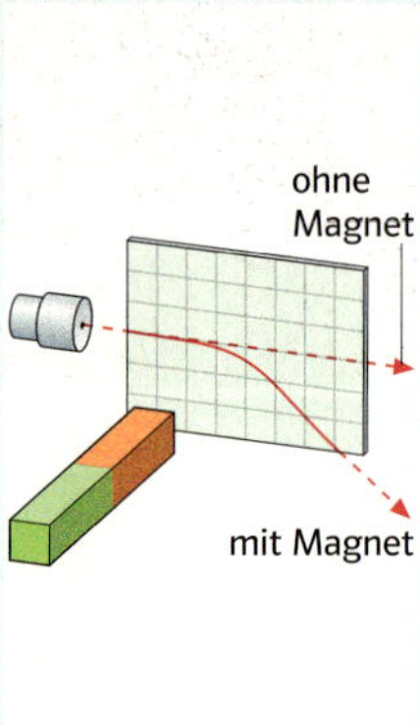

B1 Ablenkung eines Elektronenstrahls

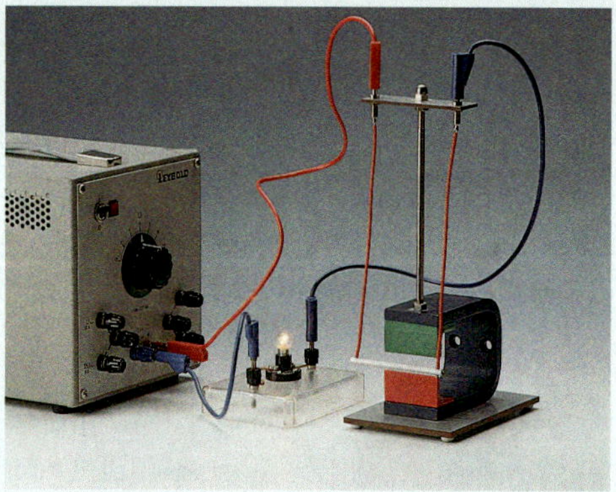

B2 Kraft auf einen Leiter im Magnetfeld

V1 Zwischen die Pole eines Hufeisenmagneten wird ein bewegliches Leiterstück gehängt (→**B2**). Bei einem Strom im Leiterstück wird dieses ausgelenkt. Vertauscht man die Pole an den Anschlüssen des Leiterstückes, so wird dieses in die entgegengesetzte Richtung ausgelenkt. Gleiches lässt sich durch Vertauschen der Magnetpole erreichen.

V2 Ein Elektronenstrahl aus einer Vakuumröhre wird auf einem Schirm sichtbar gemacht. Bei Annäherung eines Magneten krümmt sich der zunächst geradlinige Strahl (→**B1**).

Die Drei-Finger-Regel Ein stromführender Leiter wird von kreisförmigen magnetischen Feldlinien (s. auch Rechte-Hand-Regel) umgeben. Deshalb müsste eine Kraft auf ihn wirken, wenn er in ein zweites Magnetfeld gebracht wird. Tatsächlich beobachtet man eine Kraft auf den Leiter, wenn man ihn zwischen die Pole eines Hufeisenmagneten bringt. Die Kraft wird nach dem holländischen Physiker **Hendrik Antoon Lorentz** (1853–1928) **Lorentzkraft** genannt. Die Lorentzkraft wird größer, wenn man eines der beiden Magnetfelder vergrößert, also indem man die Stromstärke durch den Leiter vergrößert oder indem man einen stärkeren Hufeisenmagneten verwendet.

Man kann auch beobachten, dass die Kraft am größten ist, wenn der Leiter senkrecht zu den Feldlinien des Hufeisenmagneten verläuft. Dreht man den Leiter aus dieser senkrechten Position heraus, so wird die Kraft immer kleiner und verschwindet, wenn der Leiter parallel zu den Feldlinien ist.

Weiterhin stellt man fest, dass die Kraft stets senkrecht zum Leiter und zur Richtung des äußeren Magnetfelds wirkt. Diese Beobachtungen lassen sich mittels der **Drei-Finger-Regel** beschreiben (→**B3**).

Zeigt der Daumen der rechten Hand in die technische Stromrichtung und der Zeigefinger in Richtung des Magnetfelds, dann gibt der Mittelfinger die Richtung der Kraft auf den Leiter an. Man nennt diese Kraft die Lorentzkraft.

Wir wissen:
Elektronen bewegen sich in Leitern in die Richtung, die vom Minuspol der Quelle zum Pluspol weist.
Die Feldlinien eines Magnetfeldes verlaufen vom Nordpol eines Magneten zum Südpol.

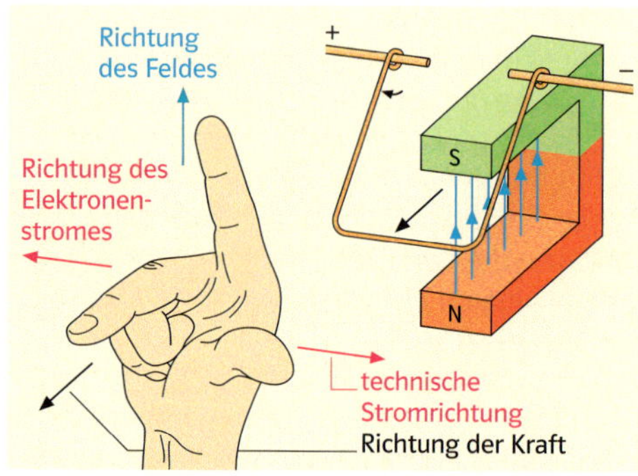

B3 Drei-Finger-Regel der rechten Hand

Eine solche Kraft beobachtet man auch, wenn sich Ladungsträger frei durch den Raum bewegen.

Die Lorentzkraft kann man nachweisen, indem man einen Elektronenstrahl erzeugt und diesen senkrecht durch ein Magnetfeld schickt. Der Strahl krümmt sich kreisförmig (→**V2**). Da die technische Stromrichtung die Richtung der positiven Ladung angibt (von Plus zu Minus), muss zur Bestimmung der Kraftrichtung der Daumen entgegen der Elektronenrichtung zeigen. Deutet der Zeigefinger vom Nordpol zum Südpol des Magneten, so zeigt der Mittelfinger in die Richtung der Ablenkung.

A1 Stelle dir vor, du fliegst als Elektron senkrecht durch ein Magnetfeld, rechts von dir ist der magnetische Nordpol, links der Südpol. In welche Richtung wird deine Flugbahn abgelenkt? Wohin würdest du als positiv geladenes Ion abgelenkt?

Anwendungen in der Technik

Bewegte Elektronen im Magnetfeld Da ein Elektronenstrahl Ladung transportiert, ist er genau genommen nichts anderes als ein „elektrischer Strom ohne Leiter". Auch hier muss somit die Lorentzkraft wirken. Wenn die freien Elektronen genau senkrecht zum Magnetfeld eingeschossen werden und dieses Magnetfeld sich auf einer großen Fläche nicht verändert (es also homogen ist), dann wirkt stets eine gleich große Kraft auf die Elektronen senkrecht zu ihrer Flugrichtung. Dies hat zur Folge, dass die Elektronen auf eine Kreisbahn gezwungen werden. In einer speziellen gasgefüllten Glaskugel kann man die Elektronenbahn zum Leuchten bringen (→**B1**).

Wie funktioniert ein Fernseher? Im Prinzip funktioniert jede Fernsehröhre (→**B2**) so: Zunächst werden Elektronen über den glühelektrischen Effekt aus dem Leiter freigesetzt und zu einer positiv geladenen Elektrode hin beschleunigt. Durch ein Loch in der Elektrode treten Elektronen hindurch und bewegen sich weiter durch die luftleere Röhre auf den Bildschirm zu. Dort lassen sie an ihrem Auftreffpunkt die Leuchtstoffschicht aufleuchten. Die Elektronen werden magnetisch durch zwei Spulenpaare abgelenkt. Eines der Spulenpaare erzeugt ein horizontal gerichtetes Magnetfeld – damit wird der Elektronenstrahl nach oben bzw. unten abgelenkt. Das zweite Magnetfeld ist vertikal gerichtet und lenkt den Strahl nach rechts oder links ab. Durch Verändern der Richtung und Stärke der Magnetfelder lässt sich der Elektronenstrahl an jeden Punkt des Bildschirmes lenken. Der Strahl wird nun zeilenweise über den Bildschirm geführt. Er erzeugt ein Bild mit 625 Zeilen. In 1 Sekunde entstehen 25 Bilder. Die rasch nacheinander erzeugten Bilder unterscheiden sich nur so wenig voneinander, dass sie für den Betrachter aufgrund der trägen Wahrnehmung des Gehirns zu einem ununterbrochenen Bewegungsablauf verschmelzen.

Beim Farbfernsehgerät werden 3 Elektronenstrahlen nebeneinander erzeugt (→**B3**) und gemeinsam von Magnetspulen über den Bildschirm geführt. Sie lassen auf dem Bildschirm jeweils grüne, blaue und rote Farbpunkte aufleuchten. Aus diesen Farbpunkten entstehen farbige Bilder. Moderne Farbbildschirme benutzen keine magnetische, sondern eine elektrische Ablenkung wie in der Braun'schen Röhre. Das spart das Gewicht der schweren Spulen und die Röhre kann auch kürzer gebaut werden.

Heutzutage setzen sich Flachbildschirme immer mehr durch. Ein sogenannter **LCD** (liquid cristal display) ist ein Bildschirm, der flüssigkristalline Substanzen enthält, die ihre optischen Eigenschaften durch Anlegen einer Spannung verändern. Einen **Plasmabildschirm** kann man sich als Anordnung von vielen winzigen Leuchtstoffröhren vorstellen, deren Gas durch Anlegen einer Spannung leuchtet. Sowohl in Plasmabildschirmen als auch in LCDs steuert man die Spannung der einzelnen Punkte über ein elektrisch leitendes Raster zweier Glasplatten, zwischen denen sich der eigentliche Bildschirm befindet.

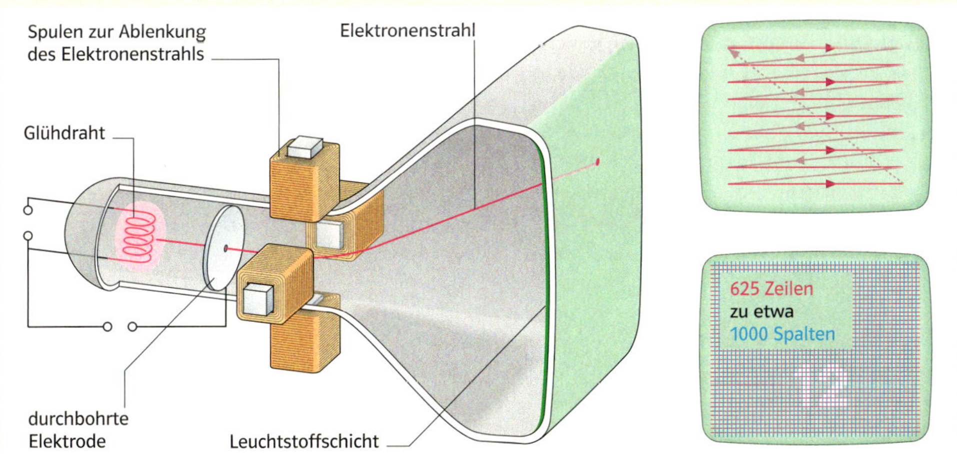

B2 Die Fernsehröhre (im Farbfernsehgerät sind es drei Strahlen auf einmal).

Physik überall

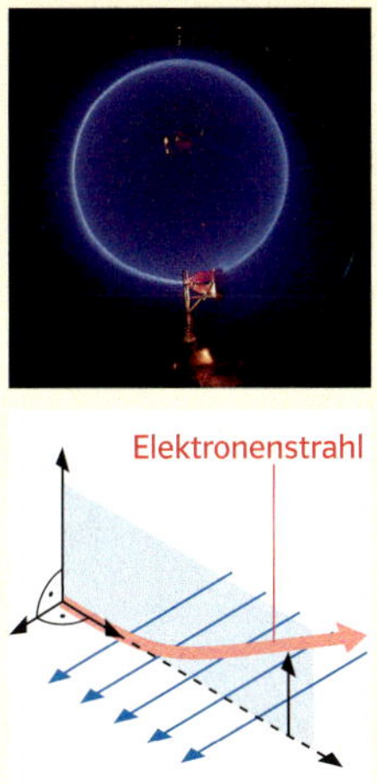

B1 Ein Elektronenstrahl wird im Magnetfeld abgelenkt.

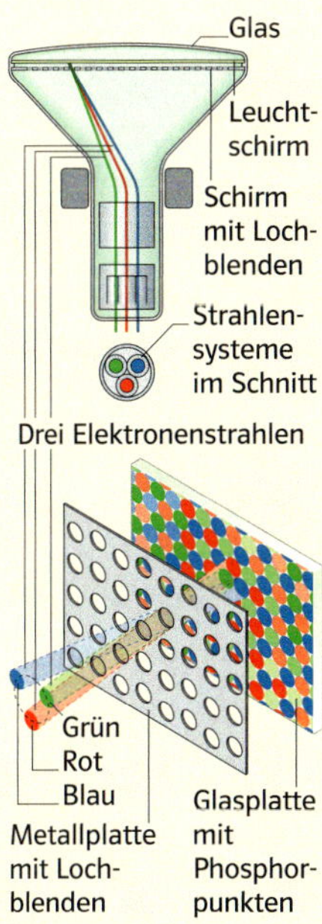

B3

Elektromotoren

V1 Ein drehbar gelagerter Stabmagnet befindet sich vor einem Elektromagneten. Mit einem Drückschalter lässt sich der Strom im Elektromagneten ein- und ausschalten (→**B1a**). Bei geschlossenem Stromkreis dreht sich der Stabmagnet.

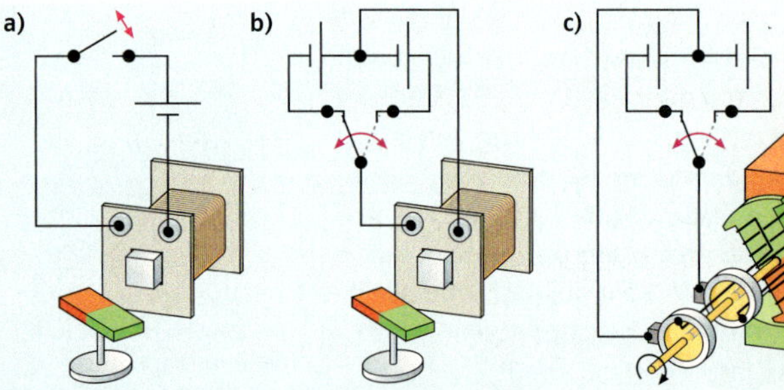

B1

V2 Statt des Drückschalters verwenden wir einen Umschalter und eine zweite Quelle (→**B1b**). Damit lässt sich auch die Richtung des Stromes umkehren. Der Stabmagnet dreht sich, beim Schalten im richtigen Takt, fortlaufend. Der Versuch lässt sich auch mit einem drehbar gelagerten Elektromagneten im Feld eines Dauermagneten durchführen (→**B1c**). Die Anschlüsse zwischen Quelle und Elektromagnet werden über zwei getrennte Schleifringe hergestellt.

V3 Wird ein Ring aus zwei getrennten Hälften anstatt der zwei Schleifringe eingebaut, entfällt die Umschaltung der Richtung des Stromes mit der Hand (→**B2**). Der Elektromagnet dreht sich immer in die gleiche Richtung.

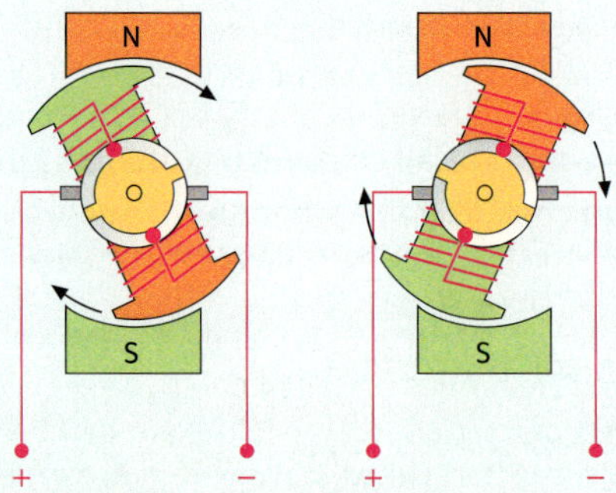

B2

Prinzip eines Elektromotors Ein Strom in einer länglichen Spule erzeugt ein Magnetfeld, das dem eines Stabmagneten gleicht. Eine drehbar gelagerte Spule nennt man einen **Anker**. Wird der Anker zwischen den Polen eines Hufeisenmagneten aufgehängt und in Drehung versetzt, so kann es passieren, dass sich die Südpole und die Nordpole der beiden Magnete jeweils am nächsten stehen (→**B3a**). Durch die gegenseitige Abstoßung wird der Anker gedreht. Eigentlich müsste er so weit gedreht werden, bis sich die gegensätzlichen Pole gegenüberstehen. Aufgrund seiner Trägheit dreht er sich aber ein Stück weiter (→**B3b**), würde dann zurückdrehen und bis zum endgültigen Stillstand um seine Ruhelage herum pendeln. Wenn man die Spule des Ankers aber, kurz nachdem er die vermeintliche Ruhelage zum ersten Mal passiert hat, umpolt, kehrt sich auch ihre magnetische Polung um und der Anker wird erneut abgestoßen (→**B3c**). Mit diesem Prinzip kann man den Anker dauerhaft zum Drehen bringen, ein **Elektromotor** ist entstanden. Lediglich wenn der Anker ruht und die vier Magnetpole exakt auf einer Linie stehen, kann sich der Anker nicht drehen. Dies nennt man den **Totpunkt** des Elektromotors (→**B3d**).

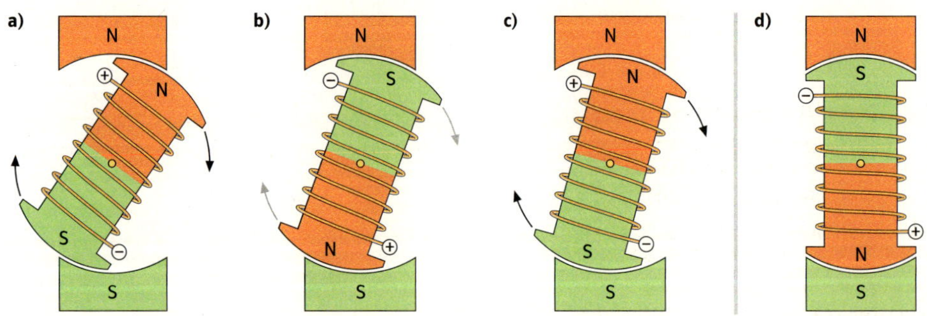

B3 Funktionsprinzip eines Elektromotors

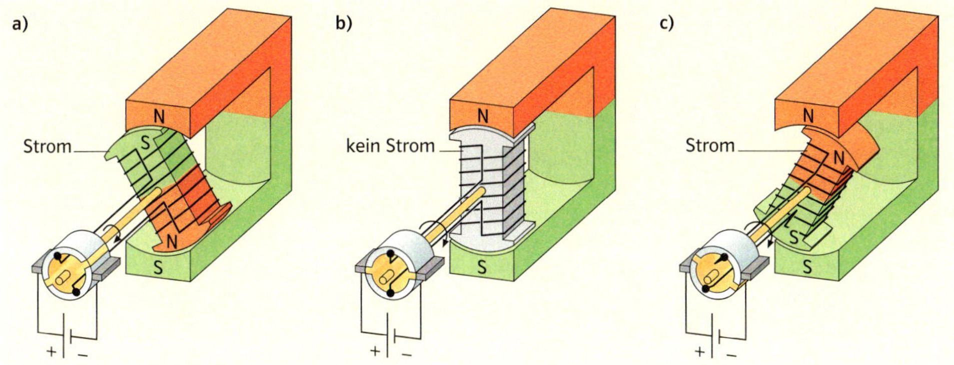

B1 Zur Wirkungsweise des Kommutators

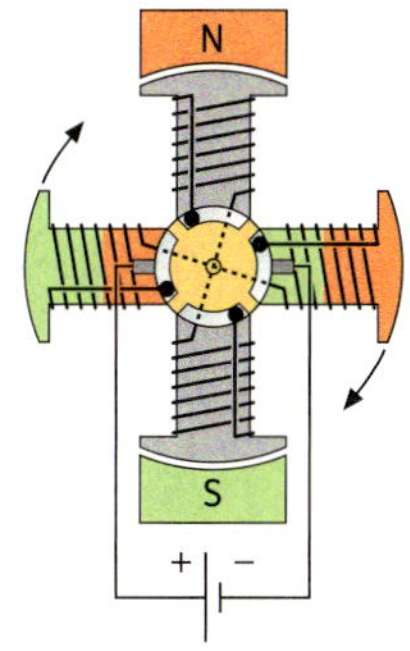

B2 Vierpoliger Anker

Vom Prinzip zur Anwendung Die Schwierigkeit liegt darin, die sich drehende Spule im richtigen Moment umzupolen. Dies erreicht man mit der folgenden Anordnung (→**B1**): Man verbindet zwei Schleifkontakte mit den Polen der Gleichspannungsquelle. Sie bleiben immer fest an ihrem Ort und berühren zwei gegeneinander isolierte Halbringe, die mit den Spulenenden des Ankers leitend verbunden sind und sich mit ihm mitdrehen. Diese Anordnung nennt man einen **Kommutator**.

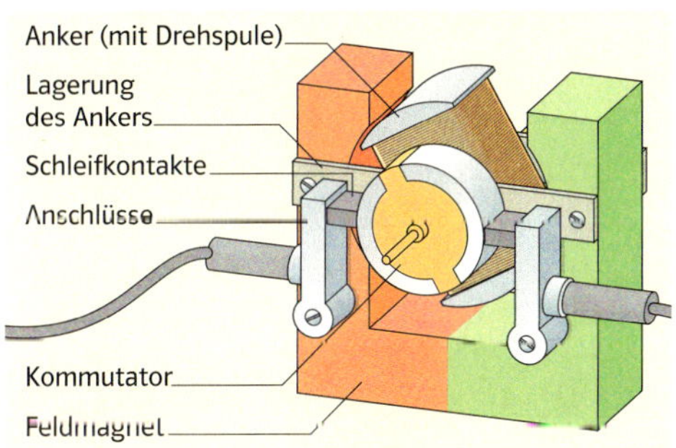

B3 Hauptbestandteile eines Elektromotors

Mithilfe des Kommutators polt der Elektromotor genau nach dem geforderten Prinzip um (→**B1a** bis **c**): Nach jeder halben Umdrehung liegen der mit dem Pluspol und der mit dem Minuspol der Quelle verbundene feste Schleifkontakt an dem jeweils anderen Halbring an. Dadurch wird die Spule umgepolt, die Drehung geht weiter.

Lediglich im Totpunkt hat die Spule keinen Kontakt (→**B1b**). Nimmt man zwei Spulen über Kreuz auf den Anker (→**B2**), so lauft er auch in dieser Lage. Je mehr Spulen der Anker hat, desto „runder" läuft er. Solche Anker nennt man **Trommelanker** (→**B4**).

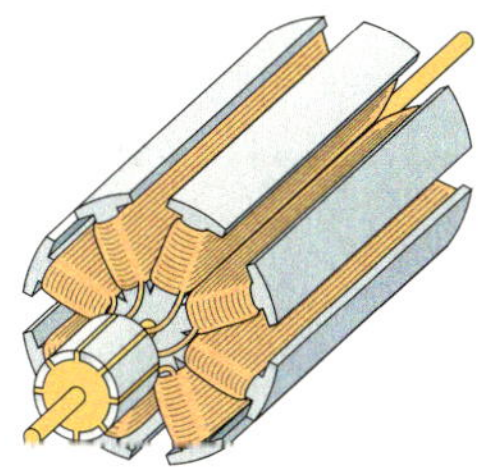

B4 Ein Trommelanker

Elektromotoren ohne Dauermagnete

Physik überall

Die Stärke eines Dauermagneten reicht nicht, um das Magnetfeld für große und starke Motoren zu erzeugen. Bei solchen Motoren werden statt Dauermagneten Elektromagnete als Feldmagnete verwendet. Die Spule eines solchen Feldmagneten kann mit der Spule des Ankers in Reihe oder parallel geschaltet werden (→**B5**).

Vertauscht man die Anschlüsse zur Quelle, ändert sich die Drehrichtung der Motoren in beiden Fällen nicht: Die Pole werden beim Feldmagneten wie beim Ankermagneten gleichzeitig umgekehrt. Der Drehsinn der Motoren ist daher von der Polung der Anschlüsse unabhängig. Sie laufen also auch mit Wechselspannung und heißen deshalb **Allstrommotoren**.

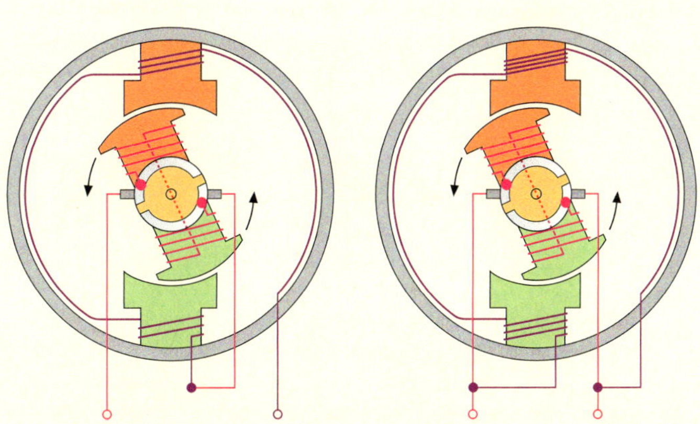

B5 Reihen- und Parallelschaltung von Anker und Feldmagnet

Die elektromagnetische Induktion

V1 Wir schließen eine Spule, in deren Innerem ein Stabmagnet liegt, an ein empfindliches Messgerät. Zunächst geschieht nichts, obwohl die Spule sich im Magnetfeld des Stabmagneten befindet. Erst beim Herausziehen des Magneten aus der Spule erhalten wir einen Ausschlag des Messgerätes (→**B1**).

V2 Die gleiche Beobachtung wie in **V1** können wir auch machen, wenn wir den Stabmagneten vor der Spule bewegen oder ihn neben die Spule legen und die Spule bewegen. Die Spannung wird größer durch
- größere Geschwindigkeit beim Bewegen,
- höhere Windungszahl bei der Spule,
- ein stärkeres Magnetfeld des Elektromagneten.

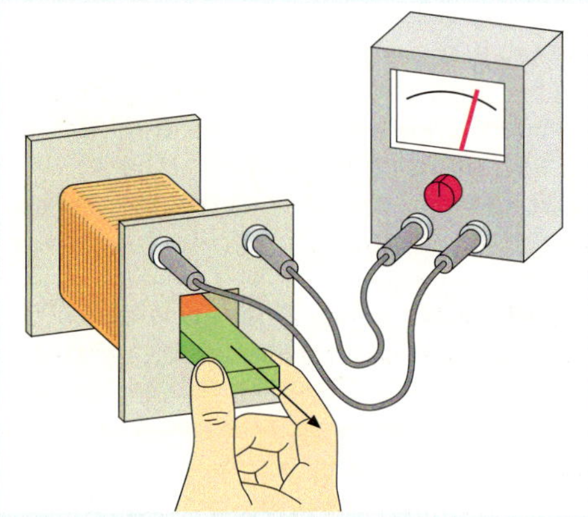

B1

V3 Zwei frei schwebende Hufeisenmagnete werden in je eine Spule gehängt (→**B2**). Die Spulen werden in Reihe in einen Stromkreis geschlossen. Bewegt man nun einen Magneten immer wieder aus der Spule heraus und wieder hinein, so fängt der andere Magnet auch an zu schwingen.

Ersetzt man die zweite Spulenanordnung durch ein Spannungsmessgerät, so erhält man eine Spannung, wenn der Hufeisenmagnet sich bewegt. Wir beobachten, dass sich die Spannung umkehrt, wenn sich die Bewegungsrichtung des Magneten oder wenn wir die Richtung des Magnetfeldes durch Drehen des Magneten umkehren. Ersetzen wir das Messgerät durch eine regelbare elektrische Quelle und verändern die Spannung durch behutsames Drehen des Reglers, so wird der Magnet ausgelenkt.

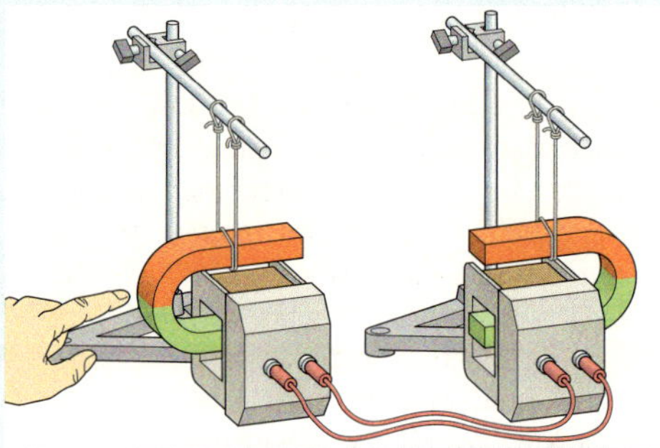

B2

Spannung durch Induktion Wird eine Spule relativ zum Feld eines Magneten bewegt, so zeigt ein an die Spule angeschlossenes Messgerät in bestimmten Fällen eine elektrische Spannung an. Dabei ist es gleichgültig, ob die Spule oder der Magnet bewegt werden. Diese Spannungserzeugung heißt **elektromagnetische Induktion.** Auch wenn Spule und Magnet nicht bewegt werden, sondern das Feld des beteiligten Elektromagneten verändert wird, wird eine Spannung induziert.

Keine Spannung wird induziert, wenn die relative Bewegung
- der einzelnen Spulenwindungen parallel zu den Feldlinien stattfindet,
- vollständig in einem homogenen Magnetfeld durchgeführt wird.

● **An den Enden einer Spule entsteht durch Induktion eine Spannung, wenn die Windungsebenen der Spule von einem Magnetfeld durchsetzt werden und sich dabei mindestens eine der drei Größen ändert:**
- **die Stärke des Magnetfeldes,**
- **die vom Magnetfeld durchsetzte Querschnittsfläche der Spule,**
- **der Winkel zwischen Spulenachse und Feldlinienrichtung.**

Je schneller eine Änderung erfolgt, umso größer ist die induzierte Spannung. Wird dabei die Richtung der Spule relativ zum Magnetfeld umgekehrt oder erfolgt eine der Veränderungen andersherum (wird z. B. das Magnetfeld schwächer und nicht stärker), so kehrt sich die Polung der Spannung um.

Strom und Kraft Die Drei-Finger-Regel zeigt uns, dass der stromdurchflossene Leiter in (→ **B1**) eine Kraft nach vorne in Richtung des schwarzen Pfeiles erfährt:

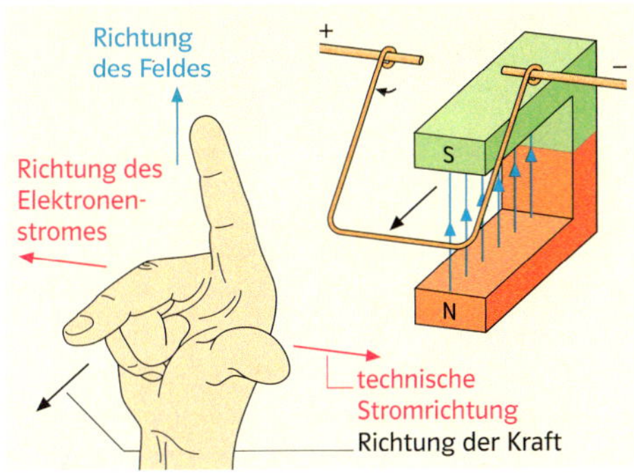

B1 Der stromdurchflossene Leiter erfährt eine Kraft.

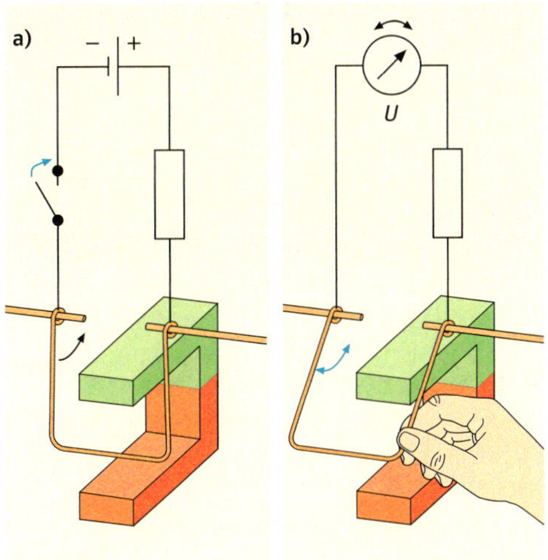

B2 Im durch Kraft bewegten Leiter wird Strom induziert.

Nun wird die Anordnung in (→ **B1, B2a**) etwas abgeändert: Anstatt den Leiter an eine Spannungsquelle anzuschließen und dadurch einen elektrischen Strom zu erzeugen, der die auslenkende Kraft bewirkt, wird der Leiter an ein empfindliches Messgerät angeschlossen. Der Stromkreis ist zwar geschlossen, aber es gibt keine elektrische Quelle, die den Strom erzeugen könnte. Also wird auch keine Kraft entstehen. Jetzt wird die Kraft mechanisch erzeugt, zum Beispiel indem man den Leiter nach außen zieht (→ **B2b**). Das Messgerät zeigt nun einen Strom an. Dass diese „Umkehrung“ der Drei-Finger-Regel, also das Erzeugen eines Stromes durch eine Kraft, tatsächlich funktioniert, wurde erstmals von **Michael Faraday** entdeckt. Heute wissen wir, dass dieser Strom durch die elektromagnetische Induktion erzeugt wird.

Dass bei der Bewegung eines Leiters im Magnetfeld eine Spannung induziert wird, hätte man auch vorhersagen können, da es nur eine Betrachtung in einem anderen Bezugssystem ist: Sowohl bei der Ablenkung eines stromdurchflossenen Leiters im Magnetfeld durch die Lorentzkraft als auch bei der Induktion von Strom durch Bewegung eines Leiters in einem Magnetfeld sind immer elektrischer Strom, Magnetfeld und Kraft beteiligt. Die Verteilung der Ladung am Leiter bei der Induktion kann man somit auch mit der Lorentzkraft bestimmen.

A1 Lässt man ein langes Elektrokabel so rotieren wie beim „Seilspringen“, wird eine geringe Spannung induziert, die man an den Kabelenden mit Hilfe eines Verstärkers nachweisen kann. Wieso entsteht diese Spannung?

Auf den historischen Spuren der Induktion

Physik überall

London im Jahr 1831. Schon lange hatte sich der einstige Buchbinderlehrling **Michael Faraday** einen Namen als hervorragender Wissenschaftler in der Royal Society gemacht, die ihn sogar bat, ihr Präsident zu werden. Auch der englische Hof war von dem Mann, der erst in seiner Lehrzeit mit wissenschaftlichen Büchern in Kontakt kam, so begeistert, dass er ihm den Rang eines Peers von England anbot. Dennoch sollte er erst in diesem Jahr seinen wichtigsten Versuch durchführen: Faraday nahm einen frei in einen Hufeisenmagneten hängenden Kupferdraht, dessen Enden er zuvor an ein Stromstärkemessgerät angeschlossen hatte, und zog ihn schnell aus dem Magnetfeld. Die Nadel des Messgeräts schlug stark aus. Aus einer mechanischen Bewegung hatte Faraday elektrischen Strom erzeugt!

Als Faraday diesen Versuch einige Tage später der versammelten Royal Society vorführte, soll er von einem Kaufmann gefragt worden sein, wozu dieser Versuch nütze sei. Wütend antwortete er darauf: „Wozu ist ein Kind nütze?“ Erst 35 Jahre später beantwortete Werner Siemens die Frage durch die Entwicklung eines auf diesem Versuch aufbauenden Elektromotors. Faradays Versuch hat also die Welt verändert.

Michael Faraday
(1791–1867)

Werkstatt

Induktion mit dem Feldlinienmodell vorhersagen

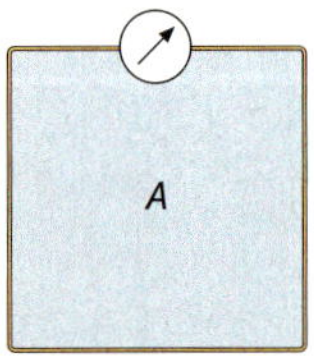

B1 Fläche eines Leiterrähmchens

Hinweis:
Feldlinien, die senkrecht in die Zeichenebene hineinzeigen, werden mit einem „x" dargestellt.

Nicht nur bestimmte Bewegungen eines Leiters im Magnetfeld induzieren eine Spannung, auch bei Veränderungen des Magnetfelds – der Leiter bleibt fest am Ort – kann Induktion auftreten. Ein ruhender Leiter bedeutet aber auch „ruhende" Elektronen, und somit kann man diesen „Umkehreffekt" nicht mit der Lorentzkraft auf bewegte Elektronen erklären. Zunächst einmal scheint es, als ob dies zwei verschiedene Phänomene sind. Dennoch möchte man intuitiv meinen, dass die beiden Phänomene verwandt sind. Aber wie sieht der Zusammenhang aus?

Einmal mehr hilft uns das Feldlinienmodell. Mit ihm können wir beide Phänomene mit einer gemeinsamen Struktur erklären. Dazu legen wir uns auf die folgenden Modelleigenschaften fest:

- Für jedes Magnetfeld zeichnet man eine bestimmte Anzahl an Feldlinien.
- Je stärker ein Magnetfeld ist, umso mehr Feldlinien zeichnet man auf einer gleich großen Fläche.
- Vereinfacht betrachtet man häufig die Magnetfelder als begrenzte Felder, d. h. das Magnetfeld hat im Modell eine scharf definierte Grenze. In Wirklichkeit stimmt dies natürlich nicht, das Magnetfeld hat keine Grenze, aber es wird sehr schwach, wenn man weit vom Felderzeuger entfernt ist.

Mit diesem Modell betrachten wir nun die Induktion erneut. Dazu sei ein Leiterrähmchen an einen Spannungsmesser angeschlossen. Es entsteht eine vom Leiterrähmchen umschlossene Fläche A (→**B1**).

A1 Welche Möglichkeiten hat man, in diesem Leiterrähmchen eine Spannung zu induzieren? Schreibe bzw. zeichne verschiedene Möglichkeiten auf.

A2 Führe Aufgabe 1 erneut durch, schreibe bzw. zeichne aber nun Möglichkeiten auf, wie man es erreichen kann, dass keine Spannung induziert wird.

A3 Beschreibe das Entstehen einer Induktionsspannung mit Feldlinien durch die Fläche des Leiterrähmchens. Kontrolliere dies mit Versuchen.

Lösungen

Alle Arten der elektromagnetischen Induktion haben in unserem Feldlinienmodell eines gemeinsam:
Es ändert sich die Anzahl der Feldlinien, die durch die vom Leiterrähmchen aufgespannte Fläche A stoßen. Das bedeutet andersherum, dass, sobald sich diese Anzahl ändert, eine Spannung induziert wird. Wenn sie gleich bleibt, wird keine Spannung induziert.

Verdeutlichungen:

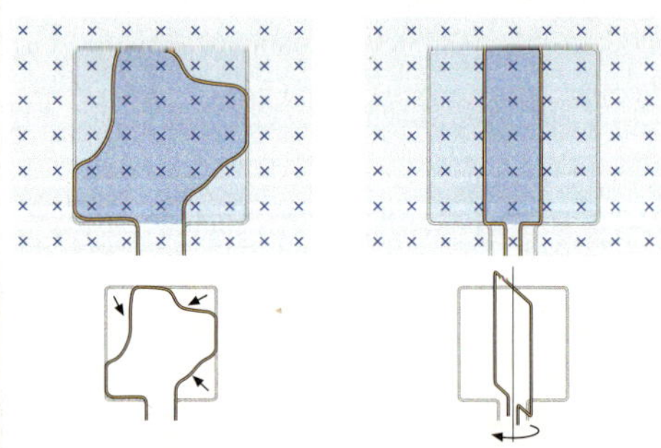

B2 Induktion durch Drehen oder Verformen des Leiterrähmchens im Feld. Die Anzahl der Feldlinien durch das Rähmchen ändert sich.

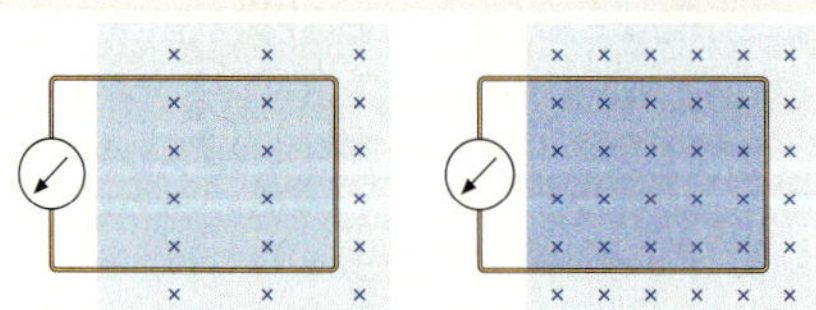

B3 Induktion durch Veränderung der Stärke des Magnetfelds. Die Anzahl der Feldlinien durch das Rähmchen ändert sich.

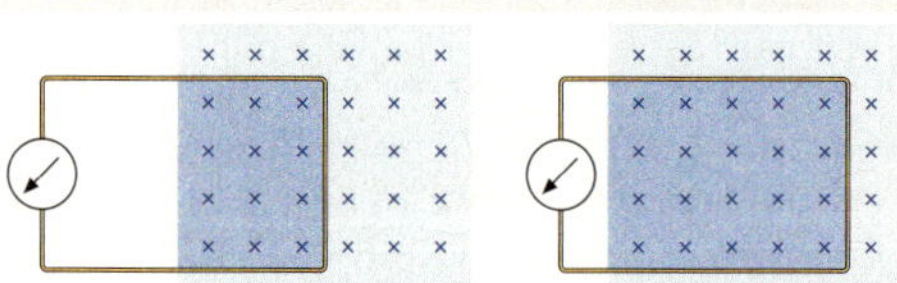

B4 Induktion durch Herausziehen des Leiterrähmchens aus dem Magnetfeld. Die Anzahl der Feldlinien durch das Rähmchen ändert sich.

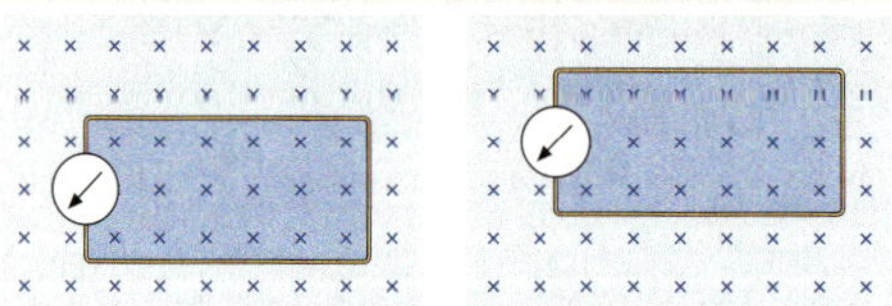

B5 Keine Induktion bei Bewegung des Leiterrähmchens im homogenen Magnetfeld. Die Anzahl der Feldlinien durch das Rähmchen ändert sich nicht.

Generatoren

V1 Der Fahrraddynamo ist eine elektrische Quelle. Durch das Antriebsrädchen wird in seinem Inneren ein Magnet gedreht, der wie ein Zylinder aussieht. Wir zerlegen einen Demonstrationsdynamo und weisen mit Hilfe von Eisenfeilspänen sein Magnetfeld nach (→**B1**). Wir bestimmen die Lage der Pole und die Feldlinienrichtung.

V2 Außer dem Magneten befindet sich im Fahrraddynamo noch eine Spule. Sie ist mit der Anschlussklemme und dem Gehäuse des Dynamos verbunden. Wir nehmen eine solche Spule und schließen sie an ein Messgerät für die Spannung an, dessen Nullpunkt in der Skalenmitte liegt.

Wir drehen vor dieser Spule einen Stabmagneten. Das Messgerät zeigt eine Spannung an, deren Betrag und Polung sich ständig ändern.

V3 Wir drehen eine Spule im Magnetfeld. Der Anschluss des Messgerätes an die Spule erfolgt über zwei Schleifkontakte (→**B2**). Das Messgerät zeigt eine Spannung an, deren Betrag und Polung sich ständig ändern.

V4 Dreht man in **V2** und **V3** den Magneten oder die Spule mit Hilfe eines Motors immer schneller, werden die Ausschläge des Zeigers kleiner, bis sie ganz verschwinden. Dagegen zeigt ein Messgerät für Wechselspannung weiterhin eine Spannung an, deren zeitlicher Verlauf sich mit einem Oszilloskop verfolgen lässt.

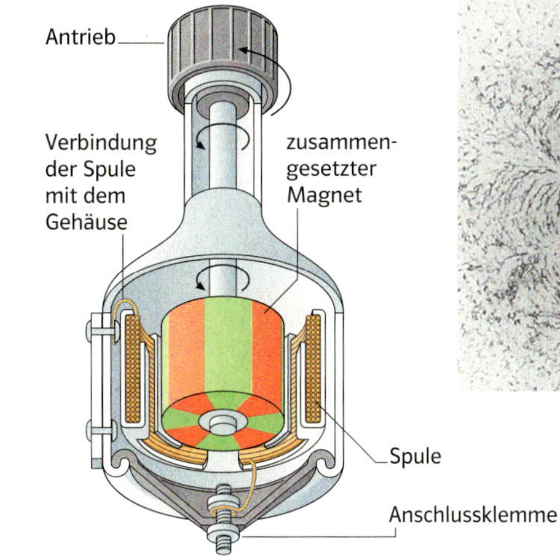

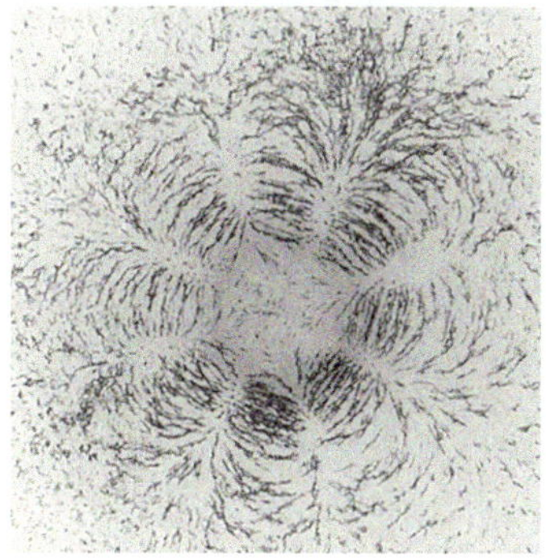

B1

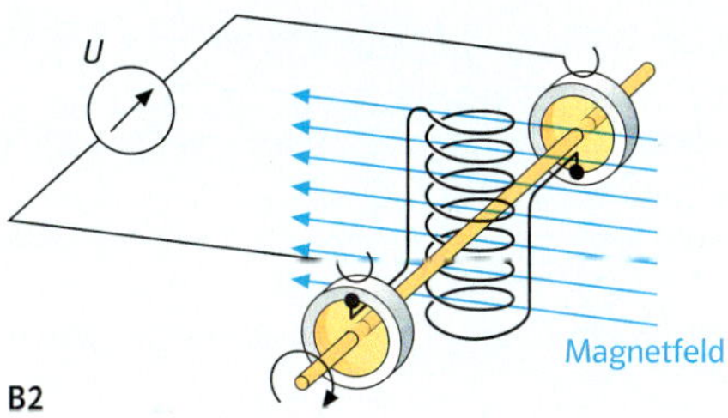

B2

Generatoren erzeugen Spannungen Dreht sich eine Spule in einem Magnetfeld wie in B3, so entsteht an ihren Enden eine Spannung, die über Schleifkontakte an zwei Anschlüsse weitergegeben wird. Eine solche Anordnung heißt **Generator**. Die Spule bildet zusammen mit dem Eisenkern den **Anker**. Dreht man ihn, steigt die Spannung bis zu einem Maximalwert und sinkt dann wieder. Nach einer halben Umdrehung ändert sich die Polung, d.h. der Anschluss, welcher bisher auf einem höheren Potenzial lag, liegt nun auf einem tieferen Potenzial. Diese Spannung heißt deshalb **Wechselspannung**. In einem Generator entsteht auch eine Wechselspannung, wenn die Spule fest steht und das Magnetfeld von einem sich drehenden Magneten stammt. Ein Beispiel hierfür ist der **Dynamo** (→**B1**).

● **Im Generator entsteht durch Drehen einer Spule im Magnetfeld oder eines Magneten vor einer Spule eine Wechselspannung.**

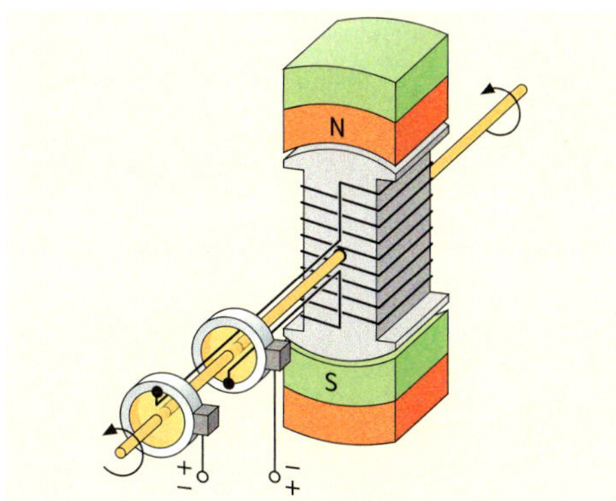

B3 Ein Generator

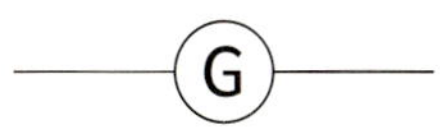

B4 Schaltzeichen für Generatoren

Die Wechselspannung

B1 zeigt den zeitlichen Verlauf einer von einem Generator erzeugten Wechselspannung, wie sie mit dem Oszilloskop zu beobachten ist.

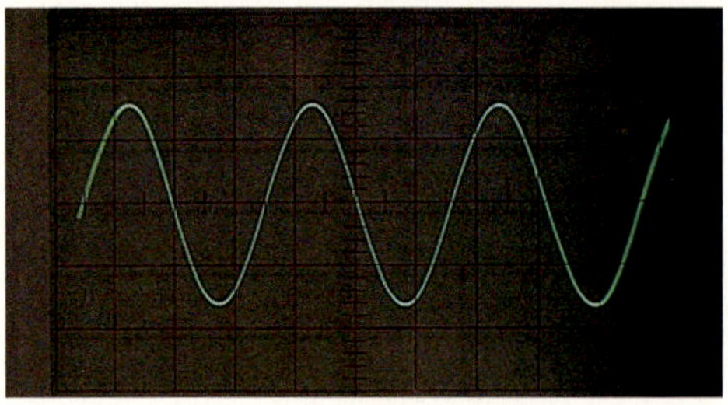

B1

Bei Wechselspannung sagt man oft, dass die Spannung umgepolt wird. Dies sollte man genauer betrachten:

Wir nennen den Pol mit dem höheren Potenzial den Pluspol, den mit dem tieferen Potenzial den Minuspol. Da bei der Wechselspannung einmal der eine, einmal der andere Pol das höhere Potenzial hat, kann man von „Umpolen" sprechen. Genauer betrachtet ist aber in der Technik ein Pol ständig mit der Erde verbunden und hat somit immer das Potenzial 0 V. Der andere Pol hat bezüglich dieses Pols ein abwechselnd positives bzw. negatives Potenzial. Das sich ändernde Potenzial wird mit der Angabe des Spannungswertes angezeigt.

Wenn man das Nullpotenzial so wählt, dass die Spannung an den Hochpunkten der Kurve in **B1** zum Beispiel 325 V beträgt, so ist sie an den Tiefpunkten −325 V (vgl. →**B2b**).

Wenn man die Spule im Magnetfeld dreht, so bietet jede einzelne Windung dem Magnetfeld stets eine verschieden große „Angriffsfläche" (→**B2a** und **B3**), d.h. die Fläche, die vom Magnetfeld durchsetzt wird, verändert sich. Diese Änderung induziert eine Spannung. Je nachdem, ob die Fläche größer oder kleiner wird, ist die Polung der Spannung verschieden.
Die Größe der induzierten Spannung hängt davon ab, wie stark sich die Fläche innerhalb der gleichen Zeit ändert. Je stärker sich die durchsetzte Fläche pro Zeiteinheit verändert, umso größer ist der Betrag der Spannung.
Da jede Spulenwindung einen Teil zur Gesamtfläche beiträgt, ist die Gesamtfläche umso größer, je mehr Windungen die Spule besitzt.

● **Durch Drehung des Ankers wird die Größe der von den Windungen der Spule umschlossenen und vom Magnetfeld durchsetzten Fläche verändert. Dadurch wird eine Wechselspannung zwischen den Spulenenden induziert. Der Höchstwert dieser Wechselspannung steigt, wenn die Durchsetzung der Fläche schneller verändert wird, also bei:**
- **höherer Drehgeschwindigkeit,**
- **stärkerem Magnetfeld,**
- **größerer Windungszahl und Querschnittsfläche der Spule im Anker.**

Wenn man den Anker schnell dreht, so kann der Zeiger eines Gleichstrommessgerätes die ständige Veränderung der Spannung aufgrund seiner Trägheit nicht mehr anzeigen. Man benötigt ein Wechselspannungsmessgerät. Es ist so konstruiert, dass es in unserem Beispiel dauernd 230 V anzeigt.

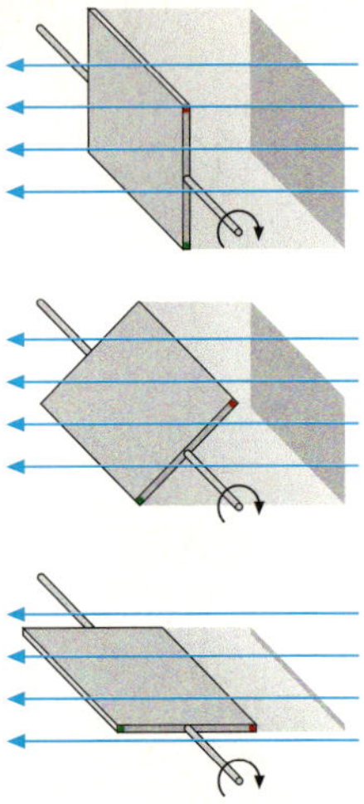

B3 Die Größe der vom Magnetfeld durchsetzten Fläche (dunkelgrau) einer Windung der Spule verändert sich beim Drehen.

B4 Schaltzeichen für eine Quelle mit Wechselspannung

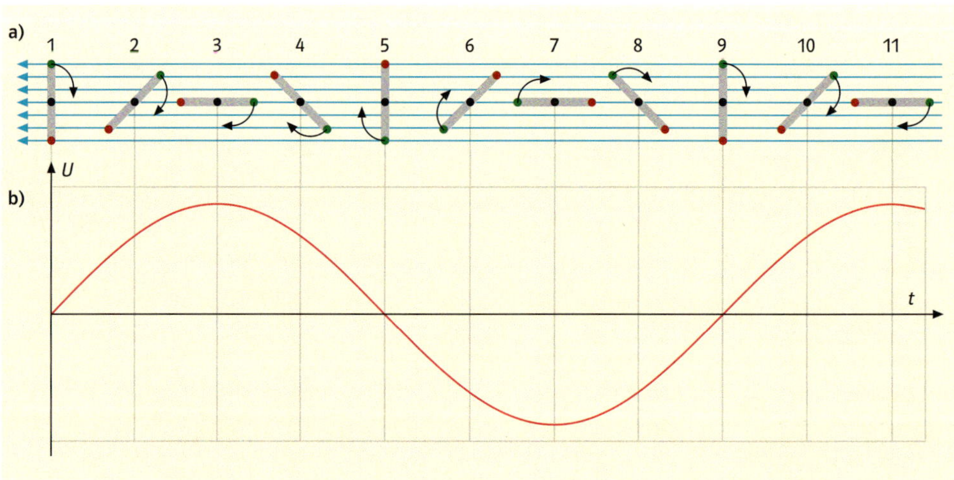

B2 Stellungen des Ankers (a) und die entsprechend induzierte Spannung (b)

Gleichspannung und Wechselspannung

Die ersten elektrischen Quellen, die für Experimente zur Verfügung standen, waren Elektrisiermaschinen und erste Formen von Batterien wie zum Beispiel die nach ihrem Erfinder **Alessandro Volta** (1745–1827) benannte Volta'sche Säule (→**S. 28**). Sie haben alle gemeinsam, dass es bei ihnen einen Plus- und Minuspol gibt. Da sich die Polung nicht ändert, nennt man die so erzeugte Spannung eine **Gleichspannung**.

Erstmals mit der Erfindung von Generatoren wurde Wechselstrom erzeugt und nutzbar gemacht. Mit den einfachen Generatoren aus einer Spule (oder mehreren Spulen) zwischen den Polen eines Dauermagneten erhielt man jedoch keinen sehr starken Strom. Bei Vergrößerung der Maschinen nahm der Strom nicht mit der Größe der Maschine zu. Erst **Werner von Siemens** (1816–1892) hatte die entscheidende Idee: Anstatt eines Dauermagneten verwendete er einen Elektromagneten mit Eisenkern (→**B2**). Selbst für den Startvorgang, bei dem noch kein magnetisches Feld durch den Elektromagnet erzeugt wird, benötigt man keinen Dauermagneten, da in Eisenkernen stets ein geringer Dauermagnetismus vorhanden ist. Dadurch wird auch bei der Drehung des Ankers zwischen den Eisenkernschuhen eine geringe Spannung induziert. Diese Spannung legte Siemens nun an die um den Eisenkern gewickelte Spule. Somit wird das Magnetfeld durch den Elektromagneten verstärkt, wodurch eine größere Spannung induziert wird, die man wiederum an die äußere Spule anlegen kann, wodurch das Magnetfeld und somit auch die Induktion erneut vergrößert wird, usw. – bis die Maschine eine Grenze erreicht. Als Siemens dieses **elektrodynamische Prinzip** erstmals in die Tat umsetzte, war die erzeugte Spannung angeblich so groß, dass das verwendete Messgerät zerschmettert wurde. Es war nun möglich, Starkstrom zu produzieren und nutzbar zu machen.

Ein Generator erzeugt zunächst einmal Wechselspannung und ist allen anderen Methoden zur Stromerzeugung überlegen. Viele Experimente und Geräte benötigen Gleichspannung. Es liegt somit nahe, aus der Wechselspannung eines Generators Gleichspannung zu erzeugen. Heute verwendet man elektronische Bauteile, sogenannte Gleichrichter. Für den Betrieb eines CD-Spielers wird z. B. aus der 230-V-Wechselspannung der Steckdose zuerst eine 6-V-Wechselspannung erzeugt und diese wiederum mittels eines Gleichrichters zu Gleichspannung umgewandelt. Man kann dies aber auch durch eine kleine Veränderung am Generator erreichen: Ein Generator für Wechselspannung hat zwei getrennte Schleifringe als Anschlüsse, beim Generator für Gleichspannung werden sie durch einen Ring, der aus zwei Halbringen besteht (→**B5**), ersetzt, also einen **Kommutator**, wie wir ihn vom Elektromotor kennen. An den Anschlüssen des Kommutators entsteht statt der Wechselspannung (→**B1a**) eine pulsierende Gleichspannung (→**B1b**). Will man vermeiden, dass diese Spannung immer wieder auf 0 Volt absinkt, dann verwendet man Anker mit mehreren Spulen. Bei zwei Spulen auf senkrecht zueinander angeordneten Eisenkernen (4fach-T-Anker, →**B3**) entstehen in den Spulen zwei zeitlich gegeneinander verschobene pulsierende Spannungen (→**B1c**). Der Kommutator besteht aus vier Viertelringen, von denen jeweils gegenüberliegende Viertelringe zusammen mit einer Ankerspule verbunden sind. Bei einem Anker mit sehr vielen Spulen (Trommelanker, →**B4**) nehmen die Schwankungen der Spannung immer weiter ab.

Unter Gleichspannung versteht man eine Spannung, die ihre Polung nicht ändert.

Unter Wechselspannung versteht man eine Spannung, die ihre Polung ständig ändert.

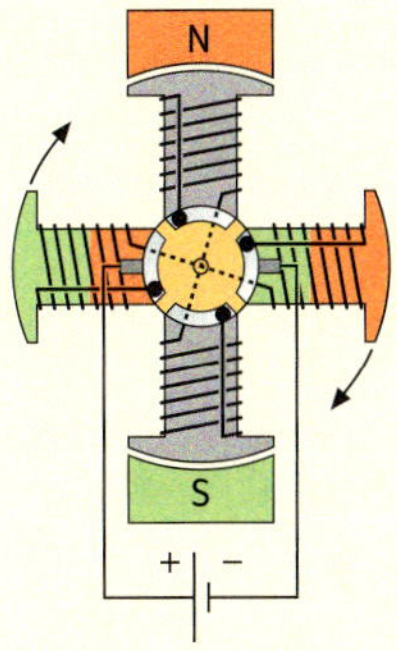

B3 Vierpoliger Anker

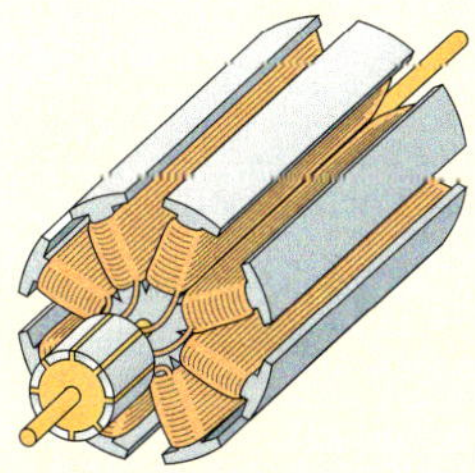

B4 Ein Trommelanker

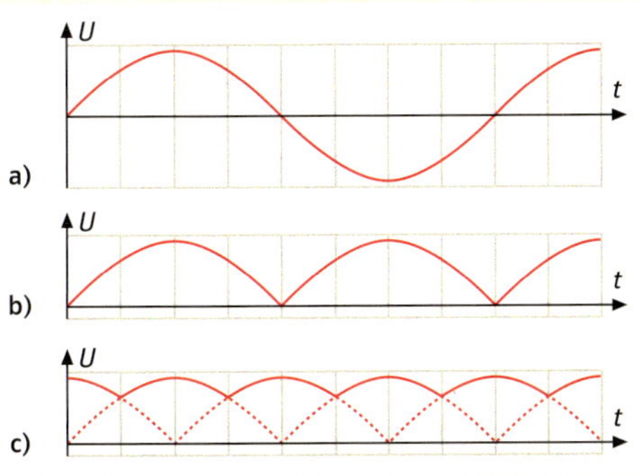

B1 Wechselspannung (a) und pulsierende Gleichspannungen (b) und (c)

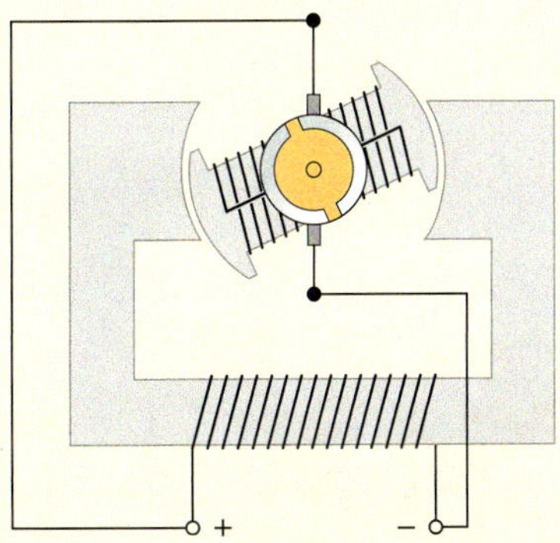

B2 Selbsterregter Generator für die Gleichspannung

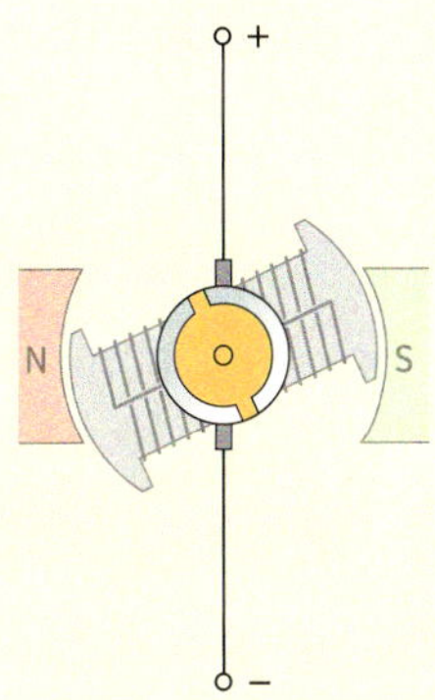

B5 Kommutator für Gleichspannung

Der Transformator

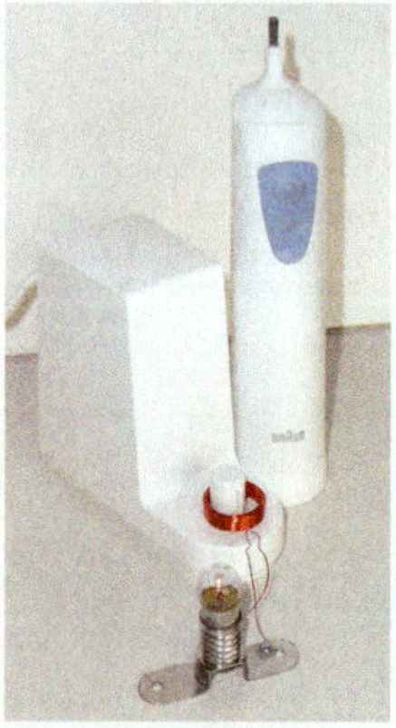

B1

Immer mehr Menschen putzen sich mit elektrischen Zahnbürsten die Zähne. Diese Zahnbürsten werden mit Akkus betrieben. Aber wie lädt man diese wieder auf? Die Zahnbürste sollte doch wasserdicht sein! Betrachtet man die Ladestation genauer, so ist erkennbar, dass man die Zahnbürste über einen kleinen Zapfen stellen muss. Wird hierüber elektrische Energie transportiert?

V1 An eine kleine Glühbirne löten wir eine kleine, selbst gewickelte Spule. Diese Spule stellen wir über den Zapfen der Ladestation (→**B1**, **B2**). Die Lampe leuchtet!

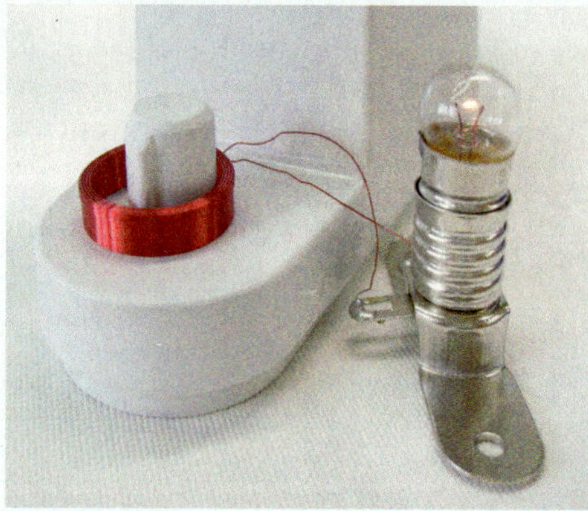

B2

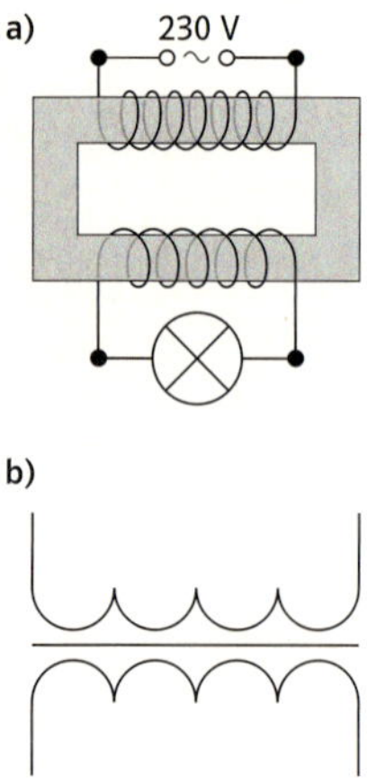

B3 Schema (a) und Schaltzeichen (b) des Transformators

Die Funktionsweise des Transformators

Zwei Eigenschaften des Elektromagnetismus nutzt man beim Bau des **Transformators (→B3, B4)** aus:

- Ein Strom in einer Spule erzeugt ein Magnetfeld. Die Stärke des Magnetfeldes hängt von der Stromstärke und der Anzahl der Windungen ab.
- Befindet sich eine Spule in einem sich ändernden Magnetfeld, so wird an ihr eine Spannung induziert. Die Größe der Spannung hängt von der Magnetfeldstärke und der Anzahl der Windungen ab.

Ein Transformator besteht aus zwei Spulen und einem gemeinsamen Eisenkern. Jene Spule, an welche man eine Quelle mit Wechselspannung anschließt, nennt man **Primärspule** (→**B3a**). Die Wechselspannung erzeugt in der Primärspule ein sich ständig änderndes Magnetfeld. Eine zweite Spule, die **Sekundärspule**, befindet sich zusammen mit der Primärspule auf einem Eisenkern. Hierdurch wird der Anteil des Magnetfelds der Primärspule, der die Sekundärspule durchsetzt, verstärkt. Gleichzeitig werden Energieverluste durch Bündelung der Felder minimiert. Da das Magnetfeld sich ständig ändert, wird in der Sekundärspule eine Spannung induziert.

Beim Transformator entsteht durch Wechselspannung in der Primärspule ein veränderliches Magnetfeld, das in der Sekundärspule eine Wechselspannung induziert.

Die elektrische Energie der Primärseite wird in Energie des elektromagnetischen Felds umgewandelt. Diese wird auf der Sekundärseite wieder in elektrische Energie umgewandelt (→**B5**):

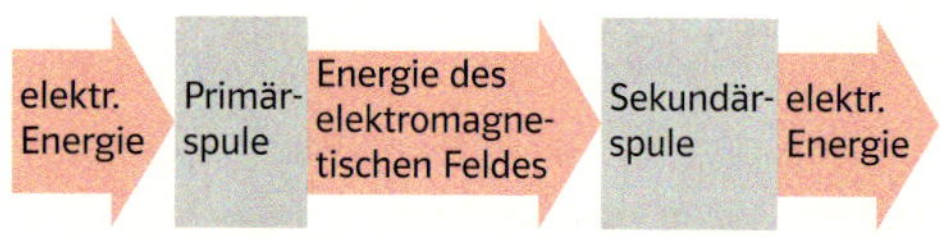

B5

Bei der Ladestation einer elektrischen Zahnbürste nutzt man aus, dass die elektromagnetische Feldenergie zum Fließen keinen stofflichen Träger benötigt. Der Eisenkern verbessert zwar den Transformator, er kann aber durchaus an einer Stelle unterbrochen sein. Somit kann man die Zahnbürste wasserdicht verschließen.

A1 Weshalb funktioniert ein Transformator nicht mit Gleichspannung?

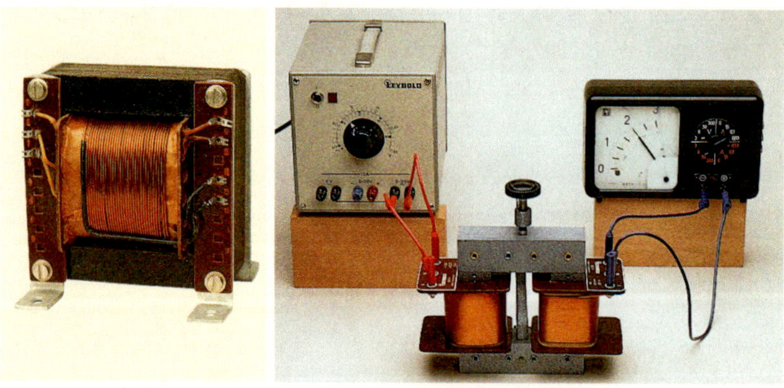

B4 Technischer Transformator und Experimentiertransformator

Messungen am Transformator

VORSICHT! Versuche mit Transformatoren können gefährlich sein! Das gilt auch dann, wenn die Quelle weniger als 24 V hat: Am Transformator können trotzdem viel höhere, **lebensgefährliche Spannungen** entstehen! Deshalb dürfen alle Versuche nur im Beisein der Lehrkraft durchgeführt werden.

B1

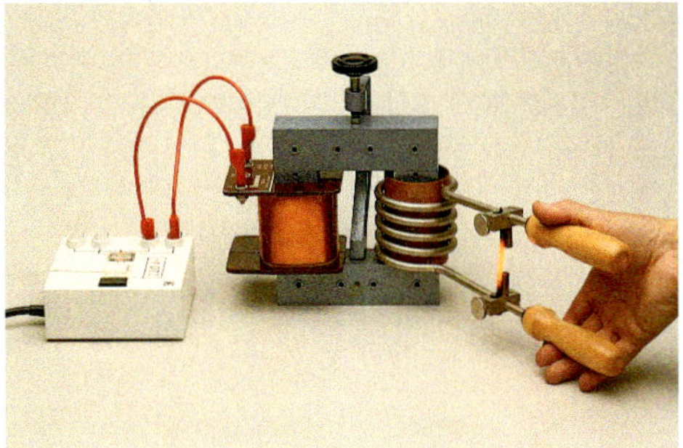

B2

V1 Eine Primärspule mit n_1 = 500 Windungen wird mit Netzspannung betrieben. Als Sekundärspule wählen wir zuerst eine mit n_2 = 23 000 Windungen und aufgesteckten „Hörnerelektroden" (→**B1**). Danach verwenden wir eine Spule mit n_2 = 5 Windungen und als Widerstand einen Nagel (→**B2**)! Die Wirkungen sind erstaunlich verschieden!

Gesetze beim idealen Transformator Die Stärke des Magnetfeldes hängt unter anderem von der Windungszahl n_1 und der Spannung U_1 der Primärspule ab. Die Größe der Induktionsspannung U_2 hängt von der Windungszahl n_2 der Sekundärspule ab. Diese Windungszahlen sind also für die physikalischen Eigenschaften des Transformators entscheidend. Man nennt den Quotient n_2/n_1 das **Übersetzungsverhältnis** des Transformators. Bei Messungen stellt man fest, dass das Verhältnis der Spannungen U_2/U_1 fast genau das Übersetzungsverhältnis n_2/n_1 ist.

- **Für die Spannungen bei idealen Transformator gilt näherungsweise:**

$$\frac{U_2}{U_1} = \frac{n_2}{n_1}$$

Im Idealfall wird die elektrische Leistung der Primärseite vollständig auf die Sekundärseite übertragen. Dann ist $P_1 = P_2$ und es gilt $U_1 \cdot I_1 = U_2 \cdot I_2$.

Rechnerisch erhält man:

$$\frac{I_1}{I_2} = \frac{U_2}{U_1} = \frac{n_2}{n_1}$$

- **Für die Stromstärken beim idealen Transformator gilt näherungsweise:**

$$\frac{I_2}{I_1} = \frac{n_1}{n_2}$$

Das Verhältnis der Stromstärken ist somit der Kehrwert des Übersetzungsverhältnisses.

Gesetze beim realen Transformator Da die Primärseite nur die Energie liefern muss, die auf der Sekundärseite entnommen wird, sollte ein Transformator ohne „Verbraucher" keine Energie auf der Primärseite entwerten. Leider ist dies nicht der Fall (→**B3**), da die Primärspule einen Widerstand besitzt. Hierdurch wird dauernd Energie entwertet. Hinzu kommt, dass das wechselnde Magnetfeld im Eisenkern Wirbelströme induziert, die zu einer Erwärmung des Eisenkerns und somit zu einer zusätzlichen Energieentwertung führen. Weitere Energie wird entwertet, da nicht die komplette elektromagnetische Feldenergie wieder in elektrische Energie der Sekundärseite umgewandelt wird. Die entwertete Energie beträgt bei großen Transformatoren gerade 0,5 %, jedoch bei kleineren bis zu 10 % der übertragenen Energie. Man sollte also nicht genutzte Trafos immer vom Netz trennen.

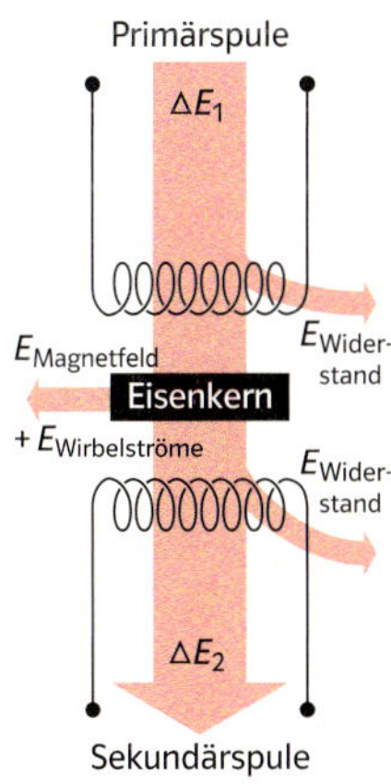

B3

Anwendungen des Transformators

B1 Halogen-Niedervolt-lampe

B2 380-Volt-Kabel aus sieben Stahldrähten in der Mitte als „Träger" und Leiter sowie 26 Aluminiumdrähten als Leiter. Jeder Draht hat einen Durchmesser von 3 mm.

Zum Fernleitungsverbundnetz siehe auch S. 199!

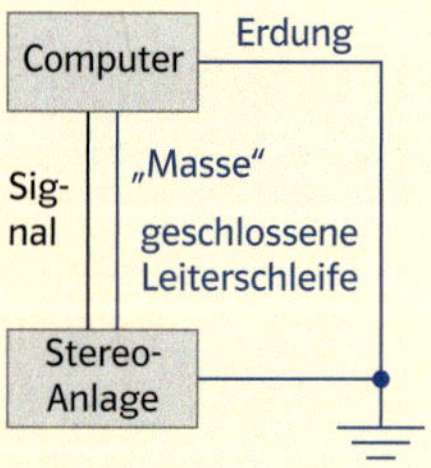

B3 Brummschleife

Transformatoren im Haushalt Im Haushalt gibt es immer häufiger Lampensysteme, die mit 12 V betrieben werden, sogenannte Niedervoltsysteme (→**B1**). Warum transformiert man die 230-V-Spannung auf 12 V herunter, wenn doch gleich hell leuchtende Lampen die gleiche Energie benötigen und ein Transformator sogar unbelastet zusätzlich Energie entwertet? Kommt ein Mensch mit der Netzspannung von 230 V in Kontakt, so endet dies oft tödlich. Bei 12 V ist die Gefahr um ein Vielfaches kleiner. Aus diesem Grund können die Niedervoltsysteme mit offenen Leitungen verlegt werden. Man kann ungefährlich fast jedes Design verwirklichen, nicht isolierte Leitungen spielen keine Rolle.

Überlandleitungen und Hochspannung Elektrische Energie muss man oft über große Entfernungen transportieren. Leider ist der Widerstand einer Leitung proportional zu ihrer Länge, wird also bei langen Leitungen sehr groß, so dass durch Erhitzen der Leitungen viel Energie entwertet wird. Die absolute Verlustleistung lässt sich durch den Widerstand der Leitung und die Stromstärke berechnen:

$$P_{\text{Verlust}} = U_{\text{Spannungsabfall}} \cdot I_{\text{Leitung}} = R \cdot I_{\text{Leitung}}^2$$

Der relative Verlust ist dann

$$\frac{P_{\text{Verlust}}}{P_{\text{Kraftwerk}}} = \frac{R \cdot I_{\text{Leitung}}^2}{U_{\text{Kraftwerk}} \cdot I_{\text{Leitung}}} = \frac{R}{U_{\text{Kraftwerk}}^2} \cdot P_{\text{Kraftwerk}}$$

Man erkennt, dass der relative Verlust kleiner wird, wenn die Übertragungsspannung größer wird. Die elektrische Energie eines 900-MW-Steinkohlekraftwerks mit der Generatorspannung von 27 kV soll mit Überlandleitungen 200 km weit transportiert werden. Aus Stabilitätsgründen werden bei einem Hochspannungsmasten auf jeder Seite Kabel aufgehängt, es ergeben sich 450 MW pro Seite. Der Generator eines Kraftwerks liefert Drehstrom. Drehstrom (auch „Starkstrom") ist ein Wechselstromsystem von drei zeitlich versetzten Wechselströmen („Phasen"), die entstehen, wenn in einem Generator drei Spulen statt einer gleichmäßig im Kreis versetzt angeordnet werden. Die Gesamtleistung verteilt sich auf die drei Phasen, d. h. 150 MW pro Phase. Jede Phase wird mit vier Kabeln übertragen (→**B4**). Bei 200 km Länge hat ein Kabel etwa den Widerstand 30 Ω, der Verlust bei einer Übertragungsspannung von 27 kV wäre nach obiger Formel letztendlich 1,5-mal so groß wie die zu übertragende Leistung! Eine Übertragung wäre unmöglich. Transformiert man die Spannung jedoch auf 400 kV hoch, so beträgt der Verlust nur noch ca. 0,7 %! Man erkennt die deutlichen Vorteile einer höheren Spannung, wenn man Energie transportieren will.

Brummschleifen Viele Leute haben riesige Musiksammlungen auf ihrem PC und wollen diese in aller Ruhe im Wohnzimmer anhören, sie verbinden dann den PC mit der Stereoanlage. Oft wird dieses Vorhaben durch ein sehr unangenehmes Brummgeräusch verhindert. Der PC und die Stereoanlage sind über ihren Stromanschluss mit der Erde verbunden, man sagt, ihr Gehäuse „liegt auf Masse". Verbindet man die beiden Geräte zusätzlich mit einem Audiokabel, so erzeugt man eine große geschlossenen Leiterschleife, da nun auch PC und die Stereoanlage mit einem Massekabel verbunden sind (→**B3**).

Durch die Wechselspannung im Haushalt wird ein magnetisches Wechselfeld erzeugt, das in dieser Leiterschleife eine Wechselspannung von 50 Hz induziert, die man als Hintergrundbrummen hört. Solche Leiterschleifen werden deshalb auch „Brummschleifen" genannt. Will man dies vermeiden, so kommt zwischen den Computer und die Stereoanlage ein Übersetzer, auch „Trenntrafo" genannt, das ist ein Trafo mit dem Übersetzungsverhältnis 1. Hierdurch wird die Masseleitung unterbrochen und es existiert keine Brummschleife mehr. Man nennt dies eine „galvanische Trennung".

B4 Je zwei Kabel pro Phase auf jeder Seite

Sicherheit im Haushalt

Die Steckdose Bei der Steckdose ist ein Pol mit der Erde verbunden, man sagt, er ist **geerdet**. Die geerdete Leitung nennt man **Neutralleiter N**. Ihr Pol hat somit das Potenzial 0 V. Kommt ein Mensch mit diesem Pol in Verbindung (→**B1a**), so ist dies für ihn ungefährlich, da er selbst auf der Erde steht, die Potenzialdifferenz zwischen Hand und Erde ist also 0 V.

Der andere Pol wechselt sein Potenzial periodisch von +325 V bis −325 V. Diesen Leiter nennt man **Außenleiter** L. Im Durchschnitt ist die Potenzialdifferenz zwischen Außenleiter und Neutralleiter 230 V (→**S.42**). Kommt man mit dem Außenleiter in Verbindung (→**B1b**), so kann dies tödlich sein, da an einem die Potenzialdifferenz von durchschnittlich 230 V abfällt!

FI-Schutzschalter Berührt ein Mensch z. B. wegen eines Isolationsfehlers des Kabels oder Gerätes den Außenleiter, so würde ein Strom von 230 mA durch den Körper fließen, da der Widerstand zwischen Hand und Fuß beim Menschen etwa 1000 Ω beträgt. Dies kann tödlich sein! Die Sicherung würde das Leben nicht schützen, da sie erst bei einer Stromstärke von 16 A auslöst. Retten kann hier nur ein **F*I*-Schalter** (Fehlerstrom-Schutzschalter, →**B2**).

Der F*I*-Schalter ist ein Transformator mit zwei Primärspulen. Durch die eine fließt der Strom des Außenleiters, durch die andere der Strom des Neutralleiters. Im normalen Betrieb heben sich die Magnetfelder auf, da in beiden Leitungen die gleiche Stromstärke herrscht. In der Sekundärspule wird keine Spannung induziert.

Berührt nun ein Mensch einen der Leiter, so nennt man dies einen „Erdschluss". Der Stromkreis ist verzweigt und ein Teil des Strom fließt nicht über den Neutralleiter zurück, sondern über den Menschen in die Erde. In diesem Fall heben sich die Magnetfelder nicht mehr gegenseitig auf und in der Sekundärspule wird eine Spannung induziert. Ein hieran angeschlossenes Relais unterbricht den Außenleiter sowie die Neutralleitung (je nach Bauart) innerhalb von 10 ms bzw. 30 ms (→**B3**).

Über diese kurze Zeit kann der gesunde menschliche Körper in der Regel einem Strom der Stärke 230 mA noch widerstehen. Dennoch kann es zu körperlichen Schäden und auch durch Schreckreaktionen zu Unfällen kommen!

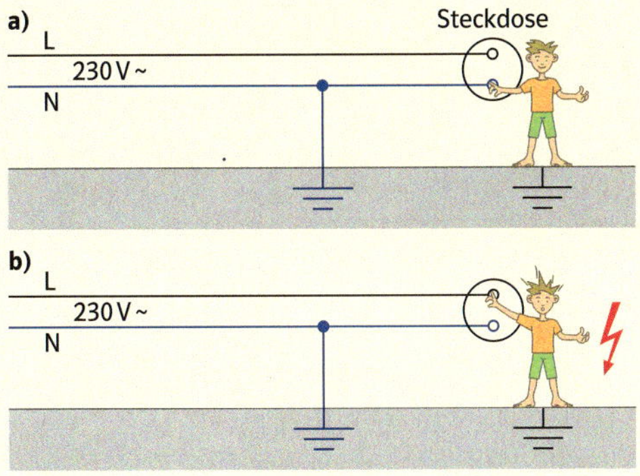

Da man nie weiß, bei welchem Leiter eine Berührung gefährlich ist, vermeidet man jeden Kontakt mit den Leitern einer Steckdose!

B1 Gefahr durch die Steckdose

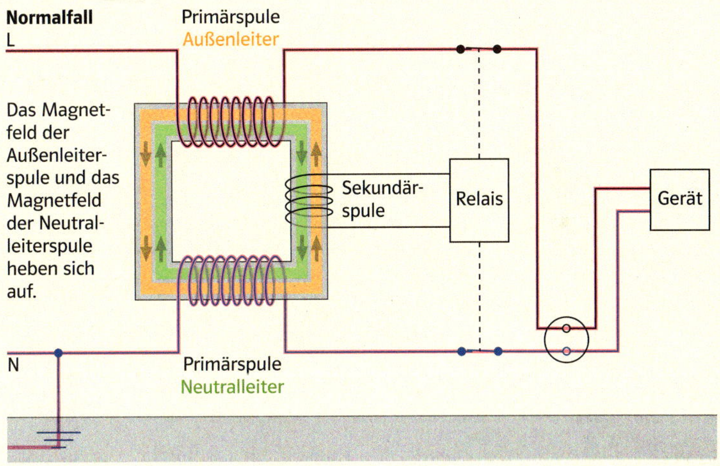

B2 Prinzip eines F*I*-Schutzschalters

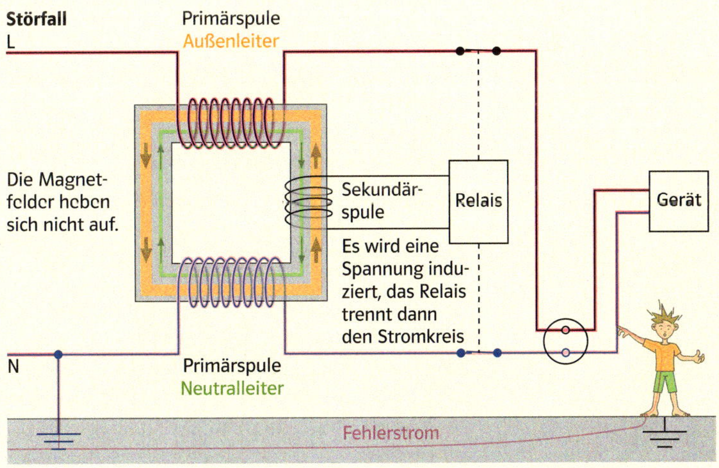

B3 Im Falle eines Kurzschlusses über die Erde, noch vor Auslösen des FI-Schalters

Der Wirkungsgrad

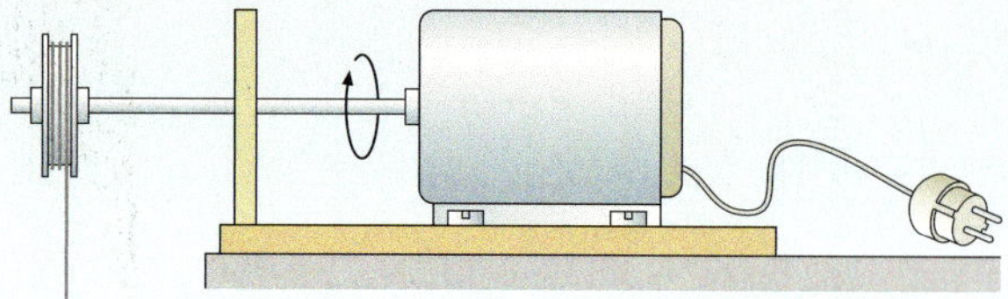

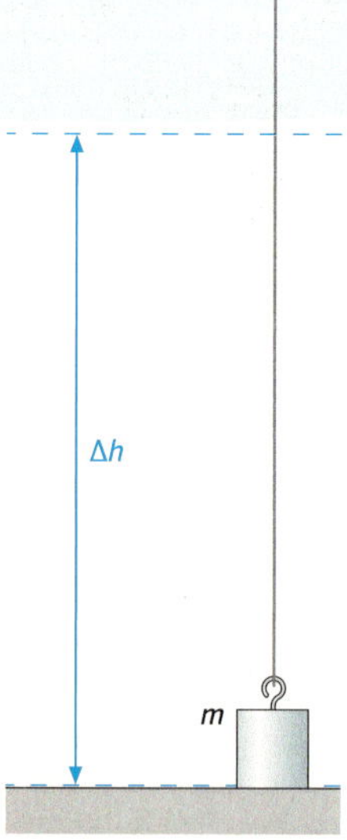

B1

■ **V1** Mit einem Experimentiermotor (→**B1**) werden Gegenstände gehoben. Wir messen jeweils Spannung, Stromstärke, Zeit, Hubhöhe und Masse. Beim Vergleich der Energiemengen stellen wir fest, dass die erhaltene potenzielle Energie (Lageenergie) viel kleiner ist als die dafür eingesetzte elektrische Energie.

Der Wirkungsgrad anschaulich Vermutlich fragt sich jeder: „Was hat ein Bild mit verpackten Getränken in einem Physikbuch verloren?" Die Antwort ist folgende: Es veranschaulicht den Begriff Wirkungsgrad; der Wirkungsgrad ist allgemein das Verhältnis eines bestimmten, gesuchten Anteils zum Gesamten. Hier ist es beispielsweise das Verhältnis der Nahrungsmittelmasse zur Gesamtmasse von Verpackung und Nahrungsmittel („Netto zu brutto", →**B2**).

$$\text{Wirkungsgrad} = \frac{\text{Gesuchter Anteil}}{\text{Gesamtes}}$$

Der Wirkungsgrad energetisch Wir interessieren uns normalerweise für den Energieanteil E_{Nutzen}, den wir bei einer Energieumwandlung nutzen können, bezüglich der aufgewendeten Energie E_{Aufwand}, die wir z. B. bezahlen müssen. Den Quotienten $\eta = \frac{E_{\text{Nutzen}}}{E_{\text{Aufwand}}}$ nennt man den **Wirkungsgrad η**:

Der Wirkungsgrad erhält den griechischen Formelbuchstaben η (sprich: Eta).

● **Wirkungsgrad** $\eta = \frac{E_{\text{Nutzen}}}{E_{\text{Aufwand}}}$

Da man die Energie in gleichen Zeitabschnitten betrachtet, kann man auch die Leistungen vergleichen, da die Leistung die in einer bestimmten Zeit umgesetzte Energie ist.

● **Wirkungsgrad** $\eta = \frac{P_{\text{Nutzen}}}{P_{\text{Aufwand}}}$

Der Wirkungsgrad hängt stark von der Betrachtungsweise bzw. dem gewünschten Nutzen ab. Verwendet man eine Glühlampe zur Beleuchtung, so ist der Wirkungsgrad relativ gering, da sie sehr heiß wird und somit viel Energie nutzlos entwertet wird. Verwendet man sie jedoch in einem Brutkasten, so ist auch die Hitze erwünscht, der Wirkungsgrad ist dann hoch. Betrachtet man einen Fahrstuhl, so ist der erwünschte Nutzen, eine Last anzuheben. Die Nutzenergie ist die vergrößerte Lageenergie der Last, unser Aufwand ist die hierzu notwendige elektrische Energie.

Die zum Anheben eines Körpers nötige Energie ist die Differenz der beiden Lageenergien. Mehr hierzu auf S. 126ff.

B2

Somit ist

$$\eta = \frac{E_{\text{Nutzen}}}{E_{\text{Aufwand}}} = \frac{\Delta E_{\text{Lage}}}{\Delta E_{\text{el}}} = \frac{m \cdot g \cdot \Delta h}{U \cdot I \cdot \Delta t}$$

Wegen der Energieerhaltung ist $\eta \leqq 1$, da man nicht mehr Energie verwenden kann, als vorhanden ist. In der Realität ist η oft viel kleiner als 1, da überall Energie entwertet wird und nicht mehr nutzbar ist. In unserem Beispiel wird ein großer Teil der elektrischen Energie wegen der Reibung in den Lagern des Motors entwertet, also in nicht nutzbare Energie im Inneren des Körpers umgesetzt (→**S. 128, 144**). Ebenso wird ein anderer Teil in den elektrischen Leitungen durch den elektrischen Strom in nicht nutzbare Energie im Inneren des Körpers (hier des Leiters) umgewandelt.

● **Der Wirkungsgrad ist immer ≦ 1, meist ist er sogar deutlich kleiner. Je größer der Wirkungsgrad einer Maschine ist, desto größer ist ihr Nutzen.**

■ **A1** Warum kann der Wirkungsgrad nicht größer als 1 sein?

■ **A2** Was bedeutet es, dass bei einem Benzinmotor der Wirkungsgrad 40 % beträgt?

Der Wirkungsgrad einer Glühlampe Will man den Wirkungsgrad einer Glühlampe bestimmen, so muss man erst einmal den Nutzen festlegen: Ein Glühlampe soll einen Raum ausleuchten. Dass die Glühlampe den Raum aufheizt, ist in aller Regel ungewollt. Somit ist

$$\eta = \frac{E_{\text{Licht}}}{E_{\text{el}}}.$$

Da wir die Energie des Lichtes nicht direkt messen können, wählen wir einen Umweg: Die elektrische Energie wird in Lichtenergie und in Energie im Inneren der Umgebungskörper umgewandelt (→**B1**):

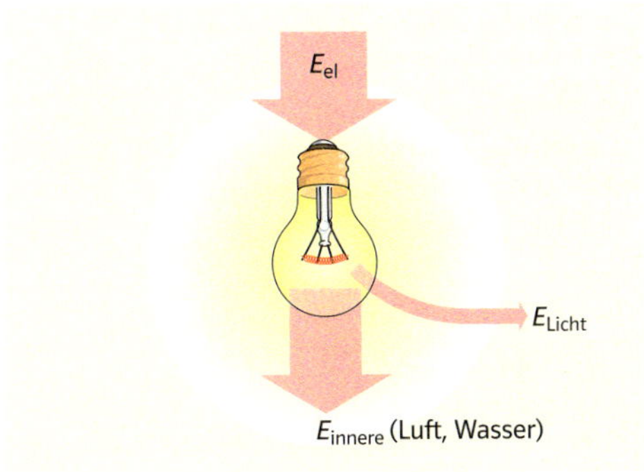

B1

Misst man die innere Energie, so ist die Lichtenergie die Differenz zur eingesetzten Energiemenge: $E_{\text{Licht}} = E_{\text{el}} - E_{\text{Innere}}$

Die innere Energie können wir messen, indem wir die Glühbirne in ein Wassergefäß hängen und die Temperaturerhöhung des Wassers messen (→**B2, B3**). Damit es keinen Kurzschluss gibt, darf die Fassung natürlich nicht das Wasser berühren. Zur Energiebestimmung benötigen wir die Masse des Wassers sowie die Anfangstemperatur und die Endtemperatur. Die aufgewendete Energie kann man entweder direkt mit einem Energiemessgerät bestimmen oder nach $\Delta E_{\text{el}} = U \cdot I \cdot \Delta t$, indem man die Spannung, die Stromstärke und die Zeit für die Erwärmung misst. Wir benötigen folgende zusätzliche Informationen: Eine Temperaturerhöhung von 1 Kelvin hat zur Folge, dass die innere Energie von 1 g Wasser

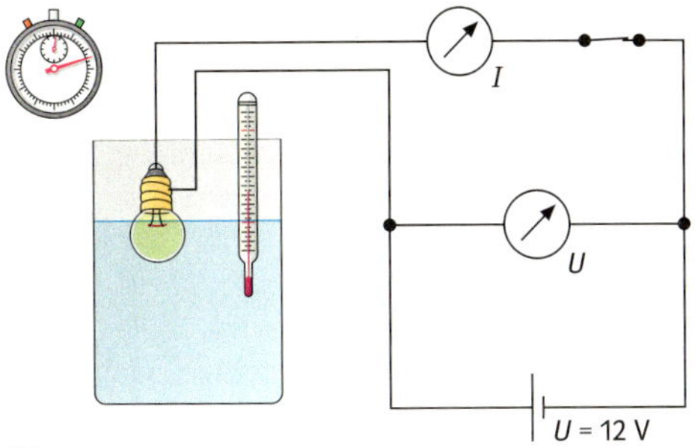

B2

B3 Vorsicht! (Lehrerversuch!)

um $\Delta E_{\text{innere}} = 4{,}2\,\text{J}$ zunimmt. Die Energiezunahme ΔE_{innere} ist proportional zur Masse m und zur Temperaturerhöhung ΔT. Es gilt also:

$$\Delta E_{\text{innere}} = 4{,}2\,\frac{\text{J}}{\text{g}\cdot\text{K}} \cdot m \cdot \Delta T$$

Somit folgt für den Wirkungsgrad

$$\eta = \frac{E_{\text{el}} - E_{\text{Innere}}}{E_{\text{el}}} = 1 - \frac{E_{\text{Innere}}}{E_{\text{el}}} = 1 - \frac{4{,}2\,\frac{\text{J}}{\text{g}\cdot\text{K}} \cdot m \cdot \Delta T}{U \cdot I \cdot \Delta t}$$

Man bekommt als Ergebnis einer Messung einen Wirkungsgrad von ca. 15 %. Da das Gefäß nicht isoliert ist, wird innere Energie des Wassers an die Umgebung weitergegeben. Folglich liegt der tatsächliche Wirkungsgrad sicher noch unter dem gemessenen! Handelsübliche Glühlampen haben einen Wirkungsgrad von 5 %. Energiesparlampen haben einen Wirkungsgrad von ca. 25 %. Die Lichtenergie ist hier die gleiche, nur wird weniger elektrische Energie benötigt.

Mit „innerer Energie" ist hier die Energie gemeint, die die Temperatur der Umgebung erhöht. Mehr hierzu siehe S. 128ff und 144ff.

Wirkungsgrad bei Kopplungen Koppelt man mehrere Maschinen, so ist der gesamte Wirkungsgrad das Produkt der einzelnen Wirkungsgrade. Bei der in (→**B4**) dargestellten Übertragung ist der Wirkungsgrad also

$$\eta = \eta_{\text{Kraftwerk}} \cdot \eta_{\text{Transport}} \cdot \eta_{\text{Gerät}} = 0{,}4 \cdot 0{,}95 \cdot 0{,}3 = 0{,}11 = 11\,\%.$$

Wie man erkennt, sinkt der gesamte Wirkungsgrad einer Übertragungskette stark, wenn einzelne Bauteile einen schlechten Wirkungsgrad besitzen.

A1 Bestimme den Wirkungsgrad einer Kopplung von fünf Maschinen mit je $\eta = 0{,}95$.

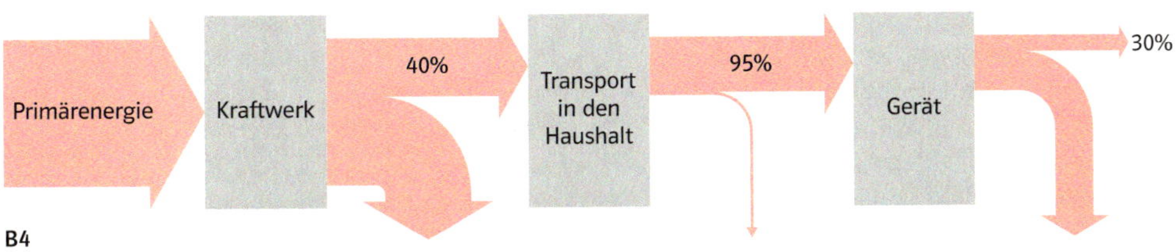

B4

Werkstatt

Wirkungsgrad einer Energieübertragung

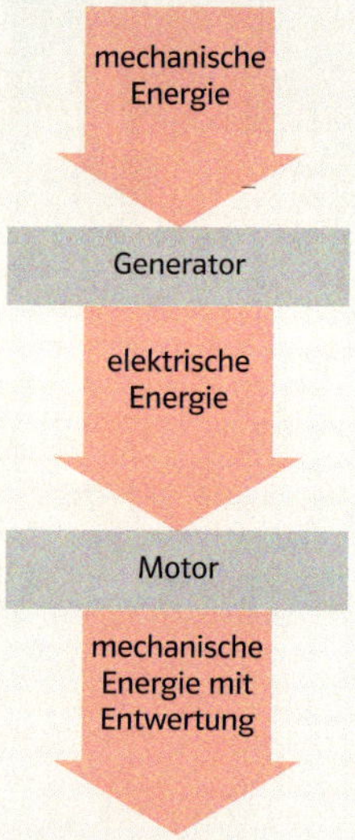

Dabei wird Energie entwertet!

Wir wollen eine Energieübertragung messen. Es wird ein spezieller Generator, ein sog. Dynamot, eingesetzt. Wir erhalten durch ihn elektrische Energie, indem ein an einer Schnur befestigtes Massestück heruntersinkt und dabei den Dynamot dreht. Diese elektrische Energie übertragen wir mit Kabeln an einen zweiten Dynamot, welcher als Motor eingesetzt wird.

Sowohl der Generator als auch der Motor besitzen einen Wirkungsgrad. Wir wollen die Wirkungsgrade einzeln messen und dann eine Aussage darüber treffen, wie beide zusammen arbeiten, d.h. wie ihr gekoppelter Wirkungsgrad ist. Diese Aussage wollen wir dann überprüfen.

Wirkungsgrad beim Generator Wir möchten mechanische Energie in elektrische Energie umwandeln. Also ist der Wirkungsgrad das Verhältnis der elektrischen Energie zur aufgewendeten mechanischen Energie:

$$\eta = \frac{\Delta E_{el}}{\Delta E_{mech}} = \frac{U \cdot I \cdot \Delta t}{m \cdot g \cdot \Delta h}$$

Als Masse sollte ein 2-kg-Massestück verwendet werden. Um den Wirkungsgrad bei verschiedenen elektrischen Geräten zu messen, benötigst du zwei bis sechs Glühbirnen (6V, 3W), welche du parallel schaltest, um so die Geräte zu simulieren.

Überlege nun, welche Werte du messen musst und wie man die entsprechenden Messgeräte anschließt. Lege dann eine Messtabelle an. Berechne den Wirkungsgrad für jedes elektrische Gerät.

Wirkungsgrad beim Motor Der Wirkungsgrad ist hier natürlich genau der Kehrwert des Wirkungsgrades beim Generator, da wir mechanische Energie wollen und elektrische Energie aufwenden:

$$\eta = \frac{\Delta E_{mech}}{\Delta E_{el}} = \frac{m \cdot g \cdot \Delta h}{U \cdot I \cdot \Delta t}$$

Verwende am besten ein 500-g-Massestück, um den Motor zu untersuchen. Für dieses Massestück sollst du die Wirkungsgrade des Motors bei Spannungen von 2V bis 8V messen und jedesmal den Wirkungsgrad bestimmen. Lege hierzu eine Messtabelle an.

Gemeinsamer Arbeitspunkt In unserer Übertragungskette arbeitet der Motor mit der Energie, die der Generator liefert. Es ist also

$$E_{ab} = U_{Gen} \cdot I_{Gen} \cdot t = U_{Motor} \cdot I_{Motor} \cdot t = E_{auf}$$

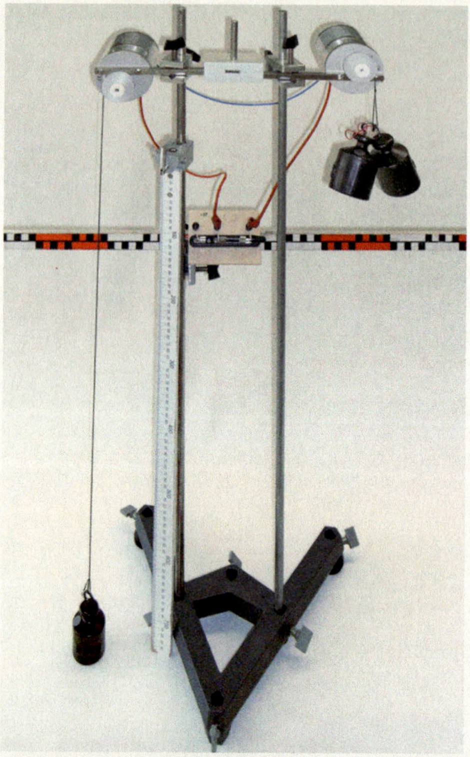

B1 Zwei gekoppelte Dynamots

Berechne bei beiden Messungen jeweils die Leistung, also das Produkt $U \cdot I$. Sind die Leistungen bei Generator und Motor gleich, dann „arbeiten sie hier zusammen". Diesen Punkt kannst du auch als Schnittpunkt in einem Leistung-Spannung-Diagramm finden.

Du musst jetzt nur noch die entsprechenden Wirkungsgrade von Motor und Generator an diesem Punkt multiplizieren und kennst dann den gesamten Wirkungsgrad.

Vorhersage Nun wird berechnet, wie hoch das Massestück bei einer Kopplung nach oben steigen würde. Es ist der gekoppelte Wirkungsgrad der Kette wie folgt:

$$\eta = \frac{E_{mech;auf}}{E_{el;ab}} = \frac{m_{auf} \cdot g \cdot h_{auf}}{m_{ab} \cdot g \cdot h_{ab}}$$

Diesen Ausdruck kann man nach h_{auf} umformen, denn die anderen Parameter kennen wir. Überprüfe deine so berechnete Vorhersage in einem Experiment.

Tipp: Baue in die Verbindung von Motor und Generator einen Schalter ein, der am Anfang kurz offen ist und den du schließt, wenn das 2-kg-Stück etwas in Bewegung gekommen ist.

1 Begriffe
Was versteht man unter
- einem Anker?
- einem Kommutator?
- einem Elektromotor?
- einem Generator?
- elektromagnetischer Induktion?
- einer induzierten Spannung?
- einer Wechselspannung?
- einem Transformator?

2 Erklärungen
Wie lässt sich begründen, dass
- ein Magnetfeld Kräfte auf einen stromdurchflossenen Leiter ausübt?
- sich drehbare Spulen in einem Magnetfeld fortwährend drehen können?
- Elektronen in der Fernsehröhre abgelenkt werden können?
- zwischen den Enden eines im Magnetfeld bewegten Leiters eine Spannung entsteht?
- ein Transformator nicht mit Gleichspannung betrieben werden kann?

3 Beobachtungen
Welche Wirkungen beobachtet man, wenn
- durch eine drehbare Spule Strom fließt und sie sich in einem Magnetfeld befindet?
- eine Spule im Magnetfeld gedreht wird?
- eine Spule 1 an eine Wechselstromquelle angeschlossen wird und eine Spule 2 davor steht?

4 Gesetzmäßigkeiten
Beschreibe mit eigenen Worten
- die Drei-Finger-Regel.
- die Beziehungen für die Stromstärken bzw. die Spannungen in den Primär- und Sekundärspulen eines Transformators.
- den Zusammenhang zwischen induziertem Strom und dem Magnetfeld.
- was man unter dem Wirkungsgrad versteht.

Erläutere die Erscheinungen in den folgenden Bildern und beantworte die Fragen!

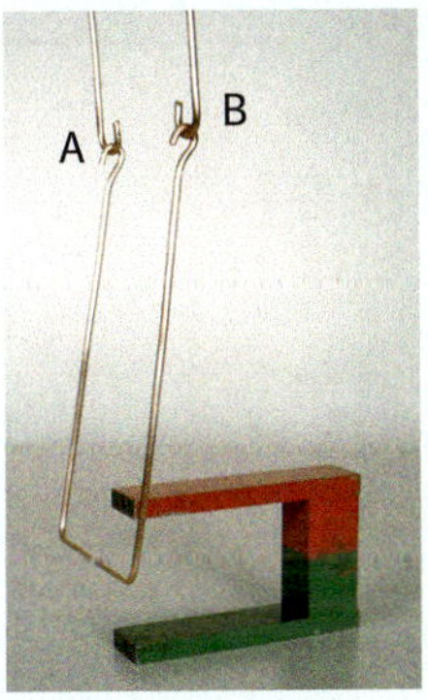

B1 Welche Stelle der Leiterschlaufe ist mit dem Plus-, welche mit dem Minuspol der Quelle verbunden?

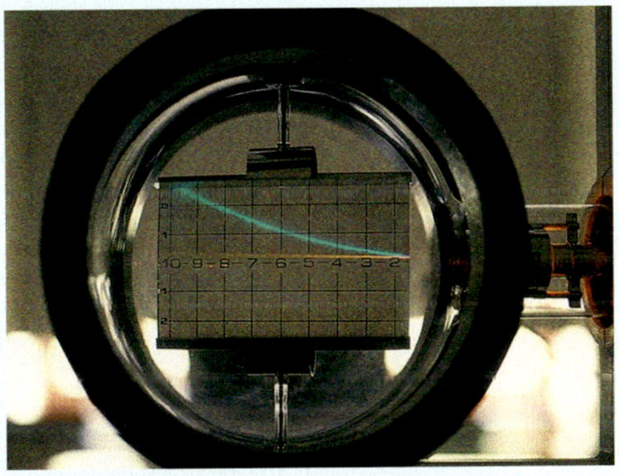
B2 Der Elektronenstrahl kann mit einer Spule (großer Ring) oder einem Kondensator (waagerechte Bleche) abgelenkt werden. Wie müssen jeweils das Magnetfeld bzw. die elektrischen Anschlüsse gepolt sein?

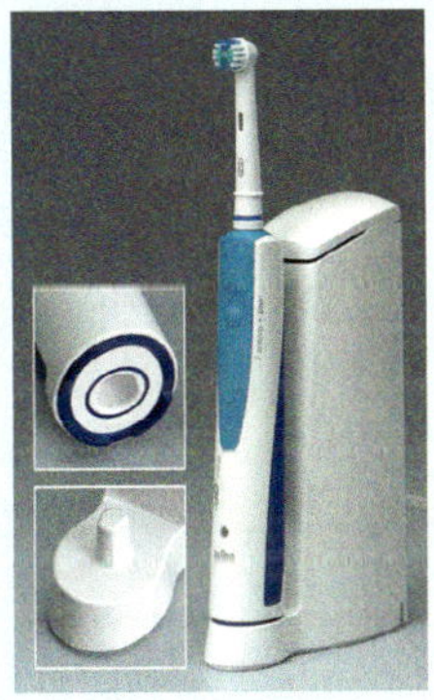
B3 Wie gelangt die Energie drahtlos in den Zahnbürstenakku?

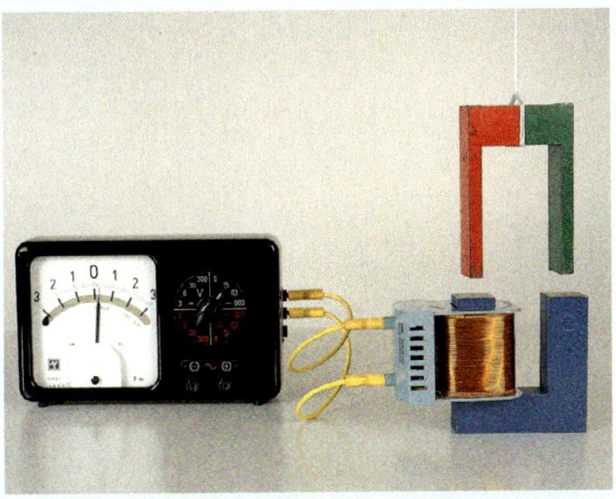
B4 Wenn sich der Hufeisenmagnet dreht, schlägt der Zeiger des Messgerätes aus. Wie kommt das? Was geschieht, wenn sich der Magnet wieder zurückdreht?

B5 Wieso glüht der dünne Metallnagel?

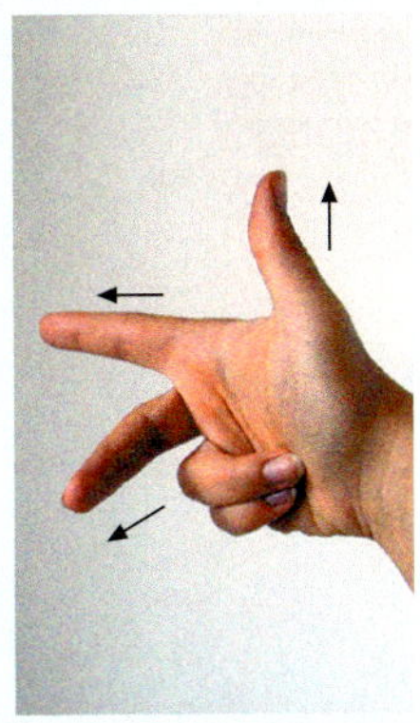
B6 Welche Bedeutung haben die Pfeile an dieser Hand?

Beispiele

1 Kräfte zwischen Leitern im Stromkreis

Warum stoßen sich zwei parallele Leiterstücke ab, die sich in geringem Abstand nebeneinander befinden, wenn in ihnen die Ströme entgegengesetzt gerichtet sind?

Lösung: Wir zeichnen einen Stromkreis mit den beiden Leiterstücken (→**B1**): Um den Leiter A erzeugt der Strom ein Magnetfeld, in dem sich der Leiter B befindet, und umgekehrt.

Zunächst betrachten wir die Kraft, die das Magnetfeld des Leiters A auf den Leiter B ausübt. Hierzu tragen wir eine Feldlinie, die durch den Leiter B geht, in unsere Skizze ein und die Rechte-Hand-Regel zeigt uns die Richtung des Feldes.

Die Richtung der Kraft $\vec{F}$ auf den Leiter B finden wir mit Hilfe der Drei-Finger-Regel der rechten Hand: Weist die Stromrichtung in B nach unten, so ist die Kraft von A weg nach rechts gerichtet.

Entsprechend findet man die Kraft auf den Leiter A, die aus Symmetriegründen (stelle die Skizze auf den Kopf!) nach links gerichtet ist, also ebenfalls abstoßend ist.

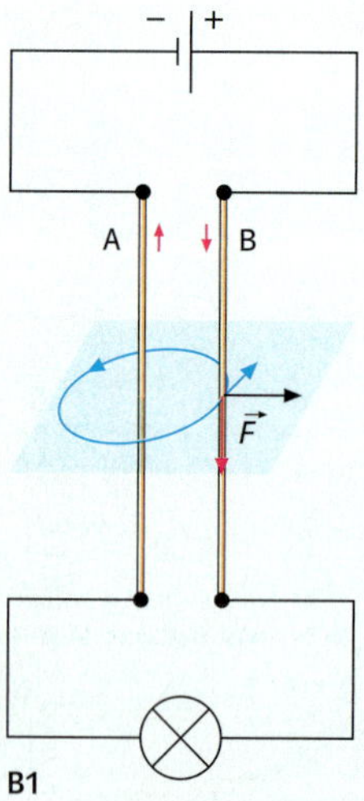

B1

2 Berechnungen zum Transformator

Ein Klingeltransformator soll mit 230 V betrieben werden und auf der Sekundärseite mit 50 Windungen die Spannung 8 V zur Verfügung stellen. Ein Absinken der Sekundärspannung durch die Belastung wird vernachlässigt.

a) Wie viele Windungen muss die Primärspule haben?

b) Wie groß wird die Stromstärke in Primär- und Sekundärspule, wenn die Klingel mit 5 Ω Widerstand angeschlossen ist?

Lösung: a) Für die Spannungen ergibt sich aus der Beziehung $\frac{n_1}{n_2} = \frac{U_1}{U_2}$:

$$n_1 = \frac{n_2 \cdot U_1}{U_2} = \frac{50 \cdot 230\,\text{V}}{8\,\text{V}} = 1438$$

Die Primärspule hat 1438 Windungen.

b) Wegen der Definition von $R = \frac{U}{I}$ wird:

$$I = \frac{U}{R} = \frac{8\,\text{V}}{5\,\Omega} = 1{,}6\,\text{A}$$

Die Stromstärke im Sekundärkreis beträgt also 1,6 A. Im Primärkreis berechnen wir sie mit der Beziehung $\frac{I_1}{I_2} = \frac{n_2}{n_1}$:

$$I_1 = \frac{n_2 \cdot I_2}{n_1} = \frac{50 \cdot 1{,}6\,\text{A}}{1438} = 0{,}056\,\text{A}$$

Die Stromstärke im Primärkreis ist 0,056 A.

Heimversuche

1 Wir bauen einen Elektromotor

Hierzu benötigen wir eine Batterie, einen Holzklotz, Gummibänder, zwei Sicherheitsnadeln, einen isolierten dünnen Kupferdraht und einen starken Magneten (z. B. aus Neodym). Baue den Motor entsprechend **B2** zusammen. Die Pole der Batterie bzw. des Batteriepacks werden mit den beiden Sicherheitsnadeln leitend verbunden. Nun forme aus dem Kupferdraht eine Spule, die durch Umwickeln der Enden gegen Auseinanderfallen gesichert wird. Die Enden der Spule, die zukünftigen Achsen, isolierst du nicht vollständig rundherum ab, sondern nur auf einer Hälfte der Achse.

2 Selbstbaulautsprecher

Passe ein Kreuz aus Karton so an, dass es knapp unter dem Deckel liegt und klebe einen Magneten darauf. Wickle eine Spule und klebe sie unter den Deckel oder auf eine Frischhaltefolie (→**B3**). Erkläre, warum man mit diesem Selbstbaulautsprecher Schwingungen übertragen kann.

B2

B3

Heimversuche

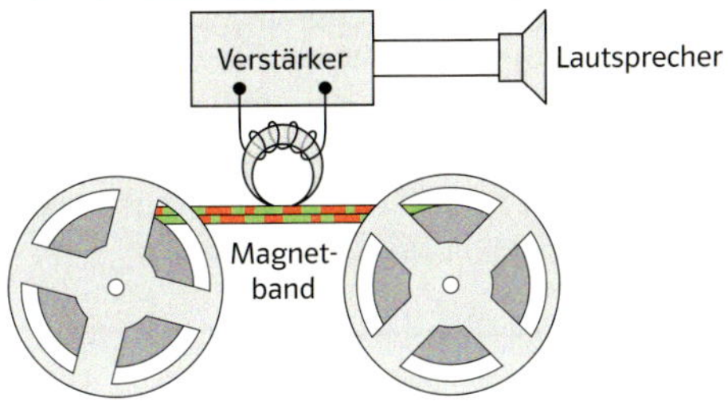

B1

3 Die Magnetschrift auf dem Tonband

Nimm eine leere Tonband-Kassette und streiche mit einem Magnet über das freie Stück des Tonbandes. Drehe das Band weiter und streiche abwechselnd mit dem Nord- und dem Südpol des Magneten darüber. Spiele nun das Band ab, stelle die Lautstärke zunächst möglichst niedrig ein! Du kannst deine „Magnetschrift" hören. Überlege, wie das möglich ist.

4 Versuche mit dem Dynamo

a) Drehe das Antriebsrädchen am Dynamo mit der Hand. Warum lässt es sich nicht gleichmäßig drehen? Wie viele Stellen mit erhöhtem Kraftaufwand treten bei einer Umdrehung auf?
b) Schließe einen Kopfhörer an Gehäuse und Anschlusskontakt des Dynamos an. Schiebe nun das Fahrrad langsam bei laufendem Dynamo. Wie kommt es zu den Tönen, die du im Kopfhörer hörst?

5 Wirkungsgradbestimmung eines Herdes

Achte darauf, dass in eurem Haushalt alle Elektrogeräte ausgeschaltet sind und lies dann den „Stromzähler" ab. Miss 4 kg Wasser ab und bestimme die Temperatur. Bringe das Wasser zum Kochen. Stoppe hierzu auch die benötigte Zeit. Welche Energie zeigt der „Stromzähler" nun an? Welche Energie war notwendig, um das Wasser zum Kochen zu bringen? Wie hoch ist der Wirkungsgrad?

Kommst du auf das gleiche Ergebnis, wenn du die maximale Leistung der Herdplatte mit der Leistung beim Wassererhitzen vergleichst? Falls die Ergebnisse unterschiedlich sind: Welchem Ergebnis vertraust du mehr und warum?

Fragen

Elektromotor

1 Warum wickelt man die Spule im Anker eines Motors auf einen Eisenkern?

2 Erläutere Aufbau und Wirkungsweise eines Elektromotors. Erkläre die Wirkungsweise des Kommutators im Elektromotor.

3 a) In manchen Motoren findet man auch einen Anker mit drei Spulen (s. Bild am Rand). Verfolge den Stromkreis und erläutere, wie sich dieser Anker bewegt.
b) Welchen Vorteil hat er gegenüber einem Anker mit nur zwei gegenüberliegenden Spulen?

4 Allstrommotoren haben Elektromagnete als Feldmagnete, die ihren Strom in Parallel- oder Reihenschaltung mit den Spulen im Anker erhalten. Diese Motoren behalten ihren Drehsinn bei, auch wenn die angelegte Spannung umgepolt wird. Wie lässt sich bei ihnen der Drehsinn umkehren? Fertige hierfür eine Schaltskizze an.

5 Man kann einen Dynamo mit Wechselspannung (etwa 6 V) als Motor betreiben. Das Prinzip zeigt das Bild am Rand. Erkläre diese Skizze und beantworte:
a) Warum läuft dieser Motor im Allgemeinen nur mit einer „Starthilfe" an?
b) Warum erhöht sich die Drehzahl nicht, wenn man die Spannung erhöht?
c) Wie viele Umdrehungen müsste der Motor in einer Sekunde machen, wenn der Anker ein, zwei oder vier Polpaare hätte? (Die angelegte Wechselspannung mit 50 Hz ändert 100-mal in der Sekunde ihre Polung!)

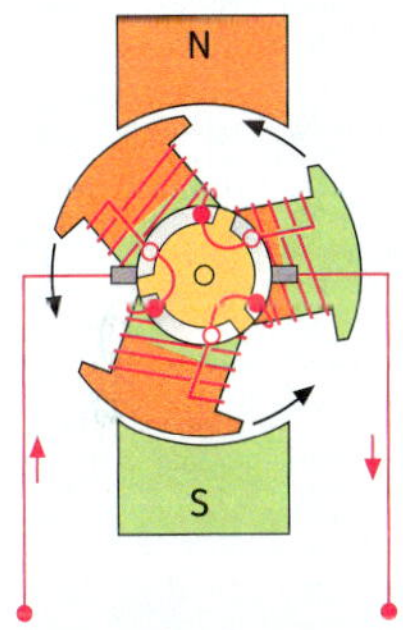

Zu Aufgabe 3

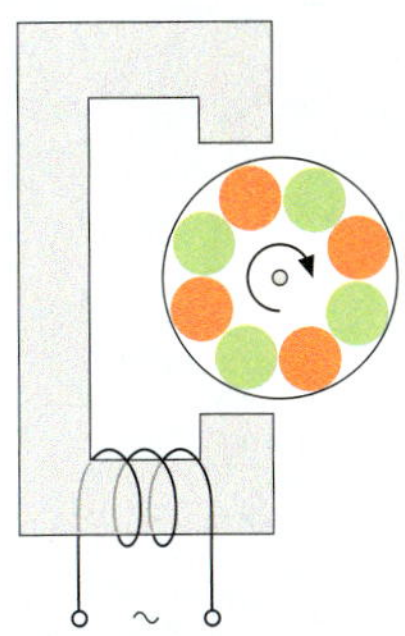

Zu Aufgabe 5

Elektronen im Magnetfeld

6 Erkläre (wie in Beispiel 1, S. 52) die Wirkung der Kräfte bei zwei parallelen Leitern mit Strömen in gleicher Richtung.

7 Überlege dir für jedes Leiterstück der abgebildeten Leiterschleifen, ob und in welcher Richtung Kräfte auftreten. Übertrage die Bilder in dein Heft und zeichne die Kraftpfeile ein.

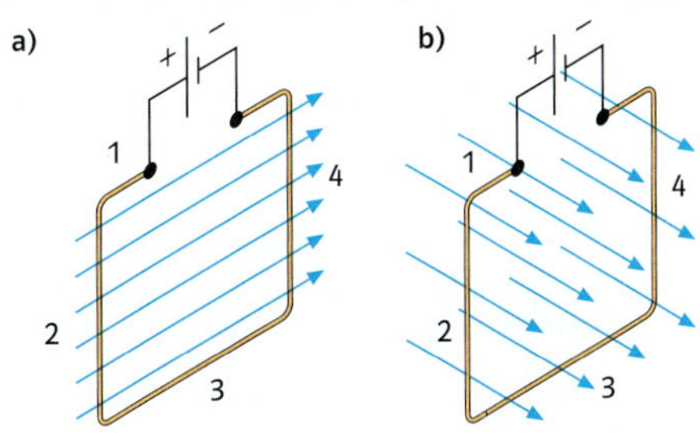

Fragen

8 Elektronen bewegen sich auf ein Magnetfeld mit parallelen Feldlinien zu. In welche Richtung werden sie abgelenkt, wenn das Magnetfeld
a) in Bewegungsrichtung bzw. in Gegenrichtung weist,
b) senkrecht zur Bewegungsrichtung nach oben bzw. nach unten gerichtet ist,
c) senkrecht zur Bewegungsrichtung nach links bzw. rechts gerichtet ist?

Elektromagnetische Induktion

9 Unter welchen Bedingungen wird in einer Spule eine Spannung induziert? Weshalb wird die induzierte Spannung höher, wenn man Spulen mit Eisenkern verwendet?

10 a) Bei vielen Mikrofonen (siehe Bild am Rand) ist eine bewegliche Membran fest mit einer Spule verbunden. Sie ragt in das Feld eines Dauermagneten hinein. Erkläre, wie der Schall, der die Membran zum Mitschwingen bringt, eine Wechselspannung zwischen den Spulenenden bewirkt.
b) Erkläre, wieso man einen Lautsprecher (siehe Bild am Rand) auch als Mikrofon benutzen könnte.

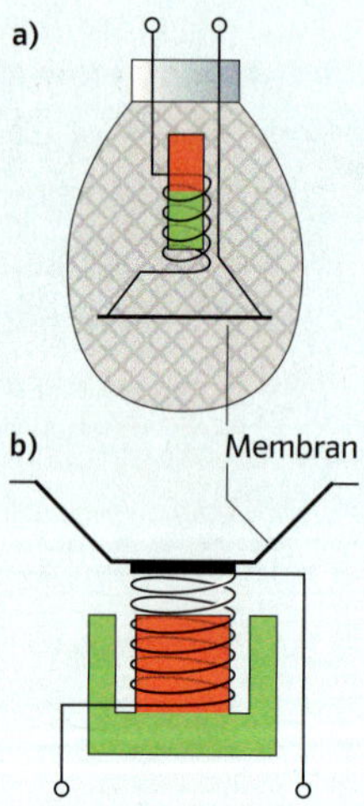

Zu Aufgabe 10

Generator

11 Erläutere Aufbau und Wirkungsweise eines Generators. Wie lässt sich die erzeugte Spannung steigern?

12 a) Was versteht man unter einer Wechselspannung?
b) Was versteht man unter einer pulsierenden Gleichspannung? Wie kann man sie erzeugen?

13 Wie hängt die vom Generator erzeugte Wechselspannung von der Spulenstellung im Magnetfeld ab? Bei welcher Stellung ist die Spannung am größten?

14 Zeichne die Spannung in Abhängigkeit von der Zeit für eine Umdrehung beim Fahrraddynamo auf. Was ändert sich, wenn man die Umdrehungsgeschwindigkeit verdoppelt?

Transformator

15 Erläutere Aufbau und Wirkungsweise eines Transformators.

16 Formuliere die Gesetze für die Stromstärken und für die Spannungen beim Transformator. Gib die notwendigen Voraussetzungen an.

17 Berechne die fehlenden Größen, wenn der Transformator bei den Spannungsangaben unbelastet, bei den Stromstärkeangaben belastet sein soll:

	n_1	n_2	U_1 in V	U_2 in V	I_1 in A	I_2 in A
a)	2000	50	...	220	0,20	...
b)	500	...	220	6,00	...	5,00
c)	200	...	40,0	2000	2,0	...
d)	...	250	380	100	...	0,50

18 Bei einem Ringkern-Regeltransformator sind Primär- und Sekundärspule auf einen gemeinsamen Eisenring gewickelt. Ein Schleifkontakt B gleitet über die Windungen der Sekundärspule, die an diesen Stellen nicht isoliert sind. Welche Spannung erhält man bei $U_1 = 220\,\text{V}$, $n_1 = 1200$ und $n_2 = 120$? In welchen Stufen erhält man die Spannung U_2 zwischen dem festen Kontakt A und dem Kontakt B? (Der Schleifkontakt kann immer nur um eine ganze Windung weitergerückt werden.)

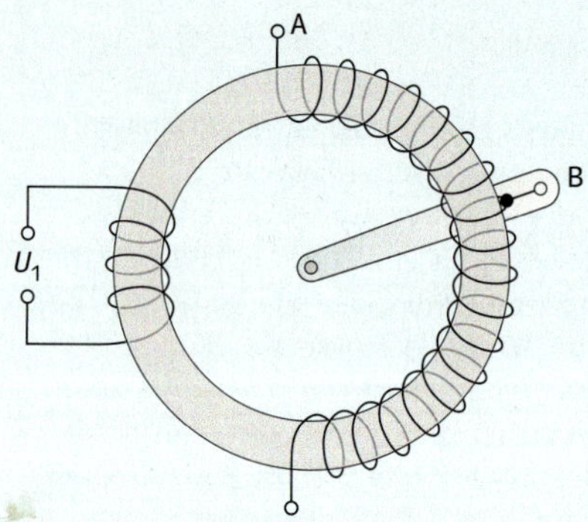

Wirkungsgrad

19 Die Sonne liefert in Deutschland näherungsweise 1000 kWh Energie pro Jahr und m^2. Eine Fotovoltaik-Anlage auf einem Dach hat einen Wirkungsgrad von 15 % und erstreckt sich über 12 m^2.
a) Wie viel elektrische Energie speist die Anlage pro Jahr ins Stromnetz ein?
b) Erkundige dich, wie viel elektrische Energie deine Familie im Jahr benötigt. Wie groß müsste eine Fotovoltaik-Anlage sein, wenn sie diesen Bedarf decken soll? Diskutiere: Ist eine Deckung des gesamten Energiebedarfs durch Fotovoltaik in Deutschland denkbar?
c) Wie verändern sich die Werte von a) und b), wenn der Wirkungsgrad um 5 Prozentpunkte gesteigert wird?

Vorhaben **Mechanik**

Untersuche in „Forschungsvorhaben“, welchen Verlauf die Geschwindigkeit beim Radfahren nimmt!
- **Formuliere dein Vorhaben genau.**
- **Plane deine Experimente und führe sie sorgfältig durch.**
- **Protokolliere zuverlässig.**
- **Entwickle eine Präsentation und trage sie vor.**

Geschwindigkeitsuntersuchung am Fahrrad

Ein aus dem Stand einige Sekunden bergab rollendes Fahrrad wird immer schneller.
- Wovon hängt die Geschwindigkeitszunahme des Fahrrades ab?
- Nimmt die Geschwindigkeit gleichmäßig zu?
- Welche Strecken legt das Fahrrad dabei in bestimmten Zeitintervallen zurück?

Hilfen Mit Hilfe eines Stativs wird eine Digitalkamera auf einem Fahrrad befestigt (→**B1**). Während ein Schüler mit dem Fahrrad aus dem Stand heraus vorsichtig eine abschüssige Straße herunterfährt, nimmt die Kamera von dem Tachometer einige Bilder im Bildfolgemodus oder als Video auf (→**B1** bis **B5**, nächste Seite). Die Bildfolgen werden am Rechner mit entsprechenden Bild- bzw. Videobearbeitungsprogrammen ausgewertet. Bei einem Fahrradtachometer wird ein Magnet an den Speichen befestigt. Dieser Magnet fährt an einem Messfühler (Reedrelais, →**B3**), der mit dem eigentlichen Tachometer verbunden ist, vorbei (→**B2**) und schließt dabei kurz einen Kontakt. Auf diese Weise wird pro Radumdrehung ein elektrischer Impuls ausgelöst. Der Mikrocontroller im Tachometer misst nun die Zeit zwischen zwei aufeinanderfolgenden Impulsen in Millisekunden und errechnet daraus und mit dem vorher eingestellten Radumfang die Geschwindigkeit in km/h nach folgender Formel: v = (Radumfang in Metern mal 3 600)/Zeit in Millisekunden.

Leider kannst du aus den angezeigten Werten für den zurückgelegten Weg kein korrektes t-s-Diagramm für diese Bewegung erstellen, da die Anzeige nur auf 10 m genau ist. Dadurch ist der Fehler der Wegmessung für ein exaktes Diagramm einfach zu groß. Der anfängliche Eindruck, dass der Weg proportional zur Zeit zunimmt, täuscht hier also.

B1 Fahrrad mit Stativ und Kamera

Was wird erwartet? Beschreibe diese Bewegung möglichst genau. Fertige zu diesem Zweck zunächst ein t-v-Diagramm an und untersuche den jeweiligen Geschwindigkeitszuwachs (in m/s). Kannst du eine einfache Gesetzmäßigkeit zwischen t und v erkennen? Versuche diese als physikalische Formel darzustellen. Hier liegt eine beschleunigte Bewegung vor. Ermittle, wie groß die Beschleunigungen des Fahrrads in den einzelnen Zeitintervallen sind. Welche mittlere Beschleunigung erfuhr das Fahrrad während seiner Fahrt?

Bildet Arbeitsgruppen und stellt eure Ergebnisse in der Klasse vor.

B2 Signalgeber-Einheit des Tachometers

B3 Reedrelais des Messfühlers

Um Fehler bei der Wegmessung zu vermeiden, kann das Fahrrad auch von der Seite zusammen mit Wegmarkierungen gefilmt werden.

Für präzise Zeitsignale kann das Fahrrad mit einem elektronischen Blinklicht ausgestattet werden.

B1 Vor dem Start

B2 Nach 6 s

B3 Nach 8 s

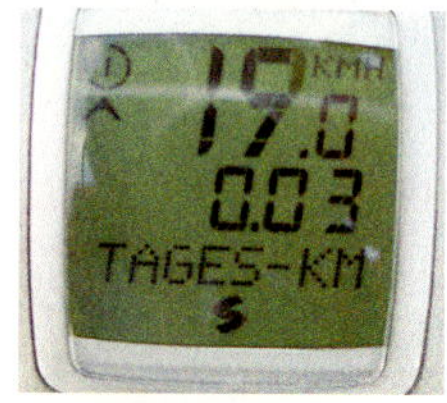

B4 Nach 10 s

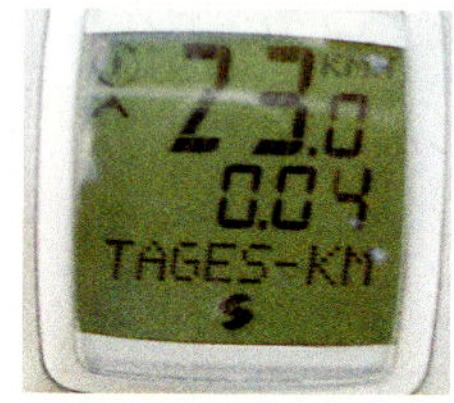

B5 Nach 12 s

Wichtige Kenntnisse zur Lösung Informiere dich mit Hilfe des Lehrbuchs und anderen Quellen über folgende Themen:
- *t*-*s*- und *t*-*v*-Diagramme
- mittlere und momentane Geschwindigkeit
- Beschleunigung
- Reibung
- Genauigkeit von Messwerten
- Messprinzip von Weg und Geschwindigkeit beim elektronischen Fahrrad-Tachometer

Wichtige Untersuchungen Erstelle ein *t*-*s*-Diagramm. Ermittle dazu die in den Zeitintervallen zurückgelegten Wegstrecken. Leider kann man den Weg nicht einfach durch Ablesen des entsprechenden Tachometerwertes übernehmen, da diese Anzeige nur auf 10 m genau ist. Man kann den zurückgelegten Weg auch nicht einfach über die Formel $s = v \cdot t$ errechnen, weil ja die Geschwindigkeit während der Fahrt zunimmt. Also werden die zurückgelegten Wege pro Zeitspanne immer länger. Eine Möglichkeit besteht darin, für jedes Zeitintervall den zurückgelegten Weg zu ermitteln und die so berechneten Wegstücke dann zu addieren. Überlege dir für jedes Intervall eine geeignete mittlere Geschwindigkeit und berechne mit deren Hilfe dann den jeweils zurückgelegten Wegzuwachs mit der Formel $s = v \cdot t$. Ermittle anschließend aus den so errechneten Teilstücken den Gesamtweg für jedes *t*, lege eine *t*-*s*-Tabelle an und zeichne dann das *t*-*s*-Diagramm der Bewegung. Ermittle Gesetzmäßigkeiten. Vergleiche diese Bewegung mit dem freien Fall auf Gemeinsamkeiten und Unterschiede!

Schlussfolgerungen Fährt ein Fahrrad eine schiefe Ebene herunter, so nimmt die Geschwindigkeit ständig zu (beschleunigte Bewegung). Die Geschwindigkeit ist proportional zur Zeit, wenn sich das Gefälle nicht ändert. Bei dieser Bewegung kann man den zurückgelegten Weg nicht mit der Formel $\Delta s = v \cdot \Delta t$ berechnen, da die Geschwindigkeit nicht konstant ist. Die untersuchte Bewegung erinnert an den freien Fall, bei der Geschwindigkeit und Zeit auch proportional sind.

B6

Zum weiteren Nachdenken: Wenn du eine Digitalkamera hast, kannst du selbst auch solche Bildfolgen erstellen. Vielleicht kannst du im Auto deiner Eltern vom Rücksitz aus den Tachometer fotografieren oder filmen (→**B6**), während jemand das Auto fährt. Führe dann den oben beschriebenen Versuch für folgende Bewegungen durch:
- das Auto fährt mit konstanter Geschwindigkeit
- das Auto erhöht seine Geschwindigkeit
- beim Abbremsen des Autos

Vergleiche die Gesetzmäßigkeiten beim Beschleunigen mit denen beim Abbremsen.

Beschreiben von Bewegungen

„Die Erde geht auf“ Die Fotos von der Erde entstanden, als die Raumkapsel von Apollo 10 im Mai 1969 den Mond umrundete. Die Astronauten hatten dabei den Eindruck, die Erde ginge auf. Die Beschreibung einer Bewegung hängt vom Standpunkt ab.

Aus vergleichbaren Beobachtungen der Sonne von der Erde aus dachte man früher auch, dass die Sonne um die Erde kreist. Heute weiß man, dass sich die Erde auf einer Umlaufbahn um die Sonne befindet.

Der bewegte Wald Bei dieser Aufnahme wurde die Kamera mit dem Rennboot mitbewegt. Der Hintergrund scheint am stehenden Boot vorbeizurasen. Wir wissen, es ist genau umgekehrt. Oder sind diese Aussagen auch nur relativ?

Was ist Bewegung? 400 vor Christus sagte Zenon von Elea: Es kann keine Bewegung geben. Ein Pfeil ist zu jedem Zeitpunkt an einem bestimmten Ort. Wenn er aber an einem bestimmten Ort ist, muss er sich dort in Ruhe befinden. Da er zu jedem Zeitpunkt in Ruhe ist, kann er sich nicht bewegen. Vergleiche diese Aussage mit dem Bild des Tennisspielers rechts.

Die Lehre von der Beschreibung von Bewegungen wird auch Kinematik genannt.

Prüfe dein Wissen – Mechanik

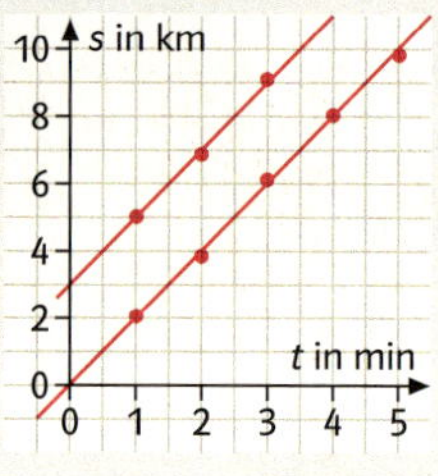

B1

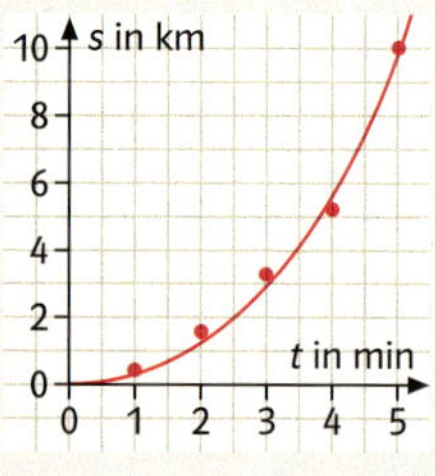

B2

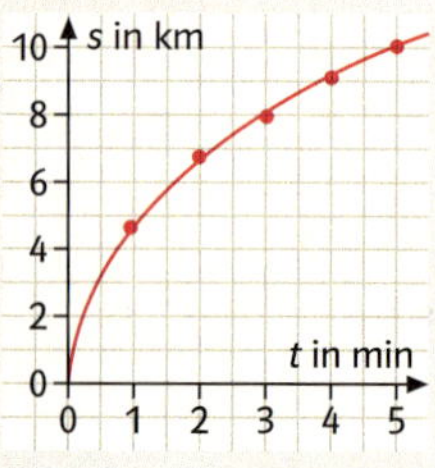

B3

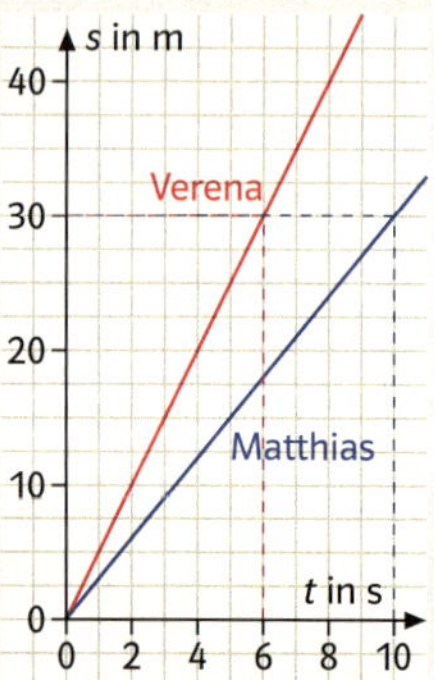

B4

Viele Begriffe, Zusammenhänge und Definitionen, die in der Mechanik weiterhin benötigt werden, kennst du schon.

Mit folgendem Arbeitsauftrag kannst du diese wiederholen und dein Wissen überprüfen. Dazu kannst du auch deine alten Hefte und Bücher zu Rate ziehen oder im Internet nachschlagen.

A1 Für die Beschreibung von Bewegungen kann man diese nach ihrer Bahnform und ihrer Art unterteilen. Benenne diese Bewegungsformen und -arten. Eine Art der Bewegung lässt sich noch weiter unterteilen! Definiere die Größe Geschwindigkeit und die Größe Beschleunigung.

A2 Die Kurven in *t*-*s*- und *t*-*v*-Diagrammen beschreiben Bewegungen. Um welche Bewegungsarten handelt es sich in den Diagrammen (→**B1** bis **B4**)? Was sagt die Steigung der Kurve aus? Bei welcher Bewegungsart ist die Kurve eine Gerade? Was beschreibt dabei das Verhältnis $\Delta s/\Delta t$? Wieso?

A3 Definiere die Größe Impuls und formuliere den Impulserhaltungssatz.

A4 Formuliere den Zusammenhang zwischen Impuls und Kraft. Formuliere hieraus die Definition der Größe Kraft. Benenne diese Gleichung.

Lösungen

L1 Gleichförmige Bewegung: Der Körper bewegt sich mit konstanter Geschwindigkeit. Ungleichförmige Bewegung: Die Geschwindigkeit des Körpers ändert sich, er wird beschleunigt.

Der Quotient aus Weglänge und Zeitspanne heißt Geschwindigkeit: $v = \Delta s/\Delta t$. Einheit: 1 m/s. Dies ist die Durchschnittsgeschwindigkeit bezüglich der Zeitspanne. Die Geschwindigkeit, die der Fahrer zu jedem einzelnen Zeitpunkt hat, nennt man Momentangeschwindigkeit.

Der Quotient aus Geschwindigkeitsänderung und Zeitspanne heißt Beschleunigung: $a = \Delta v/\Delta t$. Die Einheit der Beschleunigung ist $1\,m/s^2$.

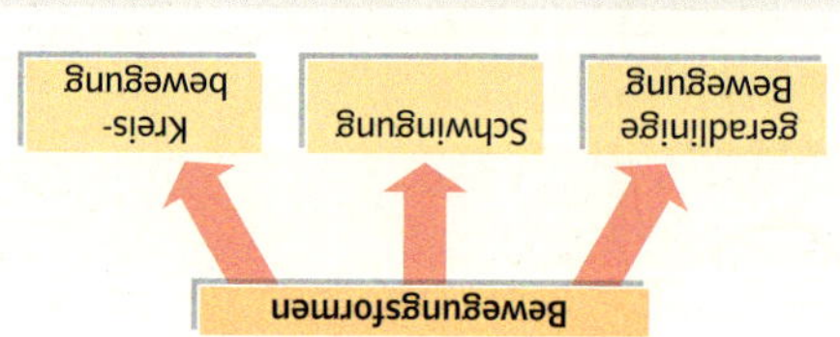

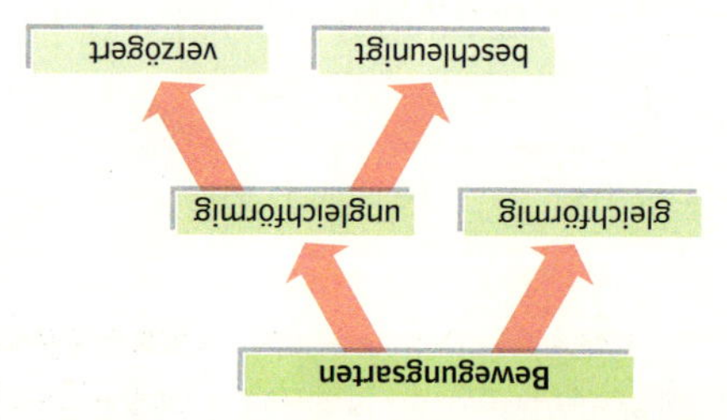

L2 **B1**: Zwei gleichförmige Bewegungen mit gleicher Geschwindigkeit, aber verschiedenen Startpunkten. **B2**: (Positiv) beschleunigte Bewegung. **B3**: Negativ beschleunigte (verzögerte) Bewegung. **B4**: Zwei gleichförmige Bewegungen mit gleichem Startpunkt und unterschiedlicher Geschwindigkeit.

Bei der gleichförmigen Bewegung sind die Weglängen den zugehörigen Zeitspannen proportional, das Verhältnis $\Delta s/\Delta t$ (Geschwindigkeit) ist konstant und beschreibt die Steigung der Geraden im *t*-*s*-Diagramm.

L3 Das Produkt aus Masse und Geschwindigkeit eines Körpers bestimmt seinen Impuls: $p = m \cdot v$. Einheit: $1\,kg \cdot m/s = 1$ Huygens (1 Hy).

Die Summe der Impulse zweier Körper ändert sich bei einer Wechselwirkung nicht. Dies gilt für alle Wechselwirkungen.

L4 Je kleiner die Zeitspanne für eine bestimmte Impulsänderung ist, desto größer ist die wirkende Kraft.

Die Kraft ist das Verhältnis aus einer Impulsänderung und der Zeitspanne, in der diese Änderung erfolgt: $F = \Delta p/\Delta t$ (Grundgleichung der Mechanik). Einheit: 1 Newton (1 N) = 1 Hy/s = $1\,kg \cdot m/s^2$.

Darstellung von Bewegungen

Ein Blatt Papier fällt auf komplizierter Bahn nach unten. Als kleines Knäuel fällt es dagegen nahezu geradlinig herab, seine Bahn lässt sich einfacher beschreiben. Bewegungen sind an der Veränderung der Position eines Körpers in der Zeit zu erkennen, aber manchmal nur schwer zu beschreiben. Man braucht einen Standpunkt, auf den sich die Veränderungen in Raum und Zeit beziehen.

V1 An einem Computer wird die Wiedergabe des Mauszeigers auf dem Bildschirm auf maximales Nachleuchten eingestellt. Auf dem Schirm lässt sich die Bewegung der Maus verfolgen (→**B2**).

B1 Bahnkurven verschiedener Körperteile beim Stabhochsprung

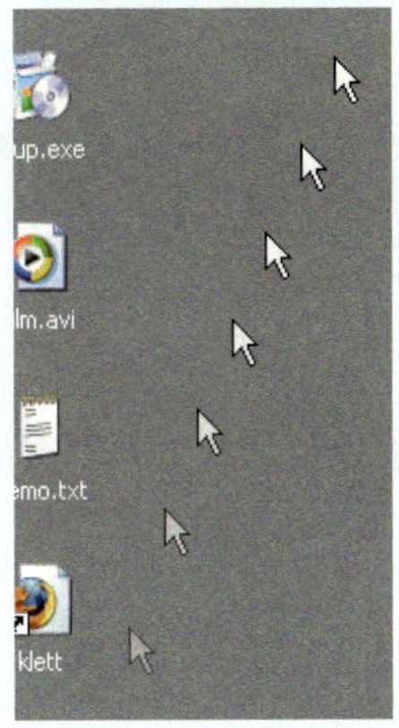

B2

Spuren der Bewegung Skifahrer hinterlassen Spuren im Neuschnee. Die Kondensstreifen eines Flugzeuges zeigen seine Bahn am Himmel, auch wenn es selbst kaum noch zu sehen ist. Die Aufnahme des Stabhochspringers in Abbildung **B1** zeigt verschiedene Phasen seiner Bewegung in ihrer zeitlichen Abfolge. Verschiedene Körperteile bewegen sich dabei auf unterschiedlichen Bahnen. Ebenso bewegt sich jedes Teil eines fallenden Blattes ein wenig anders (→**B7**). Jeder Punkt des Körpers beschreibt bei der Bewegung seine eigene Bahn. Für jeden Punkt ergibt sich auf diese Weise eine Kurve, die **Bahnkurve**, die aus allen Orten besteht, die der Punkt nacheinander durchläuft. Ruht ein Punkt des sich bewegenden Körpers, so reduziert sich seine Bahnkurve auf einen Punkt.

● **Eine Bahnkurve gibt die Orte an, die ein Punkt eines Körpers während einer Bewegung durchläuft.**

Beim Bumerang in **B6** müssen verschiedene Punkte verfolgt werden, um seine Bewegung zu erfassen, obwohl es sich um einen starren Körper handelt. Wenn man die Bewegung eines Körpers exakt beschreiben möchte, so müsste man eigentlich die Bewegungen aller seiner Punkte beschreiben und alle ihre Bahnkurven angeben. Viele Bewegungen (z. B. fahrendes Auto) lassen sich jedoch oft durch Betrachtung eines Punktes ausreichend genau erfassen, in dem man sich die gesamte Masse eines Körpers in seinem Schwerpunkt vereinigt denkt (**Modell der Punktmassen**). Um diesen Punkt herum kann man sich den Körper als eine „masselose Hülle" denken. Die Bewegung eines Volleyballes lässt sich vereinfachend durch die Bahnkurve seines Mittelpunktes erfassen.

Translation und Rotation Um Bewegungen eines starren Körpers dennoch präzise beschreiben zu können, unterscheidet man zwischen verschiedenen Bewegungsformen: Bewegt sich ein Körper so, dass seine Ausrichtung im Raum zu jeder Zeit gleich ist, spricht man von **Translation** (→**B3**). Dreht sich ein Körper um eine Achse, so dass sich seine Ausrichtung im Raum ändert, spricht man von **Rotation** (→**B4**). Die Bewegung des Bumerangs setzt sich aus einer Translationsbewegung und einer Rotationsbewegung zusammen (→**B5**).

● **Jede Bewegung eines starren Körpers ist eine Kombination aus einer Translation des Massenschwerpunktes des Körpers und einer Rotation.**

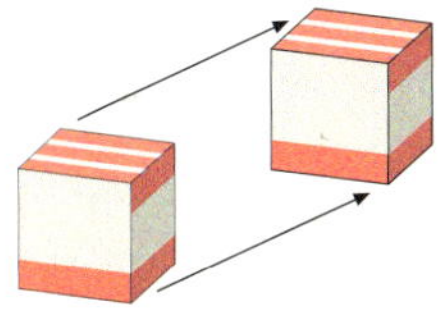

B3 Reine Translation

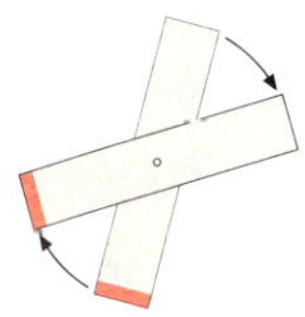

B4 Reine Rotation

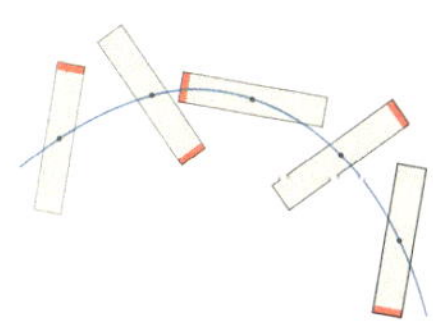

B5 Kombination aus Translation und Rotation

B6 Leuchtender Bumerang am Nachthimmel

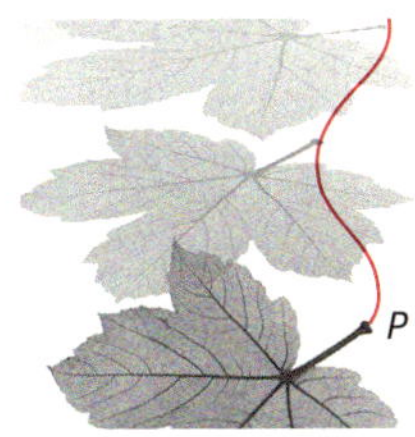

B7 Bahnkurve des Stielendes beim fallenden Blatt

Bewegungen in einer Dimension

Ein Aufzug in einem Einkaufscenter fährt vom Erdgeschoss 5 Stockwerke ($\Delta s_{ges} = 15\,m$) hoch. Nach 10 s ist er im 3. Stock ($s = 9{,}0\,m$) angekommen. Er hält nun 10 s an und setzt dann seine Fahrt fort. Nach weiteren 6 s kommt er im 5. Stock an, wo er 24 s stehen bleibt. Anschließend fährt er mit konstanter Geschwindigkeit innerhalb von 15 s ins Erdgeschoss zurück. Zu dieser Fahrt kann man das entsprechende *t-s*-Diagramm des Aufzugs erstellen. Welchen Verlauf nimmt der Graph in diesem Diagramm? Wie würde das zugehörige *t-v*-Diagramm wohl aussehen?

B1

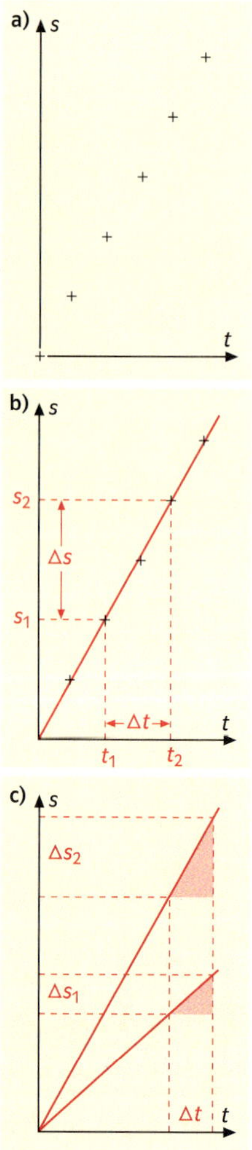

B4 Vom Messwert zum Graph im Zeit-Ort-Diagramm

Darstellung im Zeit-Ort-Diagramm Zunächst betrachten wir nur Bewegungen in einer Dimension, d.h. Körper, deren Bahn geradlinig ist. Zu jedem Zeitpunkt befindet sich der Körper an einem Ortspunkt auf einer gedachten Achse entlang der Wegstrecke. Werden die Ortskoordinaten einer Bewegung in einem Schaubild über der Zeit aufgetragen (→**B4a**), so erhält man ein **Zeit-Ort-Diagramm** der Bewegung, abgekürzt mit *t-s*-Diagramm.

B2 zeigt das *t-s*-Diagramm des Beispiels mit dem Fahrstuhl. Nach einer Fahrt in den dritten Stock hielt er dort für 10 s. Der Graph im *t-s*-Diagramm verläuft für diesen Zeitraum horizontal, denn der Ort des Aufzugs ändert sich ja nicht. Der Aufzug fuhr weiter in den 5. Stock. Der Graph ist in diesem Abschnitt eine ansteigende Gerade, die Geschwindigkeit war also konstant. Nach der Pause im 5. Stock fällt die Kurve linear ab: Der Fahrstuhl bewegt sich mit gleichbleibender Geschwindigkeit in die entgegengesetzte Richtung.

Weitere Informationen über die Bewegung erhalten wir aus dem *t-v*-Diagramm (→**B3**). Im Falle des Aufzugs erkennen wir, dass das *t-v*-Diagramm des fahrenden Aufzugs aus horizontalen Geradenstücken besteht, die Geschwindigkeit des fahrenden Aufzugs ist konstant. Während der Wartephasen im 3. und 5. Stockwerk ist die Geschwindigkeit 0. Bei der Fahrt vom 5. Stock ins Erdgeschoss wird die Geschwindigkeit negativ, da die Bewegung jetzt in umgekehrter Richtung verläuft. Sie ist jedoch weiterhin konstant, wie sich aus dem horizontalen Verlauf ablesen lässt.

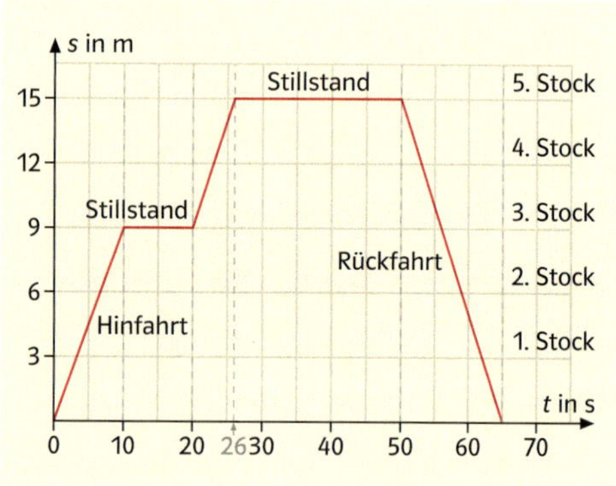

B2 *t-s*-Diagramm eines Aufzugs: Gleichförmige Hinfahrt mit Unterbrechung und gleichförmige Rückfahrt

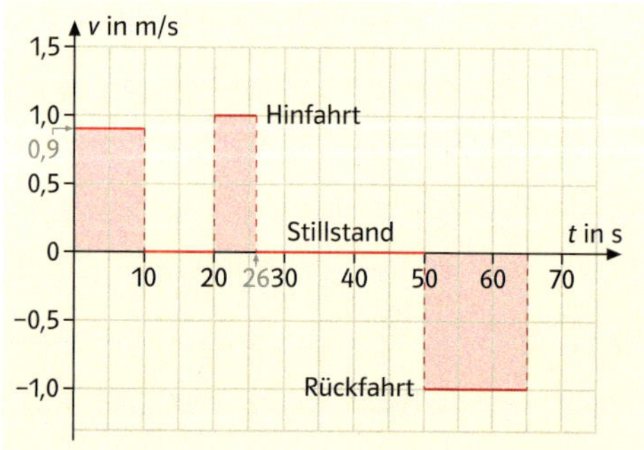

B3 *t-v*-Diagramm eines Aufzugs: Gleichförmige Hinfahrt mit Unterbrechung und gleichförmige Rückfahrt

Bei der Beschreibung der Bewegung des Aufzugs sind wir von idealisierten Bedingungen ausgegangen und haben die Beschleunigungs- und Bremsphasen beim Anfahren und Abbremsen des Aufzugs nicht berücksichtigt, wie man am Verlauf des Graphen in **B3** erkennen kann.

Die gleichförmige Bewegung Ist der Graph im t-s-Diagramm eine Gerade (→**B4b**, S. 60), so gehören zu beliebig gewählten, aber gleich großen Zeitspannen $\Delta t = t_2 - t_1$ stets gleich große Weglängen $\Delta s = s_2 - s_1$. Solche Bewegungen heißen geradlinig **gleichförmige Bewegungen**.

Δt bezeichnet eine Zeitspanne, Δs eine Weglänge. Der Quotient $\Delta s / \Delta t$ ist die **Geschwindigkeit** in m/s bzw. km/h. Unterschiedlich schnelle gleichförmige Bewegungen führen im t-s-Diagramm zu Geraden mit unterschiedlichen Steigungen. Je größer die Steigung ist, desto größer wird die in gleichen Zeitspannen Δt zurückgelegte Weglänge Δs (→**B4c**, S. 60).

Die Durchschnittsgeschwindigkeit Die Weglängen Δs und die zugehörigen Zeitspannen Δt sind zueinander proportional. Der Quotient $\Delta s / \Delta t$ ist die Steigung der Geraden. Man definiert:

● **Die Durchschnittsgeschwindigkeit einer gleichförmigen Bewegung ist der konstante Quotient aus Weglänge und zugehöriger Zeitspanne:**

$$v = \frac{\Delta s}{\Delta t} = \frac{s_2 - s_1}{t_2 - t_1}$$

Mit Hilfe von Basiseinheiten ergibt sich die Einheit $1\,\frac{m}{s}$.

Häufig wird die Einheit 1 km/h verwendet:

$$1\,\frac{m}{s} = 3600\,\frac{m}{h} = 3{,}6\,\frac{km}{h}$$

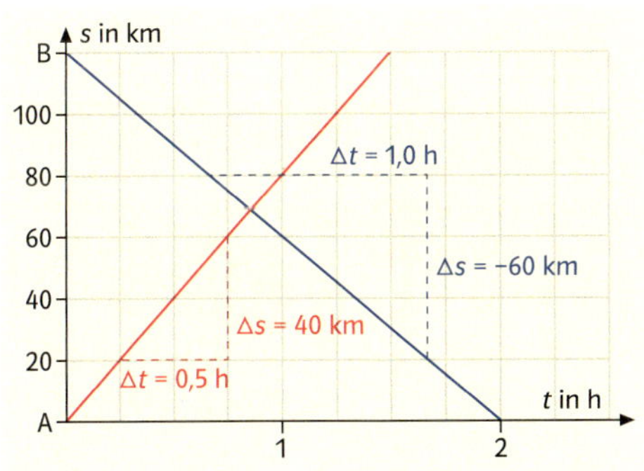

B1 Zwei entgegengesetzt gerichtete Bewegungen

Das Diagramm **B1** beschreibt die gleichförmige Bewegung zweier Fahrzeuge, die sich zwischen den Orten A und B in entgegengesetzter Richtung bewegen. Es ergibt sich:

$$v_{A \to B} = \frac{\Delta s}{\Delta t} = \frac{40\,km}{0{,}5\,h} = 80\,\frac{km}{h}$$

$$v_{B \to A} = \frac{\Delta s}{\Delta t} = \frac{-60\,km}{1{,}0\,h} = -60\,\frac{km}{h}$$

Die Definition der Geschwindigkeit als Steigung des Graphen führt im zweiten Fall zu einem negativen Vorzeichen.

● **Entgegengesetzt gerichtete geradlinige Bewegungen werden durch verschiedene Vorzeichen der Geschwindigkeit beschrieben.**

Nullpunkte in Diagramm und Formel Bei der Untersuchung von Bewegungen müssen der Beginn der Bewegung und der Beginn der Messung nicht zusammenfallen. Man sagt, die Anfangsbedingungen können verschieden sein. Die Grafik **B2** zeigt drei t-s-Diagramme desselben Bewegungsvorganges.

Die verschiedenen Graphen sind durch unterschiedliche Anfangsbedingungen entstanden. Die Beobachtung beginnt jeweils zum Zeitpunkt $t_0 = 0$, wobei die Orte s_0 in den unterschiedlichen Koordinatensystemen verschieden sind.

Entsprechend kann auch die Uhr bei der Erfassung einer Bewegung zu unterschiedlichen Zeitpunkten gestartet werden.

Die Graphen in den t-v-Diagrammen ergeben dieselben Parallelen zur t-Achse (→**B2**). Es gilt: Gleichförmige Bewegungen lassen sich durch Geraden im t-s-Diagramm darstellen.

● **Die Gleichung $s = v \cdot t + s_0$ beschreibt geradlinige Bewegungen mit konstanter Geschwindigkeit v.**

Die Gleichung $s = v \cdot t + s_0$ heißt **Zeit-Weg-Gesetz** der Bewegung. Sie ordnet der Bewegung für jeden Zeitpunkt t einen Ort s zu und erfasst auch den Fall der Ruhe mit $v = 0$.

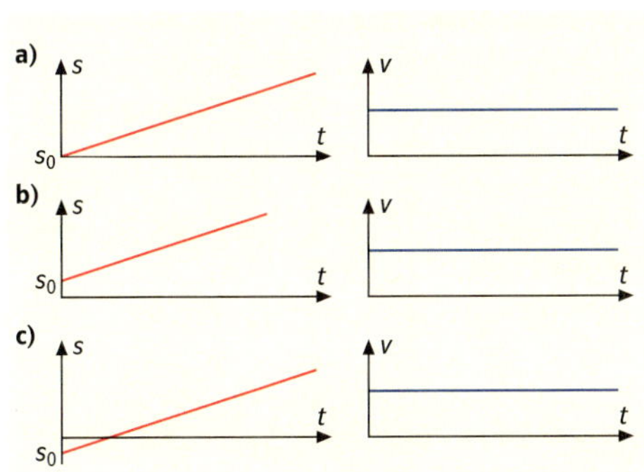

B2 Unterschiedliche Anfangsbedingungen bei der Beobachtung einer Bewegung

Δt wird „Delta-t" gelesen!

Wie Physiker Gesetze finden

Vorgang reproduzierbar machen
▼
Messen
▼
Idealisieren
▼
Begrifflich erfassen und unterscheiden
▼
Mathematisieren
▼
Verallgemeinern

Werkstatt

Überholen? ... Im Zweifel nie!

Eine Fahrschulregel sagt: „Mindestabstand zum vorausfahrenden Fahrzeug gleich halbe Tacho-Anzeige in Metern".
Ein Pkw, der mit $v_{Pkw} = 80{,}0\,km/h = 22{,}2\,m/s$ einen mit $v_{Lkw} = 60{,}0\,km/h = 16{,}7\,m/s$ vor ihm fahrenden Lkw überholen will, sollte also spätestens 40 m hinter dem Lkw aus- und frühestens 30 m vor diesem wieder einscheren (→**B1**). Wie lange dauert der Überholvorgang? Welche Strecke ist erforderlich, wenn idealisierend angenommen wird, dass sich die Fahrzeuge ausschließlich gleichförmig bewegen?

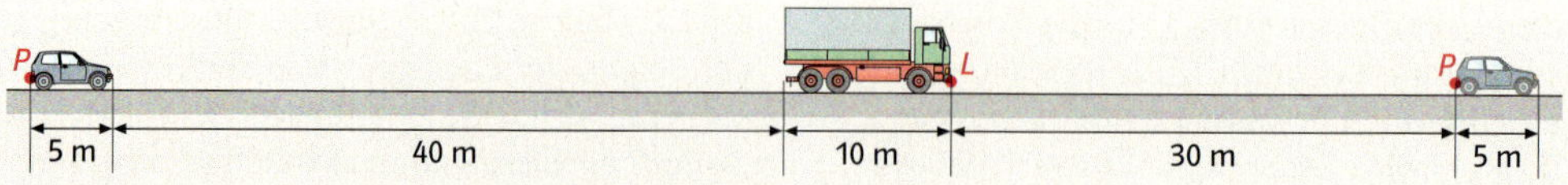

B1 Abstände zu Beginn bzw. Ende des Überholvorganges

Die Geschwindigkeitsangaben gelten bezüglich der Straße. Es ist nach der Dauer $t_{Überhol}$ und der Weglänge $s_{Überhol}$ des Überholvorganges gefragt. Zur Lösung betrachtet man ein *t-s*-Diagramm. Ersetzt man ausgedehnte Körper durch einen Punkt, so werden gleichförmige Bewegungen durch Geraden beschrieben.
Es ist günstig, wenn man am Lkw einen Punkt *L* auf der vorderen und am Pkw einen Punkt *P* auf der hinteren Stoßstange wählt.

Als Beginn der Beobachtung mit $t = 0$ wird der Zeitpunkt gewählt, an dem sich *P* bei $s = 0$ und *L* bei $s = 5\,m + 40\,m + 10\,m = 55\,m$ befinden (→**B1**). Die Geraden haben aufgrund der unterschiedlichen Geschwindigkeiten verschiedene Steigungen. Der 30 m große Sicherheitsabstand des Lkw wird durch eine Parallele zum Graphen des Lkw angedeutet. Im Diagramm **B2** ergeben sich Schnittpunkte, die folgende Ereignisse markieren:

A – Hintere Stoßstange des Pkw und vordere Stoßstange des Lkw befinden sich zur gleichen Zeit am gleichen Ort, d.h., der Pkw ist gerade am Lkw vorbei gefahren.

B – Die hintere Stoßstange des Pkw hat den Sicherheitsabstand vor dem Lkw erreicht. Hiermit ist der Überholvorgang beendet.

Die Werte für $t_{Überhol}$ und $s_{Überhol}$ lassen sich als Koordinaten des Schnittpunktes B ablesen oder aus den Gleichungen der Geraden errechnen:

$$s_{Pkw} = v_{Pkw} \cdot t = 22{,}2\,\frac{m}{s} \cdot t$$

$$s_{Lkw} = v_{Lkw} \cdot t + 55\,m = 16{,}7\,\frac{m}{s} \cdot t + 55\,m$$

Damit ergibt sich für B:

$$22{,}2\,\frac{m}{s} \cdot t_{Überhol} = 16{,}7\,\frac{m}{s} \cdot t_{Überhol} + 55\,m + 30\,m$$

Daraus folgt $t_{Überhol} = 15{,}5\,s$ und

$$s_{Pkw} = s_{Überhol} = 22{,}2\,\frac{m}{s} \cdot 15{,}5\,s = 344\,m.$$

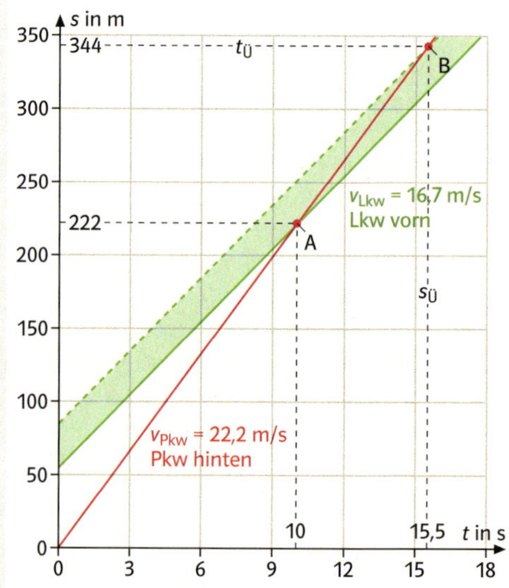

B2 *t-s*-Diagramm des Überholvorgangs im Bezugssystem Straße

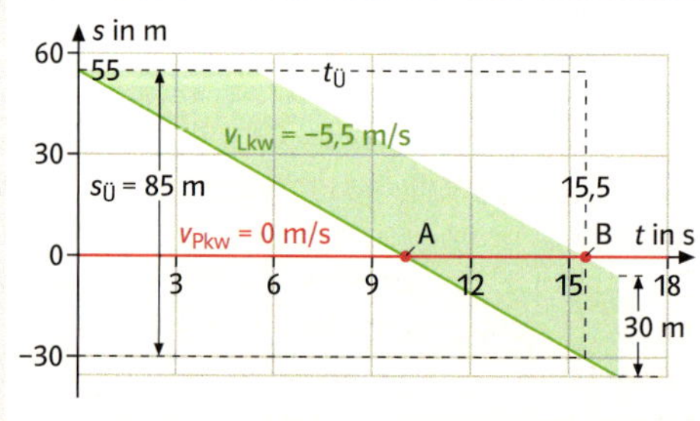

B3 *t-s*-Diagramm des Überholvorgangs im Bezugssystem des Pkw ($v_{Lkw} = 16{,}7\,m/s - 22{,}2\,m/s = -5{,}5\,m/s$)

Der Überholvorgang kann auch aus der Sicht des Pkw dargestellt werden (→**B3**).

Die Geschwindigkeit des sich zunächst nähernden Lkw ist negativ, sein Graph verläuft also nach unten.

Gleichmäßig beschleunigte Bewegungen

V1 Ein Schlitten gleitet auf einer schräg gestellten Luftkissenfahrbahn hinab. Da der Gleiter keinen Tachometer hat, lässt man ihn mit Hilfe einer Schnur ein Rad antreiben. Über dieses Rad kann man, ähnlich wie bei einem Fahrradtachometer, die Geschwindigkeit und den zurückgelegten Weg messen. Die Messwerte werden über ein Computerinterface aufgezeichnet. Mit einem Programm lässt sich der Versuch auch grafisch auswerten.

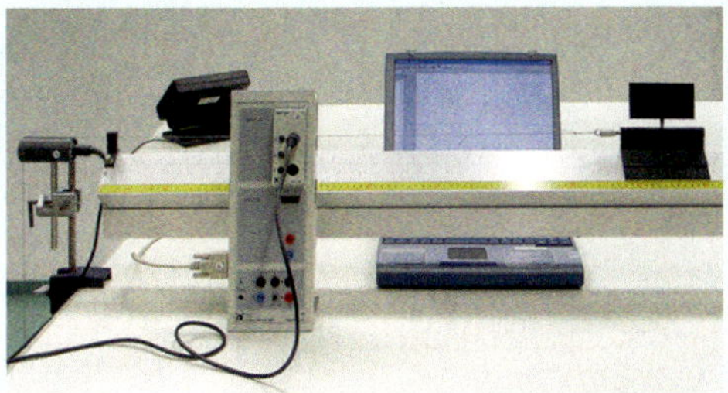

B1 Gleiter auf Luftkissenfahrbahn

Diagramme beschreiben beschleunigte Bewegungen

Wir erkennen aus dem *t*-*s*-Diagramm zu **V1** (→**B2**), dass es sich nicht um eine gleichförmige Bewegung handelt, denn der Graph ist keine Gerade, sondern wird mit zunehmender Zeit immer steiler. Der Gleiter legt also in gleichen Zeitspannen immer größere Weglängen zurück. Während er in der ersten Sekunde 15 cm zurücklegt, sind es in der letzten Sekunde 42 cm, d.h. seine Geschwindigkeit hat ständig zugenommen.

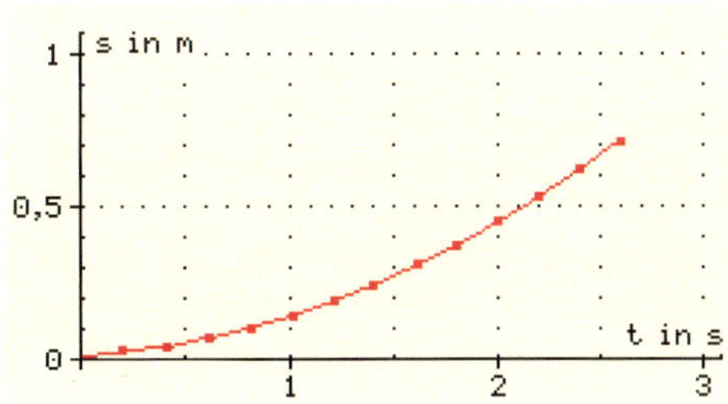

B2 *t*-*s*-Diagramm

Der Graph im *t*-*v*-Diagramm ist hier natürlich keine horizontale Gerade mehr (→**B3**), denn er zeigt ja die Veränderung der Geschwindigkeit an. Je steiler der Graph im *t*-*v*-Diagramm verläuft, desto größer ist der Geschwindigkeitszuwachs, also die Beschleunigung der Bewegung. Die Geschwindigkeit nimmt gleichmäßig zu, was man daran erkennt, dass der Graph eine Gerade ist.

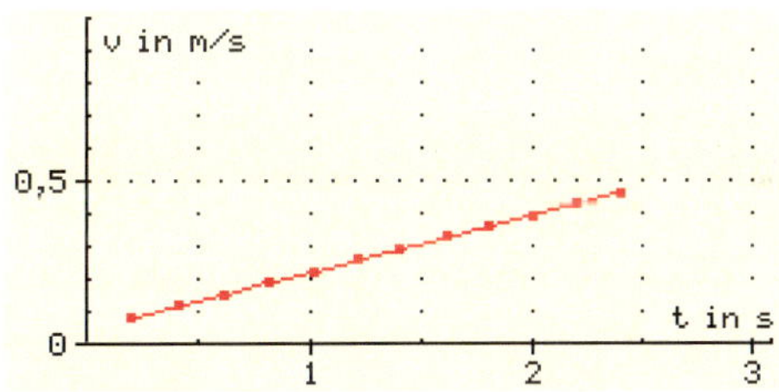

B3 *t*-*v*-Diagramm

Die Beschleunigung ist, wie wir aus dem *t*-*a*-Diagramm (→**B4**) erkennen können, bei dieser Bewegung konstant, denn der Graph ist eine nahezu horizontale Gerade. Eine solche Bewegung, bei der die Beschleunigung konstant ist, heißt **gleichmäßig beschleunigte Bewegung**. Im *t*-*v*-Diagramm erkennt man dies auch daran, dass der Graph eine Gerade ist (→**B3**).

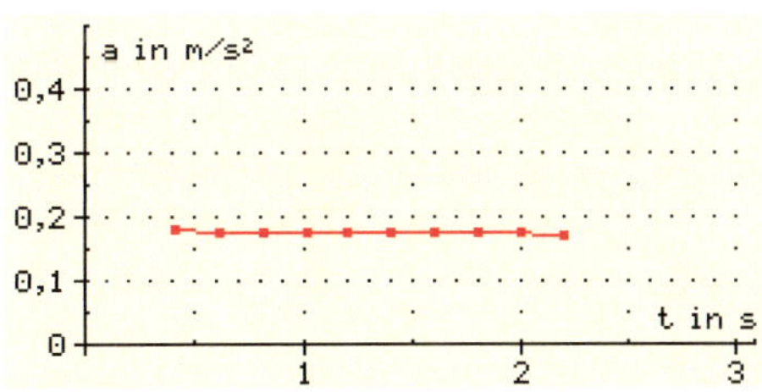

B4 *t*-*a*-Diagramm

● **Die Steigung des Graphen im *t*-*v*-Diagramm ist die Beschleunigung der Bewegung. Steigt der Graph, so entspricht dies einer beschleunigten Bewegung, fällt er, einer abgebremsten Bewegung. Verläuft der Graph horizontal, so handelt es sich um eine Bewegung mit konstanter Geschwindigkeit.**

● **Der Graph im *t*-*a*-Diagramm einer gleichmäßig beschleunigten Bewegung ist eine horizontale Gerade. Ist die Beschleunigung positiv, dann nimmt die Geschwindigkeit zu, ist die Beschleunigung negativ, nimmt die Geschwindigkeit ab; es handelt sich dann um eine abgebremste Bewegung.**

Bewegungen mit veränderlicher Geschwindigkeit

Im t-s-Diagramm aus **V1** (→**B3**) erkennt man, dass der Luftkissengleiter in gleichen Zeitspannen unterschiedliche Weglängen zurücklegt; somit liegt keine gleichförmige Bewegung mehr vor, seine Geschwindigkeit verändert sich (→**B2**).

Momentangeschwindigkeit nennt man die Geschwindigkeit zu einem bestimmten Zeitpunkt. Diese lässt sich praktisch aus dem Diagramm aber nur ungefähr mit $v = \Delta s / \Delta t$ berechnen, da man nicht sicher sein kann, ob der Körper sich zwischen den einzelnen Messpunkten jeweils mit konstanter Geschwindigkeit bewegte. Will man v genauer ermitteln, so müssen die Messpunkte zeitlich näher beieinanderliegen.

Die Beschleunigung

Bewegungen, bei denen sich die Geschwindigkeit im zeitlichen Verlauf ändert, heißen **beschleunigte Bewegungen.**

● **Die Beschleunigung a einer Bewegung ist der Quotient aus Geschwindigkeitsänderung Δv und der dazugehörigen Zeitspanne Δt:**
$a = \Delta v / \Delta t$.

Die Einheit der Beschleunigung ist $\frac{1\frac{m}{s}}{s} = 1\frac{m}{s^2}$.

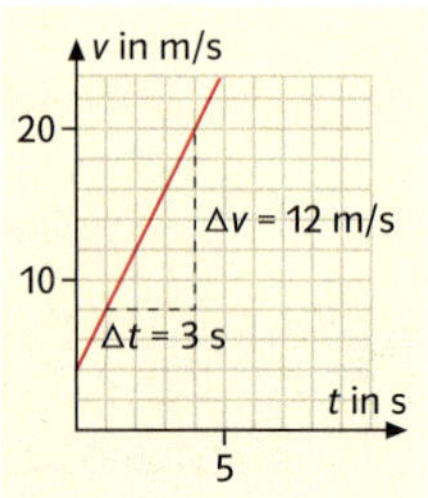

Gibt es Quadratsekunden? Die Einheit $1\,m/s^2$ ist zunächst etwas missverständlich. Eigentlich müsste man schreiben $(1\,m/s)/1\,s$. So bedeutet eine Beschleunigung von $4\,m/s^2$, dass die Geschwindigkeit eines Körpers in jeder Sekunde um $4\,m/s$ zunimmt. Dies sind $4\,m/s$ pro Sekunde:

$$a = \frac{4\,m/s}{s} = 4\,\frac{m}{s^2}$$

Verringert ein Körper seine Geschwindigkeit, so hat die Beschleunigung ein negatives Vorzeichen, man spricht auch von Verzögerung.

Bewegungen mit negativer Beschleunigung werden im Alltag verzögerte oder abgebremste Bewegungen genannt.

Bewegungen mit konstanter Beschleunigung

Betrachten wir zunächst das t-v-Diagramm einer gleichförmigen Bewegung. Die zurückgelegte Strecke im Zeitintervall Δt beträgt $\Delta s = \Delta v \cdot t$. Diese kann im t-v-Diagramm als ein Rechteck der Länge Δt und der Breite v interpretiert werden (→**B4**).

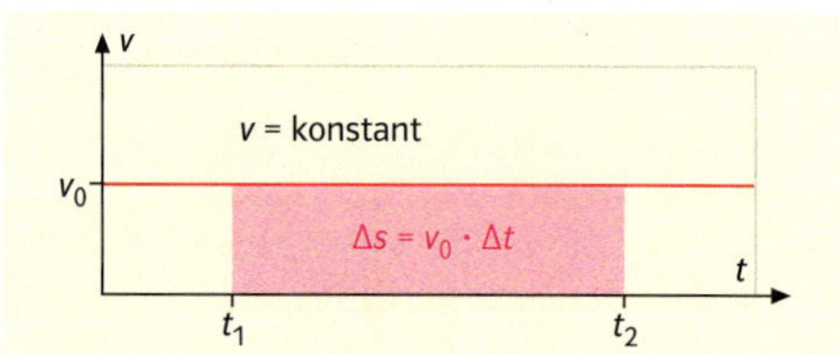

B4

Beschleunigung aus der Ruhe

Betrachten wir nun einen Körper, der mit konstanter Beschleunigung (→**B1**) aus der Ruhe heraus beschleunigt wird. Das t-v-Diagramm dieser Bewegung ist eine Ursprungsgerade (→**B2**). Auch hier interpretiert man die zurückgelegte Strecke als Fläche unter der Kurve. Zum Zeitpunkt t_1 hat der Körper die Geschwindigkeit v_1 erreicht. Da die Fläche unter der Kurve bei der beschleunigten Bewegung ein Dreieck mit Grundseite t_1 und Höhe v_1 ist, gilt hier:

$$s = \frac{1}{2} \cdot t_1 \cdot v_1$$

Analogien & Strukturen →S. 269

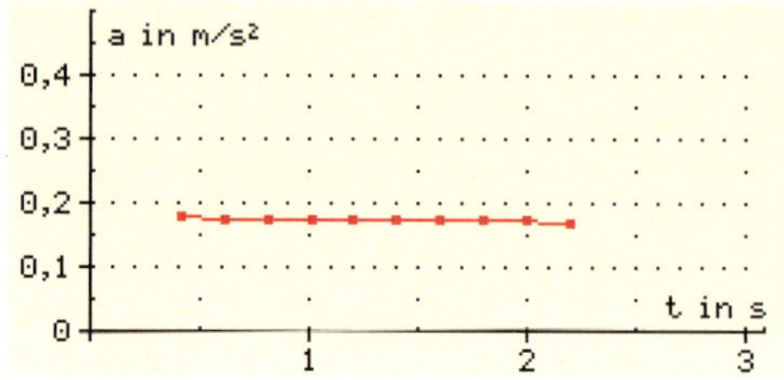

B1 t-a-Diagramm

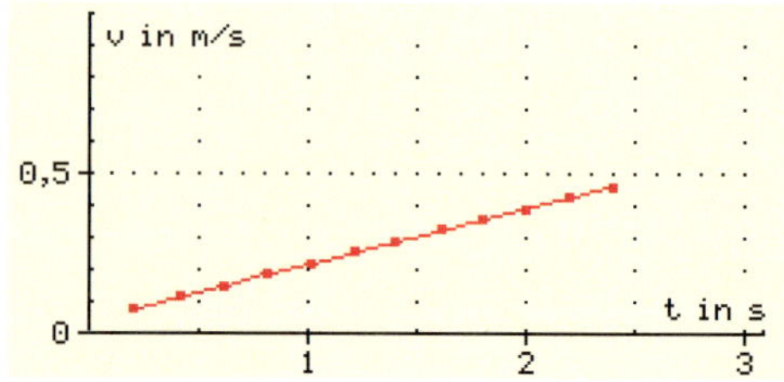

B2 t-v-Diagramm

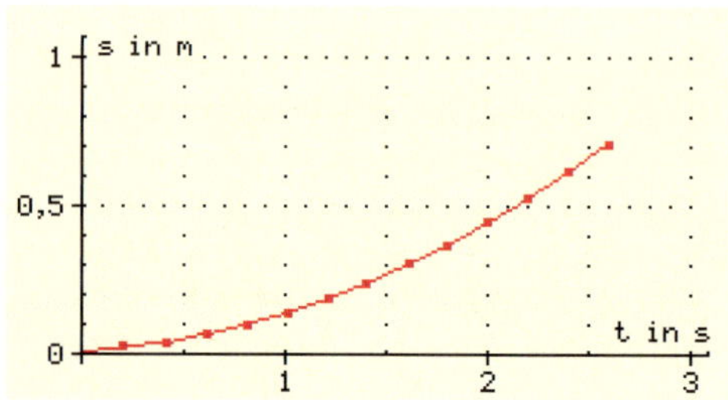

B3 t-s-Diagramm

● **Der zurückgelegte Weg einer konstant beschleunigten Bewegung mit Anfangsgeschwindigkeit 0 und Endgeschwindigkeit v ist:**

$$s = \frac{1}{2} \cdot v \cdot t$$

Beschleunigung und Weg

Für die Geschwindigkeit dieser Bewegung gilt ja $v = a \cdot t$, also

$$s = \frac{1}{2} \cdot v \cdot t = \frac{1}{2}(a \cdot t) \cdot t = \frac{1}{2} \cdot a \cdot t^2$$

● **Der zurückgelegte Weg einer konstant beschleunigten Bewegung mit Anfangsgeschwindigkeit 0 ist:**

$$s = \frac{1}{2} \cdot a \cdot t^2$$

Das t-s-Diagramm einer solchen Bewegung ist eine Parabel (→**B3**).

Diagramme von Bewegungen interpretieren

Ein spannendes Rennen Reale Bewegungen sind natürlich weder gleichförmig noch konstant beschleunigt. Das zeigt uns die Analyse des legendären Hundertmeterlaufs zwischen Carl Lewis und Leroy Burrell bei den Leichtathletik-Weltmeisterschaften 1991 in Tokio, bei dem Lewis die 100 m in 9,86 s lief. Die beiden Diagramme zeigen sehr deutlich (→**B2, B3**), wie spannend es damals während der Weltmeisterschaften in Tokio zugegangen sein muss:

Den besseren Start hatte wohl Leroy Burrell erwischt. Seine Geschwindigkeit auf den ersten 10 Metern betrug 5,46 m/s, das sind 19,7 km/h, gegenüber einer Geschwindigkeit von 5,32 m/s oder 19,2 km/h von Carl Lewis. Burrell steigerte seine Geschwindigkeit bis auf 11,24 m/s = 40,5 km/h innerhalb von 40 m und lag damit noch etwas vor Lewis, dessen Geschwindigkeit bis dahin immer knapp unter der seines Konkurrenten lag. Die 40-m-Marke passierte Burrel bereits nach 4,68 s, Lewis „erst" nach 4,76 s; Burrell hatte zu diesem Zeitpunkt fast einen Meter Vorsprung. Bei dieser Marke hatte Lewis jedoch bereits die Geschwindigkeit seines Konkurrenten erreicht.

Jetzt kam die starke Phase von Carl Lewis: Nach 50 m erreichte er eine Geschwindigkeit von 11,90 m/s, Burrell nur 11,63 m/s und bei 80 m, wo Lewis dann Burrell schließlich überholen konnte, hatte er seine Spitzengeschwindigkeit von 12,05 m/s, das sind sagenhafte 43,4 km/h, erreicht. Burrell kam auf „nur" 11,90 m/s = 42,8 km/h. Das Ziel durchlief

	Lewis		Burrell	
s in m	*t* in s	*v* in m/s	*t* in s	*v* in m/s
0	0,00		0,00	
10	1,88	5,32	1,83	5,46
20	2,95	9,35	2,89	9,43
30	3,87	10,87	3,79	11,11
40	4,76	11,24	4,68	11,24
50	5,60	11,90	5,54	11,63
60	6,45	11,76	6,41	11,49
70	7,29	11,90	7,28	11,49
80	8,12	12,05	8,12	11,90
90	8,99	11,49	9,00	11,36
100	9,86	11,49	9,88	11,36

B1

Carl Lewis nach 9,86 s – ein neuer Weltrekord – zwei Hundertstel vor Leroy Burrell. Im Ziel hatte Lewis knapp zwei Handbreiten Vorsprung vor seinem Landsmann.

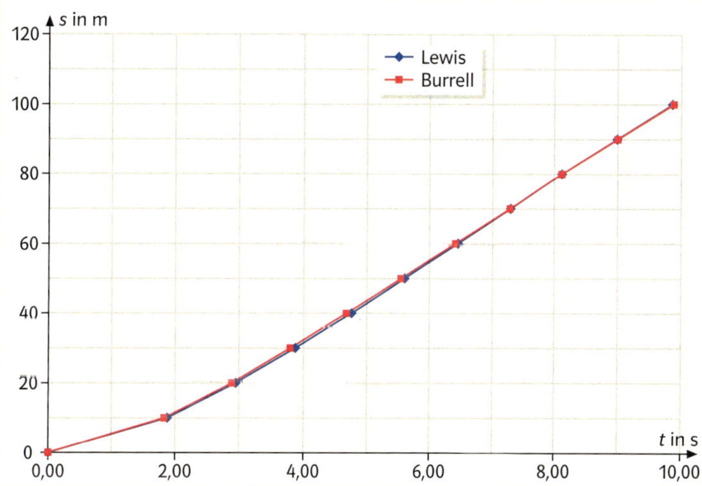

B2

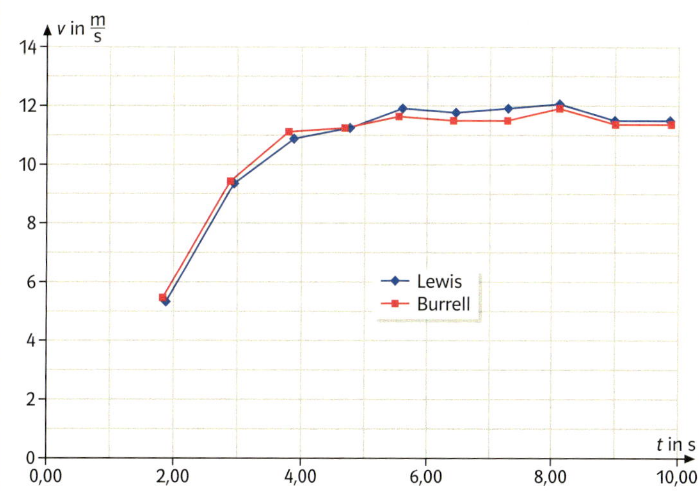

B3

Werkstatt

Messwerterfassung mittels Videoanalyse

Für die Beschreibung von Bewegungen benötigen wir das *t-s-* und das *t-v*-Diagramm. Die Wertepaare für *t* und *s* lassen sich entweder durch direkte Messung ermitteln oder noch bequemer mit Hilfe eines Messwertaufnehmers und eines Computers. Es gibt aber noch eine weitere Methode, um *t-s*-Wertepaare aufzunehmen, die **Videoanalyse**. Diese ist besonders dann vorteilhaft, wenn es sich um eine reale Bewegung handelt, bei der die direkte Messung der Orte in Abhängigkeit von der Zeit schwierig oder gar unmöglich ist.

Was benötigst du? Für die Videoanalyse einer Bewegung brauchst du zuerst einmal eine Videokamera oder eine Digitalkamera, mit der du auch Filme aufnehmen kannst. Diese Möglichkeiten bieten die meisten Digitalkameras heute. Statt einer Videokamera kannst du auch eine gute Webcam benutzen.

Analogien & Strukturen →S. 257

Wie gehst du vor? Nach der Aufnahme der Bewegung mit der Kamera musst du den Film zur weiteren Analyse auf den Computer überspielen.

Die eigentliche Videoanalyse Am einfachsten lässt sich der Film mit einem speziellen Programm für Videoanalyse bearbeiten. Solche Programme findest du ebenfalls im Internet, wenn du in eine Suchmaschine Begriffe wie „Videoanalyse" „digital", „Physik" und „Didaktik" eingibst. Ein solches Programm verfolgt einen bestimmten Gegenstand, der auf dem Film natürlich gut zu erkennen sein muss, und ermittelt automatisch für jeden Zeitpunkt den zurückgelegten Weg. Meistens werden dann noch vom Programm Geschwindigkeit und Beschleunigung berechnet und die entsprechenden Diagramme, *t-s-*, *t-v-* und *t-a*-Diagramme, gezeichnet (→**B1, B2**).

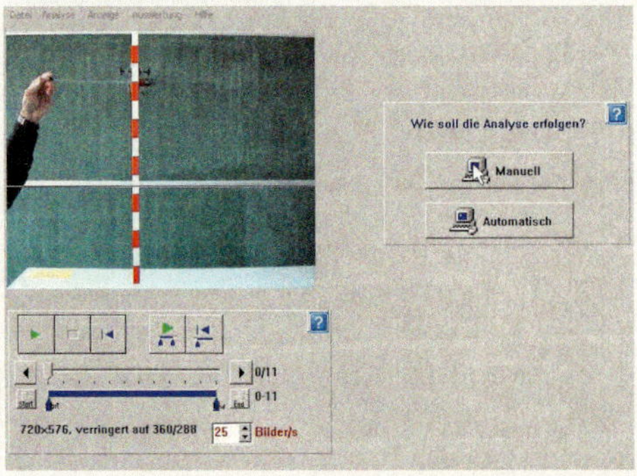

B1 Videoanalyse-Programm

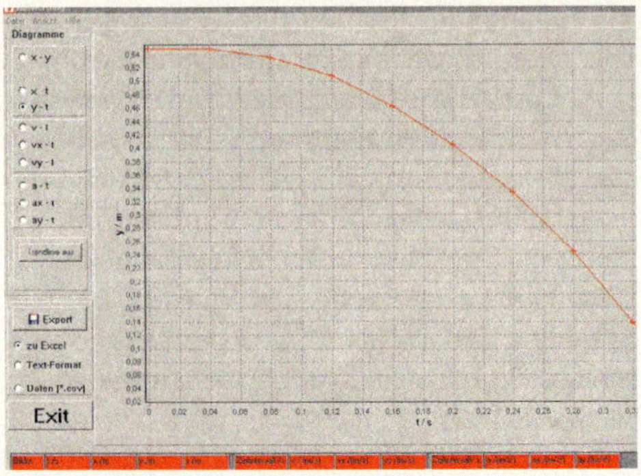

B2 Auswertung der Videoanalyse

Falls ein solches Programm nicht vorhanden ist, kann man natürlich auch die Analyse „per Hand" durchführen. Dazu spielt man den Film im Einzelbildmodus ab und notiert sich für jedes Bild die abgelaufende Zeit, die von dem Abspielprogramm natürlich angezeigt werden muss, und den dazugehörigen Ort. Um die Ortsbestimmung nachträglich durchführen zu können, muss man bereits bei der Aufnahme darauf achten, dass eine Strecke bekannter Länge vorhanden ist, die im Film auch zu erkennen sein muss (→**B3**).

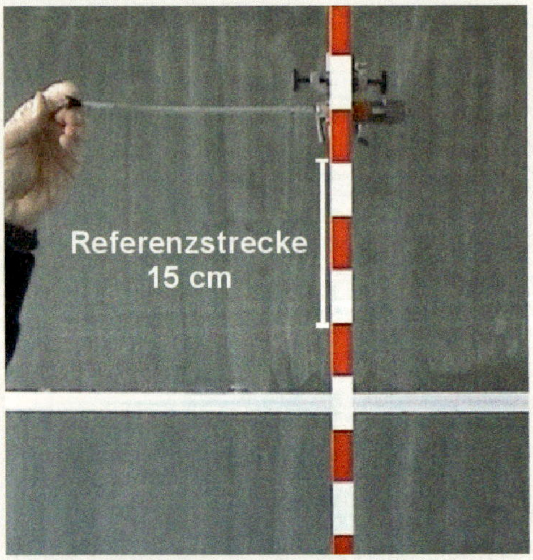

B3 Markierte Referenzstrecke im Video

Diese sog. Referenzstrecke benötigt man übrigens auch dann, wenn man ein Programm für Videoanalyse verwendet. Je genauer die Referenzstrecke ist, desto genauer wird auch die ganze Analyse. Da ein Video mit 25 Bildern pro Sekunde abläuft, vergeht pro Bild eine Zeit von 0,04 s. Die Zeitmessung ist also sehr genau und der Messfehler wird deshalb vorwiegend von der Ortsmessung bestimmt.

Messwerterfassung mittels Videoanalyse – Die schiefe Ebene

Als Beispiel untersuchen wir die Bewegung einer Klebebandrolle, die eine schiefe Ebene herunterrollt. Diese Bewegung wurde mit Hilfe einer Videokamera aufgezeichnet (→**B4**, Aufnahmen 1–11). Auf den Bildern ist die Referenzstrecke gut zu erkennen: Der Abstand zwischen zwei großen dicken Strichen beträgt jeweils 10 cm; dazwischen sind die Markierungen für 5 cm erkennbar. Mit Hilfe dieser Markierungen ist nun eine Ortsbestimmung möglich. Zu diesem Zweck wurde der Film in Einzelbilder zerlegt und für jedes Einzelbild jeweils Zeitpunkt und Ort des Rings abgelesen. Auf diese Weise erhielten wir die Werte in der Tabelle und das zugehörige Diagramm (→**B1**):

t in s	0	0,24	0,48	0,72	0,96	1,20
s in m	0	0,01	0,03	0,06	0,10	0,15

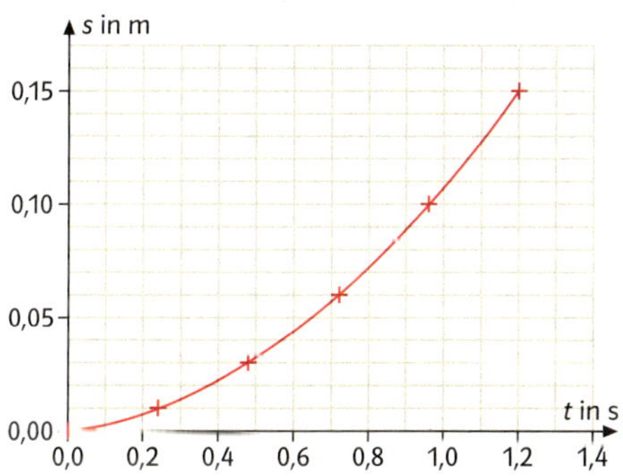

B1

Aus dem Diagramm erkennen wir sofort, dass es sich nicht um eine gleichförmige Bewegung handelt, denn die in gleichen Zeitspannen zurückgelegten Weglängen werden mit jedem weiteren Zeitabschnitt immer größer, also steigt die Geschwindigkeit und ist nicht konstant. Um das t-v-Diagramm zu erhalten, berechnen wir nun die Geschwindigkeiten in den einzelnen Zeitspannen näherungsweise mit Hilfe der Formel: $v = \Delta s/\Delta t$. Dabei beträgt Δt konstant 0,24 s und Δs ist die Differenz zweier benachbarter Weglängen. Wir erhalten die Tabelle und das entsprechende Diagramm (→**B2**):

t in s	0	0,24	0,48	0,72	0,96	1,20
v in m/s	0	0,04	0,08	0,12	0,17	0,21

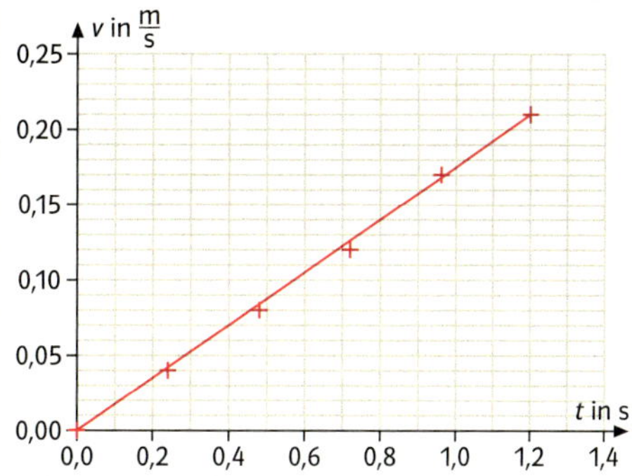

B2

Aus dem Diagramm erkennen wir, dass die Geschwindigkeit offenbar linear mit der Zeit wächst und somit eine Bewegung mit konstanter Beschleunigung vorliegt. In der Tabelle wurde die Beschleunigung mit der Formel $a = \Delta v/\Delta t = \Delta v/0{,}24\,s$ für jede Zeitspanne berechnet:

Δt in s	0,24	0,24	0,24	0,24	0,24
Δv in m/s	0,04	0,04	0,04	0,05	0,04
Δa in m/s²	0,17	0,17	0,17	0,21	0,17

Tragen wir auch diese Werte in einem t-a-Diagramm auf, so erkennen wir, wie die berechneten Werte der Beschleunigung um den Mittelwert von $a = 0{,}18\,m/s^2$ schwanken (→**B3**).

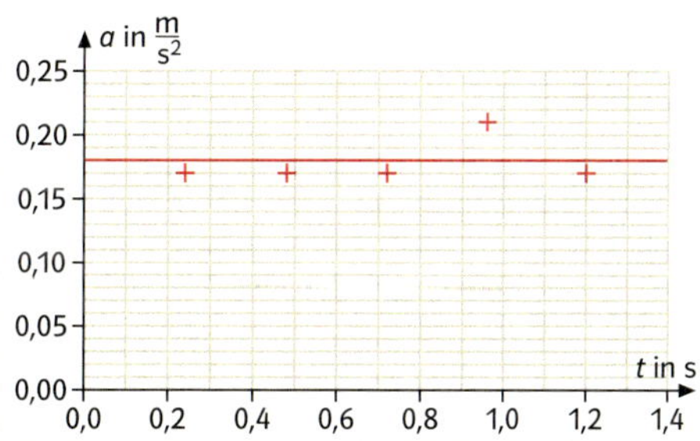

B3

Wenn wir durch Wägen die Masse der Klebeband-Rolle bestimmen, können wir jetzt sogar die beschleunigende Kraft ausrechnen. Mit der Masse $m = 91\,g$ ergibt sich die mittlere beschleunigende Kraft von 0,016 N aus:

$$F = \frac{\Delta p}{\Delta t} = \frac{m \cdot \Delta v}{\Delta t} = \frac{0{,}091\,kg \cdot 0{,}21\,\frac{m}{s}}{1{,}2\,s} = 0{,}016\,\frac{kg \cdot m}{s^2}$$

Diese Kraft wird bei der schiefen Ebene auch Hangabtriebskraft genannt.

A1 Werte die restlichen Bilder aus.

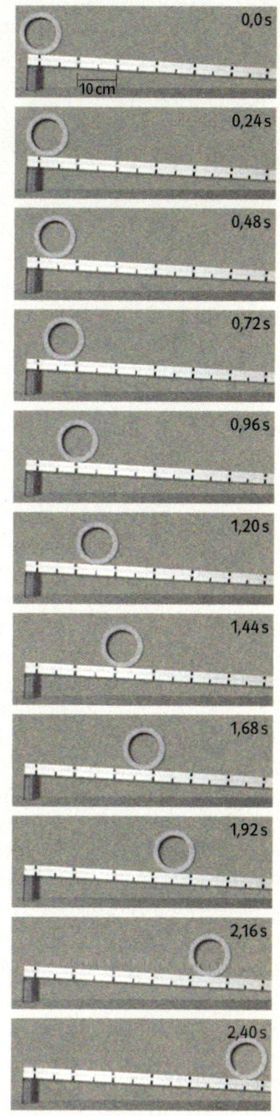

B4

Mathematisches Runden:
Die „5" wird so gerundet, dass die nächsthöhere Dezimale gerade ist:
0,125 → 0,12
0,115 → 0,12

Der freie Fall

V1 In einem Versuch wie in Abbildung **B1** wird mit zwei Lichtschranken die zu verschiedenen Weglängen Δs eines fallenden Körpers gehörende Fallzeit t gemessen. Unmittelbar nach dem Loslassen verdunkelt der Körper die erste Schranke.

V2 In einem zweiten Versuch wird am Körper eine $\Delta s^* = 1\,\text{cm}$ breite Marke angebracht. Es wird die Zeitspanne Δt^* bestimmt, in der die untere Lichtschranke durch die vorbeifallende Marke verdunkelt wird.

s in m	0,20	0,40	0,60	0,80	1,00
t in s	0,20	0,29	0,35	0,40	0,45
Δt^* in ms	5,0	3,6	2,9	2,5	2,3
v in m/s	2,0	2,8	3,4	4,0	4,3

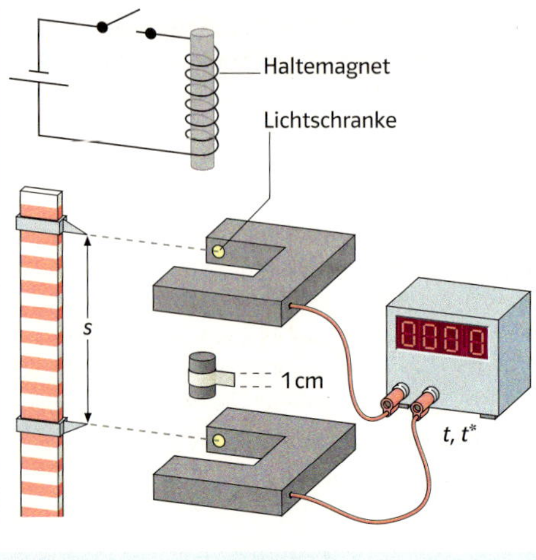

B1 Messungen zur Fallbewegung

Es gilt:
$1\frac{\text{N}}{\text{kg}} = 1\frac{\text{kg}\cdot\text{m}}{\text{s}^2\cdot\text{kg}} = 1\frac{\text{m}}{\text{s}^2}$

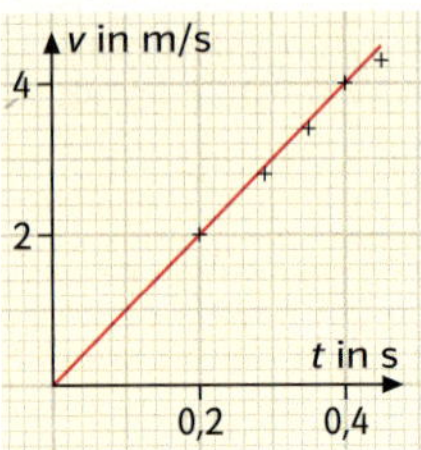

B2 t-v-Diagramm des freien Falls

Fallbeschleunigungen:
Äquator 9,780 m/s^2
Pole 9,832 m/s^2
Mittelwert 9,81 m/s^2
Mond 1,6 m/s^2
Mars 3,7 m/s^2

Der freie Fall Im Jahre 1636 stellte **Galileo Galilei** (1564 – 1642) in den „Discorsi" seine Überlegungen zur Fallbewegung dar:

„Angesichts dessen glaube ich, dass, wenn man den Widerstand der Luft ganz aufhöbe, alle Körper ganz gleich schnell fallen würden."

„Wenn wir genau aufmerken, werden wir keinen Zuwachs einfacher finden als denjenigen, der in immer gleicher Weise hinzutritt …, und so werden wir nicht fehlgehen, wenn wir die Vermehrung der Geschwindigkeit der Zeit entsprechen lassen."

In einer senkrecht gehaltenen luftgefüllten Glasröhre liegen unten eine Holzkugel, ein Stück Papier und eine Feder. Durch schnelles Umdrehen der Röhre fallen diese drei Körper gleichzeitig nach unten. Die Kugel trifft zuerst auf. Wird die Luft aus der Röhre gepumpt und der Versuch wiederholt, so kommen alle drei Körper gleichzeitig unten an. Dieser „freie Fall" mit der leergepumpten Röhre zeigt, dass für unterschiedlich schnell fallende Körper der Luftwiderstand verantwortlich ist.

● **Ohne den Einfluss der Luft benötigen alle fallenden Körper aus der Ruhe heraus für gleiche Weglängen die gleiche Zeitspanne. Diese Bewegung heißt freier Fall.**

Mit dem Lichtschrankenexperiment (→ **B1**) lässt sich zu jedem Ort s die Fallzeit t ermitteln. Die Geschwindigkeit v wird z. B. mit einer 1 cm hohen Markierung am fallenden Körper bestimmt, indem die Zeitspanne Δt^* gemessen wird, die für die Weglänge $\Delta s^* = 1\,\text{cm}$ nach der Fallzeit t benötigt wird. $v = \Delta s^*/\Delta t^*$ ist näherungsweise die Geschwindigkeit zum Zeitpunkt t. Messungen für verschiedene Fallzeiten gibt das t-v-Diagramm in **B2** wieder. Die Gerade zeigt, dass beim freien Fall die Geschwindigkeit proportional zur Fallzeit ist. Diese Beschleunigung v/t heißt **Fallbeschleunigung g.**

● **Die Fallbeschleunigung g ist am selben Ort für alle Körper gleich. Sie hängt von der geografischen Breite und Höhe des Ortes ab.**

Bezogen auf die Meereshöhe hat die Fallbeschleunigung in Deutschland den Wert $g \approx 9{,}81\,\text{m/s}^2$. Beginnt die Fallbewegung zum Zeitpunkt $t = 0\,\text{s}$ am Ort $s = 0\,\text{m}$, so gilt

$$s = \frac{1}{2}\cdot g\cdot t^2 \quad \text{und} \quad v = g\cdot t$$

Mögliche negative Vorzeichen resultieren daraus, dass die Ortsskala üblicherweise nach oben zeigt, die Körper aber nach unten fallen.

Fallschirmspringer würden ohne den Einfluss der Luft schon nach 30 Sekunden eine Fallgeschwindigkeit von über 1000 km/h erreichen. Tatsächlich erreichen sie nur eine Grenzgeschwindigkeit von ca. 200 km/h.

Bewegungen in zwei Dimensionen

V1 Am freien Ende eines eingespannten Lineals wird ein Stück Pappe so geklebt, dass man auf jede Seite eine Münze legen kann (→ **B1**). Biegt man das Lineal und lässt es zurückschnellen, so fällt eine Münze senkrecht nach unten, die andere fällt in einer Parabel zu Boden. Trotzdem kommen beide zum selben Zeitpunkt unten an.

V2 Eine Eisenkugel bewegt sich auf einen Magnet zu. Ihre Geschwindigkeit wächst. Rollt sie nahe an einem Pol vorbei, so ändern sich der Betrag ihrer Geschwindigkeit und ihre Bewegungsrichtung (→ **B2**).

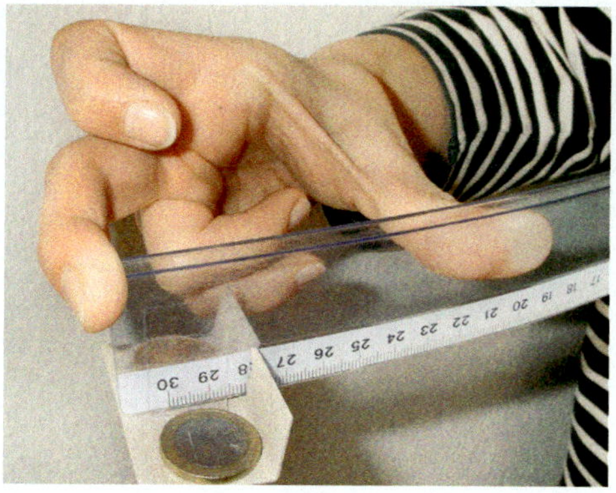
B1

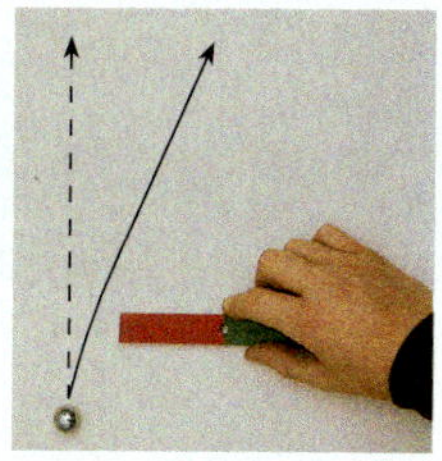
B2

Bewegung und Richtung Seitenwind ist für Fahrzeuge gefährlich, weil dieser zu plötzlichen und unerwarteten Änderungen der Fahrtrichtung führen kann (→ **B4**). Windrichtung und Windstärke beeinflussen Richtung und Geschwindigkeit der Bewegung des Fahrzeuges.

Entlang einer Geraden gibt es für einen Körper nur zwei mögliche Bewegungsrichtungen: In Richtung der Ortsachse oder dagegen. Wenn man hier die Geschwindigkeit eines Körpers angibt, so reicht die Angabe einer sogenannten **skalaren** Größe aus. Ihr Betrag gibt an, wie schnell sich der Körper bewegt, ihr Vorzeichen gibt die Bewegungsrichtung an. (→ **B3**).

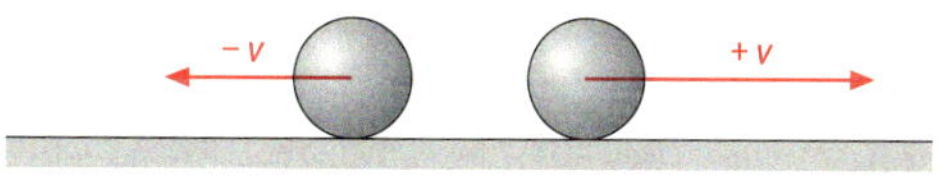

B3

Wo befindet sich ein Hase nach 10 s, wenn er sich mit der Geschwindigkeit 5 m/s auf einer Wiese „tummelt“? Vom Startpunkt aus gesehen innerhalb eines Kreises mit dem Radius 50 m. Eine genaue Ortsangabe ist ohne Beachtung der Bewegungsrichtungen des Hasen nicht möglich. In der Ebene gibt es nicht nur zwei, sondern beliebig viele verschiedene Bewegungsrichtungen.

● **Größen, die durch die Angabe eines Betrages nicht vollständig charakterisiert sind, sondern auch von der Richtung abhängen, werden durch Vektoren beschrieben.**

Ihr Formelzeichen wird mit einem Pfeil gekennzeichnet, z. B. $\vec{v}$ für den **Vektor** der Geschwindigkeit. Für den Betrag der Geschwindigkeit (die „Schnelligkeit“) schreibt man $|\vec{v}|$ oder kürzer v (ohne Pfeil). In Zeichnungen werden Vektoren durch Pfeile dargestellt. Die Länge des Pfeiles gibt den Betrag der Größe in einem bestimmten Maßstab wieder.

● **Ein Vektor wird eindeutig durch Betrag und Richtung beschrieben.**

Fährt ein Auto mit 40 km/h durch eine Kurve, so ändert sich der Betrag der Geschwindigkeit (also die „Schnelligkeit“) zwar nicht, jedoch verändert das Auto dabei ständig seine Richtung. Somit ändert sich auch ständig seine Geschwindigkeit!

● **Geschwindigkeiten lassen sich durch Vektoren darstellen. Zwei Körper haben nur dann die gleiche Geschwindigkeit, wenn sie den gleichen Betrag und die gleiche Richtung haben.**

Ebenso wie die Geschwindigkeit sind in zwei Dimensionen auch die Größen Weg (nicht Weglänge!) und Beschleunigung Vektoren.

Es gilt dann

$$\Delta \vec{s} = \vec{v} \cdot \Delta t$$

und

$$\vec{a} = \frac{\Delta \vec{v}}{\Delta t}.$$

B4

Analogien & Strukturen
→ S. 263

Gleiche Richtung, unterschiedlicher Betrag:

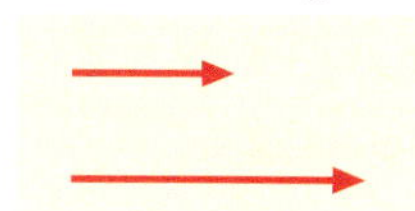

Gleicher Betrag, unterschiedliche Richtung:

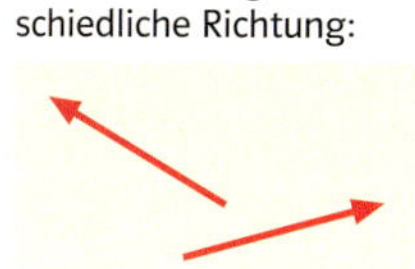

Gleiche Richtung und gleicher Betrag:

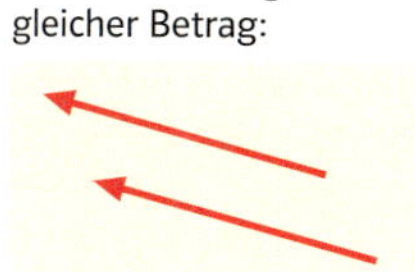

Wurfbewegungen

B1

Ein Agent lässt aus einem fahrenden Zug einen Geldkoffer von einer Brücke zu einem Komplizen fallen. Der Geldkoffer fällt aus Sicht des Agenten genau senkrecht nach unten. Der Zeitpunkt des Loslassens ist für ihn aber recht schwer einzuschätzen, da sich aus Sicht des unten wartenden Komplizen der Zug und der Koffer mit gleicher Geschwindigkeit zusätzlich seitlich weiterbewegen.

V1 Aus einem großen Vorratsbehälter fließt unten Wasser durch ein waagerechtes Röhrchen aus (→**B2**). Das Wasser folgt einer parabelförmigen Bahn.

V2 Beim Gehen oder Schieben auf einem Versuchswagen mit konstanter Geschwindigkeit wird ein Gegenstand senkrecht nach oben geworfen (→**B3**). Er fällt in die Hand zurück, wenn diese sich, bezogen auf den Körper, nicht bewegt. Für Außenstehende beschreibt der Ball eine Kurve. Der Werfer dagegen beschreibt die Bewegung des Balles als ein senkrechtes Hochsteigen und Fallen.

V3 Zwei Kugeln befinden sich auf gleicher Höhe. Die erste wird waagerecht abgeworfen, die zweite daneben zum gleichen Zeitpunkt frei fallen gelassen (→**B4**). Beide Kugeln stoßen in der Luft zusammen. Die horizontale Abwurfgeschwindigkeit wird geändert. Wieder stoßen die Kugeln zusammen. Dies geschieht auch, wenn die Startposition der Kugel 2 horizontal entlang der s_x-Achse verschoben wird. Durch Auswerten stroboskopischer Aufnahmen in einem s_x-s_y-Koordinatensystem ergeben sich die aufgeführten Messwerte (→**B4**).

V4 Mit einer Digitalkamera wird die Bahn der Kugel beim Kugelstoß aufgezeichnet (→**B6**) und mit einem Videoanalyseprogramm ausgewertet. Tabelle **B5** zeigt das Ergebnis. Im s_x-s_y-Diagramm ergibt sich eine Parabel.

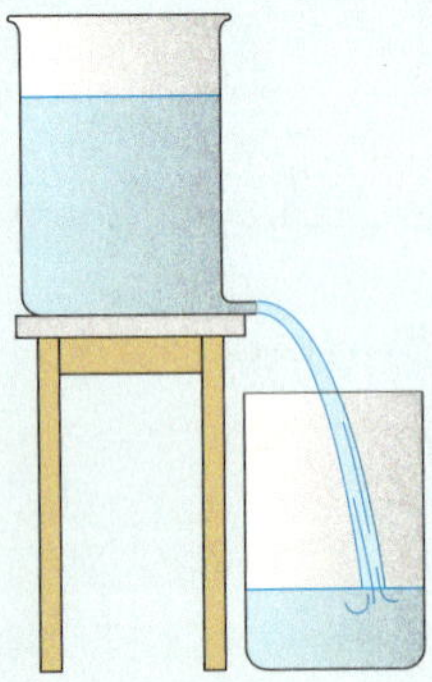

B2

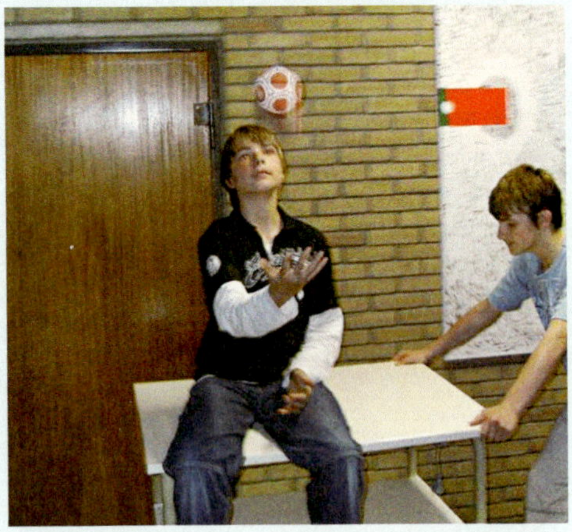

B3

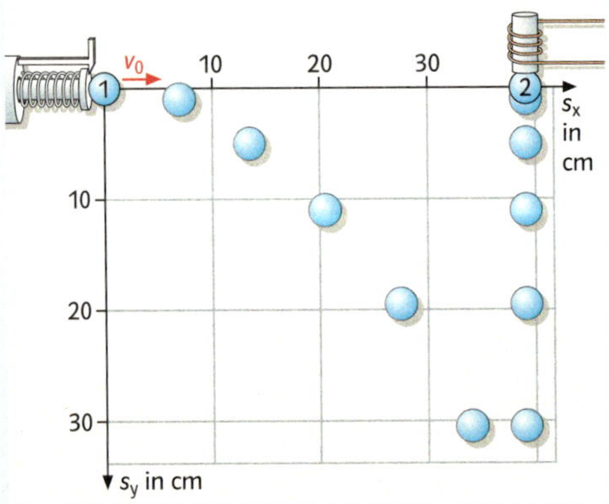

t in s	0	0,05	0,10	0,15	0,20	0,25
s_x in cm	0	7,0	13,5	20,5	27,5	34,0
s_y in cm	0	1,0	5,0	11,0	19,5	30,5

B4

B6

t	0,0	0,1	0,2	0,3	0,4	0,5	0,6	0,7	0,8	0,9	1,0	1,1
s_x	0	0,7	1,5	2,2	2,9	3,6	4,4	5,1	5,9	6,6	7,4	8,1
s_y	2,0	2,4	2,7	2,8	2,9	2,8	2,7	2,4	2,0	1,5	0,9	0

B5

Der waagerechte Wurf Ein Versorgungsflugzeug lässt im Flug „Care-Pakete“ auf ein Flüchtlingslager fallen. Vernachlässigt man den Luftwiderstand, so beschleunigt das Paket aus Sicht des Piloten senkrecht nach unten. Die Fallstrecke in *y*-Richtung während einer bestimmten Zeitspanne lässt sich somit einfach mit $s_y = \frac{1}{2} \cdot g \cdot t^2$ bestimmen. Unabhängig davon bewegt sich in dieser Zeit das Paket aufgrund seiner Trägheit in horizontaler Richtung gleichförmig mit der Geschwindigkeit des Fliegers weiter; die *x*-Koordinate des Pakets ist also $s_x = v_{Flieger} \cdot t$.

Die beiden Bewegungen in waagerechter und senkrechter Richtung überlagern sich also, ohne sich gegenseitig zu beeinflussen, man spricht vom **Superpositionsprinzip**.

Trägt man nun zu bestimmten Zeitpunkten die Koordinaten des Pakets in ein s_x-s_y-Diagramm ein, so erhält man als Flugbahn eine Parabel (→**B1**).

Sie ergibt sich hier durch Überlagerung einer senkrecht nach unten beschleunigten Bewegung aufgrund der Fallbeschleunigung und einer waagerechten gleichförmigen Bewegung aufgrund der Bewegung des Paketes.

● **Die Bahnkurve der idealen Wurfbewegung ist eine Parabel.**

Der schiefe Wurf Auch beim schiefen Wurf wie z. B. beim Kugelstoßen (→**B3**) kommt es zur Superposition zweier Bewegungen. Hier verlässt die Kugel die Hand aufgrund ihrer Trägheit auch mit einer bestimmten konstanten Geschwindigkeit, jedoch schräg nach oben. Während die horizontale Komponente (→**S. 86ff.**) unverändert bleibt, wird die nach oben weisende vom Abwurf an immer kleiner, da die Kugel gleichzeitig von ihrer Gewichtskraft im freien Fall nach unten beschleunigt wird.

Die Flugbahn der Kugel lässt sich in diesem etwas komplizierteren Beispiel jedoch einfacher bestimmen. Den Kugelstoßer betrachten wir normalerweise aus einem ruhenden Bezugssystem A, dem „Laborsystem“ heraus, vereinfacht gesagt „vom Erdboden aus“, auf dem wir uns gleichfalls befinden. Wir führen jetzt zusätzlich ein zweites Bezugssystem B ein, das sich gegenüber dem ruhenden Laborsystem mit der Anfangsgeschwindigkeit der Kugel gleichförmig nach schräg oben bewegt, wie es auch die Kugel aufgrund ihrer Trägheit täte, wenn sie nicht der Erdanziehung unterworfen wäre (→**B2a**).

Bezüglich dieses Bezugssystems B ruht dann die Kugel, da sich das Bezugssystem mit ihr mitbewegt. Innerhalb dieses bewegten Bezugssystems führt die Kugel beim Verlassen der Hand nun einen freien Fall durch. **B2b** zeigt zu verschiedenen Zeitpunkten die Position der Kugel im Bezugssystem B, **B2a** die Position von B im Laborsystem A.

Fügt man beide Abbildungen nun zusammen (→**B2c**), erhält man die Flugbahn der Kugel, die **Wurfparabel**.

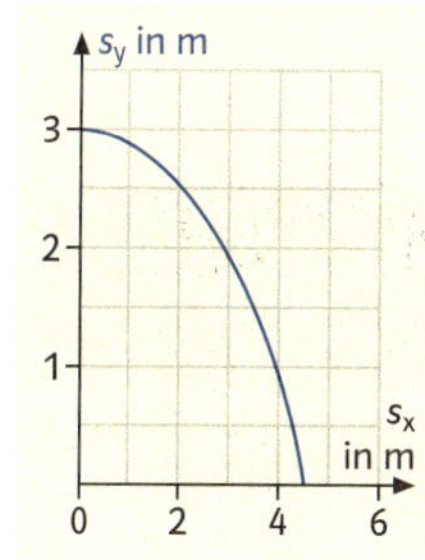

B1

Analogien & Strukturen →S. 263

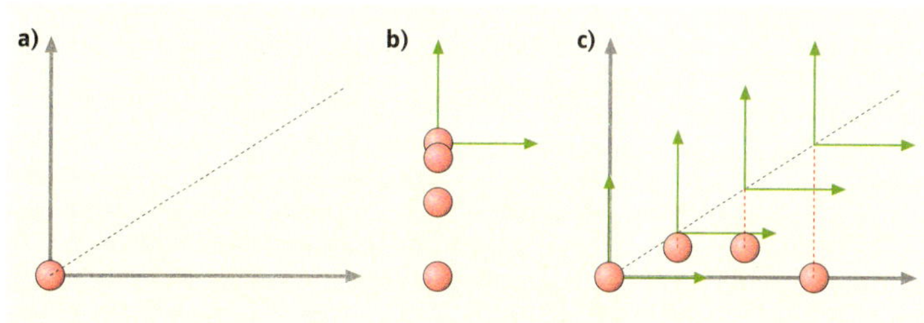

B2 Bewegung von B in A (a), Bewegung der Kugel in B (b), Superposition beider Bewegungen (c)

B3 Nach dem Abwurf wird die Flugbahn der Kugel nur durch die Fallbeschleunigung und die Trägheit bestimmt.

B4 Wurfparabel bei einem Springbrunnen

Die Kreisbewegung

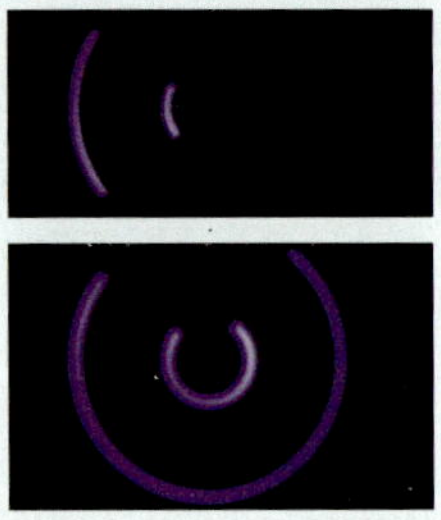

B1

Beim 400-m-Lauf starten die Läuferinnen und Läufer nicht auf gleicher Höhe, sondern versetzt (→ **B2**). Sind die Sportler auf der äußeren Bahn deshalb im Vorteil?

V1 Auf einer rotierenden Scheibe sind in unterschiedlicher Entfernung vom Mittelpunkt zwei Lämpchen. Abbildung **B1** zeigt deren Spuren bei unterschiedlicher Belichtungszeit.

B2

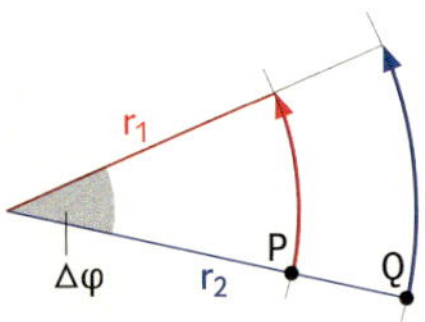

B3 Zwei Punkte mit unterschiedlichen Radien und unterschiedlichem Bogen, aber gleichem Winkel

Die Einheiten von f und ω sind zwar gleich (1/s), die Größen selbst sind aber unterschiedlich!

Zur Kreisbewegung und Kräften siehe auch S. 81!

Die Kreisbewegung Bewegt sich ein Körper auf einer kreisförmigen Bahn, so spricht man von einer **Kreisbewegung**. Um die Kreisbewegung eines Körpers beschreiben zu können, werden folgende Größen benötigt.

Die **Umlaufdauer** T gibt an, wie lange ein Körper für einen vollen Umlauf benötigt, die Einheit ist 1 s.

Die (Dreh-) **Frequenz** f gibt an, wie viele Umläufe ein Körper in einer Sekunde ausführt. Ihre Einheit ist 1 Hz oder 1/s. Die Drehfrequenz ist der Kehrwert der Umlaufdauer, es gilt:

$$f = \frac{1}{T} \text{ bzw. } T = \frac{1}{f}$$

In einem sich drehenden Kettenkarussell bewegen sich alle Mitfahrer in der gleichen Zeit (der Umlaufdauer T) einmal im Kreis herum. Nebeneinander sitzende Personen können sich dabei an den Händen halten, obwohl die Weglänge außen größer ist als innen. Die Bahnkurve ist für jeden Karussellfahrer ein Kreis. Anders als bei einer geradlinigen Bewegung wird sie immer wieder neu durchlaufen. Eine solche Bewegung nennt man **periodisch**.

Die **Bahngeschwindigkeit** gibt an, welche tatsächliche Weglänge ein Körper auf seiner Kreisbahn in einer bestimmten Zeit zurücklegt. Sie entspricht dem Begriff „Geschwindigkeit", den wir aus geradlinigen Bewegungen kennen, mit dem Unterschied, dass der Weg eben keine gerade Strecke ist, sondern ein Abschnitt der Kreisbahn. Die Einheit der Bahngeschwindigkeit ist 1 m/s. Wenn sich der Betrag der Geschwindigkeit auf einer bestimmten Kreisbahn mit dem Radius r während der Bewegung nicht ändert, ergibt sich der Betrag der Bahngeschwindigkeit aus dem Umfang $2\pi r$ und der Dauer T eines Umlaufs

$$v = \frac{\Delta s}{\Delta t} = \frac{2\pi r}{T} = \frac{2\pi}{T} \cdot r$$

Der Faktor $2\pi/T$ ist unabhängig vom Radius und daher für alle Karussellfahrer gleich. 2π beschreibt den Winkel von 360° für einen vollen Umlauf im Bogenmaß.

Die Winkelgeschwindigkeit Zieht man von jedem Karussellfahrer eine Schnur zum Kreismittelpunkt, so überstreicht sie in einer Zeitspanne Δt einen Winkel $\Delta\varphi$ (→ **B3**). Man definiert: Der Quotient

$$\omega = \frac{\Delta\varphi}{\Delta t} \text{ heißt } \textbf{Winkelgeschwindigkeit}.$$

Wird $\Delta\varphi$ im Bogenmaß gemessen, so hat ω die Einheit 1/s. Wenn ω konstant ist, gilt $\omega = 2\pi/T = 2\pi f$. Dabei ist die Frequenz f der Quotient aus der Anzahl der Umläufe und der dafür benötigten Zeitdauer.

Für die Bahngeschwindigkeit gilt also $v = \omega \cdot r$.

Die Winkelgeschwindigkeit ist unabhängig vom Radius und zur Beschreibung der periodischen Bewegung geeignet.

Bewegen sich zwei Körper mit gleicher Drehfrequenz auf Kreisbahnen mit unterschiedlichen Radien, so benötigen beide für einen Umlauf die gleiche Zeit, haben also die gleiche Umlaufdauer und die gleiche Winkelgeschwindigkeit.

Da die beiden Kreisbahnen jedoch unterschiedliche Radien haben und damit auch einen unterschiedlichen Umfang ($U = 2\pi r$), legt der Körper auf der äußeren Bahn somit in der gleichen Zeit eine größere Strecke zurück, hat also eine größere Bahngeschwindigkeit.

Beschleunigung bei der Kreisbewegung

V1 Ein gut sichtbarer Ball wird an einem Faden auf einem Kreis mit vertikaler Ebene herumgeschleudert. Wenn man den Faden loslässt, bewegt er sich im ersten Moment tangential zur Kreisbahn. Mit einer Videokamera lässt sich der Vorgang aufzeichnen, z. B. wenn der Ball im tiefsten Punkt ist, und es können z. B. Geschwindigkeiten ermittelt werden.

V2 Variiere die Geschwindigkeit und Seillänge und versuche, die über ein Seil verbundenen Kugeln in der Pappröhre im Gleichgewicht zu halten (→**B1**).

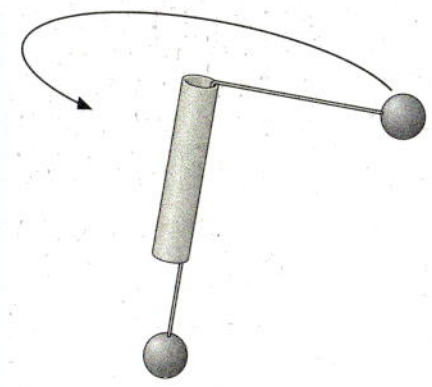

B1

Kreisbewegung und Beschleunigung

Bewegt sich ein Körper auf einer Kreisbahn mit konstanter Bahngeschwindigkeit, so bewegt er sich doch zu jedem Zeitpunkt in unterschiedliche Richtungen. Zeichnet man die Geschwindigkeitsvektoren zu verschiedenen Zeitpunkten als Pfeile, so sind diese zwar gleich lang, zeigen aber daher in eine unterschiedliche Richtung (→**B3**). Die Geschwindigkeit ändert sich ständig; zwar bleibt der Betrag gleich, aber die Richtung des Geschwindigkeitsvektors ändert sich laufend.

● **Die Richtung der Geschwindigkeit (und damit ihr Vektor) ändert sich bei einer Kreisbewegung laufend. Die Kreisbewegung ist somit eine beschleunigte Bewegung.**

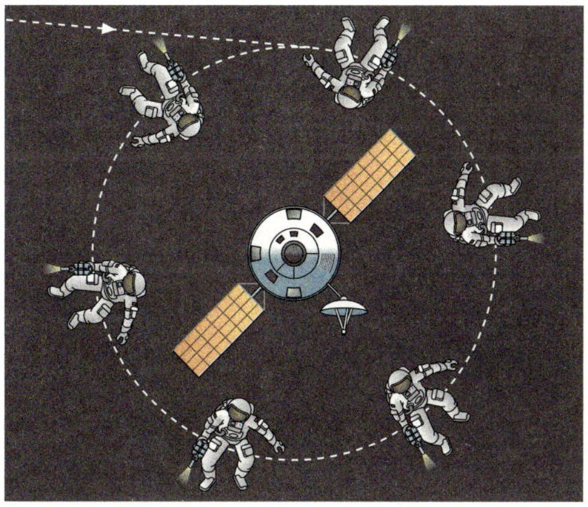

B2

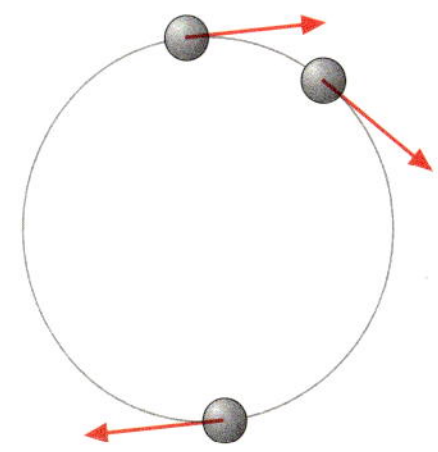

B3 Die Richtung der Bewegung ändert sich ständig.

Die Zentripetalbeschleunigung

Eine Astronautin nähert sich mit der Geschwindigkeit v einem Satelliten (→**B2**). Beim Umrunden muss sie sich mit Hilfe einer kleinen Handrakete ständig auf ihn zu beschleunigen. Für die Einhaltung der Kreisbahn sorgt die **Zentripetalbeschleunigung a_z** (auch oft nur **Zentralbeschleunigung** genannt). Sie beschleunigt den Körper zu jedem Zeitpunkt in Richtung des Kreismittelpunktes. Weil der Vektor senkrecht auf dem Geschwindigkeitsvektor der Bahnge schwindigkeit steht, ändert sich nur die Richtung, nicht aber der Betrag der Bahngeschwindigkeit.

Analogien & Strukturen →S. 264

● **Der Betrag der Zentripetalbeschleunigung hängt vom Radius und der Winkelgeschwindigkeit (bzw. Bahngeschwindigkeit) ab.**

Es gilt: $a_Z = \omega^2 \cdot r = v^2/r$

Mathematische Herleitung der Zentripetalbeschleunigung

Wir betrachten die Kreisbewegung, bei der P_1 sich in der Zeit Δt nach P_2 bewegt.
Für $\Delta t > 0$ darf man die Bewegung in zwei unabhängige Komponenten zerlegen:
1 Tangential zum Kreis: Dies ist eine gleichförmige Bewegung: $s_1 = v_1 \cdot \Delta t$
2 Zum Kreismittelpunkt: Diese Bewegung wird durch die Zentripetalkraft beschleunigt:

$$s_2 = ½\, a_Z \cdot (\Delta t)^2.$$

Im daraus folgenden rechtwinkligen Dreieck gilt nach Pythagoras:

$$(r + s_2)^2 = r^2 + s_1^2$$

$$r^2 + 2 \cdot s_2 \cdot r + s_2^2 = r^2 + s_1^2$$

Mit 1 und 2 folgt

$$r^2 + a_Z \cdot (\Delta t)^2 + \tfrac{1}{4} a_Z^2 \cdot (\Delta t)^4 = r^2 + v_1^2 \cdot (\Delta t)^2$$

und somit

$$a_Z = \frac{v^2 \cdot \Delta t - \frac{1}{4} a_Z \cdot (\Delta t)^4}{(\Delta t)^2} = \frac{v^2}{r} - \frac{1}{4} a_Z \cdot (\Delta t)^2.$$

Unter der Anfangsvoraussetzung $\Delta t > 0$ folgt für die Zentripetalbeschleunigung $a_Z = v^2/r$.

Physik überall

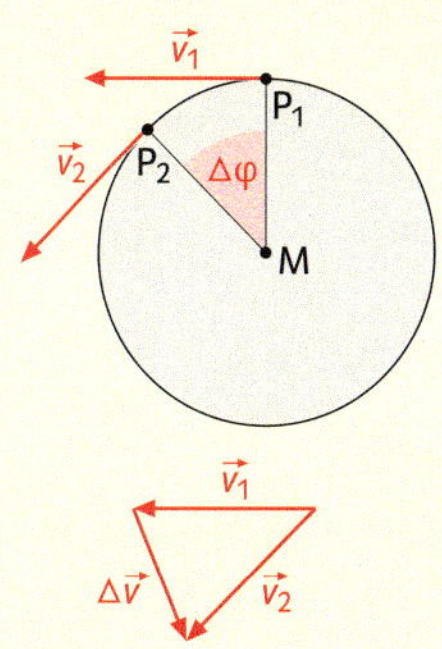

B4

Rückblick

1 Begriffe

Was versteht man unter
- einer Bewegung mit konstanter Geschwindigkeit?
- einer Bewegung mit konstanter Beschleunigung?
- dem Freien Fall?
- der Fallbeschleunigung auf der Erde?
- der Referenzstrecke bei der Videoanalyse?
- dem Superpositionsprinzip?
- einem Bezugssystem?
- der Bahngeschwindigkeit und der Winkelgeschwindigkeit?
- der Zentripetalbeschleunigung?

2 Beobachtungen

Was beobachtet man, wenn
- man im Auto einen Apfel senkrecht nach oben wirft?
- man von außen einen Apfel betrachtet, der in einem fahrenden Auto senkrecht nach oben geworfen wird?

3 Erklärungen

Wie lässt sich begründen, dass
- Vögel bei Wind teilweise „schräg fliegen", manchmal viel schneller und manchmal viel langsamer als sonst sind?
- ein Radfahrer, der auf einer nassen Straße ohne Schutzblech fährt, am Rücken dreckig wird?
- ein auf einer Kreisbahn außen laufender Läufer langsamer scheint als ein innen laufender, aber dennoch schneller ist?

4 Gesetzmäßigkeiten

Beschreibe mit eigenen Worten
- den Zusammenhang zwischen zurückgelegtem Weg und der dabei benötigten Zeit bei einer Bewegung mit konstanter Beschleunigung.
- wie sich die Graphen für Bewegungen mit konstanter Beschleunigung bzw. mit konstanter Geschwindigkeit im *t*-*v*-Diagramm bzw. *t*-*s*-Diagramm unterscheiden.

Erläutere die Erscheinungen in den folgenden Bildern und beantworte die Fragen!

B1 Warum bewegen sich die Funken auf fast gerader Bahn? Wie sieht die Bahn aus, wenn man die Funken länger beobachten kann?

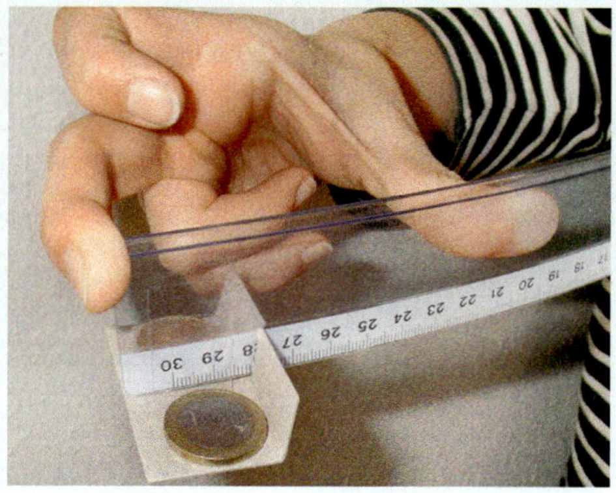

B2 Was passiert, wenn das Lineal losgelassen wird?

B3 Wie hat der Fotograf das Foto gemacht? Denke daran, dass ein Foto eine Belichtungszeit benötigt.

B4 Aus geringer Höhe treffen Tennisball und Schaumstoffball praktisch gleichzeitig auf. Wieso?

B5 Im Heißluftballon herrscht Windstille selbst bei stärkerem Wind. Woran liegt das?

Beispiele

Start eines Segelflugzeugs Ein Segelflugzeug wird mit einer Seilwinde in die Luft gezogen. Nach zirka 20 m hebt es mit einer Geschwindigkeit von zirka 80 km/h ab.

a) Wie groß ist die Beschleunigung?

b) Wie lange dauert es, bis das Flugzeug abhebt?

Lösung:

a) Wir gehen für die Lösung davon aus, dass das Flugzeug konstant beschleunigt wird. Wir benötigen die beiden Grundgleichungen bei gleichmäßig beschleunigten Bewegungen:

1) $s = \frac{1}{2} \cdot a \cdot t^2$ und

2) $v = a \cdot t$

Gleichung 2) löst man nach t auf und bekommt

3) $t = v/a$.

Setzt man 3) in 1) ein, so erhält man

4) $s = ½ \cdot a \cdot \left(\frac{v}{a}\right)^2$.

Löst man 4) nach a auf, so ergibt sich

$$a = \frac{v^2}{2s}.$$

Die Geschwindigkeit von 80 km/h muss nun noch in m/s umgerechnet werden, hierzu teilt man den Betrag durch 3,6. Es ergibt sich ca. 22 m/s. Setzt man alle bekannten Werte ein, so ergibt sich eine Beschleunigung von 12 m/s².

b) Das Ergebnis aus a) setzt man in Gleichung 3) ein und bekommt die Beschleunigungszeit von ca. 1,8 s.

B1

Heimversuche

1 Schneller Radfahren Messt mit ein paar Freundinnen und Freunden zusammen, wie lange euer Bremsweg mit dem Fahrrad bei einer Geschwindigkeit von 20 km/h ist. Errechnet eure Bremsbeschleunigungen und vergleicht eure Bremswege miteinander. Vergleicht den Bremsweg mit dem Bremsweg bei 10 km/h und 30 km/h.

Wiederholt den Versuch auf anderem Untergrund, z. B. Asphalt, Kopfsteinpflaster oder einem Kiesweg. Wie verändert sich der Bremsweg an einem Hang?

2 Reaktionszeit messen Spreizt Zeigefinger und Daumen so weit wie möglich auseinander. Eine andere Person soll ein 30 cm Lineal mit der 0-cm-Marke so zwischen die gespreizten Finger halten, dass sich das Lineal oberhalb der Hand befindet. Wenn das Lineal losgelassen wird, versucht ihr, das Lineal mit den Fingern zu fangen. Damit man mit der Hand nicht nachgreift, sollte man die Hand auflegen.

Baut ein „Reaktionslineal", auf dem man direkt (also ohne Rechnung) die Reaktionszeit ablesen kann.

B2 Zu Heimversuch „Reaktionszeit messen"

Fragen

Kinematik

1 Schildere verschiedene Bewegungen mit konstanter Beschleunigung sowie solche mit nicht konstanter Beschleunigung!

2 Bestimme aus dem folgenden t-s-Diagramm von zwei Bewegungen die zugehörigen Graphen im t-v-Diagramm!

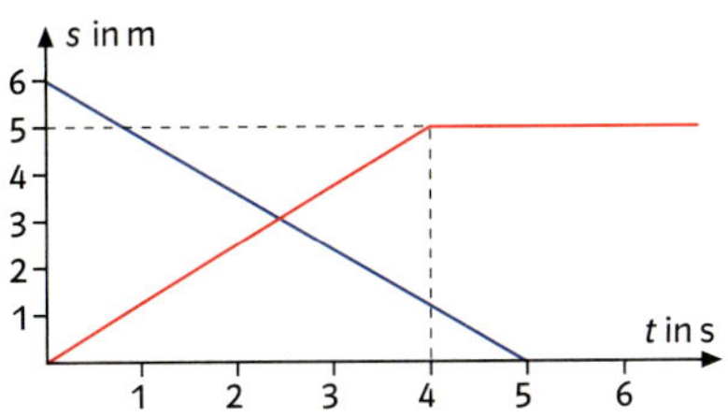

3 Das t-v-Diagramm (→B3) zeigt eine beschleunigte Bewegung. Erkläre, woran man erkennen kann, dass es sich um eine Bewegung mit konstanter Beschleunigung handelt! Berechne aus den angegebenen Zahlenwerten die Größe der Beschleunigung. Wie würde das t-v-Diagramm für eine Bewegung mit einer größeren (konstanten) Beschleunigung aussehen?

4 Ein Autofahrer fährt mit einer konstanten Geschwindigkeit von 90 km/h. Zum Zeitpunkt $t = 0$ s erkennt er vor sich ein Hindernis. Nach einer Reaktionszeit von einer Sekunde beginnt er zu bremsen und kommt nach weiteren fünf Sekunden zum Stehen.

a) Wie groß ist die Beschleunigung während des Bremsvorgangs?

b) Zeichne für den gesamten Vorgang ein t-v-Diagramm!

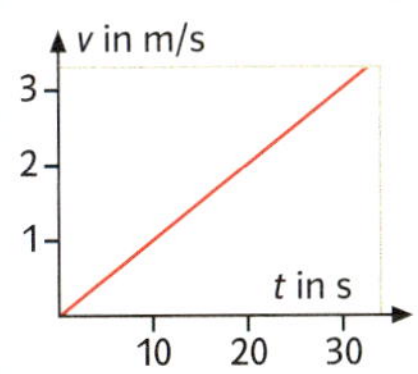

B3

Fragen

5 Fahrpläne der Deutschen Bahn können auch grafisch dargestellt werden (→**B1**). Sie werden dann als *t-s*-Diagramm angegeben.
a) Wie erkennt man die Haltezeiten der Züge in den Bahnhöfen?
b) Was ist der Unterschied zwischen einem steigenden und einem fallenden Graphen?
c) In welchem Streckenabschnitt hat der Zug, der um 15.32 Uhr in Lichtenfels abfährt, die größte Geschwindigkeit?
d) Berechne die Durchschnittsgeschwindigkeit für eine Zugfahrt von Lichtenfels nach Probstzella!

6 Max springt von einem Sprungbrett in zehn Meter Höhe über dem Sprungbecken ab.
a) Berechne die Dauer seines Sprungs bis zum Eintauchen ins Wasser und seine Eintauchgeschwindigkeit! Der Luftwiderstand kann dabei vernachlässigt werden.
b) Seine Schwester Paula steht gleichzeitig auf dem Drei-Meter-Brett und springt genau dann ab, als Max an ihrem Sprungbrett vorbeifliegt. Wie viele Sekunden nach Max kommt Paula im Wasser an?

7 Herr Bleifuß träumt in seinem Sportwagen auf der Landstraße seinen Jugendtraum, Rennfahrer zu sein, als ihn eine Polizeistreife stoppt. „Sie waren zu schnell", wird ihm vorgehalten. „Hier dürfen sie höchstens 100 km/h fahren". Herr Bleifuß sieht erstaunt auf seine Uhr und antwortet: „Das kann nicht sein, ich bin vor vier Minuten losgefahren und erst vier Kilometer gefahren, das macht genau 1 km pro Minute und das ergibt viel weniger als 100 km/h!"
Der Bordcomputer im Auto hat einen Fahrtenschreiber, der auch Diagramme anzeigt. Das Diagramm der Fahrt zeigt die Abbildung **B2**.
a) Rechne 1 km pro Minute in km/h um.
b) Was hat die Polizeistreife auf den Einwand von Herrn Bleifuß geantwortet? Überlege dir hierzu, welche „Geschwindigkeit" Herr Bleifuß berechnet und welche die Polizei misst.
c) Welche Bewegungsarten kann man in dem Schaubild erkennen und in welchen Zeitabschnitten haben diese stattgefunden?
d) Könnte man aus der Grafik ablesen, ob der Vorwurf der Polizeistreife gerechtfertigt war?
e) Ab der vierten Minute unterhält sich Herr Bleifuß mit den Polizisten. Übertrage das Schaubild in dein Heft und setzte das Schaubild hierfür fort.
f) Wie müsste das Schaubild weiter verlaufen, wenn Herr Bleifuß nach der Kontrolle frustriert zurück nach Hause fährt?

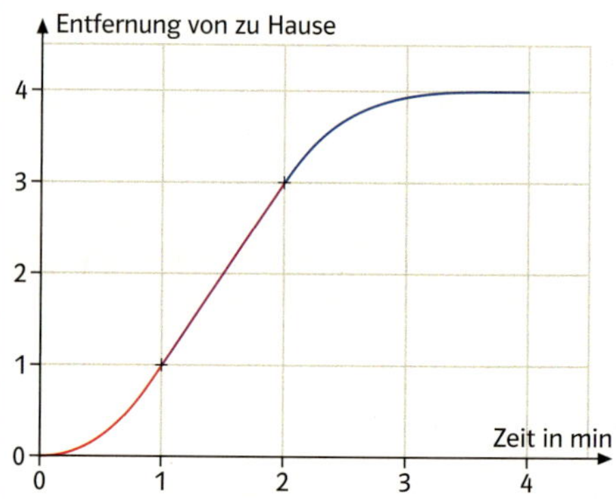

B2

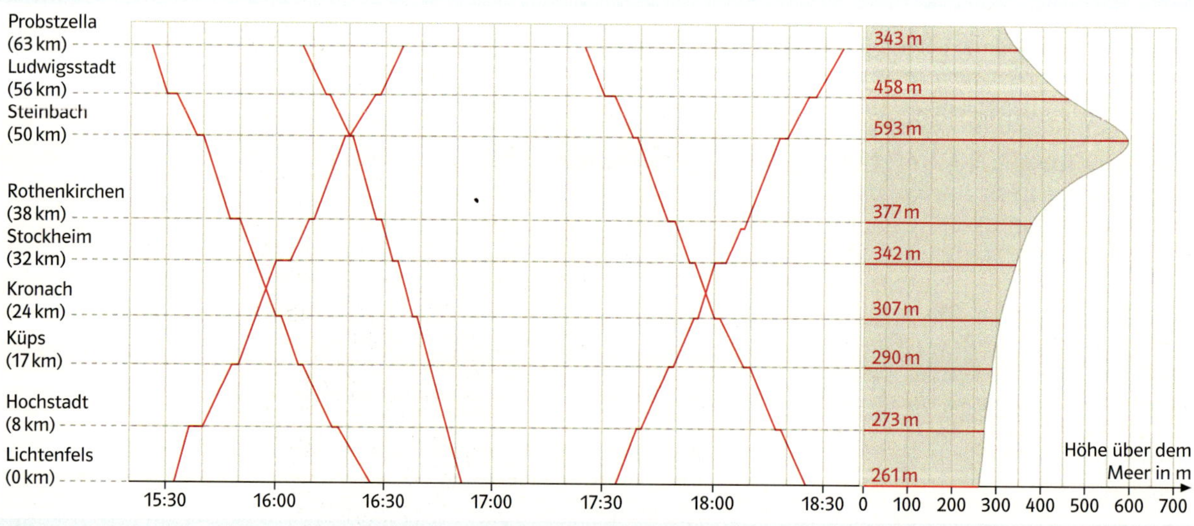

B1

Ursache von Bewegungen

Auf die Plätze – fertig – los! Im Jahr 1900 lag der Weltrekord für den 100 m-Lauf der Männer bei 11 s, 1990 bei 9,9 s. Ein Grund (neben Fortschritten in der Trainingslehre, der Medizin und der Materialforschung) für den Unterschied ist die unterschiedliche Startposition der Läufer: Um 1900 wurde noch aus dem Stand losgerannt, heute hocken die Läufer in den Startblöcken und schnellen beim Startschuss davon.

Sterne und Kometen Kometen scheinen die Regelmäßigkeit der „Himmelsmechanik" zu stören, sie stellen einen „Aufruhr des Himmels dar" und überbringen „schlechte Nachricht", wie es bei William Shakespeare nachzulesen ist.

Edmond Halley (1656–1742), ein Zeitgenosse Newtons, sah in den Kometen nur Himmelskörper, die wie Planeten und Monde den gleichen Gesetzmäßigkeiten unterliegen. Ihm gelang es, auf dieser Grundlage die drei Kometen der Jahre 1531, 1607 und 1682 als Wiederkehr eines Kometen nachzuweisen. Dieser wird seitdem der „Halley'sche Komet" genannt.

Der „richtige" Kräftevergleich In einer Seilschaft muss auch der körperlich deutlich schwächere Bergsteiger in der Lage sein, notfalls alleine Kameradinnen und Kameraden aus einer Gletscherspalte zu bergen. Wie ist ihm dies nur mit Hilfe eines Seils und Karabinern möglich?

Die Lehre von der Ursache von Bewegungen wird auch Dynamik genannt.

Impuls

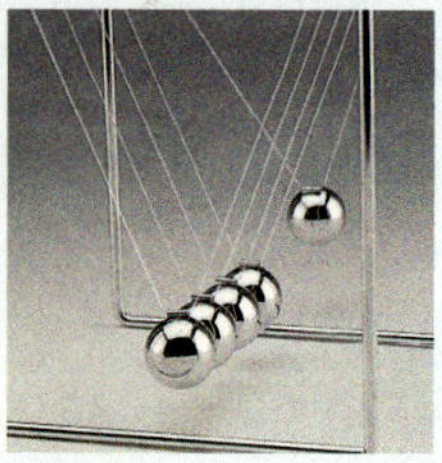

B1

■ **V1** Eine Münze gleitet auf einer glatten Unterlage gegen eine ruhende Münze. Bei zwei gleichen Münzen beobachtet man entweder, dass sich nur eine Münze weiterbewegt, oder dass sich beide in unterschiedlichen Richtungen bewegen.

Bei unterschiedlichen Münzen bewegen sich stets beide Münzen nach dem Stoß.

■ **V2** Fünf gleiche Kugelpendel sollen sich in der Ruhelage berühren (→**B1**). Wird eine der äußeren Kugeln ausgelenkt und dann losgelassen, so schlägt auf der anderen Seite nur die letzte Kugel aus. Sie erreicht die Ausgangshöhe der ersten Kugel. Werden von der einen Seite gleich zwei äußere Kugeln ausgelenkt, so werden auf der anderen Seite auch die beiden letzten Kugeln in Bewegung gesetzt.

Negative Impulse
Bei Körpern, die sich entgegen der positiven x-Achsen-Richtung bewegen, kennzeichnet man die Richtung durch ein negatives Vorzeichen der Geschwindigkeit und auch des Impulses. Dies bedeutet nichts anderes, als dass sich ein Körper in „negativer Richtung" bewegt.

Bezeichnung:
Bei Stoßvorgängen werden die Größen vor dem Stoß üblicherweise ohne Strich und nach dem Stoß mit Strich dargestellt:
vor dem Stoß: v_1
nach dem Stoß: v'_1

Analogien & Strukturen →S. 268

Der Impuls Was in der Alltagssprache in etwa mit „Schwung" oder „Wucht" eines bewegten Körpers gemeint ist, wird in der Physik durch die Größe **Impuls *p*** beschrieben. Je größer die Masse eines bewegten Körpers ist, desto größer ist auch sein Impuls. Ebenfalls ist sein Impuls umso größer, je größer seine Geschwindigkeit ist. Man legt fest:

● **Der Impuls eines Körpers ist das Produkt aus seiner Masse und seiner Geschwindigkeit:**
$p = m \cdot v$

Die Einheit für den Impuls ist $1\,\text{kg} \cdot \frac{\text{m}}{\text{s}}$.
Man kann dafür auch die Einheit 1 Huygens (1 Hy) verwenden. $1\,\text{kg} \cdot \frac{\text{m}}{\text{s}} = 1\,\text{Hy}$.

Stoßbewegungen Wir betrachten zunächst wieder nur eindimensionale Bewegungen, d. h. Bewegungen entlang einer Geraden. Stoßen zwei frei bewegliche Körper so aneinander, dass sie sich nach dem Stoß getrennt weiterbewegen, so haben beide nach dem Stoß eine andere Geschwindigkeit und damit auch einen anderen Impuls. Die Wechselwirkung kann dabei entweder durch direktes Berühren der Körper oder über Federn, Magnete usw. erfolgen. Im Versuch (→**B3**) sind zwei Gleiter in Ruhe auf einer Luftkissenfahrbahn durch eine gespannte Feder und einen Faden verbunden.

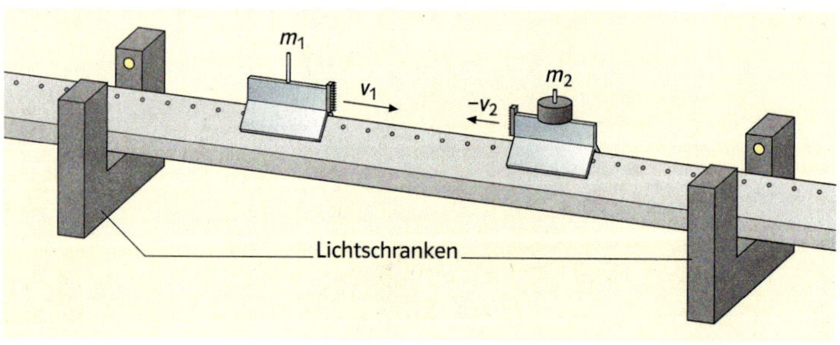

B2

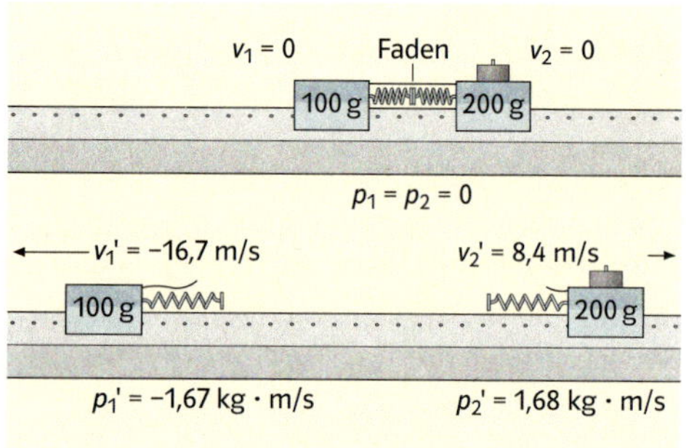

B3

Für ihre Impulse gilt $p_1 = p_2 = 0$. Wird die Feder durch Lösen des Fadens entspannt, so bewegen sich die beiden Gleiter mit unterschiedlichen Geschwindigkeiten voneinander weg. Der mit der geringeren Masse ist schneller, der mit der größeren langsamer. Misst man die Geschwindigkeit der Gleiter, so stellt man fest, dass für die Impulse nach dem Stoß gilt: $-p'_1 = p'_2$

Die Impulse der Gleiter nach dem Stoß sind also vom Betrag her gleich, es gilt also:

$$-p'_1 = p'_2 \quad \text{oder} \quad p'_1 + p'_2 = 0$$

Lässt man in einer Abwandlung des Versuches zunächst beide Gleiter aufeinander zugleiten (→**B2**) und bestimmt die Geschwindigkeiten der Gleiter jeweils vor und nach dem Stoß, so gilt – unabhängig von den Massen und Geschwindigkeiten der Gleiter – für die Impulse der beiden Gleiter:

$$p_1 + p_2 = p'_1 + p'_2 = p_{ges} = \text{konstant}$$

Die Summe der Impulse beider Gleiter $p_{ges} = p_1 + p_2 = p'_1 + p'_2$, die als Gesamtimpuls bezeichnet wird, ist zu jedem Zeitpunkt vor und nach dem Stoß gleich groß. Dies wird auch als **Impulserhaltungssatz** bezeichnet:

● **Der Impuls ist eine Erhaltungsgröße. Der Gesamtimpuls in einem abgeschlossenem System bleibt bei jeder Wechselwirkung konstant:**

$$p_{ges} = p'_{ges}$$

„Verlust und Gewinn" von Impuls? Prallen zwei Körper bei einem Stoß ohne Energieverlust nach außen voneinander ab, so spricht man von einem elastischen Stoß, bewegen sich beide nach dem Stoß mit derselben Geschwindigkeit weiter (weil sie z. B. aneinander haften), so spricht man von einem inelastischen Stoß.

Ein Gummiball wird an eine Wand geworfen, er prallt zurück. Ein Spielzeugauto wird auf einer ebenen Fläche angeschubst und rollt aus. In beiden Versuchen ändern sich die Impulse von Flummi und Spielzeugauto scheinbar ohne dass eine Impulsübertragung auf einen anderen Körper beobachtbar ist. Der Gesamtimpuls ist augenscheinlich vorher anders als hinterher.

Wird hier der Impulserhaltungssatz verletzt und wurde hier Impuls aus dem Nichts gewonnen oder gar Impuls verloren? Dies ist nicht der Fall, denn wir müssen immer die Impulse aller wechselwirkenden Körper betrachten. Der Ball konnte seine Richtung nur umkehren, weil er gegen die Wand prallte. Die Wand erfuhr also wie der Flummi eine Impulsänderung um den gleichen Betrag. Allerdings ist die Masse der Wand so groß, dass die Geschwindigkeitsänderung der Wand vernachlässigbar klein ist. Würde man den Flummi ausreichend schnell gegen eine dünne Fensterscheibe werfen, so könnte man die Geschwindigkeitsänderung der Fensterscheibe durchaus beobachten. Sie würde sich etwas nach außen biegen und eventuell sogar zu Bruch gehen.

Das Spielzeugauto hat ebenfalls Impuls „verloren", dieser wurde jedoch an den Erdboden abgegeben, so dass dies eine Änderung der Erddrehung hervorruft, die jedoch unmessbar klein und nicht spürbar ist.

● **Wenn sich bewegende Körper scheinbar selbständig verlangsamen oder ihre Richtung ändern, wird trotzdem immer Impuls an einen anderen Körper übertragen.**

Auch wenn ein Körper beschleunigt, muss zwangsweise ein anderer Körper in entgegengesetzter Richtung beschleunigt werden, damit der Gesamtimpuls erhalten bleibt. Eine Rakete beschleunigt (→**B1**), indem die Raketenabgase mit hoher Geschwindigkeit nach hinten ausgestoßen werden, ein Pkw beschleunigt, indem er die Straße nach hinten „wegschiebt" (→**B3**). Dies ist deutlich am „Verschieben" der Fahrbahnmarkierung zu erkennen.

Ob Impuls fließt oder übertragen wird, meint dasselbe: Impuls geht von einem Körper auf einen anderen über. Es gibt hierfür keine verbindliche Sprachregelung in der Physik!

Auch beim Start auf einem sandigen Untergrund erkennt man die Impulsübertragung am Wegfliegen der Sandkörner (→**B2**).

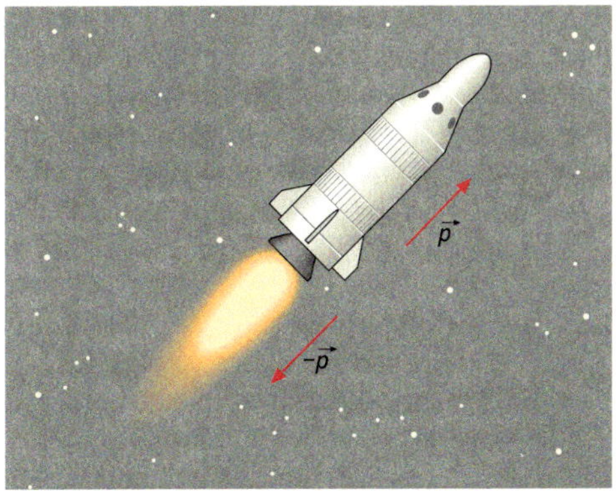

B1 Impulsübertragung bei einer Rakete

B2 Impulsübertragung beim Speedway Start

B3 Pkw „schieben" die Straße beim Anfahren nach hinten.

Impuls, Impulsstrom und Kraft

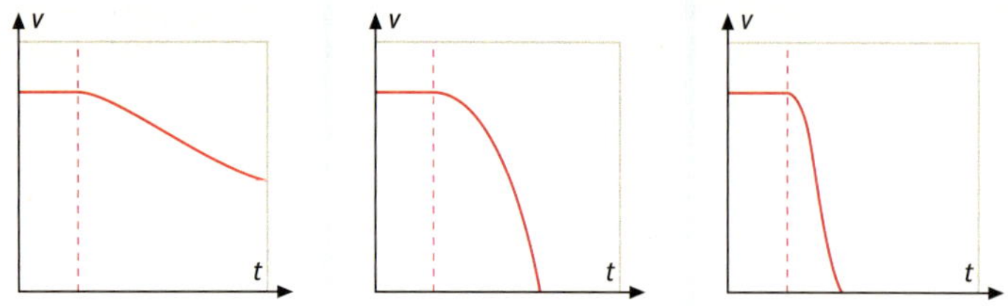

B1

Drei baugleiche Pkw der Masse 1500 kg fahren mit der Geschwindigkeit 20 m/s. Ihre *t*-*v*-Diagramme (→ **B1**) werden aufgezeichnet: Der Fahrer des ersten Wagens lässt sein Auto nur ausrollen und kommt nach einer Minute zum Stillstand. Der Fahrer des zweiten Wagens tritt auf die Bremse, sein Fahrzeug steht nach 5 Sekunden. Pkw 3 fährt im Crashtest ungebremst auf ein Hindernis und kommt innerhalb eines Sekundebruchteils zum Stillstand.

Die Kraft bzw. Impulsstromstärke beträgt für die drei Pkw aus dem Beispiel jeweils:

Pkw 1:
$F = \frac{\Delta p}{\Delta t} = \frac{30\,000\,\frac{\text{kg}\cdot\text{m}}{\text{s}}}{60\,\text{s}}$
$= 500\,\text{kg}\,\frac{\text{m}}{\text{s}^2} = 500\,\text{N}$

Pkw 2:
$F = \frac{\Delta p}{\Delta t} = \frac{30\,000\,\frac{\text{kg}\cdot\text{m}}{\text{s}}}{5\,\text{s}}$
$= 6\,000\,\text{kg}\,\frac{\text{m}}{\text{s}^2} = 6\,000\,\text{N}$

Pkw 3:
$F = \frac{\Delta p}{\Delta t} = \frac{30\,000\,\frac{\text{kg}\cdot\text{m}}{\text{s}}}{0{,}5\,\text{s}}$
$= 60\,000\,\frac{\text{kg}\cdot\text{m}}{\text{s}^2}$
$= 60\,000\,\text{N}$

Hinweis:
$1\,\text{N} = \frac{1\,\text{kg}\cdot\frac{\text{m}}{\text{s}}}{\text{s}}$

Eine kontinuierliche Impulsübertragung während einer Zeitspanne wird auch **Impulsstrom** genannt. Je größer der übertragene Impuls und je kleiner die benötigte Zeitspanne, desto größer ist dieser Impulsstrom. Man kann die Kraft somit auch als **Impulsstromstärke** interpretieren.

Impulsänderung und Zeitspanne Drei baugleiche Pkw mit gleicher Geschwindigkeit besitzen den gleichen Impuls, nämlich $p = m \cdot v = 1500\,\text{kg} \cdot 20\,\frac{\text{m}}{\text{s}} = 30\,000\,\frac{\text{kg}\cdot\text{m}}{\text{s}}$. Kommen sie zum Stillstand, ist ihr Impuls ebenfalls gleich, somit haben alle Pkw die gleiche Impulsänderung erfahren. Trotzdem ist die Auswirkung auf das Fahrzeug in den drei Fällen Ausrollen, Bremsung und Crash unterschiedlich heftig, da die Impulsänderung in verschieden langen Zeitspannen stattgefunden hat. Der Quotient $\Delta p/\Delta t$ charakterisiert die Wirkung einer Impulsübertragung. Physiker bezeichnen sie üblicherweise als „**Kraft**".

● **Die Kraft ist der Quotient aus der Impulsänderung und der Zeitspanne, in der diese Änderung erfolgt:**

$$F = \frac{\Delta p}{\Delta t}$$

Die Einheit der Kraft ist 1 Newton (1 N) =

$$1\,\frac{\frac{\text{kg}\cdot\text{m}}{\text{s}}}{\text{s}} = 1\,\frac{\text{kg}\cdot\text{m}}{\text{s}^2} = 1\,\frac{\text{Hy}}{\text{s}}.$$

Da sich aufgrund des Impulserhaltungssatzes der Impuls eines Körpers nicht ändern kann, ohne dass sich der Impuls mindestens eines weiteren Körpers ebenfalls ändert, ist der Begriff Kraft immer mit der Impulsänderung mindestens zweier Körper verknüpft.

Wie kann man den Impuls ändern? Jede Kraft ist auf eine Impulsänderung zurückzuführen. Wann ändert sich aber der Impuls eines Körpers? Der Impuls ist das Produkt aus Masse und Geschwindigkeit. Die Geschwindigkeit ist eine vektorielle Größe (→ **S. 69**). Um sie zu beschreiben, benötigt man also den Betrag $|\vec{v}|$ und die Richtung der Geschwindigkeit. Der Impuls ändert sich somit, wenn sich mindestens eine der drei Komponenten Masse, Schnelligkeit oder Richtung ändert.

● **Kräfte wirken, wenn**
1 ein Körper seine Masse ändert.
2 ein Körper den Betrag seiner Geschwindigkeit ändert.
3 ein Körper seine Bewegungsrichtung ändert.

1 Masse ändert sich: Beispiele sind eine Rakete, die Gase nach hinten ausstößt und eine Kraft nach vorne erfährt; eine Pistole, die eine Kugel abfeuert und somit einen „Rückstoß" erfährt; ein Löschflugzeug, das im Gleitflug über einem See Wasser tankt.

2 Betrag der Geschwindigkeit ändert sich: Der alltägliche Fall, wenn man von „Geschwindigkeitsänderung" spricht: Ein Auto bremst; man springt auf eine Waage, diese schlägt aus.

3 Richtung der Geschwindigkeit ändert sich: Wenn man mit dem Auto „bei gleichem Tempo" durch eine Kurve fährt, ändert man trotzdem die Richtung der Geschwindigkeit im physikalischen Sinn. Es wirkt eine Kraft (→ **S. 83**). Ein Schlauch im Garten, der nicht gerade liegt, erfährt eine Kraft, wenn Wasser durchfließt, da er dessen Richtung ändert, er „tanzt" in alle Richtungen. Flugzeuge erfahren hierdurch eine Auftriebskraft, da die Tragfläche anströmende Luft nach unten ablenkt.

Billard und Hubschrauber: Beispiele für Impulsübertragung

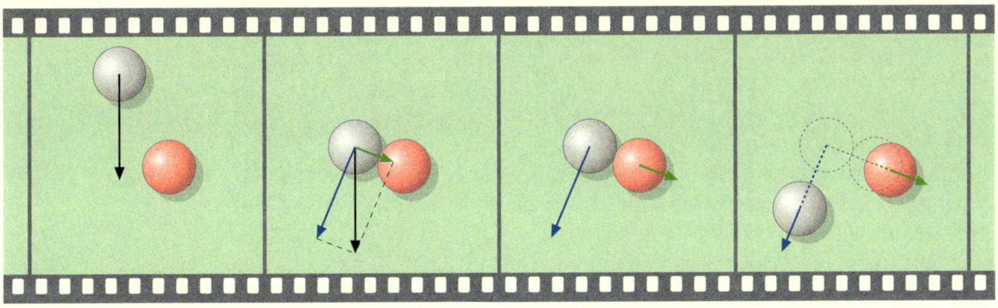

B1 Geometrie der Impulsübertragung beim Billard

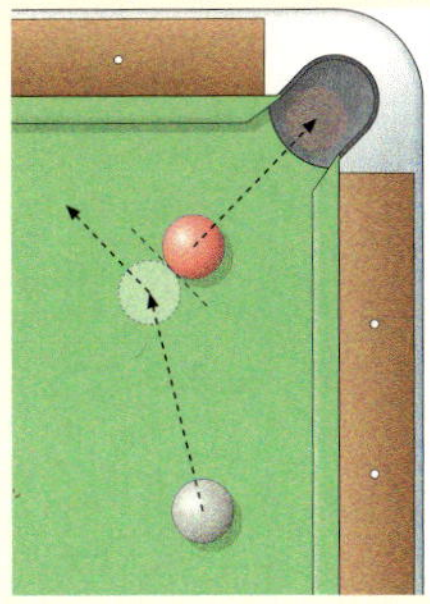

B2 So trifft man in die Tasche!

Billard Wie kann man einen erfolgreichen Billardstoß planen? Für die Stöße beim Billard sind Vorkenntnisse wichtig, dass es sich beim Impuls um eine vektorielle Größe handelt, deren geometrische Betrachtung bestimmten Regeln folgt (→ **S.86ff.**). Zudem ist zu beachten (→ **B1**):

- Der weiße Ball kann Impuls beim Kontakt mit einem anderen Ball auf diesen nur senkrecht zur gemeinsamen Tangente im Berührungspunkt der beiden Bälle übertragen.
- Dabei wird der Impuls des weißen Balls in zwei Komponenten parallel (blauer Pfeil) und senkrecht (grüner Pfeil) zur Berührtangente aufgeteilt.
- Der Impulsanteil senkrecht zur Berührtangente wird vollständig auf den roten Ball übertragen, der weiße Ball behält den Impulsanteil parallel zur Berührtangente.

Der Spielball muss die Zielkugel also so berühren, dass in diesem Moment der Berührung die beiden Kugelmittelpunkte mit dem Zielpunkt eine Gerade bilden (→ **B2**)!

Selbstverständlich spielen noch andere Faktoren wie Reibung und Rotationen der Bälle eine Rolle. Wird die Spielkugel beim Stoß mit dem Queue in Eigenrotation versetzt, so lässt sich die Richtung der Bälle nach dem Stoß beträchtlich beeinflussen.

Hubschrauber Wieso kann ein Hubschrauber eigentlich fliegen? Anscheinend wird keine der uns bekannten Möglichkeiten der Impulsänderung (→ **S.80**) beim Hubschrauber genutzt. Man muss hierbei einen zweiter Körper mitberücksichtigen: die Luft.

Über dem Hubschrauber befindet sich Luft, welche ruht. Diese wird durch den sich bewegenden Rotor nach unten beschleunigt, womit sich ihr Impuls nach unten ändert. Da der Impuls erhalten bleibt, muss sich der Impuls des zweiten beteiligten Körpers, nämlich des Hubschraubers, nach oben ändern. Eine Änderung des Impulses nach oben entspricht aber einer Kraft nach oben, einer Auftriebskraft. Ist diese Auftriebskraft so groß wie die Gewichtskraft des Hubschraubers, schwebt er, ist sie größer, steigt er, ist sie kleiner, sinkt der Hubschrauber.

Analogien & Strukturen
→ S.263

Ein Modellhubschrauber steht auf einer austarierten, also „genullten" Waage (→ **B3**). Geht er in den Schwebeflug, so zeigt die Waage weiterhin „0 g" an. Wieso? Die nach unten beschleunigte Luft besitzt Impuls. Trifft sie auf die Glasplatte, so kommt es auch dort zu einer Impulsübertragung. Der Impuls der Luft ändert sich, sie erfährt eine Kraft nach oben. Aufgrund der Impulserhaltung erfährt auch die Glasplatte als zweiter Stoßpartner eine Impulsänderung und somit eine gleich große Kraft nach unten.

Der Auftrieb bei einem Flugzeug basiert auf dem gleichen Prinzip: Die Tragfläche beschleunigt bei der Bewegung durch die Luft diese nach unten. Somit ändert sie den Impuls der Luft nach unten und das Flugzeug erfährt eine Impulsänderung nach oben, den Auftrieb.

B3 Hubschrauber auf Waage

Kraft, Masse und Beschleunigung

B2 Fahrrad mit Kraft- und Beschleunigungssensor

V1 Ein Faden verbindet den Gleiter einer Luftkissenfahrbahn mit einem nach unten sinkenden Antriebskörper (→**B1**). Für verschiedene Antriebskörper wird mit Hilfe eines Bewegungsmesswandlers ein *t-v*-Diagramm aufgenommen. Dabei werden Massestücke jeweils vom Gleiter auf die Antriebsseite verlegt. Dadurch bleibt die insgesamt zu beschleunigende Masse des Gegenstandes konstant. Die Grafik **B1** zeigt die *t-v*-Diagramme.

V2 In der Anordnung vom Versuch 1 wird bei unverändertem Antrieb die Masse des Gleiters verändert. Für verschiedene Massen des Gleiters wird ein *t-v*-Diagramm aufgenommen. Die Beschleunigung ist jeweils konstant und kann aus $a = \Delta v / \Delta t$ berechnet werden.

V3 An einem Fahrrad ist ein Massestück (wie in Abbildung **B2** dargestellt) befestigt. Während der Fahrt bewegt es sich. Mit Hilfe von Sensoren werden Kraft und Beschleunigung gemessen (→**B3**).

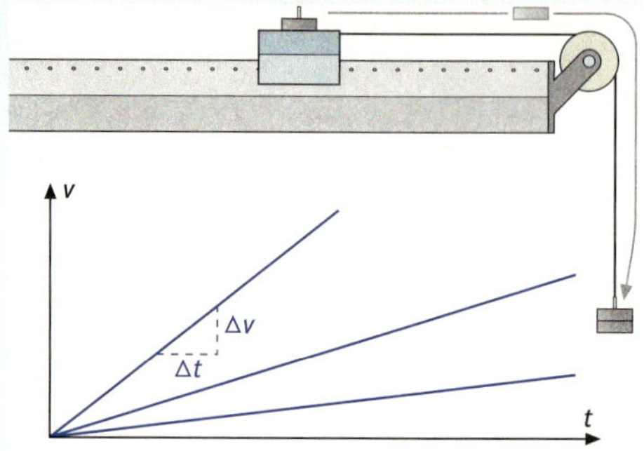

B1

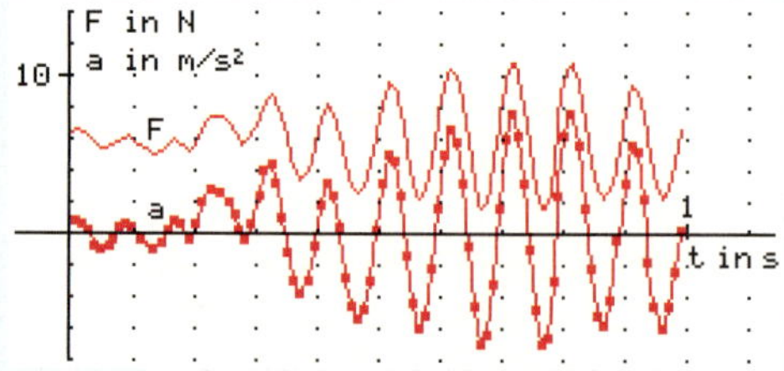

B3 Kraft und Beschleunigung beim Radfahren

Kraft, Masse und Beschleunigung Da Körper träge sind, ändern sie ihre Geschwindigkeit nicht von selbst. Erst Kräfte lassen einen Körper schneller oder langsamer werden oder ändern seine Bewegungsrichtung. Beschleunigung und Kraft sind Vektoren, die die gleiche Richtung haben. Kräfte können mit einem Kraftmesser in der Einheit 1 N gemessen werden. Übt ein Antriebskörper eine Kraft auf den Gleiter einer Luftkissenbahn aus, so verleiht er ihm eine konstante Beschleunigung. Die Beschleunigung kann aus *t-v*-Diagrammen ermittelt werden. Man erkennt:

1 Bei konstanter Masse ist die Beschleunigung proportional zur Antriebskraft.

Es gilt: $a \sim F$.

2 Bei konstanter Antriebskraft ist die Beschleunigung umgekehrt proportional zur Masse.

Es gilt: $a \sim \frac{1}{m}$
Insgesamt gilt: $a \sim \frac{F}{m}$

Es ergibt sich mit k als Konstante: $a = k \cdot \frac{F}{m}$.
Es wurde definiert: $k = 1$. Die gesetzliche Definition der Einheit 1 Newton beruht auf dieser Definition: $1\,\text{N} = 1\,\text{kg} \cdot \text{m/s}^2$.

● **Die Kraft ist gleich dem Produkt aus der Masse des beschleunigten Körpers und seiner Beschleunigung:**

$$F = m \cdot a \quad \text{bzw.} \quad \vec{F} = m \cdot \vec{a}.$$

Dieses Gesetz nennt man die **Grundgleichung der Mechanik**.

Die Gleichung $F = m \cdot a$ kann, wenn die Masse konstant ist, auch verwendet werden, um bei bekannter Kraft die Beschleunigung $a = F/m$ zu bestimmen.

Konstante Masse vorausgesetzt kann man zeigen, dass die beiden Definitionen der Kraft, nämlich einerseits über die Impulsänderung und andererseits über die Beschleunigung, gleichbedeutend sind:

$$F = \frac{\Delta p}{\Delta t} = \frac{m \cdot \Delta v}{\Delta t} = m \cdot \left(\frac{\Delta v}{\Delta t}\right) = m \cdot a$$

In einer betrachteten Zeitspanne ist eine Impulsänderung eines Körpers mit gleichbleibender Masse nichts anderes als eine Geschwindigkeitsänderung, also eine Beschleunigung. Genau genommen besitzt man so zwei Formulierungen der Grundgleichung der Mechanik.

Kraft und Kreisbewegung

V1 Eine rollende Stahlkugel soll mit Hilfe eines Magneten auf eine Kreisbahn gebracht werden. Dies gelingt nur, wenn der Magnet die Kugel ständig zum Kreismittelpunkt hin zieht.

V2 In einer Anordnung wie in Abbildung **B1** wird die radiale Kraft gemessen, die den Wagen auf der Kreisbahn hält. Die Winkelgeschwindigkeit, die Masse des Wagens und sein Abstand von der Drehachse werden variiert. Es zeigt sich, dass die Kraft proportional zur Masse, zum Radius und zum Quadrat der Winkelgeschwindigkeit ist.

Versuch a) $m = 0{,}1\,\text{kg}$, $T = 0{,}5\,\text{s}$				
r in m	0,1	0,2	0,3	0,4
F in N	1,5	3,1	4,4	6,1
Versuch b) $r = 0{,}2\,\text{m}$, $T = 0{,}5\,\text{s}$				
m in kg	0,10	0,15	0,2	0,25
F in N	3,2	4,7	6,4	8,1
Versuch c) $r = 0{,}2\,\text{m}$, $m = 0{,}1\,\text{kg}$				
T in s	1,0	0,8	0,6	0,5
ω in 1/s	6,3	7,9	10,5	12,6
ω^2 in 1/s^2	40	62	110	159
F in N	0,7	1,1	2,1	3,0

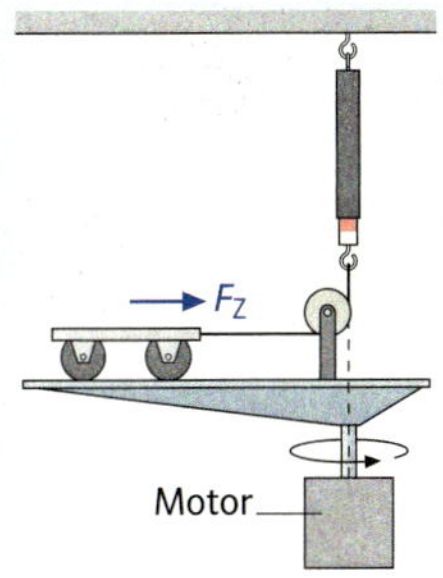

B1

Die Zentripetalkraft Die Astronautin, die einen Satelliten umrunden will, muss sich ständig zum Satelliten hin beschleunigen, also somit eine Kraft in Richtung zum Kreismittelpunkt ausüben. Ihre Handrakete erzeugt diese zum Mittelpunkt gerichtete **Zentripetalkraft** F_Z (auch **Zentralkraft**). Aus der Grundgleichung der Mechanik ergibt sich $F_Z \sim m$ (m ist dabei die Masse des auf dem Kreis umlaufenden Körpers). Messungen zeigen außerdem $F_Z \sim r$ und $F_Z \sim \omega^2$. Insgesamt ergibt sich aus den Messungen und den Formeln

$$F_Z = m \cdot \omega^2 \cdot r = \frac{m \cdot v^2}{r} \quad (\text{mit } v = \omega \cdot r).$$

Die Zentralkraft ist stets senkrecht zur jeweiligen Geschwindigkeit zum Kreismittelpunkt gerichtet. Aus der Grundgleichung der Mechanik und den Formeln für die Kreisbewegung lassen sich diese Formeln auch ohne Messungen herleiten.

Jede gekrümmte Bahnkurve lässt sich aus verschiedenen Kreisbögen und geraden Strecken zusammensetzen. Eine Kurve kann nur gefahren werden, wenn eine durch Masse, Kurvenradius und Geschwindigkeit bestimmte Zentralkraft auf den bewegten Körper wirkt.

B2 Short-Track-Wettkampf

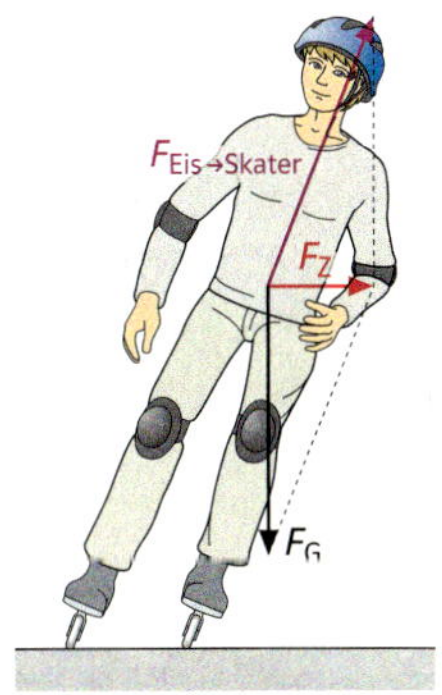

B3 Kräfte, die auf den Skater wirken.

Ein Schlittschuhläufer (→**B2**) geht bei Kurvenfahrt in eine Schräglage. Auf ihn wirkt die Gewichtskraft. Die Kraft, die er auf die Eisfläche ausübt (actio), bewirkt umgekehrt eine Stützkraft des Eises auf den Skater (reactio). Die resultierende Kraft (→**S.86**) aus Stütz- und Gewichtskraft ist die für die Kreisbewegung erforderliche Zentralkraft (→**B3**).

Analogien & Strukturen →S. 263 und S. 264

Die „Delta-Schreibweise"

Physik überall

Für viele physikalischen Formeln benötigt man Veränderungen bzw. Differenzen von Beträgen einer Größe. Diese werden meist mit einem „Δ" angezeigt. Beispielsweise ist die Durchschnittsgeschwindigkeit eines Autos durch die Formel $v = \Delta s / \Delta t$ definiert. Dennoch wird sie oft „nur" in der Form $v = s/t$ angegeben. Darf man das? Ohne Δ müsste man $v = (s_2 - s_1)/(t_2 - t_1)$ schreiben. s_1 und s_2 sind die Orte, an denen das Auto zu den Zeiten t_1 und t_2 ist. Beginnt die Messung zur Zeit $t_1 = 0$ am Ort $s_1 = 0$, dann wird daraus $v = (s_2 - 0)/(t_2 - 0) = s_2/t_2$ oder kurz $v = s/t$. Somit gilt: Wird die Messung einer Größe bei 0 begonnen, kann auf das Δ verzichtet werden. Dies gilt auch bei anderen Zusammenhängen, z. B. bei $a = \frac{\Delta v}{\Delta t}$.

Rotation und Drehimpuls

V1 Eine Person sitzt auf einem Drehschemel und hält Hanteln in den Händen. Der Schemel wird in Rotation versetzt (→**B1**). Die Rotation wird langsamer, wenn die Arme ausgestreckt, sie wird wieder schneller, wenn die Arme wieder angezogen werden.

V2 Ein Hohl- und ein Vollzylinder mit gleicher Masse und gleichem Radius rollen eine Rampe hinab.

Der Hohlzylinder kommt später und mit geringerer Geschwindigkeit unten an (→**B2**).

V3 Der Versuch wird abgewandelt; es wird statt des Hohlzylinders eine flüssigkeitsgefüllte Dose mit gleichfalls gleicher Masse wie der Vollzylinder verwendet.

Der Vollzylinder kommt später und mit geringerer Geschwindigkeit unten an.

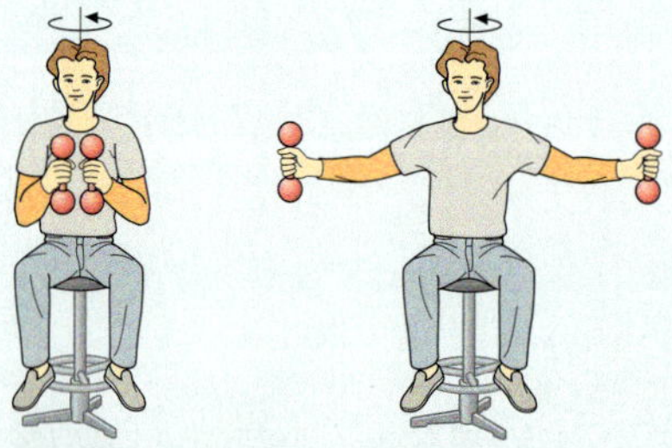

B1 Mit ausgebreiteten Armen rotiert man langsamer.

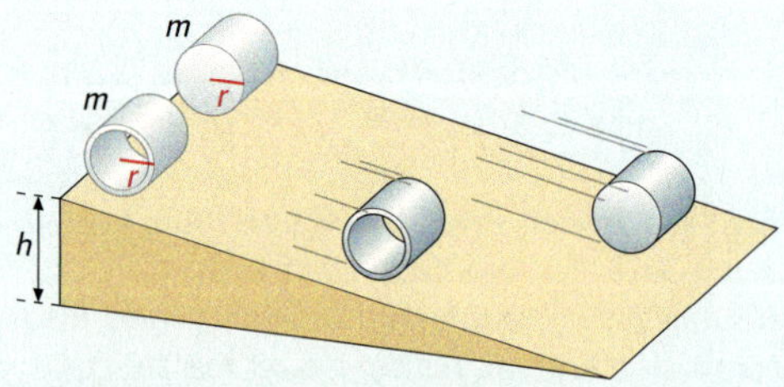

B2 Der Hohlzylinder rollt langsamer.

Vollzylinder

$J = \frac{m \cdot r^2}{2}$

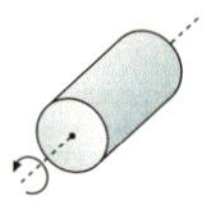

Kugel

$J = 2\frac{m \cdot r^2}{5}$

Langer dünner Stab

$J = \frac{m \cdot l^2}{12}$

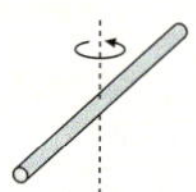

B3 Trägheitsmomente verschiedener Körper (l = Länge des Körpers, r = Radius bezüglich der Drehachse)

Trägheitsmoment Bisher haben wir Körper vereinfacht im Modell als „Massepunkt" betrachtet. Diese Punkte können nur Translationen ausführen. Wie verhält es sich aber mit ausgedehnten Körpern, deren Masse über ein Volumen verteilt ist?

Solche Körper können rotieren, dabei drehen sie sich um eine Rotationsachse. Liegt diese Rotationsachse im Körper, spricht man von **Eigenrotation.**

Zweifellos spürt man, dass auch ein rotierender Körper wie z. B. ein „Glücksrad" etwas wie „Schwung" besitzt, also etwas, das analog dem Impuls ist. Das Glücksrad ist schwer in Gang zu bringen, wenn es aber einmal „Schwung hat", läuft es lange weiter, bis es durch Reibung zum Stillstand kommt.

Dieser Schwung hängt allerdings nicht nur von der Masse alleine ab, sondern auch davon, wie die Masse verteilt ist. Masse, die von der Drehachse entfernt ist, hat eine größere Wirkung als Masse in Achsennähe (→**B2**). Die analoge Größe zur Masse nennt man bei der Rotation das **Trägheitsmoment *J*.** Es fasst die Masse und ihre Verteilung bezüglich der Drehachse in einer physikalischen Größe zusammen. Da das Trägheitsmoment von Form und Drehachse abhängt, kann man es nur bei einfacheren geometrischen Formen ohne aufwendige mathematische Berechnungen ermitteln (→**B3**). In vielen Fällen kann es nur gemessen werden, wie z. B. beim Auswuchten eines Autorades.

Drehimpuls Um den „Schwung" eines rotierenden Körpers, **Drehimpuls *L*** genannt, analog zum Impuls bei der Translation zu erfassen, benötigt man neben dem Trägheitsmoment noch die Abhängigkeit von der Geschwindigkeit.

Bei einer Rotation ist diese Größe die Winkelgeschwindigkeit $\omega = \frac{\Delta\varphi}{\Delta t} = 2\pi f$. Der Drehimpuls ist umso größer, je größer Trägheitsmoment und Winkelgeschwindigkeit sind.

● **Das Produkt aus Trägheitsmoment und Winkelgeschwindigkeit eines Körpers bestimmt seinen Drehimpuls:**

$L = J \cdot \omega$

Drehimpulserhaltung Aus der Erfahrung folgt: Ohne äußere Einflüsse ändert sich der Drehimpuls eines Körpers nicht. Es gilt der **Drehimpulserhaltungssatz.**

● **Bei Rotationen im geschlossenen System bleibt der Drehimpuls erhalten. Es gilt der Drehimpulserhaltungssatz.**

Deshalb kann man die Winkelgeschwindigkeit durch Änderung des Trägheitsmoments (also Umverteilung der Masse um die Drehachse) ändern, z. B. bei einer Pirouette:

Wenn eine Eisläuferin in langsamer Drehung ihre Arme an den Körper heranzieht, verringert sich damit das Trägheitsmoment. Da der Drehimpuls erhalten bleibt, muss gemäß $L = J \cdot \omega$ somit die Winkelgeschwindigkeit steigen, „sie dreht sich schnell".

Der Energieerhaltungssatz der Mechanik lautet für ausgedehnte Körper vollständig nun

Geradlinige Bewegung	Drehbewegung um eine feste Achse
Ort s, Strecke Δs	Winkel φ, Winkeldifferenz $\Delta\varphi$
Geschwindigkeit $v = \frac{\Delta s}{\Delta t}$	Winkelgeschwindigkeit $\omega = \frac{\Delta\varphi}{\Delta t}$
Beschleunigung $a = \frac{\Delta v}{\Delta t}$	Winkelbeschleunigung $\alpha = \frac{\Delta\omega}{\Delta t}$
Masse m	Trägheitsmoment J
Impuls $p = m \cdot v$	Drehimpuls $L = J \cdot \omega$
Impulsänderung $\frac{\Delta p}{\Delta t} = F$	Drehimpulsänderung $\frac{\Delta L}{\Delta t} = M$
Kraft $F = m \cdot a$	Drehmoment $M = J \cdot \alpha$
kinetische Energie $E_{kin} = \frac{1}{2} \cdot m \cdot v^2$	Rotationsenergie $E_{rot} = \frac{1}{2} \cdot J \cdot \omega^2$

B1 Analogien zwischen der geradlinigen Bewegung und der Drehbewegung

$$E_{ges} = E_{Lage} + E_{kin} + E_{Spann} + E_{Rot} = \text{konstant}.$$

Dabei ermittelt man die Rotationsenergie analog zur kinetischen Energie mit $E_{Rot} = \frac{1}{2} \cdot J \cdot \omega^2$.

Rotation um freie Achsen

Kraftwerksturbinen, Motoren, Autoräder usw. müssen einen möglichst ruhigen Lauf haben. Nur dann wirken keine von den rotierenden Massen herrührenden Kräfte auf die Achslager. Die gleichmäßige Rotation wird durch eine solche Massenverteilung bezüglich der Drehachse gewährleistet, bei der der Massenmittelpunkt auf der Drehachse liegt. Gegebenenfalls muss, wie bei Autorädern häufig zu sehen, durch Auswuchten korrigiert werden. Wenn wir uns bei einem gut ausgewuchteten Rad die Schwerkraft aufgehoben denken, können wir das Lager auch weglassen. Wir hätten dann eine **freie Drehachse**.

Eine Katze, die zuerst mit dem Rücken nach unten fällt, gibt dafür ein Beispiel. Sie führt sofort mit dem Schwanz heftige Drehbewegungen aus (→**B2**) und wendet damit unbewusst den Drehimpulserhaltungssatz an.

Bei Körpern, die um eine freie Achse rotieren, ist es wichtig, dass diese freie Drehachse stabil ist, d. h., dauernd beibehalten wird. Jeder rotierende Körper hat ja ein auf die jeweilige Drehachse bezogenes Trägheitsmoment. So ist das Trägheitsmoment eines Stabes um seine Längsachse relativ klein und das durch seinen Mittelpunkt senkrecht zur Längsachse relativ groß. Es zeigt sich, dass die Rotation um die Achse mit dem größten Trägheitsmoment immer stabil ist. Der Drehimpuls ist wie der lineare Impuls ein Vektor. Seine Richtung ist parallel zur Drehachse. Ein schnell rotierender Kreisel behält seine Richtung im Raum bei.

Darin steckt das Geheimnis des Diskuswurfs. Der Diskuswerfer stellt beim Abwurf die Lage der Scheibendrehachse so ein, dass während des Flugs ein Auftrieb infolge der am Diskus vorbeiströmenden Luft entsteht (→**B3**). Dadurch kann die Wurfweite merklich vergrößert werden.

Auch die Erde behält im Verlauf der jährlichen Umrundung der Sonne bei der täglichen Rotation die Lage ihrer Drehachse im Raum bei. Der Winkel zwischen der Rotationsachse und dem auf der Ebene der Erdbahn errichteten Lot beträgt 23° 27'.

Auf diesen Winkel sind Jahreszeitenwechsel und die unterschiedliche Tag- und Nachtdauer zurückzuführen.

Physik überall

B2 Fallende Katze

B3 Diskuswerferin

Mehrere Kräfte wirken

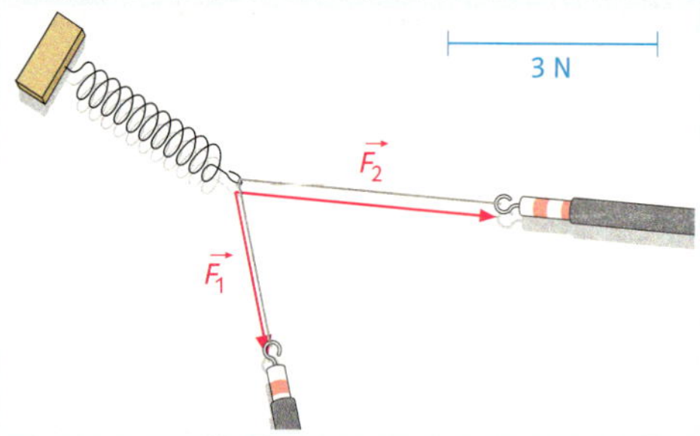

B1

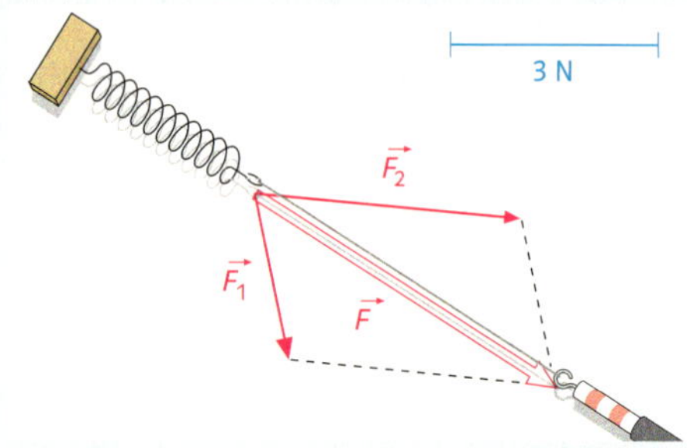

B2

Was geschieht, wenn zwei Kräfte auf einmal an einem Körper ziehen?

V1 Eine entspannte Schraubenfeder endet am Punkt A. Wie in (→**B1**) dehnen wir sie mit **zwei** Kräften bis zum Punkt *P*. Mit Kraftmessern messen wir ihre Beträge: $F_1 = 2{,}3\,\text{N}$, $F_2 = 3{,}6\,\text{N}$. Die Feder lässt sich auch mit **einer** Kraft so dehnen (→**B2**), dass die gleiche Verlängerung von *A* nach *P* entsteht. Als Betrag messen wir: $F = 4{,}8\,\text{N}$.

V2 Die im ersten Versuch bestimmten Kräfte $\vec{F_1}$, $\vec{F_2}$ und $\vec{F}$ zeichnen wir genau nach Lage und Richtung als Kraftpfeile in einen Plan (→**B2**). Wir erkennen die geometrische Figur eines Parallelogramms.

V3 Wir ändern im vorhergehenden Versuch Betrag und Richtung der Kräfte $\vec{F_1}$ und $\vec{F_2}$ und bestimmen dazu jeweils die zugehörige Kraft $\vec{F}$. Die Form des Parallelogramms ändert sich.

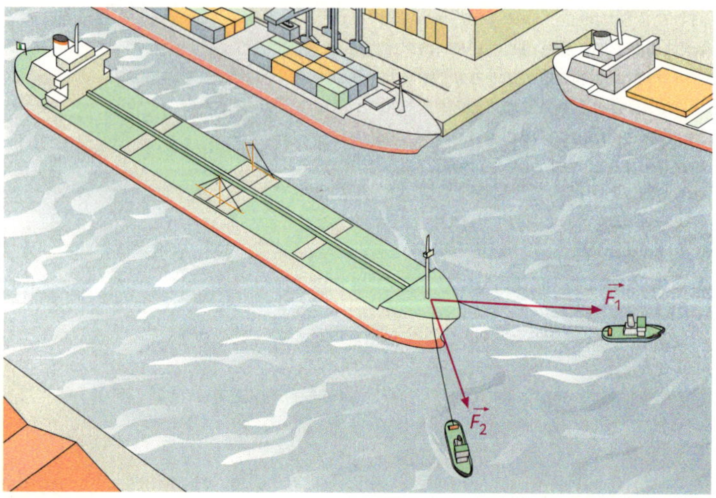

B3 Wohin bewegt sich der Tanker?

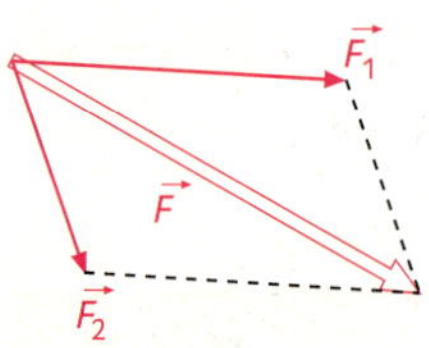

B4 Parallelogramm der Kräfte

Zwei Kräfte wirken gleichzeitig Der Tanker in (→**B3**) bewegt sich genau in seiner Längsrichtung, obwohl die beiden Schlepper in andere Richtungen ziehen. Die Kräfte der beiden Schlepper haben offensichtlich zusammen eine Wirkung wie eine einzelne Kraft, die in Längsrichtung des Tankers zieht. Man erfindet daher als Modell eine **Ersatzkraft**, die die einzelnen Kräfte der Schlepper in ihrer Wirkung ersetzt. Die Kräfte der Schlepper heißen **Teilkräfte** der Ersatzkraft.

● **Die Ersatzkraft greift im gleichen Punkt an und hat als Einzelkraft die gleiche Wirkung wie die Teilkräfte zusammen.**

Durch Messen der Teilkräfte und der Ersatzkraft stellt man fest, dass die Summe der Beträge der Teilkräfte größer als der Betrag der Ersatzkraft ist.

Wir konstruieren die Ersatzkraft In (→**B2**) sind Lage und Größe der Teilkräfte und der Ersatzkraft so wiedergegeben, wie sie aus Versuchen abgeleitet werden können. Richtung und Betrag der Ersatzkraft ergeben sich demnach, wenn die Pfeile der Teilkräfte vom Angriffspunkt abgetragen und diese dann zu einem Parallelogramm ergänzt werden (→**B4**). Der Pfeil der Ersatzkraft ist die Diagonale vom Angriffspunkt aus. Mit folgender Vorschrift lässt sich die Ersatzkraft für zwei Teilkräfte konstruieren:

Konstruktionsvorschrift zur Kräfteaddition

- Lege einen Maßstab fest, z. B.: 2 cm entsprechen 1 N.
- Zeichne die beiden Kraftpfeile $\vec{F_1}$ und $\vec{F_2}$, ausgehend vom gemeinsamen Angriffspunkt.
- Ergänze die Figur zu einem Parallelogramm.
- Zeichne die vom Angriffspunkt ausgehende Diagonale als Pfeil. Sie stellt die Ersatzkraft $\vec{F}$ von $\vec{F_1}$ und $\vec{F_2}$ dar.
- Miss die Länge der Diagonale und ermittle, dem Maßstab entsprechend, den Betrag der Ersatzkraft in Newton.

Parallele Kräfte Wird der Winkel zwischen den Teilkräften immer kleiner, so wird die Diagonale des Parallelogramms immer länger. Damit wird auch die Ersatzkraft immer größer.

Fallen die Richtungen der Teilkräfte zusammen (→**B1**), so ist der Betrag der Ersatzkraft gleich der Summe der Beträge der Teilkräfte.

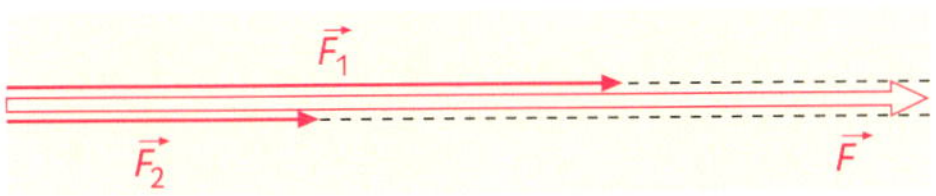

B1 Gleichgerichtete Kräfte

● **Bei gleichgerichteten Kräften ist der Betrag der Ersatzkraft gleich der Summe der Beträge der Teilkräfte.**

Beim Tauziehen (→**B3**) wirken die Kräfte der beiden Mannschaften in entgegengesetzte Richtungen. Dabei liegen die Seiten des Parallelogramms auch auf einer Geraden.

Obwohl die Teilkräfte sehr groß sind, ist ihre Ersatzkraft klein. Sie zeigt in Richtung der größeren der beiden Teilkräfte. Der Betrag der Ersatzkraft ist die Differenz der Beträge.

● **Bei entgegengesetzt gerichteten Kräften ist die Differenz der Beträge zu bilden. Die Richtung der Ersatzkraft ist gleich der Richtung der größeren Teilkraft.**

Das Kräftegleichgewicht Sind beim Tauziehen beide Mannschaften gleich stark, so bewegt sich die Fahne in der Mitte des Taues nicht. Die Kräfte gleichen sich aus. Der Betrag der Ersatzkraft ist 0 N.

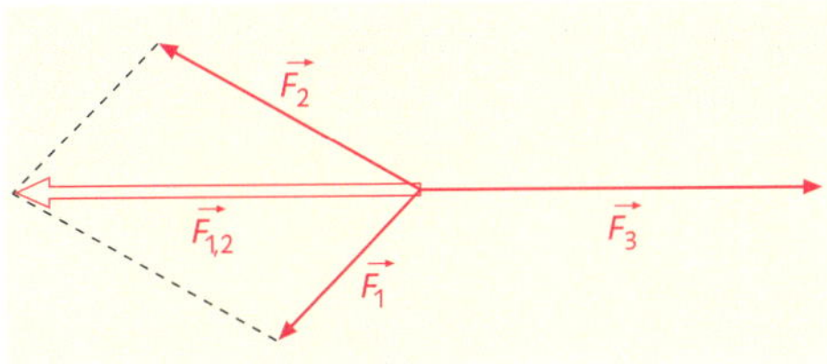

B2 Kräftegleichgewicht

In (→**B2**) hat die Kraft $\vec{F_3}$ gleichen Betrag, aber entgegengesetzte Richtung wie die Ersatzkraft $\vec{F}_{1,2}$ der Teilkräfte $\vec{F_1}$ und $\vec{F_2}$.

In diesem Fall gleichen sich alle drei Kraftwirkungen aus. Die Ersatzkraft für die Kräfte $\vec{F_1}$, $\vec{F_2}$ und $\vec{F_3}$ zusammen hat mithin den Betrag 0 N. Man spricht von einem **Kräftegleichgewicht**.

Da man zwei Teilkräfte stets durch eine Ersatzkraft darstellen kann, lassen sich auf diese Weise beliebig viele Teilkräfte paarweise zusammenfassen und durch eine Ersatzkraft darstellen.

Ein Kräftegleichgewicht zwischen mehreren Kräften äußert sich darin, dass im Ergebnis keine Ersatzkraft entsteht.

Umgekehrt darf man aber daraus nicht schließen, dass beim Fehlen einer von außen erkennbaren Kraftwirkung keine Kräfte auf einen Gegenstand ausgeübt werden. Es könnten Teilkräfte vorhanden sein, die sich im Kräftegleichgewicht befinden.

● **Es herrscht Kräftegleichgewicht, wenn die Ersatzkraft aller Teilkräfte den Betrag 0 N hat.**

A1 Erläutere an einem Beispiel den Unterschied zwischen „Ersatzkraft gleich Null" und „Kräfte auf Körper gleich Null"!

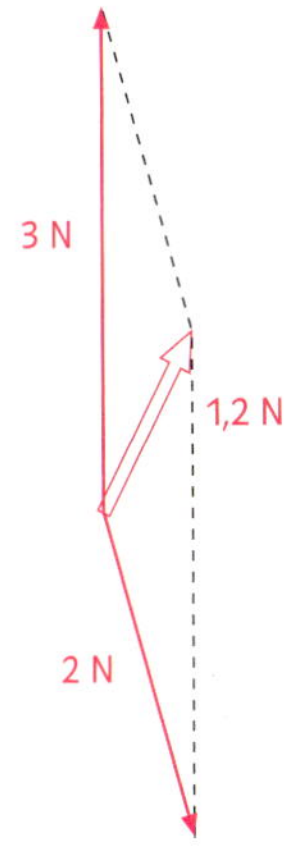

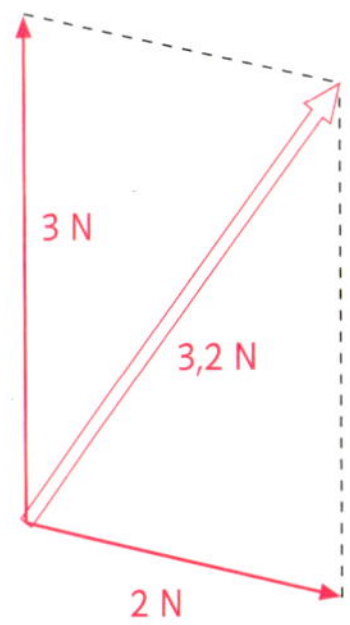

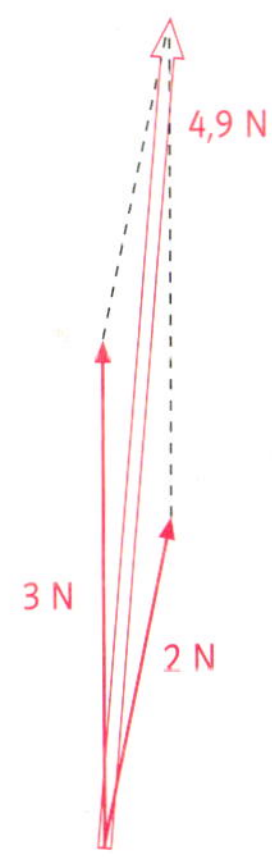

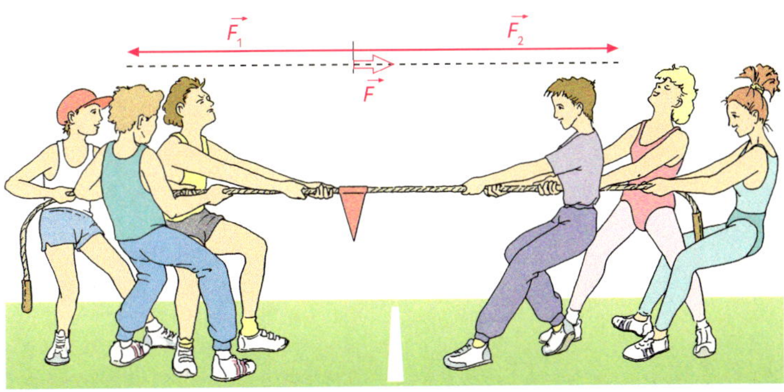

B3 Tauziehen und der Kräfteplan dazu

B1 Seilkräfte tragen die Gondeln.

Kraftzerlegung Wenn sich zwei oder mehr Kräfte zu einer Ersatzkraft zusammensetzen lassen, dann müsste umgekehrt eine Kraft auch in mehrere Teilkräfte zerlegbar sein. Das Problem tritt bei vielen Konstruktionen, z. B. beim Bau von Gewölben oder bei einer Seilbahn (→**B1**) auf. Die Gondel hängt an einem Seil, das nicht in Richtung der Gewichtskraft gespannt ist.

Dennoch muss das Seil auf die Gondel eine nach oben gerichtete Kraft ausüben, um ihre Gewichtskraft auszugleichen. Diese Kraft kann nur durch Teilkräfte erzeugt werden, die in Richtung des Seiles wirken. Die Beträge der Seilkräfte lassen sich ermitteln, wenn man die Konstruktion beim Zusammenwirken von Kräften umkehrt (→**B2**):

Die Kraft $\vec{F}$ muss mit der Gewichtskraft $\vec{F}_G$ der Gondel im Gleichgewicht stehen. Sie zeigt also nach oben. $\vec{F}$ wird als Diagonale desjenigen Kräfteparallelogramms dargestellt, dessen Teilkräfte in Seilrichtung liegen. Man spricht von einer **Kraftzerlegung**.

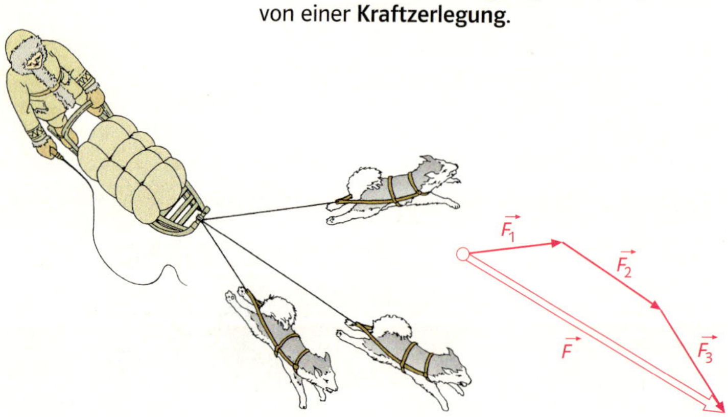

B3 Wohin ziehen die drei Hunde insgesamt?

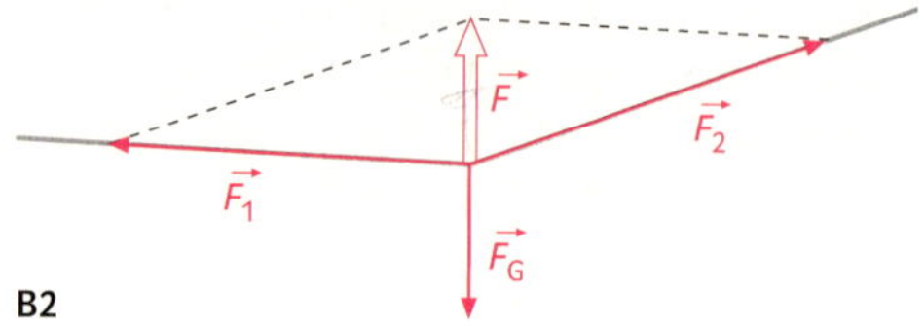

B2

Konstruktionsvorschrift zur Kraftzerlegung

- Zeichne den Pfeil der zu zerlegenden Kraft $\vec{F}$.
- Ziehe vom Angriffspunkt von $\vec{F}$ aus die Halbgeraden in den Richtungen der gesuchten Teilkräfte.
- Zeichne durch die Spitze von $\vec{F}$ die Parallelen zu den Halbgeraden.
- Die Schnittpunkte der Parallelen mit den Halbgeraden ergeben die Spitzen der vom Angriffspunkt ausgehenden Pfeile für $\vec{F}_1$ und $\vec{F}_2$.

● **Eine Kraft wird in zwei Teilkräfte zerlegt, indem man ein Kräfteparallelogramm mit der Kraft als Diagonale konstruiert.**

Wenn mehr als zwei Kräfte wirken Die Ersatzkraft $\vec{F}$ ergibt sich nicht nur als Diagonale im Parallelogramm, wenn man die Teilkräfte $\vec{F}_1$ und $\vec{F}_2$ gemeinsam am Angriffspunkt angreifen lässt. $\vec{F}$ ergibt sich auch, wenn die Pfeile von $\vec{F}_1$ und $\vec{F}_2$ hintereinander gesetzt werden, als ob zuerst $\vec{F}_1$ und dann erst $\vec{F}_2$ wirken würde.

Man addiert also den Pfeil $\vec{F}_2$ zum Pfeil $\vec{F}_1$, indem man den Pfeil $\vec{F}_2$ parallel vom Angriffspunkt weg zur Spitze von $\vec{F}_1$ verschiebt.

Dieses Verfahren, Kraftpfeile aneinanderzusetzen, bezeichnet man als die **Pfeil-Addition von Kräften** bzw. **Vektor-Addition**.

Ziehen drei Hunde wie in (→**B3**) einen Schlitten, so ist der Anfangspunkt des ersten Pfeiles auch der Anfangspunkt des Pfeiles für die Ersatzkraft. Die Spitze (der Endpunkt) des dritten Pfeiles ist die Spitze des Pfeiles für die Ersatzkraft.

● **Greifen an einem Punkt mehrere Kräfte gleichzeitig an, so ergibt sich die Ersatzkraft durch die Addition der Kraftpfeile.**

■ **A1** Weshalb brechen Brückenbögen nicht ein, wenn die Fahrbahn belastet wird? Wie lässt sich mit Papier stabil bauen?

Die schiefe Ebene Will man einen schweren Gegenstand in eine höhere Lage bringen, so erfordert dies im Vergleich zum Hochheben weniger Kraft, wenn man ihn mit einem Wagen auf einer schrägen Unterlage, einer **schiefen Ebene**, nach oben zieht.

In einem Versuch nach (→**B1**) wird eine schiefe Ebene verwendet, deren Neigung verändert werden kann. Ein Maß für die Neigung ist der Quotient h/l. Mit der Kraft $\vec{F}_H$ wird der Wagen auf der Ebene nach unten beschleunigt, mit der Kraft $\vec{F}_N$ drückt er auf die Unterlage. Sie sind Teilkräfte der Gewichtskraft $\vec{F}_G$. Ihre Beträge werden mit Kraftmessern bei den entgegengesetzt gerichteten Kräften $\vec{F}_H{}^*$ und $\vec{F}_N{}^*$ für verschiedene Neigungen der Bahn bestimmt. Das Messbeispiel (→**B2**) zeigt, dass der Quotient h/l für die Neigung gleich dem Quotienten F_H/F_G ist:

● **Der Quotient aus der parallel zur schiefen Ebene bergab wirkenden Teilkraft F_H und der Gewichtskraft F_G entspricht dem Verhältnis von Höhenunterschied zu Weglänge. Es gilt:**

$$\frac{F_H}{F_G} = \frac{h}{l}$$

A1 Wie ändern sich die Teilkräfte, wenn die Ebene steiler (flacher) gemacht wird?

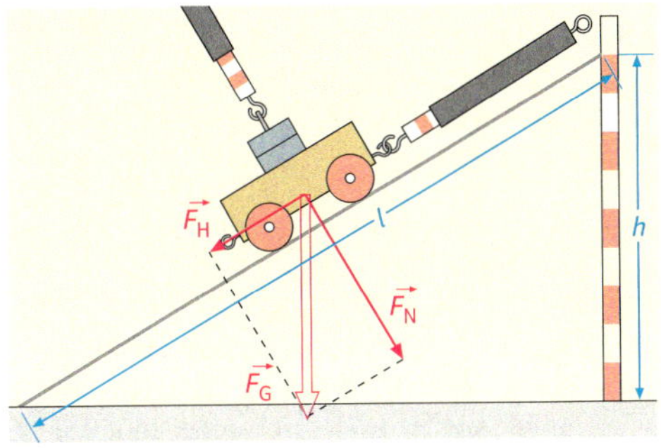

B1 Kraftzerlegung durch die schiefe Ebene

F_H ist die **Hangabtriebskraft**, die den Körper parallel zur Unterlage bergab beschleunigt.

F_N ist die **Normalkraft**, die Kraft, mit der der Körper senkrecht auf die Unterlage drückt.

Für l = 80 cm und F_G = 1,5 N wird:				
h in cm	8	15	20	40
F_H in N	0,14	0,27	0,38	0,72
F_N in N	1,49	1,46	1,44	1,30

Mit diesen Werten berechnen wir:				
h/l	0,10	0,19	0,25	0,50
F_H/F_G	0,09	0,18	0,25	0,48

B2 Messwerte an einer schiefen Ebene

Beispiel: Rollstuhl und Fahrer haben zusammen eine Gewichtskraft von 1200 N. Welche Kraft ist mindestens nötig, um eine Rampe mit 10 % Steigung hochzufahren? Aus $F_H = F_G \cdot (h/l)$ errechnet sich: F_H = 1200 N · 0,1 = 120 N

Der Bau der Pyramiden

Physik überall

Beim Anblick der riesigen Pyramiden in Ägypten – die Cheopspyramide z. B. ist rund 140 m hoch – kann man sich kaum vorstellen, wie die Menschen vor rund 4500 Jahren viele tausend Steinquader von jeweils mehreren Tonnen Masse hinauftransportieren konnten.

Man vermutet, dass die Ägypter damals riesige Erdwälle um die Pyramidenbaustelle errichteten. Auf Baumstämmen, die als Walzen unter die Steinquader geschoben wurden, zogen dann viele hundert Sklaven die Steine eine schiefe Ebene hoch (→**B3**).

Die Pyramide war ursprünglich mit einer glatten Deckfläche versehen worden. Diese ist schon lange verschwunden, und man sieht wieder die darunter befindlichen, treppenförmig angeordneten Steinquader.

B3

Seil – Rolle – Flaschenzug

Zum Abschneiden hoch hängender Äste gibt es eine Baumschere, die über Seil und Rollen die Kraft zur Schere überträgt (→**B1**).

V1 **B2a** zeigt eine leicht drehbare Rolle, die fest aufgehängt ist. Mit einem Seil können damit Gegenstände gehoben werden. Ein am Seilende angebrachter Kraftmesser zeigt, dass die zum Heben nötige Zugkraft gleich der Gewichtskraft ist. Auch bei unterschiedlicher Zugrichtung ändert sich daran nichts.

V2 Wird die Rolle wie in **B2b** benutzt, so zeigt der Kraftmesser einen erheblich kleineren Wert als in Versuch 1 an.

V3 Vereint man die beiden Rollenanordnungen (→**B2c**), so ändert sich gegenüber dem Messergebnis von Versuch 2 nichts!

V4 Werden drei Rollen wie in **B2d** angeordnet, so verringert sich die Anzeige des Kraftmessers wiederum erheblich.

B1

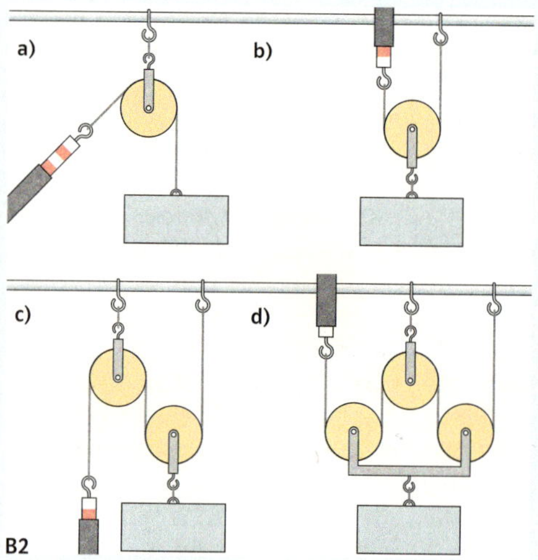

B2

$F_{G,Kö}$ = Gewichtskraft des Körpers
F_{Rolle} = Gewichtskraft der Rolle
F_{Last} = Gewichtskraft der Last
F_{Zug} = Zugkraft

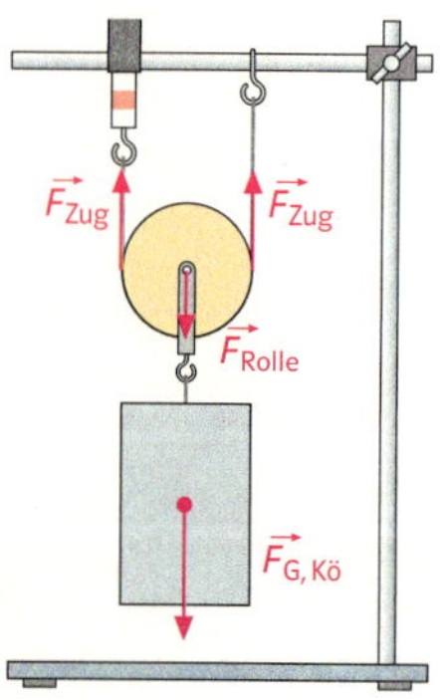

B3

Die Vorzüge von Seil und Rolle Ein Seil dient dazu, Zugkräfte in Betrag und Richtung unverändert weiterzuleiten, so dass sie an einer anderen Stelle wirken können. Man sagt, das Seil verlagert den Angriffspunkt der Kraft. Ein Seil ist somit ein **Kraftwandler**, also eine mechanische Vorrichtung, die Angriffspunkt, Betrag oder Richtung einer Kraft ändert.

Mit einer Rolle wie in **B2a** kann die Richtung der Zugkraft verändert werden. Sie ist daher ein Kraftwandler. Man bezeichnet sie als **feste Rolle**, weil sie fest mit dem Tragegestell verbunden ist. Beim Ziehen am Seil ändert sie ihre Lage nicht. Die zum Halten des Gegenstandes nötige Zugkraft hat den gleichen Betrag wie die Gewichtskraft der Last.

Hängt die Rolle mit dem Gegenstand am Seil (→**B2b**), dann spricht man von einer **losen Rolle**, weil sich ihre Lage verändern lässt. Die zum Halten erforderliche Kraft verteilt sich auf zwei Seilstücke. Damit verringert sich die Zugkraft

$F_{G,Kö}$ in N	0,5	1,0	1,5	2,0
F_{Rolle} in N	0,1	0,1	0,1	0,1
$F_{Last} = F_{G,Kö} + F_{Rolle}$ in N	0,6	1,1	1,6	2,1
F_{Zug} in N	0,3	0,6	0,8	1,1

B4

am Seil. Allerdings muss nun auch die Rolle mit gehoben werden. Wir finden z. B. folgende Messwerte (→**B4**, Bez. s. Rand und **B3**): Ein Vergleich der Zugkraft mit der Gewichtskraft der Last zeigt:

● **Mit einer losen Rolle lassen sich Angriffspunkt und Betrag der Zugkraft verändern. Es gilt:** $F_{Zug} = \frac{1}{2} F_{Last}$

Dies gilt nur, wenn die Rollen reibungsfrei laufen und die Seile parallel zueinander geführt werden. Auch die Gewichtskraft des Seils bleibt unberücksichtigt.

„Spart" die lose Rolle Energie? Beim Hochziehen mit der losen Rolle wirkt an jedem Seilende nur die Hälfte der Gewichtskraft von Gegenstand und Rolle. Deshalb ist am Seilende nur die halbe Kraft zum Ziehen erforderlich. Doch um die Last um dieselbe Strecke wie beim Hochziehen ohne Rolle zu heben, muss auf beiden Seiten das Seil verkürzt werden. Das heißt, man muss die doppelte Seillänge wegziehen. Energie kann so nicht „gespart" werden!

● **Zieht man einen Gegenstand über eine lose Rolle nach oben, so wird eine kleinere Kraft benötigt als ohne Rolle. Dafür ist das Seilende für dieselbe Hubhöhe um die doppelte Länge wegzuziehen.**

Der Flaschenzug Mit Hilfe von festen Rollen gelingt es, ein Seil abwechselnd um mehrere lose Rollen zu führen. Eine solche Anordnung von zwei oder mehr festen und losen Rollen nennt man Flaschenzug. Beim **Flaschenzug** in **B2** wird die Last von vier Seilstücken getragen.

Das Ende, an dem man mit dem Kraftmesser nach unten zieht, trägt nicht mit. Die Zugkraft am Seilende hängt von der Zahl n der tragenden Seilstücke ab. Wenn keine Reibung die Zugkraft am Seil erhöht, gilt:

$$F_{Zug} = \frac{1}{n} \cdot F_{Last}$$

In technischen Flaschenzügen werden die losen bzw. die festen Rollen auf jeweils einer gemeinsamen Achse angebracht. Damit erhöht sich die Stabilität und der Flaschenzug wird kürzer und leichter. Der Flaschenzug ist ein Kraftwandler mit vielen Anwendungen. So bilden z. B. die Schnürsenkel und Ösen an Schuhen einen Flaschenzug. Auf Segelschiffen lassen sich die bei heftigem Wind auftretenden Kräfte am Segel nur noch mit Hilfe von Flaschenzügen beherrschen (→**B1**).

A1 Wie sieht ein Flaschenzug mit drei Rollen aus, für den $F_{Zug} = \frac{1}{4} F_{Last}$ ist?

B1 Segelschiffe verwenden Flaschenzüge.

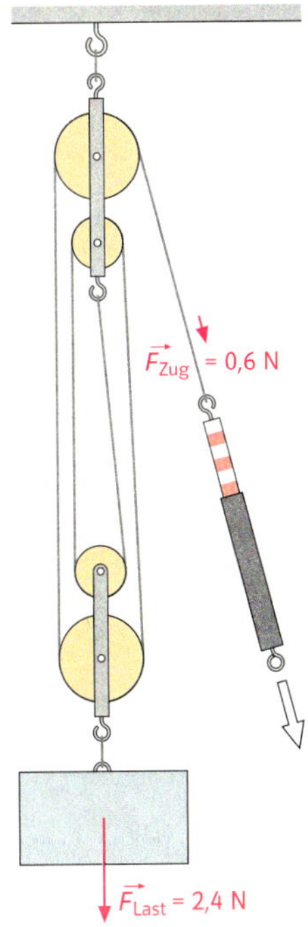

B2 Ein Flaschenzug

Physik überall

Der Flaschenzug verteidigt Syrakus

Archimedes, in Syrakus geboren, erfand Maschinen, die Hebel und Flaschenzüge enthielten. Als die Römer 214 v. Chr. vor Syrakus standen, um die Stadt zu erobern, sollen die Syrakuser diese Maschinen zu ihrer Verteidigung genutzt haben. Der griechische Gelehrte Plutarch beschrieb die Schlacht so:

„Wie denn die Römer von zwei Seiten her stürmten, kam Schrecken über Syrakus und mit verstummender Angst der Gedanke, solcher Macht und Gewalt werde nichts widerstehen. Über den Schiffen aber schoben sich plötzlich hoch auf den Mauern, wie Hörner, Balken hervor, die sie mit eisernen Händen vorn emporzogen und aufrecht auf das Hinterteil stellend hinabtauchten oder sie an die Felsenriffe unter der Mauer schmetterten, dass mitsamt der Mannschaft alles in Trümmer ging."

Dieser Bericht beruht nicht auf Tatsachen, die Kräne waren damals viel zu schwach und unbeweglich. Er demonstriert aber – neben der fantasievollen Anwendung von Flaschenzügen – die Bewunderung der Zeitgenossen für die Leistungen des Archimedes. Auf jeden Fall gelang den Römern der erste Eroberungsversuch nicht. Zwei Jahre später eroberten sie doch noch Syrakus – und Archimedes wurde dabei von einem Römer erschlagen, entgegen dem Befehl des römischen Feldherrn, ihn lebend gefangen zu nehmen!

Reibungskräfte

V1 Wir ziehen einen Holzquader gleichmäßig über einen Tisch. Die dazu notwendige Kraft stellt man mit einem Kraftmesser fest (→**B1**). Nach Beginn der Bewegung sinkt der Betrag der Zugkraft und bleibt dann fast unverändert.

V2 Wir untersuchen auch die Anhängigkeit von der Auflagefläche: Wenn man den Quader auf eine andere Seitenfläche stellt, ist die Zugkraft nahezu unabhängig von der Größe der Auflagefläche.

V3 Wir verändern die Kraft, mit der der Quader auf die Unterlage wirkt, indem wir verschiedene Massestücke auflegen (→**B1**). Wir messen die Zugkraft in Abhängigkeit von der Gewichtskraft. Die Zugkraft wächst mit der auf die Unterlage wirkenden Kraft.

V4 Den Einfluss der Oberflächenbeschaffenheit der reibenden Flächen untersuchen wir, indem wir den Quader einmal auf den glatten Tisch, dann auf Sandpapier, dann auf Öl und schließlich auf mehrere Rollen legen (→**B1**).

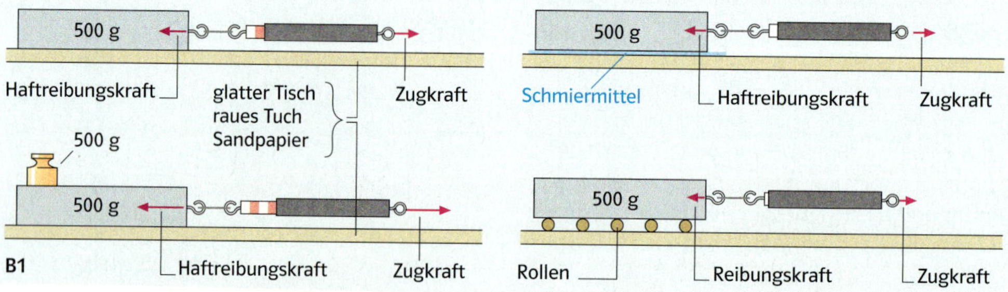

B1

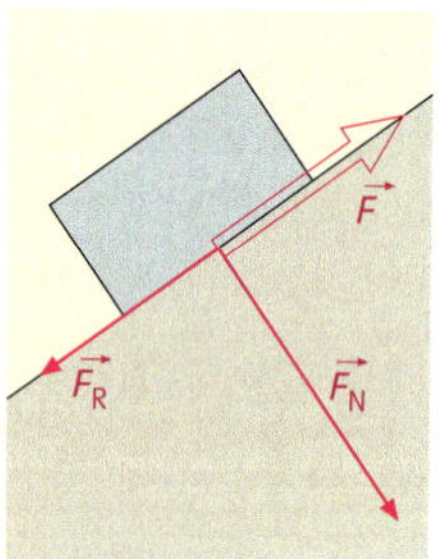

B2 Es bedeutet:
F = Zugkraft
F_R = Reibungskraft
F_N = Normalkraft

Was sind Reibungskräfte? Bei Glatteis dürfen die Schuhsohlen nicht zu „rutschig" sein. Beim Verschieben eines schweren Schrankes muss man kräftig zupacken, der Schrank scheint am Boden zu „kleben". In beiden Fällen wirken **Reibungskräfte** zwischen den sich berührenden Gegenständen. Wird an einem ruhenden Gegenstand mit einer langsam von Null an wachsenden Zugkraft gezogen, so bleibt er zunächst noch in Ruhe, er haftet an der Unterlage. Der Zugkraft wirkt eine Reibungskraft entgegen. Schließlich überwindet die Zugkraft diese Reibungskraft und der Gegenstand setzt sich mit einem Ruck in Bewegung. Kurz vor dem Ruck ist die Zugkraft und damit auch die Reibungskraft am größten. Diesen Betrag der Reibungskraft bei ruhendem Gegenstand bezeichnet man als **(maximale) Haftreibungskraft** (→**B3**). Sobald der Gegenstand gleitet, wird die Reibungskraft kleiner. Nach anfänglichem „Ruckeln" verändert sie ihren Betrag bei kleinen Geschwindigkeiten kaum. Diese Kraft heißt **Gleitreibungskraft** (→**B3**). Im Diagramm wird durch beim Gleiten wachsende Zugkraft der Körper beschleunigt. Die **Reibungskraft F_R** hängt dabei nicht von der Auflagefläche ab.

● **Die maximale Haftreibungskraft ist größer als die Gleitreibungskraft.**

Nasses Eis ist glatt. Bei trockenem Eis verringert sich durch Druck, wie etwa bei Schlittschuhkufen, die Reibung auch. An der Eisoberfläche besteht eine nur wenige Atome dicke Schicht, die sich unter Druck wie eine Flüssigkeit leicht verschiebbar verhält.

Die Reibungskraft nimmt zu, wenn die auf die Unterlage wirkende **Anpresskraft** erhöht wird. Die Anpresskraft, die ein Körper senkrecht auf die Auflagefläche ausübt, heißt **Normalkraft F_N** (→**B2**). Bei horizontaler Lage ist die Normalkraft gleich der Gewichtskraft des Körpers.

● **Bei unveränderter Oberflächenbeschaffenheit von Gegenstand und Unterlage ist die Reibungskraft proportional zur Normalkraft.**

Aus der Proportionalität folgt:

$$\frac{F_R}{F_N} = \text{konst} = f \quad \text{bzw.} \quad F_R = f \cdot F_N$$

Die Konstante f heißt **Reibungszahl**. Sie hängt von den reibenden Stoffen und ihrer Oberflächenbeschaffenheit ab.

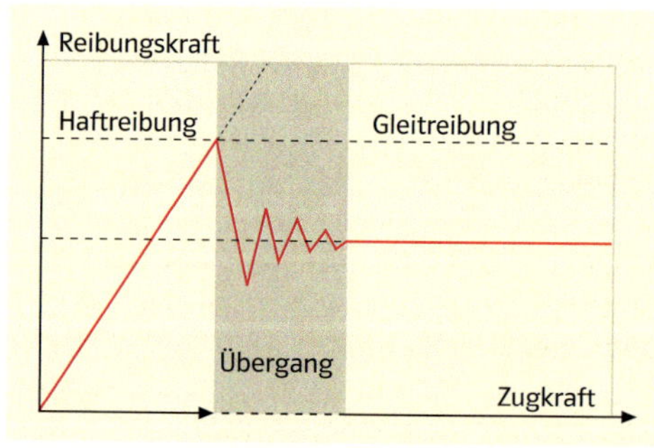

B3 Kräfte zu Beginn einer Bewegung

Bewegungen am Himmel und Gravitation

„Was ich vor 22 Jahren geahnt habe …, das habe ich endlich ans Licht gebracht und über alle Erwartung für wahr befunden, dass all die Harmonie … unter den himmlischen Bewegungen vorhanden ist, obschon nicht ganz so, wie ich anfänglich dachte, sondern (und das ist nicht meine geringste Freude) etwas anders, aber zugleich schöner und vortrefflicher." (Johannes Kepler)

Johannes Kepler
(1571–1630)

V1 **B1** zeigt das Prinzip zur Messung der Anziehungskräfte zwischen Bleikugeln von **Henry Cavendish** (1731–1810): An einem dünnen Draht hängt eine waagerechte Stange mit zwei kleinen Bleikugeln an den Enden. In gleicher Höhe stehen ihnen zwei große Bleikugeln auf einem Drehgestell gegenüber. Sie lassen sich mit dem Gestell in verschiedene Positionen bezüglich der kleinen Kugeln schwenken. Ein Gehäuse schützt vor Luftzug.

Ein Spiegel, der in der Mitte der Stange mit den kleinen Kugeln befestigt ist, lenkt einen Lichtstrahl auf eine entfernte Skala. Der am Spiegel reflektierte Lichtstrahl macht sehr kleine Drehungen messbar.

Befinden sich die großen Kugeln in Position A, so ist keine Bewegung feststellbar, schwenkt man sie in Position B, so beginnen die kleinen Kugeln sich zu den großen hin zu bewegen.

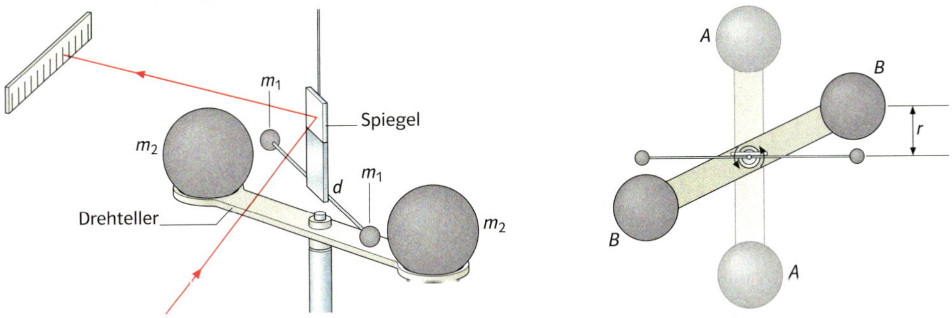

B1 Prinzip der Gravitationsdrehwaage mit je zwei Kugeln mit kleiner bzw. großer Masse

Die Kepler'schen Gesetze Der dänische Astronom **Tycho Brahe** (1546–1601) führte über zwanzig Jahre lang Messungen an Planeten mit den bloßen Augen durch. Auf diese genauen Beobachtungen stützte sich **Johannes Kepler** bei seiner Suche nach einem für alle Planetenbewegungen gültigen Gesetz.

Dabei ging Kepler zunächst noch von Kreisbahnen der Planeten aus. Er hielt sie für die vollkommenste Bahnform und daher den Himmelskörpern angemessen. Aufgrund von Tycho Brahes Abweichungen in den Daten verwarf er den Lösungsansatz und fand eine ihn zufriedenstellende Bahnform. Durch sie entdeckte er drei Gesetze, die für alle Planeten Gültigkeit haben.

● **1. Kepler'sches Gesetz: Die Bahnen der Planeten sind Ellipsen. Die Sonne steht in einem der zwei Brennpunkte.**

Die Ellipsen der einzelnen Planeten weichen von der Kreisbahn unterschiedlich ab. Die Erdbahn ist fast ein Kreis, die Bahnen von Merkur und Pluto* weichen am stärksten ab. Die Beobachtungen zeigten ferner, dass die Geschwindigkeit der Planeten auf ihrer Bahn nicht konstant ist. Auf den Ellipsen ist sie in Sonnennähe am größten (→**B2**):

● **2. Kepler'sches Gesetz: Die Verbindungsstrecke von der Sonne zum Planeten überstreicht in gleichen Zeitspannen Flächen mit gleichem Flächeninhalt.**

* Pluto zählt seit August 2006 nicht mehr zu den Planeten.

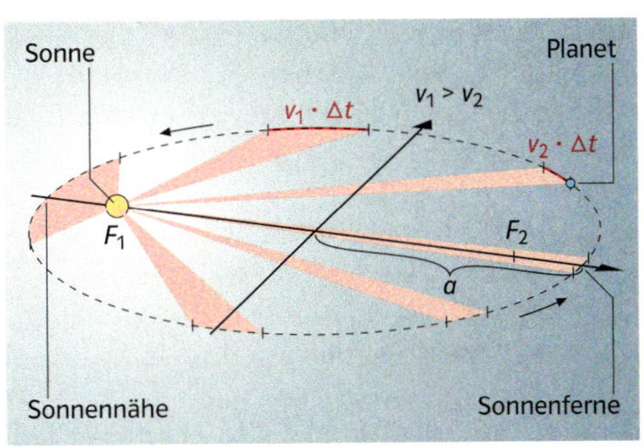

B2 Das 2. Kepler'sche Gesetz

Eine Ellipse besitzt zwei „Brennpunkte". Alle von einem Brennpunkt ausgehenden Lichtstrahlen würden sich in dem anderen Brennpunkt treffen, wenn die Ellipse ein Spiegel wäre.

Aus diesem Gesetz folgt, dass sich die Erde in Sonnennähe, wenn bei uns auf der Nordhalbkugel Winter ist, schneller als im Sommer, bei Sonnenferne, bewegt. Deshalb ist das Winterhalbjahr (23.9.–21.3.) um rund eine Woche kürzer als das Sommerhalbjahr.

Zehn weitere Jahre benötigte Kepler, bis er aus den Beobachtungsdaten ein weiteres Gesetz über die Umlaufzeiten und Abstände der Planeten gewann. Es verknüpft verschiedene Planeten miteinander zu einem Sonnensystem.

Die „große Halbachse" einer Ellipse ist die halbe Länge des größten Ellipsendurchmessers.

● **3. Kepler'sches Gesetz: Die Quadrate der Umlaufzeiten zweier Planeten verhalten sich wie die dritten Potenzen der großen Halbachsen der Planetenbahnen.**

$$\frac{T_1^2}{T_2^2} = \frac{a_1^3}{a_2^3} \text{ oder } \frac{T_1^2}{a_1^3} = \frac{T_2^2}{a_2^3} = \ldots = k$$

k ist eine Konstante des Sonnensystems. Mit den Daten für die Erde wird:

$$k = \frac{T^2}{a^3} = \frac{(31{,}5 \cdot 10^6\,\text{s})^2}{(149{,}6 \cdot 10^9\,\text{m})^3} = 2{,}96 \cdot 10^{-19}\,\frac{\text{s}^2}{\text{m}^3}$$

Analogien & Strukturen →S. 266

Die Kepler'schen Gesetze gelten in allen Fällen, in denen Himmelskörper sich um einen Zentralkörper bewegen, z. B. für Bewegungen von Mond und Satelliten um die Erde oder der Jupitermonde um den Jupiter. Dabei zeigt sich, dass die Konstante k für verschiedene Zentralkörper verschieden ist.

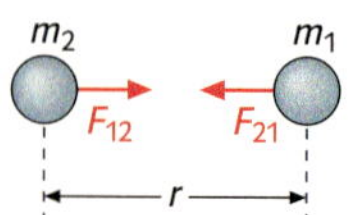

B1 Wechselseitig wirkende Gravitationskraft über beliebige Entfernungen hinweg.

Das Gravitationsfeld Gäbe es im Weltall nur einen einzigen Körper, so würde er seinen Bewegungszustand nicht ändern, weil es keine Kräfte gäbe. Erst ein zweiter Körper würde auf den ersten eine Gravitationskraft ausüben, die diesen in seine Richtung beschleunigte. Jemand, der von der Existenz des zweiten Körpers nichts weiß, würde dennoch am Ort des ersten Körpers eine Kraft auf ihn beobachten. Körper können aufgrund ihrer Masse ohne gegenseitigen Kontakt über einen größeren Abstand hinweg Gravitationskräfte aufeinander ausüben (→**B1**). Mittler ist ein **Feld**, das die Körper im Raum um sich verursachen. In diesem Feld wird mit den Kräften auch Energie gespeichert.

● **Im Raum um einen Körper besteht aufgrund seiner Masse ein Gravitationsfeld. Das Feld ist durch die Kraft auf einen anderen Körper mit Masse nachweisbar.**

Feldbeschreibungen Für die Gewichtskraft eines Körpers mit einer bestimmten Masse gilt $\vec{F}_G = m \cdot \vec{g}$. Ein Körper erfährt im Gravitationsfeld in jedem Punkt des Raumes eine Beschleunigung, die unabhängig von seiner Masse ist. An jedem Ort im Feld sind also beschleunigende Kraft und Masse des Probekörpers proportional zueinander: $F \sim m$ oder anders ausgedrückt: $F/m = G =$ konstant. Die Konstante G eignet sich also zur Beschreibung der Feldstärke.

● **Die Kraft auf einen Körper ist im Gravitationsfeld proportional zu dessen Masse. Der Quotient aus Kraft und Masse heißt Gravitationsfeldstärke $\vec{G}$. Sie beschreibt das Feld unabhängig vom Körper: $\vec{G} = \vec{F}/m$.**

Gravitationsfeldstärke G und Fallbeschleunigung g sind also gleichbedeutend.

Massenanziehung Isaac Newton entwickelte mit Keplers Grundlagen eine neue Theorie. Er führte in seinem Buch „Die mathematischen Prinzipien der Naturlehre" den Fall eines Apfels und die elliptische Bahn der Erde um die Sonne auf die gleiche Ursache zurück. Er nannte die verursachenden Kräfte **Gravitationskräfte**.

Zur Untersuchung dieser Kräfte ging er vereinfachend von Kreisbahnen und gleichbleibender Geschwindigkeit der Himmelskörper aus. Der Betrag der Zentripetalkraft wird von beiden Massen abhängen. Newton nahm weiterhin an, dass sowohl die Gewichtskraft eines Körpers auf der Erde als auch die Zentralkraft der Sonne auf einen Planeten Gravitationskräfte sind. Diese Verallgemeinerungen Newtons und eine Herleitung, für die er hauptsächlich das dritte Kepler'sche Gesetz benötigte, führen zu einem Naturgesetz, das man das **Newton'sche Gravitationsgesetz** nennt.

● **Zwei beliebige Körper mit den Massen m_1 und m_2 üben im Abstand r gleich große, entgegengesetzt gerichtete Gravitationskräfte aufeinander aus. Für deren Betrag gilt:**

$$F = \gamma \cdot \frac{m_1 \cdot m_2}{r^2} \text{ mit } \gamma = 6{,}67 \cdot 10^{-11}\,\frac{\text{m}^3}{\text{kg} \cdot \text{s}^2}$$

Dabei ist r der Abstand der Mittelpunkte beider Körper. Die **Gravitationskonstante** γ ist eine universelle Konstante; sie hängt nicht von den Massen der beiden Körper ab.

Die Gravitationskräfte werden also mit dem Quadrat der gegenseitigen Entfernung kleiner.

1 Begriffe

Was versteht man unter
- Impuls und Impulserhaltung?
- Zentripetalkraft?
- Trägheitsmonent?
- Drehimpuls und Drehimpulserhaltung?
- Kräftezerlegung, Kräfteaddition und Ersatzkraft?
- Kraftwandlern?
- Reibungskraft und Reibungszahl?
- der Gravitationskonstanten und der Gravitationsfeldstärke?

2 Beobachtungen

Was beobachtet man, wenn
- man verschieden schwere Metallkugeln eine schiefe Ebene hinunter rollen lässt?
- eine Eiskunstläuferin bei einer Pirouette die Arme anzieht?

3 Erklärungen

Wie lässt sich begründen, dass
- zwei gleich große Gläser mit gleicher Masse, die eine schiefe Ebene hinunterrollen, unterschiedlich schnell werden können?
- man eine Tasche mit einem Bindfaden nicht anheben kann, aber mit 10 Bindfäden?
- ein kleines, schnelles Auto bei einem Zusammenstoß den gleichen Schaden anrichten kann wie ein großes langsames?
- ein Körper keine Ersatzkraft erfährt, aber dennoch an ihm Kräfte angreifen?

4 Gesetzmäßigkeiten

Beschreibe mit eigenen Worten
- welche Faktoren für eine Veränderung des Bewegungszustandes verantwortlich sein können und wie sie zusammenhängen.

Erläutere die Erscheinungen in den folgenden Bildern und beantworte die Fragen!

B1 Wieso erzielt ein Kind beim Schlagballwurf eine größere Beschleunigung als ein Kugelstoßer?

B2 Wieso werden als Stehseile Spezialseile eingesetzt, obwohl die Kletterer doch gar nicht so schwer sind?

B3 Woran erkennt man hier, dass der Ball eine Kraft auf den Spielerkopf ausübt?

B4 Was hat die Wasserfontäne mit der Kurvenfahrt zu tun? Warum geht ein Wasserskifahrer nicht unter?

B5 Wieso muss beim Abheben die Schubkraft der Düsen wesentlich größer sein als die Gewichtskraft der Rakete?

Beispiele

Start eines Riesenflugzeugs Ein voll beladener, aufgetankter Airbus A380 hat eine Masse von 590 t. Seine vier Triebwerke entwickeln eine Schubkraft von je 350 kN. Um sicher abheben zu können, muss dieses Flugzeug eine Mindeststartgeschwindigkeit von 280 km/h erreichen.
a) Welche Beschleunigung können die Triebwerke eines beladenen A380 erzeugen?
b) Wie lange dauert (bei angenommener konstanter Beschleunigung) der Startvorgang?
c) Welche Mindestlänge muss eine für den A380 ausgelegte Startbahn haben?

Lösung:
a) Nach der Grundgleichung der Mechanik ergibt sich die Beschleunigung durch $a = F/m$. Für den A380 erhält man $a = 4 \cdot 350\,\text{kN}/590\,\text{t} = 2{,}4\,\text{m/s}^2$.

b) Aus den Bewegungsgleichungen für die Geschwindigkeit $v = a \cdot t$ und der Startgeschwindigkeit $v = 280\,\text{km/h} = 78\,\text{m/s}$ ergibt sich die Startzeit $t = v/a = 78\,\frac{\text{m}}{\text{s}}/2{,}4\,\frac{\text{m}}{\text{s}^2} = 32\,\text{s}$.

c) Für die beim Start zurückgelegte Strecke s erhält man aus den Bewegungsgleichungen $s = ½ \cdot a \cdot t^2 = ½ \cdot 2{,}4\,\text{m/s}^2 \cdot (32\,\text{s})^2 = 1229\,\text{m}$.

Anmerkungen: Die errechnete Startstrecke ist zu klein, da die Triebwerke erst im Verlauf des Startvorgangs allmählich auf ihre volle Leistung kommen. Angegeben werden für den A380 je nach Ausstattung Rollstrecken beim Start zwischen 2,4 km und 3,2 km. Zum Vergleich: Die Länge der Startbahn West am Flughafen Frankfurt/Main beträgt 4 000 m.

Heimversuche

B1 Zu Versuch 2

1 Raketenboot Bohre in ein Brausetablettenröhrchen am Boden nahe des Randes ein feines Loch mit einem Feinbohrer oder einer heißen Nadel. Klebe 1–2 Nägel an die Wand nahe dem Loch, so dass das Loch der tiefste Punkt des Röhrchens ist, wenn es verschlossen im Wasser schwimmt.

B2 Zu Versuch 1

Fülle es halb mit Wasser und gib eine halbe Brausetablette hinzu. Verschließe es. Lege das Boot in die gefüllte Badewanne. Beschreibe und erkläre deine Beobachtung.

2 Der geknickte Strohhalm Nimm einen „knickbaren" Strohhalm und befestige am Ende des langen Teilstücks einen (aus Papier selbstgemachten) kleinen Trichter.

Hänge den Trichter unter den Wasserhahn, drehe das Wasser etwas auf und verändere den Knickwinkel des Strohhalms. Beschreibe und erkläre deine Beobachtungen.

Fragen

Impuls, Kraft und Beschleunigung

1 Ein Fahrradfahrer hat zusammen mit seinem Fahrrad eine Masse von 90 kg. Die Bremsen können eine Bremskraft von 300 N entwickeln.
a) Der Radfahrer fährt mit einer Geschwindigkeit von 25 km/h. Wie lange dauert es, bis er durch Bremsen zum Stehen kommt?
b) Berechne die Länge seines Bremsweges!

2 Ein Güterzug besteht aus einer Lokomotive mit 120 t Masse und 20 Waggons mit einer Masse von jeweils 40 t. Der Elektromotor der Lokomotive kann eine Zugkraft von 50 kN entwickeln.
a) Berechne, mit welcher Beschleunigung sich dieser Güterzug in Bewegung setzen kann!
b) Wie lange dauert es, bis der Zug seine Fahrgeschwindigkeit von 80 km/h erreicht hat?
c) Wie weit ist der Zug bis dahin gefahren?

3 Bei einem scharf geschossenen Elfmeter erreicht ein Fußball (Masse 420 g) eine Geschwindigkeit von 90 km/h. Der Torwart, der diesen Ball hält, bremst ihn innerhalb von 0,04 s auf 0 km/h ab.
a) Wie groß ist die (mittlere) Beschleunigung des Fußballs während dieser 0,04 s?
b) Welche Kraft muss der Torwart dafür aufbringen?

4 Die Schaumzikade ist der Hochsprungweltmeister schlechthin: Das nur 6 mm große und rund 12 Milligramm schwere Tierchen kann 70 cm hoch springen und katapultiert sich hierfür mit der 400fachen Erdbeschleunigung in die Höhe! Im Vergleich hierzu schneiden Menschen schlecht ab: Der Weltrekord im

Fragen

Hochsprung der Männer liegt bei 2,45 m und Astronauten müssen bei einem Raketenstart gerade einmal das Vierfache der Erdbeschleunigung überstehen.

a) Wie hoch würde ein Mensch springen, wenn er relativ zu seiner Körpergröße so hoch springen würde wie die Schaumzikade?

b) Die genannten Werte kann man nicht messen, man muss sie abschätzen. Überprüfe die Werte, indem du entsprechend abschätzt: Wie schnell muss die Absprunggeschwindigkeit der Schaumzikade sein, damit sie ohne Luftwiderstand 70 cm hoch springt? Schätze ab, wie schnell sie mit Luftwiderstand sein muss. Hierzu kannst du eventuell eine Modellierung des senkrechten Wurfes durchführen.

c) Überlege dir, innerhalb welcher Strecke die Schaumzikade auf die Absprunggeschwindigkeit kommen muss und bestimme hiermit die nötige Beschleunigung.

B1 Schaumzikade

Rotation, Zentripetalkraft, Drehimpuls

5 Die internationale Raumstation ISS kreist in zirka 92 Minuten einmal um die Erde. Berechne die Höhe der Raumstation und die Bahngeschwindigkeit.

6 Durch die Eigenrotation der Erde bewegt sich jeder Körper auf einer Kreisbahn. Seine Geschwindigkeit hängt dabei vom Breitengrad ab, am Äquator ist sie am größten. Hier hat die Erde einen Radius von 6370 km.

a) Bewegt sich dort ein Körper schneller als das ehemals schnellste Passagierflugzeug, die Concorde? Berechne und recherchiere.

b) Wie schnell bewegt sich ein Körper in Stuttgart (48° 44' N)?

c) Wie groß ist bei einem Menschen der Masse 80 kg die „Entlastung", die er durch die Rotation am Äquator und in Stuttgart erfährt?

7 Warum kann eine ganz kleine nasse Stelle einen Motorradfahrer in Kurvenlage zum Stürzen bringen?

8 Warum kann man bei einer sehr schnellen Kurvenfahrt nicht mehr bremsen, wenn etwas auf der Fahrbahn steht? Warum geht dies noch, wenn man nicht die maximale Kurvengeschwindigkeit hat?

9 Die Trommel einer Waschmaschine hat 50 cm Durchmesser und dreht im Schleudergang mit 1200 Umdrehungen pro Minute.

a) Mit welcher Geschwindigkeit läuft die Trommelwand um?

b) Mit welcher Kraft müsste dort ein Wassertropfen der Masse 1 g vom Stoffgewebe festgehalten werden, um nicht wegzufliegen?

c) Eine gleich schnell drehende Wäscheschleuder hat den Durchmesser 25 cm. Wie groß ist hier die Kraft auf den Wassertropfen? Begründe ohne erneute Rechnung.

d) Wie schnell müsste die Wäscheschleuder aus c) drehen, damit die Kraft doppelt so groß ist wie in Teil b)?

Kraftzerlegung und Kräfteaddition

10 Kauft man ein Seil, so entdeckt man teilweise ein Schild „Bx": Das Seil selbst soll z. B. bis 270 daN = 2700 N belastbar sein, man darf aber, wenn es horizontal gespannt ist, nur 35 kg Masse daran hängen. Erkläre dies.

11 a) Übertrage Skizze **B3** in dein Heft. Bestimme die Ersatzkraft!

b) Gib jeweils auch eine dritte Kraft an, so dass der Körper in Ruhe bleibt, wenn alle drei Kräfte angreifen.

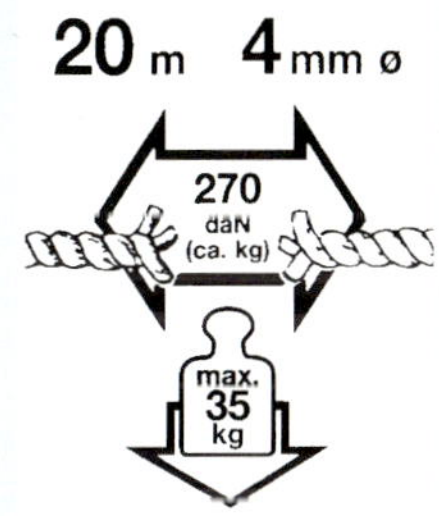

B2 Zu Frage 10

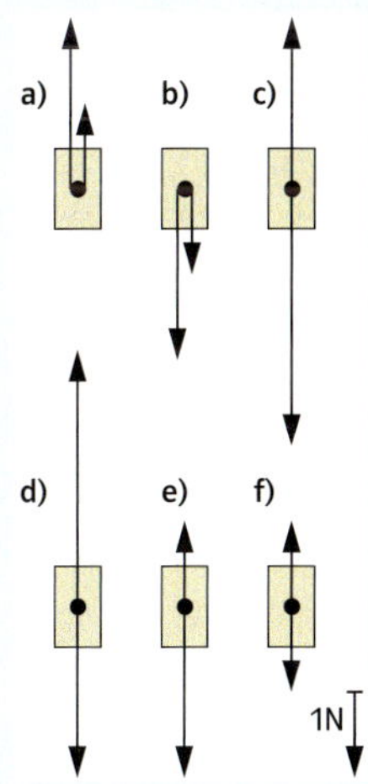

B3 Zu Frage 11

Seil, Rolle, Flaschenzug

12 Vervollständige folgende Tabelle!

	Last	Zugkraft bei		
	Gewichtskraft	fester Rolle	loser Rolle	Flaschenzug ($n = 4$)
a)	20 kN	…	…	…
b)	…	10 kN	…	…
c)	…	…	2,5 kN	…
d)	…	…	…	4 kN

T1

13 Ein Fahrzeug ist im Morast stecken geblieben. Das freie Seilende einer vorn am Fahrzeug angebrachten Winde wird an einem Baum befestigt, doch die Zugkraft reicht nicht aus, um das Fahrzeug zu befreien. Wie könnte sich der Fahrer helfen? Begründe!

Fragen

B3 Zu Frage 22

14 Gib für die Flaschenzüge mit masselosen Rollen die Zugkraft F als Bruchteil von F_{Last} an! Erweitere den rechten um weitere Rollen.

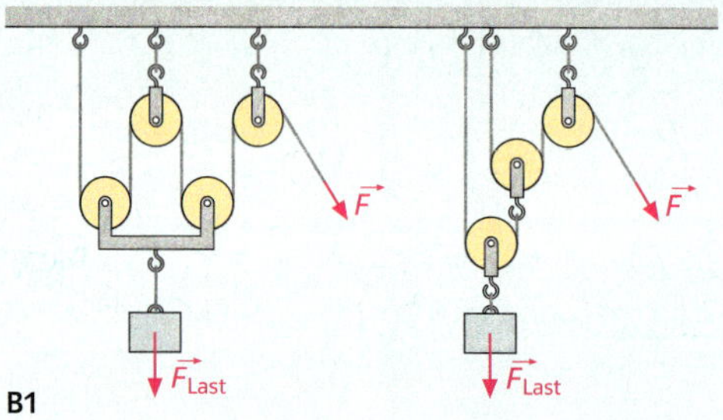

B1

15 Von einem Flaschenzug mit sechs tragenden Seilen wird eine Last mit der Gewichtskraft von 3 500 N gehoben. Die mitzuhebenden Rollen erhöhen die Gewichtskraft um 100 N. Die Reibung erhöht die erforderliche Zugkraft um 17 %. Berechne die notwendige Zugkraft!

16 Welche Vorteile hat diese beim Starten von Modell-Segelflugzeugen gelegentlich verwendete Vorrichtung:

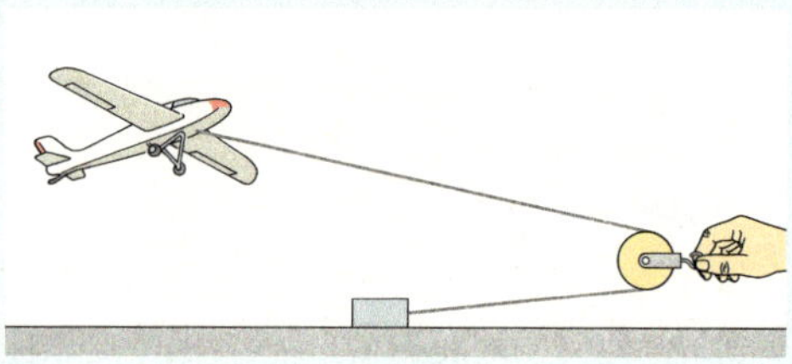

B2

Reibung und Reibungskraft

17 Paul hat einen Allradantrieb an seinem Auto. Er ist der Meinung, dass er aus diesem Grund selbst im Winter bei glatten Straßen schnell fahren kann. Nimm Stellung zu Pauls Ansicht.

18 Ein Holzschrank der Masse 100 kg steht auf einem Parkettboden.
a) Welche Kraft benötigt man, wenn man ihn verschieben möchte? Reibungszahl in entsprechenden Tabellen oder Internet nachschlagen.
b) Will man es etwas leichter haben, so legt man Filzgleiter unter den Schrank. Man benötigt nun zirka 40 N zum Anschieben und 20 N um den Schrank im Rutschen zu halten. Bestimme hieraus die Reibungszahlen für Filz-Holz.

19 Ein 1-kg-Stahlklotz soll an eine Stahlwand gedrückt werden, so dass er nicht nach unten rutscht. Wie stark muss man drücken?

Gravitation

20 Die Masse der Sonne beträgt etwa 27,1 Millionen Mondmassen. Die Sonne ist etwa 389-mal so weit von der Erde entfernt wie der Mond. Ermittle damit das Verhältnis der Gravitationskräfte von Sonne und Mond auf einen Körper auf der Erde.

21 a) Im Inneren der Raumstation ISS hat man das Gefühl der Schwerelosigkeit. Erkläre weshalb.
b) Genau genommen ist man nur an einem Ort in der Raumstation schwerelos. Begründe dies.

22 Vor einem Gebirge wird ein Pendel von der Richtung zum Erdmittelpunkt abgelenkt (→**B3**). Nenne Gründe dafür.

Zusätzliche Aufgaben

23 Ein Auto (Masse 1 t) durchfährt eine Kurve mit dem Radius 60 m.
a) Mit welcher maximalen Geschwindigkeit kann es die Kurve durchfahren? ($f_h = 0,6$)
b) Was passiert, wenn das Auto diese Geschwindigkeit überschreitet?

24 Auf einer Scheibe liegen in einem ersten Experiment zwei 1-Euro-Stücke in verschiedenen Abständen zum Drehpunkt. Die Scheibe wird vorsichtig in Rotation versetzt. Ihre Drehgeschwindigkeit wird dabei langsam solange erhöht, bis alle Geldstücke heruntergefallen sind. Begründe kurz, in welcher Reihenfolge die Geldstücke herunterfallen werden.

25 In einem weiteren Experiment werden auf die Scheibe ein 1-Cent- und ein 2-Euro-Stück mit gleichem Abstand (der Schwerpunkte) zum Drehpunkt aufgelegt und die Scheibe erneut vorsichtig mit wachsender Geschwindigkeit in Rotation versetzt. Was wird man diesmal beobachten? Kurze Begründung!

26 Der Jupitermond Kallisto braucht zu einem Umlauf um den Planeten auf einer kreisförmigen Bahn ($r = 1,88 \cdot 10^6$ km) die Zeit von 16 Tagen und 17 Stunden. Berechne aus diesen Angaben die Jupitermasse.

27 Berechne die Geschwindigkeit der Erde auf ihrer Bahn um die Sonne. (Mittlerer Abstand Sonne-Erde: 150 000 000 km)

Vorhaben **Energie und Entropie**

Untersuche in „Forschungsvorhaben", wie man Tee möglichst lange warmhalten kann!
- **Formuliere dein Vorhaben genau.**
- **Plane deine Experimente und führe sie sorgfältig durch.**
- **Protokolliere zuverlässig.**
- **Entwickle eine Präsentation und trage sie vor.**

Das ideale Stövchen Es ist Zeit für den Tee. Aber kalter Tee ist eigentlich nur im Sommer als Eistee angenehm, also muss man ihn normalerweise „warmhalten".

Hat man jedoch eine große Kanne Tee, dann hilft die kleine Kerze eigentlich kaum, den Tee warm zu halten – oder etwa doch?
Hat man wenig Tee in der Kanne, so wird dieser sehr heiß – oder etwa nicht?

Was wird erwartet? Bildet jeweils Gruppen für die unten angeführten Faktoren und untersucht die Unterschiede genau. Wie sieht das ideale Teestövchen aus?
- Eine Kerze / mehrere Kerzen?
- Runde Kanne / eckige Kanne?
- Große Kanne / kleine Kanne?
- Volle Kanne / fast leere Kanne?
- Glaskanne / Keramikkanne?

Welchen Einfluss haben diese Faktoren auf die Temperatur des Tees? Wird der Tee immer kälter oder kann er auch heißer werden und wovon hängt dies dann ab? Wie lange kann man Tee mit einem Stövchen auf einer angenehmen Trinktemperatur halten? Wie sollte der Abstand von der Kerze zur Kanne sein und welchen Einfluss hat der Abstand?

Wichtige Untersuchungen Wie kann man thermische Energie am besten speichern? Wie sollte ein Boiler aussehen, damit man möglichst wenig Verluste hat?

Hilfen Wie immer ist die Untersuchung der einzelnen Einflussfaktoren für sich wichtig. Die anderen Einflussgrößen müssen dabei konstant gehalten werden! Bei allen Messungen solltest du mit der gleichen Anfangstemperatur starten. Wie kannst du dies erreichen?

B1

Achtung!
Heißes Wasser!
Verbrühungsgefahr!

Wenn du den Einfluss der Füllmenge der Kanne untersuchen willst, hast du unterschiedliche Möglichkeiten. Nur eine hiervon ist sinnvoll. Welche ist es und warum?
- Verwende zylindrische Bechergläser unterschiedlicher Größe und fülle sie randvoll.
- Verwende immer dasselbe Becherglas und fülle es unterschiedlich voll.
- Verwende zylindlische Bechergläser und fülle sie so voll, dass die Höhe der Befüllung dem Durchmesser des Gefäßes entspricht.
- Wie kannst du den Einfluss der Gefäßform untersuchen?
- Will man viele Messungen auswerten, so sind Diagramme zur Veranschaulichung unerlässlich.

B1 Unterschiedliche Bechergläser, bei welchen die Füllhöhe dem Durchmesser entspricht

B2 Gleiche Füllmenge in unterschiedlichen Gefäßen

B3 Körper gleicher Form, aber unterschiedlicher Größe

B4 Die Überlegungen bei Würfeln lassen sich auch auf andere Körper übertragen.

Ein Energiespeicher sollte in der Lage sein möglichst viel Energie zu speichern und sollte dabei möglichst wenig Energie ungewollt abgeben. Welche Größe ist für die Menge der gespeicherten Energie verantwortlich, welche Größe für die Abgabe der Energie?

Wichtige Kenntnisse zur Lösung Berechne für Würfel unterschiedlicher Kantenlänge das Verhältnis von Volumen zu Oberfläche. Was sagt dieses Verhältnis für die Speicherung von Energie aus? Vergleiche diese Überlegung mit der Messung bei unterschiedlich großen Gefäßen.

B6 5 % des Körpergewichts täglich als Nahrung

B7 25 % des Körpergewichts täglich als Nahrung

Zum weiteren Nachdenken Wie kann man thermische Energie am besten speichern? Kann man die Auswirkungen dieser Prinzipien auch in der Tierwelt wiederfinden? Warum schwitzen dickere Menschen schneller und warum frieren dünnere Menschen früher? Warum essen kleine Tiere oftmals ein Vielfaches ihres Körpergewichts täglich? Warum sind Tiere in kalten Regionen oft größer als ihre Tierfamilien-Verwandten in warmen Regionen? Recherchiere über den Nahrungsbedarf von unterschiedlich großen Tieren und von Tieren in verschiedenen Klimaregionen.

Wenn du nicht weiter kommst, überprüfe mit Hilfe von Lexika, Internet, etc. folgende Stichworte: „Isoperimetrische Ungleichung", „Bergmann'sche Regel", „Allen'sche Regel".

B5 Kaiserpinguine leben in kalten Regionen und sind sehr groß. Wenn es kalt wird, bilden sie Gruppen.

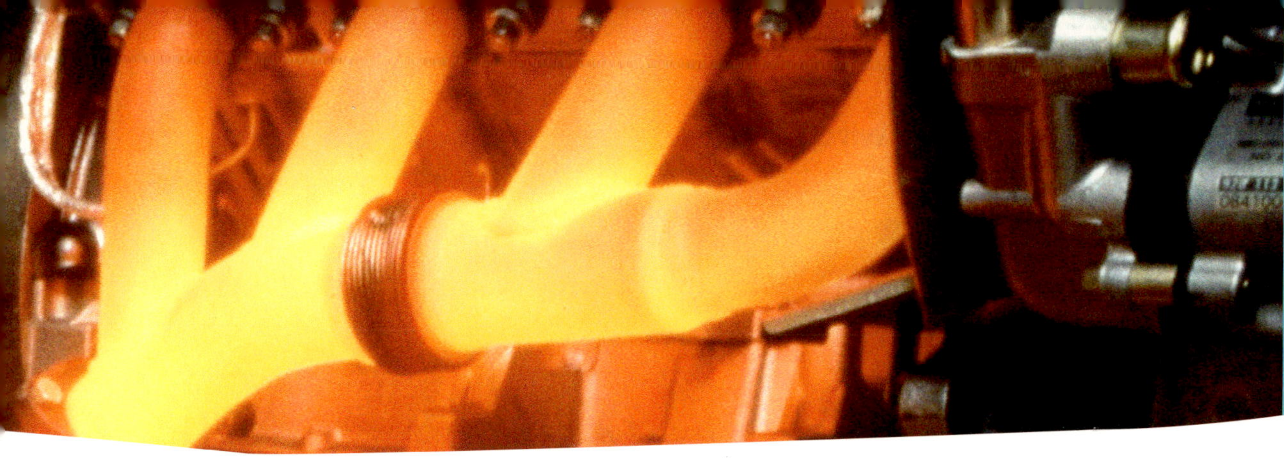

Energie unterwegs

Wasser wird erhitzt

Wenn man beim Camping oder Trekking Wasser erhitzen muss, gibt es dafür eine Vielzahl von Kochmethoden: Lagerfeuer, Gaskocher, Benzinkocher, Tauchsieder, Solarkocher usw. Wie funktionieren diese? Welche Vor- und Nachteile haben sie? Wovon hängt es ab, wie lange man sie verwenden kann? Und in welchen Situationen kann man sie gar nicht verwenden?

Ob Energie strömt, übertragen oder umgewandelt wird, meint dasselbe: Energie geht von einem System auf ein anderes über. Es gibt hierfür keine verbindliche Sprachregelung in der Physik.

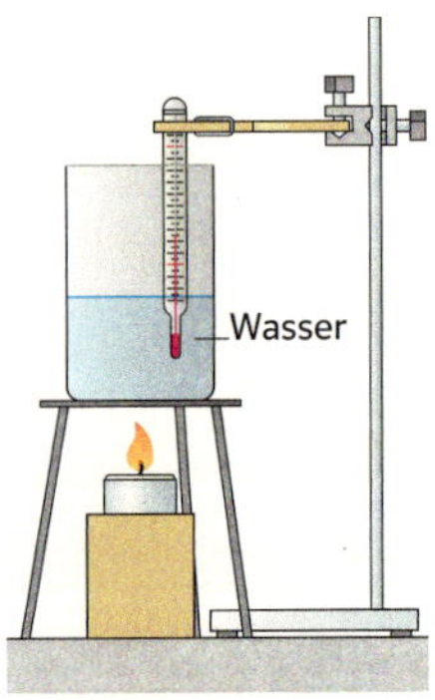

B1 Wenn ein Gegenstand die Temperatur von Wasser erhöhen kann, dann besitzt er Energie.

Energie Um Wasser zu erhitzen, können verschiedene Gegenstände benutzt werden, z. B. Kerze, Gasbrenner mit Gasflasche, Autotauchsieder mit Batterie, heißer Stein, Lupe und Sonne.

Während die Temperatur des Wassers in jedem Fall ansteigt, verändern sich die Körper in unterschiedlicher Weise: Kerze und Gas verbrennen zu unsichtbaren Gasen; der heiße Stein kühlt ab, wenn er im Wasser liegt; die Batterie wird entladen.

Sie alle können letztendlich nicht mehr zum Erhitzen von Wasser benutzt werden. Selbst die Sonne verändert sich im Laufe von Milliarden Jahren und ist irgendwann auch nicht mehr in der Lage, andere Körper zu erhitzen.

Weil keiner dieser Gegenstände beliebig lange benutzt werden kann, um Wasser zu erhitzen, nehmen wir an:

Alle diese Körper geben „etwas" ab, von dem sie selbst nur eine bestimmte, endliche Menge besitzen. Was sie abgeben, bewirkt immer dasselbe: die Temperaturerhöhung des Wassers. Wir nennen es **Energie** (→**B1**).

● **Wenn Körper die Temperatur anderer Körper erhöhen, geben sie Energie ab.**

Während das Wasser heißer wird, nimmt es Energie auf. Die Energiequelle (Batterie, Gasflasche oder heißer Stein) gibt Energie ab.

Diese Vorgänge lassen sich übersichtlich in einem **Energiestromdiagramm** darstellen. **B2** zeigt, wie Energie von einem Akku zum Wasser strömt: Die elektrische Energiequelle gibt Energie ab. Der Akku wird dabei allmählich „leer". Das Wasser nimmt diese Energie auf und wird dabei erhitzt.

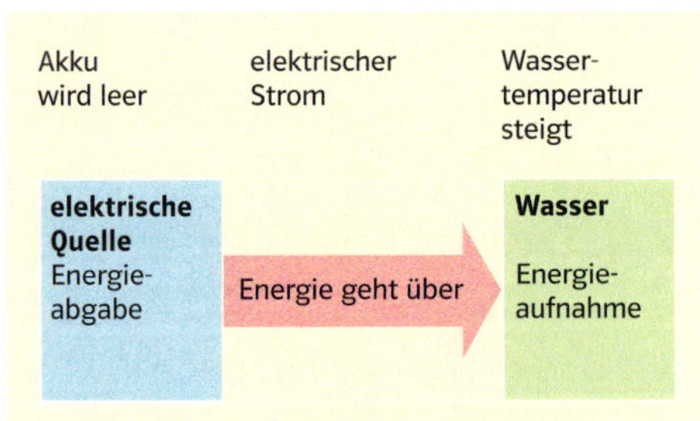

B2 Energie geht vom Akku auf das Wasser über.

Das heiße Wasser kann wie jeder andere Körper, der heißer ist als seine Umgebung, selbst wieder Energie abgeben. Damit lässt sich dann ein beliebiger anderer kühlerer Körper erhitzen. **B1** zeigt das Energiestromdiagramm für das Aufgießen von Tee: Das Wasser gibt Energie ab, dadurch wird es etwas abgekühlt. Die Teekanne nimmt Energie auf; ihre Temperatur steigt dadurch.

Wie viel Energie wird übertragen? Wie wir wissen, wird Energie in der Einheit 1 Joule (abgekürzt: 1 J) oder 1 Kilojoule (1 kJ = 1000 J) gemessen. Es gilt z. B.:

- **Um 1 Liter Wasser um 1 °C zu erwärmen, wird die Energie 4,2 kJ benötigt.**

Um die Temperatur von 1 l Wasser um 1 °C zu erhöhen, sind somit rund 4 kJ erforderlich; für eine Temperaturerhöhung von 5 °C benötigt man bei 1 l Wasser also etwa 20 kJ an Energie. Die Energiemenge für eine bestimmte Temperaturerhöhung einer Stoffportion ist vom erwärmten Stoff abhängig, z. B. wird bei Petroleum nur halb so viel Energie benötigt wie bei Wasser.

Der Quotient $c = \frac{\Delta E}{m \cdot \Delta T}$ ist somit charakteristisch für einen bestimmten Stoff, er ist eine „Stoffkonstante" (→**B3**).

Die Stoffkonstante *c* wird aus historischen Gründen oft als „spezifische Wärmekapazität" eines Stoffes bezeichnet.

Oft erhält man die benötigte Energie durch das Verbrennen von Stoffen. Dabei können gleiche Brennstoffmengen unterschiedlich viel Energie abgeben.

B2 zeigt, dass zum Beispiel 1 g Steinkohle beim Verbrennen etwa doppelt so viel Energie abgibt wie 1 g Holz. Dass auch Menschen Energie abgeben können, lässt sich leicht nachprüfen:

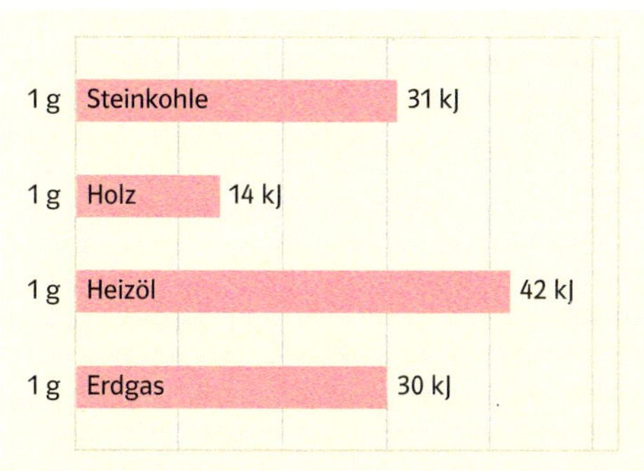

B2 So viel Energie wird beim Verbrennen abgegeben.

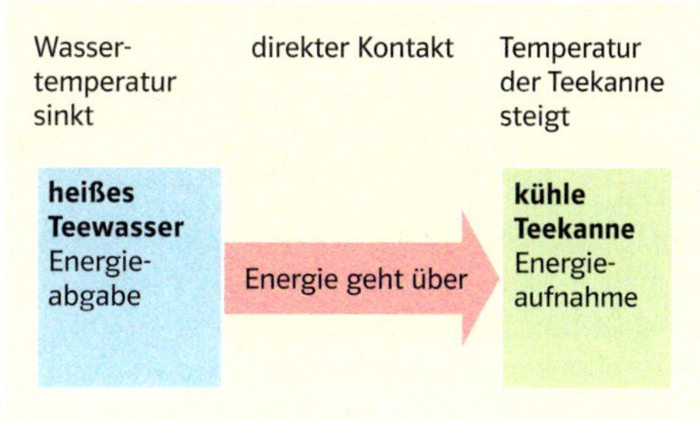

B1 Energie wird vom Wasser auf die Teekanne übertragen.

Füllt man zwei gleiche Metallbecher mit kaltem Wasser und umfasst einen der Becher fest mit beiden Händen, dann zeigt die Temperaturmessung nach einigen Minuten, dass die Temperatur im umfassten Becher stärker angestiegen ist als in dem zweiten Becher.

Da Menschen Energie abgeben, müssen sie auch wieder Energie über die Nahrung aufnehmen. Auf der Verpackung von Lebensmitteln ist meist angegeben, wie viel Energie diese enthalten (→**S. 104**).

A1 Wie viel Energie (in kJ) nimmt das Wasser auf, wenn **a)** 1 l Wasser von 14 °C auf 30 °C und **b)** 8 l Wasser von 14 °C auf 30 °C erwärmt werden?

A2 Milch verhält sich beim Erwärmen ähnlich wie Wasser. Wie viel kJ werden benötigt, um 1/2 l Milch von 8 °C (aus dem Kühlschrank) zum Kochen zu bringen?

A3 Nenne weitere Körper, die Energie abgeben können. Beschreibe, wie man mit ihnen Wasser erhitzen kann und zeichne die Energiestromdiagramme wie (→**B1**).

Stoff	Wert für *c* in kJ/(kg · K)
Helium	5,2
Wasser (flüssig)	4,2
Eis	2,1
Spiritus (Ethanol)	2,4
Eisen	0,5
Kupfer	0,4

B3 Stoffkonstante *c* für verschiedene Stoffe

Die veraltete Energieeinheit Kilokalorie (1 kcal) wurde so definiert, dass mit der Energie 1 kcal 1 Liter Wasser um 1 °C erhitzt werden kann. Es ist also 1 kcal = 4,2 kJ.

Physik überall

Energie im menschlichen Organismus

Versucht man, mit Hilfe eines dynamobetriebenen Tauchsieders eine Tasse Wasser zu erhitzen, merkt man, wie anstrengend das ist (→ **B1**): Man muss schon einige Minuten lang kurbeln, damit die Temperatur um wenige Grad Celsius steigt. Um so das Wasser einer Badewanne zu erhitzen, bräuchte man viele Stunden.

Durch das Kurbeln wird Energie aus dem Organismus in das Wasser übertragen. Diese Energie kann der Mensch selbst nur abgeben, er hatte sie aus der Nahrung aufgenommen. Wenn man isst, nimmt man vor allem Kohlenhydrate, Fette und Eiweiße mitsamt der Energie, die sie enthalten, in den Körper auf. Durch die Oxidation der Stoffe im Körper wird Energie für die Aufrechterhaltung der Körperfunktionen und für die Muskelfunktionen frei. Wie viel muss man essen, um einen Tag zu „überleben"? Diese Frage sind eigentlich zwei einzelne Fragen: Wie viel Energie steckt in den Lebensmitteln? Wie viel Energie benötigt der menschliche Körper? Die erste Frage ist leicht zu beantworten: Es gibt viele Tabellen, in denen steht, welchen Energiegehalt Lebensmittel besitzen (→ **B3**). Auch auf den meisten Verpackungen sind diese Werte angegeben (→ **B2**). Dort wird der Energiegehalt oft „Brennwert" genannt und in zwei Einheiten angegeben: In Kilojoule und Kilokalorien. Vorsicht: In vielen Fällen wird das „Kilo" bei den Kalorien weggelassen, obwohl immer Kilokalorien gemeint sind!

Die zweite Frage hängt von vielen Faktoren ab, z. B. von Alter, Körpergröße, körperlicher Betätigung (→ **B4**) und Geschlecht. Frauen benötigen etwas weniger Energie als Männer (→ **T1**).

B2

Merke:
1 kcal = 4,2 kJ

Energiegehalt je 100 g	
Apfel, Milch	209 kJ
Cola	251 kJ
Kartoffeln	293 kJ
Banane, Fisch	419 kJ
Ei, Pute	649 kJ
Brot, Eis	837 kJ
Burger, Fleisch	921 kJ
Pommes	1130 kJ
Marmelade	1130 kJ
Butter, Mayo	1256 kJ
Käse, Nudeln	1465 kJ
Müsli	1633 kJ
Zucker	1717 kJ
Schokolade	2261 kJ
Chips	2261 kJ

B3 Energiegehalt von Nahrungsmitteln

B4 So viel Energie benötigt man in einer Minute.

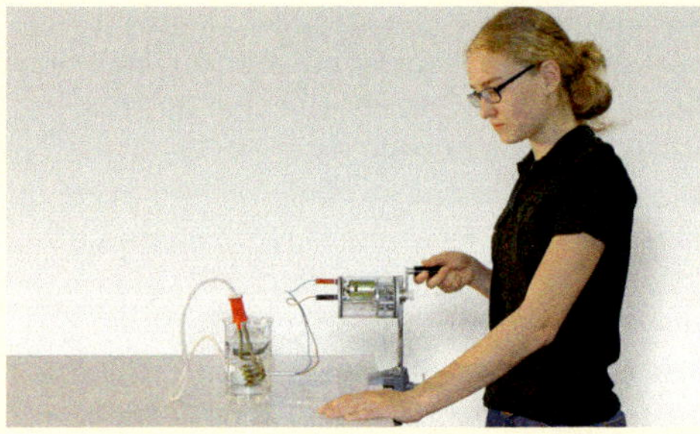

B1 So kannst du selbst Wasser erwärmen.

Energiebedarf am Tag (in kJ)		
Alter	Jungen	Mädchen
1 – 3 Jahre	4600	4200
4 – 6 Jahre	6300	5900
7 – 9 Jahre	8000	7100
10 – 12 Jahre	9700	8400
13 – 14 Jahre	11300	9200
15 – 18 Jahre	10500	8400

T1

Heute leiden viele Menschen an Übergewicht. Dies liegt zum einen an zu wenig Bewegung und zum anderen an falscher Ernährung.
So hat z. B. ein Fast-Food-Essen mit Burger, Pommes und Cola einen Energiegehalt von 3500 kJ. Das ist schon fast die Hälfte der Energie, die ein Grundschüler täglich benötigt.

Im Körper findet die Umwandlung der Energie statt. Je nach Tätigkeit geschieht dies mit Verlusten von 60 % – 95 %. Der **Grundumsatz** – er beträgt je nach Körpergewicht etwa 6000 bis 8000 kJ pro Tag – ist die Energieumwandlung, die in Ruhe allein zur Erhaltung der Lebensfunktionen erforderlich ist. Durch Tätigkeiten kommt der **Leistungsumsatz** hinzu. Unsere Energieversorgung beruht auf den Pflanzen, die wir entweder direkt oder über tierische Nahrungsmittel aufnehmen. Pflanzen setzen mit der Fotosynthese Energie der Sonne biochemisch in nutzbare „Brennstoffe" um. Allerdings gelangen nur wenige Prozent der durch Pflanzen gebundenen Sonnenenergie als wertvolle chemische Energie bis in unseren Körper. Die Erzeugung von Nahrung erfordert Energie, die zum Teil erheblich über dem Energiegehalt des Nahrungsmittels selbst liegt.

A1 Bestimme mithilfe einer Küchenwaage den Energiegehalt eines Butterbrotes mit Käse.

Feste und flüssige Körper dehnen sich aus

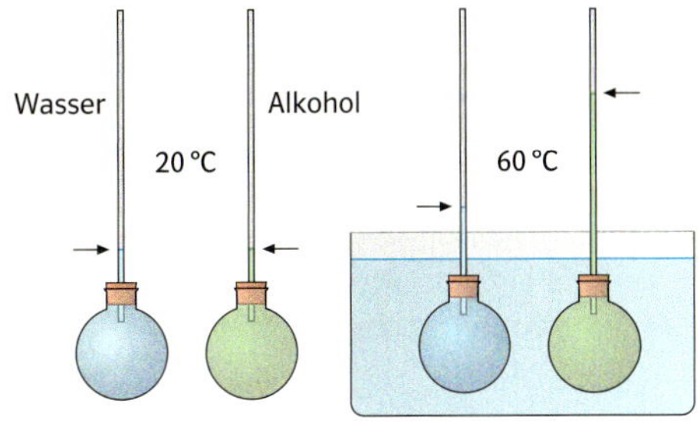

B1

B2

V1 Zwei gleiche Gefäße mit Steigrohren werden gleich hoch mit Alkohol bzw. Wasser gefüllt (→**B1**). Beide Gefäße werden in einem Wasserbad gleichzeitig erhitzt. Die Flüssigkeitssäule beim Alkohol steigt deutlich höher.

V2 Eine Kugel aus Eisen passt genau durch die Öffnung in einem dicken Blech (→**B2**). Nun wird die Kugel mit einem Gasbrenner erwärmt. Sie passt dann nicht mehr durch die Öffnung.

B3 Hochspannungsleitung im Winter

B4 Hochspannungsleitung im Sommer

Die Änderung der Form von Körpern Bei flüssigen und festen Körpern beobachten wir, dass sich bei einer Änderung der Temperatur ihre Größe und Form ändern. Sie ändern sich sowohl in Länge und Breite als auch in der Höhe. Diese Volumenzunahme erkennt man deutlich in **V2**. Bei einem langen, dünnen Draht macht sich v.a. seine **Längenänderung** bemerkbar (→**B3,4**). Je nachdem, aus welchem Stoff er besteht, ist die Längenänderung größer oder kleiner.

● **Normalerweise dehnen sich feste und flüssige Körper bei Zunahme der Temperatur nach allen Seiten aus. Sie ziehen sich wieder zusammen, wenn man sie abkühlt.**

Wird die Temperatur eines Körpers erhöht, so kann man sich dies im Modell so vorstellen, dass die Energie der Teilchen im Inneren des Körpers wächst. Dadurch wächst vor allem die Energie ihrer Bewegung, sie vergrößern dabei ihren Bewegungsraum und beanspruchen mehr Platz: Der Körper dehnt sich aus. Dehnungsfugen und Rollenlager an Brücken (→**B5,6**) gleichen diese Unterschiede aus.

A1 Wie ändert sich der Innendurchmesser eines Metallringes beim Erwärmen?

A2 Wie kann man ausschließen, dass in **V2** nicht eine Rußschicht die Ursache dafür ist, dass die Kugel in der Öffnung stecken bleibt?

B5 Rollenlager einer Brücke

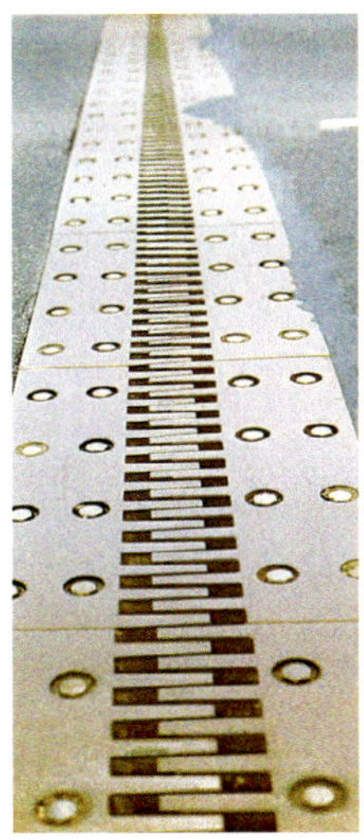

B6 Dehnungsfuge einer Brücke

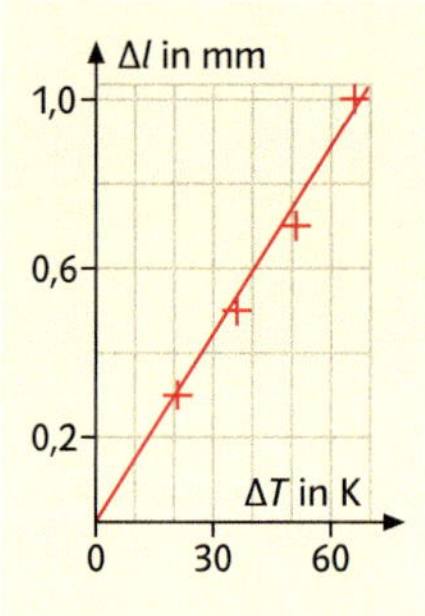

B1

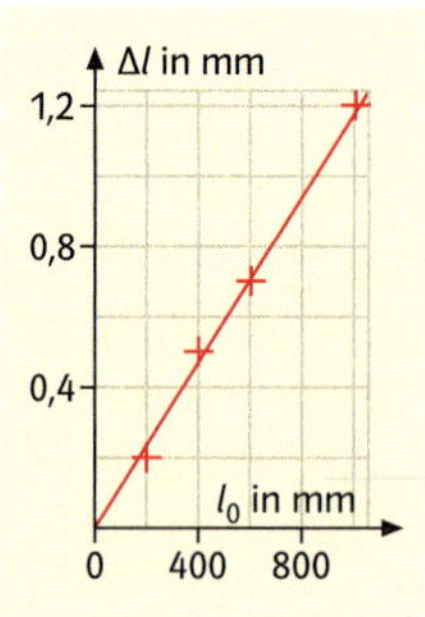

B2

Die Längenänderung fester Körper Die Änderung der Länge eines festen Körpers in Abhängigkeit von der Änderung seiner Temperatur untersuchen wir mit einem 600 mm langen Rohr aus Aluminium, das an einem Ende fest eingespannt ist. Es ergeben sich folgende Messwerte für die Zunahme der Länge um Δl bei Erhöhung der Temperatur um ΔT:

ϑ in °C	24	45	60	75	90
ΔT in K	0	21	36	51	66
Δl in mm	0	0,3	0,5	0,7	1
$\Delta l/\Delta T$ in mm/K	–	0,014	0,014	0,014	0,015

Da der Quotient aus Längenänderung und Temperaturänderung konstant ist, sind die beiden Größen proportional: $\Delta l \sim \Delta T$. In (→**B1**) kann man durch die Messwerte eine Ursprungsgerade legen.

Auch die Länge l_0 des Rohres zu Beginn der Messungen spielt eine Rolle. Für die Änderung der Temperatur von 24 °C auf 75 °C findet man bei verschieden langen Aluminiumrohren z. B.:

l_0 in mm	200	400	600	1000
Δl in mm	0,2	0,5	0,7	1,2
$\Delta l/l_0$	0,001	0,001	0,001	0,001

Auch hier ist der Quotient wieder konstant. Die Messwerte liegen in etwa auf einer Ursprungsgeraden (→**B2**). Wir erkennen:

Δl ist proportional zu l_0.

Beide Ergebnisse lassen sich zu einer Proportionalität zusammenfassen: $\Delta l \sim l_0 \cdot \Delta T$

● **Die Längenänderung fester Körper beträgt $\Delta l = \alpha \cdot l_0 \cdot \Delta T$.**

α heißt **Längenausdehnungskoeffizient**, er hängt von der Stoffart ab. Tabellen (s. Anhang) geben für Feststoffe den Wert für α meist in $1/(10^6\,\text{K})$ an. Achtung: α ist nur für begrenzte Temperaturbereiche konstant.

Feste Körper oder Flüssigkeiten können sich in alle Richtungen ausdehnen. Verändert sich ihre Temperatur, so ändert sich ihr Volumen. Messungen zeigen:

● **Die Volumenänderung von festen und flüssigen Körpern ist $\Delta V = \gamma \cdot V_0 \cdot \Delta T$.**

γ heißt **Volumenausdehnungskoeffizient**, er hängt von der Stoffart ab. In Tabellen wird die Volumenänderung oft in cm^3 bei einem Anfangsvolumen V_0 von 1 dm^3 und bei einer Änderung der Temperatur um 1 K angegeben. γ ist gleichfalls nur für begrenzte Temperaturbereiche konstant.

A1 Wie lauten die Formeln für Längen- und Volumenänderung, wenn sich der Körper nicht erwärmt, sondern abkühlt?

A2 Oberleitungen für Elektroloks müssen im Sommer und Winter gleich hoch hängen! Wie kann man dies erreichen?

Physik überall

Gummi tanzt aus der Reihe

Auch die Anomalie des Wassers ist eine Ausnahme der Regeln über die Ausdehnung von Körpern bei Temperaturänderung!

„Alle Körper dehnen sich bei Erwärmung aus!" Ist diese Aussage ein allgemeines physikalisches Gesetz? Zur Überprüfung verwenden wir Gummibänder. Zwei Gummibänder werden in der Mitte verknotet und an den anderen Enden eingespannt (→**B3**).

Erwärmt man eine Hälfte vorsichtig, so zeigt der Knoten in der Mitte an, dass sich diese Hälfte zusammenzieht und nicht ausdehnt, wie zu erwarten wäre! Die Aussage stimmt also nicht allgemein, sie ist kein physikalisches Gesetz, weil ein einziges Gegenbeispiel ausreicht, um sie zu widerlegen.

Analogien & Strukturen →S. 252

Offensichtlich können wir unsere Modellvorstellung für die Ausdehnung eines Körpers

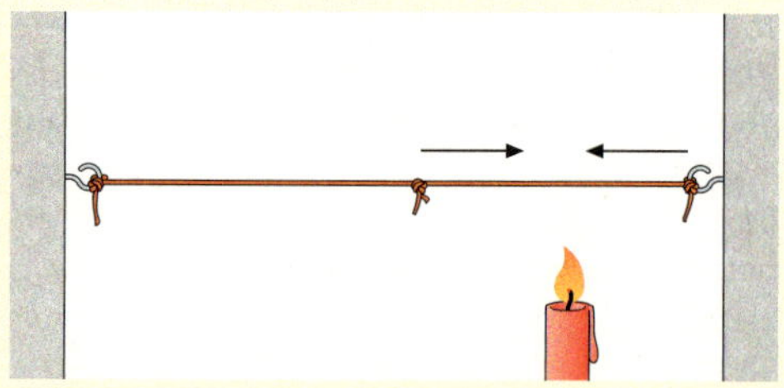

B3 Gummi schrumpft beim Erwärmen.

beim Stoff „Gummi" nicht mehr anwenden. Ist das Gummiband vielleicht gar kein „richtiger" Festkörper? Wir stoßen hier auf eine Grenze unserer Modellvorstellung.

A1 Wie könnte ein Modell aussehen, das das Verhalten von Gummi beschreibt?

Energietransport durch Materie hindurch

V1 Berühre Gegenstände aus Eisen, Stein, Holz, Kunststoff, Styropor und Glas, die alle lange im gleichen Raum gelegen haben. Du hast das Gefühl, dass sie verschiedene Temperaturen haben.

V2 Stelle Löffel aus Silber, Stahl und Plastik in eine Tasse. Befestige Erbsen mit etwas Butter an den Löffeln (→**B1**). Gieße heißes Wasser in die Tasse und decke sie möglichst gut ab, so dass kein Wasserdampf an die Erbsen gelangt. Notiere, in welcher Reihenfolge die Erbsen herunterfallen.

V3 In einem mit Wasser gefüllten Becherglas wird die Temperatur auf 90 °C gehalten. Daneben wird auf getrennter Unterlage ein zweites Becherglas mit Wasser der Temperatur 20 °C gestellt. Beide Wassermengen werden einmal mit einem dicken Kupferbügel, dann mit einem Kupferdraht und schließlich mit einem Holzstück verbunden (→**B2**). Das Wasser im zweiten Glas ändert seine Temperatur verschieden schnell.

V4 Um eine Münze ist ein Baumwollstofftuch straff gespannt. Man gibt einige Tropfen Brennspiritus auf das Tuch und zündet ihn an **(VORSICHT! Brandgefahr)**. Das Tuch verkohlt höchstens dort, wo es nicht dicht an der Münze anliegt (→**B3**).

V5 In einem mit Wasser gefüllten Reagenzglas ist unten ein Stück Eis festgeklemmt. Das Wasser siedet oben, ohne dass das Eis geschmolzen ist (→**B4**).

V6 Dicht über einem Brenner wird ein engmaschiges Drahtnetz gehalten. Beim Entzünden des Gases brennt die Flamme über dem Netz.

Wird jedoch erst der Brenner entzündet und dann das Drahtnetz darüber gehalten, brennt die Flamme unterhalb des Drahtnetzes (→**B5**).

V7 Man gibt einige Tropfen Wasser auf eine heiße Herdplatte. Die Tropfen verdampfen nicht sofort, sondern tanzen (bei großen Tropfen minutenlang) auf der Platte umher.

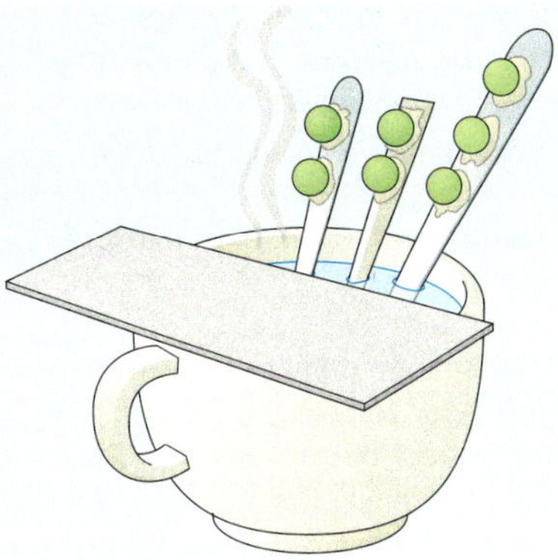

B1 Zu Versuch 2

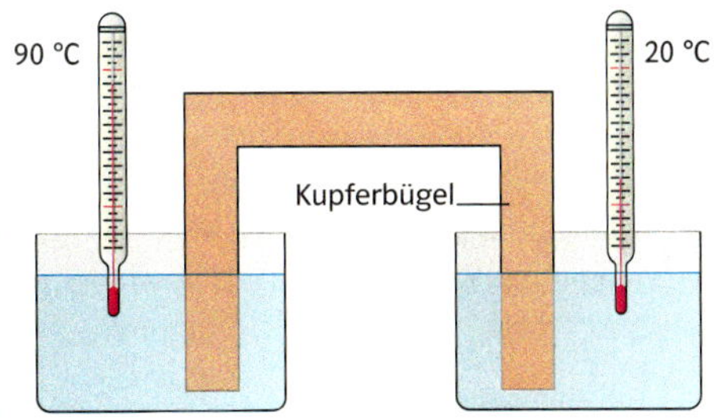

B2 Zu Versuch 3

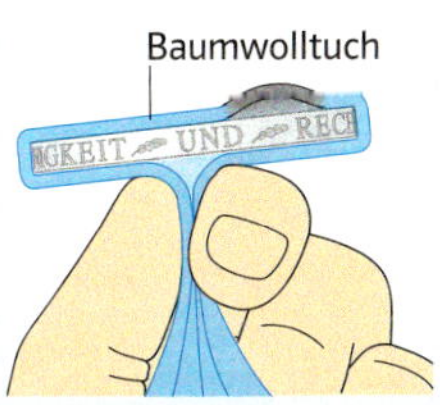

B3 Zu Versuch 4

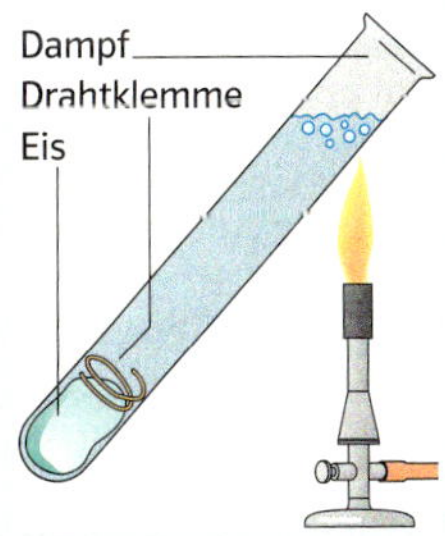

B4 Zu Versuch 5

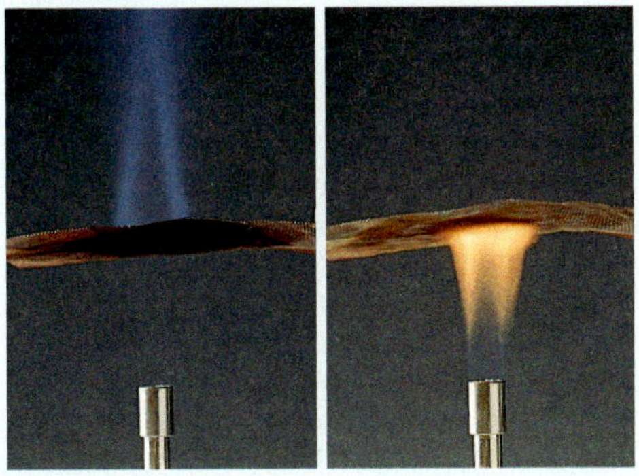

B5 Zu Versuch 6

Energieleitung: Energie strömt durch Materie hindurch Erhitzt man eine Metallstange an einem Ende, so stellt man nach einiger Zeit fest, dass auch am anderen Ende die Temperatur steigt. Ähnliches beobachtet man auch bei anderen festen und flüssigen Körpern.

● **Energie kann durch Stoffe hindurch strömen (Energieleitung).**

Dabei wird die Energie immer von Stellen höherer Temperatur zu Stellen niedriger Temperatur transportiert. Der umgekehrte Fall, dass von allein Energie von kälteren in heißere Bereiche strömt, also der kalte Bereich noch kälter und der heiße Bereich noch heißer wird, wurde noch nie beobachtet. Beim Kühlschrank wird zwar Energie vom kälteren Innenraum zum wärmeren Außenraum transportiert, aber dieser Vorgang läuft nicht selbstständig ab. Man muss den Kühlschrank dafür von außen mit elektrischer Energie versorgen, mit der die „Energiepumpe" angetrieben wird, die Energie vom kalten Innenraum in den heißen Außenraum pumpt.

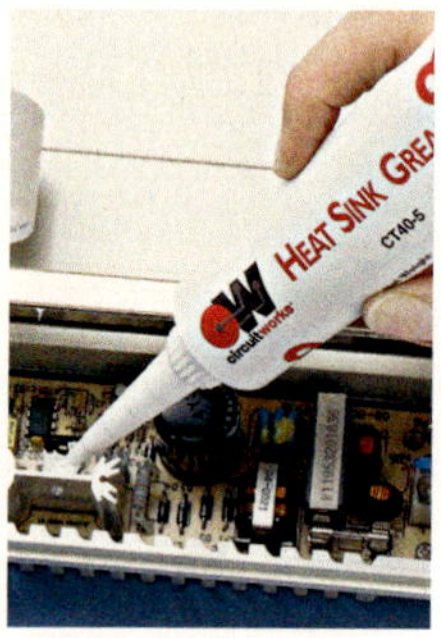

B2 „Wärmeleitpaste" für einen Computerchip

● **Die Erfahrung zeigt: Selbstständig strömt Energie immer nur vom heißeren Ort zum kälteren, niemals umgekehrt.**

Der Energietransport findet so lange statt, bis kein Temperaturunterschied mehr besteht.

Als Modell hierfür ersetzen wir den Körper durch kleine Teilkörper, in denen die Temperatur nicht abfällt (→**B1**). Die Zufuhr von Energie erhöht die Temperatur des ersten Teilkörpers. Der Temperaturunterschied zum zweiten Teil-

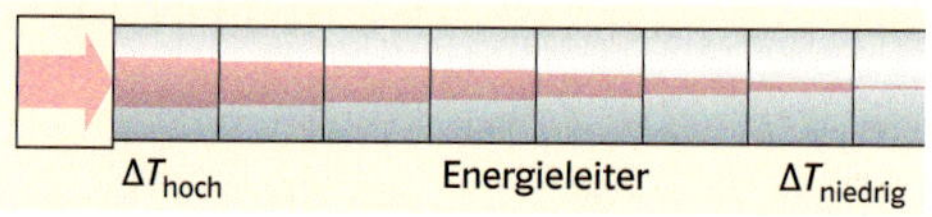

B1

körper führt dazu, dass der erste einen Teil der aufgenommenen Energie an den zweiten Teilkörper weitergibt. Die abgegebene Energie ist stets kleiner als die aufgenommene, da die Übertragung nur bis zum Temperaturausgleich erfolgt. In jedem Teilkörper verbleibt also ein Teil der empfangenen Energie. Dabei verändern die Teilkörper ihren Ort nicht.

Stoffe leiten Energie unterschiedlich gut
V2 zeigt, dass zunächst die untersten Erbsen und erst dann die darüber liegenden Erbsen abfallen. Dies bestätigt die Vorstellung vom Energietransport in den Löffeln. Zusätzlich stellt man fest, dass die Erbsen beim Silberlöffel früher herunterfallen als beim Stahllöffel; beim Plastiklöffel muss man noch länger warten, bis die erste Erbse fällt. Wie schnell die Energie transportiert wird, hängt neben dem Abstand also auch vom Material ab.

● **Metalle leiten die Energie gut; dagegen leiten Holz und Kunststoff die Energie schlecht.**

■ **A1** Warum stellte man früher Löffel in ein Glas, das mit einer heißen Flüssigkeit gefüllt werden sollte?

■ **A2** Wo will man im Haushalt eine hohe, wo eine niedrige Energieleitfähigkeit haben? Aus welchen Materialien sind dabei jeweils die Geräte? Was geschieht in **B2**?

Physik überall

Die Energieleitfähigkeit eines Stoffes ermitteln

Stoff	λ in m · K
Silber	427
Kupfer	384
Eisen	81
Beton	2,0
Glas	1,0
Wasser	0,6
Ziegel	0,4
Holz	0,2
Benzin	0,12
Styropor	0,04
Luft	0,03

B3 Energieleitfähigkeit λ einiger Stoffe

Durch Messungen findet man an Stäben: Je größer die Querschnittsfläche und je kürzer der Stab ist, umso größer ist der Teil der Energie, der in einer bestimmten Zeit von einem Ende zum anderen gelangt, und umso größer ist die Temperaturzunahme am anderen Ende.

Die Abhängigkeit von der Stoffart wird durch einen Proportionalitätsfaktor λ (griech. lambda) erfasst (→**B3**). Will man dies in einer Formel ausdrücken, so kann man schreiben:

$$\Delta E = \lambda \cdot \frac{A}{l} \cdot \Delta T \cdot \Delta t$$

● **Temperaturunterschied, Zeitdauer, Länge, Querschnittsfläche und Stoffart bestimmen die Energiemenge, die durch einen Körper hindurch transportiert wird.**

λ heißt in der Technik oft auch Wärmeleitfähigkeit, Wärmeleitzahl oder Wärmedurchgangskoeffizient (→**S. 208**).

Beim Hausbau müssen bei Wänden, Dächern und Fenstern bestimmte Grenzwerte für λ eingehalten werden, um z. B. den Heizölverbrauch zu senken.

Unterkühlung und Verbrennung

„Setz' dich nicht auf die kalten Steine!" Das müssen Kinder oft von ihren Eltern hören, wenn sie im Winter draußen spielen. Warum ist dies nur so gefährlich? Stein transportiert rasch Energie aus dem menschlichen Körper ab. So kann es schnell zu einer Unterkühlung kommen. Glücklicherweise helfen unsere Sinne dabei, solche Gefährdungen zu vermeiden. Bei gleich niedriger Temperatur fühlen sich Körper, die die Energie schnell abtransportieren, nämlich kälter an.

Dies kann man selbst ausprobieren: Wenn man einen Styropor- und einen Eisenblock in den Kühlschrank stellt, haben sie nach einigen Stunden dieselbe niedrige Temperatur. Fasst man sie anschließend an, fühlt sich der Eisenblock erheblich kälter an als der Styroporblock (→**B2** und **3**). Unsere Wahrnehmung unterscheidet also weniger die Temperaturen als vielmehr, wie schnell die Energie aus der Haut oder in die Haut hinein transportiert wird. Die Tabelle in (→**B1**) gibt für verschiedene Materialien an, um wie viel Mal schneller sie im Vergleich zur Luft die Energie abtransportieren. Dies erklärt auch, warum einem Badewasser von 21 °C bedeutend kälter vorkommt als Luft von 21 °C: Wasser transportiert die Energie besser als Luft (→**B1**). Nach einiger Zeit im Wasser bekommt man Unterkühlungserscheinungen. Man sollte dann das Wasser zügig verlassen. Auf ähnliche Weise warnen uns die Sinne auch vor Verbrennungen an heißen Gegenständen. Wasser von 50 °C schadet dem Menschen mehr als Luft von 50 °C. Man empfindet allerdings solches Wasser heißer als Luft gleicher Temperatur. Das kann man selbst beim Spülen mit heißem Wasser überprüfen. (**VORSICHT!** Verbrühungsgefahr bei Wassertemperaturen über 50 °C!) Die Luft im Spülschaum hat die gleiche hohe Temperatur wie das Spülwasser. Hält man die Hand einmal dicht über das Wasser in den Schaum (→**B4**), kommt es einem nicht besonders heiß vor. Taucht man die Hand dann ins Wasser, scheint es heißer zu sein als der Schaum (→**B5**).

Die Zahlen geben an, wievielmal besser als bei Luft die Energie transportiert wird:	
Luft	1
Mineralwolle	1,5
Styropor	1,8
Kork, Federn	2
Papier	5
Holz	6-12
Wasser	10
Fensterglas (Isolierverglasung)	35
Ziegeln	35
Stein	40
Glas	50
Stahlbeton	760
Stahl	1800
Aluminium	8600
Kupfer	16600
Silber	18000

B1 Wie gut wird die Energie transportiert?

Vorsicht!
Bei Kontakt mit Wasserdampf Gefahr schwerer Verbrühungen!

Wie aber verhält man sich, wenn man sich nun doch einmal „verbrannt" hat? Um den Schaden zu begrenzen, muss man die überschüssige Energie in der Haut möglichst rasch loswerden. Bei geringfügigen Überhitzungen an den Fingerspitzen kann die Energie schon abgeführt werden, indem man die meist kalten Ohrläppchen anfasst. Bei etwas stärkeren Verbrennungen an Armen oder Beinen sollte man sie sofort für längere Zeit (20 – 30 Minuten) unter fließendes kühles Wasser halten oder in Stoff eingewickelte Kühlelemente auflegen und anschließend den Arzt aufsuchen.

A1 Suche zu Hause Bücher über erste Hilfe.

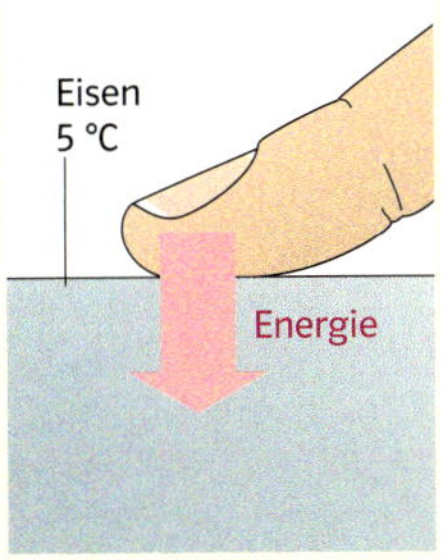

B2 Sinne melden: „sehr kalt"

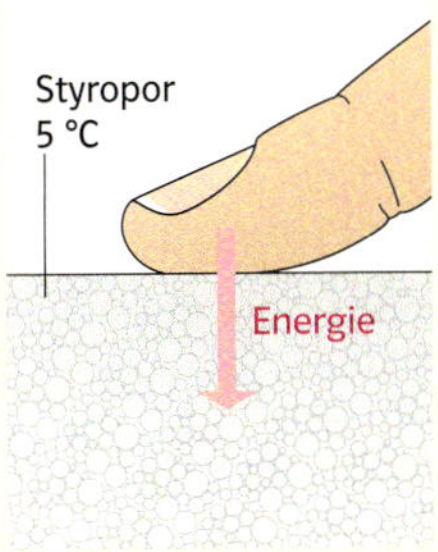

B3 Sinne melden: „kaum kalt"

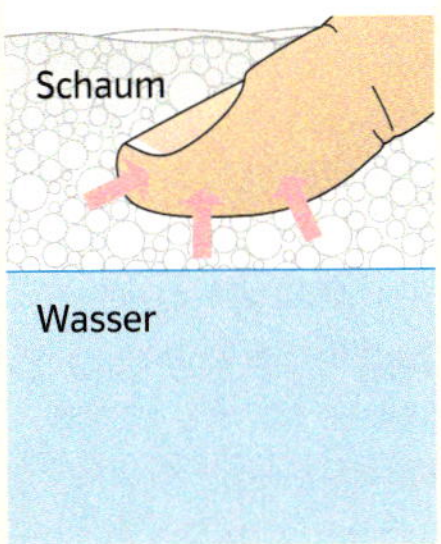

B4 Sinne melden: „kaum warm"

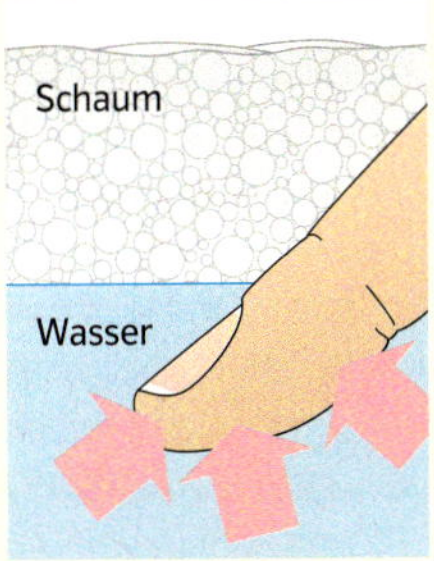

B5 Sinne melden: „sehr warm"

Energietransport zusammen mit Materie

B1

B2 Wolken zeigen Luftströmungen an.

Im Anschluss an die Nachrichten folgt der Wetterbericht: „Die Ausläufer eines Tiefs über den britischen Inseln bringen Deutschland milde Meeresluft …" Die Satellitenaufnahme (→**B2**) zeigt die Wetterlage.

Wie wird hier Energie transportiert?

V1 Betrachte den Schatten einer brennenden Kerze. Es sind deutlich Schlieren von aufsteigender Heißluft sichtbar.

V2 Öffne an einem kalten Tag ein Fenster oder die Haustür. Halte eine brennende Kerze einmal an den unteren Rand und einmal an den oberen Rand des geöffneten Fensters. Du kannst beobachten, dass oben die Luft aus dem Zimmer heraus und unten die kalte Luft von außen in den Raum hinein strömt (→**B1**).

Energiemitführung Bei der Warmwasserheizung (→**B3**) wird Wasser im Heizkessel erhitzt; es nimmt dabei Energie auf. Die Pumpe erzeugt die Druckdifferenz, die das Wasser im Heizsystem antreibt. Die vom Wasser mitgeführte Energie wird vom Heizkörper an die Luft abgegeben. Das abgekühlte Wasser strömt wieder in den Heizkessel und der Kreislauf beginnt von neuem.

Vergleichbares geschieht bei einem elektrischen Haartrockner. An der Heizwendel wird der vorbeiströmenden Luft Energie zugeführt und mit ihr zusammen abtransportiert.

● **Energie kann zusammen mit Materie transportiert werden (Energiemitführung).**

Bei den bisher vorgestellten Energietransporten wurde Energie durch Materie hindurch geleitet. Die Materie selbst hat sich dabei nicht bewegt. Im Beispiel der Warmwasserheizung wird Energie zusammen mit Materie transportiert. Die Materie bewegt sich dabei gleichfalls durch die Rohre. Auch die Rohre selbst transportieren die Energie zum Heizkörper; hier wird die Energie durch das Kupfer hindurch geleitet. Dieser Vorgang ist aber viel langsamer als der Transport mit dem Wasser zusammen.

● **Der Energietransport zusammen mit Materie ist meistens schneller als der Transport durch Materie hindurch.**

A1 Wo findet im menschlichen Körper Energietransport durch Materie hindurch statt? Wo wird dort Energie zusammen mit Materie transportiert?

A2 Erläutere Unterschiede und Gemeinsamkeiten zwischen Energietransport durch Materie hindurch und Energietransport zusammen mit Materie!

A3 Wozu dient das Ausgleichsgefäß in **B3**?

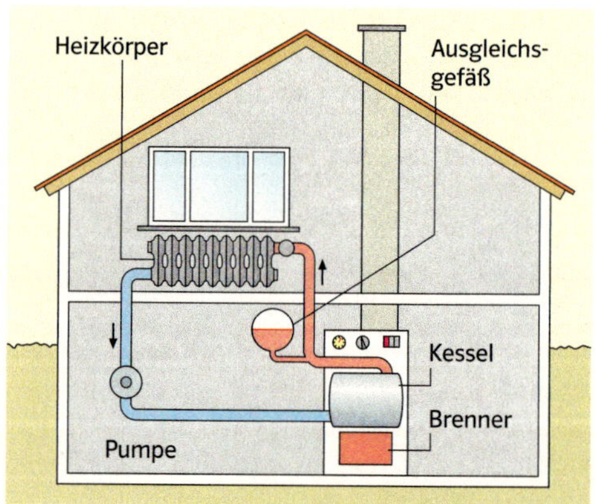

B3

Konvektion – Luft und Wasser strömen selbstständig

Bei der Feuersbrunst können die Feuerwehrleute nahe an das Feuer herangehen, obwohl enorm viel Energie frei wird. Es kann dabei sein, dass sie am Feuer einen starken Wind zum Feuer hin spüren: einen sogenannten Feuersturm, der das Feuer immer wieder anfacht und so die Löscharbeiten behindert. Wie kommt es, dass sich die Feuerwehrleute nicht verbrennen und woher kommt der seitliche Wind, der zum Feuer weht?

Selbstständige Energiemitführung Wo die Energie bei einem Feuer hintransportiert wird, ist leicht festzustellen, wenn man seine Hand vorsichtig einer Kerzenflamme nähert: einmal von der Seite und einmal von oben.

Der Versuch mit der Kerze zeigt: Der größte Teil der Energie wird nach oben abgeführt; heiße Luft und Verbrennungsgase steigen aufgrund ihrer geringeren Dichte nach oben (→**B2**). Die Tatsache, dass warme Luft in umgebender kälterer Luft nach oben steigt, ist ja auch Ursache dafür, dass ein Heißluftballon Auftrieb in seiner Umgebungsluft erfährt. Wenn allerdings heiße Luft wie beim Feuer ständig aufsteigt, dann muss andere, d.h. kältere Luft unten nachströmen.

Diese nachströmende kältere Luft sorgt bei einer Kerze dafür, dass der Wachsrand nicht flüssig wird. Bei einer Feuersbrunst kann nachströmende Luft das Feuer zusätzlich anfachen und einen Feuersturm auslösen.

Diesen Vorgang beobachten wir auch bei Flüssigkeiten: In ein Glasrohr, das mit Wasser gefüllt ist (→**B1**), wird zunächst ein wenig Färbemittel hineingegeben. Man wartet, bis sich das Färbemittel etwas im Wasser gelöst und verteilt hat. Dann wird das Rohr unten an der Seite mit einer Flamme erwärmt. Sobald sich das Wasser erwärmt, beginnt es dort, aufwärts zu strömen. Kälteres Wasser strömt von der Seite nach und es bildet sich selbstständig eine Rundumströmung, die **Konvektion**. Die Energie wird dabei von der Erwärmungsstelle in die kälteren Bereiche transportiert; davon kann man sich leicht überzeugen, wenn man das Rohr nach einiger Zeit oben anfasst.

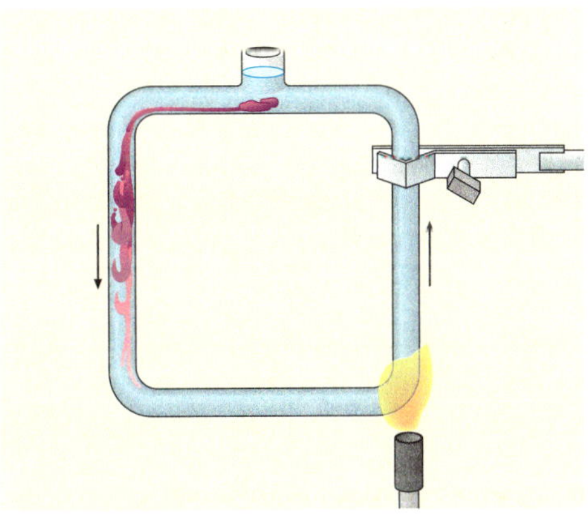

B1 Die Pfeile zeigen die Wasserströmung.

B2 Luftströmung bei einer Kerze

● **Dieser Strömungskreislauf von Flüssigkeiten und Gasen heißt Konvektion. Bei der Konvektion wird Energie zusammen mit einem Stoff transportiert.**

Konvektion auf der Erde

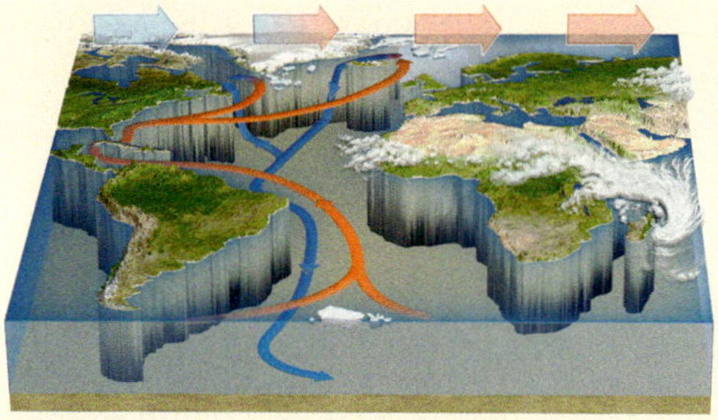

B1 Golfstrom

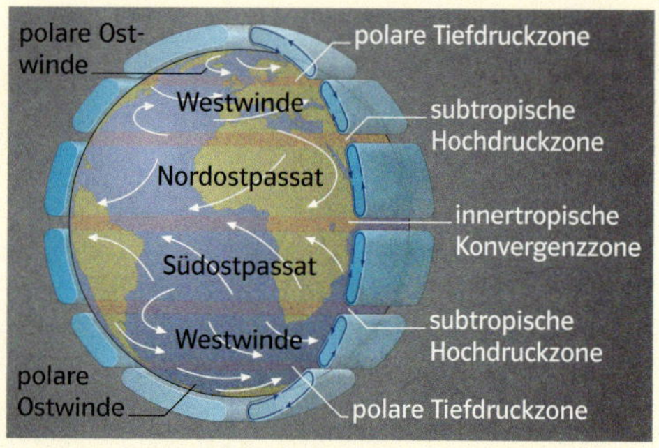

B2 Windsysteme der Erde

Die Konvektion ist der Antrieb von Meeresströmungen und Windsystemen.

Der **Golfstrom** (→ **B1**) bringt warmes Wasser aus dem Golf von Mexiko bis an die Küsten Europas. Die intensive Sonnenstrahlung führt dem Wasser Energie zu. Sie wird mit dem Wasser bis nach Europa transportiert und dort an die kühlere Luft abgegeben. Der Golfstrom befördert pro Sekunde bis zu 150 000 000 Kubikmeter warmes Wasser. Die Energie, die dabei pro Sekunde transportiert wird, entspricht der Leistung von ungefähr einer Million Kernkraftwerken.

Der Golfstrom ist nur ein Zweig eines weltumspannenden ozeanischen Strömungssystems, das eng mit der atmosphärischen Zirkulation sowie der Erd- bzw. Wassertemperatur verknüpft ist.

Auch die Zirkulation der Winde in der Erdatmosphäre (→ **B2**) kann man mit Hilfe der Konvektion verstehen: Im Durchschnitt fällt die Sonnenstrahlung in immer flacherem Winkel auf die Erdoberfläche, je weiter man sich vom Äquator in Richtung der Pole bewegt. Dadurch verteilt sich auch die ankommende Strahlungsenergie auf eine immer größere Fläche, die Sonne führt somit den äquatornahen Regionen der Erde mehr Energie zu als den polaren Regionen.

Am Äquator steigt die erwärmte Luft aufgrund ihrer geringeren Dichte auf, es bildet sich ein Tiefdruckgebiet am Boden. Die aufsteigende Luft kühlt sich ab, es kommt zur Wolkenbildung und zu Tropengewittern. In den Subtropen sinkt die Luft wieder zu Boden, es bildet sich dort ein Hochdruckgebiet. Die Luft strömt nun als Passatwind wieder in Richtung Äquator zur „Tiefdruckrinne" zurück, daher wird dieser Bereich auch Innertropische Konvergenzzone (ITC) genannt. Es gibt noch weitere solche **globalen Windsysteme**, z. B. zählen auch die außertropischen Westwinde und die polaren Ostwinde dazu. Berücksichtigt man zusätzlich die Jahreszeiten, Hindernisse wie Gebirge und auch die Land-Wasser-Verteilung, werden die Modelle dieser Windsysteme zunehmend komplexer.

Entscheidend für die Richtung der Materieströme ist vor allem auch die tägliche Drehung der Erde um sich selbst, denn durch sie werden Bewegungen auf der Nordhalbkugel in Bewegungsrichtung nach rechts abgelenkt, auf der Südhalbkugel in Bewegungsrichtung nach links.

Ein Wind zum Äquator hin wird dadurch auf der Nordhalbkugel zum Nordostwind, auf der Südhalbkugel zum Südostwind. Diese Ablenkung sorgt auch dafür, dass z. B. Luftteilchen sich nicht auf direktem Weg ins Zentrum eines Tiefdruckgebietes bewegen, sondern dass eine Spiralbewegung gegen den Uhrzeigersinn („Zyklon") entsteht.

Solche Windsysteme entstehen auch im Kleinen im regionalen Maßstab, dazu zählen tropische Wirbelstürme sowie tagesperiodische Windsysteme wie der Berg-Tal-Wind oder der Land-See-Wind, aber auch Winde, die aufgrund besonderer Wetterlagen entstehen wie die Fallwinde Föhn und Mistral.

A1 Recherchiere in Fachbüchern, -zeitschriften und im Internet, von welchen Faktoren der Golfstrom abhängt, welche er selbst beeinflusst und welche Prognosen und Modelle für Veränderungen dieser Faktoren existieren!

Energietransport ohne Materie

V1 Halte deine Hände über eine heiße Kochplatte. VORSICHT! Du spürst, wie die Temperatur deiner Handflächen steigt. Halte danach die Hände seitlich neben die Kochplatte. Merkst du einen Unterschied?

V2 Lege ein schwarzes und ein weißes T-Shirt in die Sonne. Nach einiger Zeit ist das schwarze T-Shirt richtig heiß geworden; das weiße jedoch nicht.

V3 Ein Thermometer wird in eine „Tasche“ aus schwarzem Papier gesteckt und ein zweites in eine gleich große „Tasche“ aus Aluminiumfolie. Beide werden in gleichem Abstand vor eine heiße elektrische Kochplatte gehalten (→**B2**). Das Thermometer im schwarzen Papier zeigt eine höhere Temperatur an als das im Aluminium.

V4 Beide Thermometer werden in ihren „Taschen“ unter eine Glasglocke gestellt. Dann wird die Luft langsam aus der Glasglocke herausgepumpt. Wird nun die heiße Kochplatte davor gestellt (→**B1**), so steigt die Temperatur in der schwarzen Papiertasche wieder schneller als in der Aluminiumtasche.

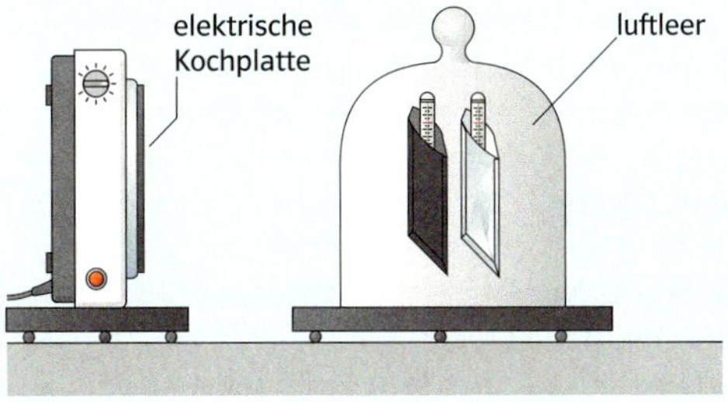

B1

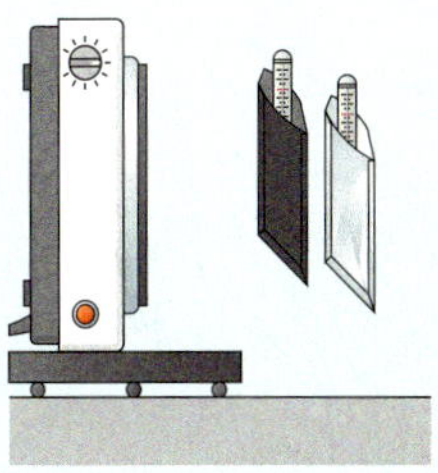

B2

Energiestrahlung: Energietransport braucht keinen Stoff Neben Energietransport durch und mit Materie gibt es eine weitere Art, Energie zu transportieren. Der Versuch in (→**B3**) macht dies deutlich: Einerseits wird die Hand erwärmt; es muss also Energie von der Rotlichtlampe zur Hand gelangt sein. Andererseits kann der Energietransport hier aber nicht durch einen Körper hindurch oder über Materietransport erfolgen, denn sonst müsste mindestens eines der beiden Thermometer 2 und 3 mehr als 28 °C anzeigen.

Zwischen der Sonne und der Erde liegen Millionen Kilometer luftleerer Raum. Die Energie der Sonne braucht keinen Körper, der sie an uns weiterleitet. Sie gelangt durch **Energiestrahlung** zu uns. Diese Energie erhöht die innere Energie der Körper auf der Erde: Die Erhöhung der Temperatur der Luft, von Mauersteinen oder des Wassers im See zeigt dies an. Auch die Energiestrahlung einer heißen Kochplatte gelangt in eine luftleer gepumpte Glasglocke und erhöht dort die Temperatur eines Thermometers.

Energie kann auch ohne Materie als Träger transportiert werden. Man spricht von Energiestrahlung.

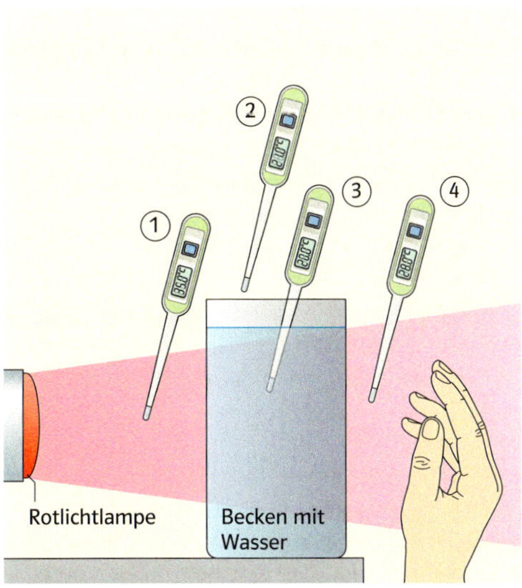

B3 Bei der Hand ist die Temperatur höher als im Becken oder oberhalb davon.

Energiestrahlung wird oft auch aus historischen Gründen als „Wärmestrahlung“ bezeichnet!

B1 Energiestrahlung des Chlorophylls (rot gefärbt) zeigt gesunde Pflanzen.

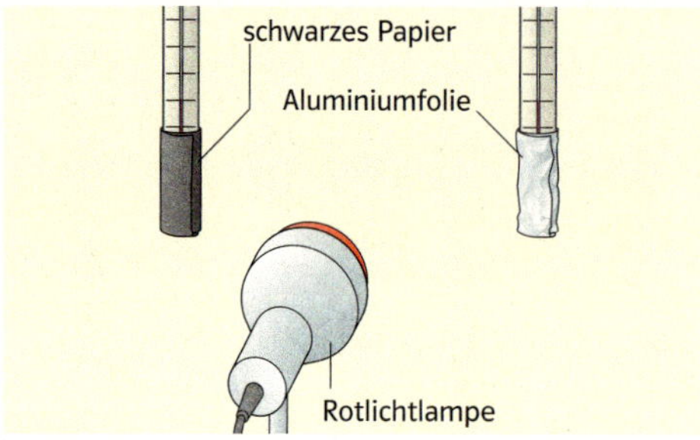

B2 Reflexion und Absorption

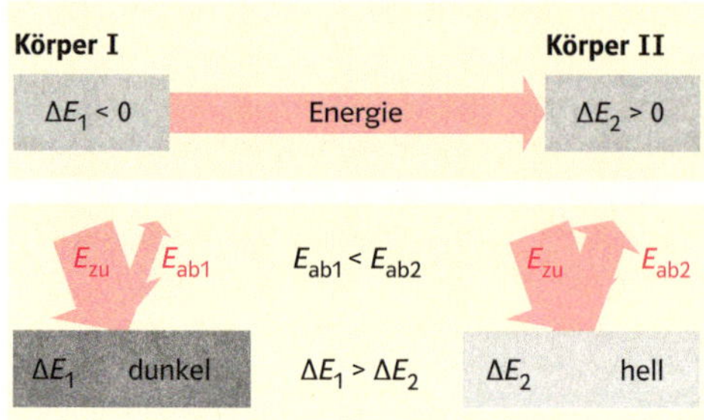

B3 Der „heißere" Körper gibt mehr Energie ab.

Strahlung kann an hellen oder glänzenden Oberflächen **reflektiert** und von dunklen Oberflächen absorbiert werden. Beim **Absorbieren** geht die Energie auf den Körper über; seine Temperatur steigt. So kann in (→**B2**) aufgrund der Reflexion an der Aluminiumfolie kaum Energie zum rechten Thermometer gelangen, seine Temperatur steigt nur wenig an. Dagegen zeigt das linke Thermometer wegen der Absorption durch das schwarze Papier deutlich höhere Temperaturwerte an. Zwar strahlen beide Körper Energie ab, doch empfängt der Körper mit der niedrigeren Temperatur mehr als der mit der höheren Temperatur (→**B3**). Die Übertragung von Energie zum kälteren Körper erfolgt letztlich wie auf einer „Einbahnstraße":

● **Bei gleicher Energiestrahlung erhöhen Körper mit dunklen Oberflächen ihre innere Energie schneller als Körper mit hellen Oberflächen.**

Die Energiestrahlung einer Landschaft lässt sich mit Infrarot-Filmen sichtbar machen (→**B1**). Vegetationsschäden zeigen sich als dunkle Stellen, da die Strahlung bei einem geschwächten Stoffwechsel („Körperwärme") geringer als bei gesunden, rot erscheinenden Pflanzen ist.

A1 Weshalb sind fast alle Wohnmobile weiß?

A2 Vergleiche die Energietransporte durch Materie hindurch, zusammen mit Materie und ohne Materie.

Physik überall

Die Thermoskanne behindert den Energieverlust

Die Thermoskanne (→**B4**) ist ein verschließbares Gefäß, das die Temperatur des Inhalts lange konstant hält. Um dies zu erreichen, muss man das Gefäß so bauen, dass die drei Energietransporte (Leitung, Konvektion und Strahlung) möglichst stark verlangsamt werden.

1 Den Energietransport in Materie verhindert man meist dadurch, dass man zwischen Innenraum und Hülle einen evakuierten Zwischenraum erzeugt. In der klassischen Ausführung ist dies ein (Glas-)Gefäß mit einer Doppelwand.

2 Um den Energietransport zusammen mit Materie zu verhindern, hat man die Flasche früher mit einem Korken verschlossen. Heute verwendet man meist einen Kunststoffverschluss.

3 Das Glasgefäß wird verspiegelt. Die bewirkt, dass die Strahlung immer wieder in die Flüssigkeit zurück reflektiert wird. Der Energietransport über Strahlung nach außen wird so deutlich verzögert.

Die ersten Thermoskannen stellte 1904 übrigens die deutsche Thermos GmbH her – daher der Name!

Heutzutage wird häufig statt eines Glasgefäßes auch ein doppelwandiges Gefäß aus Edelstahl eingesetzt. Es hat etwas schlechtere Dämmeigenschaften, ist aber im Alltag sehr viel unempfindlicher gegenüber Erschütterungen.

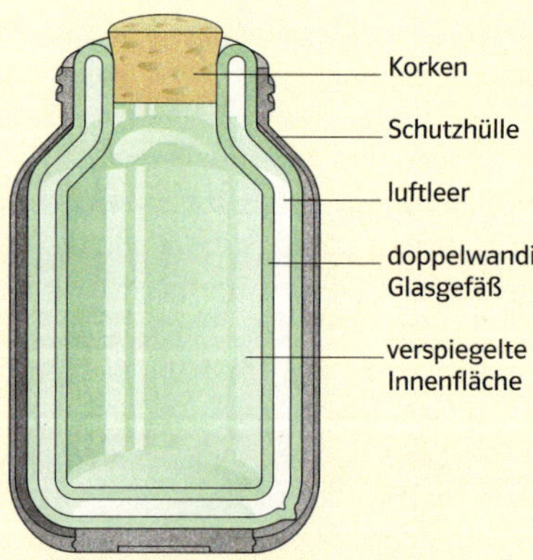

B4 Schnitt durch eine Thermosflasche

Temperaturregelung in der Technik

Raumanzüge – Raumstationen im Kleinformat Astronauten sind während ihrer Flüge in vielerlei Hinsicht einer lebensfeindlichen Umgebung ausgesetzt. Die Raumschiffe schützen sie vor Vakuum, Auskühlung, kosmischer Strahlung und vor den im Weltall herumfliegenden kleinen Meteoriten. Gleichzeitig sichern sie die Versorgung der Astronauten mit Sauerstoff. Bei Manövern außerhalb des Raumschiffes im freien Weltall oder auf dem Mond tragen die Astronauten Raumanzüge, die einer Raumstation im Kleinformat gleichen (→**B1**).

Die Raumanzüge bewahren die Astronauten vor eisiger Kälte und großer Hitze. Im freien Weltall herrscht eisige Kälte. Auf der Mondoberfläche dagegen schwanken die Temperaturen extrem. Sie betragen 130 °C bei voller Sonneneinstrahlung und −170 °C auf der Nachtseite des Mondes. Deshalb müssen die Anzüge eine ausgezeichnete Dämmung besitzen. Sie bestehen aus mehreren Schichten spezieller Kunststofffasern und einer äußeren aluminiumbeschichteten Polyesterfolie. Diese äußere Schicht ist sehr robust, damit sie die Astronauten auch vor kleinsten Meteoriten und anderen mechanischen Schäden schützt. Die gute Isolierung des Raumanzuges dient dem Schutz vor der Kälte des Weltraumes. Gleichzeitig kann allerdings auch keine Körperenergie entweichen. Deshalb tragen die Astronauten unmittelbar auf der Haut einen Kühlanzug, der die Körperenergie der Astronauten ableitet. Der Kühlanzug besteht aus einem System von Schläuchen, in dem eine Kühlflüssigkeit zirkuliert.

Zum Leben im Weltall benötigen die Astronauten nicht nur Atemluft, sondern sie müssen wie auf der Erde und im Raumschiff von einer erdähnlichen Atmosphäre umgeben sein. Deshalb wird im Inneren des Raumanzuges ein künstlicher Luftdruck erzeugt. Der Raumanzug muss also nicht nur isolierend, sondern auch absolut luftdicht sein.

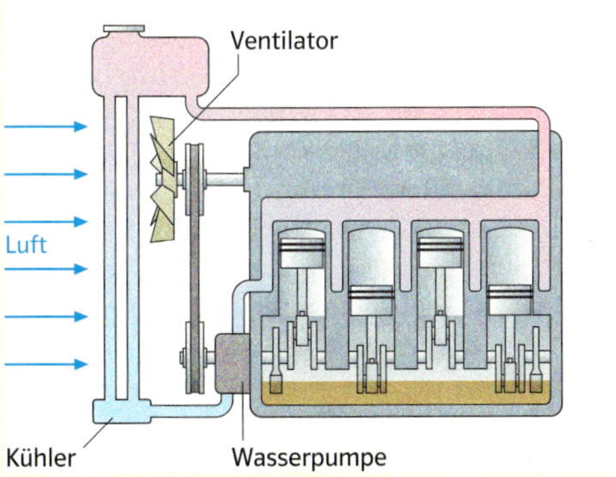

B2 Wasserkühlung beim Benzinmotor

B1 Astronauten im freien Weltraum

Der Anzug enthält biegsame Elemente. Mehrere vakuumdichte Reißverschlüsse ermöglichen das An- und Ausziehen. Zum Raumanzug gehört ein Versorgungstornister mit Sauerstoff und Geräten zur Regelung der Temperatur und der Feuchtigkeit. Der Helm ist mit Schutzschichten versehen, die vor dem hellen Sonnenlicht schützen.

Motorkühlung – Energie wird abtransportiert Die Motoren von Kraftfahrzeugen erhitzen sich sehr stark. Um eine Überhitzung zu vermeiden, werden sie gekühlt. Bei Mopeds und Motorrädern erfolgt die Kühlung durch vorbeiströmende Luft (→**B3**). Pkw und Lkw haben zumeist Wasserkühlung. Das Kühlwasser umgibt die Zylinder und nimmt einen Teil der Energie auf, die beim Verbrennen des Benzins frei wird. Die Wasserpumpe drückt das erhitzte Wasser durch den Kühler (→**B2**), wo es wie bei einem Heizkörper von der Luft abgekühlt wird.

B3 Kühlrippen

A1 Was müsste man alles beachten, wenn man eine Raumstation auf dem Mond betreiben würde?

A2 Fahrzeuge mit Wasserkühlung besitzen für die Kühlflüssigkeit einen Ausgleichsbehälter. Welche Aufgabe hat er?

Temperaturregelung bei Menschen und Tieren

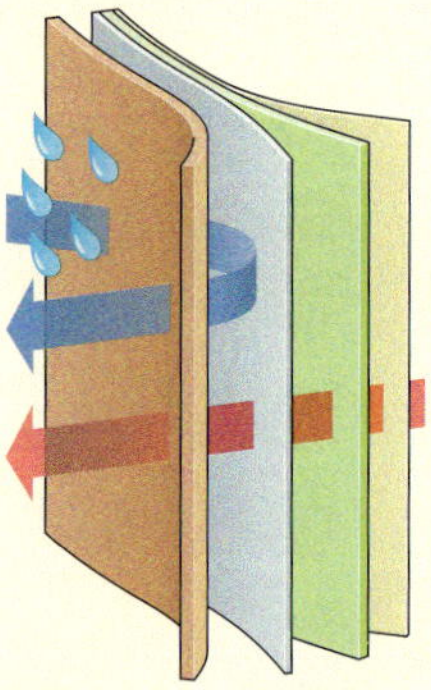
B1 Klimafaserprinzip

B2 Polarfuchs

B3 Wüstenfuchs (Fennek)

Wir Menschen haben wie alle Säugetiere eine nahezu gleich bleibende Körpertemperatur, die in der Regel über der Temperatur der Umgebung liegt. Deshalb geben wir ständig Energie an die Umgebung ab, wodurch sich unsere Körpertemperatur verringern müsste. Daher müssen wir wieder Energie zuführen, z. B. durch Nahrungsaufnahme. Die Energiestrahlung der Sonne kann unserem Körper zusätzlich Energie zuführen. Umgekehrt führt der Wind die Energie unseres Körpers schneller ab und es kann passieren, dass wir frieren.

Durch unser Verhalten und unsere Kleidung können wir die Abgabe und die Zufuhr der Energie regulieren. Beispielsweise vermindert das Tragen eines Pullovers den Energieverlust. Im Sommer vermindern wir die Zufuhr von Energie, indem wir uns im Schatten aufhalten. Darüber hinaus besitzen wir einen körpereigenen Schutzmechanismus. Bei großer Hitze oder wenn wir uns körperlich sehr anstrengen, tritt Wasser aus Poren der Haut; wir geraten „ins Schwitzen" (→**B5**). Beim Verdunsten der Schweißtropfen auf der Haut wird dem Körper Energie entzogen und schnell aus dem Körper abtransportiert, um eine Überhitzung zu vermeiden. Kann unser Körper nicht genug Energie abgeben, kann dies zu einem Hitzschlag führen.

Luft leitet die Energie schlecht. Wir Menschen nutzen Luftschichten, um uns gegen Auskühlung zu schützen. Die Fasern unserer Bekleidung schließen viele kleine Luftpolster ein. Unsere Winterbekleidung, z. B. dicke Wollpullover und Anoraks, hat besonders viele Luftpolster. Jedoch darf keine Nässe in die inneren Schichten der Kleidung eindringen. Wird das Gewebe von Wasser durchdrungen, leitet es die Energie schnell vom Körper ab. Moderne Textilien weisen deshalb die äußere Feuchtigkeit ab und ermöglichen zugleich den Abfluss der Feuchtigkeit der Haut (→**B1**). Durch eine hohe Winddichtigkeit bleiben auch bei Sturm die wärmenden Luftschichten in der Kleidung erhalten.

B4 Das Krokodil lässt Wasser im Maul verdunsten.

B5 Abkühlung durch Schwitzen

Auch Tiere nutzen isolierende Luftschichten, wie man am aufgeplusterten Gefieder eines Vogels oder an einem dicken Winterfell erkennen kann. Farbe und Dicke des Fells und sogar die Körperform der Tiere sind an das Klima angepasst. Das Fell des Polarfuchses ist sehr dicht (→**B2**). Seine Ohren sind kurz, stark behaart und abgerundet und strahlen dadurch wenig Energie ab. Der Wüstenfuchs in der Sahara hat sehr große Ohren (→**B3**), sie erleichtern die Abstrahlung von Energie aus dem Körper. Eisbären besitzen nicht nur ein dichtes Fell, sondern auch eine dicke Speckschicht. Die hellen Fellhaare leiten ähnlich wie Glasfasern einen Teil der Sonnenstrahlen auf die pechschwarze Haut. Diese nimmt die spärliche Sonnenenergie auf. Damit wird wieder das Luftpolster beheizt, das von den Fellhaaren eingeschlossen wird. Die Haare des Fells nehmen kein Wasser auf, der Bär kann an Land das Wasser abschütteln. Wechselwarme Lebewesen sind zwar nicht auf eine konstante Körpertemperatur angewiesen, dennoch muss sich auch bei ihnen die Körpertemperatur innerhalb gewisser Grenzen befinden. Krokodile halten sich daher während der Mittagshitze nur im Schatten auf und lassen Flüssigkeit im geöffneten Maul verdunsten (→**B4**). Dadurch steigt ihre Körpertemperatur nicht über 30 °C an.

A1 Erläutere, warum wir in nasser Bekleidung schnell frieren.

Energiesparendes Bauen – Dämmung und Solaranlagen

Peters Eltern wollen bauen. „Die Räume sollen zu jeder Jahreszeit eine angenehme Lufttemperatur besitzen", meint seine Mutter und Peter ergänzt: „Ich möchte nicht nur kalt, sondern auch angenehm warm duschen!" „Wir wollen aber nur die Räume im Haus, nicht die Umgebung heizen", sagt sein Vater. Er weiß, dass der größte Teil der Energie, der im Haushalt benötigt wird, für die Heizung und die Warmwasserversorgung aufgewandt werden. „Es reicht nämlich nicht aus", so erklärt er, „das Wasser bis zur Wunschtemperatur zu erwärmen und die Anlage auszuschalten. Nach dem Waschen, Duschen, Spülen oder Baden wandert ein großer Teil der Energie mit dem Wasser durchs Rohrsystem in die Umgebung und steht nicht mehr zur Verfügung. Auch aus den geheizten Räumen weicht immer wieder durch Fenster, Türen, Wände oder durchs Dach Energie nach draußen. Dadurch wird die Wassertemperatur bzw. die Lufttemperatur geringer und man muss ständig nachheizen."
„Ja, dann lohnt es sich ja, darüber nachzudenken, wie man Energie und damit Kosten einsparen kann", meint darauf Peter. „Wir schonen nicht nur unseren Geldbeutel, sondern auch die Umwelt. Wir brauchen dann nicht so viel Brennstoff für die Heizung und aus dem Kamin kommen weniger Schadstoffe in die Umgebung." „Dies haben wir auch mit unserem Architekten besprochen", ergänzt seine Mutter, „Er hat drei Maßnahmen genannt, die man zur Energieeinsparung nutzen kann:

1 Das Haus ist möglichst durch eine gute Dämmung vor Energieverlusten zu schützen. Dann braucht man gar nicht erst so viel zu heizen. Eine Thermografie kann dabei die Energieabflüsse sichtbar machen (→ **B1**).

2 Durch eigenes Verhalten sollte die dem Haus zugeführte Energie möglichst sinnvoll und günstig genutzt werden.

3 Zur Warmwasserbereitung, Heizung usw. kann man die Sonne (lat. sol) „anzapfen". In sogenannten Solaranlagen wird deren Energie aufgefangen und an die Hausanlagen weitergegeben."

Was man zur Energieeinsparung durchführen kann, kannst du den nachfolgenden Abschnitten entnehmen.

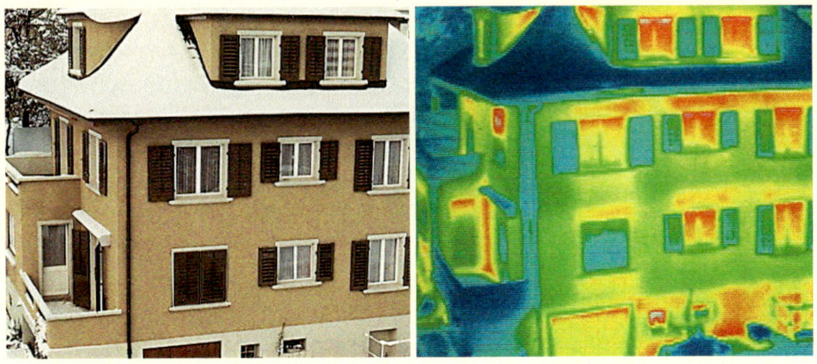

B1 Thermografie eines Hauses

Dämmung – eine optimale Möglichkeit zur Energieeinsparung Gute Isolation bzw. Dämmung bringt die größten Vorteile bei der Einsparung von Energie. Dazu verwendet man Materialien oder Vorrichtungen, die die Energieleitung, die Energiemitführung und die Energiestrahlung behindern.

Folgende Versuche zeigen verschiedene Möglichkeiten: Mit einem Föhn untersuchen wir den Energietransport bei einer einfachen und einer Doppelglasscheibe (→ **B2**). Die an der Rückseite der Scheiben angebrachten Wachskugeln fallen bei der Doppelglasscheibe später.

Wir bekleben bei einem von zwei gleichen Kartons die Wände vollständig mit Styroporplatten (→ **B3**). In beide stellen wir eine Tasse mit 50 °C heißem Wasser und verschließen sie. Anschließend messen wir durch eine Öffnung alle 5 Minuten die Temperatur und notieren sie. In dem Karton ohne Styropor sinkt die Temperatur schneller.

Die Versuche zeigen: Die Energieleitung kann gehemmt werden, indem man schlechte Energieleiter wie Luft oder Kunststoffe benutzt.

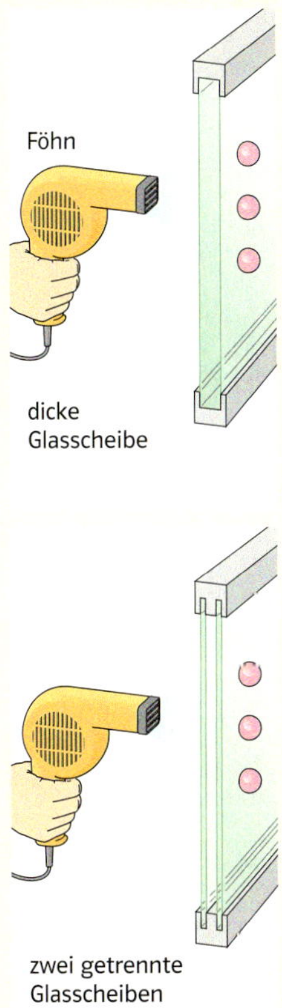

B2 Welche Wachskugeln fallen zuerst?

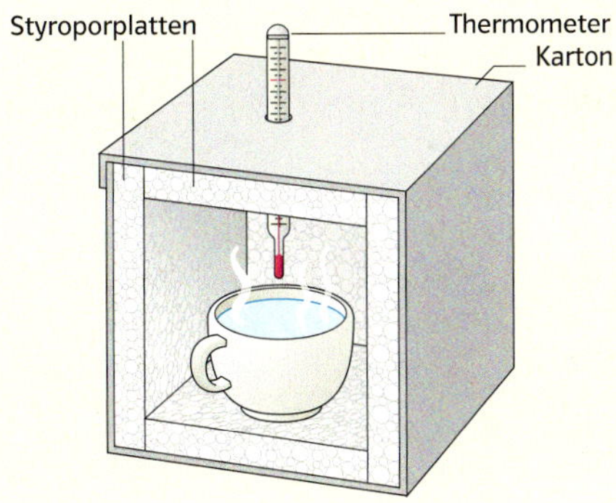

B3 Versuch zur Dämmung

Energiesparendes Bauen – Dämmung und Solaranlagen (2)

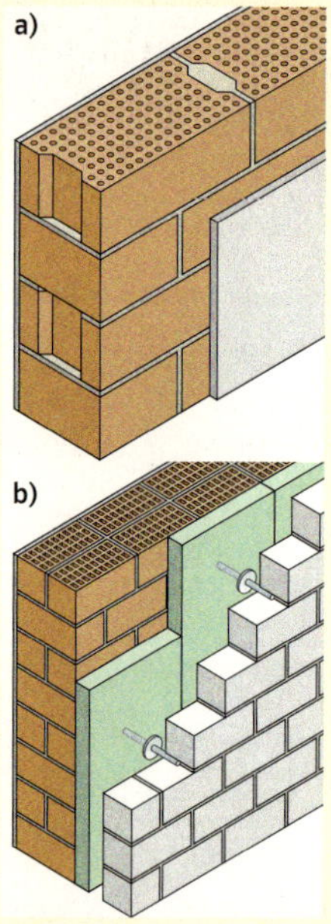

B1 Außenwand aus einer (a) bzw. aus zwei (b) Mauerschichten

Wie lässt sich die Dämmung beim Haus verbessern? Die Außenbauteile eines Hauses müssen besonders gut gegen entweichende Energie geschützt werden. So verwendet man bei den Außenmauern häufig Bims-, Hohlblock- oder Gasbetonsteine (→**B1a**), die in ihrem Inneren Luftkammern haben. Neben dem Material, das kein guter Energieleiter ist, wird durch die kleinen Kammern auch eine Luftströmung und damit ein Energietransport durch Energiemitführung behindert.

Vielfach errichtet man diese Mauern auch aus zwei Schichten, zwischen denen sich ein Luftspalt und eine Lage aus Dämmmaterial befindet (→**B1b**). Ähnlich sind auch Fensterscheiben mit Doppelverglasung (→**B2** der vorhergehenden Seite) aufgebaut. Luftströmungen lassen sich auch durch Mineralwolle, Naturfasern oder Schaumstoffe behindern, deren Fasern bzw. Stoffe auch keine guten Energieleiter sind. Deshalb werden das Dach oder die Wände oft mit derartigen Dämmmatten verkleidet, die häufig noch mit einer Aluminiumfolie versehen sind (→**B2**). Solche hellen oder glänzenden Oberflächen reflektieren die Energiestrahlung ins Haus zurück.

Wie lässt sich durch eigenes Verhalten im Hause Energie einsparen? Je nach Bedarf können die Räume eine unterschiedliche Temperatur aufweisen. So brauchen die Küche, in der es ja zusätzliche Energiequellen gibt, und die Schlaf- und Nebenräume nicht so beheizt werden wie die Wohnräume, in denen wir uns ständig aufhalten. In Zimmern mit einer Temperatur von 22 °C oder 23 °C fühlen sich viele

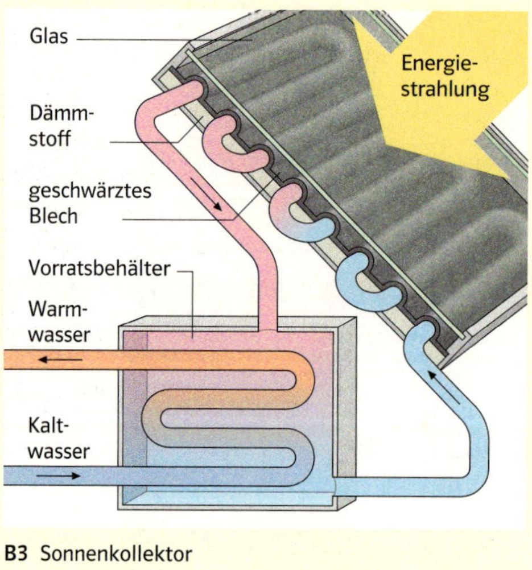

B3 Sonnenkollektor

B2 Dachverkleidung mit Mineralwollmatten

Menschen wohl, sodass sie sich dort mit leichter Bekleidung aufhalten. Zieht man dagegen im Winter „wärmere" Sachen an, so kann man die Temperatur um ein bis zwei Grad senken.

Ändert man in einem Raum kurzzeitig die Temperatur, so behalten die meisten Gegenstände ihre Energie in etwa bei. Deshalb sollte man Räume möglichst zügig und vollständig durch weites Öffnen von Fenstern oder Türen lüften. Ein ständig leicht geöffnetes Fenster führt dagegen zu einer ständigen Luftbewegung im Raum und damit zu einem insgesamt viel größeren Energieverlust.

Solaranlagen – Heizen mit der Sonne
Sonnenenergie wird auf zwei Arten nutzen:

1 Auf der Südseite von Hausdächern beobachtet man zuweilen große dunkle Platten, so genannte **Sonnenkollektoren** (→**B3**). In ihnen verläuft ein Teil des Wasserkreislaufs in Schlangenform. Von dem geschwärzten Blech wird Energie absorbiert, die durch die Energiestrahlung von der Sonne zur Erde gelangt. Diese Energie wird dann durch Energieleitung an das Wasser in den Heizschlangen abgegeben. Durch Energiemitführung gelangt sie zum Vorratsbehälter, wo sie gespeichert werden kann, bis sie zum Erwärmen des Wassers im Heizkörper benötigt wird.

2 Man kann auf dem Dach auch **Solarzellen** anbringen. Sie setzen die Sonnenenergie direkt in elektrische Energie um, die z. B. zur Heizung oder bei entsprechender Anlage auch für andere elektrische Geräte genutzt werden kann.

In Niedrig-Energie-Häusern werden alle drei Maßnahmen bzw. Einrichtungen verwirklicht: gute Dämmung, sinnvolle Energienutzung und ergiebige Sonnenenergienutzung.

Rückblick

Auf den vorhergehenden Seiten hast du einige Versuche, neue Begriffe, Beobachtungen und Erklärungen kennengelernt. Wenn du die folgenden Aufgaben bearbeitest, erstellst du dir selbst eine Zusammenfassung des Kapitels und kannst überprüfen, ob du das Wichtigste verstanden hast. Bist du an einer Stelle unsicher, dann sieh auf der entsprechenden Seite noch einmal nach.

1 Gegenstände und Begriffe

- Welche Möglichkeiten kann man nutzen, um Wasser zu erhitzen?
- Wie nennt man das, was alle Gegenstände abgeben, wenn sie Wasser erhitzen?
- Was versteht man unter 1 kJ?

2 Beobachtungen

Was beobachtet man, wenn
- eine Metallstange an einem Ende erwärmt wird?
- man einen Holzstab und einen Metallstab gleicher Temperatur in die Hand nimmt?
- man die Luftströmung in der Nähe einer Kerze untersucht?
- man zwei gleiche Thermometer in die Sonne legt, von denen eines mit schwarzem Papier und das andere mit Aluminiumfolie umwickelt ist?

3 Erklärungen und Erläuterungen

Erkläre bzw. erläutere,
- welche Unterschiede zwischen Energietransporten durch, mit und ohne Materie bestehen.
- warum Körper gleicher Temperatur sich unterschiedlich kalt anfühlen können.
- wie Körper beschaffen sein müssen, damit sie möglichst wenig Energie durch Strahlung aufnehmen.
- was man unter einem Energiestromdiagramm versteht.

4 Zusammenhänge

- Beschreibe mit eigenen Worten die Energieübergänge beim Essen. Wie viel muss man essen, um einen Tag zu „überleben"?
- Wie funktioniert eine Wärmflasche? Zeichne ein Energiestromdiagramm und erläutere die Energieübergänge.

Erläutere die wiedergegebenen Erscheinungen und beantworte die Fragen!

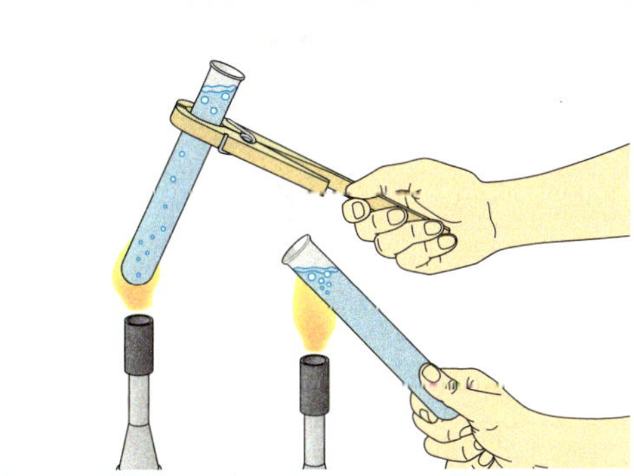

B1 Wie zeigt dieser Versuch, dass Wasser ein schlechter Energieleiter ist?

B2 Wie wird Energie vom Kachelofen zu den Personen und zur Katze übertragen?

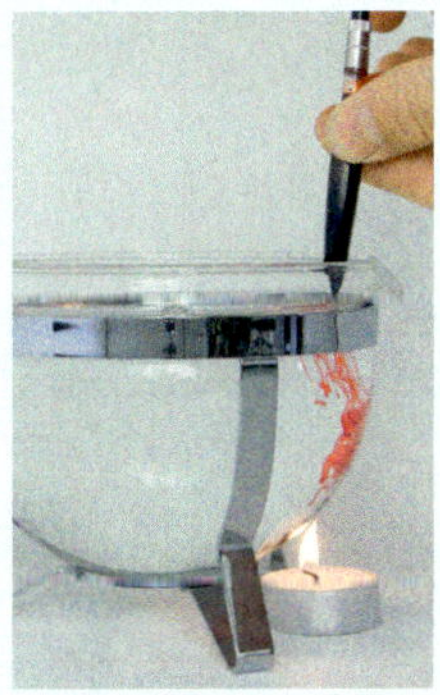

B3 Was geschieht mit der Tinte?

B4 Wie entstehen die Schmutzstreifen über dem Heizkörper?

B5 Was bewirkt der Spiegel hier?

Heimversuche

1 Energietransport bei einer Kerze

a) Halte deine Hand oberhalb (Vorsicht vor Verbrennungen!) und neben der Kerze im gleichen Abstand zur Flamme. Wo fühlt es sich wärmer an? Überprüfe mit einem Thermometer! Wie gelangt die Energie jeweils von der Kerze zur Hand?

b) Berühre die Kerze an verschiedenen Stellen. Ist Wachs ein guter Energieleiter? Begründe deine Antwort.

c) Im flüssigen Wachs der brennenden Kerze bewegen sich oftmals kleine, schwarze Rußteilchen. Beobachte ihre Bewegung. Fertige ein Protokoll an.

d) Bei welchem Thermometer in (→**B1**) steigt der Flüssigkeitsfaden schneller? Führe den Versuch durch und fertige ein Protokoll an.

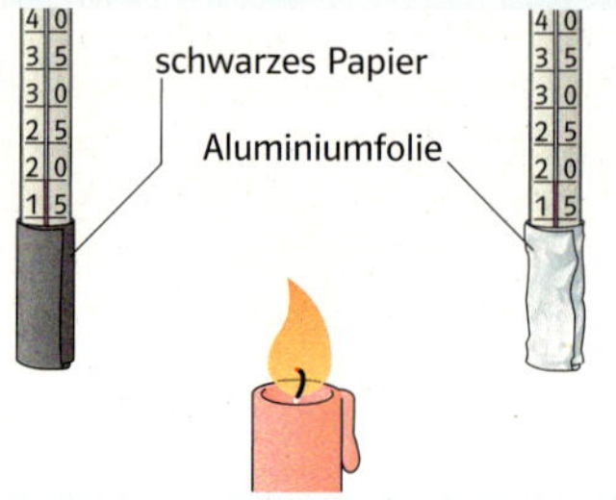

B1

2 Aufwindspirale Schneide eine Spirale aus Papier aus und hänge sie an einem Faden über einer Kerzenflamme so weit von der Flamme entfernt auf, dass sie nicht angesengt wird (→**B2**). Beobachte dann die Spirale.

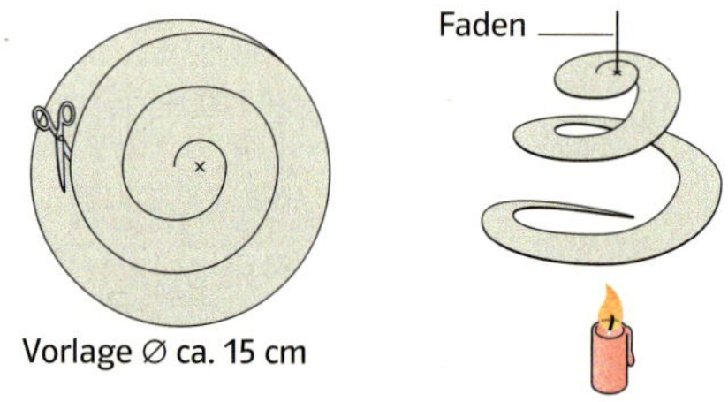

B2

3 Teebeutelrakete Achtung: Führe diesen Versuch nicht alleine durch, sondern lass dir von einem Erwachsenen helfen!

Öffne einen Zweikammerteebeutel, indem du die Metallklammer entfernst. Entleere den Beutel und forme eine Papierröhre. Diese Papierröhre stellst du auf einen Porzellanteller und zündest das Papier mit einem Streichholz ganz oben an. Beobachte, wie die „Rakete" nach einiger Zeit abhebt.

4 Dämmung zu Hause Untersuche bei dir zu Hause Wände, Böden und Decken sowie Fenster nach Maßnahmen zur Dämmung. Erkundige dich auch bei deinen Eltern. Welche dieser Maßnahmen könnten auch dem Schallschutz dienen?

Fragen

Energie

1 Welche Energie ist erforderlich, um

a) bei 1 l Wasser die Temperatur um 20 °C (50 °C) zu erhöhen?

b) bei 5 l Wasser die Temperatur um 20 °C (30 °C) zu erhöhen?

2 Wie kann man mit Hilfe eines Dynamos und eines Tauchsieders nachweisen, dass ein hochgehobener Stein Energie besitzt?

Energietransport durch Materie hindurch

3 Nenne drei gute und drei schlechte Energieleiter.

4 Untersuche Fonduegabeln. Warum sind sie in der Regel mit Holzgriffen versehen?

5 Im Winter kann man beobachten, dass der Schnee auf den Dächern der Häuser unterschiedlich schnell wegtaut. Erkläre dies.

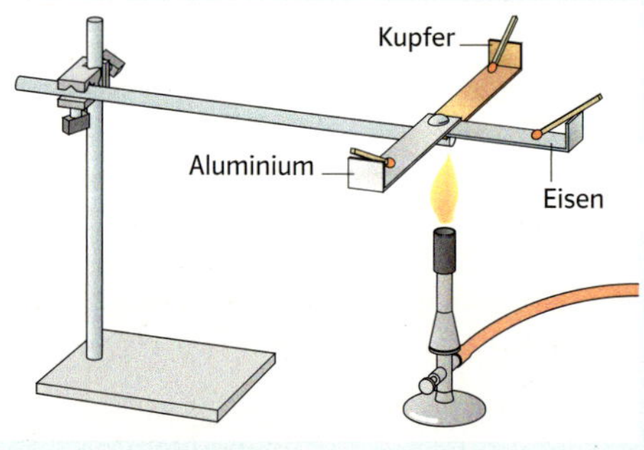

B3

6 Welches der drei Streichhölzer in (→**B3**) wird zuerst entzündet?

Energietransport mit Materie

7 Mit einer Kerzenflamme kann man Luftströmungen nachweisen (→**B4**). Wo ist hier der kältere Raum?

B4

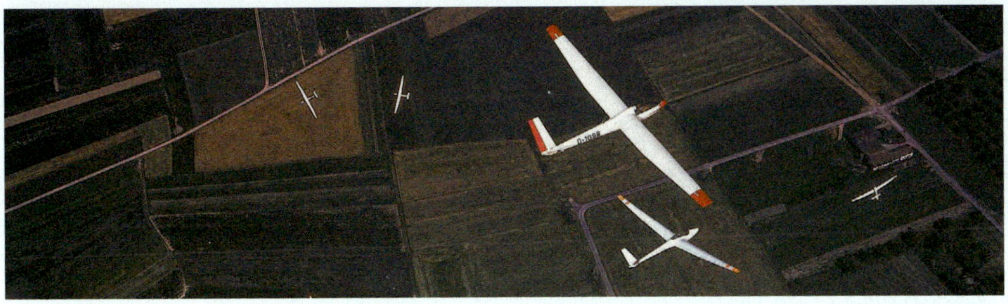

B1 Segelflugzeuge im notwendigen Aufwind

8 Segelflugzeuge können sich oft ohne Antrieb immer höher in die Luft schrauben. Wie kommt der Aufwind zustande (→**B1**)?

9 Am Tage ist das Land heißer als das Wasser. Erkläre, wie es an der Küste zu dem „Seewind" (Wind, der von der See zum Land weht) kommt (→**B2**). Warum beobachtet man in der Nacht einen Wind in der entgegengesetzten Richtung (Landwind)?

B2 Seewind

10 Warum kann man in einem Umluftherd gleichzeitig mehrere Bleche mit Plätzchen backen?

11 Bei älteren Zentralheizungen findet man keine Pumpe im Wasserkreislauf. Wie können sie dennoch funktionieren? Warum sind die Rohre bei diesen Heizungen breiter?

Energietransport ohne Materie

12 Warum trägt man im Sommer oft helle Kleidung?

13 Warum sind Kühlwagen in der Regel in hellen Farben gestrichen?

14 Untersuche Tüten, in denen heiße Hähnchen vom Grill verpackt werden. Warum sind sie im Inneren mit Alufolie ausgekleidet? Untersuche ebenso Tüten, in denen Tiefkühlkost vom Einkauf nach Hause transportiert wird.

Zur Temperaturregelung

15 Warum hält auch grobmaschig gestrickte Wolle gut warm, solange man nicht im Wind steht?

16 Im Winter plustern Vögel häufig ihre Federn auf. Was bezwecken sie damit?

17 Warum kühlt sich eine heiße Flüssigkeit in einer Thermosflasche kaum ab (→**B3**)? Kann eine Thermosflasche auch kalte Getränke kühl halten?

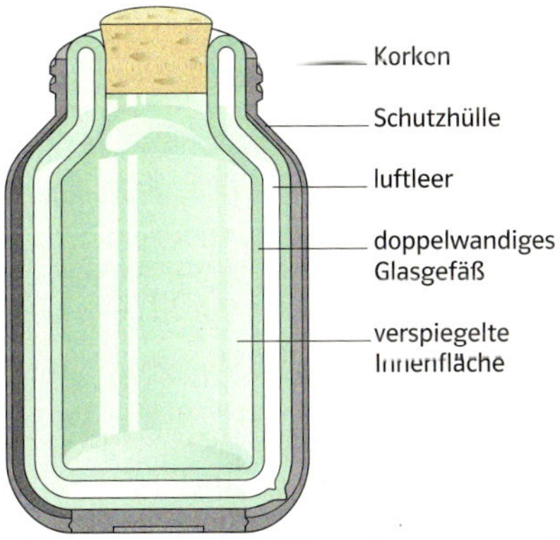

B3 Schnitt durch eine Thermosflasche

18 Warum werden beim Hausbau oft Hohlblocksteine verwendet?

19 Können Kühlboxen auch zum Warmhalten benutzt werden?

20 Warum ist gute Dämmung bei Häusern sehr wichtig? Welche Dämmstoffe nimmt man heute zur Isolation eines Daches, welche hat man früher verwendet?

Weitere Fragen

21 Zur Warmwasserheizung:
a) Wozu dient der Ausgleichsbehälter?
b) Warum lässt man das heiße Wasser am Heizkörper immer oben hinein- und das kältere Wasser unten herausfließen?

22 Elektronische Bauteile werden mit Hilfe von Lötzinn an den Leiterbahnen der Platine befestigt (→**B1**). Dabei wird das Zinn durch einen Lötkolben verflüssigt. Nach dem Erstarren sind die Drähte der Bauteile mit den Leiterbahnen verbunden. Manche dieser Bauteile werden allerdings zerstört, wenn sie dabei zu heiß werden. Warum wird dies vermieden, wenn man die Drähte beim Einlöten mit einer Metallzange umfasst?

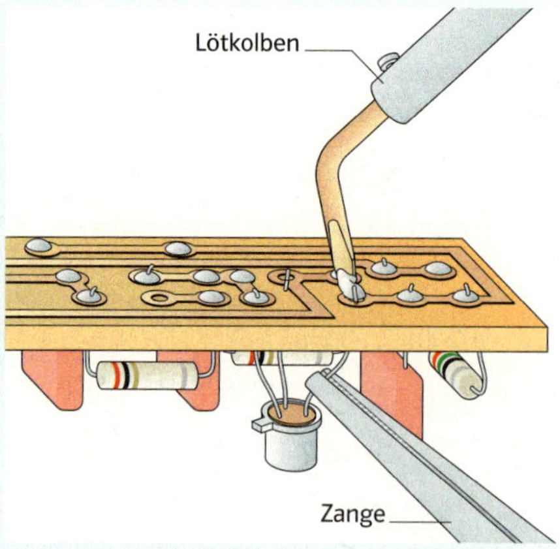

B1 Einlöten von elektronischen Bauteilen

23 In (→**B2**) kommt das Wasser zum Sieden, ohne dass der Papierbecher ansengt. Führe den Versuch selbst durch und lege ein Versuchsprotokoll an.

B2 Wasserkochen im Papierbecher

24 Wasser ist ein schlechter Energieleiter. Wie sollte man sich verhalten, um eine Unterkühlung zu vermeiden, wenn man in kaltem Wasser treibt? Sollte man sich möglichst still verhalten oder lieber kräftig strampeln, um sich „warm zu halten"?

25 Brennbare Gase entzünden sich erst, wenn sie auf die sogenannte Zündtemperatur erhitzt werden.
a) Das Gas aus dem Gasbrenner wird oberhalb des Kupfernetzes angezündet. Warum dringt die Flamme nicht durch das Netz hindurch (→**B3**)?
b) Stülpe ein großes Glas über ein brennendes Teelicht. Was beobachtest du?
c) In Bergwerkstollen befinden sich manchmal brennbare Gase. Wenn sie durch eine Flamme entzündet werden, kann es zu einer explosionsartigen Verbrennung kommen. Um solche „schlagenden Wetter" zu vermeiden, benutzten die Bergleute früher Sicherheitslampen (→**B4**). Erkläre ihre Funktionsweise. Überlege auch, warum die Flamme nicht einfach rundherum von Glas eingeschlossen wird.

B3

B4 Sicherheitslampe

26 Oft hört man folgende Redeweisen:
a) Es soll keine Kälte eindringen.
b) Wärme steigt immer nach oben. Kannst du erklären, was genau gemeint ist und die Sachverhalte mit den physikalischen Begriffen richtig wiedergeben?

27 Unfallopfer, die einen Schock erlitten haben, müssen warm gehalten werden. Dazu dient bei der ersten Hilfe eine dünne verspiegelte „Rettungsfolie" (→**B5**). Erkläre deren Wirkung! Wofür ist sie nicht geeignet?

B5 Wie funktioniert eine „Rettungsfolie"?

Energie in verschiedenen Systemen

Eine rasante Achterbahnfahrt Vielleicht bist du schon einmal mit einer Achterbahn gefahren. Zuerst werden die einzelnen Wagen mit einer Seilwinde nach oben gezogen. Dann geht's in rasanter Fahrt bergab und dann wieder bergauf. Aber die Wagen der Achterbahn haben keinen Motor oder sonstigen Antrieb. Wieso erreichen sie dennoch den gegenüberliegenden Gipfel? Könnten die Wagen denselben Weg auch wieder zurück fahren?

Energie im Alltag Zum Leben benötigen wir Energie. Sie wird uns in vielfältiger Form angeboten. Energie steckt beispielsweise in Nahrungsmitteln oder wird uns über Stromleitungen ins Haus geliefert.

The wind as a source of power In einem englischen Schulbuch steht: *Wind power, one of the oldest forms of energy, has made a comeback. As long as 4000 years ago, ships were driven across the sea by the power of the wind. For centuries, windmills have been used for grinding corn and pumping water. But now they are being used to generate electricity!*
The advantage of wind is that it will not run out and no waste is produced. When all the earth's coal, gas and oil has been burned, the wind will keep on blowing! But the biggest problem with wind power is that the strength of the wind is not always the same. If the wind drops too low, the windmill blades stop turning or can be blown off in a very high wind.

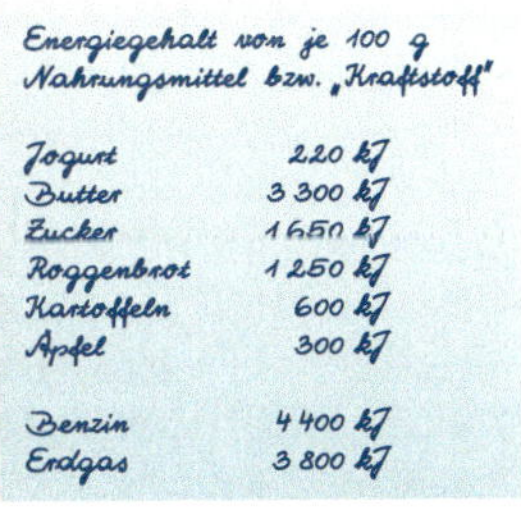

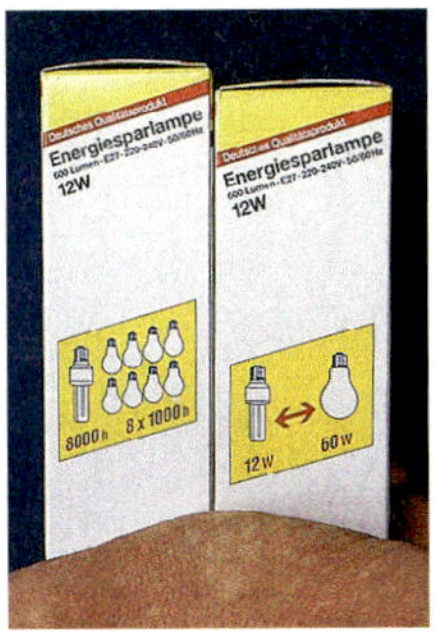

Werkstatt

Hau den Lukas: Modelle einer Energieübertragungsmaschine

Erstellen eines Modells

Ziel formulieren: Welche Funktion soll das Modell erfüllen?

▼

Zusammenstellung bereits bekannter Eigenschaften

▼

Praktische Umsetzung der Eigenschaften

▼

Modell fertigstellen

▼

Beobachtungen mit dem Modell erklären und damit seine Funktionstauglichkeit prüfen

Es ist Jahrmarktszeit. Felix und Theo schlendern an den Buden und Fahrgeschäften vorbei. An einem kleinen Stand bleiben sie stehen: „Hau den Lukas!" steht in Leuchtschrift über einem Gerät, das wie ein eigentümliches Fieberthermometer aussieht (→**B1**). Felix findet besonders spannend, dass sich hier die stärksten Männer messen. Sie versuchen, durch einen gezielten Hammerschlag auf eine Art Wippe einen offensichtlich schweren Stahlring in die Höhe zu katapultieren. Theo will wissen, wie das Gerät funktioniert. Felix vergleicht es mit einer Artistennummer, die er einmal im Zirkus gesehen hat (→**B2**). Theo denkt an sein eigenes Spielzeug aus der Kindheit und an Flipperautomaten (→**B3**). Beide überlegen weiter.

- Überlegt euch in Gruppen- bzw. Partnerarbeit, wie man ein einfaches „Hau den Lukas"-Modell bauen kann! Klärt dabei die Kriterien, mit denen man feststellen kann, was es bedeutet, der oder die „Stärkste" zu sein. Überlegt euch, welche Funktion die Bauteile haben und welche Bauteile mindestens notwendig sind.
- Beschreibt den Aufbau und die einzelnen Prozesse genau!
- Formuliert gemeinsam eine Erklärung dieser Abläufe. Hierbei ist es hilfreich, zunächst alle physikalischen Begriffe zu sammeln und deren Bedeutungen festzuhalten.
- Stellt den Begriff „Energie" in den Mittelpunkt eurer Überlegungen – wie kann man sie hier bestimmen? Lösungshilfen findet ihr an vielen Stellen in diesem Buch.
- Welche Modellvorstellungen über Energie und Mechanik werden benötigt bzw. verwendet?
- Fasst am Ende zusammen, welche Ungenauigkeiten und Fehler bei der Energiebestimmung aufgetreten sind und welche Grenzen eure Modellvorstellungen besitzen!
- Tragt eure Ergebnisse der Klasse vor!

Der Modellbegriff in der Physik

Ein Modell ist eine Konstruktion, mit der man vereinfachend Teile aus der Wirklichkeit abbilden kann und in seiner Funktion nur mit der Wirklichkeit vergleichbare Zusammenhänge erbringt. Ein Modell entsteht aus der Summe von Eigenschaften, welche aus Naturbeobachtungen und Experimenten gewonnen wurden. Kommen neue Eigenschaften hinzu, so muss dass Modell erneuert werden.

B1 Hau den Lukas

B2 Artisten

B3 Flipperautomat

B4

Energieformen – Energie in verschiedenen Systemen

V1 Lässt man eine Knetkugel aus einer größeren Höhe fallen, so wird sie beim Aufprall auf dem Boden stärker verformt, als wenn man sie in einer geringeren Höhe loslässt. Knetkugeln mit einer großen Masse werden aus gleicher Höhe beim Aufprall stärker verformt als solche mit geringer Masse (→**B1** und **B2**).

B2

V2 Wirft man eine Knetkugel mit großer Geschwindigkeit gegen eine feste Wand, so wird sie stärker verformt, als wenn man nur zaghaft wirft (→**B3**).

B3

V3 Lässt man bei einer Kugelbahn (→**B4**) beide Kugeln aus gleicher Höhe gleichzeitig losrollen, so erreicht die rechte Kugel eher das untere Bahnende, obwohl die rechte Bahn länger ist als die linke. Die Endgeschwindigkeiten beider Kugeln sind jedoch gleich groß.

V4 Manche Spielzeugautos besitzen einen Federmotor. Durch Rückwärtsrollen des Fahrzeuges kann man diesen Motor „aufziehen"; dabei wird eine Feder gespannt. Je stärker ein Motor aufgezogen wird, d.h. je stärker die Feder gespannt wird, desto stärker wird die Knete beim Aufprall verformt (→**B5**).

B5

V5 Je stärker man eine Armbrust spannt, desto weiter fliegt der Pfeil. Befestigt man an Stelle der Pfeilspitze eine Knetkugel am Pfeil (→**B6**), so wird die Knete beim Aufprall auf eine Wand verformt. Je stärker die Armbrust gespannt wurde, desto größer ist die Verformung.

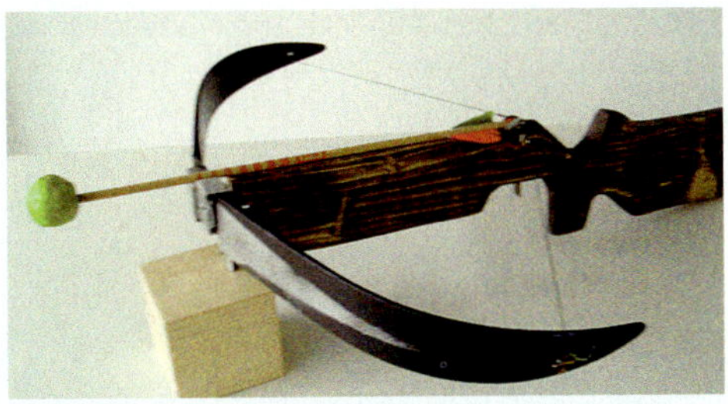

B6

B7

V6 Eine Kugel fällt aus verschiedenen Höhen in einem Plastikschlauch herunter (→**B7**). Am Ende der Fallbewegung wird die Kugel umgelenkt und passiert eine Lichtschranke. Die jeweiligen Durchlaufszeiten (Verdunkelungszeiten) werden gemessen. Da der Lichtstrahl die Kugel immer auf der gleichen Höhe trifft, bleibt die Verdunkelungsstrecke gleich. Damit lässt sich die Endgeschwindigkeit der Kugel berechnen.

V7 Die Bahnkurve des Plastikschlauches wird etwas verbogen. Wieder ergibt sich die gleiche Verdunkelungszeit.

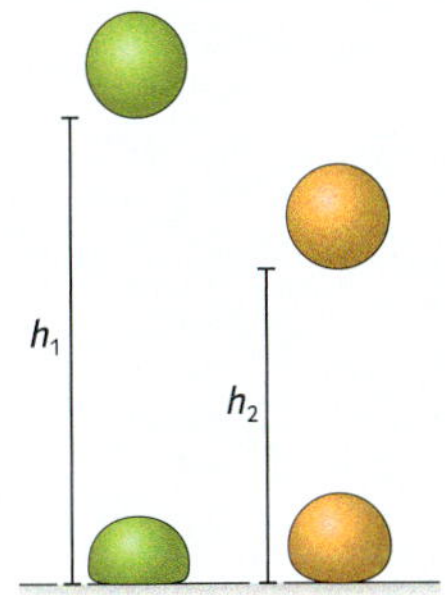

B1 Knetkugeln fallen

B4 Kugelbahn

V8 Eine Holzkugel und eine Stahlkugel mit gleichem Durchmesser werden aus gleicher Höhe in dem Schlauch fallengelassen. Obwohl die Stahlkugel schwerer ist, ergibt sich bei beiden Kugeln die gleiche Verdunkelungszeit und damit die gleiche Endgeschwindigkeit.

V9 Reibt man beide Handflächen aneinander, so führt dies zu einer Erwärmung. Je fester man reibt, desto wärmer fühlen sich die Handflächen an.
Beim mehrfachen Pumpen mit einer Fahrrad-Luftpumpe kann sich das Ventil stark erhitzen.

V10 Die Anschlüsse einer Solarzelle werden mit den Anschlüssen einer Lampe verbunden (→**B1**). Scheint Sonnenlicht auf die Solarzelle, so leuchtet die Glühlampe. Wird die Solarzelle teilweise abgedeckt, so leuchtet die Lampe schwächer oder erlischt.

V11 Mit einer Batterie oder einem Akku kann man den Elektromotor eines Spielzeugautos betreiben. Mit „frisch geladenen" Akkus läuft der Motor am besten.

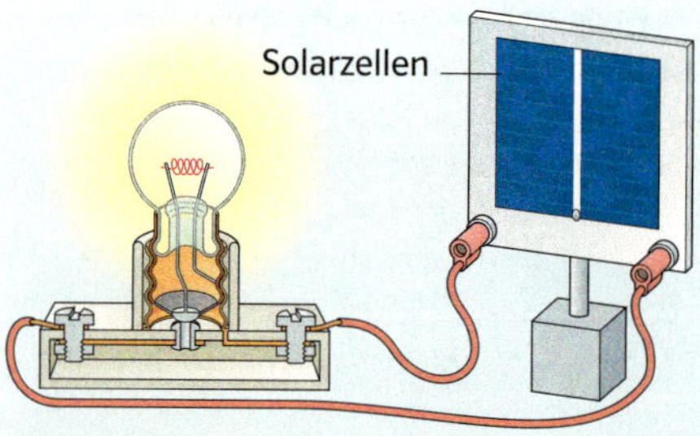

B1

kinetikos (griech.) = „bewegend"

So wie man mit Grundwasser und Regenwasser „Wasser an sich" in verschiedenen Systemen meint, ist es auch stets dieselbe Energie in verschiedenen Ausprägungen, wenn man Energie in verschiedene „Energieformen" unterteilt.

Lageenergie (Höhenenergie) Wenn Skispringer größere Weiten springen als für eine Schanze als sicher angesehen wird (der sog. „kritische Punkt"), verkürzt man die Anlaufstrecke. Die erzielten Weiten sind dann geringer (→**B2**). Bei so einem Sprung wird weniger **Lageenergie** (oder **Höhenenergie**) umgewandelt als vorher. Entsprechendes gilt für den freien Fall der Knetkugeln in **V1** aus unterschiedlichen Höhen. Durch die unterschiedliche Verformung beim Aufprall verschieden schwerer Knetkugeln wird zudem klar, dass die Höhenenergie auch von der Gewichtskraft und damit von der Masse der Kugeln abhängt.

● **Je größer die Höhe ist, in der sich ein Körper befindet und je größer seine Masse ist, desto größer ist seine Lageenergie, kurz mit E_{Lage} bezeichnet. Die Lageenergie wird auch Höhenenergie genannt.**

B2 Skispringer beim Sommerwettkampf

Kinetische Energie (Bewegungsenergie)
Die vier Athleten beim Viererbobfahren (→**B3**) schaffen es auf der 50 m langen Startmessstrecke, dem Schlitten eine bestimmte **Bewegungsenergie** (oder **„kinetische Energie"**) für die anschließende Fahrt mitzugeben. Eine abgeschossene vergleichsweise kleine Gewehrkugel kann beim Aufprall auf eine Wand eine größere Verformung erzeugen als eine viel schwerere, geworfene Holzkugel. Je schneller ein Körper ist und je größer seine Masse ist, desto mehr Energie steckt in seiner Bewegung. Ein schneller leichter Schlitten kann genauso viel Energie besitzen wie ein langsamerer, aber schwerer Schlitten.

● **Je größer die Geschwindigkeit und je größer die Masse eines Körpers ist, desto größer ist seine Bewegungsenergie. Die Bewegungsenergie wird auch als kinetische Energie (kurz: E_{kin}) bezeichnet.**

B3 Viererbob beim Start

Spannenergie Je stärker eine Bogenschützin den Bogen spannt, desto weiter fliegt der Pfeil (→**B1**). Für Jugendliche gibt es Bögen aus einem weicheren Material, die sich leichter spannen lassen, die allerdings nicht so weit schießen. In einem gespannten weichen Bogen steckt weniger Energie als in einem gleich weit gespannten härteren Bogen. Der Einfluss des Materials spielt also eine Rolle. Dieser Einfluss wird bei einer schwach gespannten Bogensehne wie bei einer Feder durch die Federkonstante beschrieben, die wir vom Hooke'schen Gesetz kennen. Sie beschreibt, welche Kraft einwirken muss, um eine Feder um eine bestimmte Strecke zu dehnen oder zu stauchen. Die Energie, die in einem gespannten Bogen oder Gummiband, einer gespannten oder auch in einer gestauchten Feder steckt, nennt man **Spannenergie** (kurz E_{Spann}).

● **Je größer die Spannstrecke (bzw. Stauchstrecke) und die Federkonstante (der Härtegrad des Materials) sind, desto größer ist die in der Feder gespeicherte Spannenergie.**

B1 Bogenschützin

Elektrische Energie Ohne elektrische Geräte können wir uns unser Leben kaum mehr vorstellen. Zum Betreiben solcher Geräte braucht man **elektrische Energie**.

B2 gibt einen Überblick, wie unsere Haushalte mit elektrischer Energie versorgt werden.
In jedem Kraftwerk befindet sich ein großer Dynamo, der Generator, der die Energie, die in Kohle, Erdöl, Wind etc. steckt, letztlich in elektrische Energie umwandelt.

Mit dem elektrischen Strom wird diese Energie in unsere Haushalte transportiert. Bei der Drehung des Generators entstehen an seinen Anschlüssen Spannungen zwischen 8 000 V und 30 000 V. Würde man bei diesen Spannungen in kurzer Zeit viel elektrische Energie weiterleiten, so würden sich die Fernleitungen stark erwärmen.

Das lässt sich vermeiden, wenn man die Energie bei wesentlich höheren Spannungen weiterleitet. Dazu setzt man so genannte Transformatoren ein, die die Spannung auf bis zu 380 000 V hochtransformieren.

Vor unseren Häusern wird die Spannung schließlich wieder auf die üblichen 230 V heruntertransformiert. Jetzt kann der Strom die Energie direkt in unsere Hauhaltsgeräte leiten.

● **Technisch am einfachsten lässt sich Energie als elektrische Energie an verschiedene Orte transportieren. Sie kann nur übertragen werden, wenn gleichzeitig elektrischer Strom fließt.**

Hooke'sches Gesetz
$D = \frac{\Delta F}{\Delta s}$ = konstant

In der Mechanik fasst man Spannenergie und Lageenergie oft als **potenzielle Energie** zusammen.

potentialis (lat.) = „nach Vermögen"

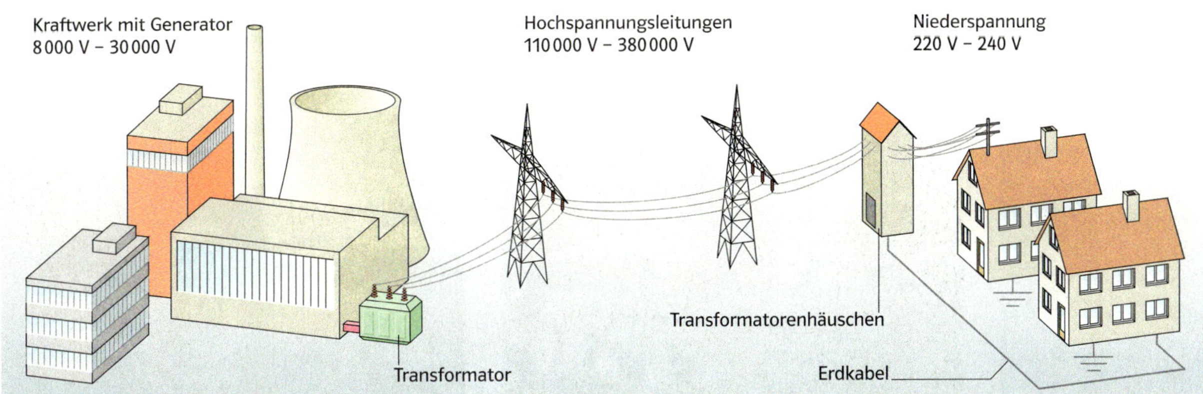

B2 So werden Haushalte mit elektrischer Energie versorgt.

B5 Olympisches Feuer (Hohlspiegel)

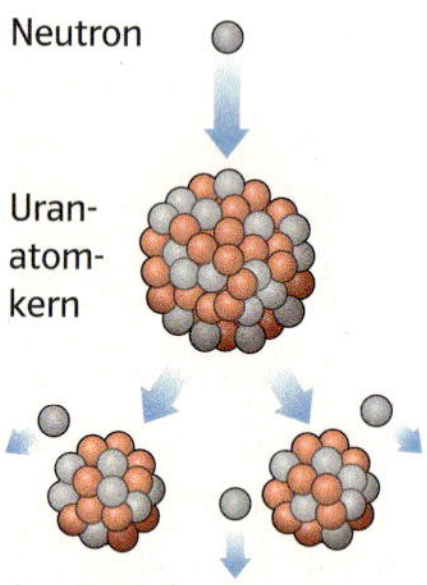

B6 Atomkernspaltung

Strahlungsenergie Auch Licht transportiert Energie. Damit kann man andere Gegenstände sehr stark erwärmen, z. B. durch Bündelung des Lichts (→**B5**). Beim Laser werden bestimmte Atome zum Leuchten angeregt und diese senden dann einheitliches Licht aus. Dieses Licht wird so umgelenkt und gebündelt, dass alles in eine Richtung strahlt. Laserlicht kann daher so intensiv und energiereich sein, dass man damit Metalle schmelzen oder Operationsschnitte durchführen kann. Solarzellen können **Strahlungsenergie** direkt in elektrische Energie umwandeln. Damit können sogar Fahrzeuge angetrieben werden (→**B1**).

B1 Solarmobil

● **Licht transportiert Energie. Man spricht von Lichtenergie oder allgemein Strahlungsenergie.**

Innere Energie Beim Aufprall eines Autos auf eine Betonwand treten große Kräfte auf. Im Bruchteil einer Sekunde wird das Fahrzeug auf 0 m/s abgebremst (→**B2**). Dabei wird nahezu die gesamte Bewegungsenergie zur Verformung und Temperaturerhöhung des Körpers verwendet. Bei dieser Verformung wird die mechanische Energie in **innere Energie** umgewandelt.

Unter innerer Energie fasst man alle Energieformen im Inneren eines Körpers zusammen. Dazu gehören:

1 Thermische Energie: Festes Reiben (z. B. der Handflächen aneinander wie in **V9**) führt zu einer Erwärmung (→**B4**). Beim mehrfachen Pumpen mit einer Fahrrad-Luftpumpe kann das Ventil sehr heiß werden. In beiden Fällen hat sich die mechanische Energie der beteiligten Körper nicht geändert. Die hierbei zugeführte Energie wird als innere Energie in den Körpern gespeichert und bewirkt eine Temperaturerhöhung.

● **Bei Änderung der thermischen Energie ändert sich die Temperatur des Körpers.**

2 Chemische Energie: Bei chemischen Reaktionen kann Energie freigesetzt werden, die vorher in den jetzt miteinander reagierenden Stoffen gespeichert war. Zum Beispiel trennen in einer Batterie (→**B3**) chemische Reaktionen laufend positive und negative Ladungsträger und transportieren diese zu den jeweiligen Polen der Batterie.

● **Chemische Energie ist die Energieform, die durch chemische Reaktionen frei gesetzt werden kann.**

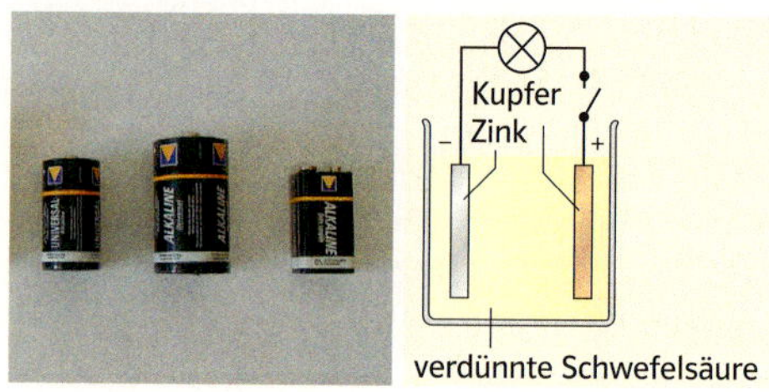

B3

3 Kernenergie: Bei der Kernspaltung wird ein schwerer Atomkern durch das Auftreffen eines Neutrons in Kernbruchstücke und weitere Neutronen zerlegt (→**B6**). Bei dieser Kernumwandlung wird äußerst viel Energie, die „Kernenergie", frei.

B7 „Atompilz"

B2 Crashtest

B4 Glühende Bremsscheiben

B2 Bahnübergang mit Treppe und Rampe

B3 Seilbahn auf den Schauinsland im Schwarzwald

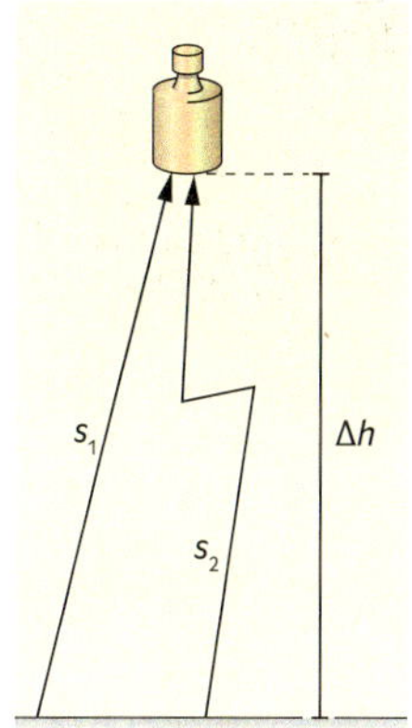

B1 verschiedene Wege

B4

Die Lageenergie lässt sich berechnen Bei dem Bahnübergang (→B2) soll ein Koffer hoch gebracht werden. Man kann den Koffer über die lange Rampe oder über die steilere Treppe hochtransportieren. Den kürzesten Weg hätte man, wenn man den Koffer direkt mit einem Seil nach oben ziehen würde. Hierzu muss wegen des Kräftegleichgewichts die Zugkraft (mindestens) genauso groß wie die Gewichtskraft des Koffers sein (→B4). Oben hat der Koffer immer die gleiche Lageenergie, egal auf welchem Weg er nach oben gelangt ist (→B1). Von welchen Größen hängt diese Energie ab? Wie ist der genaue Zusammenhang? Starke Leute können zwei gleiche Koffer auf einmal nach oben tragen. Genauso könnte man zu zweit nebeneinander je einen Koffer tragen. Das Kofferpaket aus den beiden Koffern hat oben die doppelte Lageenergie wie ein einzelner Koffer. Bei dreifacher Masse muss die Lageenergie oben dreimal so groß sein wie die des ersten Koffers. Die Lageenergie des Koffers ist proportional zu seiner Masse, kurz:

$$\Delta E_{\text{Lage}} \sim m$$

Wir wissen schon, dass die Lageenergie des Koffers umso größer ist, je höher er sich über dem Boden befindet. Wenn man den Koffer über 20 Stufen hochtransportiert, muss man ihm doppelt so viel Energie zuführen, wie wenn man ihn nur zehn Stufen hochträgt. Also hat er nach 20 Stufen auch die doppelte Lageenergie. Die Änderung der Lageenergie ist damit proportional zur Höhenänderung des Körpers, kurz:

$$\Delta E_{\text{Lage}} \sim \Delta h$$

Fasst man die beiden Ergebnisse zusammen, so gilt: $\Delta E_{\text{Lage}} \sim m \cdot \Delta h$

Wegen $F_G = m \cdot g$ ist die zugewonnene Lageenergie proportional zum Produkt aus Gewichtskraft und Höhenänderung: $\Delta E_{\text{Lage}} \sim F_G \cdot \Delta h$

Die Einheiten der physikalischen Größen sind so gewählt, dass der Proportionalitätsfaktor gleich 1 ist. Die Höhenenergie lässt sich somit mathematisch beschreiben:

● **Die Änderung der Lageenergie eines Körpers ist das Produkt aus seiner Gewichtskraft und seiner Höhenänderung, kurz:**

$$\Delta E_{\text{Lage}} = F_G \cdot \Delta h, \text{ bzw. } \Delta E_{\text{Lage}} = m \cdot g \cdot \Delta h$$

Die Maßeinheit für die Energie ergibt sich aus dem Produkt der Maßeinheiten für Kraft und Weg: 1 Joule (1 J) = 1 N · 1 m = 1 Nm. Sie trägt den Namen des englischen Physikers **James Prescott Joule** (1818–1889). Für kleinere und größere Energieportionen gibt es noch die Einheiten:

1 Millijoule = 1 mJ = 0,001 J = 10^{-3} J
1 Kilojoule = 1 kJ = 1000 J = 10^{3} J
1 Megajoule = 1 MJ = 1000000 J = 10^{6} J

Beispiel: Fritz fährt bei einem Schulausflug mit der Schauinsland-Seilbahn (→B3) von der Talstation (538 m ü. M.) zur Gipfelstation (1284 m ü. M.). Um welchen Wert ändert sich dabei die Lageenergie von Fritz (F_G = 550 N)?

Gegeben: F_G = 550 N; h_1 = 538 m; h_2 = 1284 m;
Gesucht: Zunahme der Lageenergie ΔE_{Lage}

$$E_1 = F_G \cdot h_1;\; E_2 = F_G \cdot h_2$$

Die Lageenergie ändert sich um die Differenz dieser Werte.

$$\begin{aligned}\Delta E_{\text{Lage}} &= E_2 - E_1 = (F_G \cdot h_2) - (F_G \cdot h_1)\\ &= F_G \cdot (h_2 - h_1)\\ \Delta E_{\text{Lage}} &= 550\,\text{N} \cdot (1284\,\text{m} - 538\,\text{m})\\ &\approx 410\,\text{kNm} = 410\,\text{kJ}\end{aligned}$$

Legt man als Bezugsniveau (Nullniveau) die Talstation fest, so beträgt die Lageenergie von Fritz in der Talstation 0 J. Seine Lageenergie am Gipfel bezüglich der Talstation ist dann E_{Lage} = 410 kJ.

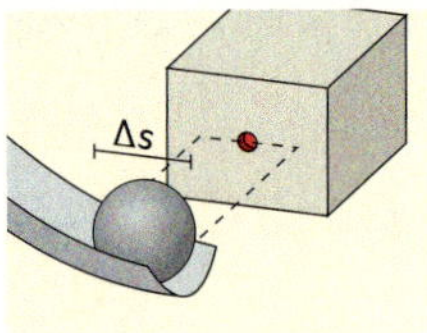

B2 Verdunkelungsstrecke Δs

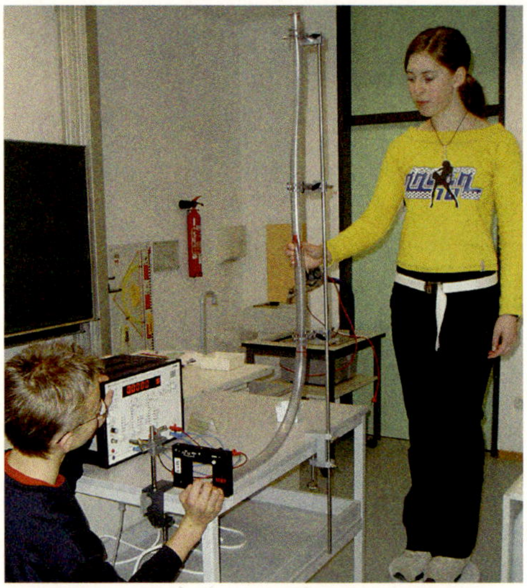

B1 „Kugelsprungschanze“ mit Lichtschranke

Die kinetische Energie lässt sich berechnen

Mit einem Fallversuch einer Kugel in einem Plastikschlauch (→**B1** und **V6**, S.125) können wir erforschen, von welchen Größen die kinetische Energie der Kugel abhängt.

B3

Wir lassen eine Holzkugel aus verschiedenen Höhen in einem Plastikschlauch herunter fallen. Am Ende der Fallbewegung wird die Kugel umgelenkt und passiert eine Lichtschranke. Wenn man den Lichtstrahl auf die Höhe der Kugelmitte justiert, so ist die Verdunkelungsstrecke gleich groß wie der Kugeldurchmesser (→**B2**). Die gemessene Verdunkelungszeit ist die Zeit, welche die Kugel zum Durchrollen braucht (→**B3**). Damit lässt sich die Endgeschwindigkeit der Kugel über $v = \Delta s / \Delta t$ berechnen.

Geschwindigkeit = Verdunkelungsstrecke/Verdunkelungszeit

$v = \frac{\Delta s}{\Delta t}$

Der Durchmesser der verwendeten Kugel beträgt 3,0 cm. Damit wurden folgende Werte ermittelt:

Messung Nr.	1	2	3
Starthöhe h in m	0,30	0,60	1,20
Durchlaufzeit Δt in	0,0124	0,0087	0,0062
v in m/s	2,419	3,448	4,839

Wir lassen an Stelle der Holzkugel eine Stahlkugel mit gleichem Durchmesser aus den gleichen Höhen fallen. Obwohl die Stahlkugel eine größere Masse hat, ergibt sich bei beiden Kugeln jeweils die gleiche Verdunkelungszeit. Daraus können wir schließen, dass die Kugeln mit unterschiedlicher Masse bei gleicher Fallhöhe die gleiche Endgeschwindigkeit besitzen.

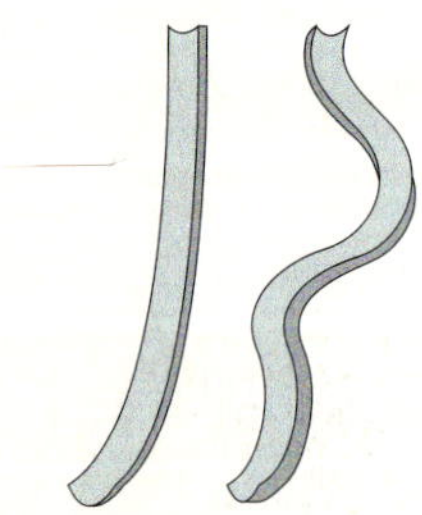

B4

Die Endgeschwindigkeit hängt nur von der Höhe ab. Dabei zeigt sich, dass erst bei vierfacher Fallhöhe ($h_3 = 4\,h_1$) die Endgeschwindigkeit auf den doppelten Wert anwächst ($v_3 = 2\,v_1$). Die vierfache Höhenenergie wird also in kinetische Energie umgewandelt, bei der die Endgeschwindigkeit doppelt so groß ist wie v_1. Das heißt E_{kin} ist proportional zum Quadrat der Geschwindigkeit:

$$E_{kin} \sim v^2$$

Bei doppelter Masse ist die Höhenenergie am gleichen Startpunkt auch doppelt so groß, und diese wird dann in Bewegungsenergie von doppelter Größe umgewandelt. Nach den Versuchsergebnissen mit der Stahlkugel ist die Endgeschwindigkeit bei Kugeln verschiedener Masse aber gleich groß. Also muss die Bewegungsenergie ebenfalls auch proportional zur Masse sein: $E_{kin} \sim m$

Damit gilt insgesamt:

$$E_{kin} \sim m \cdot v^2$$

Als Proportionalitätsfaktor ergibt sich bei ganz genauen Messungen der Wert ½.

● **Die kinetische Energie (Bewegungsenergie) ist gleich der Hälfte des Produktes aus Masse des Körpers und Geschwindigkeit des Körpers im Quadrat:**

$$E_{kin} = \frac{1}{2} \cdot m \cdot v^2$$

Die Einheit der Energie ergibt sich im Fall der kinetischen Energie aus

$$[E_{kin}] = 1\,\text{kg} \cdot \frac{\text{m}^2}{\text{s}^2} = 1\,\text{N} \cdot \text{m} = 1\,\text{J}.$$

Beispiel: Wie groß ist die kinetische Energie der Holzkugel beim Passieren der Lichtschranke, wenn sie aus einer Höhe von 60 cm fallen gelassen wurde? Die Masse der verwendeten Holzkugel ist 10 g.

Gegeben: $m = 10\,\text{g} = 0{,}010\,\text{kg}$, $v = 3{,}4\,\text{m/s}$
Gesucht: E_{kin}

$$E_{kin} = \frac{1}{2} \cdot m \cdot v^2$$

$$E_{kin} = 0{,}5 \cdot 0{,}010\,\text{kg} \cdot (3{,}4\,\text{m/s})^2 = 58\,\text{mJ}$$

■ **A1** Wenn man die Bahnkurve des Plastikschlauches etwas verbiegt (→**B4**) und dann eine Kugel hindurch fallen lässt, erhält man bei der Lichtschranke wieder die gleiche Verdunkelungszeit. Wie groß ist also die Endgeschwindigkeit? Warum ist das so?

Wie hoch springt eine Kugelschreiberfeder?

Versuch: Nimm eine Feder aus einem Kugelschreiber und drücke die Feder unterschiedlich weit zusammen (3 mm, 6 mm, 9 mm, ...). Beobachte jeweils, wie hoch die Feder nach dem Loslassen springt. Welchen Zusammenhang zwischen der Stauchstrecke und der erreichten Sprunghöhe gibt es? Welche experimentellen Probleme tauchen hierbei auf?

Wenn du den Versuch selbst durchführst, erkennst du einige Schwierigkeiten, z. B.:
a) Die Feder biegt sich und springt schräg weg.
b) Die Feder springt so schnell hoch, dass man die Sprunghöhe nicht genau angeben kann.
c) Die Feder springt sehr weit.
d) Mit bloßen Fingern lässt sich die Feder nicht genau um die gewünschte Strecke stauchen.

Um einen Zusammenhang zwischen der Stauchungsstrecke Δs und der Sprunghöhe Δh zu erkennen, können wir einige Tricks anwenden (→**B1** und **B2**):
a) Besorge dir eine „Führungsschiene" für die Feder, (z. B. eine Fahrradspeiche, einen Schweißdraht oder spanne einen Faden).
b) Bring auf der Führungsschiene verschiedenfarbige Markierungen in 10 cm Abstand an.
c) Beschwere die Feder (z. B. mit einer Unterlegscheibe).
d) Markiere die Stauchstrecken vorher mit Bleistift auf deiner Führungsschiene. Verwende zwei Geodreiecke, mit deren Kanten du die Feder zusammendrücken kannst.
e) Verwende verschiedene Federn, besorge sie dir z. B. aus einem Baumarkt.

Dokumentation: Schreibe deine Vorgehensweise und deine Beobachtungen in ein „Laborheft". Du kannst dabei folgendes Raster benutzen:

Vorgehensweise beim Experimentieren	
1. Aufbau	2. Durchführung
3. Dokumentation	4. Auswertung

Messwerte der Klasse 9a			
Δs in mm	3	6	9
Δh in cm	18	48	> 70

Bei sorgfältiger Messung lässt sich erkennen: Je größer die Stauchungsstrecke, desto größer ist die Sprunghöhe. Bei doppelter Stauchstrecke ist die erreichte Sprunghöhe deutlich größer als die doppelte Sprunghöhe.

Die Stauchstrecke Δs ist also sicher nicht proportional zur erreichten Sprunghöhe Δh. Bei Federn mit großer Federhärte D ist die erreichte Sprunghöhe (bei gleicher Stauchstrecke) größer als bei Federn mit kleiner Federhärte. Die erreichte Lageenergie $\Delta E_{Lage} = m \cdot g \cdot \Delta h$ ist im Idealfall gleich der unbekannten Spannenergie.

Lösung: Spannenergie
Beim Zusammenpressen einer Feder wird Energie gespeichert, die Spannenergie. Beim Loslassen entspannt sich die Feder und schnellt in die Höhe. Dabei wird die gespeicherte Energie zunächst in Bewegungsenergie und anschließend in Höhenenergie umgewandelt. Ein Teil der Energie wird wegen der auftretenden Reibungseffekte nicht in Höhenenergie, sondern innere Energie umgewandelt. Bei dem vorherigen Versuch muss man diesen Anteil möglichst gering halten. Wenn man die Reibungsverluste vernachlässigbar gering hält, bekommt man als Ergebnis:

1 Die erreichte Sprunghöhe ist proportional zum Quadrat der Stauchstrecke, kurz: $\Delta h \sim (\Delta s)^2$. Also gilt: $\Delta E_{Spann} \sim (\Delta s)^2$
2 Die gespeicherte Spannenergie ist proportional zur Federhärte, d. h. $\Delta E_{Spann} \sim D$
Aus 1. und 2. zusammen folgt:

$$\Delta E_{Spann} \sim D \cdot (\Delta s)^2$$

3 Der Proportionalitätsfaktor ist hier 1/2.
4 Bei einer gespannten Feder gelten analog die gleichen Beziehungen. Die Spannenergie einer Feder, die um die Strecke Δs gespannt oder gestaucht ist, beträgt:

$$\Delta E_{Spann} = \frac{1}{2} \cdot D \cdot (\Delta s)^2$$

Die Einheit der Spannenergie ist 1 Joule.

B1 Gespannte Feder vor dem Abschuss

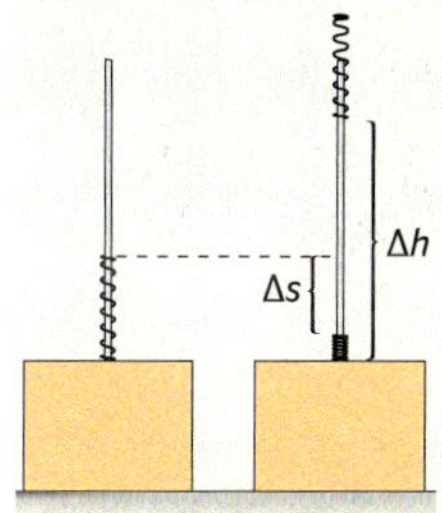

B2 Feder beim Abschuss

B3 Trampolin

Werkstatt

Wie schnell werfe ich?

Gute Fußballspieler erzielen bei Freistößen Ballgeschwindigkeiten bis zu 120 km/h. Mit Videoanalysen oder Radarmessungen kann man dies nachweisen. Du kannst deine Wurfgeschwindigkeit mit einfacheren Mitteln über die Energieerhaltung abschätzen! Du brauchst nur etwas Knetmasse, ein Geodreieck und ein Maßband. Das Prinzip ist einfach:

B4 Unterschiedliche Aufprallflächen

1 Forme aus etwas Knetmasse gleichmäßige runde Kugeln.
2 Lass die Kugeln aus verschiedenen Höhen fallen. Beim Aufprall auf den Boden werden die Kugeln auf einer Seite geplättet. Diese Aufprallfläche ist kreisrund, wenn die Knetmasse vorher kugelförmig war (→**B4**). Je größer die Fallhöhe ist, desto größer ist der Durchmesser dieser Aufprallfläche. Diese Größen müssen wir möglichst genau bestimmen!
3 Bringe die Knetmasse wieder in ihre ursprüngliche Kugelform. Jetzt darfst du sie gegen eine Wand oder eine feste Tür werfen (→**B5**). Je nachdem wie stark du geworfen hast, werden die Kugeln beim Aufprall verformt. Nun musst du wieder die Durchmesser der Aufprallflächen bestimmen.
4 Durch Vergleich der erzeugten Aufprallflächen kannst du mit Hilfe der Energieerhaltung und einer Rechnung auf deine Wurfgeschwindigkeit rückschließen.

$1\,\frac{m}{s} = 3{,}6\,\frac{km}{h}$

$1\,\frac{km}{h} = \frac{1}{3{,}6}\,\frac{m}{s}$

B5 Wurf gegen die Wand

Bei unserem Versuch wurden Knete-Kugeln der Masse 48 g mit einem Durchmesser von 4,3 cm verwendet. Die Kugeln wurden von einer Leiter, aus dem 1. bzw. 2. Stock auf den Steinboden der Schulaula und vom Dach auf den Pausenhof fallen gelassen (→**B6, B7**). Bei diesen unterschiedlichen Fallhöhen Δh wurden die folgenden Durchmesser d der Aufprallflächen ermittelt:

B6 Bestimmung der Fallhöhe

Δh in m	0,50	1,00	1,50	2,00	2,40
d in cm	1,70	2,05	2,30	2,40	2,60

Δh in m	5,00	8,50	12,50	16,00	
d in cm	3,45	3,90	4,00	4,20	

B1

B7 Messung im 2. Stock

Der Zusammenhang zwischen Fallhöhe und Durchmesser der Aufprallfläche wird in einem Diagramm dargestellt (→**B2**): Der Wurf mit einer bestimmten Geschwindigkeit erzeugt die gleiche Verformung und damit die gleiche Aufprallfläche wie ein Fall aus einer ganz bestimmten Höhe. Wegen der Energieerhaltung beim freien Fall können wir diese Höhenenergie mit der entsprechenden kinetischen Energie gleichsetzen:

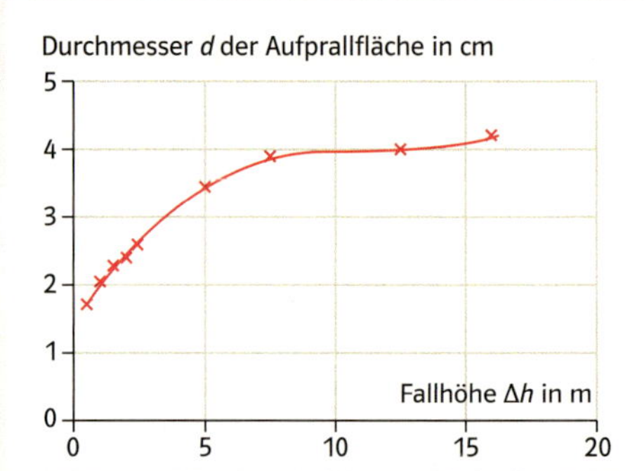

B2 Aufprallfläche und Fallhöhe

$$E_{Lage} = E_{kin} \text{ d.h. } m \cdot g \cdot \Delta h = \frac{1}{2} \cdot m \cdot v^2$$

daraus folgt: $g \cdot \Delta h = \frac{1}{2} v^2$ und $v^2 = 2 \cdot g \cdot \Delta h$

Beim freien Fall z. B. aus 10 m Höhe können wir das Quadrat der Aufprallgeschwindigkeit also berechnen:

$$v^2 = \frac{2 \cdot 10\,\text{m}}{\text{s}^2} \cdot 10\,\text{m} = 200\,\frac{\text{m}^2}{\text{s}^2}$$

Für die Ermittlung des Wertes von v benötigt man die Wurzelfunktion, die dir auf dem Taschenrechner zur Verfügung steht:

$$v = \sqrt{200\,\frac{\text{m}^2}{\text{s}^2}} \approx 14{,}1\,\frac{\text{m}}{\text{s}} \approx 50{,}8\,\frac{\text{km}}{\text{h}}.$$

So lässt sich zu jeder Fallhöhe die zugehörige Aufprallgeschwindigkeit bestimmen. Bei unserem Versuch wurde die gelbe Kugel so fest gegen die Wand geworfen, dass der Durchmesser der Aufprallfläche 3,6 cm betrug. Aus dem Diagramm ermitteln wir als entsprechende Wurfhöhe 6,5 m. Damit lässt sich wie oben die Abwurfgeschwindigkeit berechnen. Bei der orangen Kugel betrug der Durchmesser 3,9 cm. Mit welcher Geschwindigkeit wurde diese Kugel geworfen?

	gelbe Kugel	orange Kugel
Durchmesser	3,6 cm	3,9 cm
gleichwertige Fallhöhe	6,5 m	8,5 m
Wurfgeschwindigkeit	41 km/h	47 km/h

B3

Energieumwandlungen

V1 Wir lassen einen Flummi-Ball auf einen Steinboden fallen. Der Ball wird beim Auftreffen auf den Boden verformt und springt anschließend wieder nach oben (→**B1**). Er erreicht fast wieder die Ausgangshöhe. Er springt nicht mehr so hoch, wenn man ihn auf einen weichen Korkboden fallen lässt.

V2 Befestigt man an der Spitze eines Papierfliegers einen Teil einer Büroklammer als Haken und hängt daran einen Gummiring ein, so kann man den Papierflieger wegschießen (→**B2**). Wenn man den Gummiring stärker spannt, wird der Flieger nach dem Loslassen auf eine größere Geschwindigkeit beschleunigt und er fliegt höher bzw. weiter.

V3 Wenn man warmes Wasser über eine Wachsfigur gießt, dann verändert sich die Form des Gegenstandes.

V4 Wir bauen aus den Schienen für Modellautos eine u-förmige Bahn („Halfpipe") und lassen eine Stahlkugel auf einer Seite der Halfpipe losrollen.

Die Kugel erreicht auf der anderen Seite fast wieder die gleiche Höhe. Lässt man die Kugel immer weiter hin und her rollen, so wird die erreichte Höhe auf beiden Seiten allmählich geringer. Streut man Sand in die Bahn, wird die Kugel schneller abgebremst.

V5 Manche Taschenrechner benutzen Solarzellen als Energiequelle. Wenn man die Zellen abdeckt, so dass kein Licht mehr darauf fällt, dann erlischt die Anzeige des Taschenrechners nach einer gewissen Zeit. Entfernt man die Abdeckung wieder, erscheint die Ziffernkombination wieder auf dem Display.

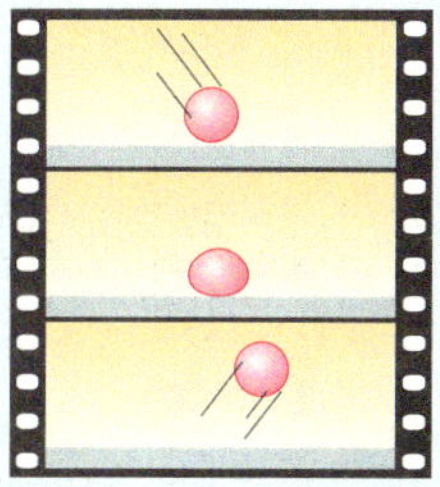

B1

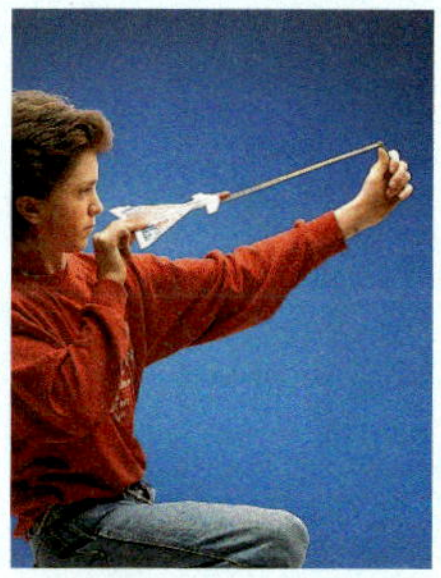

B2

Energieumwandlungen Bei den obigen Versuchen strömt Energie von einer Form zur nächsten. Alle bisher besprochenen Energieformen können daran beteiligt sein. Bei mehrfachen Energieübertragungen sprechen wir von einer **Energieumwandlungskette**.

Beim Flummi-Ball (→**V1**) treten Kräfte auf, die seine Bewegungsrichtung ändern. Beim Loslassen ist die Lageenergie am größten. Während der Fallbewegung wird die Lageenergie geringer, dafür nimmt die kinetische Energie zu. Beim Auftreffen auf dem Boden wird die kinetische Energie und der kleine Rest an Lageenergie in Spannenergie umgewandelt. Nach der Richtungsänderung des Balls erfolgen die Umwandlungen in umgekehrter Reihenfolge:

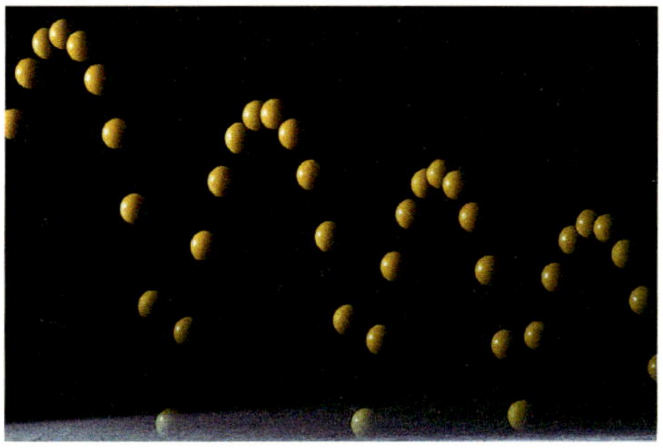

B3

E_{Lage}	E_{kin}	E_{Spann}	Ablauf
maximal	0	0	Oberer Startpunkt
nimmt ab	nimmt zu	0	Ball fällt
nimmt ab	nimmt ab	nimmt zu	elastische Verformung
0	0	maximal	unterer Umkehrpunkt
nimmt zu	nimmt zu	nimmt ab	Rückbildung
nimmt zu	nimmt ab	0	Ball steigt
maximal	0	0	oberer Umkehrpunkt

Bei den Verformungen am Boden treten Reibungseffekte auf. Ein Teil der Energie wird dabei in innere Energie umgewandelt (→**B3**). Die Gesamtsumme der Energie bleibt erhalten!

● **Bei Energieumwandlungen können mehrere Energieformen beteiligt sein. Treten Reibungseffekte auf, so wird ein Teil der Energie in innere Energie umgewandelt. Die Gesamtsumme der Energien in einem System bleibt immer gleich.**

Bei **V3** bewirkt die innere Energie des warmen Wassers eine nicht von selbst umkehrbare plastische Verformung des Gegenstandes.

A1 Bei **V4** gilt: Je größer die Reibung ist, desto geringer ist die erreichte Höhe der Kugel. Welche Energieumwandlungen treten hier auf?

Beispiele für Energieumwandlungen Mit der Energievorstellung lässt sich der komplizierte Ablauf einer Achterbahnfahrt erfassen. Auch Architekten und Konstrukteure greifen beim Entwurf von Achterbahnen darauf zurück.

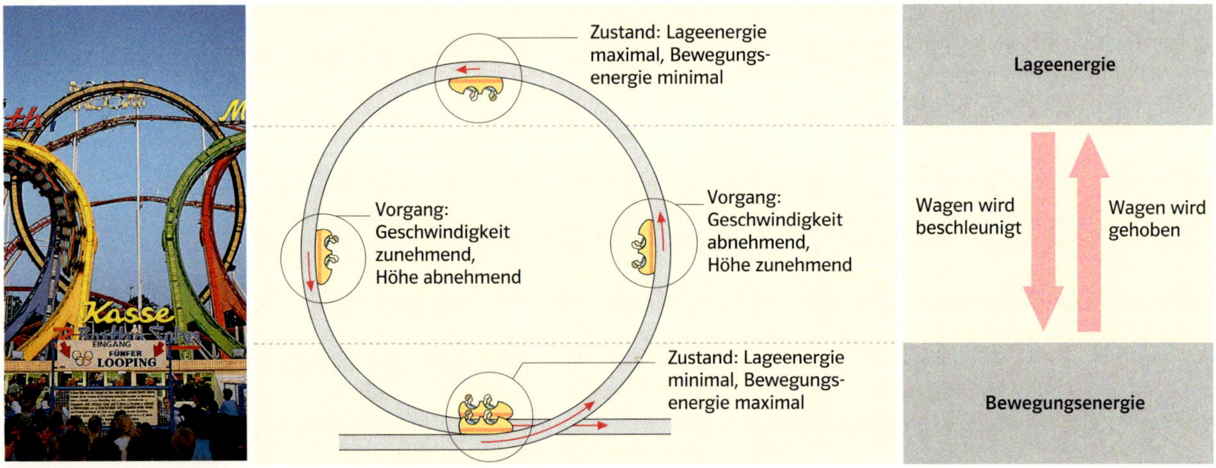

B1 Energieumwandlungen des Systems „Achterbahn"; das Schema zeigt Zustand und Vorgang bei einer Schleife.

Physik überall

Weltrekord im Stabhochsprung

B2 Yelena Isinbayeva

$E_{kin} = \frac{1}{2} \cdot m \cdot v^2$

$E_{Spann} = \frac{1}{2} \cdot D \cdot (\Delta s)^2$

$E_{Lage} = m \cdot g \cdot \Delta h$

Sergej Bubka stellte am 31. Juli 1994 mit einer übersprungenen Höhe von 6,14 m seinen letzten Weltrekord im Stabhochsprung auf. Der Stabhochsprung ist ein anspruchsvoller Bewegungsablauf (→**B3**) mit mehreren Energieumwandlungen. Untersuchen wir ihn genauer: Beim Anlauf wird chemische Energie in Bewegungsenergie umgewandelt. Weltklassespringer erreichen Geschwindigkeiten von 10 m/s, sogar mit Stab. Wenn der Athlet diese kinetische Energie vollständig in Lageenergie umwandeln könnte, würde er damit etwa 5 m an Höhe gewinnen, denn $E_{kin} = E_{Lage}$, also

$$\Delta h = \frac{v^2}{2g}; \ \Delta h = 100/20 \text{ m} = 5{,}0 \text{ m}$$

Um diese Höhe könnte man den Schwerpunkt des Sportlers hoch heben. Der Schwerpunkt ist derjenige Punkt, der ersatzweise die ganze Masse des Springers repräsentiert. Bei einem aufrecht stehenden Menschen ist diese Stelle in der Nabelgegend, also beim anlaufenden Springer bereits ca. 1 m über dem Boden. Nach einer geglückten vollständigen Energieumwandlung wäre der Schwerpunkt somit ca. 6 m über dem Boden. Das ist unter dem Weltrekord und noch weniger wird es, wenn wir die auftretenden Verluste berücksichtigen! Die Bewegungsenergie wird zuerst in Spannenergie des Stabes umgewandelt und dann erst in Lageenergie. Durch die Biegung des Stabes ändert man die Richtung von horizontaler in vertikale Bewegung. Dabei treten Verluste auf. Ein Teil der Bewegungsenergie wird dabei in innere Energie und nicht in Lageenergie umgewandelt! Woher stammt dann die zusätzlich erzielte Lageenergie? Weiteren Höhengewinn liefert die Absprungtechnik vom Boden, weil dabei die Arme hochgestreckt und das Schwungbein angezogen werden. Während des Sprungs zieht bzw. schiebt sich der Athlet bis zur Körperstreckung am Stab hoch (→**B2**). Dadurch gewinnt er ebenfalls an Höhe! Beim Überqueren der Latte befinden sich ständig Körperteile des Stabhochspringers unterhalb der Stange. Sein Schwerpunkt schiebt sich dadurch unterhalb der Latte durch, somit überquert der Körper des Springers eine noch größere Höhe als sein Schwerpunkt. Bei der Abwärtsbewegung wird die Lageenergie wieder in Bewegungsenergie und bei der Landung in innere Energie durch die Verformung der Matte umgewandelt. Es ergibt sich vereinfacht folgendes Energiestromdiagramm:

$$E_{Innere} \rightarrow E_{kin} \rightarrow E_{Spann} \rightarrow E_{Lage} \rightarrow E_{kin} \rightarrow E_{Innere}$$

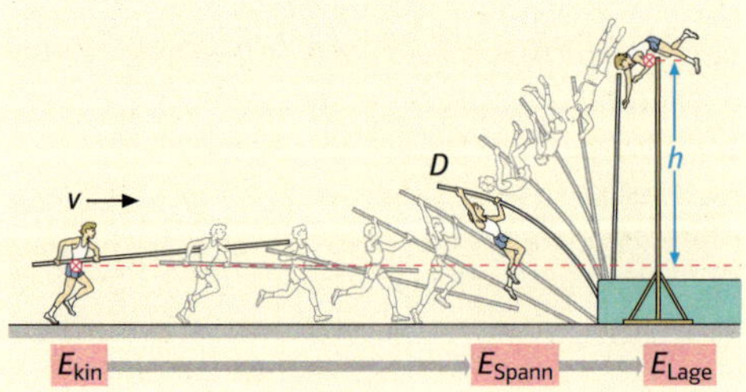

B3

Mathematische Betrachtung der Energie

In **V1** auf Seite 125 wurde der „Freie Fall" einer Knetkugel dargestellt. An einem ähnlichen Versuch sollen die mathematischen Zusammenhänge vertieft werden. Ziel dabei ist es, mit mathematischen Hilfsmitteln Vorhersagen treffen zu können. Eine Stahlkugel „fällt frei" aus einer bestimmten Höhe auf eine vertikal aufgestellte Schraubenfeder, drückt diese zusammen und wird danach von derselben wieder in die Höhe katapultiert (→**B1**).

Voraussetzungen Eine Stahlkugel ist ein ausgedehnter Körper, der eine bestimmte Masse besitzt. Ist diese Kugel sehr groß, so wird es schwierig, ihren Ort eindeutig zu bestimmen. Der eindeutige Ort ist aber wiederum nötig, beispielsweise für die Bestimmung der Lageenergie. Deshalb reduziert man die Kugelgestalt auf einen gedachten Punkt. Man könnte den untersten Punkt des Körpers nehmen, wenn es einen eindeutig untersten Punkt gibt. In vielen Fällen erweist es sich als günstig, den Schwerpunkt des Körpers zu wählen, da dieser stets eindeutig bestimmbar ist, sofern sich die Form des Körpers nicht verändert. Reduziert man die Kugel auf einen Punkt, so kann man zu jedem Zeitpunkt ihren Ort in einem Bezugssystem eindeutig bestimmen, in einer bestimmten Zeitspanne lässt sich gegebenenfalls eine Ortsveränderung ebenfalls eindeutig nachvollziehen.

Energieerhaltung in geschlossenen Systemen
In der Natur gibt es – außer dem Universum selbst – eigentlich keine geschlossenen Energiesysteme. Die damit verbundene Energieentwertung (Reibungseffekte, Strahlungsverluste) macht eine exakte Betrachtung (→**S. 129/130**), eigentlich zunichte. In vielen Fällen kann man aber die Reibung und andere kleine „Effekte" vernachlässigen, da auch ohne deren Berücksichtigung hinreichend genau Vorhersagen zu treffen sind. Systeme, in denen Reibung vernachlässigt wird und alle auftretenden Energien bekannt sind, nennt man geschlossen. Hier lässt sich eine unveränderliche Gesamtenergie bestimmen, welche sich aus der Summe aller auftretenden Teilenergiemengen ergibt. Diese bleibt über den gesamten Betrachtungszeitraum erhalten. Würde die Stahlkugel unter diesen Bedingungen in einem Labor – auf der Erde – auf eine Schraubenfeder fallen können, so würde sie ihre Ausgangshöhe wieder erreichen und sich der Prozess wiederholen – endlos. Die Gesamtenergie zu einem bestimmten

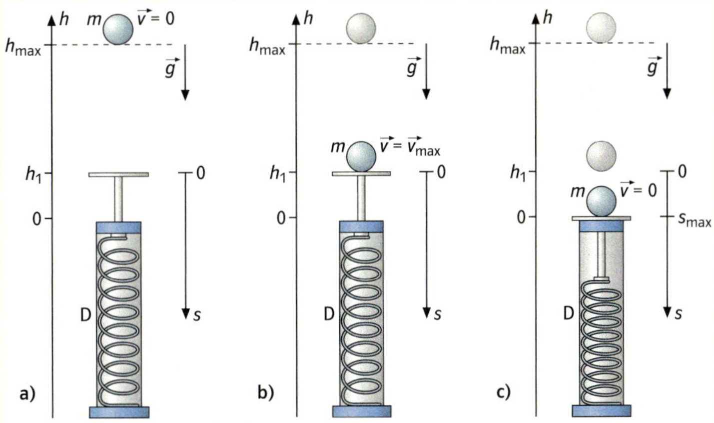

B1 Stahlkugel prallt auf eine Feder: Fallbeginn (a), Aufprall (b), maximale Stauchung (c)

Zeitpunkt ergibt sich aus den drei mechanischen Energieformen Lage-, Bewegungs- und Spannenergie, die alle drei jeweils zu diesem bestimmten Zeitpunkt unterschiedliche Werte annehmen können:

Es gilt: $E_{ges} = E_{kin} + E_{Lage} + E_{Spann}$ = konstant

$$E_{ges} = \frac{1}{2} \cdot m \cdot v^2 + m \cdot g \cdot \Delta h + \frac{1}{2} \cdot D \cdot (\Delta s)^2 = \text{konst.}$$

Wo sich Energie „versteckt" Betrachtet man die Stahlkugel, so fällt diese, weil es die Massenanziehung gibt. Die Kugel befindet sich in einem Feld und erfährt dort an einem Ort eine bestimmte Kraft – die Erdanziehungskraft. Wie bereits bekannt, ergibt sich an einem Ort im System, bei dem die Lageenergie bei $h = 0$ den Wert 0 haben soll, die Beziehung:

$$E_{Lage} = m \cdot g \cdot \Delta h$$

Wirkt ausschließlich diese Kraft auf die Kugel, so ändert sich deren Geschwindigkeit mit der veränderten Höhe, die Kugel wird zum Schwerpunkt der Erde hin beschleunigt, bis sie auf die Schraubenfeder trifft. Es gilt daher:

$F_G = m \cdot g$, da allgemein gilt: $F = m \cdot a$

Es handelt sich um eine gleichmäßig beschleunigte Bewegung, für die das Weg-Zeit-Gesetz gilt. In diesem Fall gilt:

$$\Delta h = \frac{1}{2} \cdot g \cdot (\Delta t)^2$$

Mit Hilfe der Definition der Energie kann man also unter Anwendung dieser Zusammenhänge eine mathematische Energiebetrachtung durchführen.

So gehen Physiker vor

Beobachten
▼
Erkennen
▼
Vereinfachen
▼
Messen
▼
Idealisieren, Erfassen und Unterscheiden
▼
Mathematisieren
▼
Verallgemeinern

Eine vektorielle Betrachtung ist bei den hier zu diskutierenden Problemen nicht nötig, da es sich um eindimensionale Probleme handelt und Kraft und Weg in die gleiche bzw. entgegengesetzte Richtung weisen.

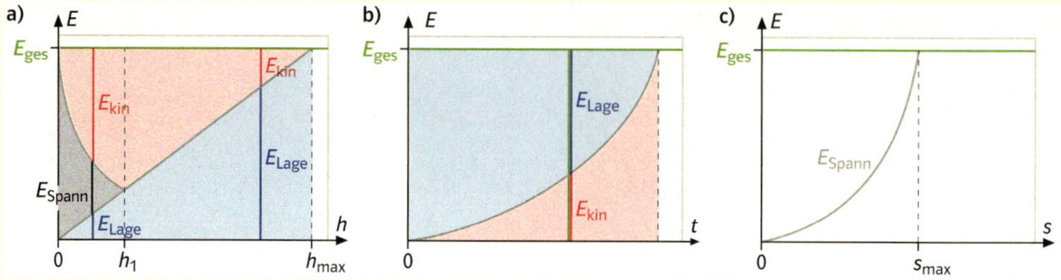

B1 E in Abhängigkeit von h (a), E in Abhängigkeit von t bis zum Aufprall (b), E_{Spann} in Abhängigkeit von s (c)

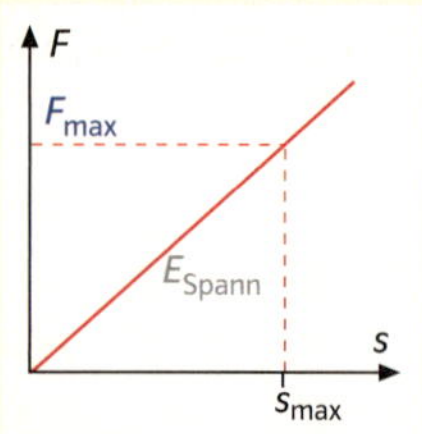

B2 s-F-Diagramm

Nach der allgemeinen Definition für umgewandelte bzw. übertragene Energie ($E = F \cdot s$, hier $\Delta E = F_G \cdot \Delta h$) ergibt sich aus

$$E_{kin} = m \cdot a \cdot \frac{1}{2} \cdot a \cdot t^2 = \frac{1}{2} \cdot m \cdot v^2 \text{ hier}$$
$$E_{kin} = m \cdot g \cdot \frac{1}{2} \cdot g \cdot t^2 = \frac{1}{2} \cdot m \cdot v^2$$

Hierdurch wird deutlich, wie sich verschiedene mathematische Darstellungen entsprechen können.

Im zweiten Teil der Betrachtung wird durch den Impuls, den die Kugel hat, die Schraubenfeder zusammengedrückt (→**B1c**). Mit prinzipiell gleicher Vorgehensweise muss also die eingeführte Gleichung (→**S. 131**) auf die allgemeine Definition $E = F \cdot s$ zurückgeführt werden können, wobei im jetzt vorliegenden Fall die Kraft die Rückstellkraft der Feder ist und die Strecke jene ist, um welche die Feder eingedrückt worden ist. Nach dem Hooke'schen Gesetz ist die Rückstellkraft nicht konstant, sondern nimmt proportional zur eingedrückten Strecke zu: $\Delta F = D \cdot \Delta s$, sie steigert sich also linear von Null bis zu einer Maximalkraft F_{max} (→**B2**). Im Ort-Kraft-Diagramm entspricht die Fläche unter dem Graphen dem Betrag für die Energie (→**S. 269**). Vergleicht man nun die Energie, die bei konstantem Krafteinsatz F_{max} entlang einer Strecke Δs umgewandelt wird, mit der einer Feder, so ergibt sich eben gerade die halbe Fläche:

$$\Delta E_{Spann} = \frac{1}{2} \cdot F \cdot \Delta s = \frac{1}{2} \cdot D \cdot \Delta s \cdot \Delta s = \frac{1}{2} \cdot D \cdot (\Delta s)^2$$

Der mechanische Energieerhaltungssatz lässt sich noch erweitern, an den grundsätzlichen Vorgehensweisen, wie sie hier dargestellt worden sind, ändert sich jedoch nichts.

Um der Realität noch einen Schritt näher zu kommen, muss man den Energieerhaltungssatz um die thermische Energie durch Reibung erweitern. Die Energiemenge, die über die Reibung entwertet wird, lässt sich im einfachsten Fall als Produkt aus einer Reibungskraft und einer Strecke berechnen. Es gilt nun:

$$E_{ges} = E_{Lage} + E_{kin} + E_{Spann} + E_{therm} = \text{konstant}$$

Beispiel: Ein Fahrradfahrer rollt auf einer ebenen Asphaltstraße (Rollreibungszahl von Gummi auf Asphalt beträgt $f_{Roll} = 0{,}03$) aus. Seine Anfangsgeschwindigkeit beträgt 36 km/h. Wie weit rollt der Fahrradfahrer, wenn man den Luftwiderstand vernachlässigt?

Mit dem Energieerhaltungssatz lässt sich nun eine Bilanz aufstellen und damit die Rollstrecke berechnen:

$$E_{ges} = E_{kin} + E_{therm} = \text{konstant}$$
$$E_{ges} = \frac{1}{2} \cdot m \cdot v^2 + F_{Roll} \cdot \Delta s = \text{konstant}$$

Für den Beginn der Betrachtung gilt:

$$E_{ges} = E_{kin} = \frac{1}{2} \cdot m \cdot v_{Anfang}^2$$

Für das Ende der Betrachtung gilt:

$$E_{ges} = E_{therm} = F_{Roll} \cdot \Delta s$$
$$\frac{1}{2} \cdot m \cdot v_{Anfang}^2 = F_{Roll} \cdot \Delta s$$
$$\Delta s = \frac{m \cdot v_{Anfang}^2}{2 \cdot F_{Roll}}$$

Mit $F_{Roll} = F_N \cdot f_{Roll} = F_G \cdot f_{Roll} = m \cdot g \cdot f_{Roll}$

ergibt sich durch Einsetzen

$$\Delta s = \frac{v_{Anfang}^2}{2 \cdot g \cdot f_{Roll}} = 170\,\text{m}.$$

B3 Federung mit Dämpfung am Mountainbike

Anwendungen des Energieerhaltungssatzes

Energieerhaltung an der schiefen Ebene

Ein Skispringer gleitet (fast) ungebremst eine Schanze hinunter und springt mit hoher Geschwindigkeit ab (→**B1**). Gesucht ist eben jene Endgeschwindigkeit beim Absprung. In Anlehnung an die Darstellung im Mechanikkapitel zur schiefen Ebene wird in diesem realitätsnäheren Beispiel schnell klar, dass eine differenzierte Kräftebetrachtung hier sehr aufwendig würde, da sich ja der Neigungswinkel der Schanze im Bereich des Schanzentisches zu jedem Zeitpunkt ändert. Mit Hilfe einer Energiebetrachtung ist dieses Problem leichter zu lösen. Dabei werden – unabhängig vom Weg – Anfangs- und Endzustand unter idealisierten Bedingungen gleichgesetzt. Nach dem Energieerhaltungssatz der Mechanik gilt:

B1 Skispringer beim Sommerwettkampf

$$E_{ges} = E_{kin} + E_{Lage} = \text{konstant}$$

$$E_{ges} = \frac{1}{2} \cdot m \cdot v^2 + m \cdot g \cdot \Delta h = \text{konst}$$

Zu Beginn der Fahrt (t_{Anfang}) ist die Geschwindigkeit noch null, die gesamte Energie steckt also in der Lageenergie. Am Ende (t_{Ende}) ist es genau umgekehrt, denn sämtliche Lageenergie ist in Bewegungsenergie umgewandelt worden. Also gilt:

$$E_{Lage;\ Anfang} = E_{kin;\ Ende}$$

$$m \cdot g \cdot \Delta h_{t_{Anfang}} = \frac{1}{2} \cdot m \cdot v_{t_{Ende}}^2$$

Damit gilt für die Endgeschwindigkeit:

$$v_{t_{Ende}} = \sqrt{2 \cdot g \cdot \Delta h_{t_{Anfang}}}$$

Im Idealfall hängt also die Endgeschwindigkeit nur von der Höhe des Starts ab. In der Realität führen Gleit- und Luftreibung zu Energieverlusten (Entwertung), die Endgeschwindigkeit ist kleiner.

Die Goldene Regel In vielen Lehrbüchern ist die **Goldene Regel der Mechanik** in dieser oder ähnlicher Formulierung zu finden: „Was man an Kraft spart, muss man an Weg zugeben." Diese Regel lässt sich am Beispiel der schiefen Ebene leicht nachvollziehen. Im Folgenden soll gezeigt werden, dass das bisher verwendete Kräftemodell und das Energiemodell auch auf mathematischer Ebene zusammenpassen. Ein Körper einer bestimmten Masse kann auf zwei Arten von Höhe 1 nach Höhe 2 gebracht werden: Er wird senkrecht nach oben gehoben oder er wird eine schiefe Ebene hinauf transportiert (→**B2**). In beiden Fällen bleibt die Reibung unberücksichtigt. Zu Beginn der Betrachtung wird dem Körper die Lageenergie Null zugeordnet, am Ende dagegen hat er eine bestimmte Lageenergie:

$$E_{Lage} = m \cdot g \cdot \Delta h$$

Transportiert man den Körper die schiefe Ebene hinauf, so muss man einerseits nur gegen die kleinere Hangabtriebskraft F_H „ankämpfen", andererseits den längeren Weg entlang der schiefen Ebene in Kauf nehmen. Für beide Bedingungen gelten damit:

$$F_H \cdot F_G \cdot \frac{\Delta h}{s} = m \cdot g \cdot \frac{\Delta h}{s}$$

$$E = F_H \cdot s$$

Beide Beziehungen zusammen ergeben:

$$E = m \cdot g \cdot \frac{\Delta h \cdot s}{s} = m \cdot g \cdot \Delta h$$

An diesem einfachen Beispiel kann also mathematisch gezeigt werden, dass die Umwandlung von Energie unter Einfluss der Gravitation im Idealfall unabhängig vom Weg ist.

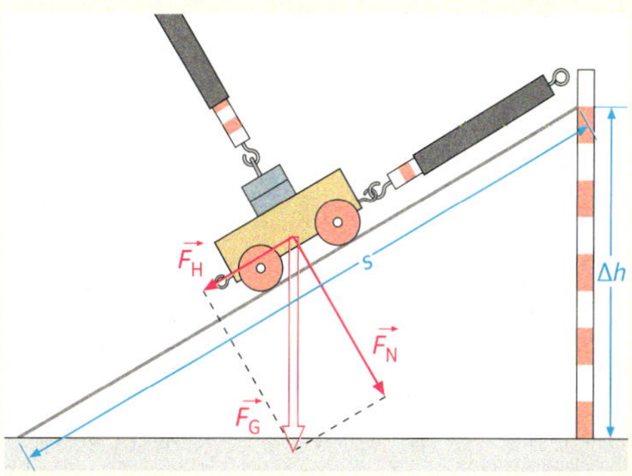

B2

Physik überall

So gehen Physiker vor

Rahmenbedingungen festlegen
▼
Annahme: Die Größe Energie bestimmt den Prozess
▼
Energie wird umgewandelt
▼
Zustandsänderungen können vorhergesagt werden
▼
Messversuche bestätigen Energiemengen zu einem bestimmten Zeitpunkt
▼
Andere (Teil-) Energiemengen können abgeleitet werden.

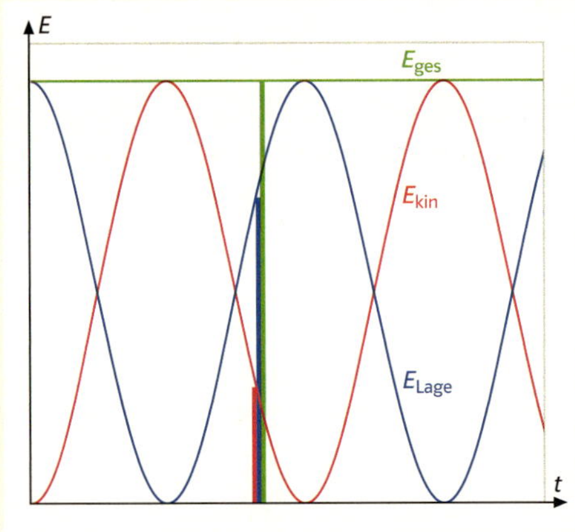

B1 Zwei Energieformen ergeben zusammen stets eine konstante Gesamtenergie des Systems „Fadenpendel".

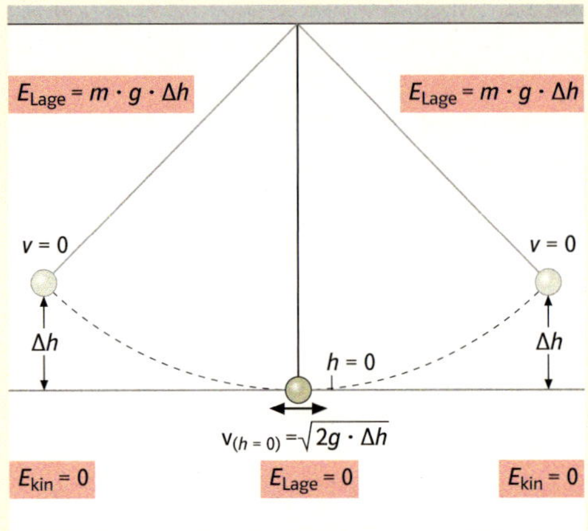

B2 Energieformen bei der Bewegung eines am Faden hängenden Körpers (Fadenpendel)

Energieerhaltung in schwingenden Systemen

Die auf dieser Seite abgebildeten Grafiken zeigen verschiedene mechanische Systeme, in denen Bewegungen eines Körpers periodisch ablaufen.

Die einfachste Form einer periodischen Bewegung zeigt ein „horizontales Federpendel" (→**B3**). Idealisiert ist es unabhängig von der Erdanziehungskraft. Wird dieses Pendel einmal ausgelenkt und losgelassen, so schwingt es in einer Dimension. Es spielen nur zwei Energieformen eine Rolle: Spannenergie und Bewegungsenergie wandeln sich dabei ineinander um. Der Energieerhaltungssatz lautet:

$$E_{ges} = E_{kin} + E_{Spann} = \frac{1}{2} \cdot m \cdot v^2 + \frac{1}{2} \cdot D \cdot (\Delta s)^2$$
$$= \text{konstant}$$

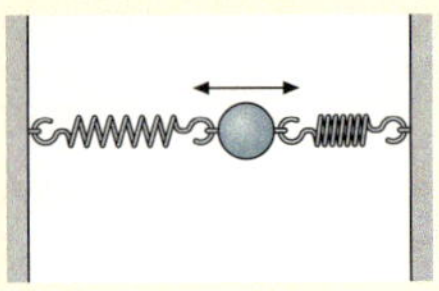

B3 Horizontales Federpendel

Das Fadenpendel und das Federpendel

(→**B2, B5**) In beiden Beispielen werden die Pendel ausgelenkt und erhalten damit jeweils von außen eine bestimmte Menge an Energie.

Werden beide System als geschlossen angenommen, also wird die Reibung vernachlässigt, so gilt zu jedem Zeitpunkt der Energieerhaltungssatz. Für das Fadenpendel:

$$E_{ges} = E_{kin} + E_{Lage} = \frac{1}{2} \cdot m \cdot v^2 + m \cdot g \cdot \Delta h$$
$$= \text{konstant.}$$

Für das vertikales Federpendel

$$E_{ges} = E_{kin} + E_{Lage} + E_{Spann}$$
$$= \frac{1}{2} \cdot m \cdot v^2 + m \cdot g \cdot \Delta h + \frac{1}{2} \cdot D \cdot (\Delta s)^2$$
$$= \text{konstant}$$

Aus diesen Gleichungen lassen sich dann entsprechend die jeweilige Zusammensetzungen der Teilmengen der einzelnen Energieformen zu jedem Zeitpunkt bestimmen (→**B1, B4**). Dies wiederum ergibt die Möglichkeit, Einzelinformationen wie Geschwindigkeit, momentane Höhe oder momentane Federkraft zu ermitteln.

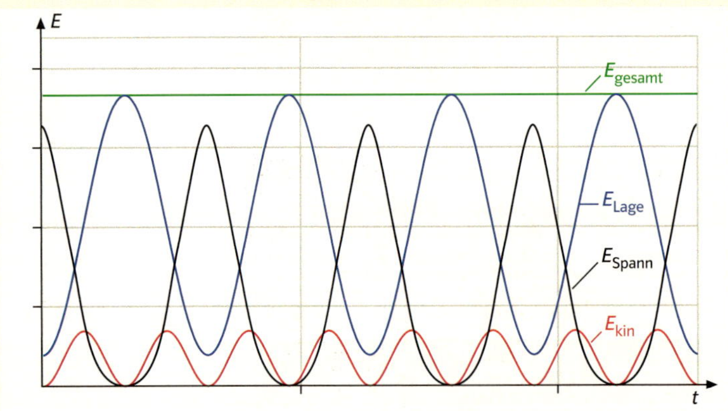

B4 Drei Energieformen ergeben zusammen stets eine konstante Gesamtenergie des Systems „vertikales Federpendel".

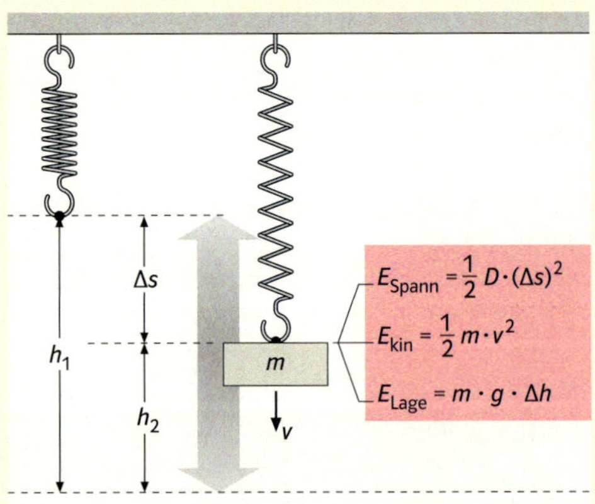

B5 Energieformen bei der Bewegung eines an einer Feder hängenden Körpers (vertikales Federpendel)

1 Begriffe

Was versteht man unter
- Energie?
- Energieerhaltung?
- Energieumwandlung?
- Energieformen?
- mechanischer und innerer Energie?
- Goldener Regel der Mechanik?

2 Beobachtungen

Was beobachtet man, wenn
- ein sich drehendes Rad mit der Hand abgebremst wird?
- man mit einem Fahrrad, an dem ein herkömmlicher Dynamo angebracht ist, immer schneller fährt?
- Wasser als Antrieb einer Turbine unterschiedliche Höhendifferenzen überwindet?
- ein Pendel angestoßen wird?

3 Erklärungen

Wie lässt sich begründen, dass
- Wasserkraftwerke vorwiegend in bergigen Gegenden gebaut werden?
- eine Windenergieanlage nicht allein die Energieversorgung gewährleisten kann?
- ein frei pendelnder Gegenstand allmählich zur Ruhe kommt?
- sich ein Läufer auch bergab anstrengen muss?
- es eigentlich keine abgeschlossenen Systeme in der Natur gibt?

4 Gesetzmäßigkeiten

Beschreibe mit eigenen Worten
- den Zusammenhang zwischen der Abwurfhöhe eines springenden Balles und der Energieabgabe beim Aufprall.
- das Prinzip der Energieerhaltung.

Erläutere die Erscheinungen in den folgenden Bildern und beantworte die Fragen!

B1 Welche Energie nutzt dieses Fahrzeug zum Fahren?

B2 Welche Energieumwandlung soll hier genutzt werden?

B3 Welche Energieumwandlungen finden hier statt?

B4 Welche Energieumwandlungen finden hier statt?

B5 „Was wird aus dem Wind?“

B6 Was passiert beim Aufprall energetisch?

B7 Welche Energieumwandlungen treten hier auf?

B8 Welche Rolle spielt die Länge der Schanze?

Heimversuche

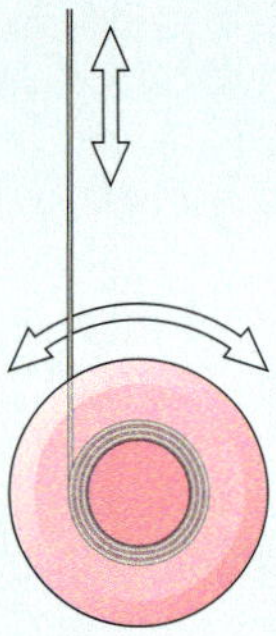

B1

1 Musst du um deinen Kopf fürchten?

Baue ein Fadenpendel (z. B. mit einer Kartoffel) und hänge es stabil auf. Halte den ausgelenkten Pendelkörper an deine Nase und lasse los, ohne ihn anzuschieben. Beschreibe deine Beobachtung und erkläre!

2 Münzenschnipsen Ein 10-Cent-Stück hat eine Masse von 5 g, ein 1-Cent-Stück eine Masse von 2 g. Beide werden in gleicher Weise mit einem Plastiklineal mehrmals über eine glatte Tischfläche „geschnippt". Ermittle, welche Münze weiter kommt und begründe das Ergebnis mit einer Einschätzung der auftretenden Energieformen!

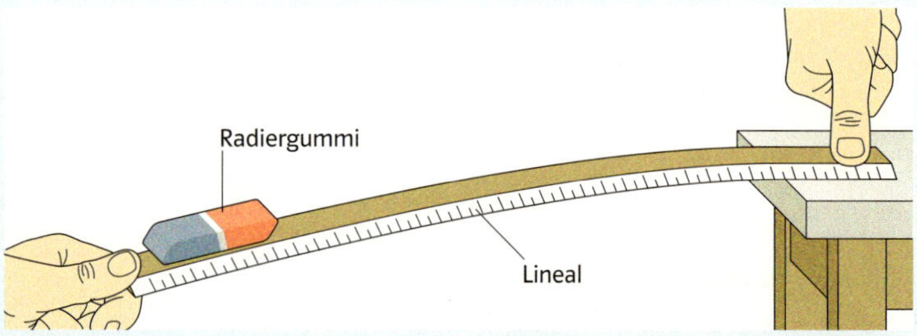

B2

3 Experiment mit einem Spielzeugauto

Baue eine geneigte Ebene, auf der du ein Spielzeugauto aus verschiedenen Höhen hinabfahren lässt. Lege an das Bahnende eine Streichholzschachtel. Wenn du das Auto loslässt, wird seine Lageenergie in Bewegungsenergie umgewandelt. Da du die Lageenergie bestimmen kannst, ist es möglich, einen Zusammenhang zwischen Geschwindigkeit des Autos und seiner Bewegungsenergie herauszufinden. Formuliere einen „Je ..., desto ..." Satz.

4 Die Linealschleuder Lege einen Radiergummi auf das Ende eines Lineals und spanne es (→**B2**). Wenn du das Lineal nun beim Radiergummi loslässt, fliegt der Radiergummi hoch. Beschreibe diesen Vorgang mit einem Energiestromdiagramm. Beginne beim gespannten Lineal. Was ändert sich, wenn der Radiergummi nicht ans Ende gelegt wird?

5 Jo-Jo Übe, mit einem „Jo-Jo" (→**B1**). Beschreibe die auftretenden Übertragungen der mechanischen Energie! Warum und wie musst du dem Jo-Jo regelmäßig Energie zuführen?

Fragen

Energie und Energieumwandlung

1 Welche Formen der Energie treten bei einem aufgeblasenen und dann offen losgelassenen Luftballon auf?

2 Nenne drei Beispiele, in denen die Lageenergie technisch genutzt wird!

3 Weshalb darf man sagen, dass eine gespannte Feder Energie hat?

4 Entwirf ein Energiestromdiagramm der Bewegung eines Faden- bzw. Federpendels!

5 Beschreibe die Umwandlungen der Energie bei einer Wanduhr mit „Gewichten"!

6 Berechne die Lageenergie, die ein Stabhochspringer mit einer Gewichtskraft von 720 N in einer Höhe von 5,75 m besitzt!

7 Ein Kran hebt eine Betonplatte der Gewichtskraft 4,5 kN um 17 m. Berechne die vom Kran übertragene mechanische Energie!

8 Stefan schiebt Anja, die auf einem Fahrrad sitzt, über eine Strecke von 15 m mit einer Kraft von 108 N an. Wie groß ist die übertragene mechanische Energie?

B3

9 Du trägst einen Koffer auf einer horizontalen Straße (→**B3**). Welche Energie überträgst du auf den Koffer? Begründe deine Antwort!

10 Auf den Boden auftreffender Regen besitzt Energie. Wie könnte man sie nutzen?

11 Der alte Schlossherr sagt: „Da ich von Natur aus ein fauler Mensch bin, habe ich in meinem Schloss nur steile und somit kurze Treppen einbauen lassen; denn dadurch verringert sich die beim Treppensteigen benötigte Energie erheblich, da der Weg kürzer ist und meine Gewichtskraft eine konstante Größe ist." Was meinst du dazu?

12 Ein Spielzeugfrosch (→**B4**) wird mit einem angebrachten Saugnapf unter Spannen einer Feder auf einem Tisch befestigt. Nach kurzer Zeit springt er in die Höhe, weil der Saugnapf nicht mehr hält. Beschreibe die verschiedenen Energieübertragungen bei diesem Vorgang!

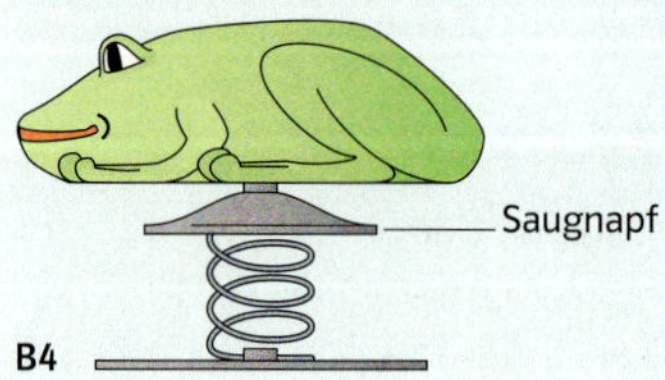

B4

13 Ein Stabhochspringer mit der Masse 65 kg hat beim Absprung eine Bewegungsenergie von 2 000 J. Wie hoch kann er mit Hilfe dieser Energie bestenfalls gelangen?

14 Welche Formen der Energie treten in der Mechanik auf?

„Verlust" von Energie

15 Ohne Antrieb pendelt eine Schaukel langsam aus. Wo bleibt die Energie?

16 Was veranlasst die Kugel in nachfolgender Abbildung sich in Bewegung zu setzen? Beschreibe den Bewegungsablauf mit Hilfe eines Energiestromdiagramm. Warum kommt die Kugel schließlich zur Ruhe?

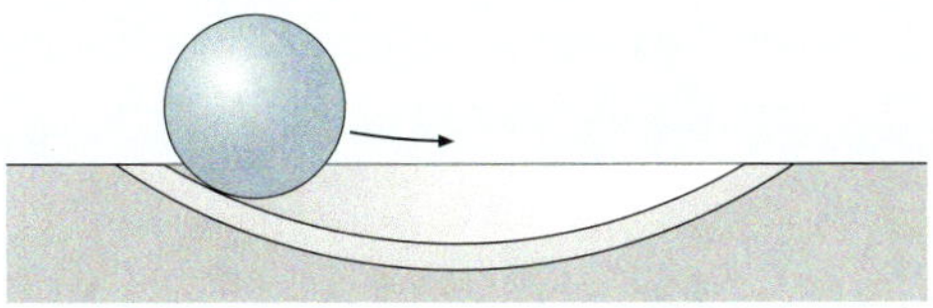

B1

17 Welche Vor- und Nachteile haben Energiesparlampen?

18 Welche Bedeutung hat das Recycling aus Sicht der Energie„einsparung"?

Schwierigere Probleme

19 Erkundige dich, wie die Umgebung von der Energieumwandlung bei Kraftwerken verändert wird.

20 Wenn eine Schneelawine zu Tal donnert, dann zerstört sie alles, was im Wege ist. Woher hat sie diese Energie? Verfolge die Energieumwandlungskette zurück.

21 Warum gibt es beim Dehnen einer Feder keine Proportionalität zwischen umgewandelter Energie und Weg?

22 Claudia (54 kg) trägt einen 9,5 kg schweren Koffer aus dem Keller in den zweiten Stock. Die durchschnittliche Etagenhöhe in dem Haus beträgt 2,40 m.
a) Wie groß ist die Energie, die Claudia dazu aufbringen muss?
b) Bei den Treppenabsätzen trägt sie den Koffer 1,5 m in waagerechter Richtung. Welche mechanische Energie überträgt sie hierbei auf den Koffer?
c) Wie viele Stockwerke könnte Claudia den Koffer hochtragen, wenn sie eine Energie von 1 kJ umwandelt?
d) Claudia trägt den Koffer im Laufschritt nach oben und braucht nur die halbe Zeit wie vorher. Welche Energie braucht Claudia jetzt?

23 Das Ulmer Münster hat mit 161 m den höchsten Kirchturm Europas. 768 Stufen führen bis zum Helmkranz in einer Höhe von 143 m. Bei einem Schulausflug steigt Fritz mit seinen Freunden auf den Turm. Alle sind in etwa gleich „schwer" und haben eine Masse von 50 kg. Vor der Besteigung machen die Freunde erst einmal Pause und teilen sich den einzigen Schoko-Riegel, den Fritz dabei hat. Der Riegel hat eine Masse von 54 g. Nach Angaben des Herstellers haben 100 g des Produktes eine Energie (Brennwert) von 1 888 kJ.
a) Schätze ohne Rechnung, wie viel Energie Fritz für den Turmaufstieg benötigen wird.
b) Mit wie viel Freunden könnte Fritz teilen, wenn jeder gerade so viel von dem Riegel abbeißen darf, wie er an Energie für den Aufstieg benötigt?
c) Fritz hat auch noch einen Rucksack dabei. Wie schwer dürfte der Rucksack sein, wenn Fritz bei einem Turmaufstieg die gesamte Energie seines Schoko-Riegels nutzbringend umwandeln könnte? Schafft Fritz das?

24 Auf der Schattenbergschanze in Oberstdorf erreichen die Skispringer beim Absprung am Schanzentisch Spitzengeschwindigkeiten von 92 km/h, wenn sie aus einer Luke 55 m über der Absprungstelle starten.
a) Informiere dich über das Profil der Sprungschanze, über neue Spitzengeschwindigkeiten und Rekordweiten (Internet, Lexika, etc.).
b) Welche Energieumwandlungen treten bei einem Sprung von einer Schanze auf?
c) Welche Reibungseffekte treten in der Anlaufphase auf? Wie kann man diese Reibungsverluste verringern?
d) Wie viel Prozent der ursprünglichen Höhenenergie gehen hier beim Anlauf durch Reibungseffekte verloren?

25 Eine Schraubenfeder mit der Federhärte 36 N/m wird innerhalb ihres Funktionsbereiches um 22 cm gedehnt.
a) Welche Kraft ist für diese Dehnung nötig?
b) Welche Spannenergie besitzt die gedehnte Feder?

Fragen

26 Eine Knetmasse der Masse 48 g wurde zu einer Kugel mit 4,3 cm Durchmesser geformt. Sie wurde vom Dach eines Schulhauses fallen gelassen (→**B1**) und prallte auf dem Pausenhof mit einer Geschwindigkeit von ca. 59 km/h auf.
a) Berechne mit diesen Angaben die Höhe des Schuldaches!
b) Das errechnete Ergebnis aus Aufgabe a) stimmt nicht mit den Gebäudeabmessungen überein. Begründe qualitativ die Abweichung des errechneten Ergebnisses vom tatsächlichen Wert.
Wenn man die Kugel (→ Werkstatt S. 132) mit einer Geschwindigkeit von 16 m/s gegen eine Wand wirft, dann verformt sich die Kugel so, dass eine kreisförmige Aufprallfläche mit 4,1 cm Durchmesser entsteht.
c) Aus welcher Höhe müsste man die Kugel fallen lassen, um genau die gleiche Aufprallfläche zu erhalten?

B1

27 Gleich große Knetkugeln werden gegen die Wand geworfen (→ Werkstatt S. 132).
a) Kannst du mit (→**B2**) abschätzen, welche Kugel mit der größten bzw. kleinsten Geschwindigkeit an die Wand geworfen wurde?
b) Wie groß müsste der Durchmesser der Aufprallfläche einer solchen Kugel sein, wenn die Kugel mit 70 km/h geworfen wurde?

B2

28 Zwei Körper gleicher Masse starten im selben Punkt eines idealen Systems. Der erste Körper fällt frei, der zweite Körper gleitet eine schiefe Ebene hinab. Beide überwinden die gleiche Höhendifferenz und haben am Fußpunkt die gleiche Geschwindigkeit – warum? Formuliere eine Begründung!

29 Bei Energiebetrachtungen wird oft allgemein von „innerer Energie" gesprochen, obwohl genau genommen nur der Anteil der thermischen Energie an der inneren Energie gemeint ist. Wieso kann man aber diese Verallgemeinerung in den meisten Fällen trotzdem so treffen?

30 Beschreibe die Energieumwandlungen bei einem horizontalen Federpendel mathematisch.

31 Beschreibe die Energieumwandlungen bei einem senkrechten Federpendel mathematisch.

32 Beschreibe die Energieumwandlungen bei einem Fadenpendel mathematisch.

33 Am Ende seiner Darbietung kommt ein Snowboarder (→**B3**) etwa eineinhalb Meter über dem Rand der „Halfpipe" für einen Moment zur Ruhe und fällt dann in die Halfpipe zurück, gleitet nach unten, wobei er am Fußpunkt derselben diese verlässt und auf einer horizontalen Auslauffläche zu bremsen beginnt. Der Bremsweg des Snowboarders beträgt 15 Meter. Der Durchmesser der vereisten und deshalb (nahezu) reibungsfreien Anlage beträgt 12 Meter. Welche Reibungszahl muss demnach die Materialkombination Eisfläche-Snowboardkante besitzen? (Hilfe: Unterteile die gesamte Bewegung vom höchsten Punkt bis zum Stillstand in zwei Energieumwandlungsprozesse).

B3

Innere Energie und Entropie

Die Trinkente Eine Ente aus Glas wird so vor ein Wasserglas gestellt, dass ihr Schnabel in das Wasser eintauchen kann. Nachdem man ihren Schnabel einmal ins Wasser getaucht hat, fängt sie an, vor und zurück zu wippen, bis sie nach einiger Zeit wieder aus dem Glas „trinkt". Auch nach Stunden oder Tagen wippt die Ente noch hin und her und trinkt. Erst wenn das Glas leer ist, hält sie an. Doch wie kann das sein? Die Ente darf ja kein Perpetuum mobile sein, bei dem ein Prozess auch ohne Energiezufuhr von außen anläuft! Bewegt sich die Ente, weil man sie am Anfang nach unten gekippt hat? Aber die Reibung müsste die Bewegung doch rasch verlangsamen! Oder liegt es tatsächlich am Wasser, das der Ente „Leben einhaucht"?

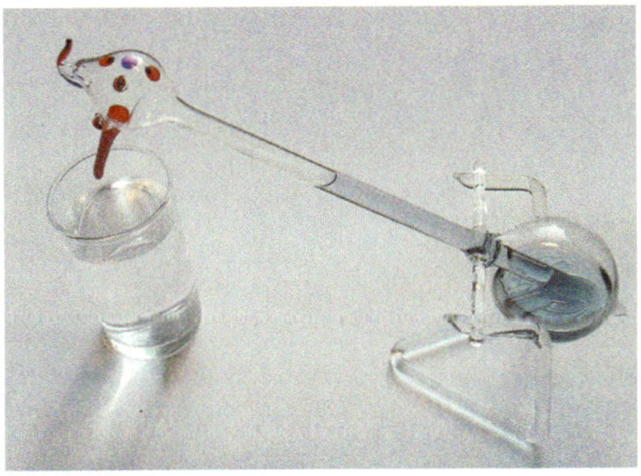

Der Stirlingmotor Stellt man einen Stirlingmotor auf eine Tasse mit heißem Tee, so fängt das Rad an, sich zu drehen. Ist der Tee nur lauwarm, dreht sich das Rad langsamer. Legt man dann aber auf die obere Platte des Motors ein paar Eiswürfel, so dreht sich das Rad wieder schneller. Der Franzose Sadi Carnot konnte im 19. Jahrhundert nachweisen, dass Maschinen wie der Stirlingmotor oder die Dampfmaschine infolge einer Temperaturdifferenz angetrieben werden. Doch wie funktionieren sie genau? Woher kommt die Energie? Wieso wird dabei der Tee kälter? Kann man die Maschinen auch so konstruieren, dass die Tasse heißer und die Umgebung kälter wird?

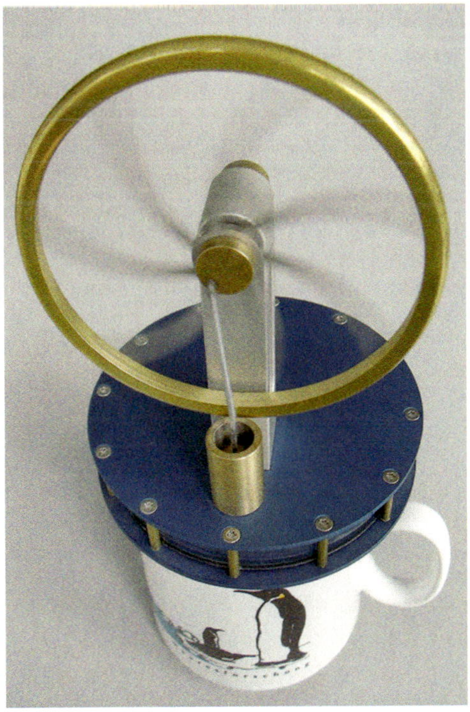

Der Wirbelsturm Was hat ein Wirbelsturm mit solchen Maschinen zu tun? Was treibt ihn an? Woher bekommt er seine Energie?

Innere Energie

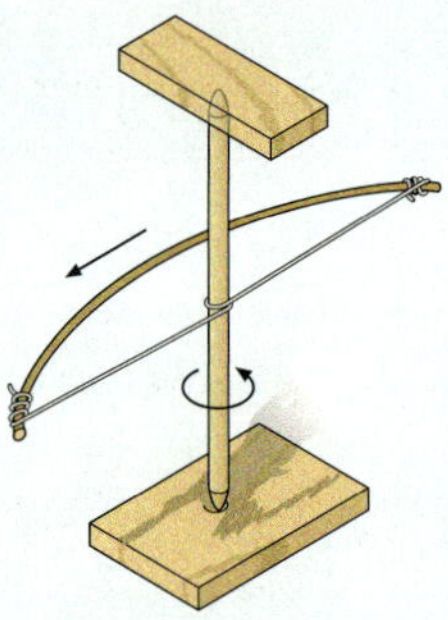

B1 Feueranzünder

Ein Feuer lässt sich auch ohne Streichhölzer entfachen: Durch rasches Drehen eines Holzstabes in einer mit trockenen Holzspänen gefüllten Mulde eines Brettes werden die Späne so heiß, dass sie sich entzünden (→B1). Ähnliches geschieht bei einem stumpfen Bohrer einer Bohrmaschine. **VORSICHT! Heiß!**

V1 Wir klemmen wie in **B3** an das untere Ende eines Thermometers eine Wäscheklammer. Nach mehrmaligem Drehen der Wäscheklammer um das Thermometer stellt man ein Ansteigen der Temperatur fest.

V2 Wir verschließen ein mit Luft gefülltes Glasgefäß mit einem Kolbenprober. Wir tauchen anschließend das Glasgefäß in ein heißes Wasserbad: Langsam steigt der Glaskolben im Kolbenprober nach oben (→**B4**).

V3 Hält man an einer Luftpumpe die Austrittsöffnung zu und pumpt kräftig, so fühlt man, dass sich die Pumpenöffnung erhitzt (→**B2**).

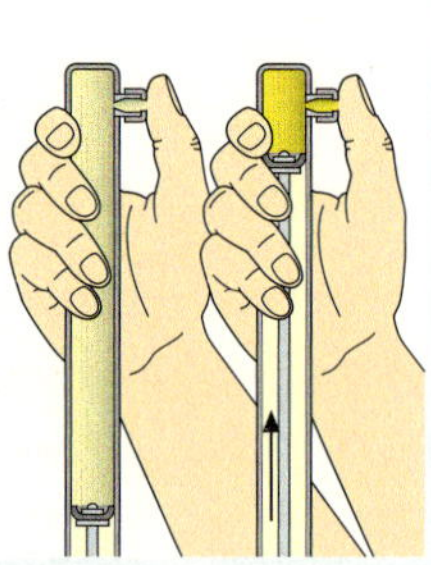

B2

VORSICHT! Bruchgefahr bei V1!

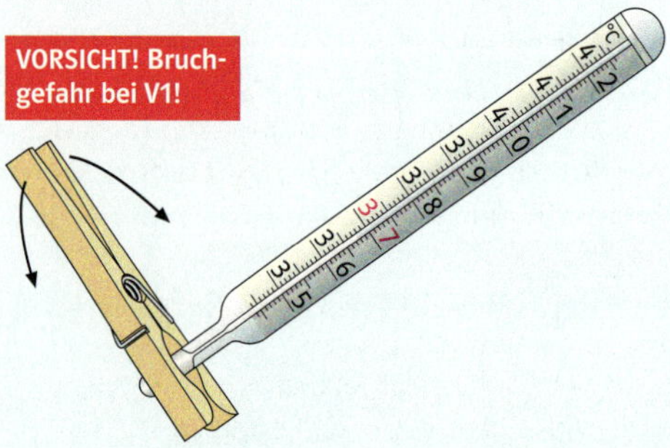

B3 Erhöhung der Temperatur durch Energietransport

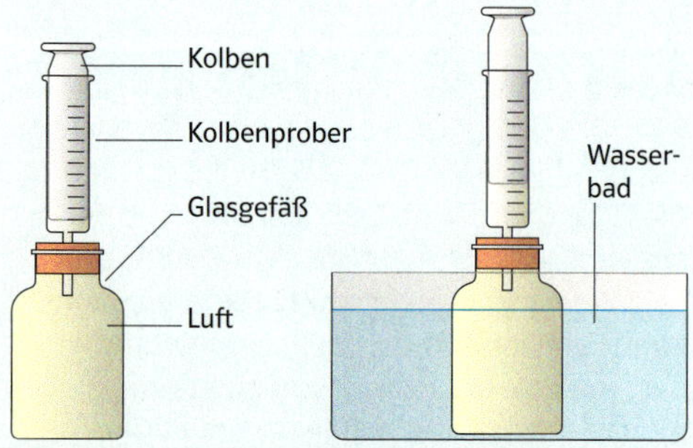

B4 Der Kolben steigt nach oben.

Die innere Energie der Körper Reiben wir unsere Hände aneinander, so fühlen wir eine Erhöhung der Temperatur der Haut. Je stärker wir reiben, umso mehr erhöht sich ihre Temperatur. Wird eine Wäscheklammer um das Ende eines Thermometers gedreht, so erhöht sich die Temperatur der Thermometerflüssigkeit, was an der Flüssigkeitssäule zu beobachten ist. Beim Drehen muss mechanische Energie übertragen werden. Allgemein gilt:

- **Eine von außen an einen Körper übertragene mechanische Energie kann eine Erhöhung der Temperatur des Körpers zur Folge haben.**

In der Mechanik wird bei reibungsfreien Vorgängen mechanische Energie immer nur in andere mechanische Energieformen umgewandelt. Beim Drehen der Klammer am Thermometer wird kinetische Energie auf das Thermometer übertragen, aber dieses wird weder schneller (größere kinetische Energie), noch wird es gedehnt (größere Spannenergie) oder nach oben befördert (größere Lageenergie). Die mechanische Energie des Thermometers ändert sich nicht! Der in der Mechanik gefundene Satz von der Erhaltung der Energie kann nur weiter gelten, wenn man **innere Energie** des Thermometers als weitere Energieform einbezieht. Auch die Verformung eines Autos im Crash (→**B5** und →**S. 128**) kann so über die Änderung der inneren Energie erklärt werden.

- **Wird an einen Körper mechanische Energie übertragen, so kann sich seine innere Energie erhöhen.**

Von außen ist dies durch eine Änderung der Temperatur messbar.

- **Die Erhöhung der Temperatur eines Körpers zeigt eine Zunahme seiner inneren Energie an.**

B5 Crashtest

Zu beachten ist, dass es sich hierbei genau genommen um die thermische Energie handelt, wenn man davon ausgeht, dass die anderen Energieformen „im Inneren“ des Körpers keine Änderung erfahren, nämlich die chemische Energie und die Kernenergie (→ **S. 128**).

Ob sich eine Veränderung der Kernenergie ereignet, lässt sich mit entsprechenden Experimenten und Überlegungen (→ **S.167ff.**) feststellen. Bei den hier betrachteten Fällen kann davon ausgegangen werden, dass die Kernenergie nicht berücksichtigt werden muss.

Anders verhält es sich mit der chemischen Energie. Die Temperaturerhöhung eines Stoffes oder die Zuführung mechanischer Energie (z.B. bei einer „Knallerbse“) beinhaltet immer auch die Möglichkeit, dass eine chemische Reaktion stattfindet. Dies führt zu einer Stoffveränderung und vor allem auch einer Änderung der chemischen Energie und damit auch der inneren Energie.

Innere Energie kann umgekehrt auch wieder in mechanische Energie umgewandelt werden. Wenn ein mit Luft gefülltes Glasgefäß in heißes Wasser getaucht wird, so erhöht sich die Temperatur der Luft, also auch ihre innere Energie. Die Zunahme ihrer inneren Energie hat zur Folge, dass sich die Luft ausdehnt und den auf dem Glasgefäß befestigten Kolben eines Kolbenprobers nach oben drückt (→ **V2**).

Hier wird also innere in mechanische Energie verwandelt und zum Heben und Verschieben des Kolbens gegen die Kraft aufgrund des äußeren Luftdrucks verwendet.

Diese übertragene mechanische Energie ist nur durch eine Änderung der inneren Energie der Luft im Kolbenprober erklärbar.

Innere und mechanische Energie Innere Energie eines Körpers kann also in mechanische umgewandelt werden. Die innere Energie nimmt dadurch ab. Die Abnahme der Temperatur zeigt dies an. Die beiden Diagramme in **B1** veranschaulichen den Zusammenhang zwischen innerer und mechanischer Energie.

Eine Veränderung der inneren Energie wird als ΔE_{innere} (sprich „Delta E_{innere}“) angegeben. Bei Zunahme der inneren Energie ist $\Delta E_{\text{innere}} > 0$, bei Abnahme ist $\Delta E_{\text{innere}} < 0$.

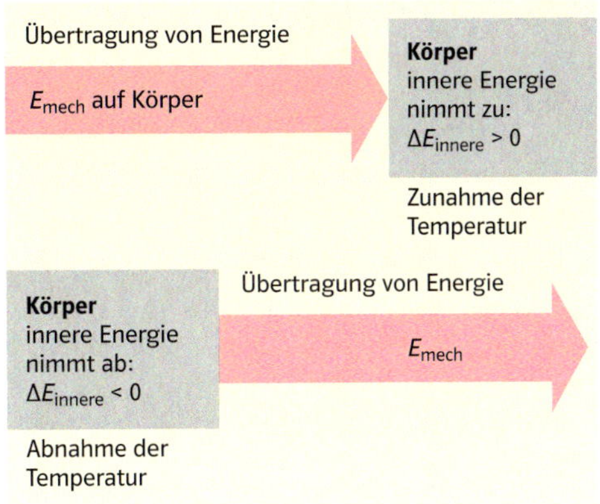

B1 Energieumwandlungen mit innerer Energie

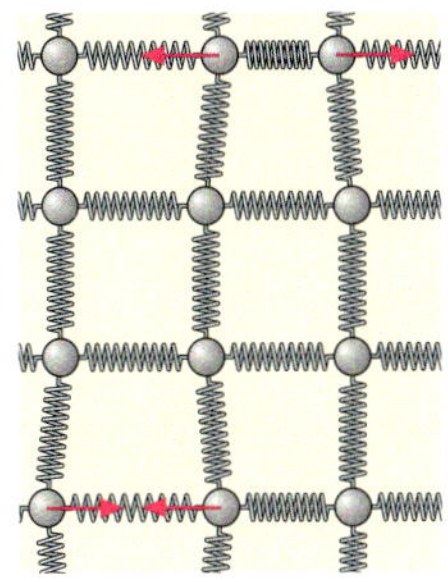
B2 Federmodell

● **Die an einen Körper oder von einem Körper übertragene mechanische Energie führt zu einer gleich großen Änderung der inneren Energie, wenn keine Änderung der mechanischen Energie stattfindet.**

Modell zur inneren Energie Bei Gasen stellen wir uns vor, dass sich die Teilchen frei bewegen können. Die Gasteilchen besitzen kinetische Energie. Die Geschwindigkeit, mit der sich die Teilchen des Gases bewegen, nimmt mit steigender Temperatur zu.

Analogien & Strukturen →S. 252

In festen Körpern sind die Teilchen durch wechselseitige Kräfte an einen festen Ort gebunden, um den herum sie sich bewegen können. **B2** zeigt, wie man sich ein Modell dafür vorstellt: Die Kugeln stellen die Teilchen dar, die Federn entsprechen den Kraftwirkungen. Die jeweilige Spannenergie der Federn entspricht der jeweiligen Energie, die durch die wechselseitigen Kräfte zwischen den Teilchen gespeichert wird. Auch hier wird die Bewegung der Teilchen heftiger, je höher die Temperatur steigt. Es wird mehr Energie gespeichert.

● **Die Änderung der inneren Energie eines Körpers entspricht der Änderung der Energie seiner Teilchen.**

Erhalten die Teilchen eines festen, flüssigen oder gasförmigen Körpers im Durchschnitt eine höhere kinetische Energie, so nimmt seine innere Energie zu und wir können eine höhere Temperatur messen.

● **Die mittlere kinetische Energie der Teilchen eines Körpers ist ein Maß für seine Temperatur und umgekehrt.**

Teilchenbewegung und Temperatur

Parfümeure entwickeln Düfte nicht nur für Produkte der Körperpflege, sondern auch für die sogenannte Produktparfümierung in Reinigungs-, Toiletten- und Haushaltsartikeln sowie Nahrungsmitteln und sogar Fahrzeugen (→B1). Dazu stehen ihnen 200 natürliche und rund 2000 synthetische Duftstoffe zur Verfügung. Immer mehr Menschen reagieren auf solche Stoffe allergisch, sie entwickeln eine „Multiple Chemikaliensensitivität" (MCS).

Wieso ist es so schwer, sich als Allergiker solchen Duftstoffen zu entziehen?

B1 Parfümeurin bei der Arbeit

B4 Kleine Glaskugeln als Modellgas

V1 In einen Glaszylinder wird etwas Brom getropft. Es bildet sich gelbbrauner Bromdampf, der sich langsam im gesamten Gefäß gleichmäßig verteilt. **Lehrerversuch! Abzug!**

V2 Glaskugeln in einem Kolben werden durch einen Rüttler in Bewegung gehalten (→B4). Dadurch wird ein Stempel angehoben. Seine Höhe nimmt mit steigender Geschwindigkeit der Kugeln zu. Wird der Stempel mit Gewichtstücken belastet, dann wird der Raum für die Kugeln kleiner. Das vorherige Volumen wird erst bei heftigerer Bewegung der Kugeln wieder erreicht.

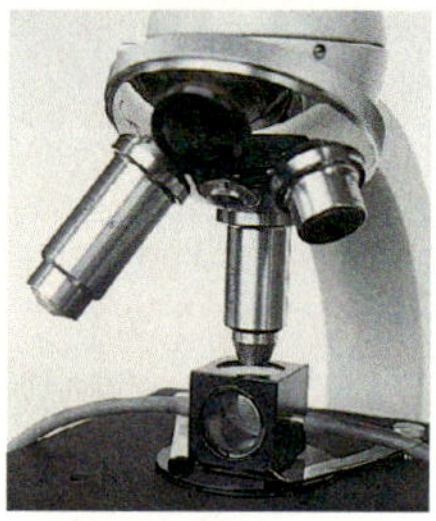

B5 Rauchkammer unter dem Mikroskop

Brown'sche Bewegung 1827 entdeckte der englische Arzt und Botaniker **Robert Brown** (1773–1858) mit dem Mikroskop, dass Blütenstaubteilchen in Wasser eine unregelmäßige Zitterbewegung ausführen. Bei Temperaturzunahme wurde die Bewegung heftiger. Wir können diese Bewegung auch an Rauchteilchen in einer Kammer beobachten (→B5). Außer dem Rauch befindet sich Luft in der Kammer. Das Gas besteht aus kleinen, nicht sichtbaren Teilchen, die sich in ständiger unregelmäßiger Bewegung befinden. Diese Bewegung wird auf die sichtbaren Rauchteilchen übertragen und ruft so deren Zitterbewegung hervor (→B6). Diese **Brown'sche Bewegung** bestätigt das Teilchenmodell.

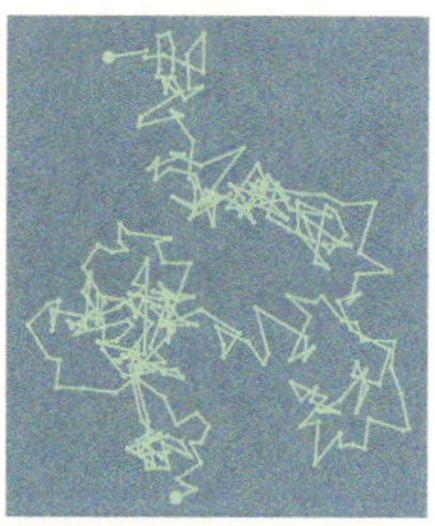

B6 Bahn eines Rauchteilchens

B2 Teebeutel in warmem Wasser (links) und in kaltem Wasser (rechts)

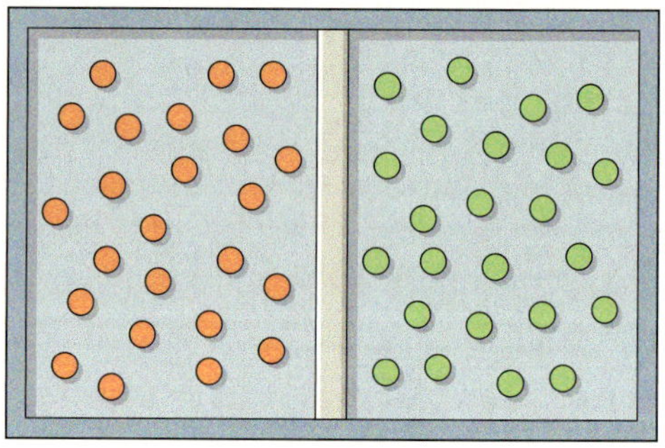

B3 Modellexperiment zur Diffusion

● **Die Teilchen eines flüssigen oder gasförmigen Körpers sind in ständiger temperaturabhängiger, unregelmäßiger Bewegung. Dies zeigt die Brown'sche Bewegung von Rauchteilchen. Die Teilchenbewegung tritt auch bei festen Körpern auf, allerdings schwingen die Teilchen um einen festen Ort.**

Die selbstständige Durchmischung von Teilchen bezeichnen Physiker als **Diffusion**. Die Diffusion lässt sich mit einem Modellexperiment darstellen (→B3). Mit Hilfe eines Gebläses werden mehrere grün oder rot markierte Magnete, die sich alle gegenseitig abstoßen, auf einem Luftkissentisch in ungeordnete Bewegung versetzt. Durch einen Balken werden die Magnete getrennt. Sobald der Balken entfernt wird, beginnen sich die unterschiedlich gefärbten Magnete zu vermischen, bis sie schließlich gleichmäßig verteilt sind.

Wie lässt sich jedoch im Teilchenmodell erklären, dass die Diffusion bei einer Umgebung mit höherer Temperatur schneller vor sich geht (→**B2**, S.146)? Je höher die Temperatur eines Körpers ist, umso schneller bewegen sich die Teilchen, aus denen er besteht.

So werden auch die Stöße der Teilchen häufiger und die Teilchen verteilen sich schneller.

● **Die Temperatur eines Körpers ist ein Maß für die Bewegungsenergie seiner Teilchen. Die ständige Teilchenbewegung ist die Ursache für die Diffusion.**

▮ **A1** Wie kommt es zu dem Phänomen in **B2** auf der vorigen Seite?

Physik überall

Die mittlere Teilchengeschwindigkeit

Die Teilchen stoßen sich durch ihre dauernde Bewegung ständig gegenseitig an, wobei sich einige Teilchen schneller, andere dagegen langsamer bewegen.

Je höher die Temperatur eines gasförmigen Körpers ist, desto größer ist die durchschnittliche oder **mittlere Teilchengeschwindigkeit**. Bei Raumtemperatur beträgt diese etwa 420 m/s, bei einem Gas mit 125 °C etwa 490 m/s. Das Diagramm (→**B1**) zeigt die Geschwindigkeitsverteilung der Teilchen eines Gaskörpers bei 125 °C.

Daraus lässt sich Folgendes ablesen: Zu einem bestimmten Geschwindigkeitswert (hier bei etwa 430 m/s) findet man die meisten Teilchen.

Zu immer kleineren bzw. immer größeren Geschwindigkeitswerten findet man eine immer geringere Anzahl von Teilchen, die diese Geschwindigkeiten haben.

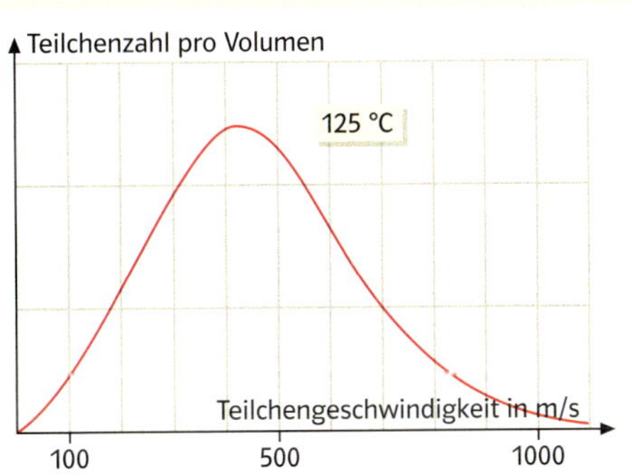

B1

Verschiedene Thermometer

Die mit Wasser, Alkohol oder Quecksilber gefüllten Thermometer zeigen nur Temperaturen an, bei denen die Füllung flüssig ist. Für Temperaturen außerhalb dieses Bereichs braucht man Thermometer, die die Temperatur mit einer anderen Messgröße als dem Volumen einer Flüssigkeit bestimmen: Bei elektrischen Thermometern (→**B2**) werden oft Thermoelemente verwendet. Im Messfühler sind zwei Nickeldrähte über einen Chromdraht miteinander verbunden, die beiden äußeren Enden der Nickeldrähte mit den Anschlüssen eines empfindlichen Messgerätes. Je nach Temperaturdifferenz zwischen den beiden Nickel-Chrom-Kontakten wird eine bestimmte Spannung gemessen. Bestimmte Flüssigkristalle wechseln je nach der Umgebungstemperatur ihre Farbe. So kann man von Grad zu Grad verschiedene Kristalle zu Farbänderungen bringen. Die Farbreihe mehrerer Kristalle zeigt dann die Temperatur ihrer Umgebung an (→**B4**).

Beim Bimetallthermometer krümmt sich ein aus zwei verschiedenen Metallen bestehender Spiralstreifen je nach Temperatur mehr oder weniger stark. Ein daran befestigter Zeiger gibt auf einer Skala die Temperatur des Streifens und die seiner Umgebung an (→**B3**).

B2

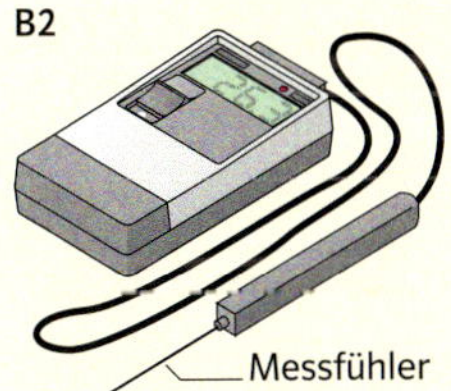

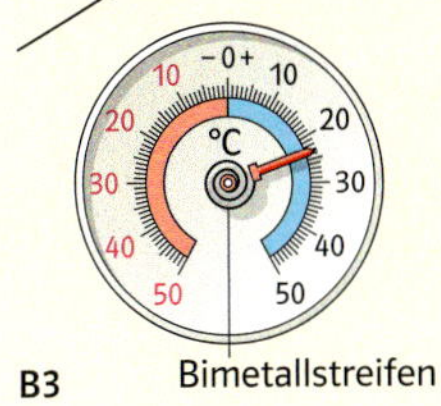

B3

B4 Flüssigkristall-Thermometer

Gase und Zustandsgrößen

B1

VORSICHT! Quecksilberdämpfe sind gesundheitsschädlich!

V1 Ein luftgefülltes kaltes Glasgefäß wird mit einem durchbohrten Stopfen verschlossen. Durch das Loch im Stopfen wird ein Glasrohr gesteckt. Tauche das Glasrohr ins Wasser und umfasse das Glasgefäß mit beiden Händen. Aus dem Glasrohr treten Blasen aus (→**B1**).

V2 In einem Glasrohr wird eine Luftmenge von einem Tropfen Quecksilber eingeschlossen. Das obere Ende des Rohres ist luftdurchlässig mit einem Stoff gefüllt, der die Luft im Rohr trocken hält und keine Quecksilberdämpfe nach außen dringen lässt (→**B2a**). Das untere Ende des Glasrohres wird in Wasser getaucht, das erhitzt wird. Wir messen die immer höher steigende Temperatur und das Volumen der eingeschlossenen Luftmenge und erhalten:

ϑ in °C	20	40	60	80	90
V in cm³	60	64	68	72	74

V3 Ein mit Luft gefülltes Glasgefäß wird mit einem doppelt durchbohrten Stopfen verschlossen. Durch die eine Öffnung ragt ein Thermometer, in die andere wird ein Rohr mit einem Dreiwegehahn gesteckt, an dessen einem Ende ein Druckmesser angebracht ist (→**B2b**).

Das Glasgefäß wird in einem Wasserbad erhitzt, bis das Wasser siedet. So lange bleibt die Verbindung zur Außenluft geöffnet. Dann wird der Hahn geschlossen. Wir messen den Druck und die Temperatur der Luft im Gefäß, während sich das Wasser wieder abkühlt. Wir messen:

ϑ in °C	90	80	60	40	20
p in hPa	1240	1200	1140	1070	1000

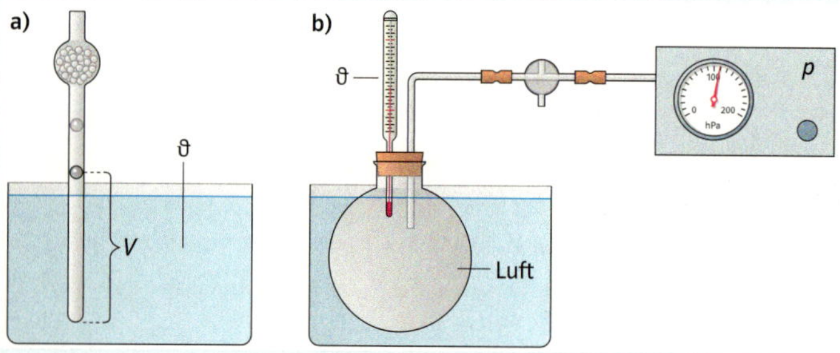

B2 Volumen- (a) und Druckänderung (b) bei Temperaturänderung

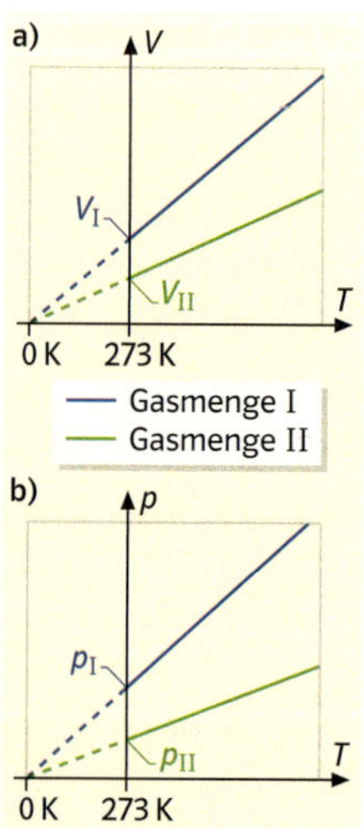

B3 Thermische Änderung von Zustandsgrößen

Zustandsgrößen und ideales Gas Gase nehmen immer vollständig den verfügbaren Raum ein. Darin unterscheiden sie sich von Flüssigkeiten und Festkörpern. Im Gegensatz zu ihnen lassen sich Gase durch äußeren Druck stark komprimieren. Dabei erhitzt sich das Gas, was sich z. B. beim Pumpen mit der Luftpumpe beobachten lässt.

Diese Beobachtungen legen es nahe, die Größen Volumen, Druck und Temperatur zur Beschreibung des Zustandes eines Gases zu nutzen. Durch Angabe aller drei Größen ist der Zustand eines Gases sogar eindeutig festgelegt.

Man nennt solche Größen daher **Zustandsgrößen.** Sie sind unabhängig davon, auf welche Weise das Gas in den vorliegenden Zustand gebracht wurde.

Experimente zeigen, dass bei konstantem Druck das Volumen einer eingeschlossenen Gasmenge linear von ihrer Celsius-Temperatur abhängt (→**B3a**). Wird das Anfangsvolumen verändert, so ändert sich die Steigung der Geraden. Verlängert man diese Geraden in den Bereich negativer Temperaturwerte, so schneiden sich alle Geraden im **absoluten Nullpunkt** bei $T = 0\,\mathrm{K}$ ($\vartheta = -273\,°\mathrm{C}$).

Wird in einer anderen Versuchsreihe bei konstantem Volumen die Änderung des Druckes einer Gasmenge in Abhängigkeit von der Celsius-Temperatur gemessen, so ergeben sich ebenfalls Geraden, die sich im absoluten Nullpunkt schneiden (→**B3b**).

Die Verlängerung der Geraden bis zum absoluten Nullpunkt ist nur theoretisch, denn sie setzt ja voraus, dass die Gasteilchen kein eigenes Volumen haben und eine betrachtete Gasmenge theoretisch am absoluten Nullpunkt kein Volumen mehr besitzt und „verschwindet".

Weiter wird vorausgesetzt, dass keine anziehenden oder abstoßenden Kräfte zwischen den Teilchen wirken, alle Stöße vollkommen verlustfrei („elastisch") sind und die gesamte Energie der Teilchen als kinetische Energie vorliegt. Ein gedachtes Gas mit solchen Eigenschaften heißt **ideales Gas**.

Reale Gase nähern sich bei niedrigem Druck, hinreichend großem Volumen und nicht zu tiefer Temperatur in ihrem Verhalten dem idealen Gas an.

Verwendet man für die Temperatur statt der Celsiusskala die Kelvinskala, so gilt für die **absolute Temperatur** $T = (273 + \vartheta/°C)$ K. Mit der absoluten Temperatur ausgedrückt werden die Geraden dann Abschnitte von Ursprungsgeraden. Dann gelten folgende Beziehungen (→ **B2** und **B3**):

● **Gesetz von Gay-Lussac: Bei konstantem Druck sind Temperatur und Volumen eines idealen Gases proportional.**

Es gilt: $\frac{V}{T}$ = konstant bei p = konstant.

● **Gesetz von Amontons: Bei konstantem Volumen sind Temperatur und Druck eines idealen Gases proportional.**

Es gilt: $\frac{p}{T}$ = konstant bei V = konstant.

Wird bei konstanter Temperatur das Volumen einer Gasmenge verändert, so verändert sich auch der Druck. Die Versuchsanordnung zeigt (→ **B1**). Aus den Messwerten ergibt sich ein Diagramm wie **B4**.

● **Gesetz von Boyle und Mariotte: Bei konstanter Temperatur sind Druck und Volumen eines idealen Gases umgekehrt proportional.**

Es gilt: $p \cdot V$ = konstant bei T = konstant.

Das allgemeine Gasgesetz Die drei Gasgesetze lassen sich mathematisch zu einer Formel mit gleicher physikalischer Aussage, dem **allgemeinen Gasgesetz**, vereinigen, die alle Zustandsgrößen eines idealen Gases erfasst. Daher wird sie oft auch als **Zustandsgleichung idealer Gase** bezeichnet.

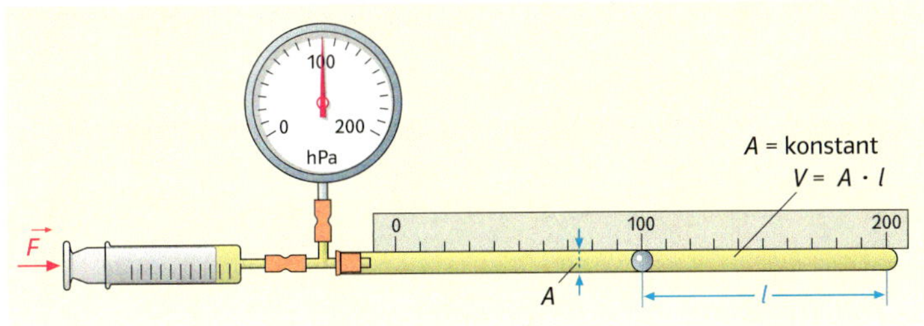

B1 Messung für Druck und Volumen einer Gasmenge bei konstanter Temperatur

● **Das allgemeine Gasgesetz beschreibt den Zusammenhang zwischen den Zustandsgrößen eines idealen Gases:**

$$\frac{p \cdot V}{T} = \text{konstant}$$

Diese Gleichung gilt nur, wenn die absolute Temperatur (Kelvin-Temperatur) verwendet wird!

Die Konstante ist proportional zur Stoffmenge und damit zur Teilchenzahl des Gases.

● **Für ein ideales Gas mit der Teilchenzahl N gilt:**

$$\frac{p \cdot V}{T} = k \cdot N \quad \text{mit} \quad k = 1{,}38 \cdot 10^{-23}\,\text{J/K}$$

Die Proportionalitätskonstante k heißt **Boltzmann-Konstante**.

Wird die Anzahl der Teilchen (wie in der Chemie üblich) in der Einheit 1 mol = $6{,}022 \cdot 10^{23}$ angegeben, dann ergibt sich (mit n als der Zahl der Gasteilchen in Mol):

● **Für ein ideales Gas mit der Teilchenzahl n in Mol gilt:**

$$\frac{p \cdot V}{T} = n \cdot R \quad \text{mit} \quad R = 8{,}31\,\text{J/(K} \cdot \text{mol)}$$

Die Konstante R heißt **Gaskonstante**.

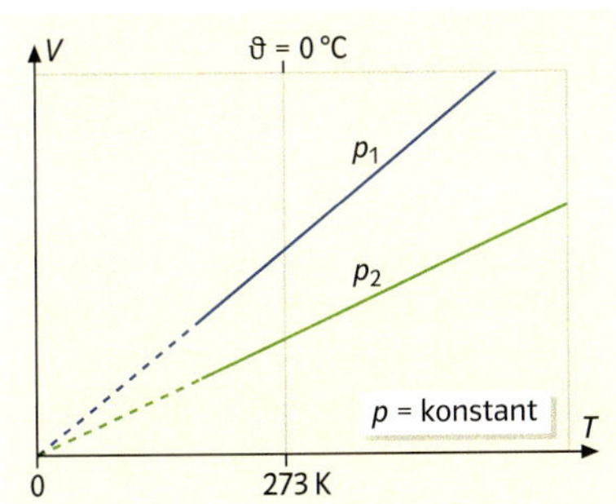

B2 Gesetz von Gay-Lussac

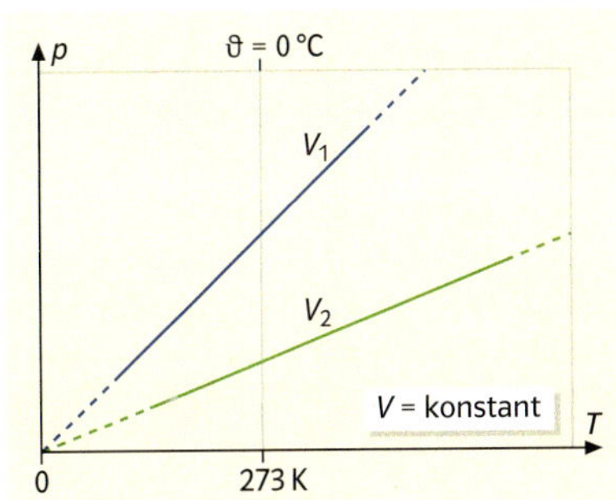

B3 Gesetz von Amontons

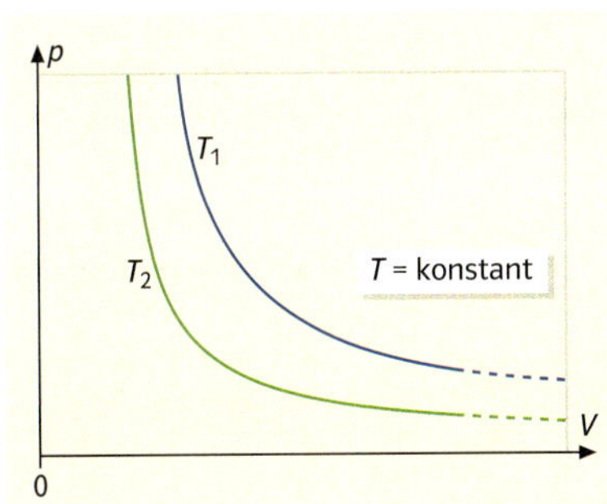

B4 Gesetz von Boyle und Mariotte

Energieerhaltung und Entropie

B1 Milchkaffee

V1 In eine heiße Tasse Kaffee wird Milch gegeben (→**B1**). Es ist nicht ohne weiteres möglich, die Milch wieder aus dem Kaffee zu bekommen und unmöglich, einen Milchtropfen wie vorher zusammenzusetzen.

V2 Ein elastischer Gummiball wird fallengelassen. Nach dem Aufprall auf dem Boden springt er wieder in die Höhe. Nach jedem Aufprall nimmt die Sprunghöhe immer mehr ab (→**B2**). Schließlich bleibt der Ball am Boden liegen. Der Vorgang wird per Video aufgezeichnet und rückwärts betrachtet.

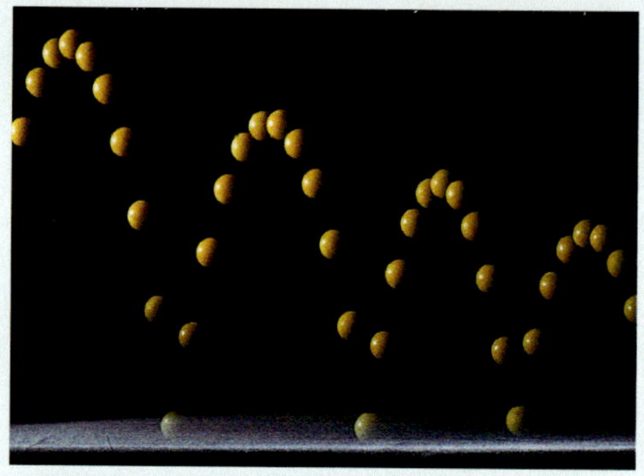

B2 Umwandlung: mechanische in innere Energie

Der 1. Hauptsatz der Thermodynamik B3 zeigt Versuche, in denen thermische Energie transportiert und umgewandelt wird.

B3 Innere Energie ermöglicht mechanische Energieübertragung.

Bei der Weihnachtspyramide steigt die erhitzte Luft nach oben und treibt das Flügelrad an. Die innere Energie der Luft wird in kinetische Energie umgewandelt, die Luft steigt nach oben. Ein Teil dieser kinetischen Energie gelangt ins Flügelrad.

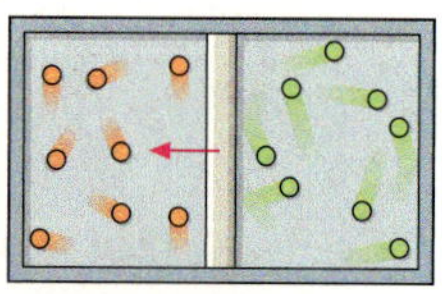

B4 Höherer Druck durch heftigere Stöße auf die Grenzfläche

Im Dampfboot wird Wasser so erhitzt, dass es verdampft, wobei sich in dem Glasgefäß der Druck erhöht. Der Dampf strömt dann durch eine Öffnung aus, wodurch das Boot in Gegenrichtung angetrieben wird. Die im erhitzten Gas gespeicherte innere Energie wird in Bewegungsenergie umgewandelt.

Entsprechendes geschieht beim Verbrennungsmotor. Auch hier wird innere Energie in Bewegungsenergie umgewandelt, indem sich der Kolben nach außen bewegt, ähnlich wie beim Dampfboot. Das Gas kühlt sich dabei ab, seine innere Energie nimmt ab. Im Teilchenmodell können wir uns vorstellen, dass die Teilchen die bewegliche Kolbenwand beim Aufprall etwas weiter wegstoßen (→**B4**). Wegen dieser Energieübertragung verlieren sie kinetische Energie, das Gas wird insgesamt kühler.

Ein Körper kann thermische Energie aufnehmen oder abgeben, dabei ändert sich seine innere Energie. Es kann ihm auch mechanische Energie zugeführt oder entzogen werden, auch dabei ändert sich seine innere Energie. Für solche Vorgänge gilt:

● **1. Hauptsatz der Thermodynamik: Ändert sich der Betrag der inneren Energie eines Körpers, so wird durch einen mechanischen Prozess oder durch Übertragung thermischer Energie der gleiche Energiebetrag zu- oder abgeführt:**

$$\Delta E_{\text{innere}} + \Delta E_{\text{mech}} + \Delta E_{\text{therm}} = 0$$

Betrachtet man reale Prozesse genau, so stellt man fest, dass dem ersten Hauptsatz Grenzen gesetzt sind. Es gelingt nicht, eine in innere Energie umgewandelte Energie durch Umkehrung des Prozesses vollständig wieder als mechanische Energie zurückzubekommen. Der weiter gültige Satz von der Energieerhaltung liefert also keine Lösung für das Problem!

Die Richtung von Vorgängen Ein Tropfen Milch verteilt sich aufgrund der Diffusion im Kaffee. Es ist nicht ohne aufwendige Extraktionsverfahren möglich, die Milch wieder aus dem Kaffee zu gewinnen. Es ist unmöglich, den Milchtropfen exakt wieder so zusammenzusetzen, wie er vorher war.

Eine Tasse heißen Kaffees kühlt in der Umgebung eines Raumes ab, kaltes Mineralwasser erwärmt sich. Beides vollzieht sich eigenständig ohne äußere Einwirkung. Bei zwei Metallklötzen mit unterschiedlicher Temperatur, die sich berühren, nähern sich die Temperaturen beider Körper einem dazwischen liegenden Wert an, d.h., der eine gibt innere Energie ab, der andere nimmt sie auf. Alle Beobachtungen zeigen:

● **Innere Energie geht von selbst nur von einem Körper hoher zu einem mit niedrigerer Temperatur über.**

Energie in der Einbahnstraße – Reversible und irreversible Vorgänge Bei einem hüpfenden Gummiball (→**B2**, S. 150) treten augenscheinlich zunächst drei mechanische Energieformen auf: Lage-, Bewegungs- und Spannenergie. Diese drei Formen werden während des Hüpfvorgangs ständig ineinander umgewandelt. Der mechanische Energieerhaltungssatz lautet entsprechend:

$$E_{ges} = E_{Lage} + E_{kin} + E_{Spann} = \text{konstant}$$

Würde das Hüpfen eines solchen Flummis gefilmt werden und man ließe den Film vorwärts und rückwärts ablaufen, so dürfte beim Anschauen kein Unterschied zu erkennen sein, denn nach dem Energieerhaltungssatz wäre der Vorgang umkehrbar (**reversibel**). Doch in der Realität ist der Vorgang irgendwann beendet. Wo steckt die mechanische Energie?

Reibung beeinflusst den Prozess maßgeblich. Der Energieerhaltungssatz muss also um einen Betrag der inneren Energie erweitert werden, den Boden, Ball und Luft aufnehmen (→**B1**).

Der „Vorrat" an mechanischer Energie nimmt deshalb mit der Zeit nach jedem Bodenkontakt ab, die maximale Sprunghöhe des Balls wird immer niedriger und die Umgebung erwärmt sich geringfügig. Der Teil der Energie, der durch Reibung dem Bewegungsprozess verloren geht, kann ihm nicht wieder zugeführt werden. Sie ist für den Prozess „wertlos", man spricht von **Energieentwertung**. Der reale Vorgang ist also nicht umkehrbar (**irreversibel**), man kann unterscheiden, ob der Film vorwärts oder rückwärts läuft (→**B2**).

● **Bei reversiblen Vorgängen gibt es keine Energieentwertung, sie sind vollständig umkehrbar. Diese Vorgänge findet man in der Natur nicht. Es sind ideale Prozesse.**

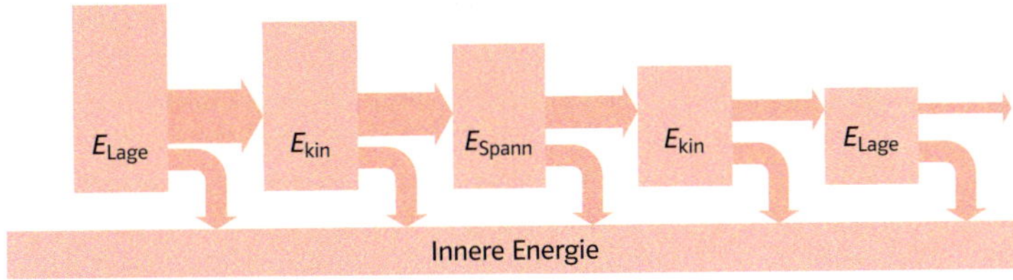

B1 Umwandlung von mechanischer Energie

● **In der Natur existieren nur Prozesse, die selbstständig in eine Richtung ablaufen. Sie sind irreversibel, es entsteht nicht mehr nutzbare innere Energie.**

Entropie Es wurde noch nie beobachtet, dass sich innere Energie von selbst wieder in mechanische Energie zurückverwandelt, also z.B. ein Ball immer höher springt und sich dabei abkühlt oder sich ein Trümmerhaufen wieder zum Hochhaus aufrichtet (→**B2**), was nach dem Energieerhaltungssatz ja nicht verboten wäre.

Man benötigt eine neue physikalische Größe, die die Irreversibilität bei Prozessen beschreibt. Diese Größe ist die **Entropie *S*** (*entrepein*, griech.: umwenden). Sie kennzeichnet also die Verlaufsrichtung eines von alleine ablaufenden Naturvorgangs. Die Entropie ist maßgeblich für Ereignisfolgen und damit entscheidend für unser Zeitempfinden verantwortlich. Sie gibt Auskunft darüber, unter welchen Bedingungen Energieübergänge selbstständig ablaufen.

Da die Irreversibilität unmittelbar mit der Entwertung von Energie, also mit der Umwandlung in innere Energie zusammenhängt, wird umso mehr Entropie erzeugt, je mehr Energie in innere Energie umgewandelt wird.

● **Die Entropieänderung eines Systems ist proportional zur entwerteten (in innere Energie umgewandelten) Energie: $\Delta S \sim \Delta E_{innere}$**

Entsprechend dieser Definition wäre die Entropie in allen idealen Systemen, in denen reversible Vorgänge ablaufen können, gleich Null. In realen Vorgängen nimmt sie zu, was bedeutet, dass in der Natur die gesamte erfassbare Entropie nur gleich bleiben oder zunehmen kann. Es gibt demnach keinen Erhaltungssatz der Entropie!

● **Die Entropie eines abgeschlossenen Systems nimmt nie ab. Entropie kann von selbst größer werden: Für die Entropie gilt kein Erhaltungssatz.**

B2 Zauberei?

B1 wenig Entropie

B2 viel Entropie

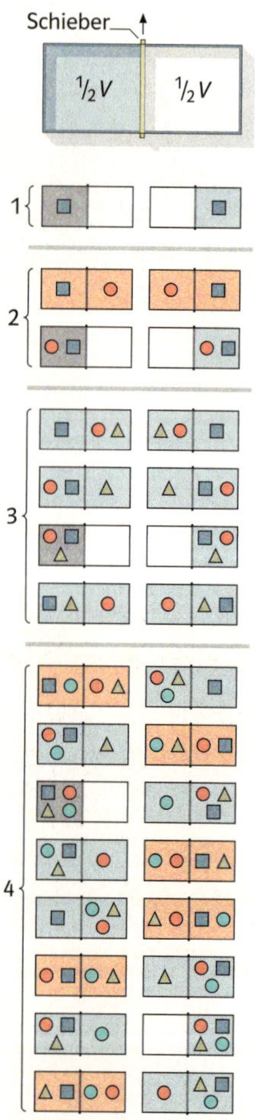

B3 Mikrozustände für 1, 2, 3 und 4 Teilchen

Entropie und Wahrscheinlichkeit In den realen Systemen der Natur mit ihren vielen Teilchen sind die meisten Abläufe nicht eindeutig vorbestimmt (nicht determiniert, →S. 242). Man kann deshalb nicht genau vorhersagen, ob ein Vorgang exakt in einer bestimmten Weise abläuft, sondern nur Wahrscheinlichkeiten angeben. Die **Wahrscheinlichkeit** lässt sich hier als das Verhältnis der Anzahl aller gesuchten Fälle zur Anzahl aller möglichen Fälle berechnen.

Ein Beispiel für einen irreversiblen Vorgang ist die Diffusion eines Gases. Ohne äußeren Einfluss findet ein Konzentrationsausgleich statt, Gasteilchen verteilen sich also gleichmäßig im Raum. Die innere Energie des gesamten Gases bleibt dabei unverändert. Ursache für den spontanen Ablauf des Vorgangs ist die Wahrscheinlichkeit der Anordnung der Teilchen:

Ein quaderförmiger Kasten mit dem Volumen V ist durch einen vertikalen Schieber in zwei gleich große Räume geteilt. Der linke Raum enthält eine Gasmenge mit N Teilchen, der rechte ist leer. Entfernt man nun den Schieber, so verteilen sich die N Teilchen gleichmäßig im ganzen Kasten. Es ist noch nie beobachtet worden, dass sie sich von selbst alle wieder im linken Teil des Kastens sammeln und die rechte Hälfte wieder völlig leer ist. Anschaulich wird dies durch ein Gedankenexperiment mit sehr wenigen Teilchen (→**B3**): Das Gas habe eine bestimmte Temperatur. Damit kann man einem einzigen Teilchen eine Bewegungsenergie zuordnen, es wird sich frei im Kasten bewegen und zu jedem beliebigen Zeitpunkt entweder im linken oder im rechten Raum anzutreffen sein – für das Teilchen gibt es also zwei Möglichkeiten, wo es sich aufhalten kann. Eine davon, z. B. in der linken Hälfte angetroffen zu werden, ist die gesuchte, damit ergibt sich für die Wahrscheinlichkeit $p_l = 1/2$.

Betrachtet man zwei Teilchen, so gibt es vier gleich wahrscheinliche Möglichkeiten der Verteilung, diese einzelnen Möglichkeiten nennt man **Mikrozustände**. Nur einer dieser Mikrozustände ist der gesuchte, nämlich wenn beide Teilchen in der linken Hälfte anzutreffen sind, also:

$$p_l = (1/2)^2 = 1/4$$

Für N Teilchen in einer Hälfte erhält man die Wahrscheinlichkeit $p_l = (1/2)^N$. Schon bei zwanzig Teilchen ist die Wahrscheinlichkeit, dass man alle Teilchen in einer Hälfte antrifft, geringer als eins zu einer Million! Die Abbildung zeigt, dass schon bei wenigen Teilchen für eine Gleichverteilung die meisten Mikrozustände möglich sind. Dieser bestimmte **Makrozustand** ist also am wahrscheinlichsten.

● **Zustandsänderungen eines Systems laufen von selbst in der Regel so ab, dass der neue Zustand wahrscheinlicher als der alte ist.**

Diese Betrachtung erlaubt Vorhersagen über Ablauf bzw. Richtung möglicher Vorgänge und liefert so eine statistische Interpretation des Entropiebegriffs: Das System verändert sich von alleine hin zu einem wahrscheinlichsten Zustand, nämlich dem Höchstmaß an Unordnung. Die Entropie des Systems ist hier maximal, sie ist somit ein Maß für Unordnungsgrad und Wahrscheinlichkeit seines Zustandes.

● **Ungeordnetere Zustände sind wahrscheinlicher als geordnetere. Die Entropie ist ein Maß für den Unordnungsgrad eines Systems. Die Entropie des Universums nimmt ständig zu.**

Entropie und Dissipation Wird einem Körper etwa durch Reibung oder elektrischen Strom Energie zugeführt, so wird die kinetische Energie einiger Teilchen erhöht. Die Wechselwirkung mit Nachbarteilchen bewirkt, dass diese Energie auf immer mehr Teilchen verteilt wird. Die Gleichverteilung ist nicht nur bei den Teilchen selbst, sondern auch in Bezug auf ihre Energie am wahrscheinlichsten. Diesen Vorgang der Verteilung von Energie auf die regellose Teilchenbewegung nennt man **Dissipation** (lat.: Zerstreuung). Dabei steigt naturgemäß die Entropie, weshalb gleichzeitig auch Energie entwertet wird. Die sichtbare Bewegung eines Körpers in eine bestimmte Richtung bedeutet eine geordnete Bewegung aller Teilchen. Es ist extrem unwahrscheinlich, dass sich diese ohne äußeren Eingriff aus der regellosen Teilchenbewegung ergibt. Die auf die Teilchen verteilte Bewegungsenergie ist nicht als Bewegungsenergie des Körpers nutzbar.

● **Durch Dissipation wird Energie entwertet und die Entropie vergrößert.**

Die Verteilung kinetischer Energie auf mehr Teilchen bedeutet eine Abnahme ihrer durchschnittlichen Energie. Dem entspricht eine niedrigere Temperatur des Körpers. Der „Wert" innerer Energie steigt also mit der Temperatur, denn dann lässt sich ein größerer Bruchteil als Bewegungsenergie wieder entnehmen.

Von Partnern fürs Leben, Revolverhelden und dem Zahn der Zeit

„Besonderheiten" von Ereignissen Im „Wilden Westen" gab es viele Revolverhelden, jedoch erlangten nur wenige eine solche Berühmtheit wie Wyatt Earp. Earp starb mit über 80 Jahren trotz zahlreicher Schießereien und Duelle eines natürlichen Todes, ohne jemals lebensgefährlich verletzt zu werden. Diesem Umstand schreiben wir eine besondere Bedeutung zu, da er uns extrem unwahrscheinlich erscheint. Solche Ereignisse werden daher oft sogar als „schicksalhaft" bezeichnet, wie etwa:

„Schülerin aus tausenden von Bewerbern ausgewählt", „Wäre mir am 27. 11. 1972 nicht die Milchtüte auf dem Parkplatz vor dem Supermarkt geplatzt, hätte ich nicht den Mann meines Lebens kennengelernt" oder „Unglaublich, treffe ich doch tatsächlich an der Costa Brava meine Physiklehrerin am Strand".

Da wir solche Fälle als Besonderheiten empfinden, kann uns unser Gefühl beim Einschätzen der tatsächlichen Wahrscheinlichkeit des Ereignisses trügen. Der Mathematiker **Franz Thomas Bruss** prägte in diesem Zusammenhang den Begriff **„Wyatt-Earp-Effekt"**. Um Ordnungszustände und Ereigniswahrscheinlichkeiten beurteilen zu können, sind mathematische Betrachtungen unabdingbar. Aus rechnerischer Sicht ist es nämlich nicht ungewöhnlich, dass unter damals hunderten guter Schützen irgendein beliebiger „Revolverheld" nie gefährlich getroffen wird. Aus seiner subjektiven Warte mag er sein langes Überleben dagegen als „schicksalhaft" empfinden.

Betrachtet man vier Teilchen (**→ B3, S.152**), gibt es zum Makrozustand „Drei Teilchen auf einer Seite" acht mögliche gleich wahrscheinliche Mikrozustände. Diese einzelnen Konfigurationen sind genauso wahrscheinlich wie jeder andere Mikrozustand, den die vier Teilchen einnehmen können, also auch den Mikrozustand „Alle Teilchen auf einer Seite". Wir schreiben somit diesem Mikrozustand aufgrund seiner extremen Konfiguration eine Bedeutung zu, die er mathematisch gar nicht besitzt. Wir verwechseln schlicht die Wahrscheinlichkeiten von Mikrozuständen (also jeder einzelnen Verteilungsmöglichkeit) und Makrozustand (also jeder Teilchenanordnung, die gleich aussieht). Erst die Zuordnung jedes einzelnen Mikrozustandes zu einem bestimmten Makrozustand erlaubt genaue Aussagen über deren Wahrscheinlichkeit.

B1 Kurt Russell (2. v. r.) als Wyatt Earp im Film „Tombstone" (Hollywood Pictures)

Entropie und Zeit – eine Urempfindung
„Nichts bleibt, wie es ist!", „Früher war alles besser" oder „Alles ist im Fluss!". Diese Aussagen illustrieren, dass wir Ereignisse als vergänglich und unwiederbringlich empfinden. Wie schnell „verfliegt" die Zeit?

B2 Wyatt Earp im Alter von 21 Jahren

Grund für dieses Empfinden ist die menschliche Natur. Um seine Umwelt zu erfassen und angemessene risikoarme Handlungen durchzuführen, ist das Gehirn ständig um einen effektiven Vergleich der momentanen Situation mit einer vorherigen bemüht. Daher will unsere Wahrnehmung Muster, Ordnungssysteme und Kategorien in der Umwelt finden, auch wenn diese sich aus wissenschaftlicher Sicht dann anders darstellen als vermutet, wie am Beispiel der „besonderen Ereignisse" zu sehen.

Das elementarste Hilfsmittel, um Ordnungen von Zustandsänderungen und Ereignissen zu schaffen, ist die Zeit. Obwohl das Empfinden von Zeit sehr unterschiedlich ist, wird sie im Alltag als gleichmäßig behandelt (vgl. **→ S.239 ff.**). Das Zeitgefühl basiert auf Vergänglichkeit, wobei nicht das stets gleichartig Wiederkehrende entscheidend ist, sondern vielmehr das Unwiederbringliche, das Irreversible, also die Entropie. Deshalb verändert sich auch das Zeitempfinden im Laufe des Lebens, je mehr Erfahrung man gesammelt, je mehr entropische Prozesse man kennengelernt hat.

B3 Zufallsbekanntschaft?

Die Ereignisse, die gegeneinander abgrenzbar und unverwechselbar sind, prägen den Eindruck vom Fortschreiten der Zeit.

Entropie anschaulich

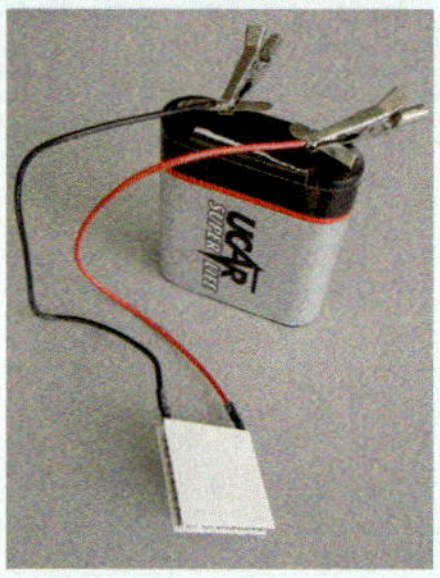

B2

V1 Eine Tasse mit heißem Wasser wird in eine Schüssel mit kaltem Wasser gestellt. Die Temperaturen in beiden Gefäßen werden gemessen. Nach einiger Zeit haben sich die beiden Temperaturen angeglichen.

V2 Zwischen eine Schale mit heißem Wasser und eine Schale mit kaltem Wasser wird ein Peltierelement geklemmt (→ **B1**).

Dieses wird an einen Propeller angeschlossen. Je größer die Temperaturdifferenz zwischen den beiden Schalen ist, desto schneller dreht sich der Propeller.

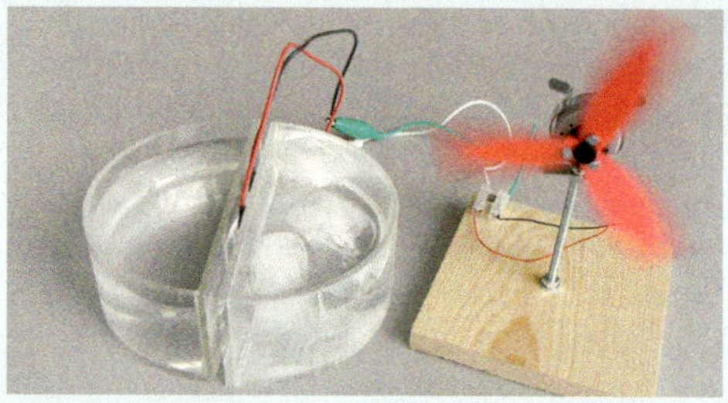
B1

V3 Ein Peltierelement wird an eine Batterie angeschlossen (→ **B2**). Eine Seite des Elements wird heiß, die andere kalt.

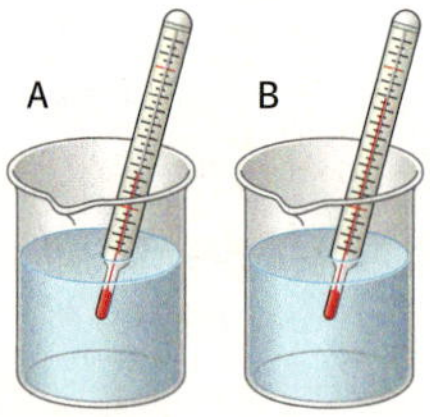

B3

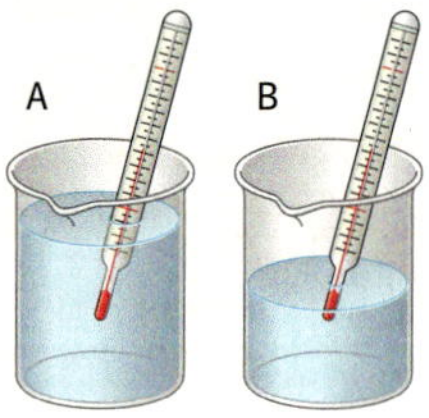

B4

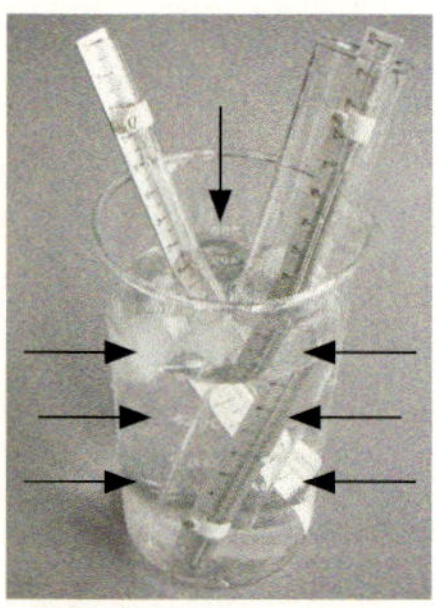
B5 Entropie strömt von Stellen höherer Temperatur zu Stellen niedriger Temperatur.

Temperatur, Entropie und Energie Fast immer, wenn man über Phänomene spricht, bei denen es um „heiß und kalt" geht, verwendet man im Alltag das Wort „Wärme". Doch in der Physik sollte man das Wort meiden, da es drei Sachverhalte vermischt. Folgendes Beispiel soll das verdeutlichen: Wenn man zwischen zwei Wasserschalen unterschiedlicher Temperatur ein Peltierelement hält, so kann man damit einen Propeller antreiben (→ **B1**). Nun könnte man sagen: „Die eine Schale wird wärmer, weil in sie Wärme aus der anderen Schale fließt. Mit dieser Wärme kann man einen Propeller antreiben."

Die erste „Wärme" meint eigentlich die Temperatur: Die **Temperatur** der Wasserschale erhöht sich. Die zweite „Wärme" ist das, was im heißen Behälter enthalten ist und durch das Peltierelement strömt, die **Entropie**. Entropie strömt vom heißeren in den kälteren Behälter. Die dritte „Wärme" meint die **Energie**. Sie strömt vom heißen Wasser zusammen mit der Entropie in das Peltierelement und wird dort in elektrische Energie umgewandelt, die den Propeller antreibt.

● **Eine Temperaturdifferenz ist der Antrieb für einen Entropiestrom. Zusammen mit der Entropie strömt auch Energie.**

Vergleicht man die beiden Becher in **B3**, so ist klar, dass Becher B mehr Entropie enthält als Becher A, da die Temperatur höher ist. Vergleicht man die beiden Becher in **B4**, so ist klar, dass Becher A mehr Entropie enthält als Becher B, da die Wassermenge größer ist.

● **Je höher die Temperatur ist, desto mehr Entropie steckt in einem Körper. Je größer das Volumen ist, desto mehr Entropie steckt in einem Körper.**

Stellt man einen Behälter mit heißem Wasser in einen Becher mit kaltem Wasser, so gleichen sich die Temperaturen im Laufe der Zeit an. Das kalte Wasser erwärmt sich, das heiße Wasser kühlt sich ab. Der Grund dafür ist, dass die Entropie vom heißen Behälter in den kalten Becher strömt. In **B5** zeigen Pfeile die Richtung der Entropieströme an.

● **Die Entropie strömt von selbst immer von Stellen höherer Temperatur zu Stellen tieferer Temperatur.**

Vorgänge in umgekehrter Richtung laufen nicht von selbst ab. Will man erreichen, dass Entropie von kalten zu heißen Stellen strömt, so benötigt man Energie.

Ein Kühlschrank macht den Innenraum kälter als die Umgebung, indem Entropie nach außen gepumpt wird. Seine Rückseite wird dabei heißer (→ **S. 159**) und gibt die Entropie an die Raumluft ab. Dieses Pumpen benötigt Energie; man muss den Kühlschrank an die Steckdose anschließen. Solche Geräte nennt man auch „Wärmepumpen".

● **Damit Entropie von Stellen tieferer Temperatur zu Stellen höherer Temperatur strömt, braucht man eine sogenannte „Wärmepumpe", die zusätzlich Energie benötigt.**

Absoluter Nullpunkt Wenn man aus einem Kühlschrank die Entropie herauspumpt (→ **S.159**), dann geht das nur so lange, bis keine Entropie mehr in ihm steckt. Also kann man auch die Temperatur nur so lange absenken, bis keine Entropie mehr vorhanden ist. Diese Temperatur liegt bei −273 °C. Eine tiefere Temperatur kann man nicht erreichen. Diese tiefste Temperatur nennt man den **absoluten Nullpunkt** der Temperaturskala. Für die Kelvinskala ist dies der Beginn der Skala, also 0 K.

Bei 0 K ist keine Entropie mehr in dem Körper. Daher kann man mit der Wärmepumpe auch keine weitere Entropie mehr herauspumpen, und die Temperatur kann nicht weiter sinken.

● **Die tiefste Temperatur, bis zu der man einen Körper abkühlen kann, beträgt −273 °C bzw. 0 K. Bei dieser Temperatur enthält der Körper keine Entropie mehr.**

Entropieerzeugung Man kann Entropie auf verschiedene Arten erzeugen. Die Bremsscheiben eines Autos beginnen bei einer Vollbremsung zu glühen (→ **B1**). Auch wenn man die Hände aneinander reibt, erhöht sich die Temperatur und damit die Entropie. Da es bei diesen Vorgängen aber keine heiße Stelle gibt, von der die Entropie kommen könnte, muss die Entropie erzeugt worden sein.

Entropie lässt sich auch durch einen elektrischen Widerstand erzeugen, z. B. bei einem Tauchsieder (→ **B2**) oder einer Herdplatte. Auch chemische Reaktionen wie das Verbrennen einer Kerze (→ **B3**) oder ein Feuerwerk können Entropie erzeugen.

● **Entropie kann z. B. erzeugt werden durch mechanische Reibung, elektrische Widerstände oder chemische Reaktionen.**

Die Umkehrung ist in diesem Fall nicht möglich. Entropie, die einmal erzeugt wurde, kann sich zwar im Raum verteilen, aber sie kann nie wirklich verschwinden. Man kann Entropie niemals vernichten.

● **Entropie kann nur erzeugt, aber nicht vernichtet werden.**

Irreversible Prozesse Viele Prozesse in der Natur laufen nur in einer Richtung ab und sind daher **irreversibel** (unumkehrbar): Eine brennende Kerze kann nicht von alleine größer werden. Ein Teller, der zerbrochen am Boden liegt, kann nicht plötzlich von alleine hochspringen und sich zusammensetzen.

Wir haben ein Gefühl dafür, dass diese Prozesse nicht in dieser Richtung ablaufen können. Unsere Erfahrung zeigt uns, dass beim Abbrennen der Kerze Entropie aus dem Nichts erzeugt wird. Würde die Kerze „rückwärts brennen" (→ **B4**) und sich damit gewissermaßen wieder aufbauen, dann müsste dabei Entropie wieder im Nichts verschwinden. Die Entropie müsste von sich aus kleiner werden – aber dem widersprechen alle Erfahrungen, die wir Menschen bisher gemacht haben. Wir gehen also davon aus, dass Vorgänge nur dann rückwärts ablaufen können, wenn beim „Vorwärtslauf" keine Entropie erzeugt wird.

● **Vorgänge, bei denen Entropie erzeugt wird, können nicht rückwärts ablaufen, sie sind irreversibel.**

A1 Warum kann man einen Raum nicht dadurch abkühlen, dass man die Tür des Kühlschrankes offen lässt?

A2 Finde weitere Beispiele für irreversible Prozesse. Erläutere die Entropieerzeugung.

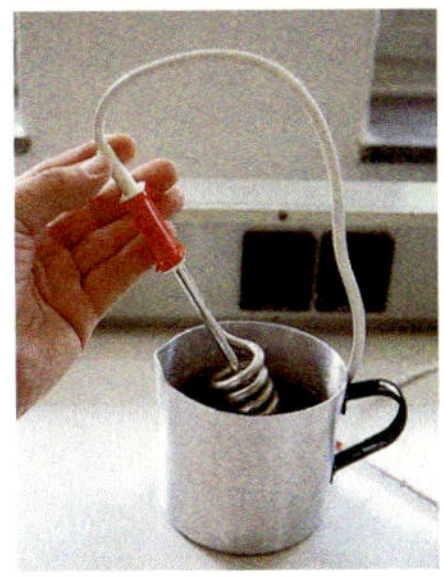

B2

B3

Analogien & Strukturen →S. 268

B1 Glühende Bremsscheiben

B4 Kann eine Kerze „rückwärts brennen"?

Physik überall

Wärmekraftmaschinen – Der Stirlingmotor

Ein Motor, der eine eingeschlossene Gasmenge durch Erhitzen zum Betrieb nutzt, wurde bereits 1816 von **Robert Stirling** entwickelt (→ **B1**). In diesem Heißluftmotor wandelt eine eingeschlossene Luftmenge in einem sich ständig wiederholenden Prozess durch Erhitzen, Ausdehnen, Abkühlen und Zusammendrücken innere Energie in kinetische Energie um. Diese kann man z. B. zum Betrieb von Maschinen verwenden. Es gibt dafür einen kalten und einen heißen Bereich (→ Kreislauf unten). Ein Verdrängerkolben mit einem Luftdurchlass transportiert die Luft jeweils von einem Bereich zum anderen. Im Arbeitskolben überträgt die erhitzte Luft durch Verschieben kinetische Energie.

Analogien & Strukturen
→ S. 270

● **Maschinen, die innere Energie in mechanische Energie umwandeln können, heißen Wärmekraftmaschinen.**

In der Technik haben **Wärmekraftmaschinen**, die die Ausdehnung erhitzter Gase nutzen, eine große Bedeutung. Zu diesen zählen Otto- und Dieselmotoren, Dampfturbinen, Dampfmaschinen, Raketenmotoren, usw. Beim Heißluftmotor muss ein Teil der in der 1. Phase durch Erwärmung zugeführten Energie (ΔE_1) in der 3. Phase an die Umgebung abgegeben werden (ΔE_2), damit er funktioniert. Diese Energie geht verloren und kann nicht in mechanische Energie umgewandelt werden.

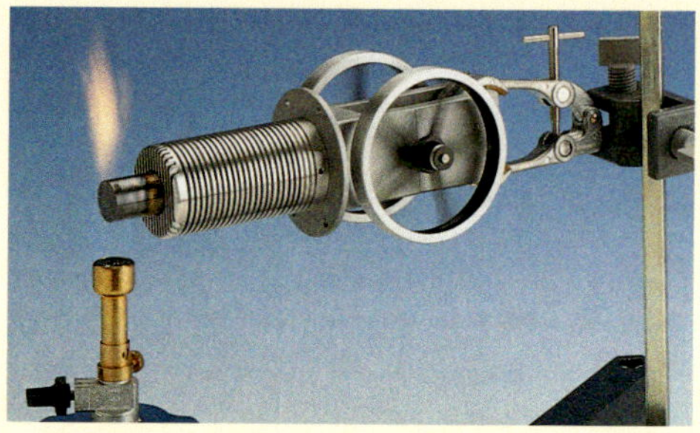

B1 Heißluftmotor im Betrieb

1. Phase (Erwärmen): Der Verdrängerkolben bewegt sich vom warmen zum kalten Bereich. Dabei strömt die eingeschlossene Luft in den warmen Bereich, wird erwärmt und nimmt so Energie auf. Der Druck steigt.

2. Phase (Expansion): Der Arbeitskolben wird freigegeben. Durch den hohen Druck wird der Kolben nach außen verschoben. Es wird kinetische Energie übertragen. Die innere Energie und damit die Temperatur der eingeschlossenen Luft nehmen ab.

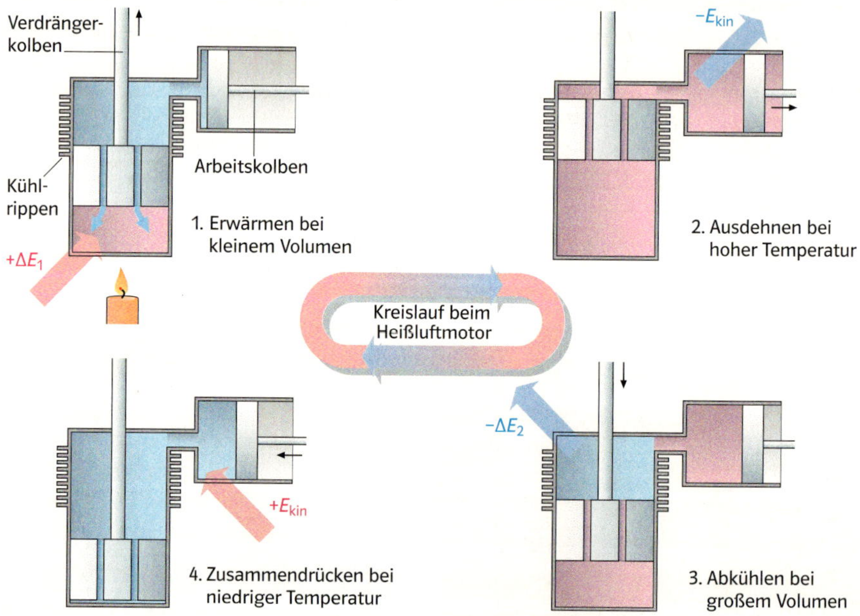

3. Phase (Abkühlung): Der Verdrängerkolben bewegt sich vom kalten zum heißen Teil. Die Luft strömt aus dem heißen Teil heraus und wird an den Kühlrippen weiter abgekühlt. Dadurch gibt die eingeschlossene Luft nochmals innere Energie ab. Ihr Druck sinkt.

4. Phase (Komprimierung): Ein Schwungrad verschiebt den Arbeitskolben nach innen und überträgt Energie auf die eingeschlossene Luft. Diese Energie zum Komprimieren ist kleiner als die bei der Expansion abgegebene, da durch die Abkühlung in der 3. Phase der Druck niedriger als in der 2. Phase ist. Der Motor erreicht wieder einen Zustand wie in der 1. Phase.

Der Wirkungsgrad von Wärmekraftmaschinen

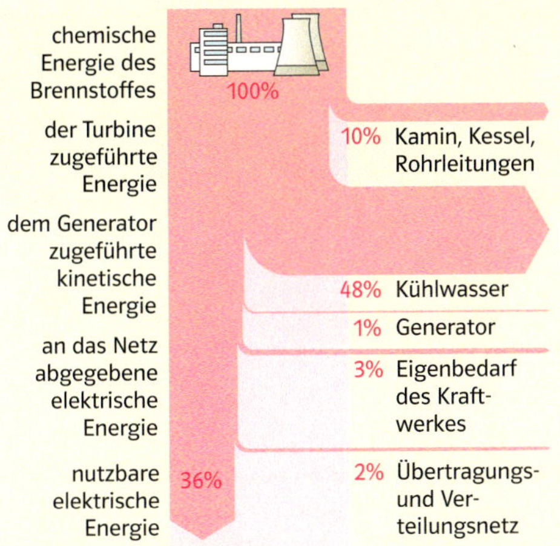

B1 Wirkungsgrad bei der Erzeugung elektrischer Energie

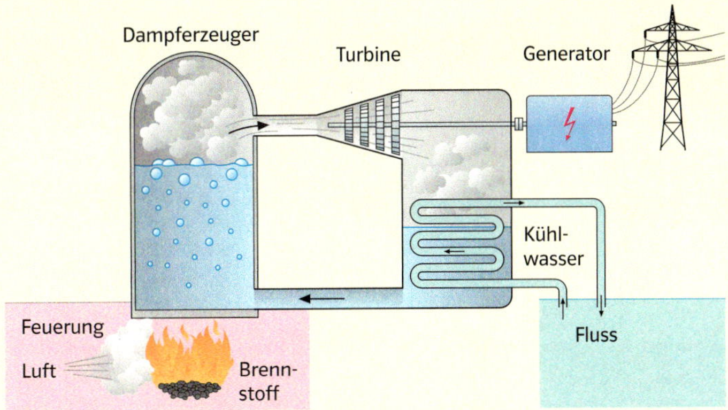

B2 Prinzip eines Wärmekraftwerks

Wärmemotoren wie Dampfmaschine, Otto- und Dieselmotor, Strahltriebwerke oder der Stirlingmotor wandeln die chemische Energie von Brennstoffen nur teilweise in mechanische Energie um. Im **Wärmekraftwerk** (→**B2**) entstehen bei der Verbrennung von Kohle oder Öl Temperaturen von 1600 °C im Heizkessel. Damit wird in den Rohrleitungen 540 °C heißer Wasserdampf mit ca. 200 000 hPa Druck erzeugt. Dabei muss beim Phasenübergang Wasser → Dampf sehr viel Energie zum Verdampfen aufgebracht werden. Die innere Energie des Wassers wird durch das Verdampfen (hoher Druck durch hoheren Volumenbedarf) und die Erhitzung des Dampfes stark erhöht. Sie wird durch Turbine und Generator teilweise in elektrische Energie umgewandelt. Beim Verlassen der Turbine ist der Dampf auf ca. 50 hPa entspannt und auf ca. 30 °C abgekühlt. Seine innere Energie hat zwar deutlich abgenommen, enthält aber noch den Anteil der zum Verdampfen benötigten Energie. Diese wird bei der Verflüssigung im Kondensator entzogen und gelangt über das Kühlwasser ungenutzt in die Umgebung. Für die Erzeugung elektrischer Energie kann also nur die Bewegungsenergie der Wassermoleküle des heißen Dampfes genutzt werden, nicht die für das Lösen des Zusammenhalts der Wassermoleküle nötige Energie beim Verdampfen.

● **Keine Maschine kann innere Energie vollständig in mechanische Energie umwandeln.**

Der **Wirkungsgrad** bei der Umwandlung von chemischer in mechanische Energie in modernen Wärmekraftwerken liegt bei knapp 40 % (→**B1**). Die Energie von Quellen wie Kohle, Wind, Wasser und Sonnenstrahlung, die man unmittelbar nutzt, bezeichnet man als **Primärenergie**. Kraftwerke wandeln diese Energie in eine andere Form um, die **Sekundärenergie**. Die am häufigsten genutzte Sekundärenergie ist elektrische Energie (→**B3**).

$\eta = \frac{E_{Nutzen}}{E_{Aufwand}}$

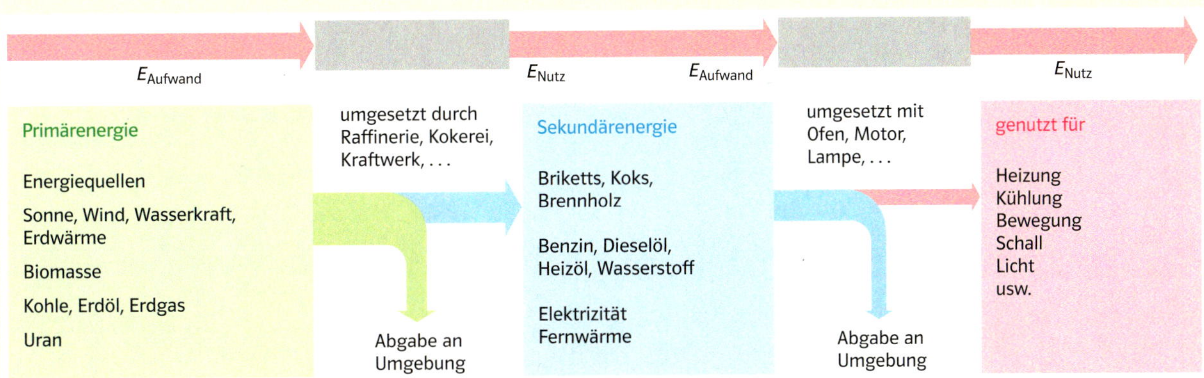

B3 Von der Primärenergie zur Sekundärenergie und deren Nutzung

Elektrische Energie aus chemischer Energie – Die Brennstoffzelle

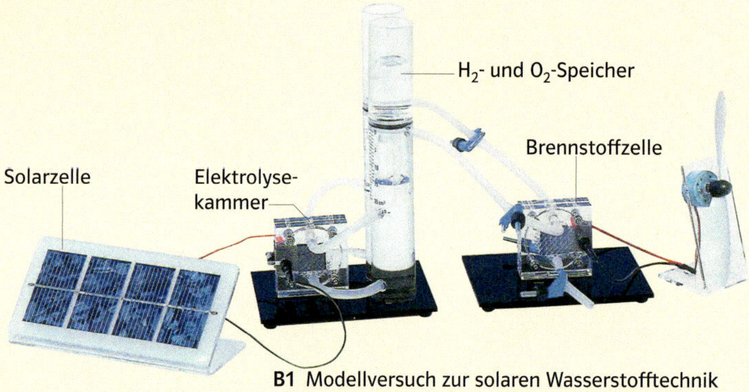

B1 Modellversuch zur solaren Wasserstofftechnik

B2 Testfahrzeug mit Brennstoffzellenantrieb

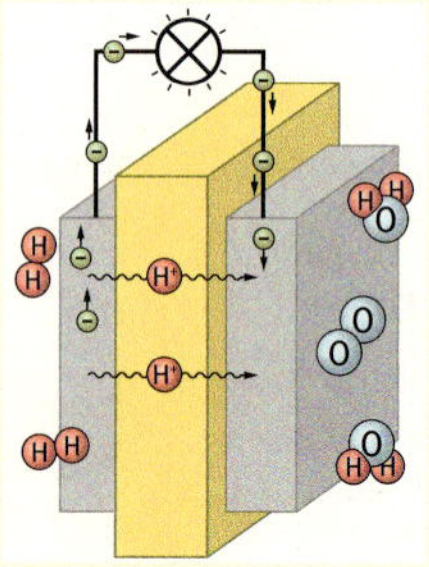

B4 Vorgänge in der Brennstoffzelle

Die Brennstoffzelle Ein Automotor, der als Abgas nur Wasserdampf ausstößt, wird derzeit getestet und weiter optimiert. Es handelt sich um einen Brennstoffzellenantrieb. In einer Brennstoffzelle wird chemische Energie direkt in elektrische Energie umgewandelt, mit der ein Elektromotor betrieben wird. Zur Erzeugung der Elektrizität läuft in der Brennstoffzelle die „Knallgasreaktion" kontrolliert ab (→**B4**):

$$2\,H_2 + O_2 \longrightarrow 2\,H_2O + \text{Energie}$$

Damit es nicht knallt, sorgt eine mit einer Katalysatorschicht beidseitig belegte dünne Kunststofffolie, die nur Wasserstoffionen passieren lässt, für die strikte Trennung der beiden reaktionsfreudigen Gase Wasserstoff und Sauerstoff. Auf der Wasserstoffseite erzeugt der Platinkatalysator aus H_2 zwei positive Wasserstoffionen und zwei Elektronen. Die Wasserstoffionen können durch die Membran zur Sauerstoffseite wandern. Die Elektronen wandern außen herum durch die Leitung: Ein elektrischer Strom fließt. Mit diesem Strom kann der Elektromotor des Autos betrieben werden. Auf der Sauerstoffseite reagieren die Wasserstoffionen und die Elektronen am Platinkatalysator mit Sauerstoff zu Wasser. Ein Teil der chemischen Energie wird wie beim Verbrennungsmotor in innere Energie umgewandelt, allerdings deutlich weniger. Der Wirkungsgrad der Brennstoffzelle ist mit ca. 60 % etwa doppelt so hoch wie der eines Verbrennungsmotors. Das Brennstoffzellenauto benötigt jedoch einen Wasserstofftank, in dem genügend Brennstoff sicher gelagert und der sicher betankt werden kann. Den Sauerstoff liefert die Luft.

Solare Wasserstoff-Technologie Sollen in Zukunft Brennstoffzellenantriebe den Verbrennungsmotor ersetzen, werden große Mengen Wasserstoff benötigt. Eine Möglichkeit, H_2 zu erzeugen, ist die Elektrolyse von Wasser:

$$2\,H_2O + \text{Energie} \longrightarrow 2\,H_2 + O_2$$

Die nötige elektrische Energie könnte umweltfreundlich in Fotovoltaik-Anlagen direkt aus Sonnenenergie erzeugt werden. Einen Modellversuch zeigt **B1**. Die beleuchtete Solarzelle erzeugt Strom, der in der Elektrolysekammer zur Wasserstofferzeugung dient. Dies hat den Vorteil, dass das Wasserstoffgas im Gegensatz zum elektrischen Strom in entsprechenden Speichern beliebig lager- und transportierbar ist. In einer Brennstoffzelle wird dann bei Bedarf Elektrizität zum Betrieb eines Elektromotors erzeugt.

Das Energiestromdiagramm zeigt **B3**.

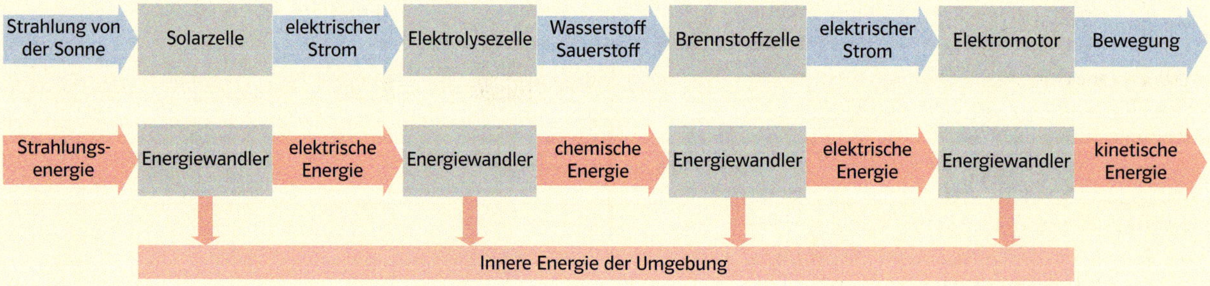

B3 Energiestromdiagramm für die solare Wasserstofftechnik

Kühlen und Heizen durch Verdampfen

V1 Umwickle ein Thermometer mit einem feuchten Wattebausch. Puste gegen den Wattebausch. Die angezeigte Temperatur sinkt.

V2 Blase wie in **B1** Atemluft in eine „Einmalspritze". Verschließe die Öffnung, drücke den Kolben kräftig in die Spritze und lasse wieder los. Beim Hineindrücken entsteht in der Spritze Nebel. Im unteren Teil der Spritze kannst du an den Wänden kleine Wassertröpfchen sehen.

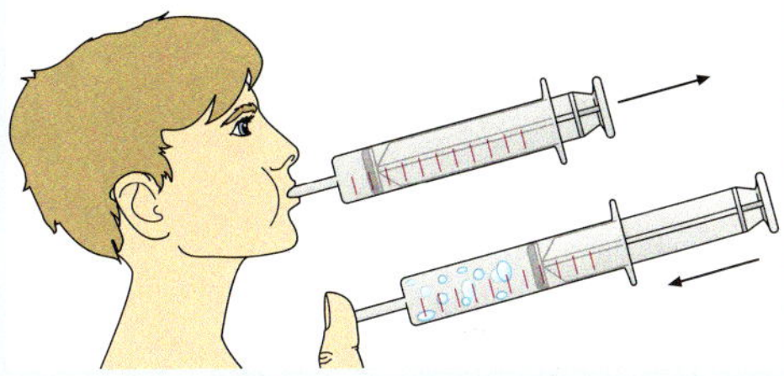

B1

V3 In einen Glaskolben wird Ether gefüllt und mit einer Schicht Wasser bedeckt. Schließt man den Kolben an eine Wasserstrahlpumpe an (→ **B2**), siedet der Ether bei Zimmertemperatur. Auf dem Ether entsteht eine Eisschicht.

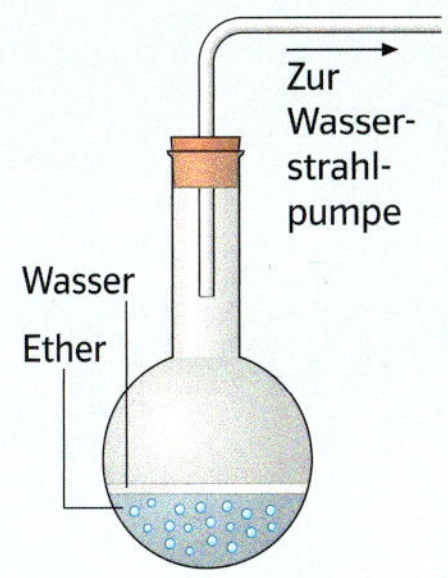

B2

Die Funktion eines Kühlschrankes Wer mit nassem Körper im Freien steht, beginnt zu frieren. Die Wasserteilchen benötigen beim Übergang in den gasförmigen Zustand Energie, die dem Wasser und der Haut entzogen wird, welche sich abkühlen. Dieses Phänomen lässt sich zum Betrieb von Kühlschränken nutzen. Das Prinzip zeigen **B1** und **B3a,** S. 160. Im Innenraum des Kühlschrankes befindet sich ein System von Rohrleitungen, der **Verdampfer**. In ihm verdampft eine spezielle Flüssigkeit, das **Kühlmittel**. Es siedet bei normalem Luftdruck (1013 hPa) bei etwa −30 °C. Ist der Druck niedriger, liegt die Siedetemperatur noch tiefer. Beim Verdampfen kühlt sich das flüssige Kühlmittel ab und mit ihm der Verdampfer.

Die wärmere Luft im Innenraum des Kühlschranks gibt Energie an den Verdampfer ab. Dadurch kann das Kühlmittel weiter verdampfen. Im Innenraum wird es kälter. Das nun gasförmige Kühlmittel wird von einer Pumpe, dem **Kompressor**, angesaugt.

Die Pumpe überträgt aufs Gas mechanische Energie, indem sie es zusammendrückt und weiterleitet. Der Druck wird so stark erhöht, dass nun die Siedetemperatur des Kühlmittels über der Zimmertemperatur liegt. Das erwärmte, zusammengepresste Kühlmittel wird in außen liegenden Rohren, dem **Verflüssiger**, abgekühlt.

Dabei gibt es so viel Energie an die Umgebung ab, dass es wieder flüssig wird. Über eine Rohrleitung wird die unter Druck stehende Flüssigkeit zum Verdampfer transportiert. Ein Druckminderer verringert den Druck so stark, dass die Siedetemperatur des Kühlmittels wieder bis auf −30 °C fällt. Nun beginnt der Vorgang im Verdampfer von neuem. Das Kühlmittel bewegt sich in einem **Kreislauf**, bei dem es durch Druckänderungen unterschiedliche Siedetemperaturen hat. Ein Bimetallschalter als Thermostat schaltet den Kompressor aus, sobald die für den Innenraum eingestellte Temperatur unterschritten wird.

● **Beim Kühlschrank wird durch die mechanische Energieübertragung einer Pumpe innere Energie aus dem Innenraum in den Außenraum transportiert. Der Kühlschrank kann auch als Heizung des Außenraums fungieren.**

Das flüssige Kühlmittel wird von einem dünnen Rohr im Inneren eines dicken Rohres zum Verdampfer geführt. Im dicken Rohr strömt das immer noch verhältnismäßig kalte, verdampfte Kühlmittel vom Verdampfer zur Pumpe zurück. Die Flüssigkeit wird dadurch von dem umgebenden Kühlmitteldampf noch weiter abgekühlt. Ihr Druck sinkt, so dass ihre Aufnahmefähigkeit für innere Energie aus dem abzukühlenden Innenraum steigt.

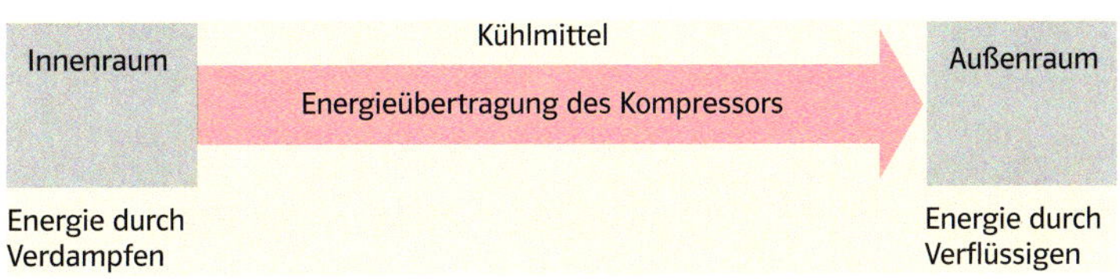

B3

Was steckt dahinter?
1. Idee: Kühlen durch Verdampfen
2. Idee: Änderung der Siedetemperatur durch Druck
3. Idee: Verflüssigung durch Kühlung

1. Suche von Flüssigkeiten mit geeigneter Siedetemperatur
2. Entwicklung von Verdampfer und Verflüssiger
3. Bau eines Kreislaufes mit Kompressor und Druckminderer

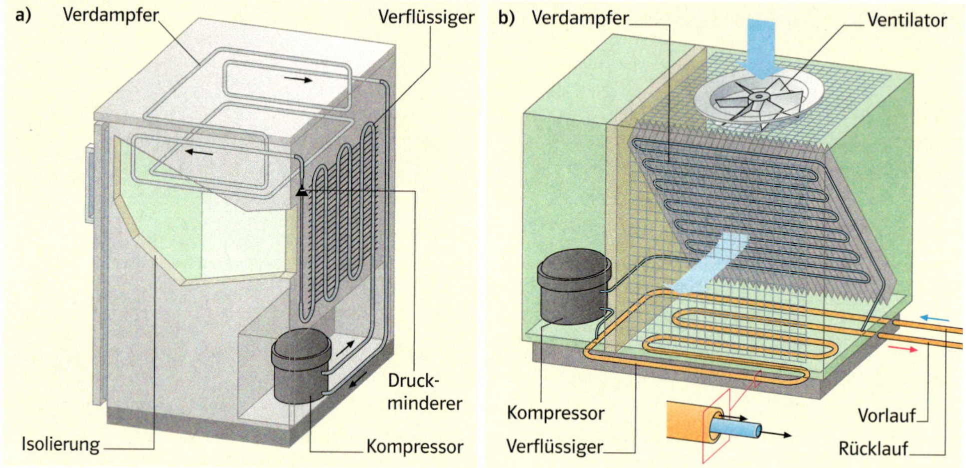

B1 Die wichtigsten Bauteile beim Kühlschrank (a) und der Wärmepumpe (b)

Die Kühlmittel müssen eine mit dem Druck stark veränderliche Siedetemperatur haben. Sie müssen ungiftig sein und dürfen nicht feuergefährlich sein. Die früher eingesetzten Kühlmittel greifen, wenn sie in die Atmosphäre gelangen, die in etwa 10 bis 40 km Höhe befindliche Ozonschicht an, die uns vor krebserzeugender UV-Strahlung schützt. Ein optimales Kühlmittel zu finden ist auch heute noch eine bedeutsame Aufgabe für Chemiker, Techniker und Physiker.

B2 Wärmepumpe

Wärmepumpe – mit dem Kühlschrank heizen

Mit demselben Prinzip wie beim Kühlschrank lässt sich Energie aus einem kühleren Bereich entziehen und an einen wärmeren Bereich, etwa zum Heizen, abgeben. Ein solches Gerät heißt **Wärmepumpe** (→**B1, B2**).

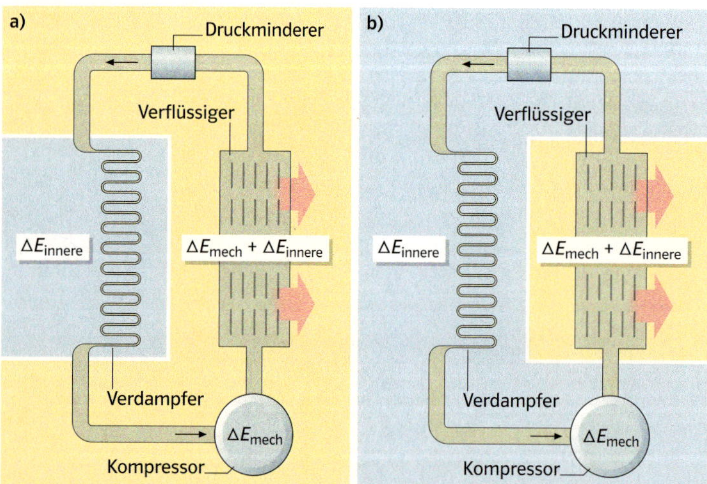

B3 Funktionskreislauf bei Kühlschrank (a) und Wärmepumpe (b)

Sie entzieht z. B. dem Erdreich oder Grundwasser, der Luft oder dem Abwasser in einem Verdampfer innere Energie (→**B3b**). Da dadurch die Siedetemperatur der Flüssigkeit in diesem Bereich überschritten wird, verdampft sie.

Das entstehende Gas wird anschließend von einem Kompressor verdichtet und weiter erwärmt. Es gelangt in den Verflüssiger. Bei dem hohen Druck liegt die Siedetemperatur über der des Verflüssigers, wo sich das Gas abkühlt und kondensiert. Die dabei abgegebene Energie kann zum Heizen von Gebäuden oder zur Warmwasseraufbereitung genutzt werden.

Wie beim Kühlschrank gilt bei der Wärmepumpe, dass die vom Kompressor aufzubringende mechanische Energie mit der Differenz der Temperaturen „Innen" und „Außen" steigt. Die mechanische Energie trägt mit etwa 40 % zu der vom Verflüssiger abgegebenen Energie bei.

Wärmepumpenheizungen, die die Energie der Umgebung (v. a. des Erdreichs) nutzen, gibt es seit über 60 Jahren, erlangten aber erst in den letzten Jahren in der Gebäudetechnik eine Bedeutung, die zukünftig aber wohl noch stark zunehmen wird.

A1 Nenne Gemeinsamkeiten und Unterschiede zwischen Kühlschrank und Wärmepumpe.

A2 Wie kann man aus einem Kühlschrank eine Wärmepumpe bauen?

Verdampfen und Kondensieren

Beim Kochen nimmt die Wassermenge in einem Topf ab. Eine nasse Tafel trocknet nach einiger Zeit. Wo bleibt das Wasser?

V1 Bringe Wasser zum Sieden. Halte dann eine Glasscheibe über das Wasser. Nach kurzer Zeit sind Wassertropfen zu beobachten.

V2 Erhitze Wasser in einem Becherglas und miss alle 30 Sekunden die Temperatur.
Es entsteht eine Kurve wie in **B2**.

V3 Wir stellen ein isoliertes Gefäß mit 200 g Wasser und der Temperatur 20 °C auf eine Waage (→**B1**). Nun wird Wasserdampf in das Wasser eingeleitet. Wir messen Temperatur und Masse des Wassers. Nach kurzer Zeit hat es eine Masse von 207 g und eine Temperatur von 40 °C.

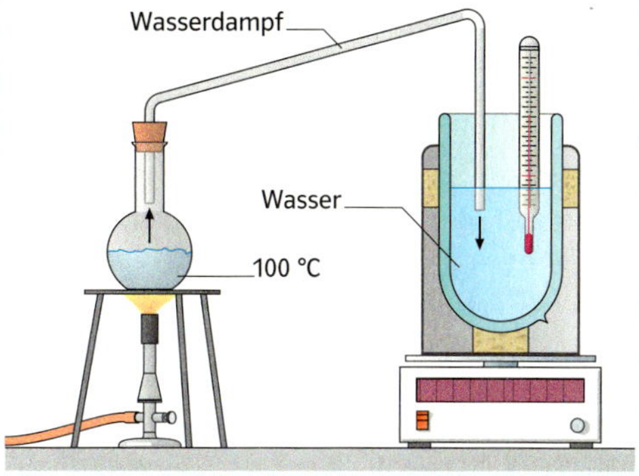

B1 Messen der Energie zum Verdampfen

V4 Wir erhitzen ein halb mit Wasser gefülltes Gefäß auf etwa 90 °C, verschließen es und lassen dann kaltes Wasser darüber strömen. Das Wasser beginnt im Gefäß zu sieden.

Flüssiger und gasförmiger Zustand Wasser wird beim Kochen weniger, Wäsche trocknet auf der Leine, eine beschlagene Brille wird im warmen Zimmer wieder klar. Wasser kann demnach, auch ohne zu sieden, zu Wasserdampf werden. Wir sagen, das Wasser **verdampft**. Verdampfen tritt bei allen Temperaturen und bei allen Flüssigkeiten auf.

Im Alltag bezeichnet man mit Wasserdampf den Nebel aus kleinen Flüssigkeitströpfchen. In der Physik ist Wasserdampf ein unsichtbares Gas.

Kühlt sich Wasserdampf an kalten Glasflächen oder Fliesen ab, so wird er wieder zu Wasser. Man sagt, er **kondensiert**. Das Verdampfen ist am stärksten, wenn die Flüssigkeit siedet. Beim Sieden bleibt die Temperatur konstant (→**B2**). Sie heißt **Siedetemperatur**. Für Wasser beträgt sie bei normalem Luftdruck 100 °C. Die zugeführte Energie wird für das Verdampfen benötigt. Zum Verdampfen von 1 g Wasser wird die Energie $E_V = 2257\,\text{J}$ benötigt. Energie mit dem gleichen Betrag wird frei, wenn 1 g Wasserdampf kondensiert. Der Quotient aus Verdampfungsenergie und Masse heißt **spezifische Verdampfungsenergie**. Er kennzeichnet den Stoff.

In der Modellvorstellung für Flüssigkeiten bewegen sich die Teilchen unterschiedlich schnell. Einige haben an der Oberfläche ausreichend Energie, um die Flüssigkeit zu verlassen. Beim Sieden bilden auch im Inneren der Flüssigkeit viele schnelle Teilchen eine Gasblase. Diese steigt in der Flüssigkeit auf und entlässt die Teilchen in die Umgebung.

Bei geringem Druck können die Teilchen leichter entweichen, so dass auch langsamere Teilchen zum Verdampfen beitragen. Deshalb siedet die Flüssigkeit dann schon bei tieferen Temperaturen.

A1 Wie kann eine Flüssigkeit auch unterhalb der Siedetemperatur verdampfen?

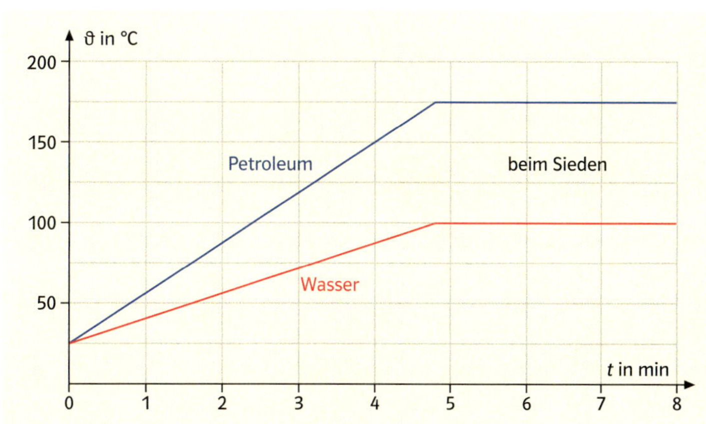

B2 Temperaturverlauf in Flüssigkeiten bei Zufuhr von Energie

Beim **Verdampfen** wird ein flüssiger Körper gasförmig, beim **Kondensieren** wird ein gasförmiger Körper flüssig.

Schmelzen und Erstarren

V1 Erhitze ein Eis-Wasser-Gemisch, rühre das Gemisch ständig um und beobachte die Temperatur. Die Temperatur bleibt, solange Eis vorhanden ist, bei etwa 0 °C stehen.

V2 Tauche ein Reagenzglas mit etwas pulverisiertem Fixiersalz in ein heißes Wasserbad und bringe darin das Salz zum Schmelzen. Miss dabei jede Minute die Temperatur des Fixiersalzes. Lasse anschließend das Fixiersalz unter ständigem Umrühren erstarren und miss erneut jede Minute seine Temperatur. Es ergeben sich z. B. folgende Messtabellen:

Vorgang bis zum Schmelzen										
t in min	0	1	2	3	4	5	6	7	8	9
ϑ in °C	30	34	38	42	46	48	48	48	51	55

Vorgang bis zum Erstarren										
t in min	0	1	2	3	4	5	6	7	8	9
ϑ in °C	57	54	51	49	48	48	48	48	46	43

V3 Wir schmelzen Fixiersalz und lassen die Flüssigkeit vorsichtig auf 25 °C abkühlen. Sie erstarrt nicht. Wir werfen einige Fixiersalzkristalle in die Flüssigkeit. Sofort erstarrt die gesamte Flüssigkeit. Dabei steigt die Temperatur an und das Fixiersalz beginnt erneut zu schmelzen.

V4 Erhitze 300 g Wasser auf 90 °C. Gib 300 g trockenes Eis (0 °C) dazu und miss die Temperatur. Sie sinkt auf 5 °C, nachdem das Eis geschmolzen ist.

V5 Lege um einen Eiswürfel einen dünnen Draht und hänge ein Massestück an den Draht (→**B1**). Der Draht durchschneidet den Eisblock mit der Zeit, ohne ihn dabei in zwei Teile zu trennen.

V6 Stelle ein Glas mit Wasser in ein Gemisch aus einem Teil Salz und zwei Teilen sehr kaltem Wasser. Das Wasser im Glas gefriert zu Eis (→**B2**). (VORSICHT! Das Glas kann zerspringen!)

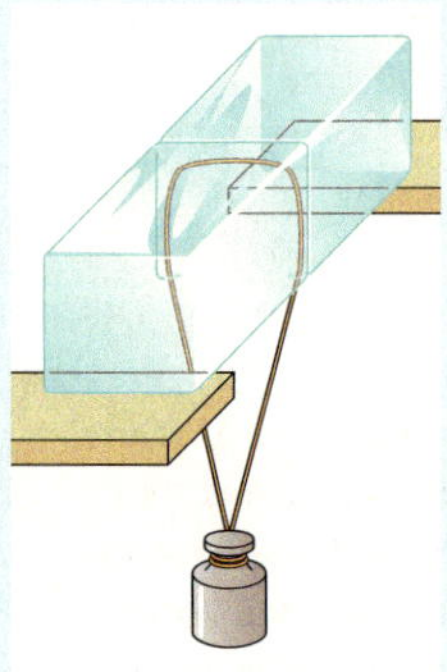

B1

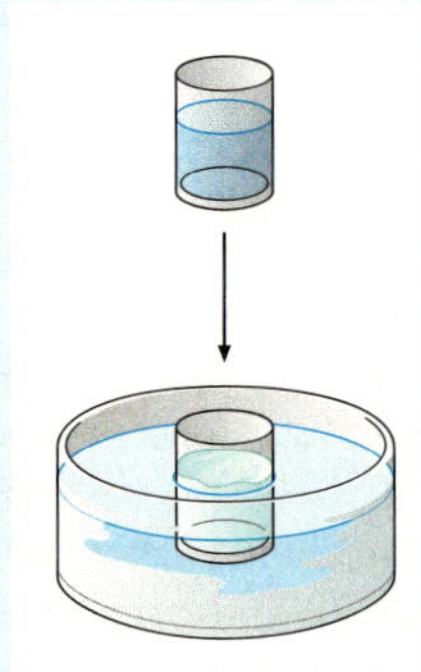

B2

Änderungen der inneren Energie beim Schmelzen und beim Erstarren

Während des Schmelzens bzw. des Erstarrens ändert sich die Temperatur eines Körpers nicht, obwohl ihm dabei Energie zugeführt bzw. entzogen wird (→**B3**). In unserer Modellvorstellung bestehen feste Körper aus Teilchen, die so fest an ihre Plätze gebunden sind, dass sie dort nur schwingen können. Mit steigender Temperatur schwingen die Teilchen immer heftiger. Ab einer bestimmten Temperatur haben die am heftigsten schwingenden Teilchen genügend Bewegungsenergie erhalten, um sich von ihrem festen Platz loszureißen. Der feste Körper beginnt an dieser Stelle zu schmelzen.

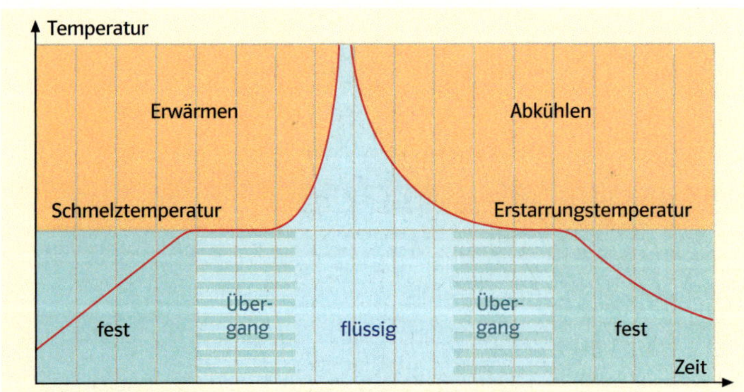

B3 Temperaturen beim Schmelzen und Erstarren von Fixiersalz

Die Temperatur von festem Körper und entstehender Flüssigkeit sind gleich, sie heißt **Schmelztemperatur**. Die zugeführte Energie dient allein zur Überwindung der Bindung der Teilchen im festen Körper. Sie trägt nicht zur Erhöhung der Temperatur bei.

● **Während des Schmelzens bleibt die Temperatur konstant, da die zugeführte Energie vollständig zur Überwindung der Bindung benötigt wird. Beim Erstarren gibt die Flüssigkeit den gleichen Betrag an Energie ab.**

Gelegentlich kann es vorkommen, dass eine Flüssigkeit nicht erstarrt, obwohl die Schmelztemperatur erreicht oder sogar unterschritten wird. Sie ist unterkühlt. Das liegt daran, dass sich die Teilchen der Flüssigkeit nicht so anordnen können, wie es für den festen Körper nötig ist. Erst eine Erschütterung oder die Zugabe fester Kristalle liefert – beginnend in einem kleinen Bereich – die Möglichkeit zur Energieabgabe und damit den Übergang in den festen Zustand.

Die zum Schmelzen eines Körpers erforderliche Energie ist proportional zu seiner Masse. Der Quotient aus dieser Energie und der Masse heißt spezifische **Schmelzenergie**, er kennzeichnet den Stoff. Lässt man trockenes Eis (0 °C) in Wasser schmelzen, so wird die vom Wasser abgegebene Energie $-\Delta E_{\text{Wasser}}$ dazu benutzt, das Eis zu schmelzen und das Schmelzwasser auf die Mischtemperatur mit dem restlichen Wasser zu erwärmen. Die Energie E_S des Eises, die es zum Schmelzen benötigt, ergibt sich aus der Energiebilanz:

$$-\Delta E_{\text{Wasser}} = E_S + \Delta E_{\text{Schmelzwasser}}$$

Man stellt fest, dass 1 kg Eis zum Schmelzen eine Energie von 334 kJ erfordert. Mit dieser Energie kann die Temperatur von 1 kg Wasser um etwa 80 °C erhöht werden. Wasser erfordert im Vergleich zu den meisten anderen Stoffen eine große Energie zum Schmelzen.

● **Zum Schmelzen von 1 g Eis wird die Energie E_S = 334 J benötigt.**

A1 Werden frostempfindliche Blüten mit Wasser besprüht, so schützt die darauf entstehende Eisschicht. Weshalb?

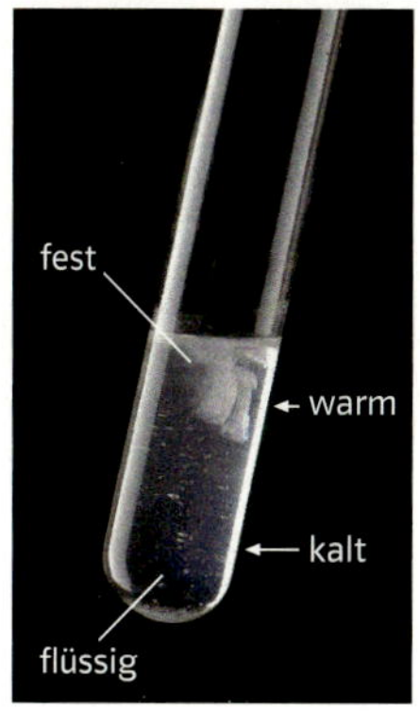

B1 Eine unterkühlte Salzlösung erwärmt sich beim Erstarren.

Lösungen haben eine niedrigere Schmelztemperatur

Physik überall

Im Winter wird die Bildung von Eis auf Straßen durch Streuen von Salz verhindert. Die Salzionen lagern sich zwischen die Wasserteilchen. Der Aufbau von Eiskristallen wird dadurch erschwert, so dass die Lösung bis weit unter der Gefriertemperatur von reinem Wasser flüssig bleibt. Auch in Eis und Schnee dringt das Salz ein (→**B2**) und bringt sie zum Schmelzen. Die zum Lösen der Salzkristalle und zum Schmelzen des Eises erforderliche Energie wird der Lösung und der Umgebung entzogen, die dadurch deutlich abgekühlt wird. Streusalz belastet allerdings die Natur. Wird ein Gewichtsteil Kochsalz mit drei Gewichtsteilen zerstoßenem Eis gemischt, so entsteht eine **Kältemischung** mit −15 °C.

B2 Eine Salzlösung hält Straßen eisfrei.

Kochen ohne Feuer

In der Natur kommen besondere Minerale, sogenannte Zeolith-Steine (Metall-Aluminium-Silikate) vor. Begießt man diese Steine mit Wasser, so erhitzen sie sich sehr stark. Das Wasser, in dem sich die Steine befinden, beginnt dadurch sofort zu sieden (→**B3**). Die Kristalle dieser Steine haben viele Hohlräume, in die die Wasserteilchen eindringen können. Dabei wird das Wasser regelrecht eingesperrt, wobei es einen großen Teil seiner inneren Energie an den Stein abgibt. Diese Energie erhitzt den Stein so stark, dass er das verbleibende Wasser zum Sieden bringt.

B3 Zeolith-Steine erhitzen kaltes Wasser.

Rückblick

1 Begriffe
Was versteht man unter
- Temperatur, Innerer Energie und Entropie?
- Brown'scher Bewegung und Dissipation?
- dem 1. Hauptsatz der Thermodynamik?
- einer Wärmekraftmaschine?
- einer Wärmepumpe?
- Verdampfen, Kondensieren, Schmelzen und Erstarren?

2 Erklärungen
Wie lässt sich begründen, dass
- eine Luftpumpe beim Aufpumpen des Fahrradschlauches heiß wird?
- man mit nasser Haut leicht friert?
- ein Kühlschrank die Küche heizt?
- es einen absoluten Nullpunkt der Temperatur gibt?
- Prozesse in der Natur nur in einer Richtung ablaufen?

3 Beobachtungen
Was beobachtet man, wenn
- zwei Körper mit unterschiedlicher Temperatur in Kontakt kommen?
- man einen Kühlschrank offen stehen lässt?
- feuchte Luft schnell komprimiert wird?
- man mit einem Fahrrad stark bremst und die Temperatur der Bremsen misst?
- man Salz auf Eis schüttet?

4 Gesetzmäßigkeiten
Beschreibe mit eigenen Worten, wie
- der Zusammenhang zwischen mechanischer und innerer Energie lautet.
- Druck, Temperatur und Volumen bei einem idealen Gas zusammenhängen.
- die Änderung des Aggregatzustandes aus energetischer Sicht verläuft.
- man Entropie erzeugen kann.
- Entropie und irreversible Prozesse zusammenhängen.

Erläutere die Erscheinungen in den folgenden Bildern und beantworte die Fragen!

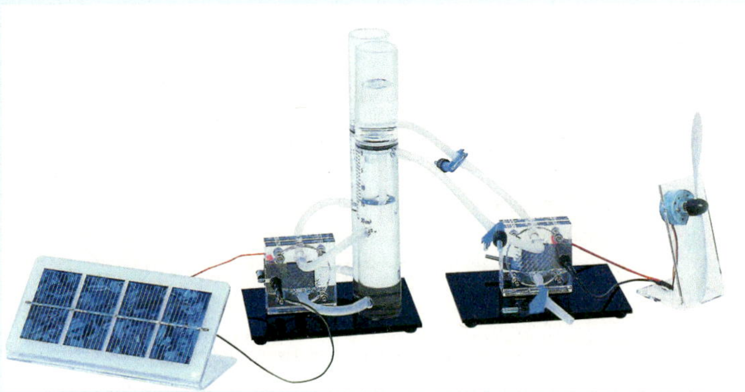
B1 Wie funktioniert dieser Motor?

B2 Woher bekommt dieser Motor seine Energie?

B3 Welche Energieumwandlungen finden statt?

B4 Wieso kann der Prozess nicht in dieser Richtung ablaufen?

B5 Wie funktioniert dieses Gerät?

B6 Weshalb entsteht Eis an der Gasflasche?

Heimversuche

1 Ein Barometer selbstgemacht Spanne eine ganz dünne Gummihaut (Luftballon) über ein gewöhnliches Einmachglas. Diese Gummihaut schließt das Glasvolumen luftdicht ab. Stelle dieses Glas aus dem warmen Zimmer in die kalte Nachtluft! Mit Hilfe eines darauf befestigten Strohhalms und einer Skala lässt sich ein Messgerät für den Luftdruck entwickeln.

2 Mund als Thermometer Halte ein Gummiband an deine Lippe.
a) Ziehe es gleichzeitig an beiden Enden schnell auseinander und beobachte die Temperatur.
b) Halte es in gespanntem Zustand an die Lippe und lasse es sich zusammenziehen. Beobachte die Temperatur.

3 Gas-Modellversuch Der folgende Modellversuch simuliert die Verteilung von Gasteilchen im Raum. Ein rechteckiges Blatt Papier wird in zwei Hälften geteilt. 10 identische Münzen werden nacheinander nach folgender Regel auf dem Papier verteilt: Würfelt man eine gerade Zahl, so wird die Münze in die linke Hälfte platziert, würfelt man eine ungerade Zahl, so kommt die Münze nach rechts. Halte nach je zwei Würfen das Gesamtergebnis in der Tabelle (s. am Rand) fest. Welche Schlussfolgerungen ergeben sich für ein System aus vielen Teilchen?

	links	rechts
2		
4		
6		
8		
10		
12		
14		
16		
18		
20		

4 Energie zum Lösen von Salz Fülle Wasser in ein Glas und miss die Temperatur. Gib einen Esslöffel Salz hinzu. Rühre um und beobachte die Temperatur für einige Minuten. Erläutere den Temperaturverlauf!

5 Unerwartete Abkühlung Umwickle ein Thermometer mit einem feuchten Wattebausch und lies 4 Minuten lang alle 20 s die Temperatur ab. Beschreibe und deute das Ergebnis. Nimm statt Wasser „Kölnisch Wasser" oder Ähnliches und deute den Unterschied.

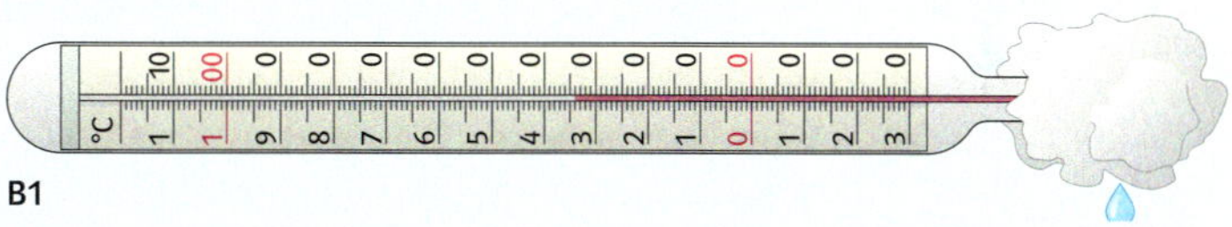

B1

Fragen

Innere Energie

1 Nenne Beispiele, wie sich die innere Energie eines festen, eines flüssigen oder eines gasförmigen Körpers erhöhen lässt.

2 Ein Kühlschrank steht mit geöffneter Tür in einem gut isolierten Raum. Ändert sich bei Betrieb die Temperatur im Raum? Begründe deine Antwort ausführlich.

3 Woher stammt die Energie für den Verdampfer im Kühlschrank?

4 **B2** zeigt die Wasserkühlung eines Benzinmotors. Warum muss Kühlwasser die Zylinder umströmen? Wozu drückt die Wasserpumpe das Kühlwasser durch den Kühler? Kann man den Kühler mit einem Heizkörper vergleichen? Wozu dient der Ventilator?

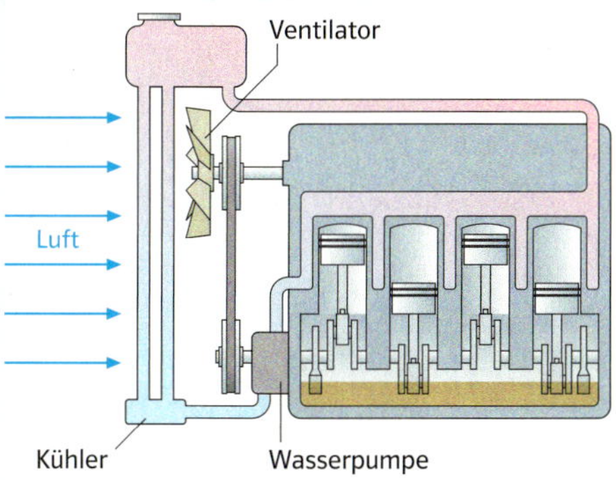

B2 Wasserkühlung beim Benzinmotor

Gase, Teilchenmodell und Gasgesetze

5 Bei Raumtemperatur haben die Teilchen eines Gases Geschwindigkeiten in der Größenordnung von 10^2 m/s. Warum dauert es unter Umständen Minuten, bis man riecht, dass in einer Ecke eines Raumes eine Parfumflasche geöffnet wurde?

6 Die Luft in einem Wohnhaus habe ein Volumen von 600 m³. Wie groß ist ihre Masse bei $\vartheta = 0\,°C$ und $p = 1013\,hPa$? Welche Masse hat die bei gleichem Druck aus dem Haus herausströmende Luft, wenn die Temperatur auf 22 °C ansteigt?

7 Ein Autoreifen wird bei 15 °C bis zum Druck von 190 kPa aufgepumpt. Während der Fahrt erwärmt sich die Luft im Reifen auf 40 °C. Welcher Bruchteil der Luft muss nun abgelassen werden, wenn wieder der ursprüngliche Druck gelten soll? Warum wird dringend abgeraten, so zu verfahren?

Fragen

8 Das folgende *V-p*-Diagramm gibt die Zustände für 1 mol eines idealen Gases bei verschiedenen, konstanten Temperaturen wieder.

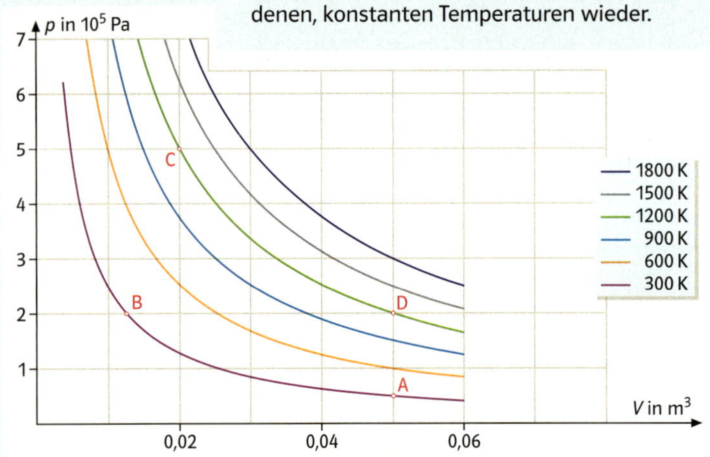

B1

a) Bestimme aus mindestens vier Punkten die Gaskonstante *R*!
b) Welche Gasgesetze gelten bei den Zustandsänderungen C → D, D → A bzw. A → B, D → B ?
c) Schätze die mechanische Energie ab, die das Gas beim Übergang C → D überträgt!

9 Jemand öffnet die Tür eines Tiefkühlschranks relativ lange, weil er etwas sucht. Dann schließt er die Tür wieder. Nach einiger Zeit hat das Gerät wieder seine Normaltemperatur erreicht. Was kann man über den Druck im Kühlschrank sagen? Wie bemerkt man dies im Alltag?

Innere Energie und Entropie

10 Nimm zu den nachfolgenden Prozessen Stellung; verwende dabei den ersten Hauptsatz und den Begriff Entropie!
a) Ein am Boden liegender Stein kühlt sich ab; er nutzt diese Energie, um hochzuspringen.
b) Eine Milchkanne kühlt sich ab; die darin vorhandene Milch erwärmt sich aber, da sie die von der Kanne abgegebene Energie aufnimmt.

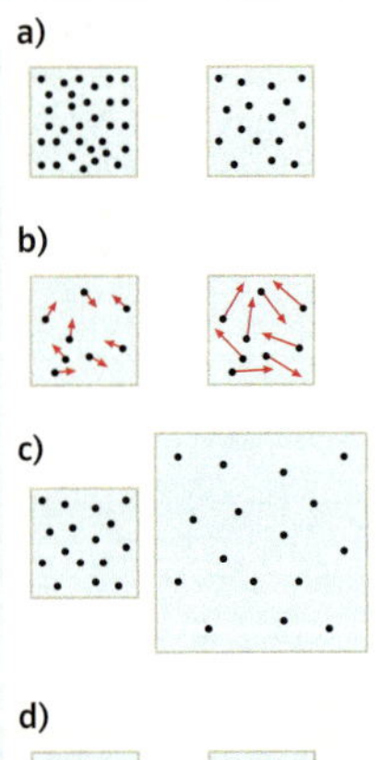

B2

11 Die Bilder am Rand (→**B2**) beschreiben paarweise Änderungen des Systems. Welche Reihenfolge müssen sie im Sinne zunehmender Entropie haben? Begründe!

12 Ein „Perpetuum mobile erster Art" (→**B3**) ist eine Maschine mit einem Wirkungsgrad von größer 1, sie kann zusätzlich zu der für ihren Betrieb benötigten Energie noch zusätzliche Nutzenergie für andere Vorgänge liefern. Ein „Perpetuum mobile zweiter Art" ist eine Maschine, die innere Energie der Umgebung vollständig in mechanische Energie umwandeln kann. Diskutiere, ob und wenn ja, gegen welche Grundsätze und Erhaltungssätze diese Apparate verstoßen.

13 „Die beiden Aussagen „Es gibt kein Perpetuum mobile" und „Es gibt keine Vorgänge ohne Entropieerzeugung" bedeuten prinzipiell dasselbe". Diskutiere diesen Satz!

14 „Kühlschrank und Wärmepumpe stellen prinzipiell die gleiche Maschine dar." Diskutiere diese Aussage!

Änderung der Aggregatzustände

15 Weshalb ist bei 100 °C die innere Energie von 1 kg Wasserdampf größer als die von 1 kg Wasser?

16 Weshalb kann man mit Eis von 0 °C besser kühlen als mit Wasser von 0 °C?

17 Weshalb kann man die Energiezufuhr beim Kochen von Kartoffeln drosseln, sobald das Wasser siedet?

18 Bei Hitze oder Anstrengung schwitzt man. Was bewirkt dieses Schwitzen?

19 Erläutere, weshalb sich die Temperatur eines Gemisches aus Eis und Wasser beim Schmelzen bzw. Erstarren nicht ändert.

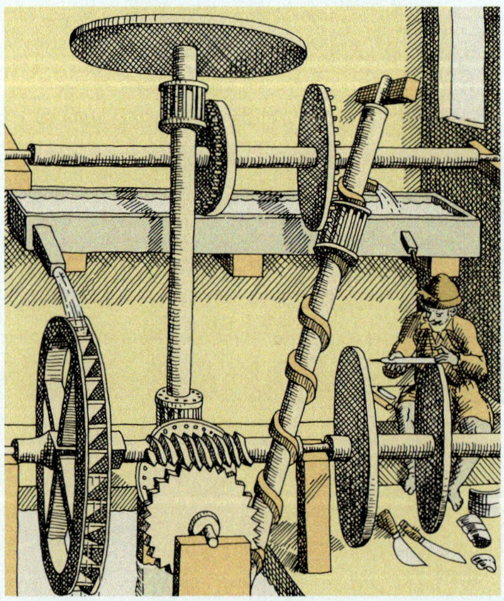

B3 Perpetuum mobile erster Art

Vorhaben **Struktur der Materie**

Untersuche in „Forschungsvorhaben", welche biologischen, kulturellen, politischen und technologischen Auswirkungen der Reaktorunfall von Tschernobyl hatte!

- **Formuliere dein Vorhaben genau.**
- **Plane deine Recherche und führe sie sorgfältig durch.**
- **Protokolliere zuverlässig.**
- **Entwickle eine Präsentation und trage sie vor.**

Die Katastrophe von Tschernobyl Am 26. April 1986 kam es im Kernkraftwerk Tschernobyl ca. 50 km nördlich von Kiew (damalige Sowjetunion, heutige Ukraine) zu einem Unfall mit schwerwiegenden Folgen. Im Block 4 des Kraftwerks kam es aufgrund einer nicht mehr kontrollierbaren Kernschmelze während eines Testlaufs zu einer Explosion, bei der das Dach und Teile des Gebäudes zerstört wurden und Material aus dem Reaktorinneren in die Umgebung gelangte. Aufgrund der Wetterlage schlugen sich die ausgetretenen Stoffe nicht nur in der Region nieder, sondern wurden auch über weite Teile Nord- und Mitteleuropas verteilt.

Was wird erwartet? Bildet Kleingruppen und sammelt Informationen darüber, welche Kernkraftwerkstypen bezüglich Aufbau und Sicherheitsvorkehrungen es gibt und ordnet Tschernobyl sowie weitere KKWs diesen zu. Rekonstruiert die Ereignisse und Umstände, die zu dem Unfall führten. Recherchiert, welche Maßnahmen nach dem Unfall ergriffen wurden und welche Auswirkungen die Explosion kurz-, mittel- und langfristig auf Lebewesen, Lebensräume, Kultur, Politik und Technik hatte und noch hat.

B1 Zerstörter Kernreaktorblock in Tschernobyl

B2 Warnschild in der radioaktiv verstrahlten Sperrzone um Tschernobyl

Wichtige Kenntnisse Die Antworten auf folgende Fragen können euch weiterhelfen:

- Wie funktioniert ein Kernkraftwerk und in welcher Form nutzt es Energie? Wie sieht ein Energiestromdiagramm eines KKW aus?
- Durch welches Sicherheitssystem wird bei einem KKW das Freiwerden radiokativer Stoffe verhindert? Welche Varianten von Sicherheitssystemen gibt es?
- Durch welche Ereignisse gelangten radioaktive Stoffe beim Tschernobyl-Unglück in die Umwelt? Welche Stoffe waren das und welche Eigenschaften haben sie?
- Wo und auf welche Weise wurde die Umwelt mit radioaktivem Material verseucht?
- Welche Maßnahmen (Evakuierung, Dekontamination, etc.) wurden in welchem Zeitrahmen und Umfang getroffen, um Schäden zu minimieren? Waren diese Maßnahmen angemessen bzw. geeignet?
- Welche Folgen hatten Unfall und Maßnahmen für die Region im Laufe der Zeit? Wie ist der gegenwärtige Stand?

B1 Hilfslieferung für die Kinder von Tschernobyl

B2 Kernkraftwerk in der Bundesrepublik Deutschland

- Welche Konsequenzen hatte der Tschernobyl-Unfall für das politische und technologische Handeln in Europa?
- Wie lässt sich das Ereignis im Vergleich zu anderen Stör- und Vorfällen (Harrisburg, Majak/Kyschtym) oder Kernwaffentests einordnen?

Viele Hinweise erhaltet ihr im Internet und aus Nachschlagewerken. Achtet insbesondere auf Glaubwürdigkeit und Objektivität der Quellen.

Informationen bietet auch das Bundesamt für Strahlenschutz, das Bundesministerium für Umwelt, Naturschutz und Reaktorsicherheit sowie das Zentrum für Strahlenschutz und Radioökologie der Universität Hannover.

Hilfen Definiere die Begriffe Kernkraft, Kernspaltung, Kernkraftwerk, Endlager, Zwischenlager, Wiederaufbereitung, Sicherheitsbarriere, GAU, Super-GAU. Stelle die Rolle der Kernkraft für die moderne Energieversorgung dar und bewerte Nutzen, Chancen und Nachteile.

Führe insbesondere eine Risikodiskussion bezüglich der Störanfälligkeit im Vergleich mit anderen Energietechnologien und Errungenschaften menschlicher Zivilisation durch.

Stelle den aktuellen Stand politischer Entscheidungen über Ausstiegsdiskussionen aus der Energieversorgung mit Kernenergie und über zukünftige Alternativen der Energieversorgung mit und ohne Kernenergie dar.

Zum weiteren Nachforschen In der EU gibt es zahlreiche Projekte, die sich mit verbesserten und effizienteren Reaktortypen beschäftigen, die nach dem Prinzip der Kernspaltung arbeiten. Kannst du die Besonderheiten dieser Reaktortypen in groben Zügen darstellen?

Die Kernfusion stellt eine völlig andere Nutzung der Kernenergie dar als die Kernspaltung.

Welche Vor- und Nachteile haben diese Entwicklungen? Welchen aktuellen Stand besitzen diese Projekte? Welche spezifischen Probleme treten bei ihnen auf?

B3

Struktur der Materie

Bilder von Atomverbänden Atome können sich zu Verbänden, wie z. B. Kristallen zusammenschließen. Mit bloßem Auge können wir einzelne Atome nicht sehen. Wir sehen immer nur die gebildeten größeren Verbände aus Atomen wie im Fall von Kochsalz im Salzstreuer.

Kristallwachstum Wird ein Tropfen einer gesättigten Kochsalzlösung auf einem Objektträger unter dem Mikroskop beobachtet, so erkennt man nach einiger Zeit – während das Wasser im Tropfen langsam verdunstet –, dass sich Salzkristalle bilden. Sie werden immer größer. Ist alles Wasser verdunstet, dann sind mehrere würfelförmige Salzkristalle entstanden. Bei anderen Stoffen ergeben sich andere Formen der Kristalle.

Bilder von Atomen Das Bild ist eine Rekonstruktion der Oberfläche eines Kochsalzkristalls. Sie wurde mit Hilfe eines Raster-Tunnel-Mikroskopes aufgezeichnet. In diesem Gerät wird eine sehr feine, spitze Elektrode dicht über der Oberfläche des Gegenstandes bewegt, wobei Gegenstand und Spitze elektrisch verschieden geladen sind. Auch ohne Berührung entsteht ein winziger Strom (Tunnelstrom), dessen Stärke mit dem Abstand zwischen Spitze und Gegenstand variiert. Die Stromstärke ist somit ein Maß für diesen Abstand. Wird die Spitze nach einem vorgegebenen Raster über die Oberfläche der Probe geführt, so ändert sich die Stromstärke laufend. Daraus lässt sich ein Höhenmuster der Oberfläche berechnen. Die Darstellung ist bis auf die Größe von Atomen genau.

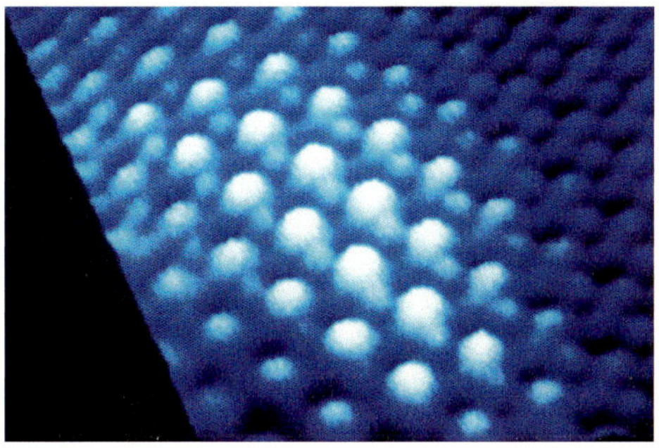

Abschätzung des Atomdurchmessers

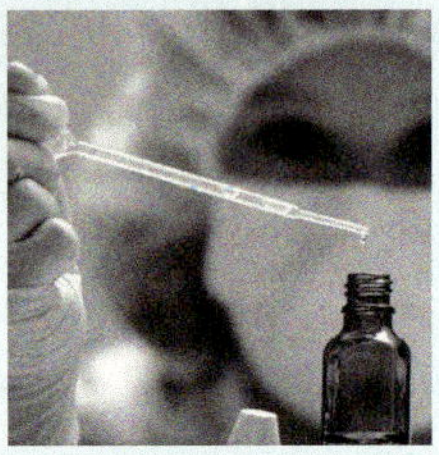

B1

V1 Um das Volumen eines Tropfens eines Leichtbenzin-Ölsäure-Gemischs (Verhältnis 1000:1) zu bestimmen, werden mit einer Pipette ein Volumen von $1\,cm^3$ tropfenweise gefüllt und die Tropfen abgezählt (→**B1**). Das Volumen eines Tropfens ist $1\,cm^3$ geteilt durch die Anzahl der Tropfen. Der Ölanteil in dem Tropfen beträgt dann noch ein Tausendstel davon.

V2 Eine flache Schüssel wird mit Wasser gefüllt. Auf die Wasseroberfläche werden Bärlappsporen oder Schwefelpulver gestreut. Bringt man einen Tropfen des Leichtbenzin-Ölsäure-Gemischs (Verhältnis 1000:1) auf die Wasseroberfläche auf (→**B2**), so verdunstet das Benzin sofort und das Öl bildet auf der Wasseroberfläche eine dünne Schicht. Das Pulver wird zur Seite geschoben und man kann die entstandene Fläche gut erkennen und ihren Inhalt ausmessen (→**B4**).

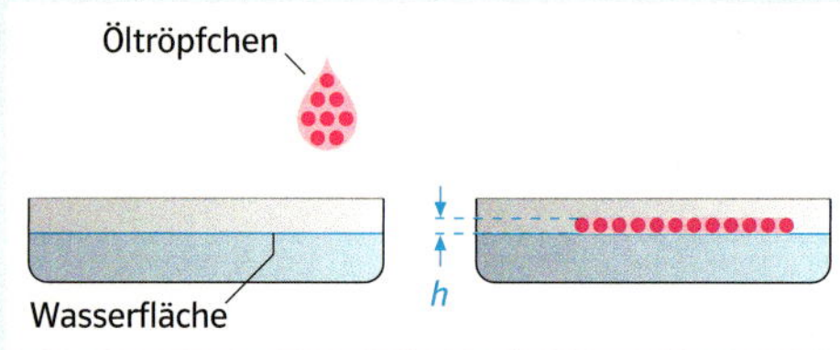

B2

B3 Ölmolekül im Modell: dicht gepackte Kugel aus Atomen

Idee der Abschätzung Auf einer Wasseroberfläche bildet Öl eine dünne Schicht, die nur aus einer Lage von Molekülen besteht. Man nennt sie daher **monomolekulare Schicht** (vgl. **B2**).

Der Zusammenhang zwischen dem Volumen des aufgebrachten Öls, dem Inhalt der Fläche des Ölflecks und der Dicke der monomolekularen Schicht lautet:

$$V = h \cdot A \quad \text{oder} \quad h = V/A$$

Die Dicke der Schicht ist gleich dem Durchmesser der Moleküle. Wenn man weiß, aus wie vielen Atomen ein Ölmolekül mit diesem Durchmesser besteht, kann man wiederum die Größe eines einzelnen Atoms abschätzen, aus dem das Ölmolekül aufgebaut ist (→**B3**).

Durchführung Ein Tropfen eines Leichtbenzin-Ölsäure-Gemischs (Verhältnis 1000:1) wird auf eine Wasseroberfläche gegeben. 76 Tropfen der Mischung ergeben das Volumen $1\,cm^3$. Ein Tröpfchen fällt auf eine Wasseroberfläche, die vorher mit Bärlappsporen bestreut wurde. Das Öl bildet einen kreisförmigen Fleck und schiebt dabei die Bärlappsporen beiseite (→**B4**).

B4

Auswertung Ein Tropfen des Gemischs enthält das Volumen $V = \frac{1}{1000} \cdot \frac{1}{76}\,cm^3 = \frac{1}{76\,000}\,cm^3$ an Ölsäure. Mit der Berechnung des Inhalts der kreisförmigen Fläche der monomolekularen Schicht über deren Radius erhält man z. B. $A = 62\,cm^2$. Die Schichtdicke beträgt daher $h = V/A = \frac{1}{76\,000}\,cm^3/62\,cm^2 \approx 2{,}1 \cdot 10^{-7}\,cm = 2{,}1 \cdot 10^{-9}\,m$. Ölsäure besteht aus 54 Atomen, die der Einfachheit halber als gleich große Kugeln betrachtet werden. Nimmt man an, dass diese dicht gepackt sind, so ergibt eine einfache Abschätzung, dass der Moleküldurchmesser mindestens aus $\sqrt[3]{54} \approx 4$ Atomdurchmessern zusammengesetzt ist. Genau genommen entspricht $\sqrt[3]{54}$ der Seitenlänge eines Würfels mit einem Volumen von 54 Längeneinheiten.

Daraus folgt die endgültige Abschätzung für den Atomdurchmesser von

$$d_{Atom} = 2{,}1 \cdot 10^{-9}\,m : 4 \approx 5 \cdot 10^{-10}\,m.$$

Die recht grobe Abschätzung liefert die Größenordnung der Atomdurchmesser: $10^{-10}\,m = 0{,}000\,000\,000\,1\,m$ = 1 zehnmilliardstel Meter.

Zur besseren Vorstellung über diese sehr kleine Größenordnung dient dieser Vergleich:

- **Legt man 10 Millionen Atome hintereinander, so hat das Ganze in etwa eine Länge von nur 1 mm!**

Aufbau der Atome

V1 Wird ein dünner Draht in einer evakuierten Glasröhre zum Glühen gebracht, treten Elektronen aus dem Draht aus. Mit einem elektrischen Feld zwischen einer Kathode und einer Anode werden diese Elektronen beschleunigt. Ein Loch in der Anode lässt einen Elektronenstrahl durch. Auf einem Leuchtschirm erkennt man einen Leuchtfleck (→**B1**).

V2 Trifft ein Elektronenstrahl auf eine dünne Graphitfolie, so können die Elektronen die Folie leicht durchdringen, obwohl die „dünne" Folie immer noch mehrere 10 000 Atomschichten dick ist.

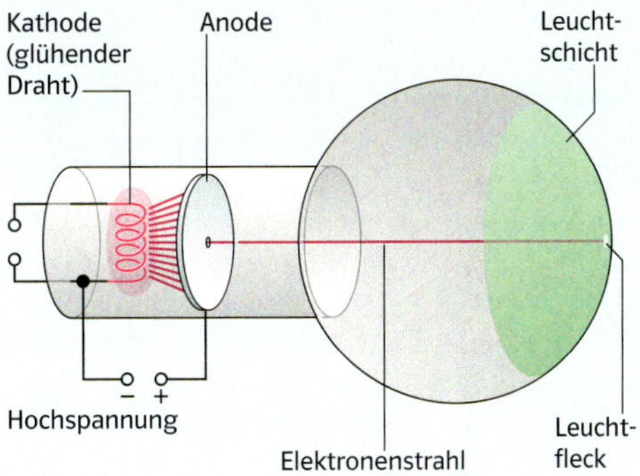

B1

Das Kern-Hülle-Modell Dass Elektronen durch eine scheinbar dichte Materialschicht hindurchtreten können, war für den englischen Physiker **Ernest Rutherford** (1871 – 1937) Anlass zur näheren Untersuchung: Er ließ schnelle positiv geladene Heliumteilchen auf eine Goldfolie treffen und beobachtete, dass der weitaus größte Teil der Heliumteilchen die Folie ohne größere Richtungsänderung durchdringen konnte (→**B3**). Nur einige Teilchen wurden stark abgelenkt, sehr wenige prallten sogar zurück. Rutherford schloss daraus:

1 Da sich Gold nicht zusammenpressen lässt, müssen seine Atome in der Folie dicht gepackt sein. Deshalb können die Heliumteilchen die Folie nur durchdringen, wenn die Atome selbst durchdringbar sind.
2 Da einige Heliumteilchen abgelenkt oder zurückgeworfen werden, muss es im Atom undurchdringbare Bereiche geben. Diese Bereiche müssen wegen der Abstoßung der positiven Heliumteilchen auch positiv geladen sein und gegenüber den Heliumteilchen eine große Masse haben.
3 Da nur wenige Teilchen abgelenkt oder zurückgeworfen werden, müssen die nicht zu durchdringenden Bereiche eines Atom sehr klein sein. Die negativ geladene Elektronenhülle lenkt die schnellen, positiven Heliumteilchen offenbar nicht merklich ab.

Modellvorstellung über den Atomaufbau:

- **Alle Atome enthalten einen kleinen, undurchdringlichen Teil, den Atomkern. Der Atomkern ist positiv geladen.**

B2 Versuchskammer

Ernest Rutherford (1871 – 1937)

- **Der große Raumbereich um den Kern des Atoms wird durch die Atomhülle gebildet. In ihr befinden sich die Elektronen, deshalb ist sie negativ geladen und kann die positive Ladung des Kerns nach außen hin ausgleichen.**

- **Der Atomradius hat eine Größenordnung von 10^{-10} m, der Atomkern von 10^{-15} m.**

Wäre ein Atomkern so groß wie ein Stecknadelkopf, so hätte das gesamte Atom einen Durchmesser von etwa 100 m.

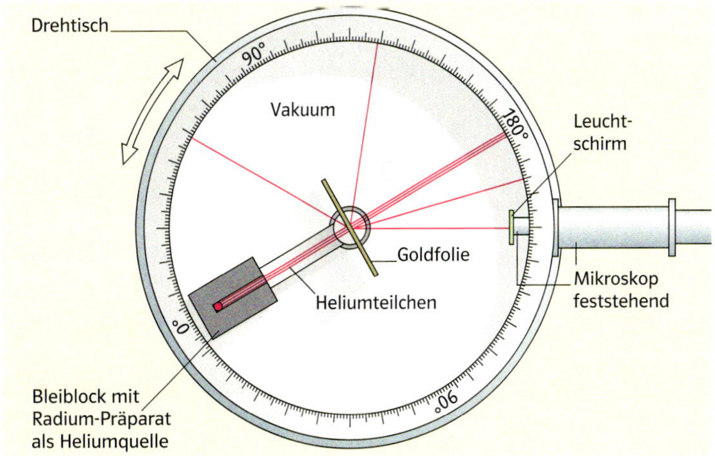

B3 Rutherford'sche Versuchsanordnung

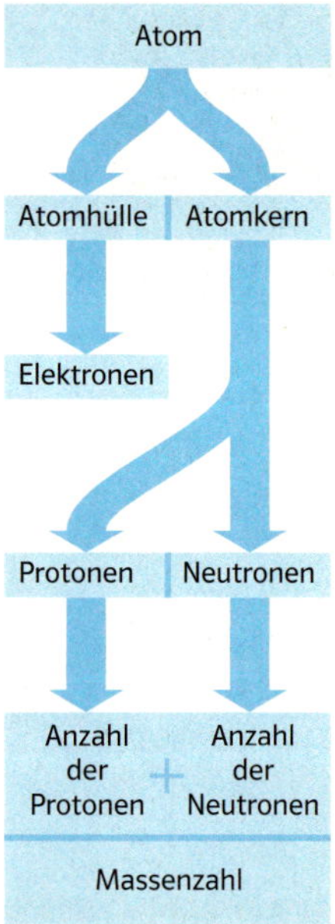

B1

Der Atomkern Physiker haben herausgefunden, dass Atomkerne aus **Protonen** (p^+) und **Neutronen** (n) bestehen (→**B2**). Man bezeichnet diese beiden Kernbausteine auch als **Nukleonen** (lat. nucleus, der Kern). Protonen und Neutronen haben fast die gleiche Masse; sie ist ca. 1836-mal größer als bei Elektronen.

Protonen sind elektrisch positiv geladen. Ihre Ladung hat den gleichen Betrag wie die der Elektronen, nur das Vorzeichen ist positiv. Die Ladungen eines Elektrons und eines Protons heben sich daher nach außen hin gegenseitig auf. Neutronen sind elektrisch neutral.

Protonen und Neutronen werden im Kern aufgrund einer Kraft zusammengehalten, die als **starke Kraft** oder **Kernkraft** bezeichnet wird. Bei den geringen Abständen der Protonen im Kern (Größenordnung 10^{-15} m) übertrifft die Wirkung der Kernkraft die abstoßende elektrische Kraft um ein Vielfaches.

Ohne die Kernkraft zwischen den Nukleonen würden sich die Protonen auf Grund ihrer positiven Ladungen abstoßen.

Die Zahl der Protonen (Protonenzahl) im Atomkern heißt **Kernladungszahl *Z***, die Zahl der Neutronen heißt **Neutronenzahl *N***. Ihre Summe $A = Z + N$ heißt **Massenzahl *A***.

● **Der Atomkern besteht aus Protonen und Neutronen. Er ist positiv geladen und vereinigt fast die gesamte Masse des Atoms.**

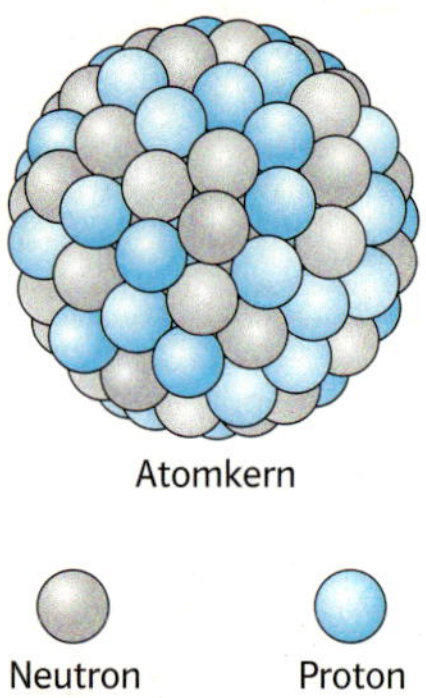

B2 Aufbau eines Atomkerns im Modell

In der Natur kommen etwa 2000 verschiedene Kerne vor. Ihre Zusammensetzung zeigt folgende Schreibweise an:

A bedeutet die Massenzahl
X steht für das Elementsymbol
Z bedeutet die Kernladungszahl

$$^{A}_{Z}X$$

Beispiel: $^{226}_{88}$Ra ist ein Radiumkern aus 226 Nukleonen, 88 Protonen und 226 − 88 = 138 Neutronen.

Die Kurzschreibweise „Ra-226" z. B. steht für $^{226}_{88}$Ra.

Die Isotopentafel Atome eines **chemischen Elementes**, z. B. Wasserstoff (H), Eisen (Fe) etc., besitzen immer die gleiche Anzahl an Protonen.

Zu einem Element gibt es auch Atome mit verschiedenen Massenzahlen, die sich folglich nur in der Neutronenzahl unterscheiden.

Atome mit gleicher Kernladungszahl, aber unterschiedlicher Neutronenzahl heißen **Isotope**. Die Massenzahl für ein Element, das in der Natur eigentlich als Isotopengemisch vorkommt, ist dann ein Mittelwert. Isotope lassen sich auch künstlich erzeugen. **B3** zeigt den Beginn der sogenannten Isotopentafel. In diesem Diagramm werden die Atome in Abhängigkeit von ihrer Neutronen- und Protonenzahl geordnet dargestellt. Auf diese Weise liegen Isotope immer in einer Zeile nebeneinander. Übereinander in einer Spalte liegende Atome haben gleiche Neutronenzahlen. Man nennt sie **Isotone**.

Beispiel: Die Isotope des Wasserstoffatoms haben folgende Bezeichnungen (und sogar eigene Namen):

- $^{1}_{1}$H Wasserstoff
- $^{2}_{1}$H Deuterium
- $^{3}_{1}$H Tritium

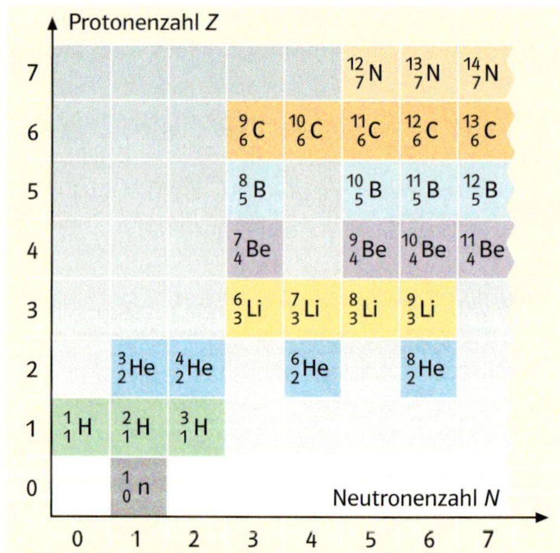

B3 Anfang einer Isotopentafel

In der Isotopentafel wird meist noch die relative Häufigkeit der Isotope in Prozent angegeben. Während Beryllium (Be) zu 100 % mit der Massenzahl 9 in der Natur vorkommt, verteilt sich die Häufigkeit der Lithiumatome (Li) zu etwa 92,5 % auf $A = 7$ und knapp 7,5 % auf $A = 6$. Von Sauerstoff (O) findet man in der Natur vier Isotope, von Nickel (Ni) sogar fünf. Damit man im Periodensystem der Elemente einen einzigen Wert von *A* angeben kann, errechnet man gemäß der Häufigkeit der Isotope eines Elements in der Natur den gewichteten Durchschnitt.

Die Atomhülle Unter der Atomhülle verstehen wir das Gebiet um den Atomkern, in dem sich alle zu einem Atom gehörenden Elektronen aufhalten. Damit das Atom nach außen elektrisch neutral erscheint, muss die negative Ladung aller Elektronen in der Hülle den gleichen Betrag wie die positive Ladung aller Protonen im Kern haben.

● **Bei dem nach außen elektrisch neutralen Atom ist die Zahl der Protonen im Kern gleich der Zahl der Elektronen in der Hülle.**

Man kennt heute mehr als 110 chemische Elemente. Sie unterscheiden sich voneinander durch ihre Zahl an Protonen, also durch ihre Kernladungszahl.

Die Elemente sind im sogenannten **Periodensystem der Elemente (PSE)** in einer bestimmten Reihenfolge angeordnet und nummeriert. Ihre **Ordnungszahl** entspricht dabei der Kernladungszahl.

Die Anordnung im PSE in **Gruppen** und **Perioden** erfolgt nach Regeln, mit denen der Aufbau der Atomhülle aus Elektronen erklärt werden kann. Man erkennt, dass Elemente einer Hauptgruppe oft ähnliche Eigenschaften besitzen. So findet man in der Hauptgruppe VIII die sogenannten **Edelgase** Neon, Argon, Krypton und Xenon.

Ionen Durch Energiezufuhr, etwa durch Stöße von Atomen, können Elektronen aus den Atomhüllen abgetrennt werden. Dadurch entstehen positiv geladene **Ionen** und freie Elektronen. Man spricht von **Ionisation**.

Eine Kerzenflamme erzeugt so in heißer Luft Ionen und Elektronen, die ein geladenes Elektroskop entladen können. Es gibt auch negativ geladene Ionen von Atomen, in deren Hüllen zusätzliche Elektronen enthalten sind.

Beispiele:

Ca^{2+}: Zweifach positiv geladenes Calcium-Ion; Ordnungszahl 20
Cl^{-}: Einfach negativ geladenes Chlorid-Ion; Ordnungszahl 17

■ **A1** Welche Ionen findet man im Mineralwasser? (Etikett!)

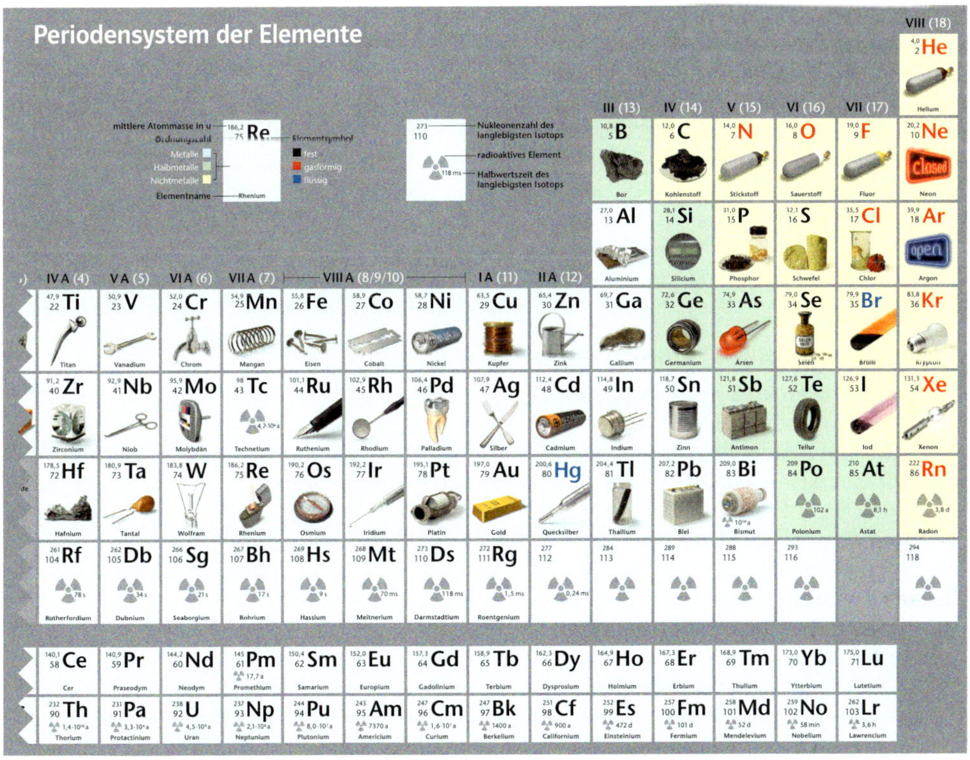

B1 Ausschnitt aus dem Periodensystem der Elemente. Die Hintergrundfarbe gibt den Metallcharakter an: Metall (grau), Halbmetall (grün), Nichtmetall (gelb)

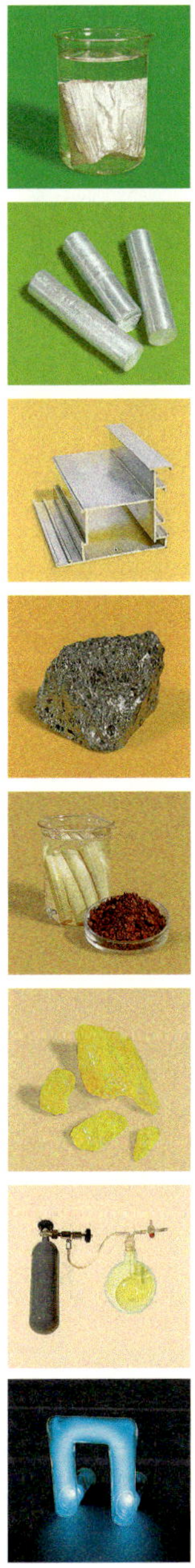

B2 Die elementaren Stoffe der 3. Periode des PSE

Kernzerfall

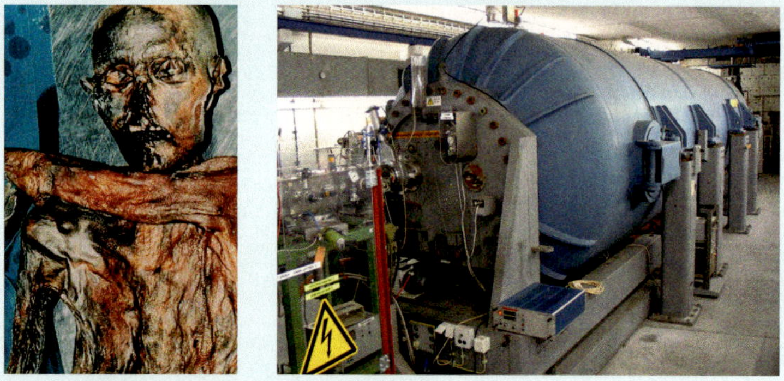

B1 Altersbestimmung unter Nutzung des Kernzerfalls

Zur Bestimmung des Alters der mumifizierten Gletscherleiche „Ötzi" nutzten die Archäologen Kenntnisse der Kernphysik (→B1). Die Altersbestimmung nutzt den β-Zerfall des Kohlenstoffisotops $^{14}_{6}C$ (→S. 184). $^{14}_{6}C$ findet sich in sehr geringer Menge in allen organischen Stoffen wie Holz, Kleidung, menschlichem Gewebe und deren Überresten. „Ötzi" starb vor 4 600 Jahren. Mit dem Apparat KORA der Universität Erlangen brauchte man dafür nur 1 mg präpariertes Gewebe der Mumie. KORA ist ein Massenspektrometer.

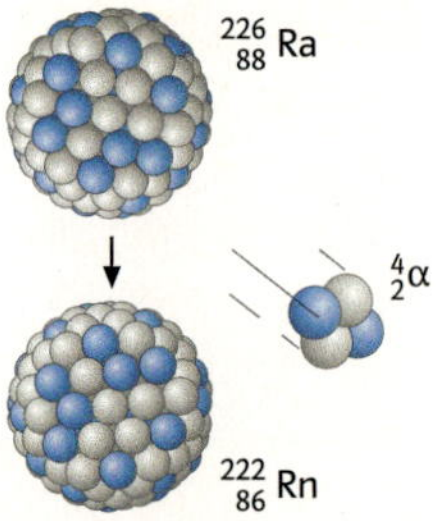

B2 Natürliche Kernumwandlung des Radiums

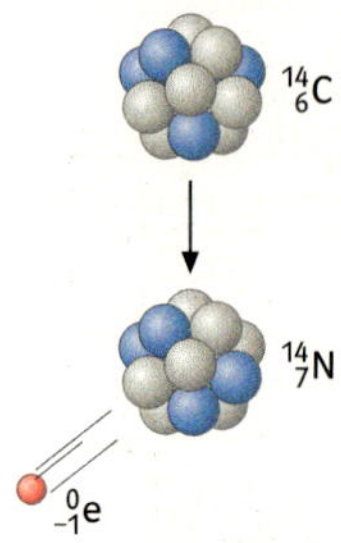

B3 Natürlicher Zerfall des $^{14}_{6}C$-Isotops

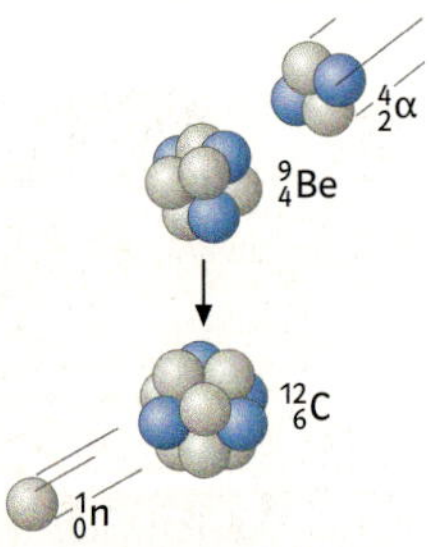

B4 Künstliche Kernumwandlung: aus Beryllium wird Kohlenstoff

Spontane Kernumwandlungen Unabhängig von äußeren Einwirkungen zerfallen Atomkerne und senden dabei radioaktive Strahlung aus. Damit verlieren sie Energie und Materie. Offensichtlich sind Kerne instabil, wenn sie zu viel Energie enthalten und die Zahl der Neutronen nicht zur Protonenzahl passt.

α-Zerfall Sir Ernest Rutherford konnte 1909 nachweisen, dass α-Strahlung aus zweifach positiv geladenen Teilchen besteht, die sich als Atomkerne des Heliums herausstellten (→S. 178). α-Strahlen waren in der von Marie Curie beobachteten radioaktiven Strahlung von Radium enthalten (→S. 177). Dabei wandeln sich Atomkerne des Radiums in Atomkerne des Radons um. Offenbar verlässt ein Heliumkern den Radiumkern und es entsteht ein Radon-Kern, der dadurch vier Neutronen und zwei Protonen weniger besitzt:

$$^{226}_{88}Ra \rightarrow {}^{222}_{86}Rn + {}^{4}_{2}He + \text{Energie}$$

Man spricht vom α-Zerfall des Radiums (→B2).

β-Zerfall Die auch von Rutherford nachgewiesenen β-Strahlen bei Kernumwandlungen entpuppten sich als Elektronen, die aus dem instabilen Atomkern emittiert werden (→S. 178). Ihre Herkunft blieb lange rätselhaft. Erst 1933 entdeckte Enrico Fermi, dass sie aus dem Zerfall eines Neutrons in ein Proton und ein Elektron stammen müssen. Das Elektron verlässt den Kern mit hoher Geschwindigkeit. Das radioaktive Kohlenstoffisotop wandelt sich unter Aussendung eines Elektrons in das Element Stickstoff um, das dadurch ein Neutron weniger und ein Proton mehr im Kern besitzt:

$$^{14}_{6}C \rightarrow {}^{14}_{7}N + {}^{0}_{-1}e + \text{Energie} \quad (\rightarrow B3)$$

γ-Strahlung Beim α- und β-Zerfall von Atomkernen tritt meist auch γ-Strahlung auf. γ-Strahlen sind energiereiche Strahlen, die Energie aus dem Atomkern abführen. Dabei ändern sich Massen- und Kernladungszahl nicht, der Atomkern erreicht nur einen niedrigeren Energiezustand (→B5).

Künstliche Kernumwandlungen Durch Beschuss von stabilen Kernen mit energiereichen Teilchen kann man künstliche Kernumwandlungen herbeiführen. Bei einer solchen Kernreaktion wurde 1932 das Neutron nachgewiesen: Beryllium wurde mit α-Teilchen beschossen, es entstanden Kohlenstoff und freie Neutronen:

$$^{9}_{4}Be + {}^{4}_{2}He \rightarrow {}^{12}_{6}C + {}^{1}_{0}n \quad (\rightarrow B4)$$

● **Bei spontanen und künstlichen Kernumwandlungen bleiben die Summen der Massen- und Ladungszahlen der Anfangs- und Endprodukte gleich.**

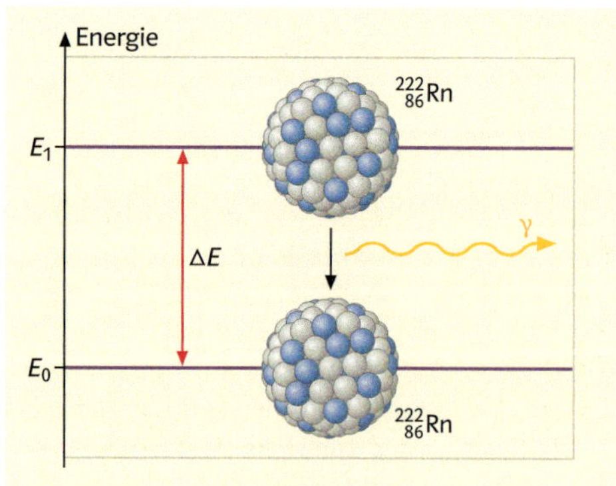

B5 γ-Strahlung des Radons

Unsichtbare Strahlung

V1 Ein Plattenkondensator wird aufgeladen (→**B1**). Ein parallel geschaltetes Elektroskop zeigt, dass er sich langsam entlädt. Wird zwischen die Platten ein radioaktives Präparat gebracht, so entlädt sich der Kondensator schneller.

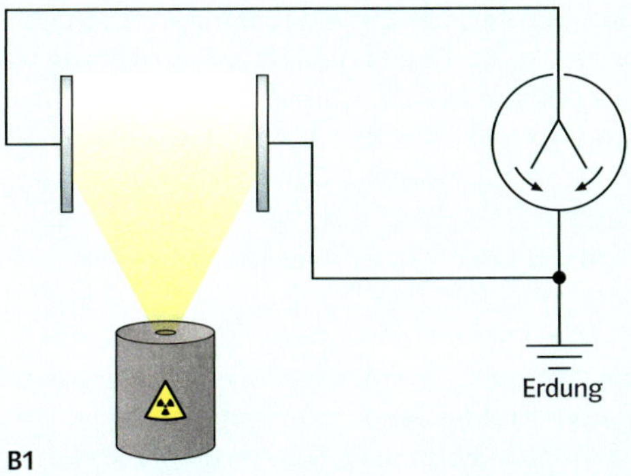

B1

V2 Vor ein Zählrohr legen wir nacheinander Feuersteine aus einem Feuerzeug, alte Leuchtzifferuhren, Glühstrümpfe von Gasleuchten, Kristalle von Kaliumpermanganat, Kaliumchlorid, Natriumchlorid, Sand und Kohlestücke.

Bei fast allen Stoffen knackt es im Lautsprecher, jedoch mit unterschiedlicher Häufigkeit.

V3 Im Klassenzimmer wird ein Zählrohr mit Zähler und Lautsprecher eingeschaltet. Der Zähler addiert die Zahl der Impulse. Obwohl kein radioaktives Präparat im Klassenzimmer steht, zeigt der Zähler Impulse an. Zum Beispiel lesen wir für jeweils 60 Sekunden ab:

Messung Nr. x	1	2	3	4
Zahl der Impulse	15	18	17	16

V4 Wir nähern das radioaktive Präparat einem Geiger-Müller-Zählrohr, das über einen Verstärker an einem Lautsprecher angeschlossen ist (→**B2**). Je nach Abstand des Zählrohres zum Präparat hören wir ein unterschiedlich häufiges Knacken oder ein Prasseln.

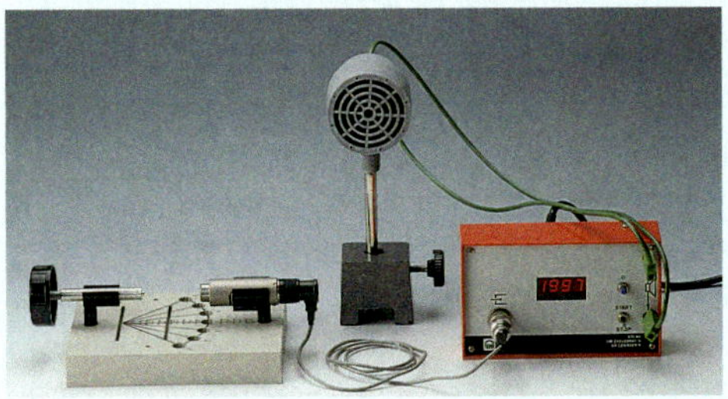

B2 Geiger-Müller-Zählrohr

V5 Die Kammer in **B3** enthält mit Alkoholdampf gesättigte Luft. Mit einer Pumpe wird das Luftvolumen schlagartig vergrößert. Zunächst kondensiert noch kein Alkohol. Befindet sich jedoch ein radioaktives Präparat in der Kammer, so sind feine, vom Präparat ausgehende Nebelspuren zu erkennen (→S.176).

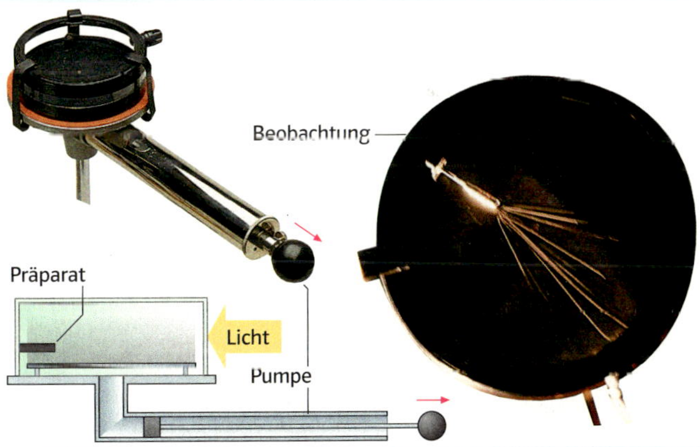

B3 Nebelkammer

Gefahrenzeichen für radioaktive Stoffe

Neues ergänzendes Gefahrenzeichen für radioaktive Stoffe

Radioaktive Strahlung 1896 entdeckte **Henri Becquerel** zufällig, dass ein uranhaltiger Stein lichtdicht verschlossene Fotoplatten schwärzt. Zusammen mit **Marie** und **Pierre Curie** fand er, dass nicht nur Uran, sondern auch das dabei erstmals entdeckte Radium ständig für das menschliche Auge unsichtbare Strahlung aussendet. Das Entstehen der Strahlung lässt sich durch keine Maßnahme beeinflussen oder verhindern. Marie Curie gab dieser Strahlung den Namen **radioaktive Strahlung**.

Ein geladener Plattenkondensator lässt sich durch radioaktive Strahlung, die durch die Luft zwischen den Platten geht, rasch entladen. Die Strahlung ionisiert die Atome der Luftteilchen. Die entstandenen Ionen und Elektronen bewegen sich zu den Platten der jeweils entgegengesetzten Ladung und entladen sie.

● **Radioaktive Strahlung hat die Eigenschaft, Atome oder Moleküle der umgebenden Stoffe zu ionisieren.**

Henri Becquerel (1852–1903)

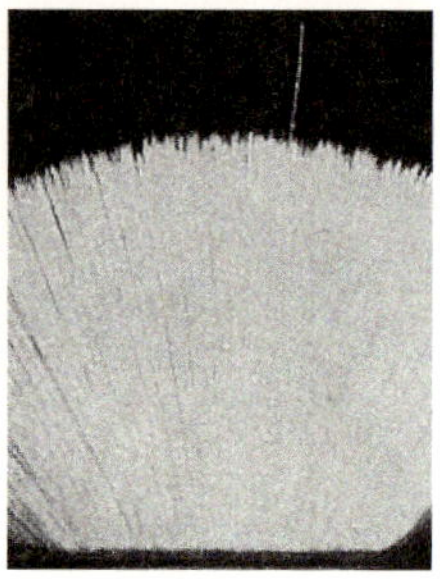

B1 Nebelkammerspuren eines starken α-Strahlers

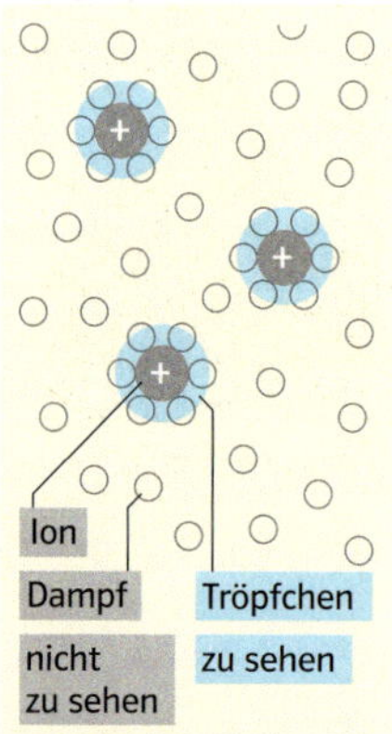

B2 Ionen als Kondensationskeime in der Nebelkammer

Nachweis radioaktiver Strahlung Radioaktive Strahlung können wir nicht sehen, fühlen, hören oder riechen. Sie kann also sehr gefährlich sein. Daher ist es wichtig, sie nachweisen zu können. Die ionisierende Wirkung der radioaktiven Strahlung wird in verschiedenen Geräten genutzt. Dazu gehören:

Die Nebelkammer (→**B3**, S. 175) Radioaktive Strahlung erzeugt in der Nebelkammer Spuren, die den Weg dieser Strahlung wiedergeben (→**B1**). In der Kammer befindet sich Luft, die bis zur Grenze ihrer Aufnahmefähigkeit Alkoholdampf enthält. Wird der Druck plötzlich verringert, kühlt sich die Luft ab und schon die geringste Störung genügt, dass sich in ihr Alkoholtröpfchen (ähnlich wie Kondensstreifen beim Flugzeug) bilden. Die von der Strahlung ionisierten Luftteilchen sind solche Störungen; es entstehen bis zu 300 000 Ionen auf einer 1 cm langen Strecke (→**B2**). Endet die Spur in der Kammer, so ist ihre Länge ein Maß für die Energie der Strahlung. Die Spuren können verschieden lang und kräftig sein: Ein Hinweis darauf, dass die Strahlung nicht einheitlich zusammengesetzt ist.

Mit der Nebelkammer kann man hauptsächlich α-Strahlung nachweisen, weil $^4_2$He-Kerne stark ionisieren und deutliche Tröpfchenspuren hinterlassen.

Der Geiger-Müller-Zähler (→**B3**) Dieses Gerät wurde 1928 von den deutschen Physikern **Hans Geiger** und **Walter Müller** entwickelt. Meist wird es kurz Geigerzähler genannt. Es besteht aus einem mit Edelgas gefüllten Metallrohr. Am vorderen Ende ist das Rohr nur durch eine sehr dünne Folie verschlossen, so dass die Strahlung von vorn nahezu ungehindert eindringen kann. In der Längsachse des Rohres ist ein dünner Metalldraht gespannt (→**B3**), der über einen Widerstand mit dem positiven Pol einer elektrischen Energiequelle verbunden ist. Der negative Pol der Quelle ist mit dem Metallgehäuse verbunden. Zunächst ist kein Strom festzustellen, da das Gas im Zählrohr nicht leitet. Dringt radioaktive Strahlung durch das Fenster in das Zählrohr ein, so werden einige Gasatome ionisiert. Frei gewordene Elektronen werden in Richtung auf den positiv geladenen Draht beschleunigt. Das geschieht so heftig, dass sie mit anderen Atomen des Gases zusammenstoßen und diese dabei ebenfalls ionisieren. Schon auf kurzer Strecke entsteht eine Lawine aus Elektronen, die sich zum Draht bewegt. Die Elektronenlawine erzeugt einen kurzfristigen Stromimpuls durch den Widerstand. Die Anzahl der Impulse pro Zeiteinheit heißt **Zählrate**. Die Zählrate ist ein Maß für die Stärke einer radioaktiven Quelle.

Durch den Stromimpuls entsteht am Widerstand eine Spannung. Über einen Verstärker lässt sich dieser Potenzialunterschied mit einem Lautsprecher hörbar machen. Die am Widerstand auftretende hohe Teilspannung verringert die Spannung am Zählrohr. Dadurch werden die Elektronen nur noch wenig beschleunigt und die Lawine hört auf. Das Gas wird wieder zum Isolator. Das Zählrohr kann nun erneut auf radioaktive Strahlung reagieren.

Mit dem Geiger-Müller-Zähler werden hauptsächlich α- und β-Strahlen (→**S. 178**) nachgewiesen. Die ionisierende Wirkung der γ-Strahlung ist so gering, dass im kleinen Zählrohrvolumen nur etwa 1 % der γ-Strahlen registrierbare Stromimpulse auslösen. Zum genauen Nachweis der γ-Strahlung verwendet man kompliziert gebaute Szintillationszähler oder Halbleiterdetektoren aus Silicium.

Mit solchen Nachweisgeräten kann auch die Energie der Strahlen genau bestimmt werden. Damit kann man das radioaktive Element identifizieren, von dem die Strahlung ausgeht.

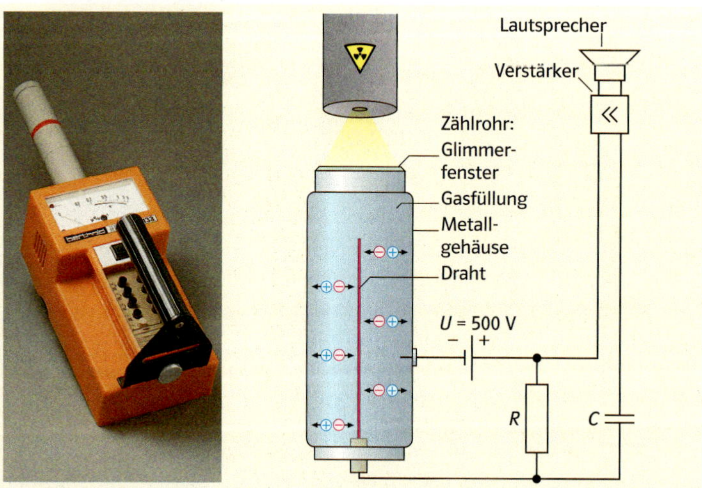

B3 Geiger-Müller-Zähler und Funktionsweise des Zählrohres

A1 Aus welchem Stoff bestehen die Nebelkammerspuren, die man beispielsweise in **B1** sehen kann?

Der Fotofilm Das Leuchtzifferblatt einer alten Uhr wird für einige Stunden auf ein Stück lichtdicht verpacktes Fotopapier gelegt (→**B1**). Bei der Entwicklung ist eine Schwärzung des Fotopapiers an der Stelle festzustellen, auf der das Zifferblatt lag. Auch der Glühstrumpf einer Gaslampe oder Kaliumsalze ergeben Schwärzungen. Die Schwärzung der lichtempfindlichen Filmschicht nimmt mit der Stärke der Strahlung zu. Diese Eigenschaft von Fotofilmen wird in Dosimeterplaketten (→**B2**) genutzt. Mit solchen Plaketten wird registriert, wie stark z. B. Beschäftigte in Uranbergwerken, Kernkraftwerken und in der Nuklearmedizin radioaktiver Strahlung ausgesetzt waren.

Die Plaketten enthalten ein Stück eines Films, der in eine Kunststoffhülle eingepackt ist und von verschiedenen Metallstreifen teilweise abgedeckt wird. Das Filmstück wird regelmäßig ausgewechselt und entwickelt. Aus der Schwärzung des Films kann auf die Stärke sowie mit Hilfe der abgedeckten Teile auf die Herkunft der Strahlung geschlossen werden, der diese Plakette ausgesetzt war.

Radioaktivität im Klassenzimmer Ein Geigerzähler misst überall eine geringe Radioaktivität, auch wenn sich kein radioaktives Präparat in der Nähe befindet. Man nennt dies den **Nulleffekt**. Diese Strahlung hat ihre Ursache zum Teil im Weltraum (kosmische Strahlung), zum Teil auf der Erde (terrestrische Strahlung), da Gesteine, Sand und Erde Uran und seine radioaktiven Zerfallsprodukte in geringen Mengen enthalten. Weitere radioaktive Stoffe entstehen durch energiereiche Strahlung aus der Sonne in der oberen Atmosphäre. Deshalb enthalten Boden, Wasser und Luft, und damit auch Baustoffe, Pflanzen, Nahrungsmittel, Tiere und Menschen geringe Mengen radioaktiver Isotope der Elemente Kohlenstoff, Kalium, Thorium, Radium, Radon und andere.

● **Der Nulleffekt entsteht durch die natürlich vorhandene Strahlung auf der Erde.**

A1 Welche Wirkung radioaktiver Strahlung auf Materie nutzen die dir bekannten Nachweisgeräte aus?

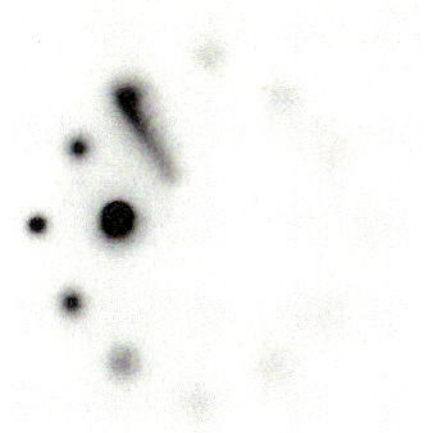

B1 Schwärzung des Films durch Leuchtziffern

B2 Dosimeterplakette

Die Entdeckung des Radiums durch Madame Curie

Physik überall

Marie Curie wurde am 7. November 1867 in Warschau als Tochter eines Physiklehrers geboren. Aus politischen Gründen musste sie Polen verlassen. 1895 heiratete sie den französischen Physiker Pierre Curie und arbeitete im Labor von Henri Becquerel in Paris. Nach der Geburt ihrer ersten Tochter Irene begann sie die neu entdeckte Strahlung des Urans für ihre Doktorarbeit zu untersuchen. Sie fand zunächst, dass das im Gestein Pechblende enthaltene Uran für die Strahlung verantwortlich ist. Denn die Strahlung ist umso stärker, je mehr Uran im Gestein ist. Außerdem konnte sie nachweisen, dass Gesteine mit Thorium-Atomen ebenfalls strahlen. Danach stellte sie fest, dass neben dem Uran Elemente im Erz sein müssen, deren Radioaktivität viel stärker als die des Urans ist. In der Folge entdeckte das Ehepaar Curie zwei bisher unbekannte Elemente: Radium (das Strahlende) und Polonium (für Polen). Sie brauchten 4 Jahre, um mit Hilfe chemischer Verfahren aus 1 t Pechplende 1/10 g Radiumchlorid für ihre Versuche zu gewinnen.

1903 erhielten Marie Curie und ihr Mann zusammen mit Henri Becquerel den Nobelpreis für Physik. 1911 bekam sie zum zweiten Mal einen Nobelpreis, diesmal für Chemie, für die erstmalige Gewinnung reinen Radiums. Marie Curie hat das Zeitalter der Kernphysik eingeleitet. Sie studierte auch die Wirkungen der radioaktiven Strahlung auf menschliches Gewebe und schuf damit die Grundlagen für deren Nutzung in der Medizin. Am 4. Juli 1934 starb sie, nahezu erblindet, an Leukämie.

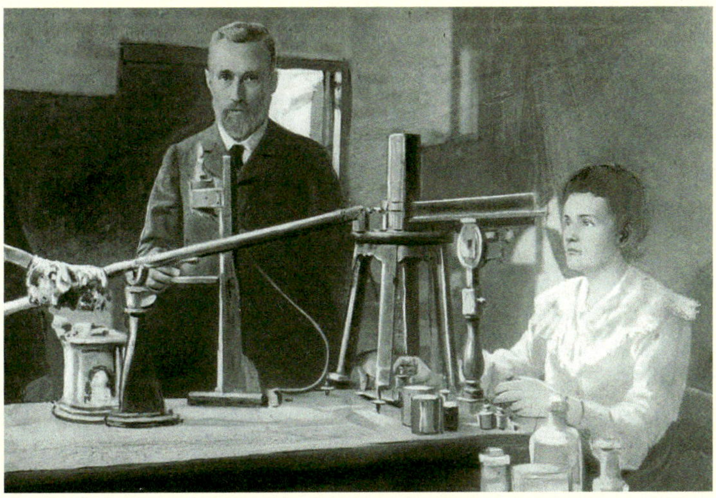

B3 Pierre und Marie Curie im Labor

Weitere Eigenschaften radioaktiver Strahlung

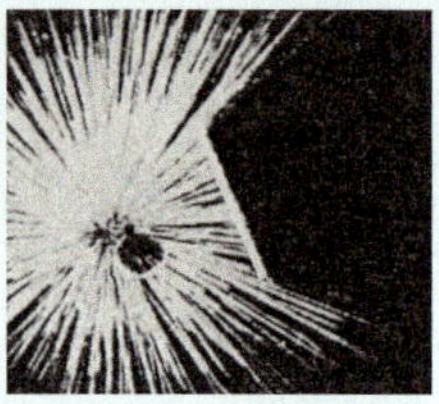

B1

V1 Wir bringen ein Radiumpräparat in die Nebelkammer und stellen ein kleines Stück Papier in den Bereich der Strahlung. **B1** zeigt das Ergebnis.

V2 Wir halten eine Bleiplatte, in der sich eine kleine Bohrung befindet, vor ein Radiumpräparat. Den ausgeblendeten Strahl untersuchen wir in einer Anordnung wie in **B2**. Ohne Magnet lässt sich nur bei A eine Strahlung feststellen. Mit Magnet zeigt das Zählrohr bei A und B Strahlung an. Befindet sich dünnes Aluminiumblech oder Papier vor dem Zählrohr, so wird bei A eine Schwächung, bei B keine Strahlung mehr beobachtet.

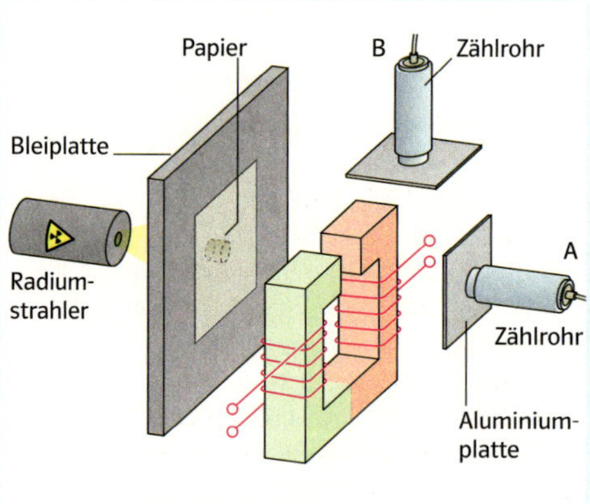

B2

V3 Zwischen Zählrohr und ein Strontium-Präparat stellen wir Aluminium- und Kunststoffplatten unterschiedlicher Dicke (→**B3**).

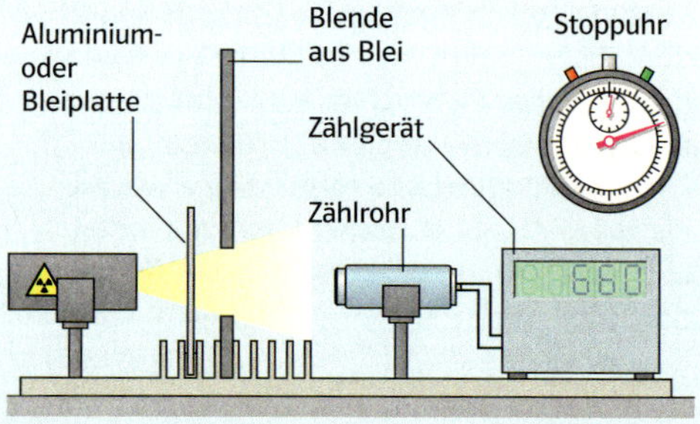

B3

Wir bestimmen die Zahl der Impulse pro min:

Dicke in mm	1	2	3	4	5	6
Aluminium	5368	816	72	36	22	–
Kunststoff	11 028	5972	2798	1086	294	98

V4 Wir messen die Zahl der Impulse pro min der Strahlung eines Cobalt-Präparates durch Luft und vergrößern den Zählrohrabstand:

Abstand in cm	1	2	3	4	5	6	7
Impulse	3828	921	414	235	153	107	78

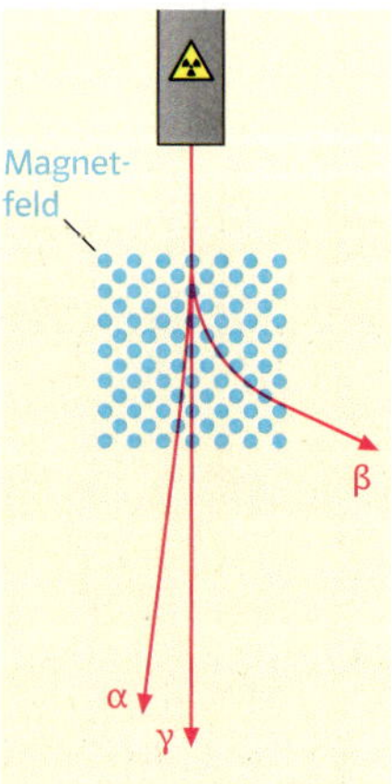

B4 Ablenkung radioaktiver Strahlungsarten im Magnetfeld (Feldrichtung aus der Zeichenebene heraus)

Verschiedene Arten der radioaktiven Strahlung Genaue Untersuchungen der radioaktiven Strahlung durch die Curies, Rutherford und andere ergaben, dass sie drei verschiedene Arten enthalten kann:

1 Aufnahmen mit der Nebelkammer lassen eine stark ionisierende Strahlung erkennen (→**B1**). Ihre Spuren sind kurz, weil ihre Energie bald aufgezehrt ist. Sie kann Papier nicht durchdringen. Mit dem Zählrohr lässt sich zeigen, dass sie in Luft etwa 4 bis 6 cm weit reicht. In Magnetfeldern wird sie wie eine positive Ladung abgelenkt (→**B4**). Diese Strahlung wird als **α-Strahlung** bezeichnet.

2 Hält man ein Blatt Papier zwischen ein Radium- oder Strontium-Präparat und ein Zählrohr, so wird eine Strahlung angezeigt, die Papier durchdringt. Ein Teil dieser Strahlung wird im Magnetfeld wie eine negative Ladung abgelenkt (→**B4**). Im Vergleich zur α-Strahlung ionisiert sie weniger stark, sie heißt **β-Strahlung**.

3 Bei einem Cobalt-Präparat durchdringt die nach dem Papier noch vorhandene und vom Magnetfeld nicht abgelenkte Strahlung (→**B4**) selbst Aluminium- und Bleiplatten. Diese Strahlung heißt **γ-Strahlung**.

Weitere Untersuchungen zeigen:

- **α-Strahlung besteht aus zweifach positiv geladenen Heliumkernen. β-Strahlung besteht aus Elektronen. Die γ-Strahlung ist energiereiche Strahlung, vergleichbar der Röntgenstrahlung.**

A1 Je stärker das Ionisationsvermögen radioaktiver Strahlung ist, umso geringer ist ihre Reichweite. Erkläre diesen Zusammenhang!

Reichweite und Abschirmung radioaktiver Strahlung Beim Durchgang radioaktiver Strahlung durch Materie wird Energie abgegeben. Die Menge hängt von der Art der Strahlung und der Materie ab.

Unter der **Reichweite** der Strahlung versteht man den größten Abstand vom Strahler, bis zu dem sie noch nachweisbar ist. Für α-Strahlung in Luft beträgt sie 4 bis 6 cm. β-Strahlung hat in Luft eine Reichweite von mehreren Metern. Für γ-Strahlung lässt sich in Luft keine Reichweite festlegen. Mit zunehmendem Abstand zeigt ein Messgerät immer weniger Strahlung an, aber das liegt daran, dass sich die Strahlung in jede Richtung im Raum gleichmäßig verteilt. Die Zählrate sinkt auf ein Viertel, wenn sich der Abstand verdoppelt und auf ein Sechzehntel, wenn der Abstand vervierfacht wird. Von der **Röntgenstrahlung** unterscheidet sich die γ-Strahlung nur durch ihre noch höhere Energie und die Art der Entstehung.

● **Je weiter Strahler und Nachweisgerät voneinander entfernt sind, umso weniger radioaktive Strahlung wird angezeigt.**

Die Reichweite einer radioaktiven Strahlung kann sich sehr stark ändern, wenn sich statt Luft andere Stoffe zwischen Nachweisgerät und Strahler befinden (→**B3**). Hinter einem Blatt Papier sinkt die Zählrate der α-Strahlung auf den Nulleffekt ab. Um die Zählrate bei der β-Strahlung so weit zu senken, reicht Papier nicht aus. Das Diagramm **B1** zeigt, wie sich die Impulszahl bei β-Strahlung hinter Folien aus Aluminium oder Kunststoff mit zunehmender Dicke der Folien verringert.

Die Zählrate bei γ-Strahlung wird nach dem Durchdringen von Metallen viel weniger verringert als die der β-Strahlung. Während eine 3 mm dicke Bleiplatte β-Strahlung fast vollständig absorbiert, durchdringt γ-Strahlung diese Bleischicht mit wenig Energieverlust. Sie wird selbst bei viel dickeren Bleiplatten nur langsam schwächer. Eine Faustregel ist: Eine 5 cm dicke Bleischicht verringert die Zählrate der γ-Strahlung auf etwa ein Zehntel ihres Anfangswertes. γ-Strahlung wird nie ganz absorbiert (→**B2**).

Wie groß die Zählrate einer Strahlung nach Durchdringen eines Stoffes noch ist, hängt von der anfänglichen Zählrate sowie der Massenzahl der Atome und der Dicke des Stoffes ab. Radioaktive Isotope unterscheiden sich meist in der Energie ihrer Strahlung. So wird z. B. die γ-Strahlung von Caesium-137 durch eine 3,5 cm dicke, die von Cobalt-60 erst durch eine 5,3 cm dicke Schicht aus Aluminium auf die Hälfte geschwächt.

● **Je größer die Energie der Strahlungsart, je dünner die Schicht des absorbierenden Stoffes und je kleiner die Massenzahl seiner Atome ist, umso mehr Strahlung dringt hindurch.**

Zum Schutz vor radioaktiver Strahlung umgibt man Strahler mit einer entsprechend dicken Metallschicht. Diese **Abschirmung** muss die hindurchtretende Strahlungsmenge auf ein gefahrloses Niveau senken (→**B4**).

A1 Wovon ist die Reichweite radioaktiver Strahlung abhängig?

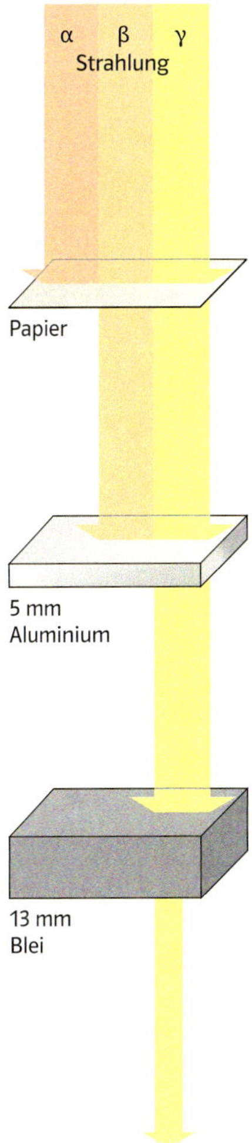

B3 Zur Reichweite radioaktiver Strahlung eines Radium-Präparates in Stoffen

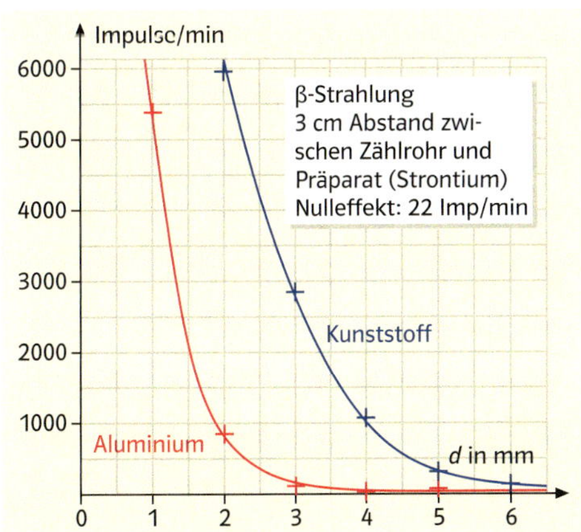

B1 Absorption von β-Strahlung

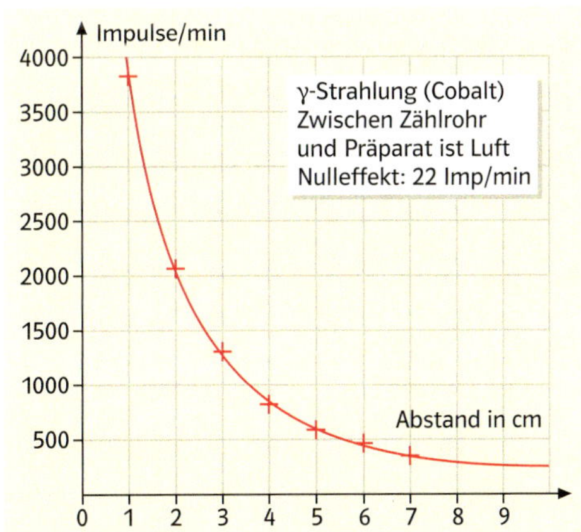

B2 Absorption von γ-Strahlung

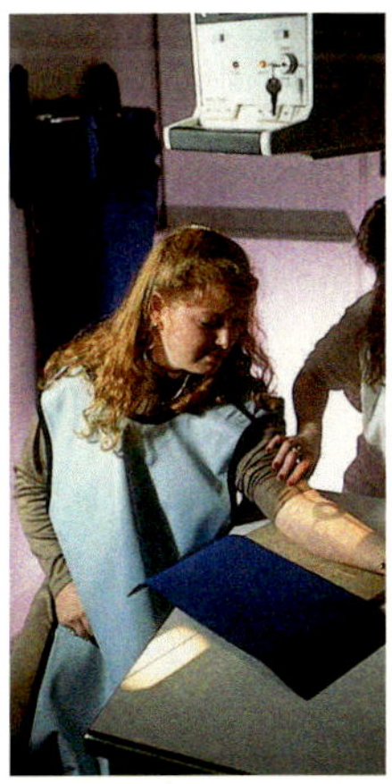
B4 Bleiweste

Physik überall

Einheiten der radioaktiven Strahlung

Quelleneigenschaft: Aktivität Nach dem Reaktorunfall in Tschernobyl am 26. April 1986 stieg die Radioaktivität bei uns stark an. So nahm die Aktivität bei Milch – gemessen am radioaktiven Iod-131 – von normalerweise weniger als 20 Becquerel pro Liter auf 750 Becquerel pro Liter zu. Was heißt das?
Wenn ein Stoff radioaktive Strahlung aussendet, so finden darin Kernumwandlungen statt, deren Anzahl wir z. B. mit dem Zählrohr messen können. Man definiert:

● **Die Aktivität *A* eines Körpers ist der Quotient aus der Anzahl der Kernzerfälle und der Zeit.**

$$A = \frac{\Delta N}{\Delta t}$$

Die Einheit der Aktivität ist 1 Bq (**1 Becquerel**). Es gilt:

$$1\,\text{Bq} = 1\,\frac{\text{Kernzerfall}}{1\,\text{Sekunde}}$$

Je kürzer die Halbwertszeit eines radioaktiven Isotopes ist, umso größer ist die Aktivität des Strahlers.
Bis 1985 wurde für die Aktivität die Einheit **Curie** (Ci) verwendet. Es gilt:

$$1\,\text{Ci} = 37\,000\,000\,000\,\text{Bq} = 3{,}7 \cdot 10^{10}\,\text{Bq}$$

Dieser Wert entspricht der Aktivität von 1 g Radium.

Beispiel: An einer radioaktiven Quelle werden 1200 Kernumwandlungen in 60 Sekunden festgestellt.
Die Aktivität der Quelle beträgt

$$A = 1200/(60\,\text{s}) = 20\,\text{Bq}.$$

Gesamtes C-14 auf der Erde ≈ 10^{19} Bq;
Spaltprodukte im KKW ≈ 10^{20} Bq;
Aktivität der Nahrung ≈ 40 Bq/kg;
Aktivität im Körper ≈ 130 Bq/kg

Wechselwirkung mit Materie: Energiedosis Radioaktive Strahlung ionisiert Atome. Für jeden einzelnen Ionisierungsvorgang ist eine im Mittel konstante Energie nötig. Die Energie, die 1 kg eines Stoffes durch die Strahlung aufnimmt, ist also ein Maß für ihre ionisierende Wirkung. Man spricht von der Energiedosis durch die Strahlung.

● **Die Energiedosis *D* ist der Quotient aus der von der radioaktiven Strahlung abgegebenen Energie und der Masse des Körpers, der die Energie aufnimmt.**

$$D = \frac{\Delta E}{m}$$

Die Einheit der Energiedosis ist 1 Gy (**1 Gray**). Es gilt:

$$1\,\text{Gy} = 1\,\frac{\text{J}}{\text{kg}}$$

Je größer die Aktivität einer Strahlungsquelle ist, desto größer wird auch die Anzahl der durch sie in einem Stoff bewirkten Ionisierungsvorgänge. Die Energiedosis nimmt daher mit der Aktivität zu.

In tierischem Gewebe bewirkt die Energiedosis 1 Gy eine Änderung der Temperatur um knapp 0,001 K. Diese Temperaturerhöhung ist harmlos, die eigentliche Gefahr der radioaktiven Strahlung besteht vielmehr in der Zerstörung von Atomen und Molekülen. Eine den ganzen Körper des Menschen treffende Strahlung von 6 Gy führt fast sicher zum Tode.

Die tatsächlich von einem Körper absorbierte Energiemenge hängt von der Strahlungsenergie und der Art des Stoffes ab.

Biologische Bewertung: Äquivalentdosis Die biologische Wirkung radioaktiver Strahlung hängt nicht nur von der Energiedosis ab, sondern auch von der Strahlungsart. In der biologischen Wirkung ist 1 Gy einer α-Strahlung mit 20 Gy einer β- oder einer γ-Strahlung gleichzusetzen, man sagt äquivalent. Um die biologische Wirkung unterschiedlicher radioaktiver Strahlungen zu vergleichen, verwendet man eine Äquivalentdosis. Sie beschreibt die Strahlenbelastung unabhängig von der Strahlungsart. Dazu muss die Energiedosis mit einem **Qualitätsfaktor *Q*** bewertet werden.

● **Die Äquivalentdosis D_q einer Strahlung ist das Produkt aus der Energiedosis mit einem Qualitätsfaktor.**

$$D_q = D \cdot Q$$

Die Einheit der Äquivalentdosis ist 1 Sv (**1 Sievert**). Es gilt:

$$1\,\text{Sv} = 1\,\frac{\text{J}}{\text{kg}}$$

Der Qualitätsfaktor ist ein Erfahrungswert. Man hat festgelegt:

für α-Strahlung:	$Q_\alpha = 20$
für β-Strahlung:	$Q_\beta = 1$
für γ-Strahlung:	$Q_\gamma = 1$
für langsame Neutronen:	$Q_n = 2{,}3$
für schnelle Neutronen:	$Q_n = 10$

Die Bewertung für sehr kleine, aber über einen langen Zeitraum einwirkende Energiedosen ist noch umstritten.

Zum Vergleich und zur Wirkungsabschätzung berechnet man die Äquivalentdosisleistung $P_q = \frac{D}{t}$: z. B. Flug in 10 000 m Höhe $P_q = 2\,\mu\text{Sv/h}$.

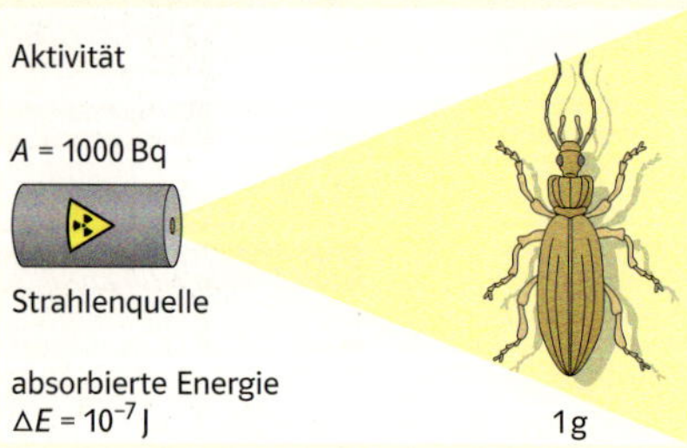

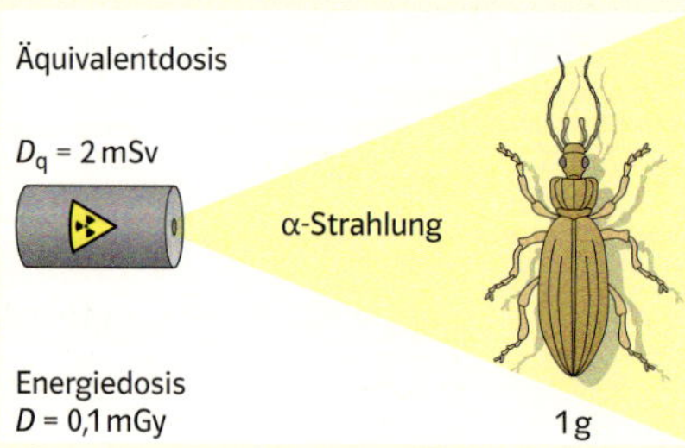

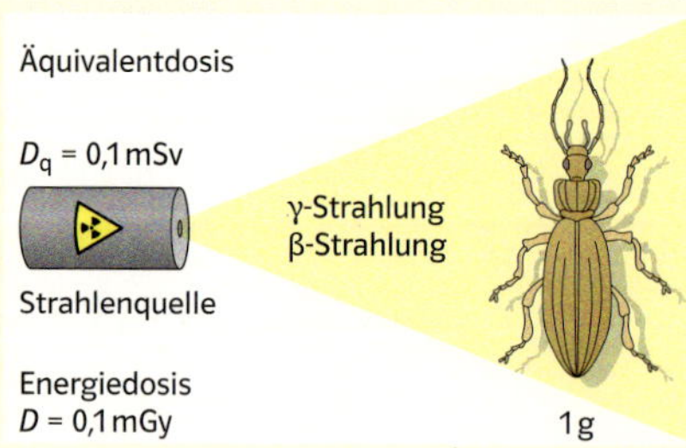

Strahlenbelastung des Menschen

Kosmische Strahlung, Höhenstrahlung Aus dem Weltraum trifft sehr energiereiche Strahlung aus Protonen und Heliumkernen auf die Erde. Sie stammt vor allem von der Sonne.

Normalerweise werden diese in 100–400 km Höhe abgebremst und aufgehalten. Dabei entsteht die Höhenstrahlung, vor allem aus Protonen, Neutronen, Elektronen und starker γ-Strahlung. Auf dem Weg zur Erdoberfläche wird sie durch die dichter werdende Lufthülle abgeschwächt. Im Hochgebirge ist sie daher intensiver als auf Meereshöhe (→**B1**).

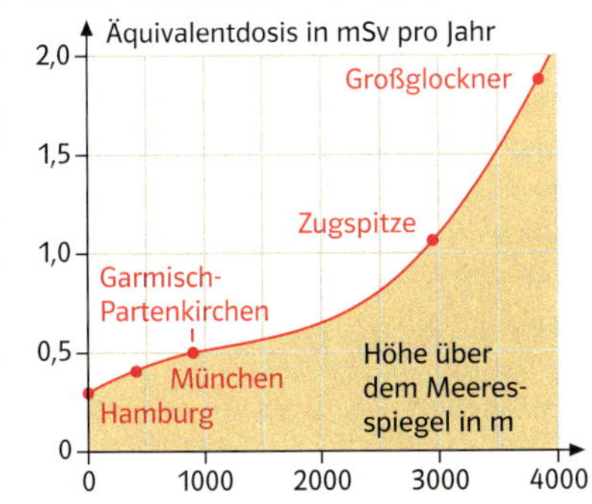

B1 Belastung durch kosmische Strahlung

Terrestrische Strahlung Als unsere Erde vor etwa 4,5 Milliarden Jahren aus dem Staub explodierter Sterne entstand, gab es sehr viele radioaktive Isotope. Heute sind davon nur die mit sehr langen Halbwertszeiten (→**S. 184**) übrig, wie z. B. U-238, K-40 und U-235. Sie und ihre radioaktiven Zerfallsprodukte finden sich in Gesteinen, Boden, Wasser und Luft und damit auch in allen Lebewesen. Insbesondere das radioaktive Edelgas Radon gelangt aus Boden und Baustoffen in unsere Raumluft. In unbelüfteten Räumen, vor allem im Keller, kann es gesundheitsschädliche Konzentrationen erreichen, weil α-Strahlen wegen ihres hohen Ionisationsvermögens in lebenden Zellen beträchtliche Schäden anrichten, wenn α-Strahler in den Körper gelangen. Außerdem entstehen durch die kosmische Strahlung in der Atmosphäre laufend neue radioaktive Isotope wie C-14 und H-3, die, durch Luft und Wasser verbreitet, zur terrestrischen Strahlung beitragen.

Eigenstrahlung Mit dem Stoffwechsel kommen ständig radioaktive Substanzen in den menschlichen Körper. Das Trinkwasser, die pflanzliche und tierische Nahrung sowie die Luft enthalten radioaktive Atomkerne wie C-14, K-40 oder Rn-222. Als Körpersubstanz können sie lange Zeit als Strahlungsquellen wirken. Mehr als die Hälfte der Aktivität im Körper stammt vom Kalium-40-Isotop.

Künstliche Strahlung Bei Röntgenaufnahmen und bei der medizinischen Behandlung mit radioaktiven Präparaten setzen wir uns zusätzlich einer Strahlenbelastung aus. Eine Lungendurchleuchtung führt z. B. zu einer Belastung von 0,3 mSv. Für Menschen, die beruflich Strahlung ausgesetzt sind, gilt zurzeit ein Grenzwert von 50 mSv pro Jahr. Ihre Strahlenbelastung wird durch Dosimeter laufend kontrolliert (→**B2**, S. 177).

B2 Flussspat enthält große Mengen an Uran.

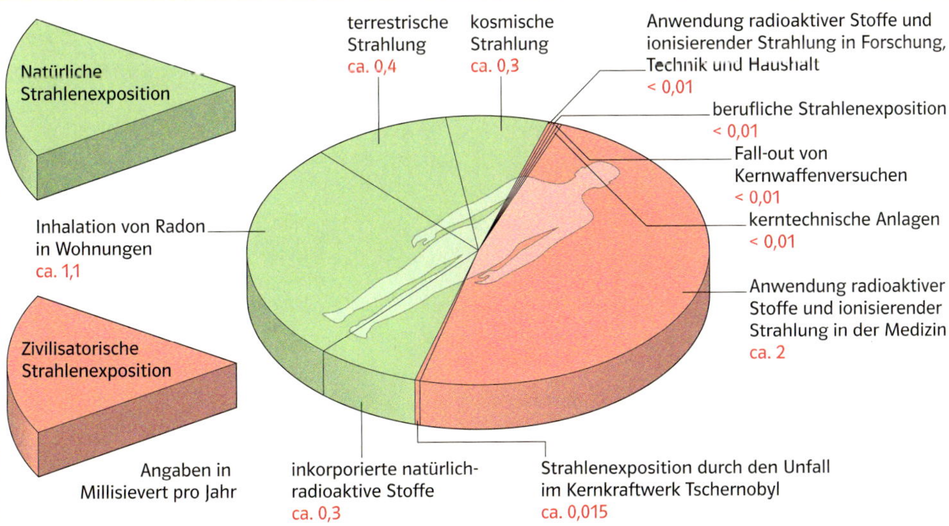

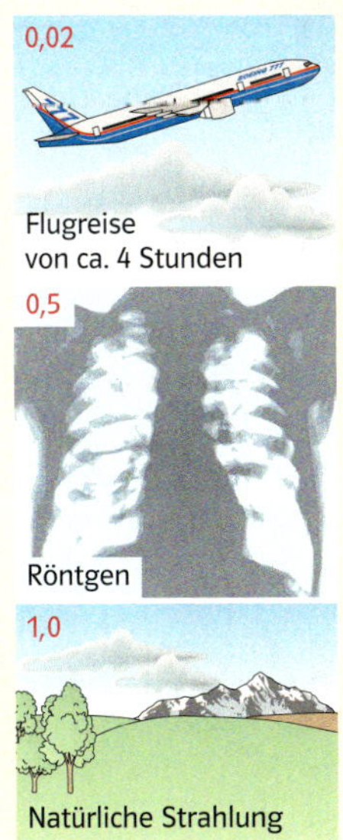

Werkstatt Wir messen die Radioaktivität unserer Umgebung

Bei der Messung radioaktiver Strahlung von Proben ist der **Nulleffekt** zu beachten. Darunter versteht man die Strahlung, die das Messgerät ohne Präparat oder Untersuchungsprobe anzeigt (je nach Region bis 0,5 Bq). Sie entsteht durch die Umweltradioaktivität. Eine Möglichkeit, den Einfluss des Nulleffekts zu verringern, ist das Messen in einer Bleikammer. Da jeder Messwert statistischen Schwankungen unterliegt, ist eine genaue Messung der Aktivität von Proben nicht möglich.

1 Wie im folgenden Bild (→**B1**) gezeigt, wird die Größe des Nulleffekts über einen Zeitraum von 15 min ermittelt. Dazu wird die Impulsrate mit dem Zählrohr außerhalb und innerhalb der Bleiabschirmung gemessen.

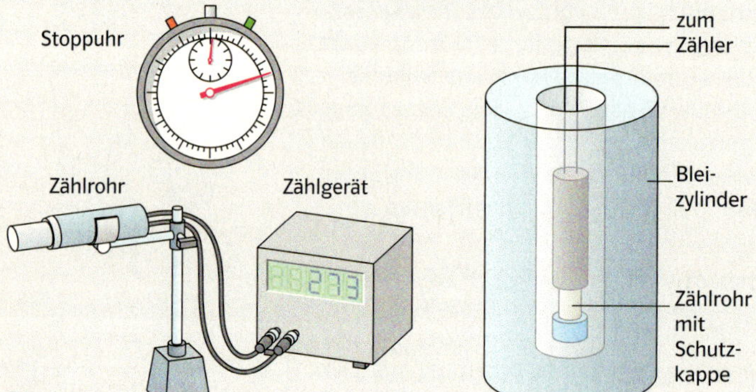

B1

2 Die Aktivität von Hausstaub wird gemessen. Dazu wird ein etwa 10 m langer blanker Draht in einem unbelüfteten Kellerraum der Schule für einige Stunden aufgespannt und mit einem Hochspannungsgerät negativ aufgeladen (→**B2**). Nach 2 bis 3 Stunden wird es ausgeschaltet und der Draht mit Filterpapier abgewischt, so dass der Staub auf engstem Raum konzentriert wird. Die Messung muss sofort beginnen, da

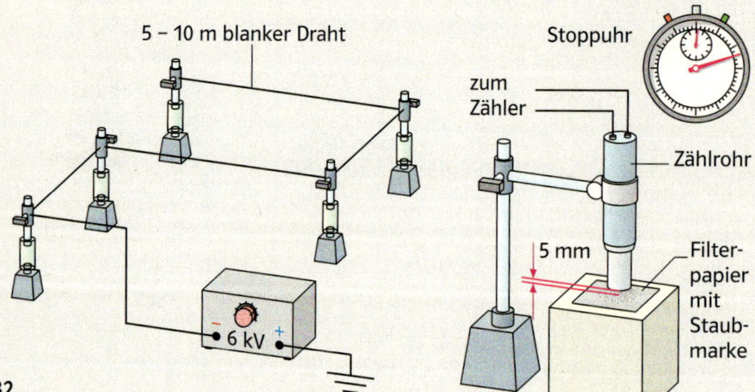

B2

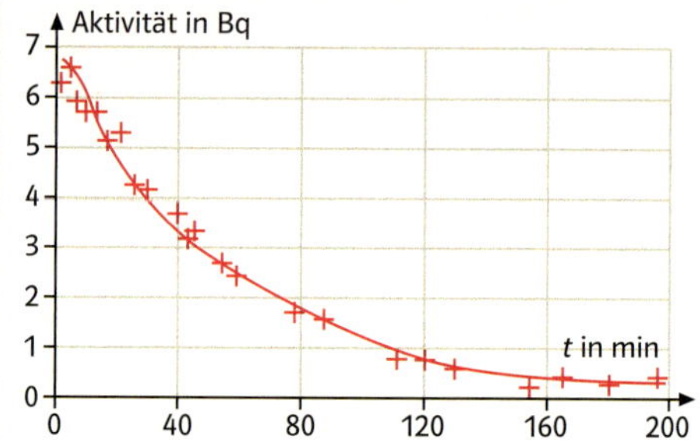

B3

die Aktivität des Staubes sehr schnell abnimmt. Das obige Diagramm (→**B3**) zeigt die Veränderung der Zählraten bei Hausstaub.

3 Die Aktivität von Gegenständen wird gemessen: Zifferblatt einer alten Uhr, Glühstrümpfe von einer Campinglampe, rote Klinkersteine, alte schwarze Porzellanschalter, Maronenpilze, Kaliumsalz, Leuchtfarbe von Kellerwänden, Paranussasche usw. Die folgenden Tabellen geben Messwerte einiger Proben an.

Baustoff	**Aktivität**
Gips, Holz, Kunststoff	sehr niedrig
Kalkstein, Sandstein	niedrig
Ziegel, Beton	mittel
Natürliches Gestein	hoch
Schlackenstein, Bimsstein	sehr hoch

Caesium-137-Aktivität in Speisepilzen
(Messung an drei Standorten in Südbayern zwischen 1987 und 1993)

Pilzart	Aktivität in Bq pro kg		
	Minimum	Mittelwert	Maximum
Semmelstoppelpilz	2 420	3 400	15 000
Maronenröhrling	1 320	2 000	4 365
Butterpilz	515	1 325	1 200
Frauentäubling	245	440	1 390
Pfifferling	175	440	840
Steinpilz	115	220	395
Parasolpilz	29	60	130
Waldchampignon	2	8	20

Energie des Atomkerns

Mit dem in **B1** abgebildetem einfachen Versuchsaufbau wurde 1938 nachgewiesen, dass sich Atomkerne spalten lassen.

Die aus der Neutronenquelle kommenden Neutronen durchfliegen erst einen Paraffinblock, in dem sie abgebremst werden, bevor sie auf das Uranpräparat treffen. Nur relativ langsame Neutronen können Urankerne zur Spaltung bringen. Die Spaltprodukte konnten nachgewiesen werden.

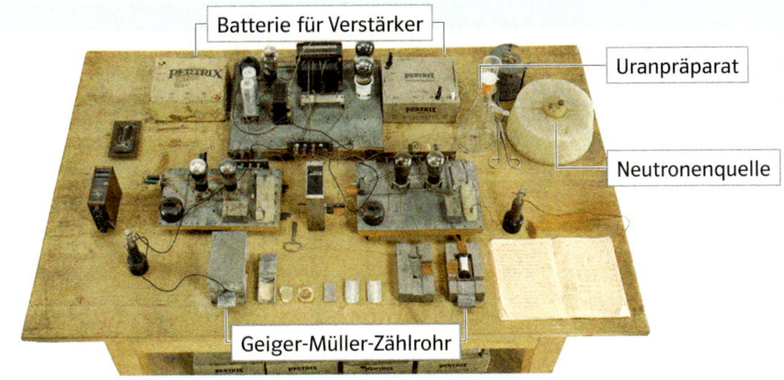

B1 Originalversuch von O. Hahn und F. Straßmann im Deutschen Museum München

Geheimnisvolle Kernkraft Starke anziehende Kräfte zwischen den Nukleonen eines Atomkerns sorgen für den festen Zusammenhalt zwischen Protonen und auch Neutronen. Sie müssen aber deutlich stärker sein als die abstoßenden elektrischen Kräfte zwischen den positiv geladenen Protonen, damit diese sich nicht gegenseitig aus dem Kern katapultieren. Allerdings ist die Reichweite der Kernkräfte sehr gering. Sie wirken erst zwischen Nukleonen, die sich fast berühren (→ **B3**).

● **Zwischen den Nukleonen eines Atomkerns wirken starke anziehende Kernkräfte.**

Die Bindungsenergie Um einen einzelnen Kern in seine einzelnen Nukleonen zu zerlegen, ist wegen der starken Bindung zwischen ihnen eine große Energiemenge nötig. Man nennt sie die **Bindungsenergie E_B** des Kerns. Wegen des Energieerhaltungssatzes muss genau diese Energiemenge bei der Bildung des Kerns frei werden. Für den Heliumkern beträgt die Bindungsenergie 4,5 Pikojoule (1 pJ = 10^{-12} J) (→ **B2**).

● **Die Bindungsenergie wird bei der Bildung des Atomkerns aus den einzelnen Nukleonen freigesetzt. Sie ist ein Maß für den Zusammenhalt der Nukleonen.**

Die Bindungsenergie ist negativ Der Heliumkern besitzt also weniger Energie als die ungebundenen beiden Protonen und Neutronen allein, er hat durch die Bindung Energie verloren. Deswegen erhält die freiwerdende Bindungsenergie ein negatives Vorzeichen:

$$E_B = -4{,}5 \cdot 10^{-12}\,\text{J}$$

Für die ungebundenen Protonen und Neutronen ist die Bindungsenergie natürlich Null.

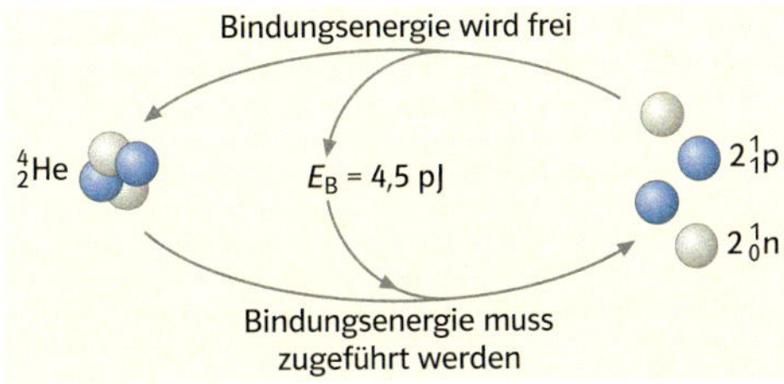

B2 Bindungsenergie des Heliumkerns

Kernspaltung Im Jahre 1938 machten Lise Meitner, Otto Hahn und Fritz Straßmann eine folgenreiche Entdeckung: Beim Bestrahlen des natürlichen Uranisotopes $^{235}_{92}$U (kurz: U-235) mit Neutronen werden Kerne gespalten. Es entstehen Elemente aus der Mitte des Periodensystems, wie Barium und Krypton (→ **B4**):

$$^{235}_{92}\text{U} + {}^{1}_{0}\text{n} \rightarrow {}^{144}_{56}\text{Ba} + {}^{89}_{36}\text{Kr} + 3 \cdot {}^{1}_{0}\text{n} + \text{Energie.}$$

Dabei wird ein Bindungsenergiebetrag von knapp 320 pJ frei, da die gebildeten Barium- und Krypton-Kerne weniger Energie besitzen, als zur Bildung des Urankerns nötig war. Diese freigesetzte **Kernenergie** kann in **Kernkraftwerken** in elektrische Energie umgewandelt werden. Bei der Spaltung von 1 kg $^{235}_{92}$U werden rund 24 Millionen kWh Energie frei, so viel wie beim Verbrennen von 2 000 Tonnen Kohle!

Kernfusion Auch bei der Verschmelzung von sehr leichten Kernen zu etwas schwereren wird eine große Energiemenge frei, wie im Inneren der Sonne: Bei einer Fusion von 1 kg Helium wird fast zehnmal soviel Energie frei wie bei der Spaltung von 1 kg Uran!

● **Bei der Spaltung eines schweren in zwei mittelschwere Kerne oder der Fusion sehr leichter Atomkerne werden große Energiemengen freigesetzt.**

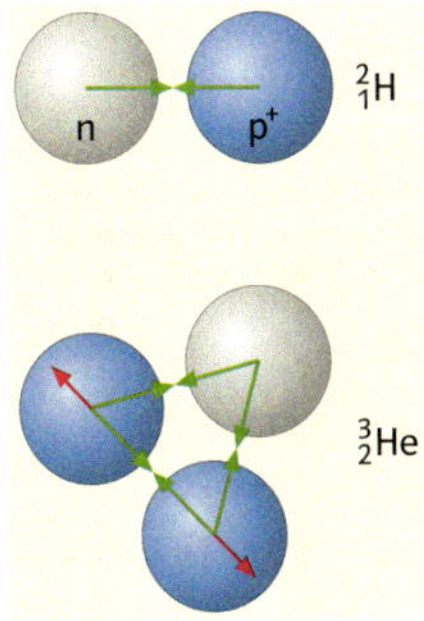

B3 Kernkräfte (grün) beim Deuterium und He-3-Isotop. Elektrische Kräfte (rot) zwischen den Protonen

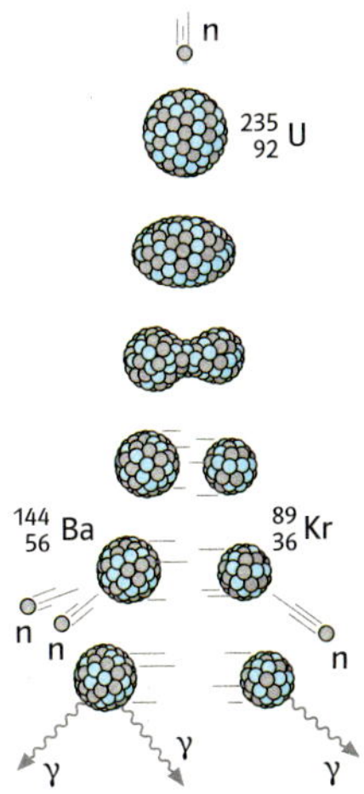

B4 Kernspaltung von Uran

Das Zerfallsgesetz

V1 In eine Metallkammer pumpen wir radioaktives Radon (→**B1**). Dieses Gas entsteht im Laufe der Zeit in einem Gefäß mit radioaktivem Thoriumsalz. Die Metallkammer wird verschlossen und es wird eine elektrische Spannung zwischen Kammerwand und Elektrode angelegt. Sobald Radon in die Kammer gelangt, können wir einen Strom nachweisen. Mit Hilfe eines Messverstärkers messen wir z. B. alle 25 Sekunden die Stromstärke:

t in s	0	25	50	75	100	125	150
I in pA	62	45	33	24	17	13	8

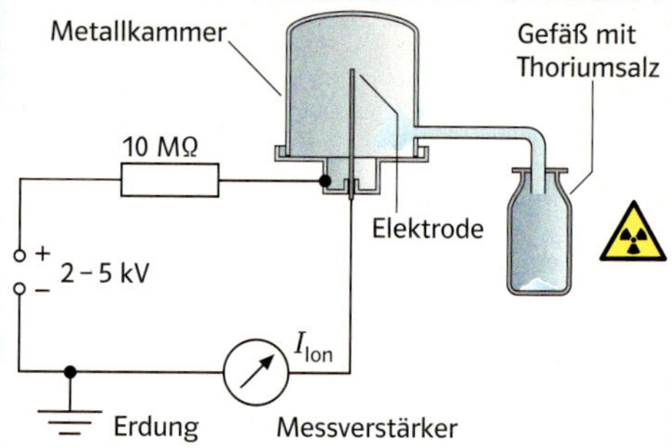

B1 Messung der Stärke des Ionisationsstroms

Beachte:
Die Halbwertszeit gilt für jeden beliebigen Anfangszeitpunkt!

Atomkern	Halbwertszeit $T_{1/2}$
$^{238}_{92}U$	4,5 Mrd. a
$^{40}_{19}K$	1,3 Mrd. a
$^{14}_{6}C$	5760 a
$^{226}_{88}Ra$	1620 a
$^{131}_{53}I$	8,1 d
$^{42}_{19}K$	12,4 h
$^{218}_{84}Po$	3,1 min
$^{220}_{86}Rn$	55 s

B2 Halbwertszeiten

Messung der Halbwertszeit Das Radonisotop Rn-220 wandelt sich durch α-Zerfall in Polonium-216 um. Nach jedem Zerfall erzeugt das α-Teilchen eine gleiche Anzahl Ionen der Gasmoleküle in der Kammer (→**B1**). Aufgrund der Hochspannung wandern die entstandenen Ionen zur Elektrode. Dadurch entsteht ein messbarer elektrischer Strom, dessen Stärke ein Maß für die Zahl der zerfallenden Radonkerne pro Zeitspanne ist.

Das Diagramm (→**B3**) zeigt, dass die Stromstärke nach 55 s auf den halben Wert, nach 110 s auf ein Viertel, nach 165 s auf ein Achtel des Anfangswertes gesunken ist. Die Halbierung der Anzahl der Zerfälle in konstanten Zeitabschnitten ist unabhängig von der Stärke der Radonquelle. Jedes radioaktive Isotop hat eine solche, für sich charakteristische **Halbwertszeit** $T_{1/2}$ (→**B2**). Sie ist ein statistischer Mittelwert aus einer großen Anzahl Kernzerfällen. Es ist nicht vorhersagbar, wann ein einzelner instabiler Atomkern zerfällt!

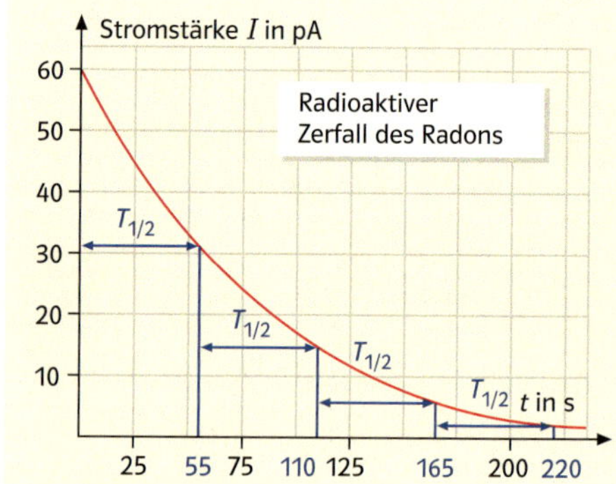

B3 Zerfallskurve mit Halbwertszeiten $T_{1/2}$

● **Während seiner Halbwertszeit zerfällt die Hälfte der Kerne eines radioaktiven Stoffes.**

Physik überall

Altersbestimmung mit der C-14-Methode

B4 Mumiensarg

Das Alter vieler archäologischer Funde aus organischen Resten, z. B. Holz, Knochen, kann durch die Messung der Strahlung des radioaktiven Kohlenstoffisotops C-14 bestimmt werden. C-14 entsteht in der oberen Atmosphäre bei einer Kernreaktion mit Luftstickstoff und energiereichen Neutronen, die von der Sonne kommen. Das Isotop wird durch Wind und Wasser gleichmäßig über die Erde verteilt. Bei der Fotosynthese wird C-14 wie der stabile Kohlenstoff C-12 in organische Verbindungen eingebaut, weil sich die beiden Isotope chemisch nicht unterscheiden. In allen Lebewesen stellt sich so ein festes Verhältnis zwischen den beiden Isotopen ein. Mit dem Tod ist die C-14-Aufnahme beendet und der Anteil von C-14 am Kohlenstoff des toten Materials nimmt mit der Halbwertszeit von 5760 Jahren ab. Durch Vergleich mit dem Isotopenverhältnis in heute lebenden Organismen lässt sich das Alter des Fundstücks berechnen. Beträgt z. B. der C-14-Anteil in der Probe nur noch ein Achtel (= $(½)^3$) des heutigen Verhältnisses, so ist die Probe etwa dreimal 5760 a, also 17280 Jahre alt.

Energie aus Kernkraftwerken

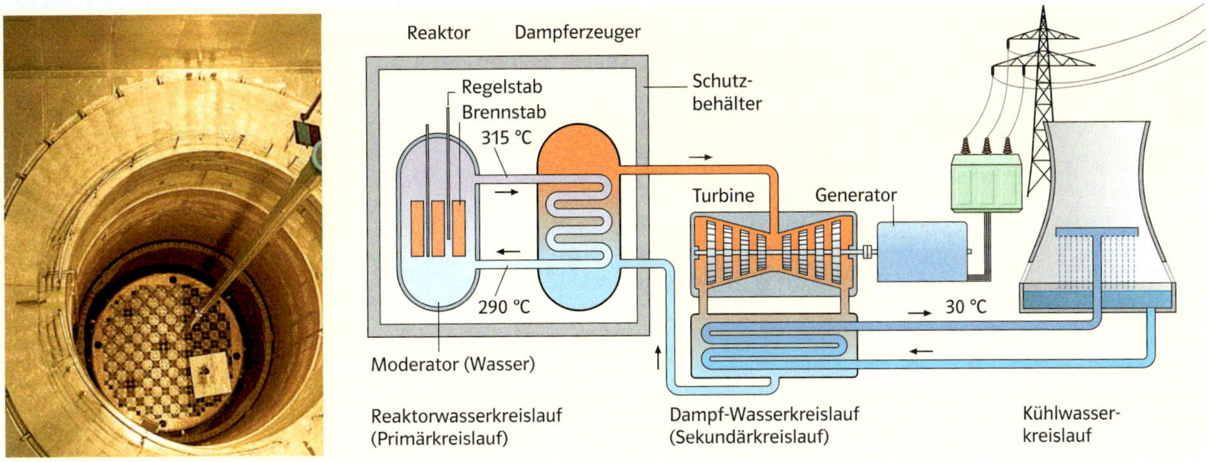

B1 Kernkraftwerk mit Druckwasserreaktor und Wasserkreisläufen (links: Blick in das Innere des Reaktors).

Kettenreaktion und kritische Masse Die Spaltung eines Uran-235-Kernes gelingt mit Hilfe von Neutronen. Bei der Spaltung eines Kernes werden 2 bis 3 Neutronen frei. Diese können weitere Kernspaltungen auslösen. So wächst die Zahl der Kernspaltungen in sehr kurzer Zeit lawinenartig an (→**B2**). Es entsteht eine **Kettenreaktion**, wenn:

1 die große Geschwindigkeit der entstandenen Neutronen stark verringert wird. Sie durchdringen sonst die Urankerne, ohne sie zu spalten oder wandeln sie in Kerne schwererer Elemente der „Transurane" ($Z > 92$) um

2 eine bestimmte Mindestmasse an spaltbaren Kernen vorhanden ist, damit die Neutronen nicht wirkungslos nach außen entweichen. Diese Mindestmasse nennt man **kritische Masse.** Eine handballgroße Kugel aus reinem U-235 hat bereits die kritische Masse (ca. 50 kg).

Eine **unkontrollierte Kettenreaktion** setzt aufgrund des enormen Anstiegs der Anzahl der Kernspaltungen in einigen Millisekunden sehr viel Energie frei, z. B. bei der Spaltung von etwa 1 kg Uran bei der über Hiroshima detonierten Spaltungsbombe schlagartig rund 23 Milliarden kWh, eine Energiemenge, die beim Verbrennen von etwa 2,6 Millionen Litern Benzin umgewandelt wird.

Für den Betrieb von Forschungsreaktoren bzw. Anlagen zur Nutzung von Kernenergie darf die Anzahl der Neutronen allerdings nur so lange zunehmen, bis die gewünschte Spaltrate erreicht ist. Anschließend muss die Zahl der Spaltungen pro Sekunde konstant bleiben. Pro Spaltung darf jeweils nur ein Neutron für weitere Spaltungen genutzt, die restlichen entstandenen Neutronen müssen durch den Einsatz von Regelstäben aus geeigneten Materialien eingefangen (absorbiert) werden. Ein solcher Vorgang wird als **kontrollierte Kettenreaktion** bezeichnet. Er liefert dann gleichmäßig Energie.

Kernkraftwerke Kernkraftwerke (→**B1**) wenden die Kettenreaktion bei der Kernspaltung des Uranisotopes U-235 zur Energiegewinnung an. Durch Abbremsen und Absorbieren der Spaltprodukte, der Neutronen und Elektronen sowie der γ-Strahlung wird die freigesetzte Energie in innere Energie der umgebenden Stoffe umgesetzt. Mit Hilfe eines Kühlsystems wird diese innere Energie im Kühlmittel abtransportiert und zur Dampferzeugung verwendet. Für 1 MW Kraftwerksleistung pro Tag müssen die Kerne von 1 g U-235 gespalten werden.

Im **Kernreaktor** findet die Kettenreaktion so statt, dass sie jederzeit abgebremst oder beendet werden kann. **Brennstoffstäbe** (→**B3**) stellen das spaltbare Material in einem Gemisch aus spaltbarem U-235 sowie nicht spaltbarem U-238 bereit. **Moderatoren** bremsen die bei der Kernspaltung frei werdenden schnellen Neutronen ab, so dass sie das Uran-235 spalten können. Als Bremsmittel eignen sich Wasser und Graphit. **Neutronenreflektoren** in der Umgebung der Brennstäbe verhindern das Austreten von Neutronen aus dem Reaktorraum.

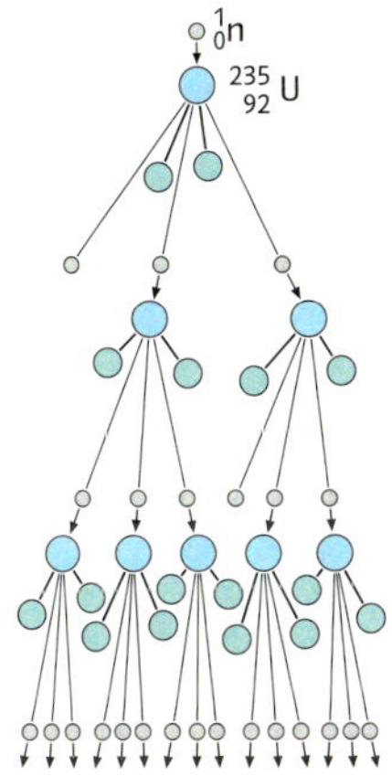

B2 Kettenreaktion

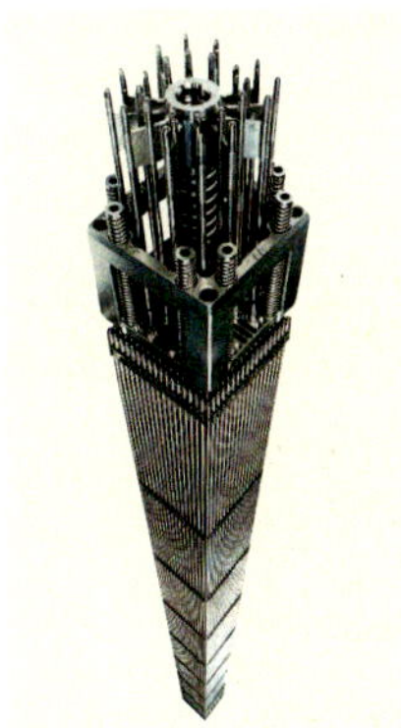

B3 Brennstoffstäbe und Regelstäbe im Brennelement

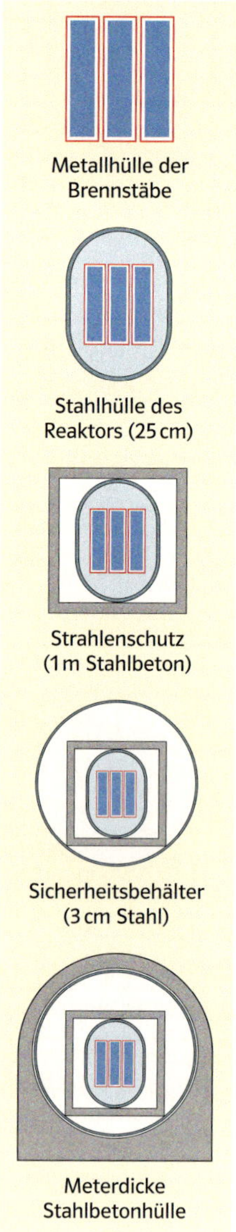

B1 Schutzbarrieren

Reaktorsicherheit Durch das Einfahren von **Regelstäben** in den Reaktor – mehr oder weniger weit – lässt sich die Kettenreaktion steuern. Regelstäbe bestehen aus Bor oder Cadmium und absorbieren Neutronen.
Zum raschen Beenden der Uranspaltung (Notabschaltung) können zusätzliche Stäbe in den Reaktor geschossen werden. In wenigen Sekunden fällt die Reaktorleistung auf 5 % ab. Da aber der Zerfall der Spaltprodukte weitergeht, muss Kühlwasser die Nachwärme weiter abführen. Zur Sicherung der Kühlung existieren Notkühlsysteme. Auch andere Steuereinrichtungen sind mehrfach vorhanden.

Ein Sicherheitssystem aus fünf Barrieren soll selbst bei schwersten Störungen ein Freiwerden radioaktiver Stoffe verhindern (→**B1**).

Nutzen und Risiken Die Nutzung von Kernenergie wird als mögliche Übergangslösung angesehen, da das Verbrennen von Kohle und Erdöl große Mengen von Kohlenstoffdioxid freisetzt, was durch den Treibhauseffekt eine Erwärmung der Atmosphäre und Klimaänderungen zur Folge hat. Kernkraftwerke dagegen arbeiten klimaunschädlich, allerdings reicht das natürliche Spaltmaterial auf der Erde nur noch für Jahrzehnte. Bei der Energieumwandlung in Kernkraftwerken stellt die größte Gefahr das Entweichen von radioaktiven Stoffen dar. Wegen möglicher menschlicher Fehler bei der Konstruktion und im Betrieb des Reaktors sind Unfälle nie ganz auszuschließen. Fallen z. B. alle Kühlsysteme aus, dann heizen sich die Brennelemente im Reaktor in wenigen Sekunden so stark auf, dass sie schmelzen und Teile des Reaktorinhalts verdampfen. Es kommt zum **g**rößten **a**nzunehmenden **U**nfall, einem **GAU**. Das Unglück von Tschernobyl (1986) war die Folge eines krassen Bedienungsfehlers, ebenso wie das in Harrisburg 1979 (→**B2**). Aus dem geborstenen Reaktor in Tschernobyl entwichen etwa 3 % des Inhalts als Gas und Staub – hauptsächlich radioaktive Spaltprodukte wie Iod, Caesium und Strontium.

Eine unsichtbare radioaktive Wolke wurde vom Wind über weite Teile Europas getragen. Auch im 1600 km entfernten Deutschland stieg die Radioaktivität deutlich an. Gemüse und Milch waren für einige Zeit so stark belastet, dass vom Verzehr durch Kinder dringend abgeraten wurde. Auch die heute noch teilweise sehr hohe radioaktive Belastung von Waldpilzen (→**S. 182**) ist eine Folge des Tschernobyl-Unfalls.

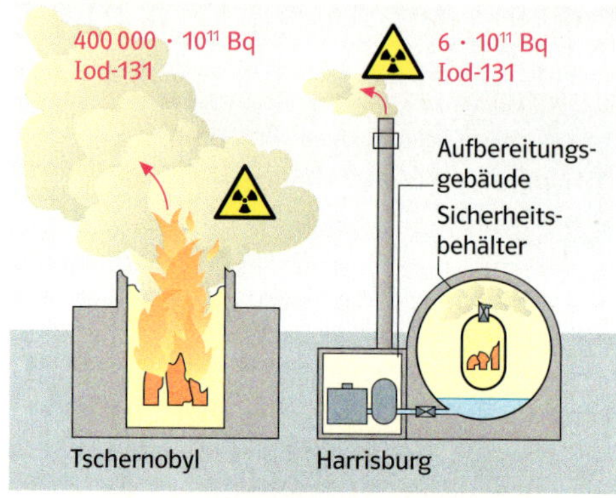

B2 Störfälle von Tschernobyl und Harrisburg

Über 150 000 Menschen wurden aus der Umgebung des geschmolzenen Reaktors dauerhaft evakuiert. Auch heute noch sind über 3 000 km^2 unbewohnbare Sperrzone. Man schätzt, dass viele Tausende an den Folgen der Strahlung durch den Unfall und der großflächigen radioaktiven Verseuchung der Umwelt starben und noch sterben, hauptsächlich an Krebs.

Ein weiteres Risiko ergibt sich aus den weltweit großen Mengen spaltbaren Materials, das beim Betrieb von KKWs entsteht, da es teilweise zum Bau von Kernwaffen geeignet ist.

Auch die **Entsorgung** radioaktiver Bauteile und Brennstäbe ist sehr problematisch. Nach etwa zwei Jahren müssen die Brennstäbe im Reaktor ausgewechselt werden, sie sind hochradioaktiv und können zuerst nur in der Nähe des Reaktors in einem Wassertank aufbewahrt werden, bis die stärkste Strahlung nachgelassen hat. In Anlagen zur Wiederaufbereitung werden sie später zerkleinert und chemisch zerlegt. Ein Teil des Urans findet erneut in Brennstäben Verwendung, der Rest wird in Blöcken aus Glaskeramik eingeschmolzen und gelagert. Sie müssen, ebenso wie die radioaktiven Bauteile eines stillgelegten Kraftwerkes, für viele zehntausend Jahre sicher gelagert werden. Eine Lagerung in einer mehrere hundert Meter dicken Schicht Steinsalz in etwa 800 m Tiefe ist vorgesehen. Die Sicherheit der Transporte und der Salzschicht (bei Wassereinbruch) ist aber umstritten.

A1 Welche Sicherheitseinrichtungen sollen Unfälle verhindern helfen?

A2 Welche Vor- und Nachteile bringt die Nutzung der Kernenergie mit sich?

Energie aus der Kernfusion

Natürliche Fusion in der Sonne Ein 1,4 Millionen km dicker Feuerball mit einer Oberflächentemperatur von 5800 K ist unsere Sonne. Ihre Strahlungsleistung beträgt rund $4 \cdot 10^{26}$ W, davon treffen pro Sekunde $1{,}7 \cdot 10^{17}$ J unsere Erde – und das 10 Milliarden Jahre lang! Die von der gesamten Menschheit in einem Jahr umgewandelte Energiemenge liefert uns die Sonne in einer guten Stunde. Die Quelle dieser unvorstellbaren Energiemenge sind Kernfusionsprozesse im Sonnenzentrum. Dort ist der Wasserstoff, aus dem die Sonne zu 90 % besteht, durch die Massenanziehungskräfte so stark komprimiert, dass Temperaturen von 10 Millionen Kelvin auftreten. Bei so hohen Temperaturen gibt es keine Atome mehr, sondern nur noch nackte Kerne und Elementarteilchen, man spricht von einem **Plasma**, dem vierten Aggregatzustand der Materie.

Die kinetische Energie der Protonen in diesem heißen Plasma ist so groß, dass sie sich trotz der elektrischen Abstoßungskraft so nahe kommen können, um in den Wirksamkeitsbereich der starken anziehenden Kernkraft zu gelangen.

In einem solchen **Fusionsplasma** verschmelzen nacheinander vier Protonen zu Heliumkernen, wobei zwei davon im Kern zu Neutronen umgewandelt werden. Zum Teil helfen bei der Fusion Kohlenstoff-, Sauerstoff- und Stickstoffkerne wie Katalysatoren mit. Es werden pro gebildetem $^4_2$He etwa 4,5 pJ Bindungsenergie freigesetzt. Etwa eine Million Jahre dauert es dann, bis diese Energie durch viele Absorptions- und Emissionsprozesse in der Strahlungszone die Sonnenoberfläche erreicht und abgestrahlt wird (→**B1**).

Künstliche Sonnen: Fusionskraftwerke Um auf der Erde eine künstliche Kernfusion zu starten und kontrolliert aufrecht zu erhalten, ist eine Temperatur von 100 Millionen Kelvin und eine sehr hohe Dichte des Plasmas nötig. Da bei diesen Temperaturen jedes Material verdampft, muss das Plasma durch sehr starke Magnetfelder, die auf die geladenen Plasma-Teilchen wie Gefäßwände wirken, berührungsfrei eingeschlossen werden (→**B2**). Durch weitere Magnetfelder, hohe Induktionsströme und Bestrahlung soll die innere Energie des Plasmas so weit erhöht werden, bis ein Fusionsplasma entsteht, das dann mehr Energie liefert, als zu seiner Aufrechterhaltung nötig ist. In internationalen Gemeinschaftsprojekten soll die Fusion unter realen Bedingungen längere Zeit erreicht, dann erforscht sowie seine Sicherheits- und Umwelteigenschaften untersucht werden. Man hofft, bis 2015 mit den Experimenten beginnen zu können. Am günstigsten für die künstliche Fusion ist die Reaktion

$$^2_1\text{H} + {}^3_1\text{H} \rightarrow {}^4_2\text{He} + {}^1_0\text{n} + 28\,\text{pJ}$$ (→**B3**).

Der „Brennstoff" Deuterium $^2_1$H ist als natürliches Isotop zu 0,015 % im Wasser enthalten und kann daraus gewonnen werden, das instabile Tritium $^3_1$H soll im Fusionsreaktor aus Lithium durch Neutronenbeschuss hergestellt werden.

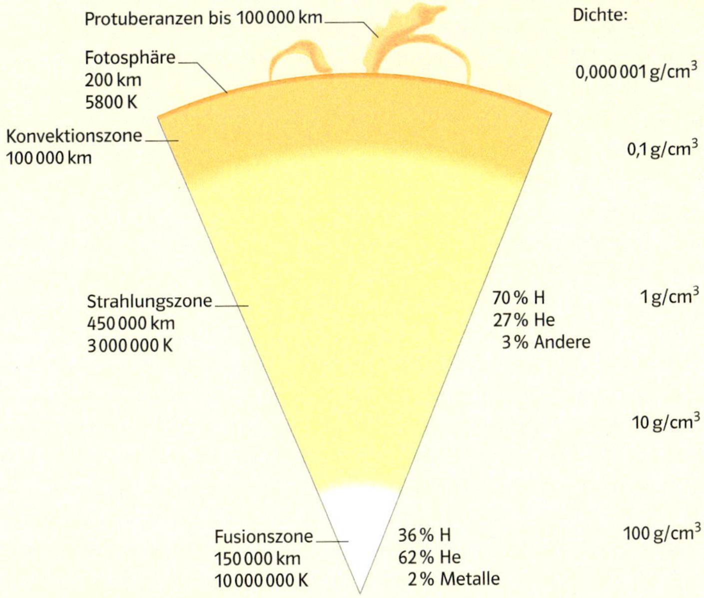

B1 Aufbau der Sonne

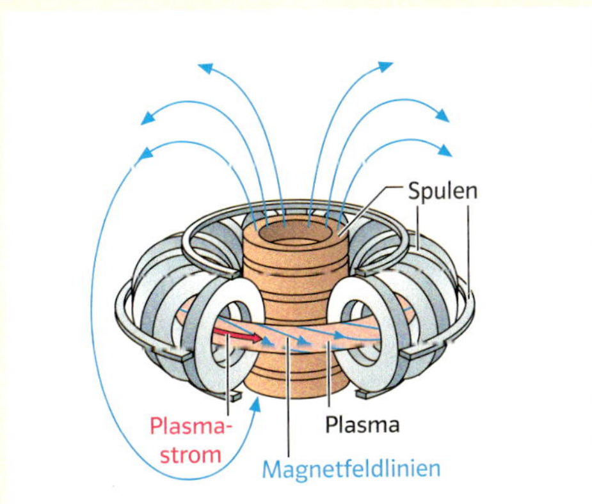

B2 Magnetfelder zum Plasmaeinschluss

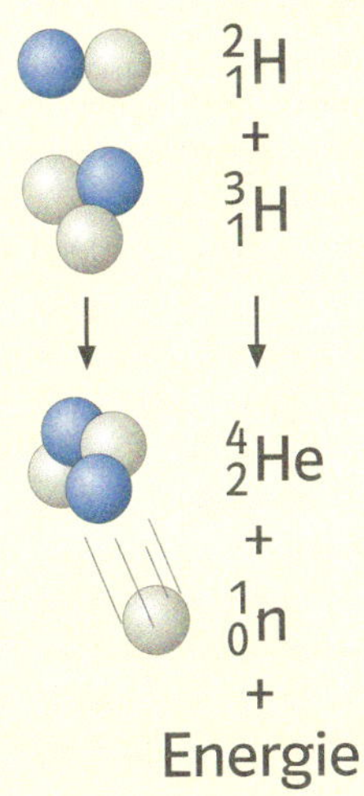

B3 Künstliche Kernfusion auf der Erde

Rückblick

1 Begriffe
Was versteht man unter
- einem Atomkern?
- einer Atomhülle?
- einem Element?
- einem Isotop?
- dem Massendefekt?
- Halbwertszeit?
- α-, β-Zerfall und Kernumwandlung?
- Bindungsenergie?
- Kernspaltung, Kettenreaktion, Kernfusion?

2 Beobachtungen
Was beobachtet man
- beim Rutherford'schen Streuexperiment?
- wenn radioaktive Strahlung zwischen geladene Kondensatorplatten dringt oder auf einen lichtdicht verpackten Film trifft?
- wenn zwischen Strahler und Zählrohr nacheinander ein Blatt Papier, eine Aluminiumplatte und eine gleich dicke Bleiplatte gehalten werden?

3 Erklärungen
Wie lässt sich begründen, dass
- ein Geigerzähler uns ständig eine schwache radioaktive Strahlung anzeigt?

4 Gesetzmäßigkeiten
Beschreibe mit eigenen Worten
- wie man aus der Fläche eines Ölfilms auf die Größe der Ölmoleküle schließen kann.
- die Energiefreisetzung bei der Spaltung von U-235 in mittelschwere Kerne.
- die zeitliche Abhängigkeit der Zählrate eines radioaktiven Isotopes.
- die Abhängigkeit der Zählrate von der Dicke bei Absorption von α-, β-, γ-Strahlung.
- wie man auf das Alter einer organischen Probe zurückschließen kann.

Erläutere die Erscheinungen in den folgenden Bildern und beantworte die Fragen!

B1 Wie funktioniert eine Dosimeterplakette? (Innenansicht)

B2 Wie kommt diese Aufnahme zustande und was zeigt sie?

B3 Tschernobyl-Reaktor nach dem Unfall am 26.4.1986. Welche Folgen hat die radioaktive Verschmutzung der Umwelt auf Lebewesen? Unterscheide zwischen verschiedenen Auswirkungen!

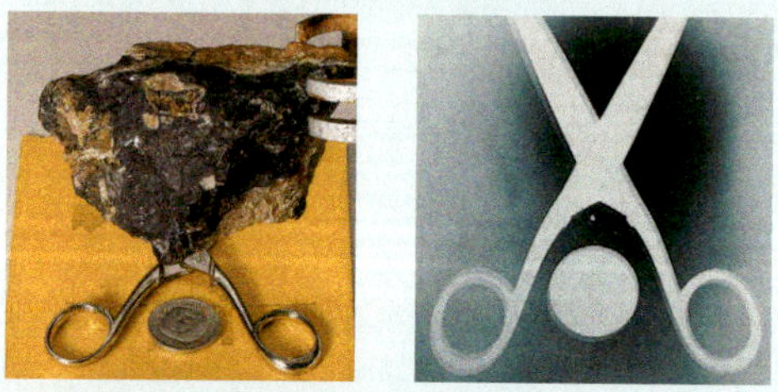
B4 Der Stein enthält Uran, im gelben Umschlag ist ein Fotofilm lichtdicht verpackt. Beschreibe den dargestellten Versuch und deute ihn.

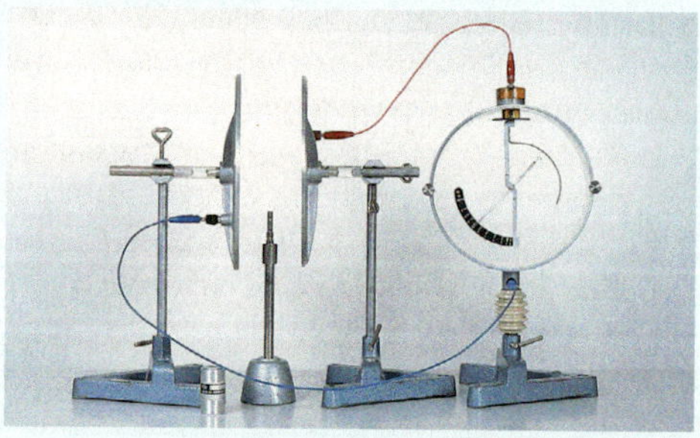
B5 Welche Eigenschaft radioaktiver Strahlung weist dieser Versuch nach?

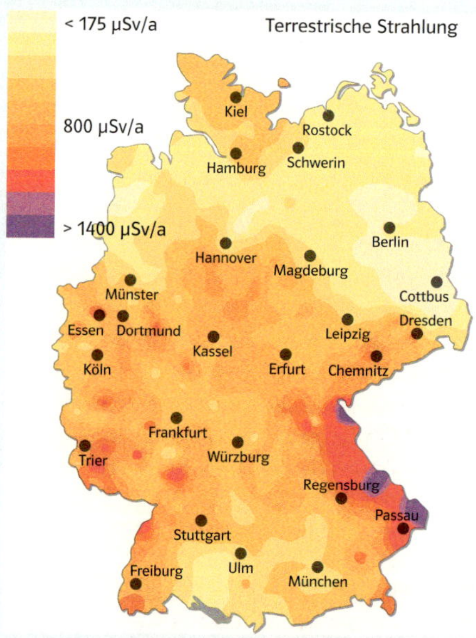

B6 Welche Aussagen kann man dieser Karte entnehmen?

Beispiele

Radioaktivität von Abgasen Kernkraftwerke dürfen schwach radioaktive Gase, z. B. Iodverbindungen, innerhalb gewisser Grenzen über den Kamin ins Freie ablassen. Zur Kontrolle werden in einem abgeschlossenen Behälter Messungen der Radioaktivität des Gases über mehrere Tage vorgenommen. Man stellt nach Abzug des Nulleffektes fest:

t in Tagen	0	5	10	15	20	25	30	35
A in Bq	120	78	50	33	21	14	9	6

a) Zeichne ein Diagramm der Messwerte.
b) Bestimme die Halbwertszeit des radioaktiven Gases.
c) Das Iodisotop ${}^{131}_{53}\mathrm{I}$ erzeugt β-Strahlung. In welches Isotop verwandelt es sich? Gib die Reaktionsgleichung des Zerfalls an!

Lösung: a)

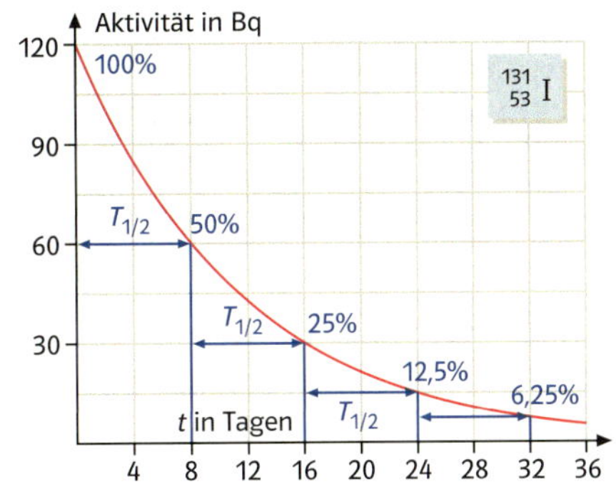

b) Dem Diagramm entnimmt man eine Halbwertszeit von 8 Tagen.
c) Es entsteht Xenon: ${}^{131}_{53}\mathrm{I} \rightarrow {}^{131}_{54}\mathrm{Xe} + e^{-}$

Heimversuche

1 Die Kettenreaktion im Modell VORSICHT! Den Versuch nur im Freien und mit Sicherheitsabstand ausführen! Nimm neue Streichhölzer und stecke sie aufrecht in Reihen mit gleichen Abständen in einen Streifen aus Styropor. Alle Zündköpfe sollen gleich weit herausragen. Ihr Abstand soll zwischen 0,5 cm und 1 cm betragen. Richte den Streifen senkrecht auf und halte ihn dabei unten fest. Zünde nun ein Streichholz in der Mitte der unteren Reihe an und verfolge die Wirkung auf die anderen darüber (→**B1**).

2 Radioaktiver Zerfall im Modell Du brauchst ein hohes Glas, das zylindrisch geformt sein sollte, Stoppuhr und Lineal. (Am besten geeignet ist ein Standzylinder mit Eichstrichen). Fülle eine schäumende Flüssigkeit so schnell ein, dass möglichst viel Schaum entsteht. Miss die Dicke der Schaumschicht in Abhängigkeit von der Zeit und trage die Messwerte in ein Diagramm ein. Kannst du eine Halbwertszeit bestimmen? Erfüllen alle Schaumsorten (Seifenlösungen, Getränke) das Zerfallsgesetz näherungsweise? Der Schaum welcher Flüssigkeit hat die längste Halbwertszeit?

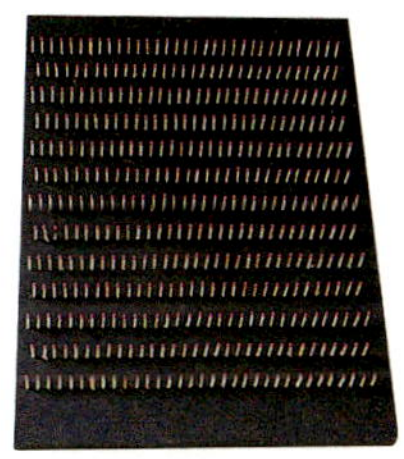
B1

Fragen

Atomvorstellung

1 a) Begründe, weshalb Rutherford aus der Streuung der Heliumteilchen in der α-Strahlung schließen konnte, dass die Materie in der damit beschossenen Goldfolie nicht kontinuierlich verteilt ist. Weshalb war die Folie dünn?
b) Der Anteil der zurückgestreuten Heliumionen gegenüber den einfallenden ist extrem klein, nur etwa 1 : 1 Million. Was lässt sich daraus schließen?

2 Erkläre die Vorgehensweise zur Bestimmung des Atomdurchmessers beim Öltröpfchenversuch.

3 Worin unterscheiden sich die Wasserstoffisotope ${}^{1}_{1}\mathrm{H}$ (Wasserstoff), ${}^{2}_{1}\mathrm{H}$ (Deuterium) und ${}^{3}_{1}\mathrm{H}$ (Tritium)? Erkläre anhand dieser drei Iostope, was ein Isotop ist und was die Schreibweise ${}^{A}_{Z}\mathrm{X}$ bedeutet.

4 In welcher Größenordnung liegt der Durchmesser
- eines Atoms?
- eines Atomkerns?
- eines Ölmoleküls?
- eines Elektrons?

Kernumwandlungen

5 Die Halbwertszeiten radioaktiver Elemente sind sehr verschieden. In **B2** findest du $T_{1/2}$ und die Zerfallsart einiger Isotope.
a) Gib an, nach welcher Zeit jeweils die Hälfte, ein Viertel usw. der ursprünglichen Atomzahl vorliegt! Für welche Untersuchungszeiten und Materialien eignen sich diese „radioaktiven Uhren" jeweils?
b) Beschreibe eine Methode zur archäologischen Altersbestimmung!
c) Gib für jede der Kernumwandlungen die Reaktionsgleichung an!

Element	$T_{1/2}$	Zerfall
${}^{238}_{92}\mathrm{U}$	$4{,}5 \cdot 10^{9}$ a	α
${}^{14}_{6}\mathrm{C}$	$5{,}7 \cdot 10^{3}$ a	β
${}^{137}_{55}\mathrm{Cs}$	30,2 a	β
${}^{131}_{53}\mathrm{I}$	8,0 d	β
${}^{214}_{84}\mathrm{Po}$	0,16 ms	α

B2

Fragen

6 Das radioaktive Element Thorium zerfällt über radioaktive Zwischenprodukte zum stabilen Blei. Gib mit Hilfe von **B2** Zerfallsart und Reaktionsgleichung für $^{232}_{90}$Th und die Folgeprodukte Radium und Polonium an.

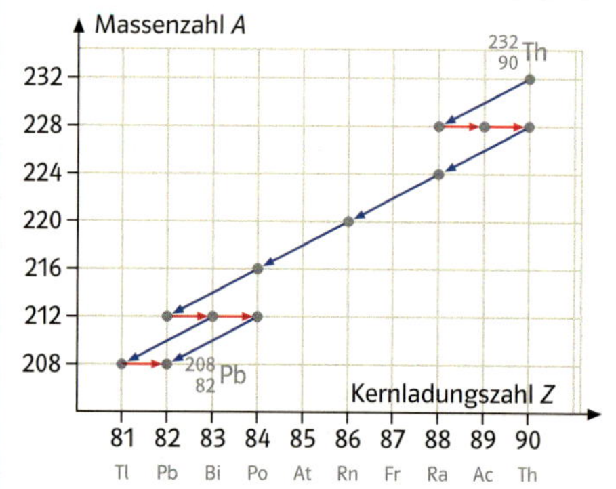

B2 Zerfallsreihe von Thorium

7a) Was versteht man unter einer natürlichen Kernumwandlung?
b) Erläutere den Unterschied zwischen Kernspaltung und Kernfusion!

8 Die Aktivität einer Bariumverbindung wird nach jeweils einer Minute für 10 Sekunden gemessen und der Nulleffekt abgezogen. Stelle die Messergebnisse grafisch dar und bestimme die Halbwertszeit dieses Ba-Isotops!

Zeit in min	0	1	2	3	4	5	6
Impulse/10 s	1050	795	600	460	345	260	220

B1 Künstliche Kernumwandlung von Stickstoff durch α-Strahlung

9 Bei der ersten wahrgenommenen künstlichen Kernumwandlung beobachtete Rutherford 1919 in der Nebelkammer ein wegfliegendes Proton (→**B1** dünnere Spur nach links unten) und ein schwereres Isotop (dickere Spur nach rechts oben), als er Stickstoff mit α-Teilchen bestrahlte.
a) Erläutere kurz das Funktionsprinzip einer Nebelkammer.
b) Stelle die Reaktionsgleichung auf!

10 Erkläre genau, warum der umgangssprachliche Ausdruck "Atomenergie" für die in Kernkraftwerken nutzbar gemachte Energie falsch ist! Für welche Kraftwerke würde er eher zutreffen?

11 Warum ist die Kernspaltung zur Energiegewinnung geeignet?

12 Bei der Explosion einer Atombombe läuft eine unkontrollierte Kettenreaktion ab. Durch welche Bedingungen wird eine solche Reaktion in Kernkraftwerken verhindert?

13 Welchen Grund könnte es haben, dass für junge Bäume an verkehrsreichen Straßen nach der C-14-Methode scheinbar ein Alter von etwa 500 Jahren gemessen wurde?

14 Im Fusionsreaktor soll der Fusions-„Brennstoff" Tritium $^{3}_{1}$H aus Lithium (Li-6) durch Neutronenbeschuss umgewandelt werden. Gib die Reaktionsgleichung an!

15a) Wie lässt sich experimentell bestimmen, welche Strahlungsart von einem Präparat ausgesandt wird?
b) Wie lässt sich nachweisen, dass radioaktive Strahlung Luft ionisiert?

16 Beschreibe Aufbau und Wirkungsweise
a) eines Zählrohres.
b) einer Dosimeterplakette.

17 Die aus dem Hubschrauber nachts kurz nach dem Unfall fotografierten Negative des geborstenen Tschernobyl-Reaktors waren stark geschwärzt, man konnte kaum etwas erkennen. Wie erklärst du das?

18 Beim Reaktorunfall von Tschernobyl wurden radioaktive Stoffe aus Gas und feinstem Staub freigesetzt und mit dem Wind über Europa verteilt. Folgende Vorsichtsmaßnahmen wurden empfohlen: Möglichst oft waschen! Bei Regen nicht im Freien aufhalten! Keine Milch von Weidevieh trinken! Nicht auf staubigen Sportplätzen spielen! Was sollte damit erreicht werden?

19a) Begründe die Grundregeln des Strahlenschutzes mit Hilfe der Eigenschaften und Wirkungen radioaktiver Strahlung.
b) Nenne einige Strahlenbelastungen, denen der Mensch ständig ausgesetzt ist.

20 In 10 km Höhe beträgt die im Flugzeug absorbierte Energiedosis etwa 2 μGy pro Stunde. Sie resultiert großteils aus γ-Strahlung. Berechne die daraus resultierende Äquivalentdosis pro Jahr eines 12-stündigen Interkontinentalflugs und vergleiche sie mit der mittleren natürlichen Strahlungsbelastung auf der Erde! Woher stammt die Strahlung beim Flug?

Vorhaben **Energie: Versorgung + Umwelt**

Untersucht in „Forschungsvorhaben" Vergangenheit, Gegenwart und Zukunft der Energieversorgung in Baden-Württemberg!

- **Formuliere dein Vorhaben genau.**
- **Plane deine Recherche und führe sie sorgfältig durch.**
- **Protokolliere zuverlässig.**
- **Entwickle eine Präsentation und trage sie vor.**

Woher bekommen wir unsere Energie in Baden-Württemberg? Wie werden wir mit Energie versorgt? „Energieversorgung" bezeichnet allgemein die Bereitstellung von Energie in alltäglich nutzbaren Formen (Energieträger bzw. Energieressourcen wie etwa Erdgas). Im engeren Sinn sind die infrastrukturellen Einrichtungen zur Umwandlung (Kraftwerke) und zum Transport (z. B. Gasleitungsnetz) der Energie gemeint.

Welche Energieversorgungseinrichtungen und Energietransportwege gibt es? Wie werden unsere Haushalte in Baden-Württemberg mit Energie versorgt?

B1

B2

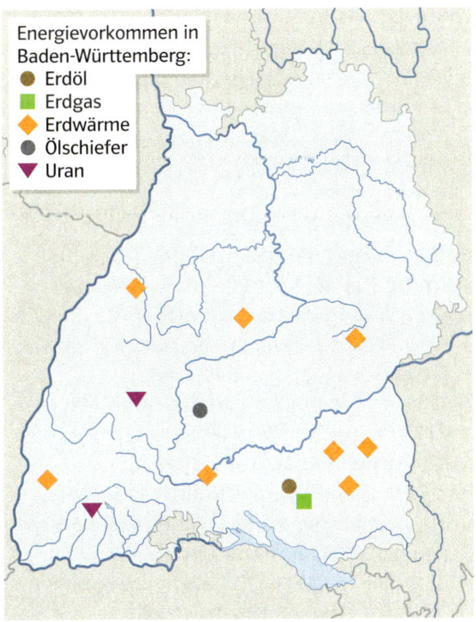

B3

Was wird erwartet? Erstellt mit eurer Klasse eine Plakatwand zum Thema Energieversorgung. Stellt diese Wand in eurer Schule aus. Sammelt dazu zunächst Fakten und aktuelle Zahlen und gestaltet dann in Gruppen einzelne Plakate.

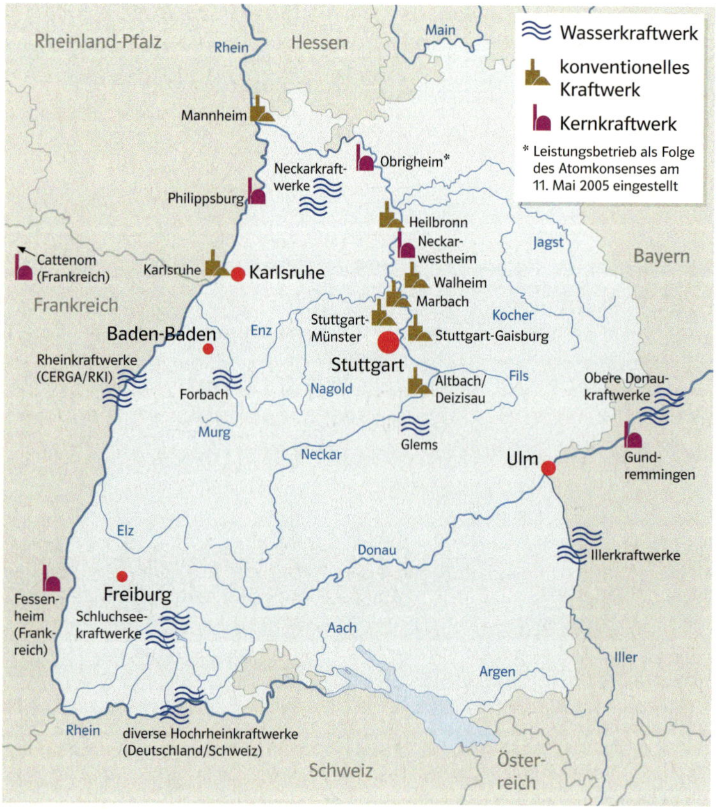

B1

Hilfen Erstellt eines oder mehrere Überblicksplakate und einige Plakate zu Kraftwerken, die in Baden-Württemberg betrieben werden.

Informationen zu diesem Thema erhaltet ihr z. B. direkt bei den Energieversorgern und Kraftwerken, durch Broschüren oder auf deren Internetseiten. Nutzt aber auch unabhängige Informationsquellen (z. B. von den Landesministerien für Wirtschaft und Umwelt oder von Forschungseinrichtungen und Hochschulen) und von Verbraucherzentralen und Umweltschutzverbänden und vergleicht diese Informationen mit denen der Energieversorger.

Wichtige Kenntnisse zur Lösung Mögliche Fragestellungen für den Überblick:
- Welche Energieversorger gibt es in Baden-Württemberg?
- Wie sieht der Energiemix heute aus und wie sah er vor 10 und vor 20 Jahren in Baden-Württemberg aus?
- Welche „erneuerbaren Energien" werden hier verwendet? Welche Anteile steuern diese zur Energieversorgung bei?

Mögliche Fragestellungen für die Kraftwerke:
- Wie ist das Kraftwerksgelände aufgebaut?
- Welche Gebäude gibt es?
- Wie sieht das Energiestromdiagramm aus?
- Wie groß ist der Wirkungsgrad?
- Welche Vor- und Nachteile hat dieses Kraftwerk bzw. der Kraftwerkstyp?
- Entstehen Neben- und Abfallprodukte in diesem Kraftwerk? Werden diese genutzt, verkauft oder müssen diese entsorgt werden?

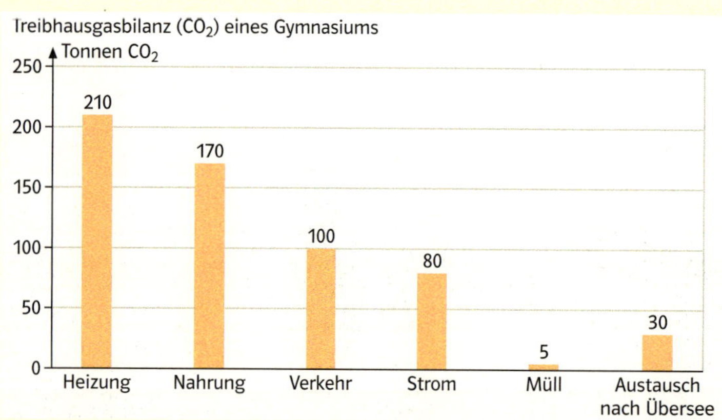

B2

Zum weiteren Nachdenken
- Was besagt die Agenda 21?
- Warum spielen Schulen im Rahmen der Agenda 21 eine besondere Rolle?
- Wie sieht die Treibhausbilanz (→**B2**) deiner Schule aus?
- Untersuche Heizung, Heizgewohnheiten, Dämmung, etc. Welche Alternativen gibt es zur bisherigen Art zu heizen?
- Untersuche den schulbedingten Verkehr. Welche Möglichkeiten gibt es, den Verkehr umweltschonender zu gestalten?
- Untersuche den elektrischen Energiebedarf. Wo wird Energie verschwendet? Wo kann man Energie sparen?

Energie: Versorgung und Umwelt

Die Erdatmosphäre – ein Energiewandler
Die Sonnenstrahlung führt der Erde seit 4 Milliarden Jahren in einem nahezu konstanten Strom Energie zu. Dabei gibt sie so viel Energie ab, dass die Erde in 150 Millionen km Entfernung während einer Sekunde noch $1{,}7 \cdot 10^{17}$ J erhält. Die gesamte Menschheit setzt in jeder Sekunde eine Energie von rund 10^{13} J um; das ist nur 0,006 % dessen, was die Sonne liefert. Gibt es also Energie im Überfluss?

Klimaänderungen drohen Energieumsetzung aus Öl, Kohle und Gas ist mit der Freisetzung von Kohlenstoffdioxid (CO_2) verbunden. Weltweit werden auf diese Weise etwa 22 Milliarden Tonnen CO_2 im Jahr in die Atmosphäre abgegeben. Die Atmosphäre sorgt wie das Glas eines Treibhauses dafür, dass auf der Erde eine im Durchschnitt angenehme Temperatur herrscht. Zusätzliches Kohlenstoffdioxid verändert die Treibhauseigenschaften der Atmosphäre, Klimaänderungen können die Folge sein. Schon geringe Schwankungen der Durchschnittstemperatur haben in der Vergangenheit zu Eiszeiten oder Warmzeiten geführt. Die genannten Brennstoffe sind in vielen Millionen Jahren mit Hilfe der Energie der Sonne entstanden. Was über lange Zeiten entstanden ist, wird in wenigen hundert Jahren aufgebraucht.

Gletscher als Klimaindikatoren Die beiden Fotografien zeigen die unterschiedliche Ausdehnung des Gepatschferners (Kaunertal, Tirol/Österreich) im Jahre 1904 und im Jahr 2000. Gletscher reagieren empfindlich auf langfristige Klimaveränderungen.

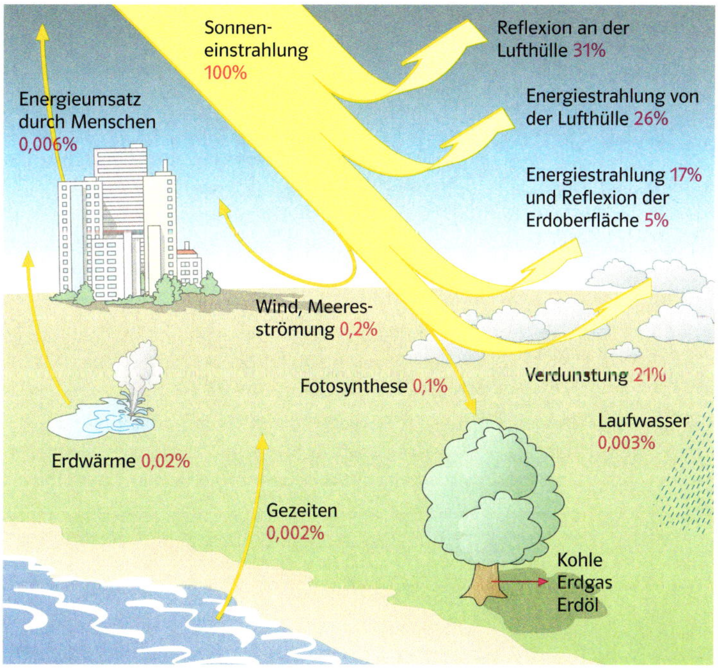

Die „Ernte" von Energie

Woher stammt die Energie, die wir zu Hause nutzen?

Aus welchen Energieträgern wird die elektrische Energie, die wir nutzen, gewonnen? Wie aufwendig ist dies? Welche Verluste gibt es hierbei? Wie sind diese Verluste zu vermeiden bzw. zu minimieren?

Aus welchen Energiequellen stammt die Energie letztendlich? Können bestimmte Quellen versiegen?

Effektivität: Wirksamkeit, Zielerreichung, „Erreiche ich mein Ziel so?"

Effizienz: Aufwandoptimierung, „Wie erreiche ich mein Ziel mit geringstmöglichem Aufwand?"

Nachhaltigkeit: Nutzung eines Systems in der Weise, dass es langfristig erhalten bleibt; insbesondere lebende Ressourcen dürfen nur so genutzt werden, dass ihre Bestände natürlich nachwachsen können. Berücksichtigt, dass künftige Generationen keine Nachteile haben.

Der Energieerntefaktor Um nicht nur die Effizienz von Kraftwerken zu bestimmen, sondern auch deren Nachhaltigkeit zu berücksichtigen, wurde neben dem Begriff Wirkungsgrad auch der Begriff **Energieerntefaktor** eingeführt.

● **Unter dem Energieerntefaktor versteht man das Verhältnis aus nutzbarer Energie des Kraftwerks während seiner gesamten Betriebszeit zu der für Auf- und Abbau sowie Betrieb des Kraftwerks notwendigen Energie.**

Der Erntefaktor gibt an, welches Vielfache der Energie, die für Betrieb und Bau des Kraftwerks notwendig ist, im Laufe des Kraftwerkdaseins wieder entnommen werden kann. Je größer der Erntefaktor ist, umso interessanter ist das Kraftwerk wirtschaftlich und ökologisch.

Bei Kraftwerken, die mit sogenannten erneuerbaren Energien betrieben werden, ist die Energiequelle (z. B. Sonne, Wind, Wasser) für menschliche Maßstäbe unendlich und wird durch nachhaltige Nutzung nicht „verbraucht". Deswegen geht sie nicht in die Berechnung des Erntefaktors ein und dieser ist in solchen Fällen größer 1.

Bei konventionellen Kraftwerken wird der Brennstoff „verbraucht". Damit ergibt sich automatisch ein Erntefaktor kleiner 1. Häufig wird bei diesen Kraftwerken der Brennstoff in der Berechnung des Erntefaktors nicht berücksichtigt. Damit ergeben sich dann Erntefaktoren, die größer 1 sind. Dies widerspricht aber der eigentlichen Grundidee des Erntefaktors. Die Berechnung des Erntefaktors ist sehr aufwendig, da alle Faktoren der Produktion berücksichtigt werden müssen, wie z. B. Energieaufwand beim Bau des Kraftwerks, dem Kraftstoffverbrauch beim Transport der Anlage, des Brennmaterials und der Abfallentsorgung. Mit Berücksichtigung der Energieträger haben ein Kernkraftwerk bzw. ein Kohlekraftwerk einen Erntefaktor von 0,3. Berücksichtigt man den Brennstoff nicht, so erhält man für das Kohlekraftwerk einen Erntefaktor von bis zu 150 und für das Kernkraftwerk von bis zu 200. Für ein Wasserkraftwerk sind Erntefaktoren von bis zu 250 möglich, bei Windkraftanlagen bis zu 100. Allerdings liegen die üblichen Erntefaktoren oft nur bei einem Drittel bis einem Zehntel der maximal möglichen Erntefaktoren.

Amortisationszeit Neben dem Wirkungsgrad, der Lebensdauer und dem Erntefaktor eines Kraftwerks ist auch die **Amortisationszeit** eines Kraftwerks von großem Interesse.

● **Die Amortisationszeit ist die Zeit, die ein Kraftwerk betrieben werden muss, damit die gleiche Energiemenge bereitgestellt wurde, die für die Herstellung benötigt wurde.**

Die Lebensdauer einer Windkraftanlage liegt z. B. bei 20 Jahren und ihre Amortisationszeit liegt bei 2 Monaten bis 2 Jahren (je nach Windgeschwindigkeit, Standort und Technologie).

A1 Warum ist es schwierig, den Energieerntefaktor zu bestimmen?

A2 Wie kann man aus Lebensdauer und Erntefaktor die Amortisationszeit eines Kraftwerks bestimmen?

Bestimme deinen Energiebedarf

Im täglichen Leben setzen wir alle in vielfältiger Weise Energie um. Um eine Vorstellung davon zu gewinnen, wie viel das ist, kannst du deine eigene Leistung bestimmen. Durch Treppensteigen (→ **B1**) lässt sie sich z. B. ermitteln. Vergleiche deine Leistung auch mit der von Mitschülern und bilde Mittelwerte. Bedenke, dass du deine Leistung nur kurzzeitig aufbringen kannst.

● **Als Dauerleistung für Menschen gilt ein Durchschnittswert von 100 W.**

Führe möglichst für mehrere Tage ein persönliches „Energietagebuch" und ermittle deinen Bedarf. Aus Typenschildern oder Gebrauchsanleitungen kannst du die Leistung einzelner Geräte entnehmen. Du brauchst noch eine Uhr, um aus $E = P \cdot t$ die umgesetzte Energie zu berechnen. Der „Stromzähler" im Haushalt zeigt direkt die umgesetzte elektrische Energie an. Für Heizung und Warmwasser liefert die Jahresabrechnung einen Richtwert für den von dir gewählten Zeitraum.

Vergleiche dein Ergebnis mit dem anderer Mitschüler und ziehe auch Informationen von deinem örtlichen Energieversorgungsunternehmen, der Verbraucherberatung und Veröffentlichungen des statistischen Landesamtes zu Rate. Setze für dich einen Stundenlohn an und berechne die Energiekosten, die du dir für deine körperliche Arbeit an einem Tag bezahlen müsstest. Vergleiche mit den Kosten elektrischer Energie.

Beispiel: Mit einem Wasserkocher, der die elektrische Leistung 1800 W hat, bringt man in etwa 200 s einen Liter Wasser zum Kochen. Die umgesetzte Energie ist also:

$$E = 1800\,\text{W} \cdot 200\,\text{s} = 360\,000\,\text{Ws} = 0{,}1\,\text{kWh}$$

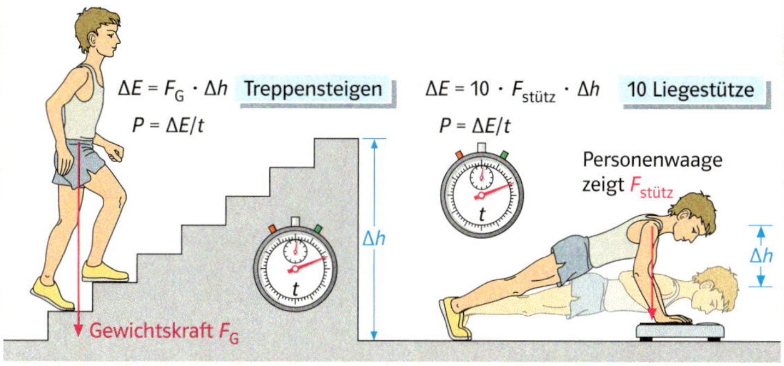

B1 Möglichkeiten zur Ermittlung der persönlichen Leistung

Der Preis dafür beträgt rund 2 Cent. Bei der Durchschnittsleistung von 100 W müsste man 3 600 s = 1 h lang für dieselbe Energie arbeiten. Für den Stundenlohn von 2 Cent würde das sicher niemand freiwillig tun. (→ **B2**) zeigt, dass der benötigte Energiebetrag je nach Verfahren sehr unterschiedlich sein kann.

Der Energiebedarf des Einzelnen kann sehr verschieden sein; er hängt vom Lebensstandard, aber auch der technischen Entwicklung ab. Da sich laufend Änderungen ergeben, gelten Informationen hierzu nur bedingt.

Haushaltsgeräte, die denselben Zweck erfüllen, z. B. Gefrierschränke, benötigen unterschiedlich viel Energie (→ **B3**). Es lohnt sich, beim Kauf eines Neugeräts diesen Aspekt in die Kaufentscheidung mit einzubeziehen!

A1 Wie viel Prozent mehr Energie werden in den drei anderen Fällen (→ **B2**) im Vergleich zum „guten Topf" mit Deckel benötigt?

A2 Wie viel kostet es in allen vier Fällen, das Wasser 10 Minuten kochend zu halten?

Hinweise zur Informationsbeschaffung:
Aktuelles Material zu Energiefragen liefern örtliche Energieversorgungsunternehmen, Verbraucherzentralen oder Umweltschutzverbände.

Schau auch im Statistischen Jahrbuch nach.

Für die Suche im Internet:
Benutze verschiedene Suchmaschinen und Suchbegriffe; vergleiche Informationen aus verschiedenen Quellen; notiere dir die Quellen.

Durchsuche Lexika.

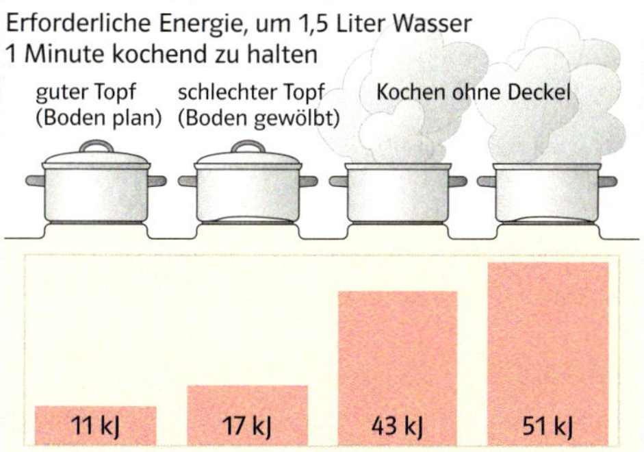

B2 Energie nicht vergeuden

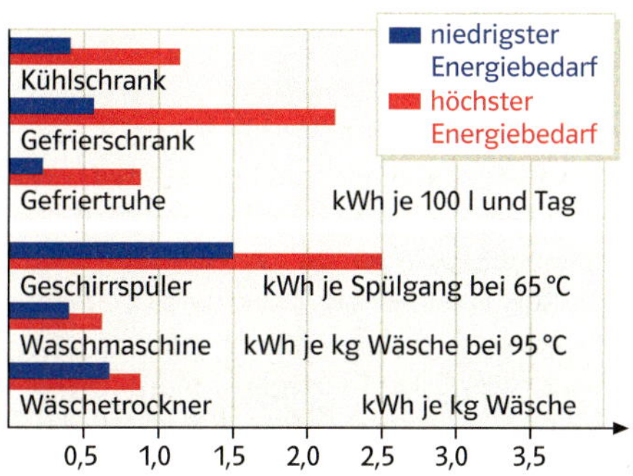

B3 Energiesparen und Nutzen

Kraftwerke

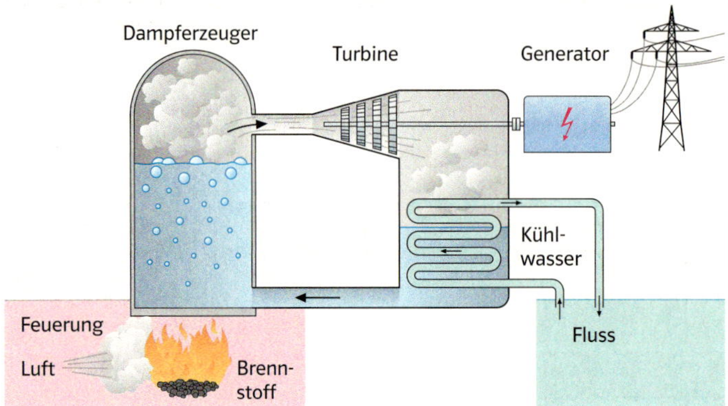

B1 Prinzip eines Kraftwerks mit chemischen Brennstoffen

Wie wird elektrische Energie bereitgestellt?

In Deutschland werden jährlich rund 440 Mrd. kWh elektrische Energie bereitgestellt.
Das sind 22 % des Gesamtbedarfs an Energie. Elektrische Energie ist sauber und bequem nutzbar und kann durch Drähte gut überall hin transportiert werden. Der größte Teil wird in Kraftwerken aus fossilen Brennstoffen oder aus spaltbarem Uran gewonnen. (→**B1**) zeigt den prinzipiellen Aufbau eines Kraftwerkes.

Elektrische Energie Elektrische Energie kann man aus den verschiedensten Energiequellen entnehmen. Häufig verwendet man einen Turbine, d. h. es wird zunächst als Zwischenschritt aus der jeweiligen Energieform Bewegungsenergie erzeugt. Mithilfe dieser Bewegungsenergie wird ein Generator angetrieben, der elektrische Energie erzeugt, ähnlich einem Fahrraddynamo. Wie sieht diese Umwandlung in elektrische Energie konkret aus? Welche Möglichkeiten hierfür gibt es und welche werden hauptsächlich genutzt?

Elektrische Energie „aus Feuer“ Kohle, Erdöl und Erdgas sind sogenannte **fossile Energieträger**. Sie sind während der vergangenen Millionen Jahre entstanden und werden seit ca. 200 Jahren von den Menschen systematisch aus der Erde abgebaut. In großen Kraftwerken werden sie verbrannt. Aus der inneren Energie (genauer: der chemischen Energie), die beim Verbrennen frei wird, wird über Flüssigkeitskreisläufe Wasserdampf erzeugt. Mit dem Wasserdampf wird dann eine große zum Generator gehörende Turbine angetrieben. Das Prinzip zeigt (→**B1**).

B2 Windkraftanlage

Mit dem gleichen Prinzip wird auch die Elektrizität in **Kernkraftwerken** erzeugt. Hier findet zwar keine chemische Verbrennung statt, dennoch wird die bei der Kernspaltung freiwerdende innere Energie (Kernenergie) über die thermische Energie des Wasserdampfs in elektrische Energie umgewandelt. Trotz ihrer enormen Energieausbeute dürfen die Gefahren der Kernenergie nicht verharmlost werden (→**S.186**). Denn zum einen müssen mehrstufige Schutzvorkehrungen getroffen werden, damit bei einem Störfall keine Radioaktivität austreten kann. Darüberhinaus müssen die nicht verwendbaren anfallenden radioaktive Stoffe gelagert werden. In Deutschland geschieht dies in geologischen Formationen, die mehrere hundert Meter unter der Erdoberfläche liegen. Wichtig ist, dass diese wasserundurchlässig und erdbebensicher sind.

Elektrische Energie „aus Wind“ Diese Form der Energiegewinnung ist sehr einfach. Der Wind treibt die großen Rotorblätter der **Windkraftanlagen** an, durch die wiederum der Generator betrieben wird (→**B2**).

Elektrische Energie „aus Wasser“ **Wasserkraftwerke** nützen den natürlichen Wasserkreislauf aus. Sie werden in vier Kategorien unterteilt: **Laufwasserkraftwerke**, die das Gefälle an Flüssen nutzen. **Speicherkraftwerke** nutzen Wasser hoch gelegener natürlicher Seen oder künstlicher Talsperren. Mit **Pumpspeicherkraftwerken** wird der Bedarf zu Spitzenlastzeiten abgedeckt. In **Gezeitenkraftwerken** wird die Wasserbewegung von Ebbe und Flut genutzt, in **Wellenkraftwerken** die Wellenbewegung allgemein.

Somit gibt es Kraftwerke, die erneuerbare („**regenerative**“) Energie benutzen, z. B. **Solar-**, Wasser-, Wind- und **Geothermiekraftwerke.**

Jeder Kraftwerkstyp hat bestimmte Standortvoraussetzungen, Vor- und Nachteile. Diese zeigt (→ **S. 197**) für einige Kraftwerkstypen, die nicht fossile Energieträger nutzen.

Energiequellen und Art der Nutzung		Standortvoraussetzungen	Vorteile	Nachteile
Laufwasserkraftwerke (Wasser) nutzen das strömende Wasser des Flusses	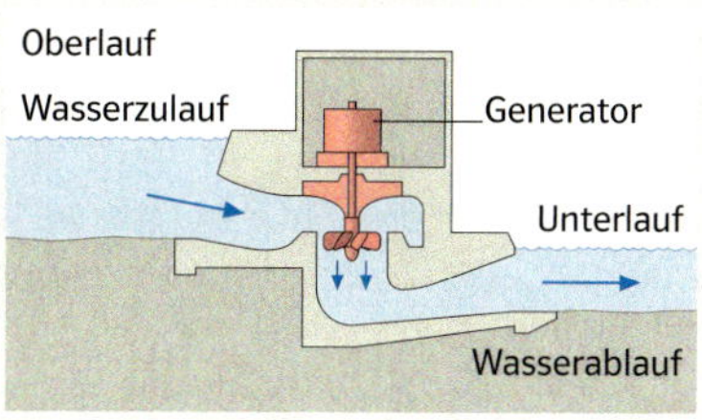	genügend Gefälle, ausreichende Wassermenge	niedrige Fallhöhe des Wassers ist ausreichend	Probleme durch schwankende Wasserhöhen sind möglich
Speicherkraftwerke (Wasser) nutzen die Energie von aufgestautem Wasser z. B. bei Talsperren	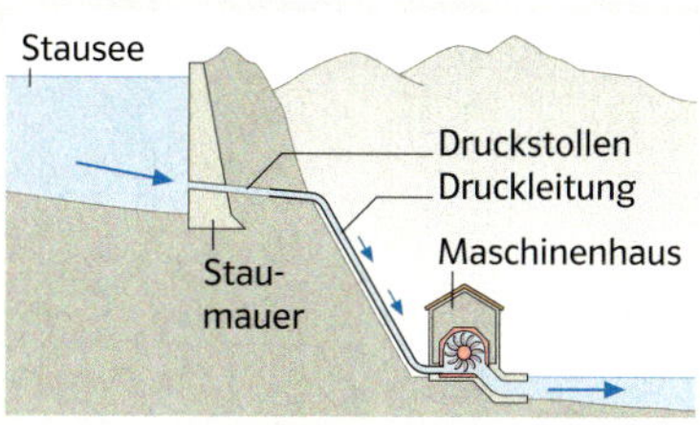	geeignete Geländeformen: Höhenunterschiede	kurzfristige Abgabe großer Energiemengen für Spitzenbedarf ist möglich	der Bau ist ein großer Eingriff in die Landschaft, möglicher Wassermangel bei Trockenzeiten
Gezeitenkraftwerke (Wasser) in engen Meeresbuchten nutzen die Wasserströmung beim Steigen und Fallen des Wassers (Ebbe und Flut)	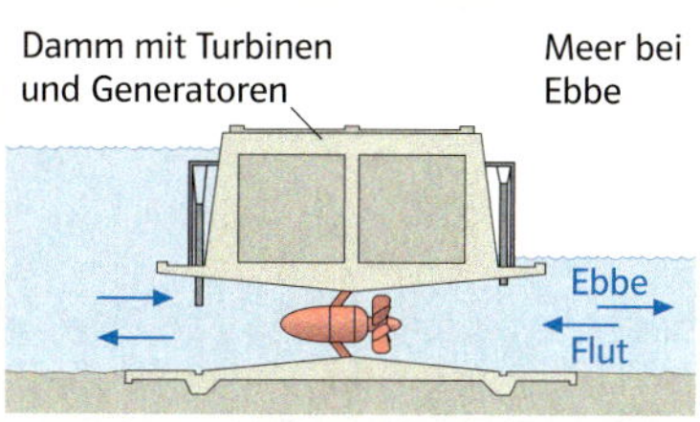	hoher Tidenhub, geeignete Buchten oder Flussmündungen	Großanlagen möglich	Energie nur zeitweise verfügbar, technisch aufwendig, hoher Verschleiß durch Salzwasser
Sonnenkollektoren (Sonne): Die Sonnenenergie erhitzt Wasser und Kollektoren, z. B. für Warmwasser zum Duschen	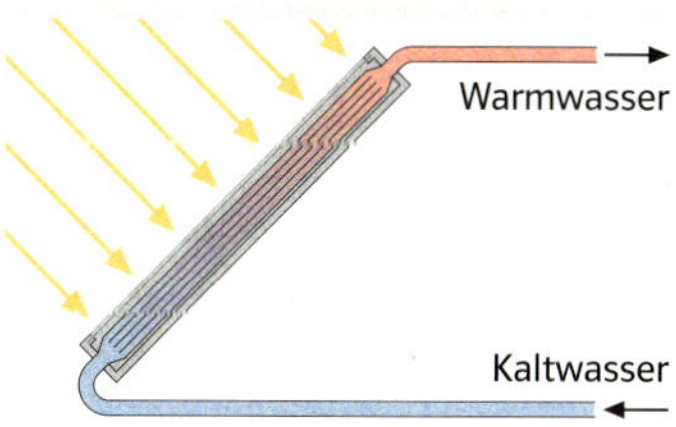	hohe Sonnenscheindauer, in den Tropen und Subtropen besonders gut geeignet	unerschöpflich, wichtig in Gebieten, die nicht an die Stromversorgung angeschlossen sind	Energie nicht immer verfügbar, Stromerzeugung technisch sehr aufwendig, großer Flächenbedarf bei Großanlagen
Solarzellen (Sonne): direkte Umwandlung von Licht in elektrische Energie („Fotovoltaik“)	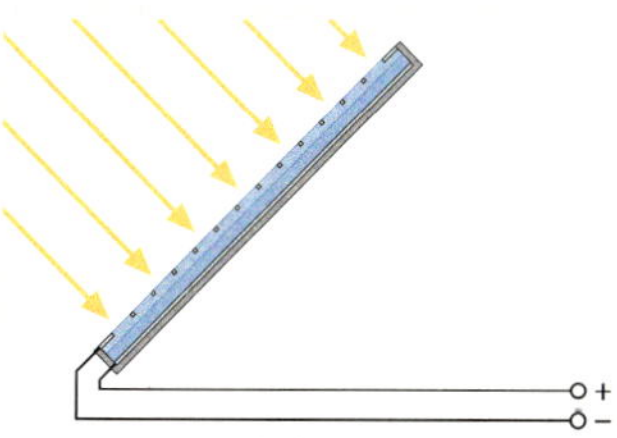			
Windkraft: Windrad (Rotor) treibt einen Generator zur Stromerzeugung an	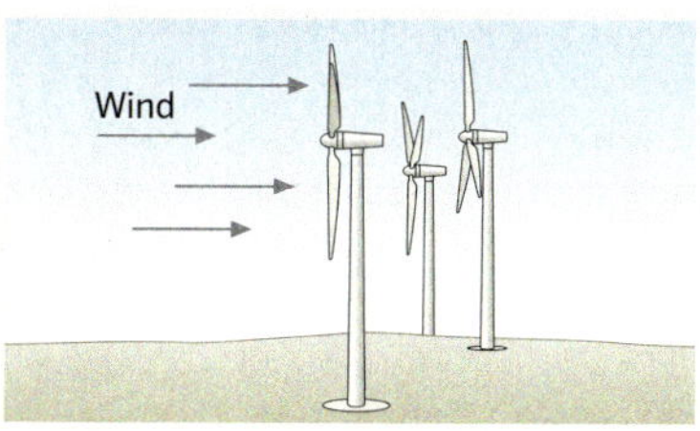	gleichmäßig starke Winde (Küsten, Ebenen, Berggipfel)	unerschöpflich, wichtig in Gebieten, die nicht an die Stromversorgung angeschlossen sind	nicht immer verfügbar, geringe Leistung, große Windanlagen beeinträchtigen das Landschaftsbild
Geothermiekraftwerke: Nutzung der thermischen Energie im Erdinneren (Heißdampf, Heißwasser) für Heizung oder Stromerzeugung	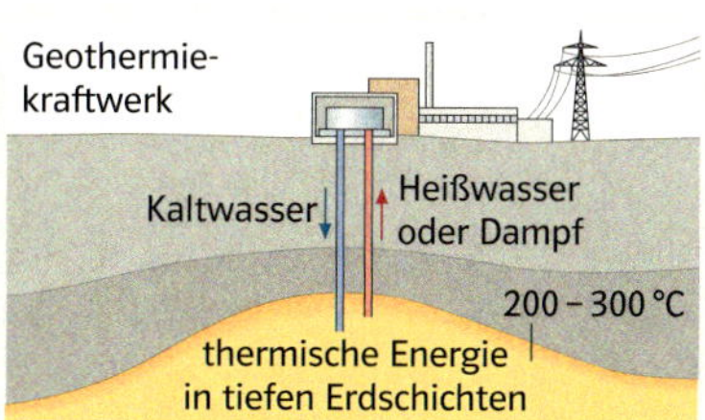	Vulkangebiete, Schwächezonen der Erdkruste (z. B. Norditalien, Kalifornien)	gleichmäßige Energieabgabe	günstige Standorte schwer vorhersagbar bzw. ermittelbar

Vom Kraftwerk zum Haushalt

V1 Wir schließen an einen Schiebewiderstand von 10 Ω eine Flachbatterie an. Wir verringern den Widerstand, messen Spannung und Stromstärke und berechnen die Leistung in Abhängigkeit von der Stromstärke (→**B1**).

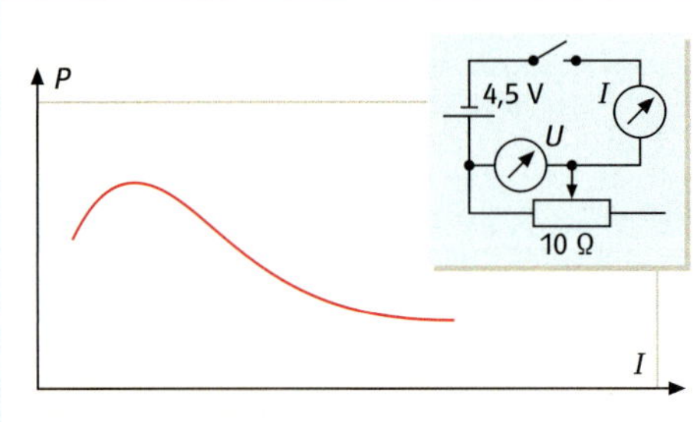

B1 Die Leistung einer Flachbatterie

V2 Wir schließen eine Lampe an eine geeignete Quelle mit Wechselspannung an.
a) Wir benutzen übliche Anschlusskabel.
b) Wir benutzen lange, dünne Konstantandrähte.
c) Wir benutzen die dünnen Konstantandrähte in Verbindung mit zwei Transformatoren (→**B2**).
Die Lampe leuchtet nur bei a) und c).

B2 Transformatoren ersetzen dicke Leiter.

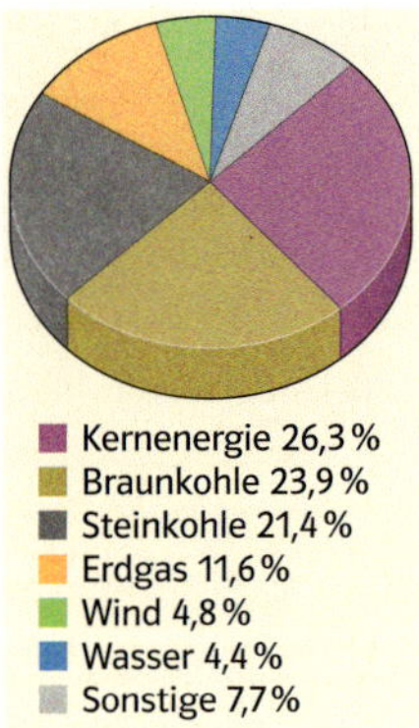

B4 Energiemix in Deutschland im Jahre 2006 (Energielieferung)

Bereitstellung elektrischer Energie Den Grundbedarf an elektrischer Energie nennt man **Grundlast**. Wird dieser z. B. nachts unterschritten, so nutzt man die nicht benötigte Energie, um Wasser in Pumpspeicherkraftwerke zu pumpen, vgl. (→**B3**, unterer Bereich). Im Laufe eines Tages wird in den Haushalten aber regelmäßig mehr Energie als der Grundbedarf benötigt. In diesem Fall spricht man von der **Mittellast**. Zur Mittagszeit wird besonders viel Energie benötigt (erste Spitze in →**B3**) Solche Spitzen in der Tageslastkurve nennt man **Spitzenlast**. Nicht jedes Kraftwerk kann einfach abgeschaltet werden, wenn die Energie nicht benötigt wird. Genauso liefert nicht jedes Kraftwerk sofort Energie, wenn es anläuft. Solche sind konventionelle und nukleare Wärmekraftwerke, die zur Versorgung der Grundlast benutzt werden (→**B3**). Kohle- und Kernenergiekraftwerke sind in Deutschland immer noch die Kraftwerke, die den Großteil an elektrischer Energie liefern (→**B4**).

A1 Warum werden Pumpspeicherkraftwerke zu Spitzenlastzeiten genutzt?

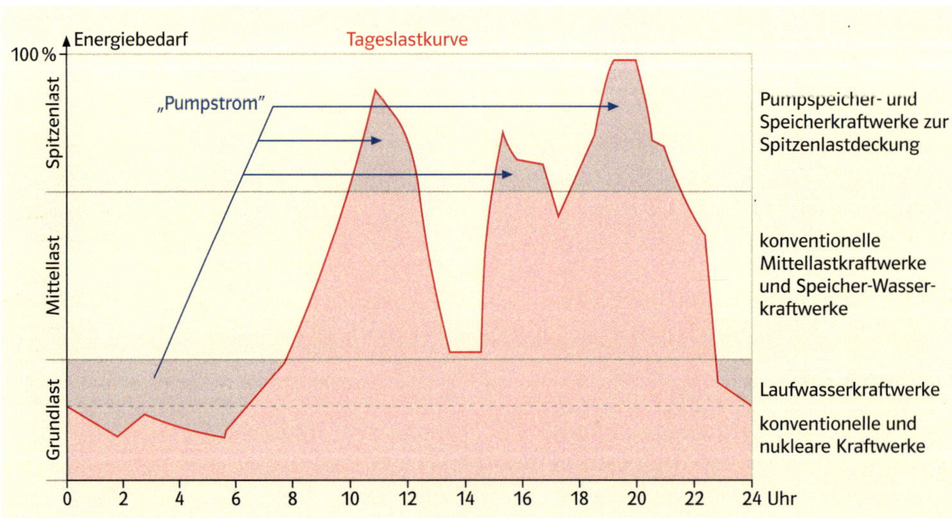

B3 Typische Tageslastkurve

Transport und Verteilung elektrischer Energie

Der Transport elektrischer Energie erfolgt durch Drähte, die sich dabei erwärmen. Ein Teil der am Generator bereitgestellten Energie wird somit auf dem Transport in innere Energie umgewandelt und steht am Ende nicht mehr zur Verfügung.

● **Der Transport von elektrischer Energie ist mit Verlusten durch die Leitung verbunden.**

Aus dem Widerstand R_L einer Leitung und der Stromstärke I berechnen wir die für die Leitung erforderliche Leistung:

$$P_L = U \cdot I = R_L \cdot I^2$$

Die Leistung, also auch die in den Leitungen umgesetzte Energie, ist umso geringer, je kleiner R_L und I sind. Zur Übertragung elektrischer Energie sollte man deshalb immer dicke Kabel aus guten Leitern und möglichst kleine Stromstärken verwenden. Kleinere Stromstärken bei gleicher Leistung bedeuten wegen $P = U \cdot I$ höhere Spannungen.

Wenn die Energie einer Quelle wegen langer dünner Leitungsdrähte nicht mehr ausreicht, ein Glühlämpchen zum Leuchten zu bringen, so gelingt dies mit Hilfe von **Transformatoren** doch noch. Mit einem ersten Transformator wird die Spannung erhöht und die Stromstärke verringert. Bei der Übertragung wird der Verlust an Energie über die Leitungen geringer. Mit einem zweiten Transformator wird am anderen Ende der Leitung die Spannung wieder herabgesetzt und die Stromstärke erhöht. Ein Glühlämpchen kann nun normal leuchten, weil nur wenig elektrische Energie auf dem Transport in innere Energie umgewandelt wurde. Bei der öffentlichen Versorgung mit elektrischer Energie gelten diese Überlegungen erst recht (→**B1**). Im europäischen **Verbundnetz** überschreiten Fernleitungen sogar Ländergrenzen (→**B2**).

● **Die Fernleitung elektrischer Energie erfolgt mit Hilfe von Hochspannung.**

A1 Im Zusammenhang mit der Energieversorgung spricht man oft von Energieverlusten. Was ist an dieser Aussage physikalisch falsch? Was versteht man darunter? Wo sind die „Energieverluste" besonders groß?

A2 Wie gelingt es, die „Übertragungsverluste" in Fernleitungen klein zu halten?

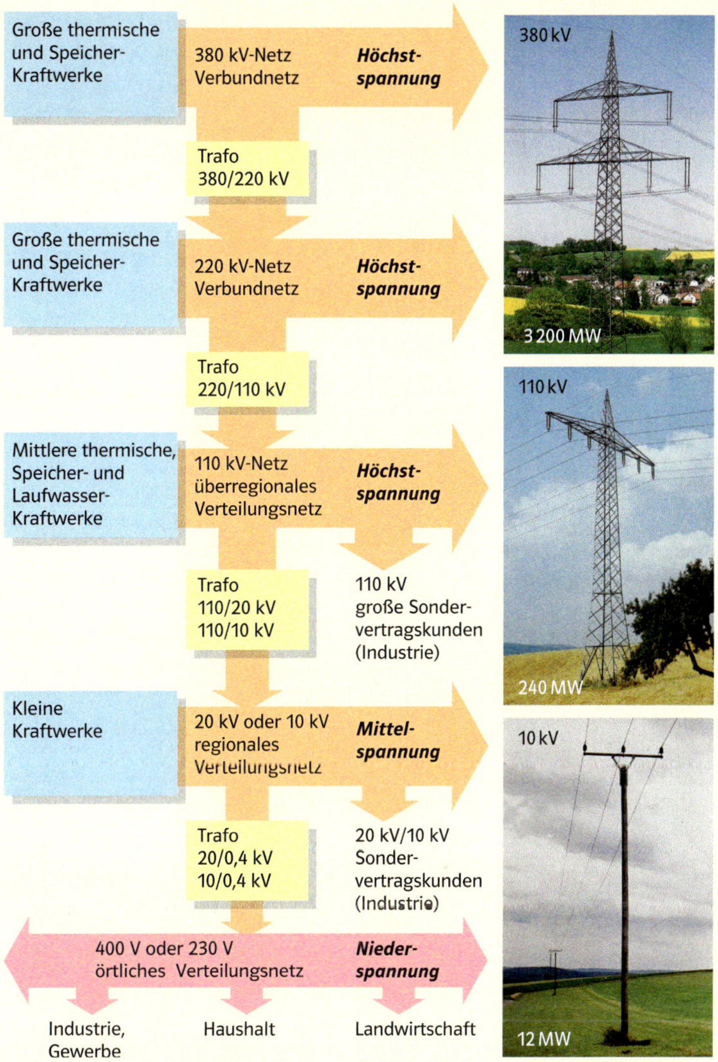

B1 Nutzen des Transformators bei der Übertragung elektrischer Energie

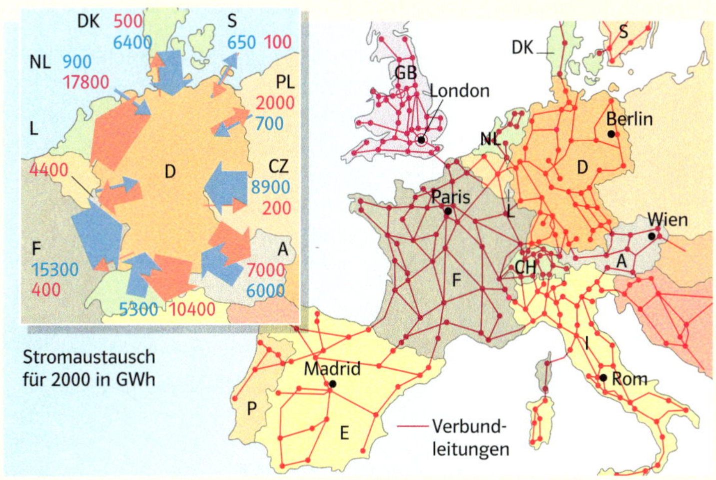

B2

Physik überall

Die Anfänge der elektrischen Energieversorgung

Thomas Alva Edison
(1847 – 1931)

Edison erfand unter anderem das Kohlekörnermikrofon, den Phonografen, eine Kohlefadenlampe, einen Filmaufnahmeapparat und ein Filmwiedergabegerät.

Thomas Alva Edison entwickelte Ende des 19. Jahrhunderts die Glühlampe zur Serienreife. Davor verwendete man Gas- und Bogenlampen, um Räume zu beleuchten. Edison entwarf zu seiner Glühlampe ein komplettes elektrisches Energieversorgungssystem, da er das Ziel hatte, elektrisches Licht in jeden Haushalt zu bringen. 1882 nahm Edisons erstes Kraftwerk (→**B1**) in der Pearl Street in New York den Betrieb auf. Es lieferte 110 V Gleichstrom, wobei die Spannung auch bei Belastung gleich blieb. Allerdings hatte dieses Kraftwerk nur die Reichweite von wenigen hundert Metern. Eine größere Reichweite war aufgrund der Leitungsverluste kaum möglich. Wesentliches Merkmal dieses Konzeptes war der zentrale Charakter der Energiebereitstellung, der bis heute erhalten geblieben ist. Ein weiteres Überbleibsel ist der noch heute in den USA gültige Netzspannungswert von 110 V.

B1 Elektrizitätswerk Pearl Street (um 1882)

George Westinghouse
(1846 – 1914)

George Westinghouse, Erfinder der Druckluftbremse, erkannte die Erfolgsmöglichkeiten, die eine Investition in elektrische Energie bot. Er setzte dabei auf Wechselstrom, da mit Hilfe eines Transformators, der die Spannung fast verlustfrei verändert, der Stromtransport über weite Strecken möglich ist. 1886 trieb eine Wassermühle in Great Barrington einen ersten Wechselstromgenerator an, der den Strom eine Meile über Land transportierte. Bereits 1888 betrieb Westinghouse 130 Wechselstromkraftwerke, die 220 V in die Haushalte lieferten.

Nikola Tesla
(1856 – 1943)

Dieses Prinzip ist heute allgemein üblich, da auf diese Weise die Leitungsverluste deutlich geringer gehalten werden können. Der Nennwert der Netzspannung von 220 V war bis 1987 in Mitteleuropa gültig, dann wurde er auf 230 V angehoben.

Nikola Tesla hatte zunächst für Edison gearbeitet. Tesla wanderte aus Edisons Firma ab, da Edison eine versprochene Prämie von 50 000 Dollar für einen Gleichstrom-Dynamo nicht zahlte. Tesla stellte 1888 eine Konstruktion eines reibungsfreien Elektromotors für Wechselstrom vor (→**B2**).

B2 Filmsequenz: Nikola Tesla vor Publikum

Westinghouse erwarb nach diesem Vortrag das Patent dafür. Der Erfolg Teslas führte zum öffentlichen Streit mit Edison, worauf Westinghouse eine Fusion der beiden Firmen anbot. Edison lehnte ab: *„My personal desire would be to prohibit entirely the use of alternating currents. They are unnecessary as they are dangerous. [...] I can therefore see no justification for the introduction of a system which has no element of permanency and every element of danger to life and property."* Stattdessen startete er eine Propagandakampagne gegen Westinghouse. In Edisons Labor testete Harold Brown, was passiert, wenn Hunde oder Katzen auf einer Metallplatte stehen, die mit einem Wechselstromgenerator von Westinghouse verbunden ist. Später führte Brown diese Versuche in der Öffentlichkeit durch. Edison erhielt die Anfrage, ob Hinrichtungen auch durch Elektrizität möglich seien. Edison empfahl Brown als Konstrukteur und machte folgende Namensvorschläge für diese Tötungsart: „electricution" oder „to westinghouse". Die erste Hinrichtung wurde zu einem Fiasko, da die Spannung anfangs zu niedrig gewählt wurde (→**B3**).

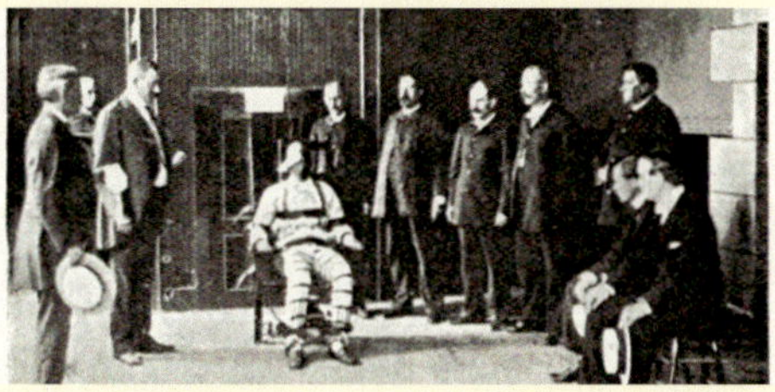

B3 Hinrichtung um 1890

Zurück zur Sonne

Der Energiebedarf der Weltbevölkerung wird weiterhin deutlich ansteigen. Die Vorräte an Erdöl und Erdgas sind aber begrenzt. Außerdem werden durch ihre Verbrennung große Mengen klimaveränderndes Kohlenstoffdioxid freigesetzt (→**S.210**).

Solarkraftwerke Unerschöpflich, umsonst und klimaunschädlich ist die Energiestrahlung unserer Sonne. In Solarkraftwerken kann sie die traditionellen Energieträger ersetzen. Beim Solarturmkraftwerk „Solar One" in Kalifornien (→**B1**) reflektieren 1818 bewegliche Spiegel („Heliostaten") das auf sie treffende Sonnenlicht zur 91 m hohen Turmspitze. Weil der Sonnenstand sich ändert, können sie über eine genaue Steuerung in zwei Richtungen zur Sonne ausgerichtet werden. Im „Receiver" in der Turmspitze wird eine Spezialflüssigkeit (Natrium) durch die gebündelte Strahlung auf bis zu 1000 °C erhitzt. Damit wird Wasser verdampft, welches wie in einem gewöhnlichen Kraftwerk Turbine und Generator zur Stromerzeugung antreibt (→**B3**).

Aufwindkraftwerke Aufwindkraftwerke (→**B2**) nutzen ähnlich wie Windkraftanlagen durch Sonnenenergie entstandene Luftströmungen. Unter einer großen Glasfläche wird die Luft wie in einem Treibhaus stark aufgeheizt. Durch einen hohen Kamin steigt sie schnell auf und treibt eine Turbine an. Beim Aufwindkraftwerk in Manzanares (Spanien) hat das Glasdach einen Durchmesser von 240 m und der Kamin ist 195 m hoch.

B1 Solarturmkraftwerk „Solar One"

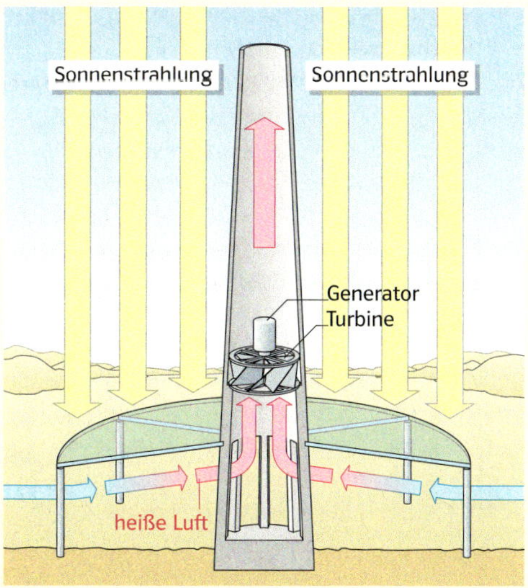

B2 Aufwindkraftwerk

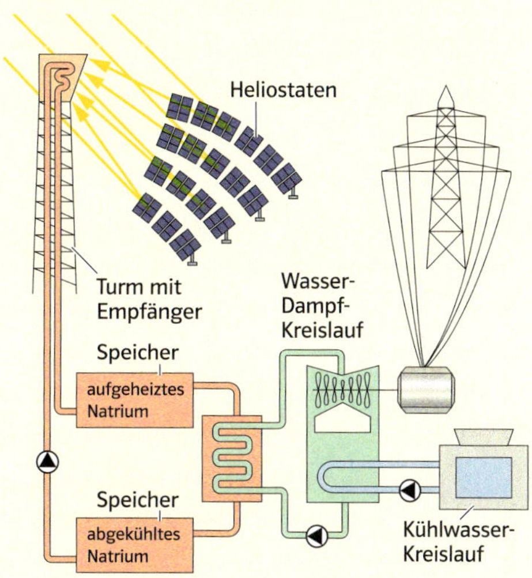

B3 Schema eines Solarturmkraftwerks

Physik überall Geothermiekraftwerke: Energie aus der Erde

B1 Heiße Quellen

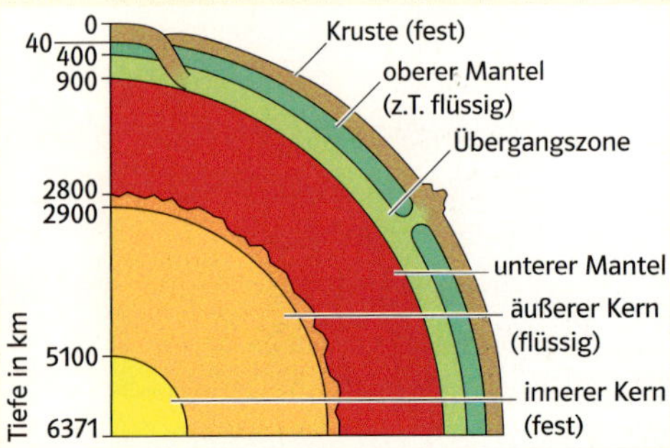

B2 Das Innere der Erde

B3 Geothermiekraftwerk

Schon unsere Vorfahren (Kelten, Germanen und Römer), erholten sich im warmen Wasser von Thermalquellen (→**B1**). Warum die Wärme aus der Erde nicht zum Heizen und zur Stromerzeugung nutzen?

Tatsächlich sind 99 % der Erdkugel heißer als 1000 °C, der Erdkern (→**B2**) ist sogar 6000 °C heiß! Unter unseren Füßen schlummert eine gewaltige Energiemenge: zu einem Drittel stammt sie aus der Zeit der Planetenbildung vor etwa 4,5 Milliarden Jahren, zwei Drittel entstehen beim radioaktiven Zerfall natürlicher Stoffe in den Gesteinen von Erdmantel und Erdkruste – also aus der Energie von Atomkernen.

Unsere Erde gibt ca. vier Mal mehr Energie aus ihrem Innern durch Strahlung in den Weltraum ab, als die Menschheit in gleicher Zeit benötigt. Moderne Geothermiekraftwerke nutzen heißes Wasser aus tiefen Erdschichten direkt oder pressen kaltes Wasser in zerklüftetes heißes Tiefengestein, wo es sich erhitzt und zurück an die Oberfläche gepumpt wird (→**B4**).

Allerdings ist das Gestein üblicherweise erst ab 3000 m Tiefe über 100 °C heiß. So tiefe Bohrlöcher sind sehr teuer, sodass elektrische Energie aus einem Geothermiekraftwerk zur Zeit zwei- bis dreimal so viel kostet wie die eines Öl- oder Gaskraftwerks. Bei Karlsruhe ist ein Geothermiekraftwerk für 20000 Haushalte und das Forschungszentrum geplant.

Solarkraftwerke arbeiten nur bei Sonnenschein, Kernkraftwerke produzieren gefährlichen und schwer zu entsorgenden Abfall. Fossile Brennstoffe sind klimaschädlich und als Rohstoffe für z. B. Kunststoffe und Medikamente zu wertvoll, als sie lediglich zu verheizen.

Die Energie aus der Erde ist umwelt- und klimafreundlich sowie unabhängig von Jahreszeiten und Wetter – ist sie die Energie der Zukunft? Hinderlich ist immer noch der enorme Aufwand, um die nutzbaren unterirdischen Ressourcen einer Region zu ermitteln.

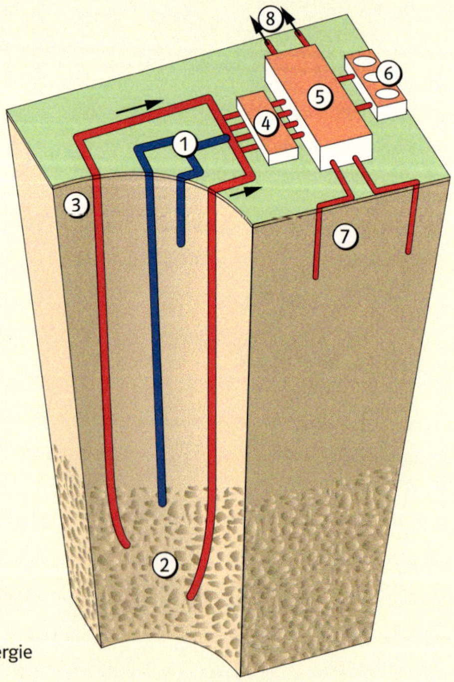

① Injektionsbohrung mit Injektionspumpe
② Kluftsystem (Tiefe ca. 4000–5000 m, ϑ ca. 200 °C)
③ Produktionsbohrungen
④ Wärmetauscher
⑤ Turbinenhaus
⑥ Kühlung
⑦ Hochtemperatur-Untergrundspeicher für Überschussenergie
⑧ Verbraucher: Strom und thermische Energie

B4 Das Konzept des „Hot Dry Rock"-Geothermiekraftwerks in Bad Urach

A1 Wie stark nimmt die Temperatur pro 100 m Tiefe mindestens zu?

A2 Manchmal bohrt man vergeblich bis in 4000 m Tiefe. Überlege warum!

Zukunftsperspektiven – Konventionelle Kraftwerke

Energie in Reserve? Die in den fossilen Bodenschätzen der Erde gespeicherte Primärenergie wird seit vielen Jahrzehnten in technisch ausgereiften „thermischen Kraftwerken" zur Erzeugung großer Mengen billiger elektrischer Energie genutzt, um unseren heutigen Energiehunger zu stillen (→**B1**). Die bei der Verbrennung von Kohle und Öl im „Rauchgas" enthaltenen umwelt- und gesundheitsgefährdenden Stäube und Abgase können mit modernen Filtern und Rauchgas-Waschanlagen fast vollständig unschädlich gemacht werden. Wie aber **B2** zeigt, werden immer weniger Ölfelder neu entdeckt, obwohl immer mehr Öl gefördert wird. Bei gleich bleibendem Erdölverbrauch reichen die derzeit bekannten Lagerstätten noch ca. 40 Jahre, Erdgas etwa 70 Jahre. Nur die Kohlevorkommen decken noch über 200 Jahre den Bedarf. Experten befürchten aber, dass sich der Weltenergiebedarf in den nächsten 50 Jahren verdreifachen könnte. Man hofft zwar, mit großem Aufwand weitere Öl- und Gasvorkommen zu finden und bisher unrentable zu erschließen, doch dadurch wird auch der Preis dieser Energieträger in die Höhe schnellen.

Gefahr für das Klima? Ein weiteres zentrales Problem bei der Nutzung dieser Brennstoffe für Stromerzeugung, Verkehr und Heizung ist das bei ihrer Verbrennung entstehende Treibhausgas Kohlenstoffdioxid (→**B3**). Dessen Konzentration ist in den vergangenen 150 Jahren um 25 % gestiegen. Durch den zusätzlichen Treibhauseffekt (→**S.210**) hat sich dadurch die mittlere Oberflächentemperatur der Erde schon um 0,5 °C erhöht. Bereits bei einer Erhöhung über 1,5 °C befürchten Klimaforscher weitreichende Änderungen des Erdklimas.

Sind Kernkraftwerke ein Ausweg? Die modernsten Kernkraftwerke der Industrienationen sind im Betrieb sicher. Ihr gefährlicher, radioaktiver Abfall muss allerdings sehr aufwendig entsorgt werden. Ohnehin reichen die Uranvorräte zum Betrieb der schon vorhandenen Reaktoren nur noch ca. 40 Jahre. Nur mit sehr teurer und schwer beherrschbarer Wiederaufbereitungstechnologie könnte der Vorrat auf 500 Jahre „gestreckt" werden. Dabei würden aber größere Mengen des hochgiftigen und kernwaffenfähigen Schwermetalls Plutonium erzeugt, das dann sicher transportiert und gelagert werden muss.

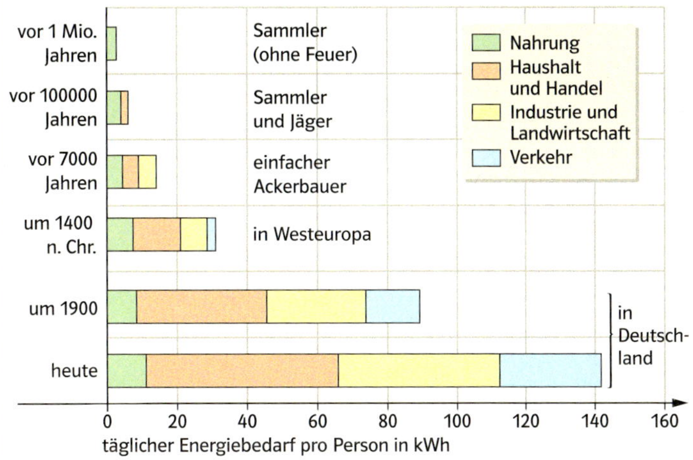

B1 Energiebedarf früher und heute

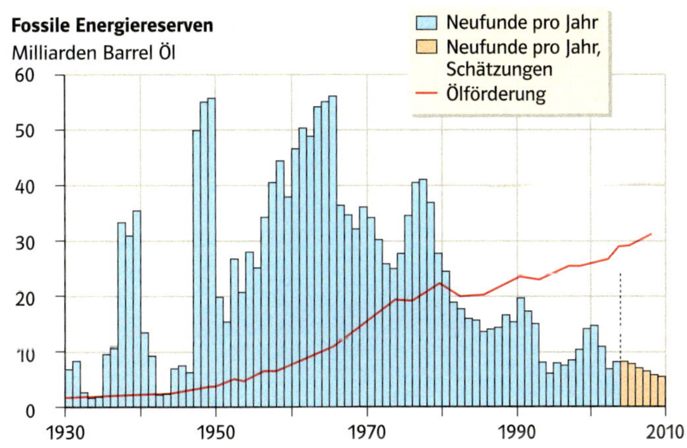

B2 Neue Lagerstätten und Ölverbrauch

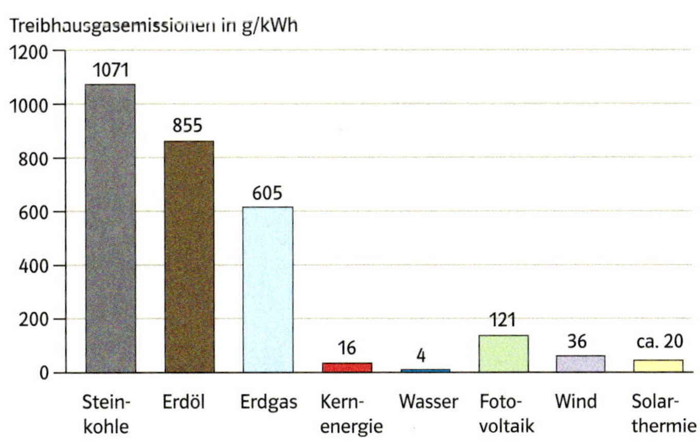

B3 Emission von Treibhausgas bei der Stromerzeugung

Physik überall

Zukunftsperspektiven – Regenerative Energieträger

Wasser-, Wind-, Geothermie- sowie solarthermische Kraftwerke und die Fotovoltaik verbrauchen keine unersetzlichen Rohstoffe und sind weitgehend klimaneutral. Werden sie den immensen Energiebedarf der Zukunft decken können (→**B1**)?

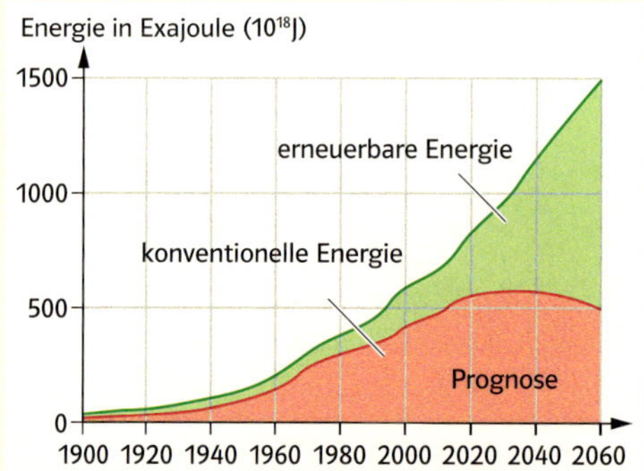

B1 Prognose des Weltenergiebedarfs

Kraftwerkstyp	typ. el. Leistung (MW)	Wirkungsgrad	zeitl. Verfügbarkeit	Investitionskosten (€/kW)	Stromkosten (€/kWh)
Kohle	1000	40%	80%	1000	0,03
Gas	200	54%	80%	800	0,03
Kernreaktor	1300	33%	80%	2000	0,05
Wasser	1000	97%	50%	3000	0,10
Wind	1	45%	25%	1000	0,07
Fotovoltaik	0,1	13%	15%	4000	0,20
Parabolrinnen	200	20%	40%	3000	0,10
Solarturm	200	35%	80%	3000	0,10
Aufwind	200	3%	80%	4000	0,10
Biomasse	50	15%	80%	1500	0,05
Erdwärme	50	30%	60%	500	0,03

B2 Kraftwerkstypen im Vergleich

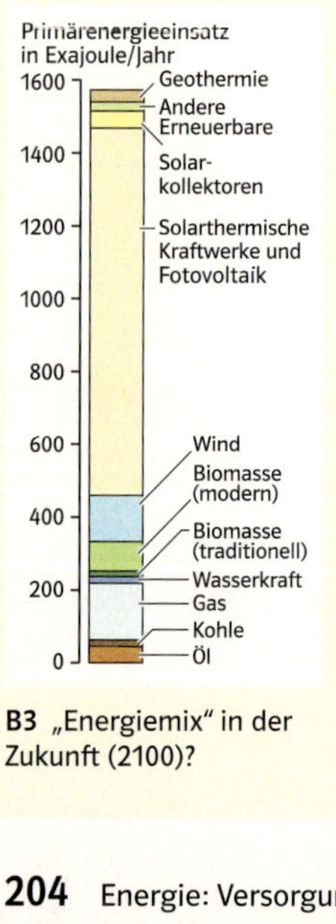

B3 „Energiemix" in der Zukunft (2100)?

B4 Fotovoltaik: Strom direkt aus Sonnenenergie

Ein weiterer Ausbau der **Wasserkraft** ist in Europa kaum mehr möglich und große Staudammprojekte beanspruchen weite landwirtschaftlich und ökologisch wertvolle Flächen. Das Potenzial für **Windkraftwerke** hingegen ist lange nicht ausgeschöpft, aber die Zahl sinnvoller Standorte ist ähnlich begrenzt. Zudem ist das Windangebot oft schwankend.

Nur die direkte Nutzung der **Sonnenenergie** (→**B4**) scheint in großem Stil ausbaufähig. Solarkraftwerke arbeiten jedoch nur bei starkem Sonnenschein rentabel. In Nordafrika, dem Nahen Osten und anderen Gebieten auf der Erde gibt es riesige unbewohnte Flächen, wo die Sonne zuverlässig und lange scheint. Allerdings sind diese Gebiete oft auch ökologisch sensibel. Damit Kraftwerke auch nachts elektrische Energie liefern können, muss ein Teil der am Tag gewonnenen Energie zwischengespeichert werden. Dafür sind sog. thermische Speicher mit geschmolzenen Salzen in Erprobung, die tagsüber aufgeheizt werden. Über einen Wärmetauscher sorgen sie nachts weiter für Dampferzeugung. Übrigens werden Sonnenstrahlung und Geothermie nicht teurer, sie stehen im Überfluss zur Verfügung!

Auch **Biomasse-Kraftwerke** gehören zu den regenerativen Energiewandlern. Sie setzen nur so viel Kohlenstoffdioxid frei, wie vorher beim Wachstum der Pflanzen der Umwelt entzogen wurde. Beim Verrotten geeigneter Haushalts-, Industrie- und Pflanzenabfälle (z. B. Stroh, Holz) wird mit Hilfe von Bakterien in Biogasanlagen Methan gebildet, das zur Heizung oder Stromerzeugung verbrannt werden kann. Industrielle Methoden, mit denen aus Biomasse sogar Benzin hergestellt werden kann, sind in der Entwicklung.

B2 zeigt Kraftwerkstypen im Vergleich. Die Energieumwandlungskosten solarer Kraftwerke sind derzeit noch nicht konkurrenzfähig. Allerdings wird durch erhöhte Nachfrage und zunehmende Verknappung der Preis fossiler Energieträger steigen. Die Kosten für Solarstrom dagegen werden durch Massenproduktion sinken. Heute liegt der globale Anteil erneuerbarer Energie noch unter 15%, in hundert Jahren könnte er über 80% sein (→**B3**).

Strahlungshaushalt im Modell

Strahlungshaushalt ohne Atmosphäre Um modellhaft den Strahlungshaushalt der Erde erfassen zu können, geht man erst einmal von einem Fall ohne Atmosphäre aus (→**B1**).

Die Erde nimmt die Strahlungsleistung $P_{auf} = A_Q \cdot S_E$ auf.

A_Q ist dabei die Querschnittsfläche der Erde in Strahlungsrichtung d.h. $A_Q = \pi \cdot r_{Erde}^2$. S_E ist die Solarkonstante (1370 W/m²)

Die Erde strahlt entsprechend ihrer Temperatur mit der Leistung $P_{ab} = A_0 \cdot \sigma \cdot T^4$. A_0 ist die Oberfläche der Erde d.h. $A_0 = 4\pi \cdot r_{Erde}^2$.
σ ist die Boltzmannkonstante ($5{,}7 \cdot 10^{-8} \cdot \frac{W}{m^2 \cdot K^4}$)

Bei $P_{ab} = P_{auf}$ ist die Erde im Strahlungsgleichgewicht und die Temperatur ist konstant.
Es gilt somit: $A_0 \cdot \sigma \cdot T^4 = A_Q \cdot S_E$

$$4\pi \cdot r_{Erde}^2 \cdot \sigma \cdot T^4 = \pi \cdot r_{Erde}^2 \cdot S_E$$

$$4 \cdot \sigma \cdot T^4 = S_E$$

Hiermit berechnet sich die Temperatur der Erde zu 278 K = 5 °C. Für dieses einfache Modell liegt der Wert recht nahe an der Realität.

Der Wert wurde berechnet, indem man davon ausging, dass 100 % der Strahlungsenergie in innere Energie umgewandelt wurden.

Strahlungshaushalt mit Atmosphäre Nun wird aber ca 30 % der Sonnenstrahlung an der Atmosphäre reflektiert. 70 % der Strahlungsenergie wird somit aufgenommen und zu 100 % in innere Energie umgewandelt und dann wieder zu 100 % abgegeben (→**B2**). Fügen wir die Faktoren in die obige Gleichung ein, so ergibt sich: $1{,}0 \cdot A_0 \cdot \sigma \cdot T^4 = 0{,}7 \cdot A_Q \cdot S_E$

$$4 \cdot \sigma \cdot T^4 = 0{,}7 \cdot S_E$$

Mit diesen veränderten Werten ergibt sich eine Temperatur von 255 K = −18 °C.

Ein Leben auf der Erde wäre nicht möglich! Es müssen weitere Vorgänge berücksichtigt werden.

Strahlungshaushalt mit Atmosphäre und Treibhausgasen Insgesamt werden von den aufgenommenen 70 % nämlich 10 % bereits in der Atmosphäre in thermische Energie umgewandelt, es kommen somit 60 % auf der Erdoberfläche an.

Durch Treibhausgase wird 44 % der abgestrahlten Energie in der Atmosphäre gehalten, nur 56 % der aufgenommenen Energie wird also ins All abgestrahlt (→**B3**).

Verändern wir unsere Berechnungsgrundlage erneut, so ergibt sich mit

$$0{,}56 \cdot A_0 \cdot \sigma \cdot T^4 = 0{,}6 \cdot A_Q \cdot S_E$$

eine Temperatur von 283 K = 10 °C.

Dieser Wert liegt sehr nahe an der Realität, obwohl ein sehr einfaches Modell verwendet wurde.

Weitere Verfeinerungen des Klimamodells liefern noch bessere Ergebnisse.

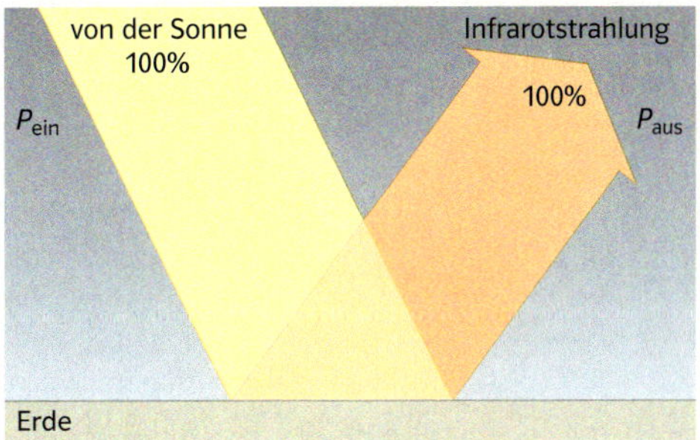

B1

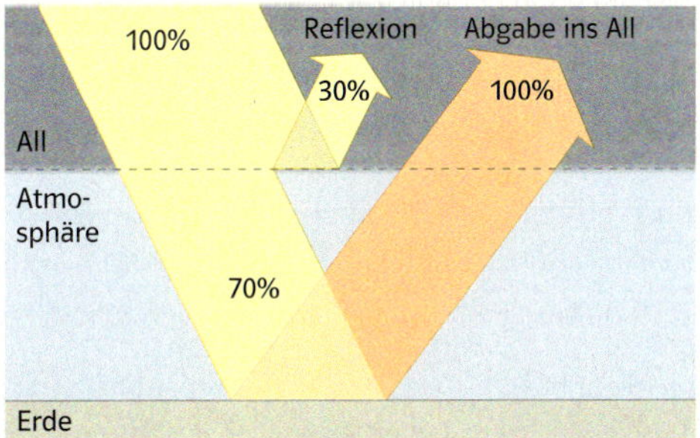

B2

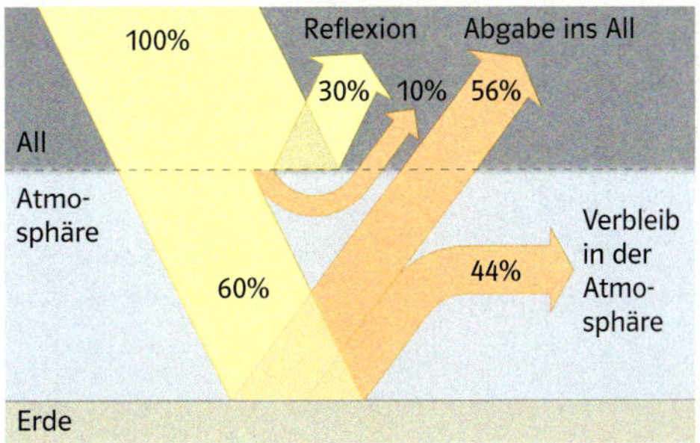

B3

Werkstatt

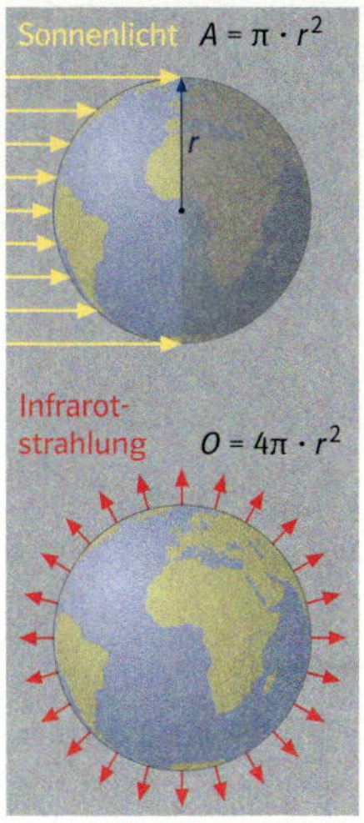

B4

Strahlungsgesetze

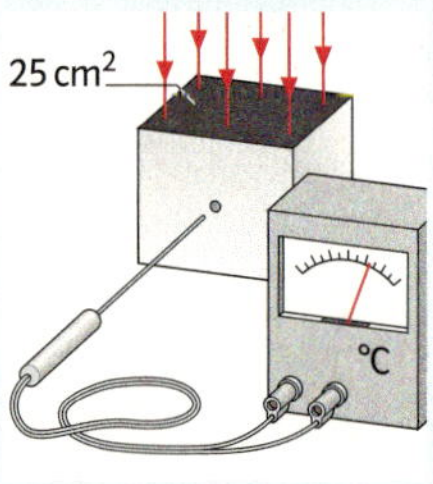

B3 Messung der Sonnenstrahlung

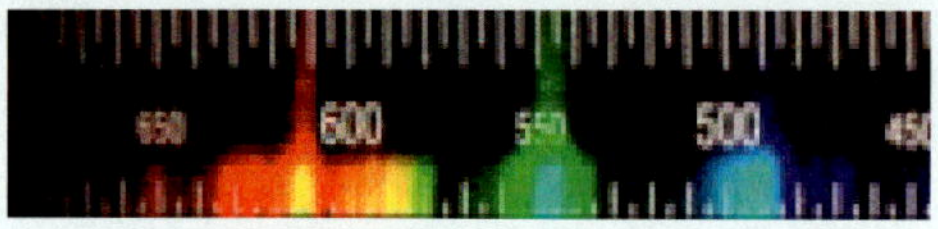

B1 Spektrum Leuchtstofflampe

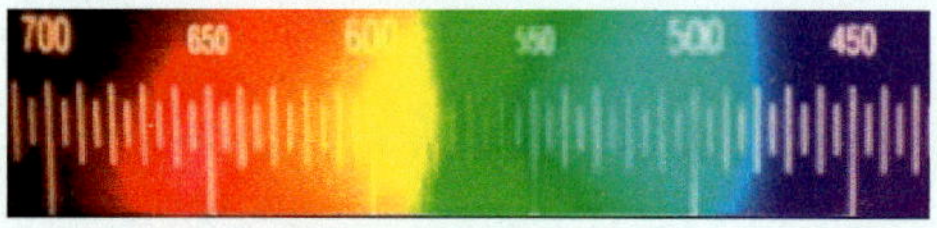

B2 Spektrum Glühlampe

V1 Wir blicken durch einen Handspektrografen in verschiedene Lichtquellen. Wenn wir z. B. eine Leuchtstoffröhre anschauen, erhalten wir ein Farbspektrum wie in (→**B1**). Schaut man in eine Glühlampe, so erhält man ein Farbspektrum wie in (→**B2**).

V2 Die berußte Seitenfläche eines Aluminiumquaders wird senkrecht von der Sonne beschienen (→**B3**). In der ersten Minute ändert sich seine Temperatur um einen bestimmten Betrag. Daraus kann man die Leistung der Strahlung für 1 m² bestimmen.

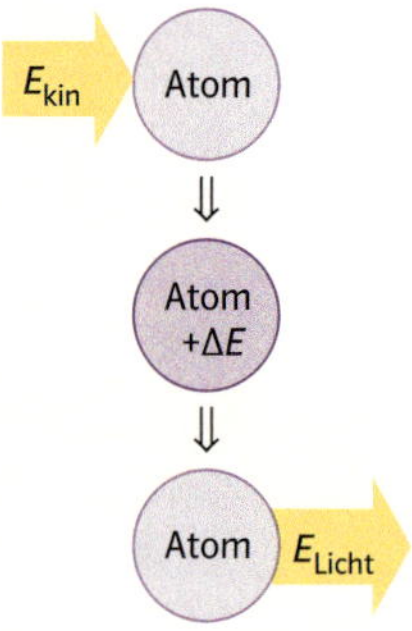

B4 Licht aussenden

Aus der Optik ist bekannt: Weißes Licht setzt sich aus Licht verschiedener Farben zusammen.

diskret (von lat. discretus = getrennt): bezeichnet im Gegensatz zu kontinuierlich eine räumliche oder zeitliche Trennung von Objekten oder Ereignissen.

Emission und Absorption von Licht Allen Lichtquellen, vom brennenden Ast des Urmenschen bis zur Halogenleuchte, ist gemeinsam, dass einem Stoff in geeigneter Weise Energie zugeführt wird, die ihn zur Aussendung (**Emission**) von Licht bringt (→**B4**).

- **In Lichtquellen wird ein Stoff durch Zufuhr von Energie zur Emission von Licht veranlasst.**

Das Licht einer selbstleuchtenden Quelle zeigt beim Durchgang durch ein Prisma ein **Spektrum**, das bei glühenden festen und flüssigen Körpern ein ununterbrochenes Farbband ist. Es ist ein **kontinuierliches Spektrum**.

- **Das Emissionsspektrum fester und flüssiger erhitzter Körper ist kontinuierlich.**

Auch erhitzte Gase können Licht emittieren. Dessen Farbe ist von der Gasart abhängig. Man erkennt im Spektrum einzelne, voneinander getrennte Farbbereiche, die man durch strichförmige Lichtquellen oder beleuchtete Spalte zu einem **Linienspektrum** verengen kann. Ihre Anzahl und Anordnung ist vom verwendeten Gas abhängig.

- **Das Emissionsspektrum von Gasen ist ein nicht kontinuierliches (diskretes) Spektrum.**

1814 entdeckte **Joseph Fraunhofer** bei Sonnenbeobachtungen, dass Stoffe, die Licht einer bestimmten Farbe emittieren, dieses auch absorbieren können, es entsteht ein **Absorptionsspektrum**.

- **Stoffe absorbieren Licht derselben Farbe, das sie im leuchtenden Zustand emittieren.**

Temperatur und Strahlung Bringt man feste oder flüssige Körper zum Glühen, so nimmt nicht nur die Helligkeit mit der Temperatur zu, gleichzeitig ändert sich auch die Farbe (→**B5**) von Dunkelrot bis zu Weiß bei sehr hoher Temperatur (**Wien'sches Verschiebungsgesetz**).

Auch zwischen abgestrahlter Energie und der Temperatur des strahlenden Körpers besteht ein Zusammenhang. Bezogen auf eine bestimmten Fläche ist die in einer Zeitspanne abgestrahlte Energie (also die Leistung bzw. Energiestromstärke) proportional zur vierten Potenz der Temperatur des Körpers:

$\frac{P}{A} \sim T^4$ (**Stefan-Boltzmann-Gesetz**)

Grundlage dieser Gesetzmäßigkeiten war die Theorie von **Max Planck** (1858 – 1947) zu einem idealen „schwarzen Körper". Gemeint war nicht die Farbe, sondern das Vermögen, 100 % Energiestrahlung absorbieren und wieder emittieren zu können. Das Emissionsspektrum in Abhängigkeit von der Temperatur konnte Planck mathematisch beschreiben. Die Spektren realer Strahler wie Glühlampe, Sonne oder Bügeleisen kommen dem recht nahe.

B5 Glühendes Eisen

Konvektionen in der Atmosphäre

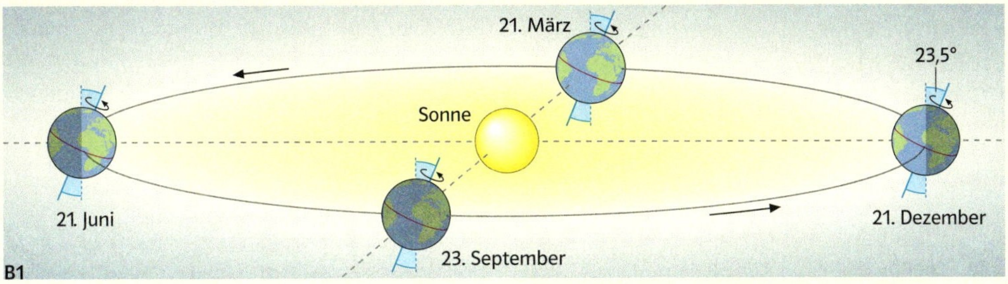

B1

Die Erde ist in den Wintermonaten der Sonne näher als im Sommer, doch fällt auf der Nordhalbkugel die Strahlung wegen der Neigung der Erdachse im Winter flacher als im Sommer ein.

Wettererscheinungen sind Vorgänge in der unteren Atmosphäre unserer Erde. Sie haben ihre Ursache in den Temperaturunterschieden, die bei der Energieübertragung der Sonnenstrahlung in Luft, Wasser und Boden entstehen. Die jährliche Bewegung der Erde um die Sonne und die tägliche Drehung um eine geneigte Achse (→**B1**) lassen die Sonnenstrahlung ständig mit unterschiedlicher Stärke und unterschiedlichen Winkeln auf die Erde auftreffen: In Polnähe haben wir durch den flachen Einfall die geringste, am Äquator durch den steilen Einfall der Strahlung die größte Erwärmung. Temperaturunterschiede zwischen großen Gebieten gleichen sich durch gewaltige Konvektionen der Luft aus. Dabei wird aus dem Meer durch Verdunsten entstandener Wasserdampf mittransportiert. Im Wetterbericht ist oft von einem Hoch oder Tief die Rede. Erwärmt die Sonne die Luft in einem Gebiet stärker als in der Umgebung, so steigt diese Luft nach oben, da sie gegenüber der kälteren und dichteren Luft der Umgebung leichter ist. Weil die Luft der Umgebung verzögert nachströmt, entsteht am Boden ein Gebiet mit niedrigem Luftdruck, ein **Tiefdruckgebiet** (→**B3**). Die erwärmte und meist feuchte Luft kühlt sich beim Aufsteigen ab, es bilden sich Wolken. In der Höhe strömt die Luft dorthin, wo der Druck niedriger ist. Hier hat sich die Luft am Boden zu einem Tiefdruckgebiet bewegt. Die absinkende Luft erwärmt sich und bewirkt einen höheren Luftdruck gegenüber dem der Umgebung. Am Boden entsteht ein **Hochdruckgebiet**. Von dort weht der **Wind** als druckausgleichende Luftströmung in ein Tiefdruckgebiet. Wegen der Erddrehung wird die auf ein Tief zuströmende Luft seitlich abgelenkt und so von der umgebenden Luft abgebremst, dass sie auf der Nordhalbkugel gegen den Uhrzeigersinn hineinströmt; aus dem Hoch entfernt sie sich dagegen im Uhrzeigersinn heraus. Satellitenfotos wie **B4** zeigen diese Luftwirbel mit ihren Wolken. Über Deutschland wandern häufig Tiefdruckgebiete hinweg, wobei sich ein bestimmter Wetterablauf erkennen lässt (→**B2**). Zuerst wandert über uns die vom Hoch kommende Warmluft hinweg. Sie erzeugt am kühleren Tief eine **Warmfront**, es bilden sich Wolken. Nach einiger Zeit beginnt es zu regnen. Die Luft kühlt sich dadurch ab, der Luftdruck sinkt ständig. Die Warmfront zieht ab, es hört auf zu regnen, der Wind dreht sich. Auf der Rückseite des Tiefs hat sich eine **Kaltfront** gebildet. Die Kaltluft des Tiefdruckgebietes holt die wärmere zuströmende Luft des rückwärtigen Gebietes ein. Es entstehen hohe Wolken mit Schauerregen und Gewittern. Der Luftdruck steigt, die Temperatur sinkt weiter. Es hört auf zu regnen.

B4

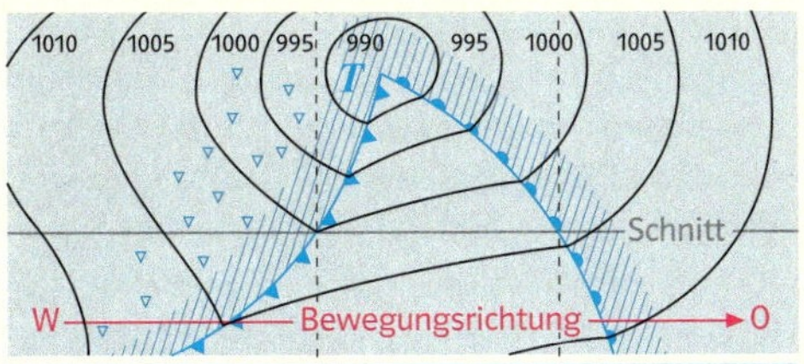

B2 Ein Tief wandert über uns hinweg.

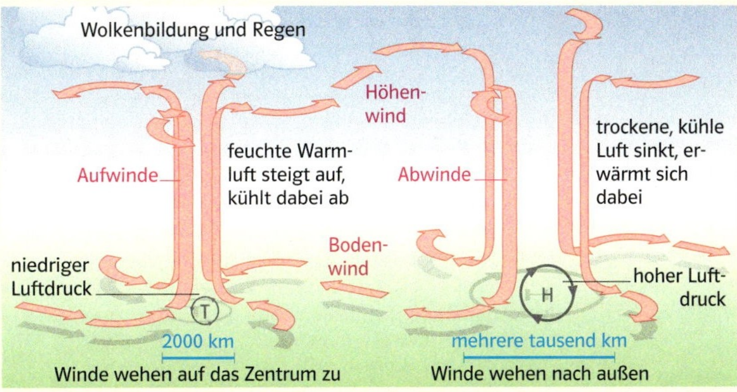

B3 Luftströmungen bei Hoch und Tief auf der Nordhälfte der Erdkugel

Physik überall Ein Haus gibt ständig Energie ab

Gebäudeteil	*k*-Wert in $W/(m^2 \cdot K)$	Fläche in m^2	Energietransport pro s in J/K
Außenwände	0,2 bis 0,4	120	24 bis 48
Fenster (Isolierglas)	1,5 bis 1,8	40	60 bis 72
Dach	0,15 bis 0,2	140	21 bis 28
Keller	0,3 bis 0,45	240	72 bis 108

Energietransport in 1 Sekunde	
bei 1 K mittlerer Temperaturdifferenz	177 bis 256 J
bei 20 K mittlerer Temperaturdifferenz	3540 bis 5120 J
bei 40 K mittlerer Temperaturdifferenz	7080 bis 10240 J

B1 *k*-Werte für ein Einfamilienhaus. Die größte Energieabgabe erfolgt über die Fenster, es gibt daher welche mit $k = 1{,}1$ bis $1{,}3\,W/(m^2 \cdot K)$. Im Keller ist der Temperaturunterschied zur Außenwelt niedriger, unterm Dach meist größer als in Wohnräumen.

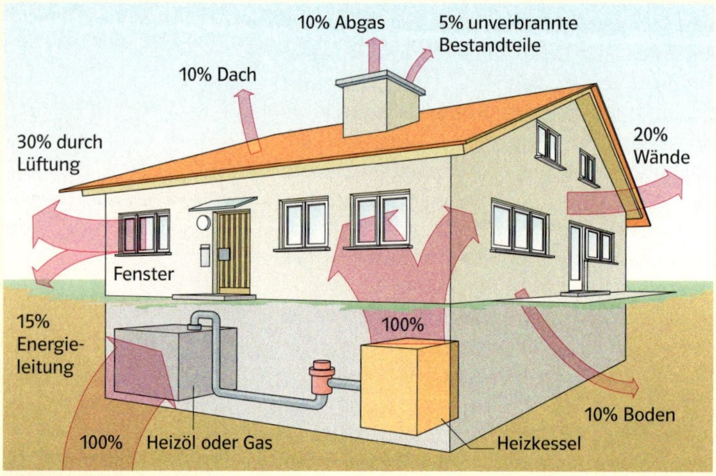

B2 Abgabe an Energie beim Einfamilienhaus im Jahresdurchschnitt

Heizungsanlage	Moderne Steuerungseinrichtungen für die Heizungsanlage mit regelmäßiger Wartung und Einstellung, Verwendung von Biomasse, z. B. Holzpellets als Energieträger statt Öl/Gas, nicht zu hohe Raumtemperatur, Reduzierung der Heizperiode durch Nutzung der Solarenergie (Kollektoren).
Außenwände	Dämmung durch dämmendes Mauerwerk, Styropor oder Glasfasermatten. Neubau mit bzw. Ergänzung durch ein Wärmedämmverbundsystem: Mauerwerk innen, starke Dämmung außen.
Dach	Isolierung durch Dämmmatten oder Dämmplatten zwischen und auf den Dachbalken.
Fenster	Dreifach-Isolierglas, beschichtete Scheiben, Dichtungen zwischen Fensterflügel und Rahmen.
Kellerboden und Kellerwände	Keller nicht als Wohnraum vorsehen, starke Isolierung zwischen Warmbereich (Wohnraum) und Kaltbereich (Keller), Keller an allen Flächen zum Erdreich hin stark isolieren, auch gegen Eindringen von Feuchtigkeit.
Fußböden	Isoliermatten oder Platten unter dem Estrich, besonders direkt über Erdreich oder Durchfahrten, Isoliermatten und isolierte Lufträume über kalten Kellerräumen.

B3 Maßnahmen zur sinnvollen Einsparung von Heizkosten

An kalten Tagen müssen wir heizen, um in den Wohnräumen eine angenehme Temperatur zu haben. Wenn die Temperatur außen niedriger ist als innen, verliert das Haus innere Energie an die Umgebung. Das geschieht umso stärker, je größer die Temperaturdifferenz ist. Die Energie verlässt das Haus durch die Außenwände, das Dach und den Fußboden (→**B2**). Zum Teil geht innere Energie durch **Energieleitung** verloren. Wände, Fensterrahmen und Türen leiten die Energie direkt an die Außenflächen weiter. Isolierungen durch Styropor oder Glasfasermatten verringern die Leitung beträchtlich. Zum Teil gibt das Haus durch **Energiestrahlung** mehr Energie ab, als es von der Umgebung durch Strahlung zurückerhält. Wände, Dach und Fenster empfangen insbesondere im Winter von der kalten Umgebung viel weniger Energie als im Sommer. Durch geöffnete Fenster und Türen, aber auch Ritzen und Fugen, entweicht Luft höherer Temperatur aus dem Haus. So trägt auch diese sogenannte **Konvektion** zur Energieabgabe bei.

Bauvorschriften fordern Maßnahmen zur Isolierung. In einem Nachweis ist für jedes Gebäude- bzw. Bauteil die Energie zu ermitteln, die pro m^2 Fläche bei einer Temperaturdifferenz von 1 K zwischen innen und außen innerhalb einer Sekunde durch das Gebäudeteil transportiert wird. Die so ermittelte Leistung heißt ***k*-Wert** (→**B1, B4**).

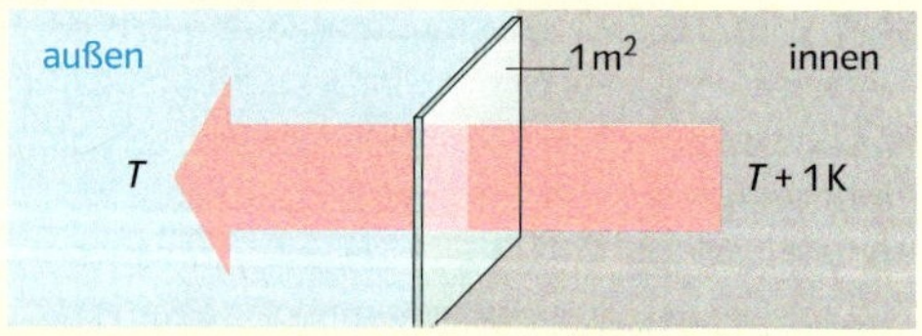

B4

Ein hoher *k*-Wert bedeutet: hohe Abgabe an Energie und damit hohe Heizkosten. Die Höchstwerte für *k* sind verbindlich! **B2** zeigt ein Beispiel für die von einem Haus abgegebene Energie (im Mittel 217 J/K). Um den erhöhten Bedarf für ein Aufheizen nach Abwesenheit oder für sehr kalte oder windige Tage sicherzustellen, sollte die Heizung aber mehr als den berechneten Höchstwert leisten. Zum Heizen werden etwa 50 % der Energie benötigt, die ein privater Haushalt umsetzt. In der Wärmeisolierung liegt daher das größte Energiesparpotenzial der Privathaushalte (→**B3**). Besonders viel Energie sparen **Passivhäuser**.

Natürlicher und anthropogener Treibhauseffekt

V1 In einem Treibhaus ist es heißer als außerhalb. Dies liegt daran, dass nur ein Teil der Strahlungsenergie, die in das Treibhaus eindringt, wieder nach außen tritt (→**B1**).

V2 Die Strahlung einer 100-W-Glühlampe ruft an einer Thermosäule (→**B2**) eine Spannung hervor. Wird die elektrische Leistung der Glühlampe halbiert, so sinkt die Spannung der Thermosäule auf die Hälfte. Die Spannung ist ein Maß für die auftreffende Strahlung. Miss damit die ankommende Leistung der Strahlung von der Sonne.

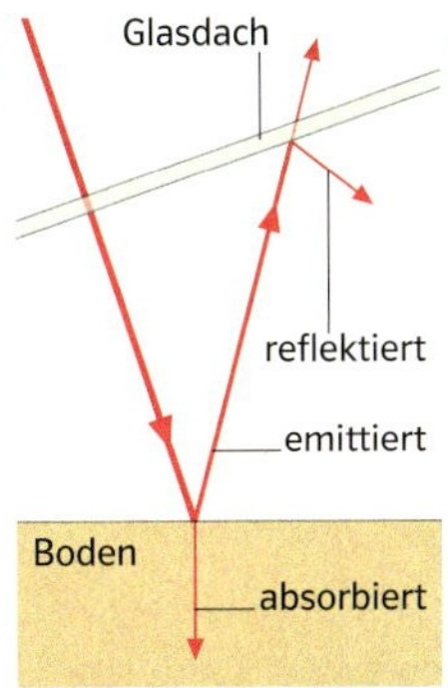

B1

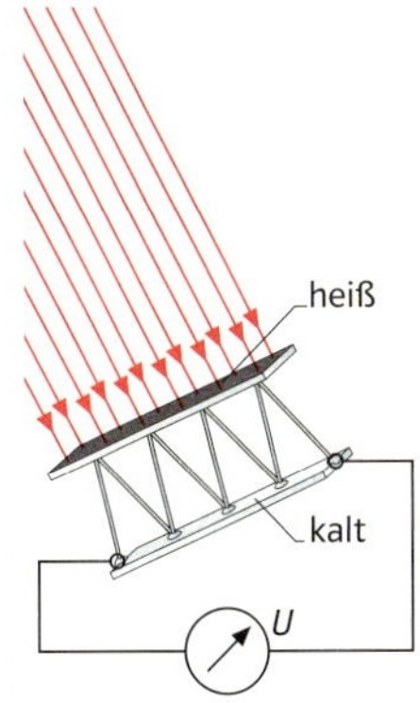

B2

Natürlicher Treibhauseffekt Unter dem Glasdach eines Treibhauses ist es auch bei niedrigen Außentemperaturen warm. Niedrigenergiehäuser nutzen diesen Effekt durch geeignet angebrachte Fenster oder Wintergärten. **B1** zeigt die Wirkungsweise: Die Sonnenstrahlung gelangt fast ungehindert durch die Glasscheibe und trifft auf den Boden, der die Energie der Strahlung aufnimmt und in Form von unsichtbarer Infrarotstrahlung (IR) wieder abgibt. Die IR-Strahlung ist dafür verantwortlich, dass wir Strahlung als „heiß" empfinden. Diese wird vom Glas stärker absorbiert und reflektiert als die einfallende Sonnenstrahlung. Insgesamt wird dadurch ein Teil der Energie in den Innenraum zurückgestrahlt. Dieser erwärmt sich stärker als ohne Abdeckung. Die Atmosphäre hat für die Erde eine ähnliche Bedeutung. Sie lässt sichtbares Licht fast ungehindert passieren, absorbiert aber zum großen Teil die Infrarotstrahlung, die von der Erde emittiert wird, statt sie in den Weltraum hinaustreten zu lassen (besonders wirksam absorbieren **Treibhausgase** wie Wasserdampf, Kohlenstoffdioxid und Methan). **B3** zeigt die wesentlichen Energieübergänge zwischen Sonne, Erdboden und Atmosphäre. In **B4** sind diese Übergänge ausführlicher dargestellt.

Die mittlere Temperatur der Erde Die von der Sonnenstrahlung und der IR-Strahlung des Erdbodens aufgeheizte Atmosphäre strahlt auch auf den Erdboden zurück, so dass er einen Teil der Sonnenenergie doppelt empfängt. Das erhöht die Temperatur in Bodennähe. Entsprechend nimmt die vom Boden abgestrahlte Energie zu, usw. Auf diese Weise stellt sich ein „thermisches Gleichgewicht" ein. Ähnlich einem lange in der Sonne stehenden Auto ist die Energieabgabe durch Strahlung so groß wie die Energieaufnahme. Die Temperatur ändert sich nicht mehr. 30 % der Sonnenstrahlung werden direkt wieder in den Weltraum reflektiert, 70 % tragen zur Erwärmung von Atmosphäre und Erdoberfläche bei. Ohne den Treibhauseffekt würde sich eine mittlere Temperatur von 255 K (-18 °C) einstellen. Tatsächlich liegt durch den natürlichen Treibhauseffekt die mittlere Temperatur der Erde mit +15 °C deutlich höher, er ermöglicht also erst das Leben auf unserem Planeten. Natürliche Faktoren können die Erdtemperatur verändern, z. B. Veränderungen der Erdbahn, Aktivitäten der Sonne und v. a. Vulkanausbrüche.

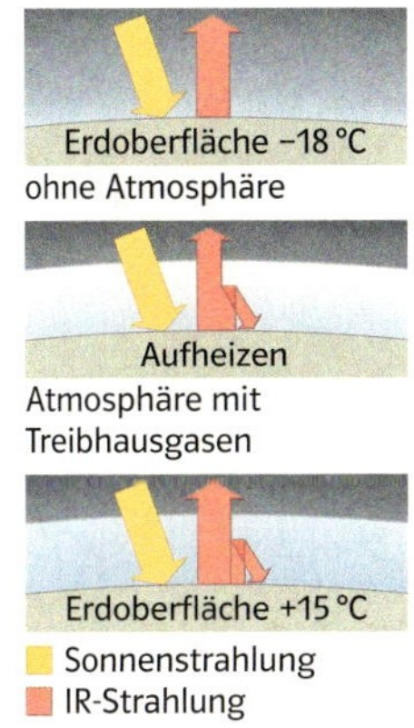

B3 Erwärmung durch natürlichen Treibhauseffekt

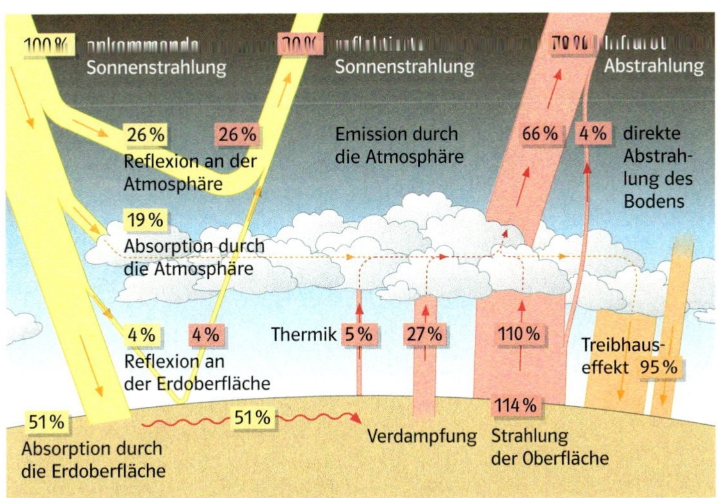

B4 Energiehaushalt der Erde mit Vorgängen in der Atmosphäre. Nur ein Teil ($174\,W/m^2$) gelangt schließlich zur Erdoberfläche.

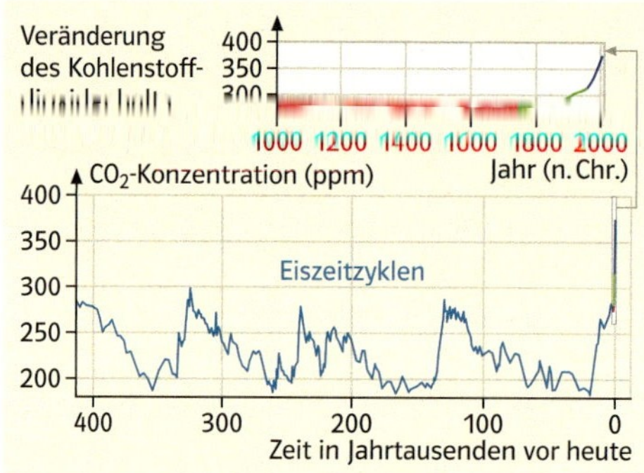

B1 Entwicklung der Kohlenstoffdioxidkonzentration

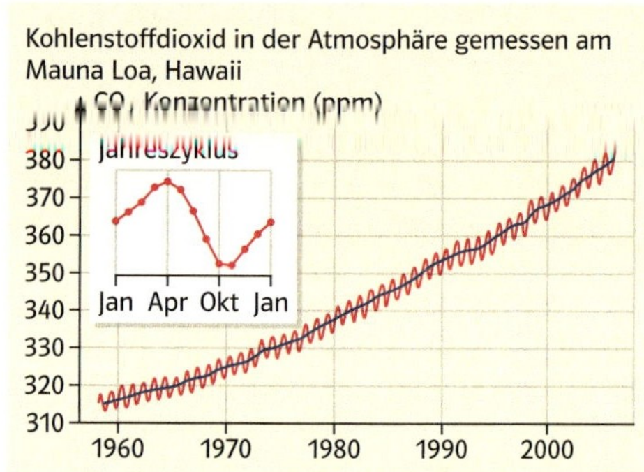

B2 Messwerte der Kohlenstoffdioxidkonzentration der Station Mauna Loa (Hawaii/USA).

Anthropogener Treibhauseffekt Da durch den Menschen zunehmend Treibhausgase in der Atmosphäre freigesetzt werden, verstärkt sich der natürliche Treibhauseffekt immer mehr um den **anthropogenen Treibhauseffekt.**

● **Als anthropogenen Treibhauseffekt bezeichnet man den vom Menschen verursachten Anteil des Treibhauseffekts.**

Bohrungen im antarktischen Eis ergaben, dass in den letzten 400 000 Jahren die Konzentration des (nach Wasserdampf bedeutsamsten) Treibhausgases Kohlenstoffdioxid den Wert 300 ppm (parts per million) nie überschritten hat (untere Kurve, →**B1**). In den Kaltzeiten war dabei die Kohlenstoffdioxidkonzentration deutlich geringer als in den Warmzeiten.

Seit Beginn der Industrialisierung steigt die Konzentration stark an (obere Kurve, →**B1**). Der rote Teil der Kurve ergibt sich aus den Messungen der Mauna Loa-Station auf Hawaii. Dort wurden seit 1958 kontinuierliche Messungen durchgeführt. In (→**B2**) sind die jahreszeitlichen Schwankungen deutlich zu sehen. Im Frühjahr und Sommer fällt die Kohlenstoffdioxidkonzentration, da mehr Fotosynthese als im Herbst und Winter stattfindet. Im Herbst und Winter steigt die Konzentration wieder an. Im Jahre 2002 betrug der Mittelwert bereits 375 ppm, die jährliche Zuwachsrate 1,5 ppm.

Der englische Ausdruck parts per million (ppm, Teile pro Million) entspricht einem Anteil von 10^{-6}. Er ist im englischsprachigen Raum als Konzentrationsangabe immer noch sehr verbreitet.

Die Erde ist im Bezug auf Kohlenstoff ein abgeschlossenes System aus Atmosphäre, Hydrosphäre (Wasser der Erde), Pedosphäre (Gesteine und Böden) und der Biosphäre (Flora und Fauna). Der Kohlenstoff in Form der Verbindung CO_2 in der Atmosphäre ist mit verantwortlich für den natürlichen Treibhauseffekt. Durch Verbrennen von fossilen organischen Brennstoffen z. B. in Kraftwerken oder im Verkehr, gelangt in kurzer Zeit immer mehr Kohlenstoffdioxid aus Kohlenstoff, welcher über Jahrmillionen in organischen Fossilien gebunden wurde, in die Atmosphäre.

Dieser durch Menschen verursachte Anstieg an CO_2 verstärkt den natürlichen Treibhauseffekt der Atmosphäre, was Auswirkungen auf die mittlere Temperatur von Atmo- und Hydrosphäre hat (→**S. 212**). Ein Teil des CO_2 wird in den Weltmeeren gelöst und durch verstärktes Pflanzenwachstum bzw. Fotosynthese absorbiert. Allerdings kann das natürliche Pflanzenwachstum die Zunahme an CO_2 nicht ausgleichen. Außerdem können die Weltmeere nicht immer mehr, sondern durch die zunehmende Erwärmung des Wassers eher immer weniger CO_2 aufnehmen.

Zwar tragen auch andere Gase (v. a. Wasserdampf, aber auch Methan, Distickstoffoxid und Ozon) zum Treibhauseffekt bei. Aufgrund der Oxidationsvorgänge bei organischen Stoffen spielt dabei aber CO_2 eine zentrale Rolle.

Ursachen für die anthropogene Freisetzung von Treibhausgasen sind
- Energienutzung (Kohle, Erdöl, Erdgas) einschließlich Verkehr (ca. 50 %)
- Landwirtschaft einschließlich Stickstoffdüngung und Vernichtung der Tropenwälder (ca. 30 %)
- Industrie einschließlich Emissionen chemischer Produkte (ca. 20 %)

Zu beachten ist, dass die Treibhausgase je nach Ort ihrer Freisetzung unterschiedliche Wirksamkeit besitzen. So belastet z. B. jeder Liter verbrannten Kraftstoffs bei einem hoch fliegenden Düsenjet die Atmosphäre eineinhalb bis vier Mal mehr als bei der Verbrennung in Bodennähe.

Klimamodelle Klimamodelle sind hochkomplexe Computermodelle. Aufgrund der großen Zeiträume und der großen Zahl zu berücksichtigender Faktoren sind hier Vorhersagen viel problematischer als z. B. bei Wettervorhersagen. Klimaforscher sprechen daher ungern von Vorhersagen, sondern von **„Klimaszenarien"**.

In ihnen wird versucht, aus dem Datenmaterial Trends der Klimaentwicklung und die Bedeutung verschiedener Klimafaktoren herauszuarbeiten. Hierzu werden im Szenario viele einzelne Vorannahmen gemacht, die aber in vielen Fällen schwer in der Praxis überprüfbar sind, da oft die Zusammenhänge zwischen verschiedenen Faktoren noch unbekannt sind oder sich nicht in kurzfristigen Zeiträumen erfassen lassen. Daher entwirft man verschiedene Szenarien mit unterschiedlichen Grundannahmen und fasst diese dann zu einer **„Klimaprognose"** zusammen, die einen recht breiten Bereich von möglichen Folgen anbietet.

Da die Wetteraufzeichnung in der Klimaforschung zudem eine recht junge Disziplin ist, kann zuverlässig nur auf Daten der letzten rund 100 Jahre zurückgegriffen werden.

Besondere Wetterereignisse wurden auch schon früher schriftlich festgehalten. Um aber Daten wie in (→**B1**) zu erhalten, benötigt man natürliche Klimaarchive. Unter einem **Klimaarchiv** versteht man alles, was verwertbare Daten von früheren Klimaverhältnissen enthält.

Die wohl bekannteste Form eines Klimaarchivs sind die Jahresringe von Bäumen (→**B4**). Diese können auch im versteinerten Zustand benutzt werden. In manchen Gebieten existieren Daten, die 10 000 Jahre zurückreichen. Dennoch ist nur ein kleiner Teil der Erde mit Bäumen bewachsen. Eine weitere Möglichkeit ist die Untersuchung von Sedimenten in Ozeanen, aber auch in Seen. Auch Korallenskelette haben Jahresringe, die wie die Baumjahresringe verwendet werden können (→**B5**).

In Dauereisgebieten gibt es wie bei den Bäumen jedes Jahr eine neue Eisschicht. Aus Eisbohrkernen (→**B2**) können sowohl die Temperatur als auch Lufteinschließungen analysiert werden. Diese Idee geht auf den Geowissenschaftler **Alfred Wegener** (1880 – 1930) zurück. 1930 und 1931 untersuchte einer seiner Expeditionsteilnehmer das Eis bis in eine Tiefe von 15 m. Heute gehen die Bohrungen bis in über 3 000 Meter Tiefe. Dort ist das Eis bis zu 900 000 Jahre alt.

Auch heute noch ist die Erfassung von Messwerten nicht unproblematisch, z. B. die flächendeckende Temperaturmessung (v. a. die Wassertemperaturmessung in großen Meerestiefen) oder die Auswertung von Satellitendaten. Trotzdem sind die Modelle recht realitätsnah. Die Leistungsfähigkeit eines Modells lässt sich einschätzen, wenn mit ihm bereits bekannte gemessen Daten aus der Vergangenheit nachträglich errechnet werden (→**B3**).

Unter **Klima** versteht man die durchschnittlichen Verhältnisse des Tages- und Jahresganges der Erdatmosphäre über viele Jahre hinweg. **Wetter** bezieht sich nur auf Stunden und Tage.

B4 Jahresringe einer Fichte

B2 Eisbohrkern als Klimaarchiv

B5 Koralle

Analogien & Strukturen → S. 252

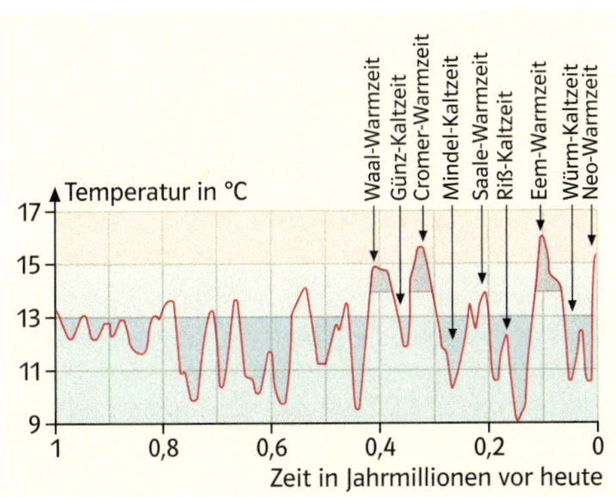

B1 Temperaturentwicklung im Erdzeitalter Quartär

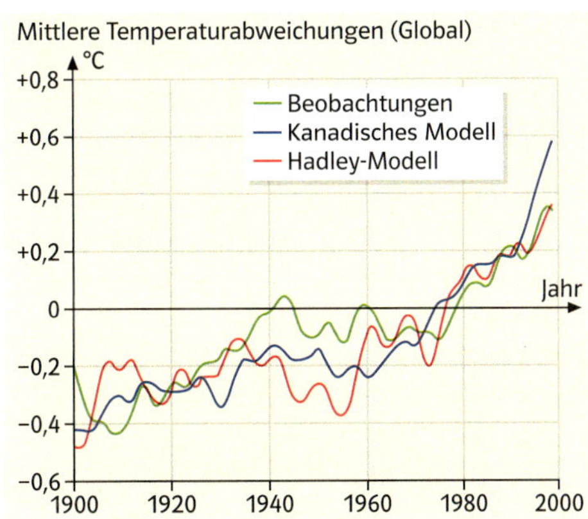

B3 Tatsächliche Entwicklung der Temperaturentwicklung und nachträgliche „Vorhersage" mit verschiedenen Klimamodellrechnungen

B1 Hurrikan vor der nordamerikanischen Ostküste (September 2005)

Der „Weltklimarat" IPCC erhielt 2007 den Friedensnobelpreis.

Auswirkungen des anthropogenen Treibhauseffekts Als direkte Auswirkung des Treibhauseffektes wird die globale Erwärmung gesehen. Der Forschungsstand hierzu wird im mehrjährigen Abstand durch die „Zwischenstaatliche Sachverständigengruppe über Klimaänderungen" (Intergovernmental Panel On Climate Change, IPCC) zusammengefasst und veröffentlicht.

Prognosen der letzten Jahre sagen eine Erhöhung der globalen mittleren Oberflächentemperatur um 1 bis 5 °C bis zum Jahr 2050 voraus (dies ist allerdings keine Aussage über regionale Temperaturänderungen). Schon eine scheinbar unspektakuläre Temperaturerhöhung von weniger als einem Grad hat deutliche Auswirkungen.

Bei einem System mit **negativer Rückkopplung** wirkt das Signal selbstregulierend auf die Quelle zurück (z. B. Thermostat).

Es bildet sich z. B. mehr Wasserdampf in der Luft. Wasserdampf steuert den größten Beitrag zum Treibhauseffekt bei, sorgt somit für noch höheren Anteil von Wasserdampf in der Luft, was wiederum zu höherem Wassergehalt in der Luft führt, usw. Einen solchen sich selbst verstärkenden Zusammenhang nennt man **positive Rückkopplung**.

Dass es durch den hohen Wasserdampfgehalt auch zu vermehrter Wolkenbildung kommen kann, kann aufgrund der veränderten Einstrahlungsverhältnisse der beschriebenen Rückkopplung entgegenwirken. Wasser verbleibt im Gegensatz zu anderen Treibhausgasen zudem nur kurz in der Atmosphäre, weshalb verlässliche Aussagen hierüber schwierig sind.

Klimazonen können sich verschieben. Für eine Erhöhung der Durchschnittstemperatur von 1 °C wurde eine Verschiebung der Klimazonen um 100 bis 200 km polwärts errechnet. Entsprechend kann es zur Änderung von Wetterlagen, Bewölkungsgrad und Windsystemen wie den Zugbahnen von Tiefdruckgebieten (→**B1**) oder der Passatwinde kommen.

Dies hat Auswirkungen auf die Klimazonen, also Niederschläge und Wasserhaushalt, den Temperaturverlauf im Jahresgang sowie die Vegetation. Dies hat vor allem in ökologisch sensiblen Regionen wie in den Polar- oder Savannengebieten schwer absehbare Folgen. Diskutiert wird zunehmende Wüstenbildung (Desertifikation) und das Schrumpfen der polaren Eiskappen. Andererseits gibt es auch Szenarien, die höhere Niederschläge in den Polarregionen und damit eine mächtigere Schneedecke voraussagen.

Auch die Höhenstufen im Gebirge und die zugehörigen Vegetations- und Klimazonen können sich verschieben. Hierdurch kann es z. B. zu beträchtlicher Gletscherschmelze kommen, was starke Auswirkungen auf den Wasserhaushalt in Gebirgsregionen hat.

Aufgrund des im globalen Schnitt wärmeren und sich daher ausdehnenden Meerwassers kann es zu einem Anstieg des Meeresspiegels kommen, was flache Inselregionen (z. B. im Pazifik) gefährden kann.

Bedeutsamer, aber kaum absehbar sind die Auswirkungen auf die Meeresströmungen (z. B. Golfstrom). Meeresströmungen scheinen sehr sensibel auf Änderungen der Wassertemperatur und des Salzgehaltes anzusprechen, da Dichteunterschiede verschieden warmen bzw. salzhaltigen Wassers der wesentliche Antrieb dieser gigantischen jahrhundertelangen Wasserumwälzungen sind.

Durch den höheren Kohlenstoffdioxidanteil in der Luft kann es durch Auswaschung zu erhöhter Pflanzendüngung kommen, aber auch zur Versauerung des Regen- und Meerwassers.

Insgesamt wird eine globale Erwärmung deutlich mehr negative als positive Konsequenzen für ökologische, soziale und politische Systeme haben. Abgesehen von den Auswirkungen auf die Natur sind insbesondere die Nahrungsmittelproduktion in der Landwirtschaft und die Trinkwasserverfügbarkeit hiervon betroffen.

1 Begriffe
Was versteht man unter
- Energieerntefaktor und Amortisationszeit?
- regenerativer Energiegewinnung?
- Grundlast, Mittellast, Spitzenlast?
- fossilen Energieträgern?
- den Strahlungsgesetzen?
- natürlichem und anthropogenem Treibhauseffekt?
- globaler Erwärmung?
- Klimamodell, -szenario und -prognose?

2 Beobachtungen
Was beobachtet man, wenn
- chemische Energie in den Muskeln in mechanische Energie umgewandelt wird?
- Stahl bis zum Glühen erhitzt wird?
- man feste und gasförmige heiße Körper durch einen Spektrografen betrachtet?

3 Erklärungen
Wie lässt sich begründen, dass
- die Nutzung fossiler Energie begrenzt ist?
- zu Spitzenlastzeiten Pumpspeicherkraftwerke eingesetzt werden?
- die Fernleitung elektrischer Energie mit Hilfe von Hochspannung erfolgt?
- thermische Kraftwerke und andere Energiewandler Kühlwasser brauchen?

4 Gesetzmäßigkeiten
Beschreibe mit eigenen Worten
- auf welche Arten elektrische Energie gewonnen werden kann.
- die Zukunftsperspektiven konventioneller und regenerativer Energieträger.
- die mit der Entwertung von Energie verbundenen Folgen für die Umwelt.

Erläutere die Erscheinungen in den folgenden Bildern und beantworte die Fragen!

B1 Welche Energie wird hier wie genutzt?

B2 Welche Energieumwandlungen erkennst du?

B3 Welche Energieumwandlungen finden statt?

B4 Welche Energieumwandlungen finden hier statt?

B5 Welche Energie wird hier umgewandelt?

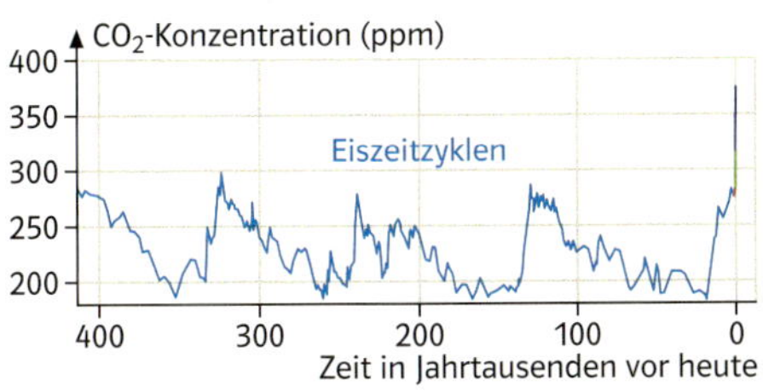

B6 Was kann man aus diesem Diagramm ablesen?

B7 Welche Rolle spielt der Tanklaster in der Kette der allgemeinen Energieversorgung?

Beispiele

1 Brennstoffeinsatz bei einem Kraftwerk
Ein Kraftwerk hat die Leistung 320 MW. Der Wirkungsgrad sei 36 %. Wie viel Brennstoff wird jeweils pro Stunde benötigt?

Heizwert	
Braunkohle	21 MJ/kg
Öl	41 MJ/kg
Erdgas	38 MJ/kg

Lösung: Aus der abgegebenen Leistung P_{ab} und dem Wirkungsgrad ergibt sich die zuzuführende Leistung P_{zu}:

$$P_{zu} = \frac{320\,\text{MW}}{0{,}36} = 889\,\text{MW} = 889\,\frac{\text{MJ}}{\text{s}}$$

Die Masse m des Brennstoffes ist der Quotient aus der beim Verbrennen freigesetzten Energie für eine Stunde (1 h = 3600 s) und dessen Heizwert:

$$m = \frac{3600\,\text{s} \cdot P_{zu}}{\text{Heizwert}}$$

Somit werden benötigt bei
Braunkohle: $m = 152\,400\,\text{kg/h}$
Öl: $m = 78\,000\,\text{kg/h}$
Erdgas: $m = 84\,200\,\text{kg/h}$.

2 Energieentwertung im Körper Bei Liegestützen kommt man schnell ins Schwitzen, weil nur etwa 20 % der umgewandelten Energie als Muskelarbeit verfügbar ist. Ein Schüler möchte Energiebedarf und Leistung abschätzen. Auf die Personenwaage gestützt liest er 40 kg ab. Für 10 Liegestütze braucht er 15 s, dabei hebt er seinen Körper um etwa 30 cm an.

Lösung: Energieaufwand $E_{auf} = E_{nutz}/\eta$, die Nutzenergie berechnet man mit
$E_{nutz} = 10 \cdot F_{stütz} \cdot h$. Für die Stützkraft gilt
$F_{stütz} = m \cdot g$;
$E_{auf} = 10 \cdot m \cdot g \cdot h/\eta$
$= 10 \cdot 40\,\text{kg} \cdot 9{,}81\,\text{m/s}^2 \cdot 0{,}3\,\text{m}/0{,}20$
$= 1177\,\text{J}/0{,}2 = 5{,}9\,\text{kJ}$

Die Muskelarbeit beträgt also etwa 1,2 kJ, der Rest, 4,7 kJ, wird in innere Energie umgewandelt.

Die Gesamtleistung ist
$P = E_{auf}/t = 5{,}9\,\text{kJ}/15\,\text{s} = 0{,}39\,\text{kW}$.
Sie setzt sich zusammen aus der Muskelleistung von 80 W und der „Heizleistung" von etwa 310 W!

Fragen

1 Wodurch kommen Spitzenlasten in der Versorgung mit elektrischer Energie zustande? Nenne konkrete Beispiele und gib mögliche Tageszeiten für diese Beispiele an.

2 **B1** zeigt den Anteil von Wasserkraftwerken bei der elektrischen Energieversorgung in verschiedenen Ländern. Begründe die unterschiedlich starke Nutzung der Wasserkraft.

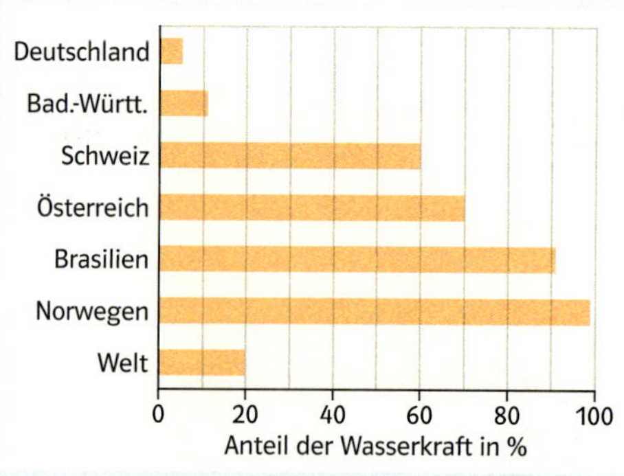

B1

3 Im Zusammenhang mit Energieversorgung spricht man oft von Energieverlusten. Was ist an dieser Aussage physikalisch falsch? Was versteht man darunter?

4 Erkundige dich, wie der Energiemix des Unternehmens zusammengesetzt ist, das euch zuhause mit elektrischer Energie versorgt.

5 Bei der Verbrennung von fossilen Brennstoffen entsteht durch Oxidation Kohlenstoffdioxid. Der dafür benötigte Kohlenstoff stammt aus Tieren und Pflanzen, die in Urzeiten auf der Erde lebten. Die Menge an Kohlenstoff im globalen Kreislauf wird durch die Verbrennung der Rohstoffe also nicht verändert. Warum ist dies trotzdem problematisch?

6 Ein Jugendlicher kann beim Fahrradfahren über längere Zeit mit 20 km/h etwa 70 W leisten. Wie lange muss er treten, um eine Energiemenge von 1 kWh abzugeben, die im Kohlekraftwerk für 3 Cent produziert wird?

7 Eine Gasheizung hat etwa 90 % Wirkungsgrad. Elektrische Energie kann dagegen vollständig in innere Energie umgewandelt werden. Wäre es also sinnvoll, elektrisch zu heizen?

8 Berechne den Wirkungsgrad des weltgrößten Wasserkraftwerks (elektr. Leistung: 12,6 Gigawatt). Pro Sekunde stürzen 11 600 Tonnen Wasser aus 120 m Höhe auf die Turbinen.

Halbleiter und Mikroelektronik

Anfänge des Radios 1923 begannen in Deutschland regelmäßige Rundfunksendungen. Die ersten Empfänger arbeiteten mit Kristalldetektoren. Vorsichtig wurde eine gefederte Drahtspitze auf einen Bleisulfidkristall gedrückt. Oft musste man lange suchen, um eine geeignete Stelle auf dem Kristall zu finden. Das abgebildete Radio ist bereits eine Weiterentwicklung als Röhrengerät mit einer großen, starken Batterie zum Betrieb. Heute werden Halbleiterbauteile wie Dioden oder Transistoren anstelle von Röhren verwendet.

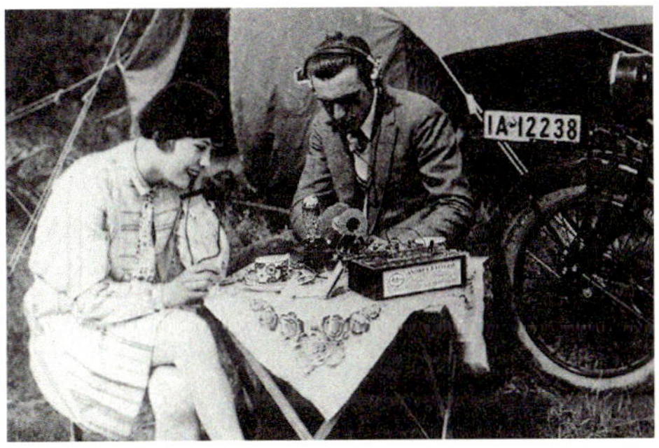

Dioden informieren uns Kleine Leuchtdioden informieren uns, ob Haushaltsgeräte, Stereoanlagen, Computer und anderes mehr eingeschaltet sind. Leuchtdioden gibt es in verschiedenen Farben. Handys sind allgegenwärtig – wie selbstverständlich erscheint uns die ständige Erreichbarkeit über Funk. Schrift und Bilder auf den kleinen Bildschirmen bestehen aus vielen winzigen Punkten, die jeder für sich elektronisch zum Erscheinen oder Verschwinden gebracht werden können.

Einbahnstraße für Elektronen Nimm eine Flachbatterie (4,5 Volt) und schließe ein Glühlämpchen (für 3,5 bis 6 Volt) an. Besorge dir eine Leuchtdiode und schalte sie in Reihe mit der Lampe. Was beobachtest du, wenn die Anschlüsse zur Batterie vertauscht werden?

ACHTUNG: Halbleiterbausteine benötigen in der Regel einen Schutzwiderstand!

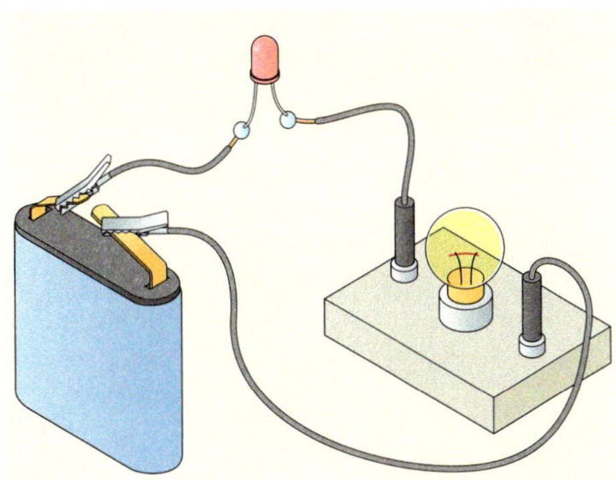

Leitungsvorgänge

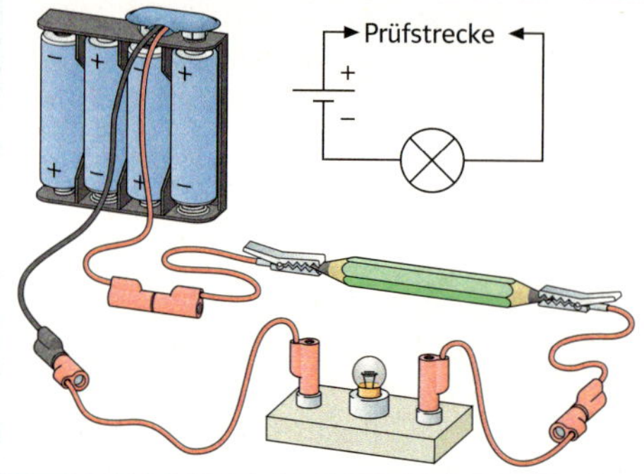

B1

V1 Wir ersetzen ein Stück des Kabels in einem Stromkreis durch einen Holzstift, eine Plastikschnur, eine Bleistiftmine, einen Löffel oder durch ähnliche Gegenstände (→**B1**). Wann leuchtet das Lämpchen?

V2 Die Abhängigkeit des Widerstandes eines Stoffes von der Temperatur soll untersucht werden. Dazu wird nacheinander ein Eisendraht, ein Konstantandraht und ein Graphitstab in destilliertem Wasser erwärmt (→**B2**).

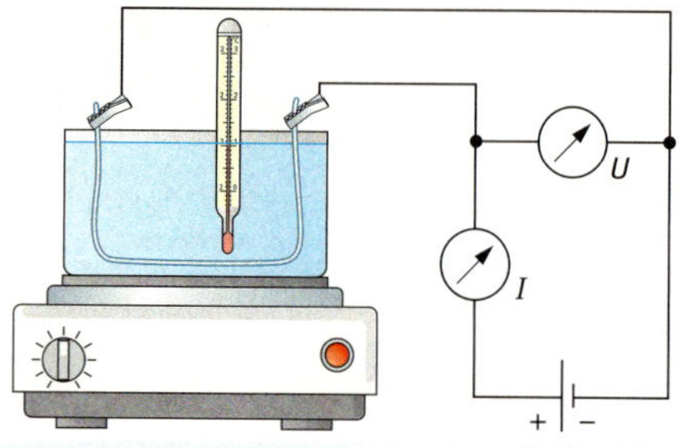

B2 Widerstandsmessung

Werden bei verschiedenen Temperaturen Spannung und Stromstärke gemessen, so ergibt sich z. B. für den Eisendraht:

ϑ in °C	20	40	60	80	100
U in V	2,3	2,3	2,3	2,3	2,3
I in mA	320	313	306	300	293

V3 Wir nehmen die *U-I*-Kennlinie einer Glühlampe auf. Dazu messen wir bei verschiedenen Spannungen die zugehörige Stromstärke. Man stellt fest, dass sich der Widerstand der Glühlampe mit steigender Spannung erhöht.

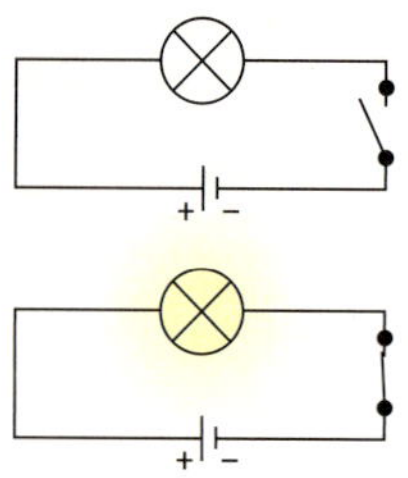

B3 Wenn der Schalter geschlossen wird, leuchtet die Lampe sofort.

Metalle leiten Strom Metalle leiten den elektrischen Strom gut oder sehr gut. Deshalb werden sie, insbesondere Kupfer und Aluminium, für elektrische Leitungen benutzt. Die Ursache liegt im Aufbau der Metalle begründet (→**B5**).

Schon bei Zimmertemperatur reicht die **innere Energie** aus, um bei fast allen Metallatomen die **Außenelektronen** abzulösen. Die Elektronen können sich im Metallgitter relativ frei bewegen. Man sagt, die Elektronen sind wanderungsfähig. Sie führen eine sehr schnelle ungerichtete Zitterbewegung aus. Legt man nun an das Metall eine elektrische Spannung an, bewegen sich die Elektronen infolge des elektrischen Feldes zum Pluspol entgegengesetzt zur technischen Stromrichtung (→**B4**).

Diese Bewegung ist aber nicht geradlinig, da die Elektronen auf ihrem Weg zum Pluspol mit Atomrümpfen zusammenstoßen oder sich an ihnen anlagern. Diese gerichtete Bewegung und die Zitterbewegung überlagern sich. In Richtung des Feldes bewegen sich die Elektronen mit Geschwindigkeiten von etwa 1 mm/s. Da sich alle Elektronen gleichzeitig bewegen, fließt sofort ein elektrischer Strom (→**B3**). Bei diesem Vorgang wird Energie des elektrischen Feldes in kinetische Energie der Elektronen und in innere Energie des Metalls (Erwärmung) umgewandelt.

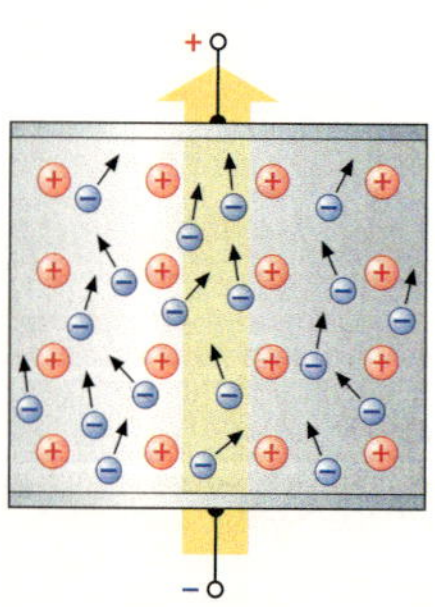

B4 Gerichtete Bewegung der Elektronen

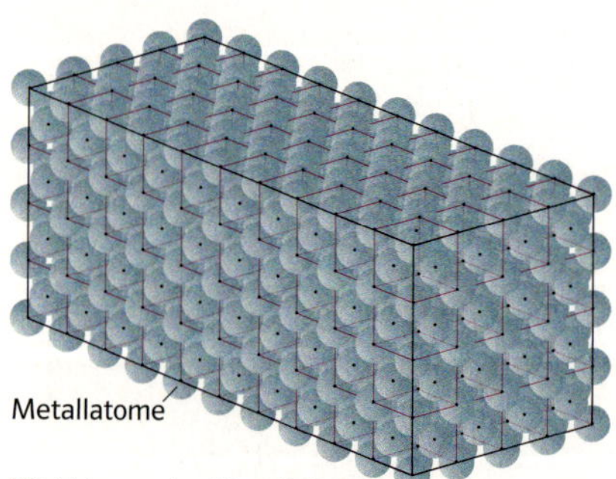

B5 Schema des Metallgitters

● **In Metallen befinden sich unter normalen Bedingungen wanderungsfähige Ladungsträger (Elektronen). Ist ein elektrisches Feld vorhanden, wirken auf die Elektronen Kräfte, so dass sie sich gerichtet (zum Pluspol) bewegen.**

Widerstände metallischer Leiter und Halbleiter

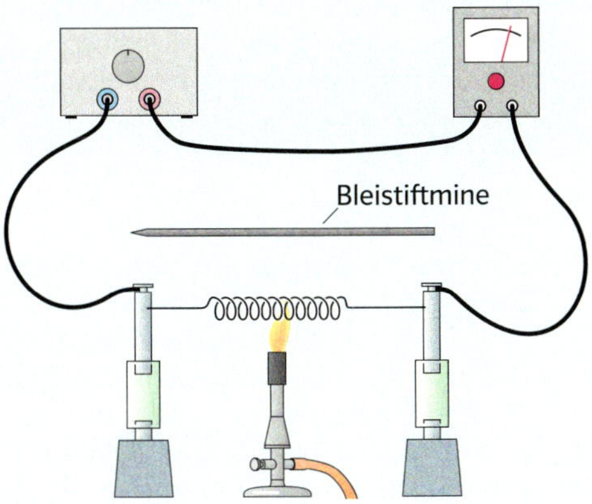

B1

V1 Wir wickeln eine Spule mit etwa 20 Windungen aus 50 cm Eisendraht (Drahtstärke 0,5 mm) und verbinden sie mit einer elektrischen Quelle ($U = 2\,V$). Ein Messgerät im Stromkreis zeigt die Stromstärke an (→ **B1**). Wir erhitzen die Spule vorsichtig mit einer Flamme und beobachten die Stromstärke, ohne die Spannung zu ändern. Die Stromstärke nimmt beim Erwärmen ab.

V2 Wir ersetzen in Versuch 1 den Eisendraht durch eine Bleistiftmine (Graphit) oder einen Bleistiftstrich auf Papier. Bei Zimmertemperatur ist die Stromstärke viel kleiner als beim Eisendraht. Anders als beim Eisen beobachten wir beim Erwärmen des Graphits eine Zunahme der Stromstärke.

V3 In einem Stromkreis, der einen NTC-Widerstand (→ **B2**) enthält, wird die Stromstärke gemessen. Wir wiederholen den Versuch und fassen dabei den NTC-Widerstand mit der Hand an. Die Stromstärke steigt.

B2 Heißleiter (NTC = **n**egativer **T**emperatur**c**oeffizient) verringern ihren Widerstand, wenn ihre Temperatur steigt.

Halbleiter Der elektrische Widerstand von gleichartigen Bauteilen kann je nach verwendetem Stoff sehr verschieden sein: Metalle sind gute elektrische Leiter. Sie finden deshalb als Leitungsmaterial Verwendung. Porzellan und Glas haben einen extrem hohen Widerstand, sie werden deshalb als Nichtleiter eingesetzt. Bauteile aus Germanium oder Silicium sind bessere elektrische Leiter als Porzellan, aber viel schlechtere als Metalle. Diese Stoffe heißen **Halbleiter**.

Wird ein Bauteil aus Metall erhitzt, so erhöht sich in der Regel der Widerstand. Halbleiter verhalten sich dagegen meistens umgekehrt:

- **Der Widerstand eines Halbleiters nimmt bei steigender Temperatur ab.**

Das elektrische Verhalten der Halbleiter lässt sich sehr stark durch eine etwas andere Zusammensetzung des Kristalls ändern. Darauf beruht die große Bedeutung der Halbleiter für die Elektronik.

Aufbau eines Siliciumkristalls Zum Verständnis dieser Eigenschaften benutzen wir im Folgenden ein **Modell** des Kristalls (→ **B3**): Ein Silicium-Atom hat vier für eine Bindung zur Verfügung stehende Elektronen. Bei der Bindung zwischen zwei Silicium-Atomen steuert jedes ein Elektron bei. Deshalb ist ein Silicium-Atom im Inneren des Kristalls mit vier anderen Silicium-Atomen über gemeinsame Elektronenpaare verbunden. So entsteht ein räumliches Gitter, ein **Kristallgitter** (→ **B3**). Zum Verständnis der Leitungsvorgänge genügt es, wenn wir uns die Silicium-Atome in einer Ebene angeordnet vorstellen.

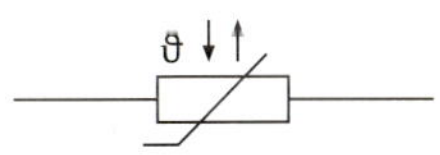

B4 Schaltzeichen eines Heißleiters

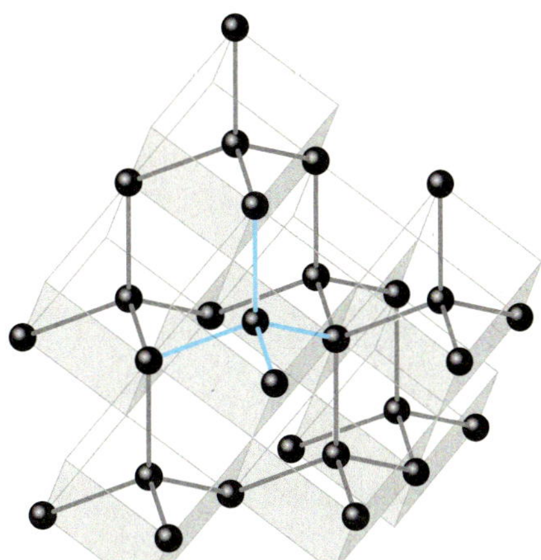
B3 Aufbau des Siliciumkristalls im Modell

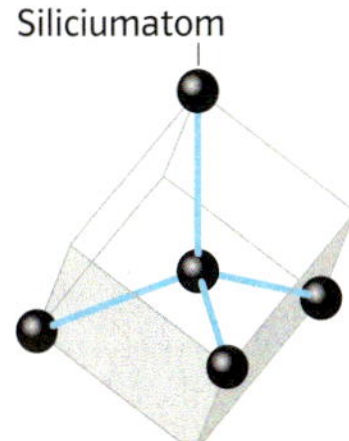

B5

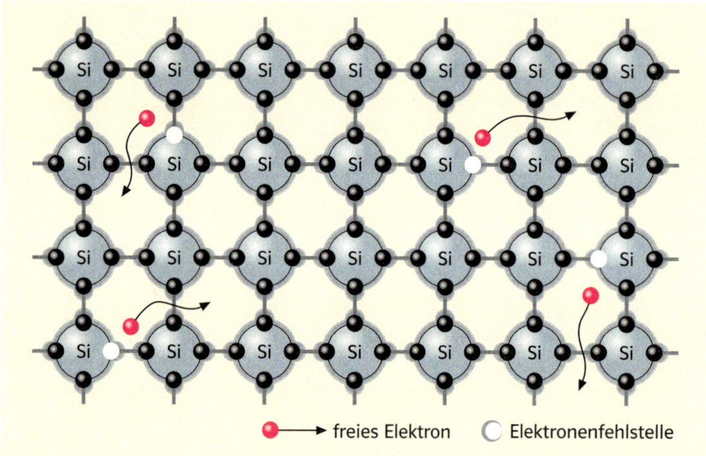

B1 Durch die innere Energie des Kristalls lösen sich Elektronen aus ihrer Bindung, es entstehen Elektronenfehlstellen.

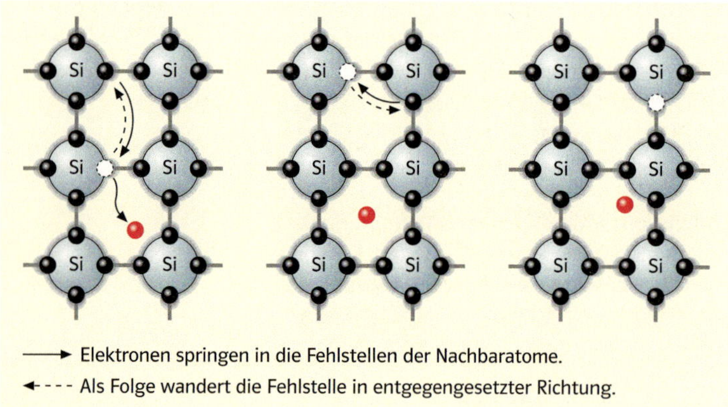

B2 Wanderung einer Elektronenfehlstelle durch wiederholtes Besetzen mit Elektronen von Nachbaratomen

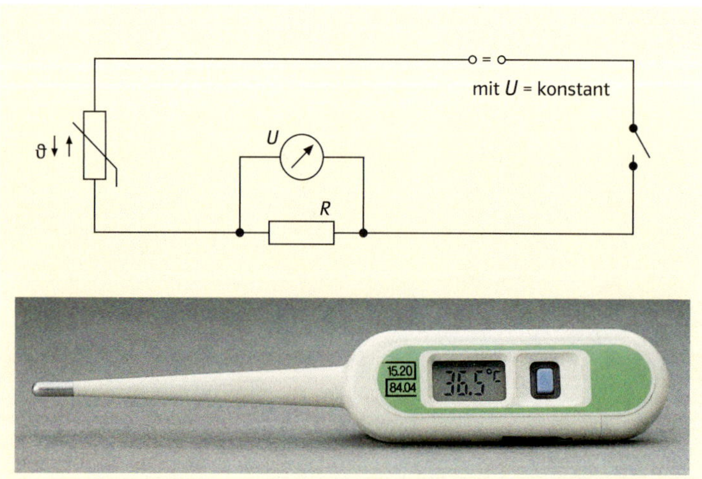

B3 Die Abnahme des Widerstandes eines Halbleiters mit der Temperatur wird zur Temperaturmessung herangezogen.

Elektrizitätsleitung in Halbleitern Eigentlich müsste Silicium ein Nichtleiter sein, weil keine bewegliche Ladung im Kristall vorhanden ist. Bei Zimmertemperatur hat der Kristall jedoch eine so große innere Energie, dass dadurch einzelne Elektronen aus ihrer Bindung mit einem anderen Silicium-Atom gelöst werden (→**B1**). Sie können sich im Kristall „frei" bewegen.

Diese **freien Elektronen** ergeben eine geringe Leitfähigkeit des Kristalls. Jedes Elektron, das die Bindung verlässt, hinterlässt eine Elektronenfehlstelle. Der Bereich um ein Atom mit einer **Elektronenfehlstelle** ist positiv geladen, da ein Elektron fehlt. Die negative Ladung befindet sich mit dem Elektron an anderer Stelle im Kristall. Der Kristall als Ganzes bleibt aber nach außen neutral (→**B1**).

Eine Fehlstelle (auch „Loch" genannt) kann durch ein Elektron eines Nachbaratoms besetzt werden. Die Fehlstelle und damit die positive Ladung geht dabei auf das Nachbaratom über. So können Elektronenfehlstellen im Kristall wandern (→**B2**).

● **Freie Elektronen und Elektronenfehlstellen ermöglichen eine elektrische Leitfähigkeit des Siliciums.**

Ein freies Elektron kann auf eine Elektronenfehlstelle (Loch) treffen. Die Ladungen neutralisieren sich. Man spricht von **Rekombination**. Beim Erwärmen erhöht sich die innere Energie des Kristalls. Dadurch können sich mehr Elektronen aus ihrer Bindung lösen; die Zahl der freien Elektronen und Fehlstellen wächst. Damit nimmt bei Erwärmung die Leitfähigkeit des Siliciums zu, sein Widerstand nimmt ab. Silicium ist ein **Heißleiter** (NTC) (→**B2, B4** auf S. 217).

In der Schaltung nach **B3** ist die Spannung konstant. Der Widerstand des Heißleiters und damit die Stromstärke ändern sich mit der Temperatur. Das Messgerät zeigt diese Temperatur an, indem es diese Stromstärke durch die Teilspannung an einem Festwiderstand bestimmt. Thermometer mit Heißleitern sind ungefährlicher und zeigen die Temperatur viel rascher an als Quecksilberthermometer.

■ **A1** Wodurch unterscheidet sich das Leitungsverhalten der Halbleiter von dem der Metalle?

Temperatursensoren

V1 Wir nehmen ein Lämpchen, das an einer Quelle mit der Spannung 6 V hell leuchtet. Wir messen dabei eine Stromstärke von z. B. 50 mA. Betreiben wir dasselbe Lämpchen mit 1 V, so leuchtet es nicht, obwohl wir noch eine Stromstärke von 20 mA messen. Der Widerstand des Lämpchens ändert sich von $R = 120\,\Omega$ auf $R = 50\,\Omega$.

V2 Ein Thermometer und einen NTC-Widerstand stecken wir in Sand, den wir zunächst erhitzt haben. Während der Abkühlung des Sandes messen wir den Widerstand des NTC-Widerstandes. Wir erhalten z. B. das Diagramm **B1**.

V3 Wir messen die Stromstärke in einer Germaniumdiode, die in Durchlassrichtung betrieben wird. Wir erwärmen die Diode mit den Fingern und bestimmen erneut die Stromstärke.

V4 Ein Konstantandraht wird an seinen Enden fest mit zwei Eisendrähten verdrillt und damit an ein empfindliches Messgerät für die Spannung angeschlossen. Wird die Temperatur eines der beiden Enden durch Eintauchen in ein Wasserbad gegenüber dem anderen Ende erhöht, so zeigt das Messgerät eine Spannung an. Sie ist proportional zum Temperaturunterschied zwischen den Enden (→**B2**).

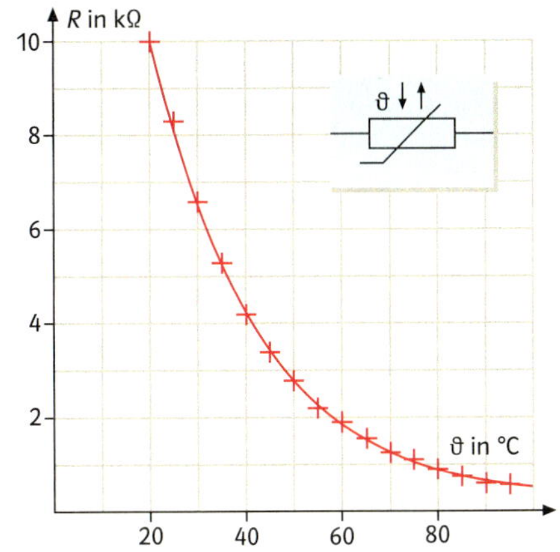

B1 NTC-Widerstand

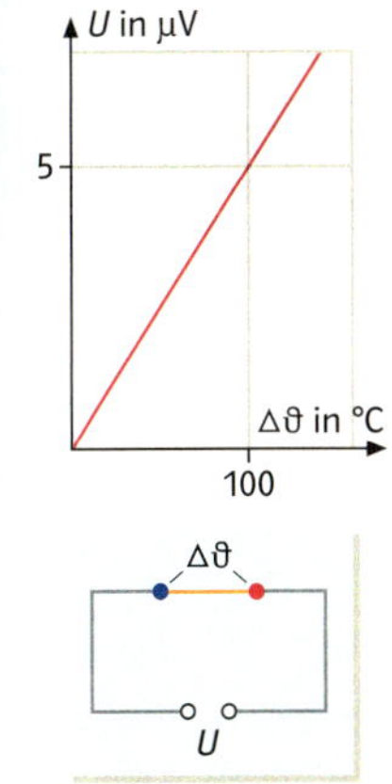

B2 Spannung durch Temperaturunterschied

Elektrische Temperaturmessung Heizungsthermostate, Temperaturfühler in Kühlschränken, Bewegungsmelder und vieles mehr enthalten Messfühler (**Sensoren**), die nichtelektrische Messgrößen, hier die Temperatur, in elektrische umsetzen. Ihre Arbeitsweise lässt sich mit einem NTC-Widerstand in einer Brückenschaltung (→**B3a**, zwei Reihenschaltungen mit jeweils zwei Widerständen werden parallel geschaltet) verdeutlichen.

Das Messgerät für die Spannung kann dabei so eingestellt werden, dass es z. B. für 0 °C oder für die Zimmertemperatur die Spannung 0 V anzeigt. Ändert sich die Temperatur, so zeigt das Messgerät eine Spannung an. Der NTC-Widerstand kann als **Temperatursensor** verwendet werden. Die Messreihe in **B3b** zeigt, dass der Zusammenhang von Temperatur und Spannung nicht über alle Messwerte proportional bleibt. Nur für den Temperaturbereich bis 50 °C erhalten wir eine Proportionalität mit der Spannung. Hier gilt ungefähr:

$$\vartheta \approx 93\,\frac{°\mathrm{C}}{\mathrm{V}} \cdot U$$

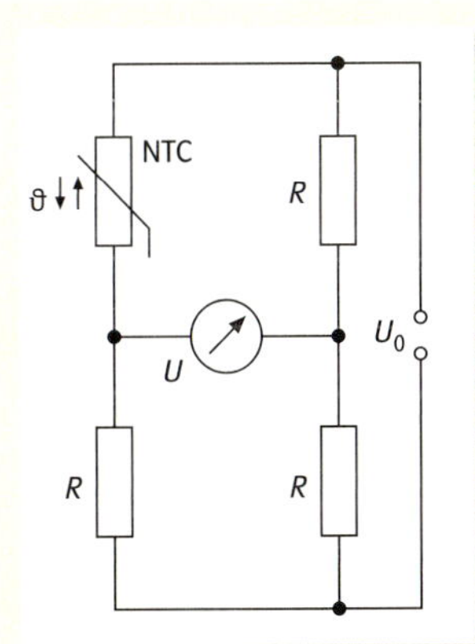

B3a Messschaltung

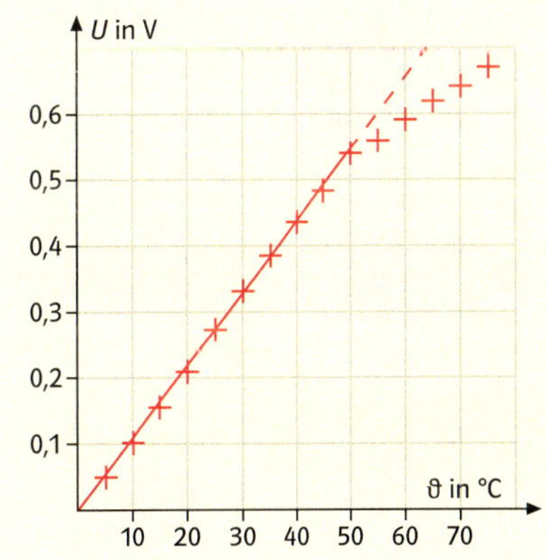

B3b Eichung des Temperatursensors

Mit Hilfe einer Messtabelle können wir unser Messgerät eichen und direkt mit einer Temperaturskala versehen. Werden die Enden eines Drahtes fest mit Drähten aus einem anderen Metall verbunden, so führen Temperaturunterschiede an den Kontaktstellen auch zu einer Spannung (→**B2**). Solche **Thermoelemente** wandeln ebenso wie NTC-Widerstände Temperaturwerte in elektrische Spannungswerte um.

Ein Lichtsensor

B1 Fotowiderstand

V1 In einer Schaltung nach **B2** messen wir die Stromstärke. Wir stellen deutliche Änderungen der Stromstärke fest, wenn wir den Fotowiderstand (→**B1**) mit der Hand abdunkeln oder mit einer Lampe zusätzlich beleuchten.

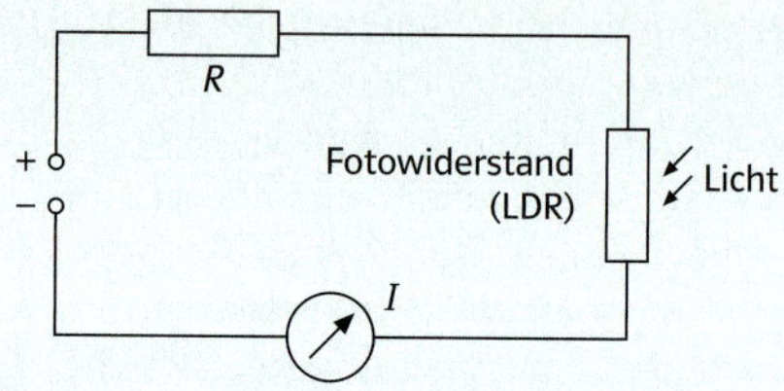

B2 Licht: Ja oder nein?

Ein Sensor für die richtige Stelle Es gibt Halbleiter, die ihren Widerstand stark verringern, wenn Licht auf sie trifft. Solche als **Fotowiderstände** (LDR) bezeichneten Bauteile sind damit in der Lage, ein elektrisches Signal zu erzeugen, sobald sich der Lichteinfall ändert.

Ordnet man mehrere solcher Fotowiderstände über- und nebeneinander an, so kann in diesem Bereich sogar die Stelle bestimmt werden, deren Belichtung sich im Verhältnis zur Umgebung verändert hat. In der Industrie werden **Positionssensoren** verwendet, deren lichtempfindliche Schicht als schmaler Streifen ausgebildet ist (→**B3**). Er wirkt wie ein Stromteiler, bei dem die Teilströme ein Maß für den Ort des Lichteinfalls auf der Sensoroberfläche sind. Trifft Licht an einer Stelle auf die lichtempfindliche Schicht, verringert sich an dieser Stelle ihr Widerstand so, dass hier der Stromkreis über die Schicht zum rückwärtigen Anschluss C geschlossen wird. Die Länge des Leiters von C nach A bzw. B ist vom Auftreffpunkt des Lichtes abhängig. Die Widerstände R_A und R_B bestimmen die Stromstärken I_A und I_B.

Zwischen der rückwärtigen Metallschicht mit dem Anschluss C und den Kontakten A und B besteht die Spannung U.

Wegen $U = I_A \cdot R_A = I_B \cdot R_B$ folgt: $I_A : I_B = R_B : R_A$.

Damit ergibt sich:

$$\frac{a}{l} = \frac{R_A}{R_A + R_B} = \frac{1}{1 + R_B/R_A} = \frac{1}{1 + I_A/I_B} = \frac{I_B}{I_A + I_B}$$

$$a = l \cdot \frac{I_B}{I_A + I_B}$$

Damit kann die Position a aus l und den Stromstärken I_A und I_B berechnet werden.

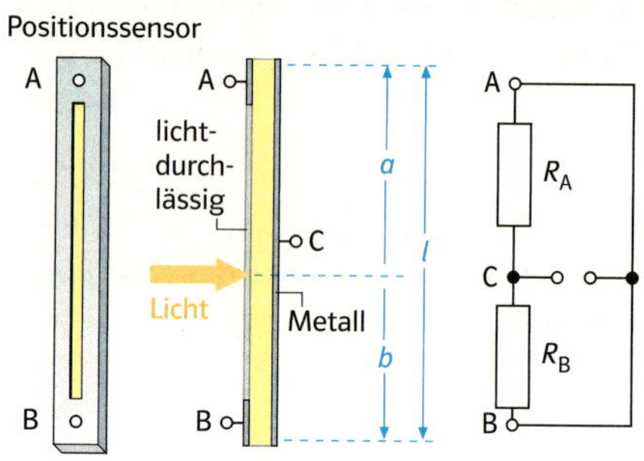

B3 An welcher Position ist Licht vorhanden?

Physik überall

Autofocus mit Positionssensor

Eine im Inneren der Kamera eingebaute Leuchtdiode sendet für das Auge unsichtbare Infrarotstrahlen aus. Diese werden von dem zu fotografierenden Objekt zurückgestreut. Je nach Entfernung des Objekts treffen die Strahlen an verschiedenen Stellen hinter einer Öffnung in der Kamera auf. Aus den Informationen des Positionssensors berechnet ein Mikroprozessor die Entfernung des Objekts. Ein kleiner Elektromotor verschiebt dann die Objektivlinse an die richtige Position, so dass ein scharfes Bild auf dem Film entsteht.

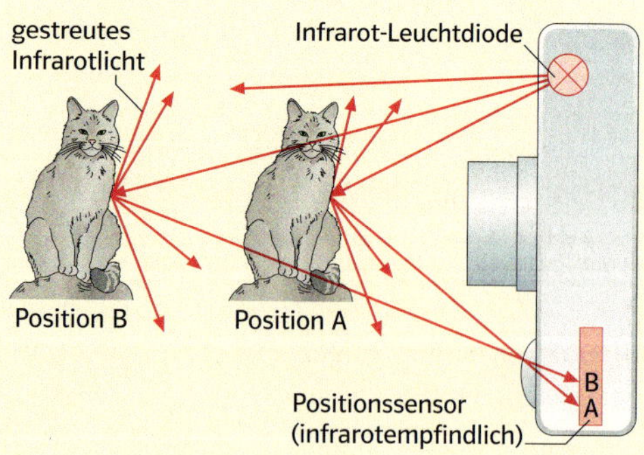

B4 Prinzip eines Positionssensors

Dotierte Halbleiter Wird die stoffliche Zusammensetzung eines Siliciumkristalls gestört, indem an Stelle von Silicium-Atomen einige geeignete Atome anderer Stoffe eingefügt werden, so lässt sich die Leitfähigkeit des Kristalls beträchtlich steigern. Diese Veränderung des Kristalls durch Einbau von Fremdatomen heißt **Dotieren**. Silicium gehört, ebenso wie das sich ähnlich verhaltende Germanium, zur vierten Hauptgruppe des Periodensystems (→**B2**).

Wird ein Siliciumkristall mit Atomen eines Elements der V. Hauptgruppe, z. B. mit Arsen, dotiert, so bleibt jeweils ein Elektron des Arsens ungebunden, da Arsen über fünf äußere Elektronen verfügt (→**B4**). Dieses übrig gebliebene Elektron kann viel leichter als eines der an der Paarbindung beteiligten äußeren Arsen- bzw. Silicium-Elektronen vom Arsen-Atom abgelöst werden.

An den Stellen der Arsen-Atome entstehen ortsfeste positive Ladungen. Das abgelöste Elektron ist im Kristall beweglich und steht für die elektrische Leitung zur Verfügung (→**B1**). Weil die beweglichen Ladungen negativ geladen sind, sagen wir, das so dotierte Silicium ist **n-leitend**.

● **Wird ein Kristall aus Silicium oder Germanium mit Atomen von Elementen der fünften Hauptgruppe dotiert, so entsteht ein n-leitender Halbleiter.**

Perioden	II	III	IV	V	VI	VII	VIII
							4,0 He 2
2	9,0 Be 4	10,8 B 5	12,0 C 6	14,0 N 7	16,0 O 8	19,0 F 9	20,2 Ne 10
3	24,3 Mg 12	27,0 Al 13	28,1 Si 14	31,0 P 15	32,1 S 16	35,5 Cl 17	39,9 Ar 18
4	40,1 Ca 20	69,7 Ga 31	72,6 Ge 32	74,9 As 33	79,0 Se 34	79,9 Br 35	83,8 Kr 36
5	87,6 Sr 38	114,8 In 49	118,7 Sn 50	121,8 Sb 51	127,6 Te 52	126,9 I 53	131,3 Xe 54
6	137,3 Ba	204,4 Tl	207,2 Pb	209,0 Bi	209 Po	210 At	222 Rn

(Hauptgruppen)

B2 Ausschnitt aus dem Periodensystem der Elemente

Wird ein Siliciumkristall mit Atomen der III. Hauptgruppe, z. B. mit Indium (→**B4**), dotiert, so kann zwischen dem Indium-Atom und einem der vier benachbarten Silicium-Atome keine vollständige Paarbindung entstehen (→**B3**). Springt ein benachbartes Elektron an diese Stelle, so entsteht eine ortsfeste negative Ladung. Gleichzeitig erhalten wir eine bewegliche Elektronenfehlstelle. Die beweglichen Elektronenfehlstellen (Löcher) wirken wie positive Ladungen. Bei einem so dotierten Kristall sagen wir, er ist **p-leitend** (→**B3**).

Beim Dotieren kommt 1 Fremdatom auf ca. 10 Millionen Silicium-Atome.

● **Wird ein Kristall aus Silicium oder Germanium mit Atomen von Elementen der dritten Hauptgruppe dotiert, so entsteht ein p-leitender Halbleiter.**

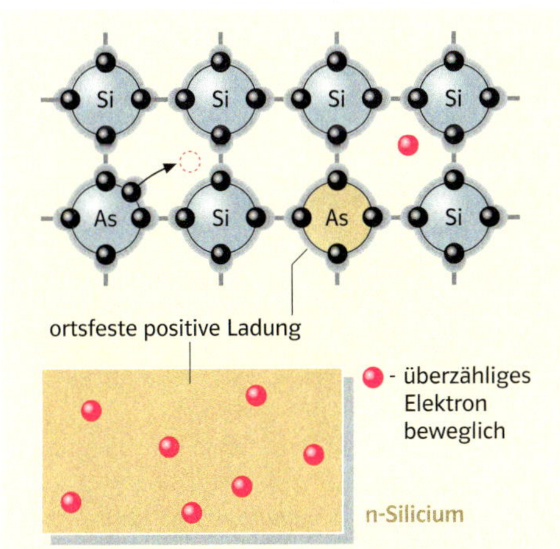

B1 Ein n-leitender Siliciumkristall

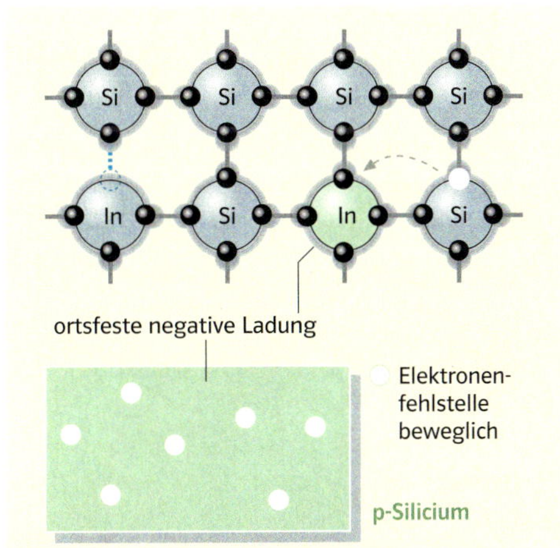

B3 Ein p-leitender Siliciumkristall

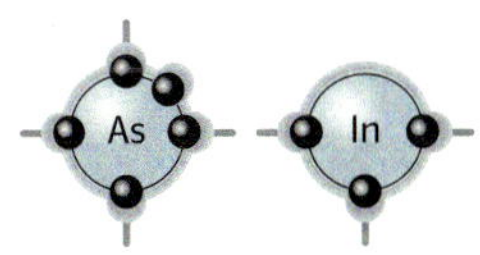

B4 Modell der neutralen Fremdatome

Chipherstellung

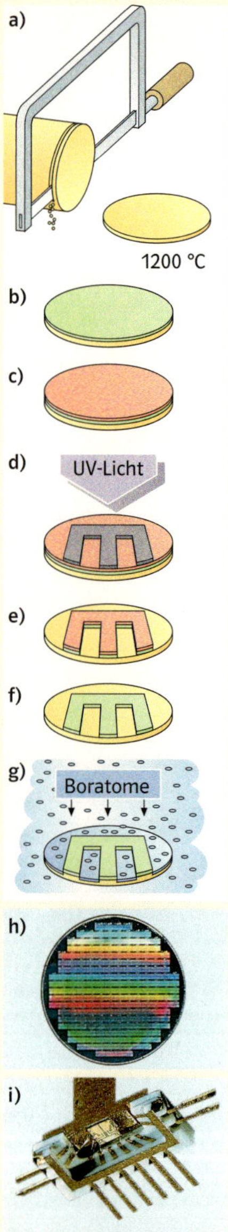

B2 Die Entstehung eines Chips

Vom Sand zum Chip Der Siliciumkristall ist der Halbleiter, der am häufigsten in der Elektronik verwendet wird. Silicium ist das zweithäufigste Element der oberen Erdrinde. Als Siliciumdioxid (SiO_2) oder Quarz ist es in fast allen Gesteinen und im Sand enthalten. Damit ist Quarz zum wichtigsten Ausgangsmaterial der Halbleiterproduktion geworden.

B1 Der Stab ist ein Siliciumkristall.

Zuerst wird auf chemischem Weg aus Quarz pulverförmiges Silicium gewonnen. Für die Halbleiter wird Silicium von höchster Reinheit benötigt. Deshalb schließt sich ein besonderes Schmelzverfahren an, bei dem Reste fremder Stoffe ausgeschieden werden. Das Ergebnis ist ein einzelner, stabförmiger, metallisch glänzender Kristall aus Silicium von extremer Reinheit (→**B1**). Es darf nur 1 Fremdatom auf etwa 10 Milliarden Silicium-Atome kommen.

Mit dem Reinkristall ist der Grundstoff geschaffen, aus dem elektronische Halbleiterbausteine wie Dioden, Transistoren bis hin zum Computerchip gefertigt werden können (→**B3**). Die Entwicklung begann mit Dioden (1942) und Transistoren (1948). Heute ist es möglich, auf kleinen dünnen Siliciumscheiben umfangreiche elektronische Schaltungen unterzubringen, zu integrieren. Sie benötigen wenig Energie und die Schaltvorgänge laufen sehr schnell ab.

B3 Von der Elektronenröhre zum IC; Röhren- und Transistorradio

Die Entwicklung solcher Chips macht immer noch große Fortschritte. Elektronische Geräte werden deshalb immer leistungsfähiger und kleiner. Es gibt kaum einen Lebensbereich, der von der Halbleitertechnik unberührt geblieben ist.

Die Herstellung von Chips Zur Herstellung von integrierten Schaltkreisen, sogenannten ICs (engl. **i**ntegrated **c**ircuit), werden dünne Scheiben von reinen Siliciumkristallen verwendet (→**B2**):

a) Die Kristalle haben bis zu 30 cm Durchmesser. Die davon abgesägten Scheiben sind hauchdünn.
b) Die Oberfläche der Scheiben wird bei 1200 °C zu Siliciumdioxid oxidiert.
c) Auf die Oxidschicht wird ein lichtempfindlicher Fotolack aufgetragen.
d) Auf einer Maske sind die elektronischen Schaltelemente der integrierten Schaltung wie in einem Dia eingezeichnet. Durch die Maske wird ultraviolettes oder Röntgen-Licht auf die Oberfläche mit dem Fotolack gelenkt.
e) An den belichteten Stellen ändert sich der Fotolack so, dass er leicht weggeätzt werden kann. Die darunter liegende Oxidschicht wird dabei ebenfalls entfernt.
f) Nun wird die restliche Fotolackschicht abgetragen, ohne dabei die isolierende Oxidschicht zu beseitigen.
g) Auf das freigelegte Silicium werden Fremdatome aufgedampft, die den Halbleiter an diesen Stellen dotieren. Es entstehen n- oder p-leitende Schichten.
Das Verfahren c) bis g) kann mit unterschiedlichen Masken wiederholt werden. Auf diese Weise entstehen winzig kleine Widerstände, Dioden und Transistoren, die mit Leiterbahnen zu Schaltkreisen verbunden sind.
h) Integrierte Schaltungen sind sehr klein. Mehrere Millionen Transistoren passen auf 1 cm^2. Auf einer Scheibe lassen sich dieselben Schaltkreise mehrfach nebeneinander unterbringen. Die Scheiben werden am Ende in ihre gleichartigen Schaltungen zersägt.
i) Jeder IC wird mit Anschlüssen versehen und in ein Gehäuse aus Kunststoff eingeschlossen. Es ist ein Chip entstanden.

Dioden

V1 Baue eine Schaltung mit einer Diode wie in **B1** auf. Beim Schließen des Schalters bleibt die Lampe dunkel. Nun werden die Anschlüsse zur Quelle vertauscht. Wird der Schalter geschlossen, so leuchtet die Lampe.

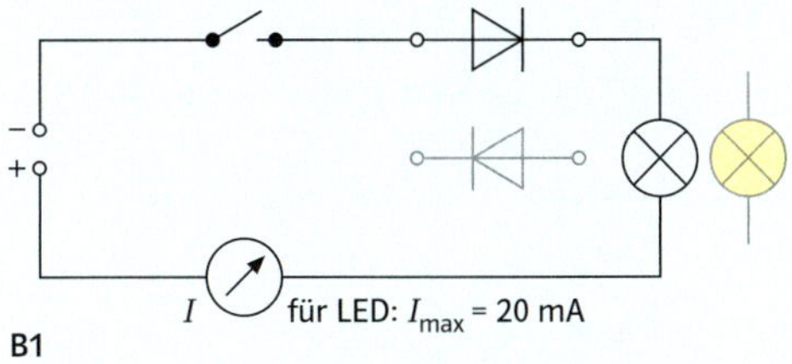

B1

V2 Ersetze in Versuch 1 die Diode durch eine Leuchtdiode (LED) und wiederhole den Versuch. Nur in einem Fall leuchten Lampe und Diode.

V3 Schließe zwei verschiedenfarbige Leuchtdioden so an eine Quelle für Wechselspannung an, wie es **B2** zeigt. Die Abgreifpunkte A und B bzw. A′ und B′ führen zu einem Oszilloskop. Wenn die Leuchtdioden vor dem Auge hin- und herbewegt werden, so sieht man, dass in jedem Moment nur eine von ihnen leuchtet.

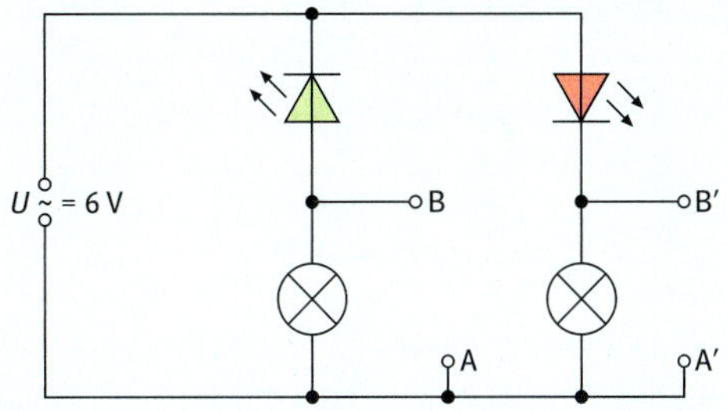

B2

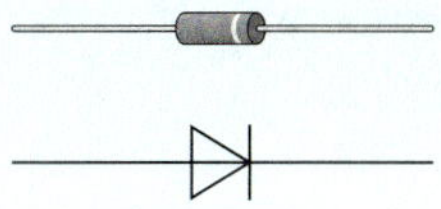

B3 Diode mit Schaltzeichen

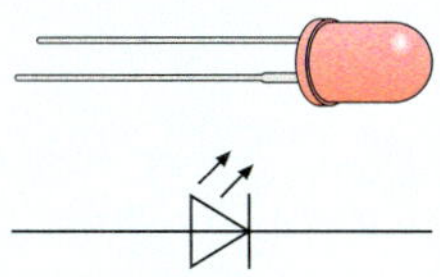

B4 Leuchtdiode mit Schaltzeichen

Die Diode – ein elektrisches Ventil

Wird eine **Diode** an eine Quelle für Gleichstrom angeschlossen, so lässt sie nur bei einer bestimmten Polung einen Strom im Stromkreis zu. Bei umgekehrter Polung verhindert sie einen Strom, man sagt sie sperrt. Die Diode wirkt wie ein elektrisches Ventil. Bei einer Quelle für Wechselstrom ändern die Elektronen ständig ihre Bewegungsrichtung. Da die Diode sie nur in einer Richtung durchlässt, entsteht ein **pulsierender Gleichstrom** (→**B5**). Dioden sind **Gleichrichter**. Wird eine Schaltung mit zwei Dioden und Glühlampen wie in **B2** betrieben, so zeigt **B5** den Verlauf der Spannung an der Quelle und an den Glühlampen.

Häufig wird eine Schaltung aus vier Dioden nach **B6** benutzt. Je nach Polung der Quelle fließt der Strom entweder durch die erste und vierte Diode (grüne Pfeile) oder durch die zweite und dritte Diode (blaue Pfeile). Die jeweils anderen Dioden sperren. Damit wird erreicht, dass der Strom bei jeder Polung in die gleiche Richtung durch die Lampe fließen. Diese Anordnung der vier Dioden wird Brückengleichrichter oder **Zwei-Weg-Gleichrichter** genannt.

In Spannungs- oder Stromstärke-Messgeräten, die sowohl für Gleichstrom als auch für Wechselstrom geeignet sind, werden solche Gleichrichter eingesetzt.

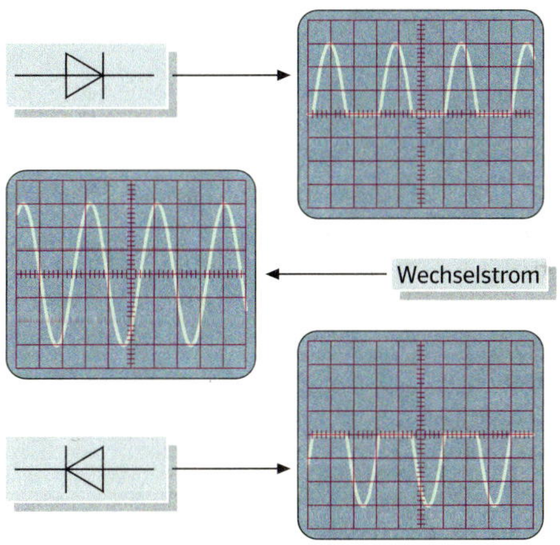

B5 Ein-Weg-Gleichrichter: An den Dioden wird jeweils nur die „halbe" Spannung angezeigt.

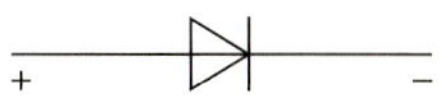

Strom ist vorhanden. Die Diode ist in **Durchlassrichtung** gepolt.

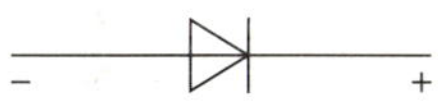

Kein Strom ist vorhanden. Die Diode ist in **Sperrrichtung** gepolt.

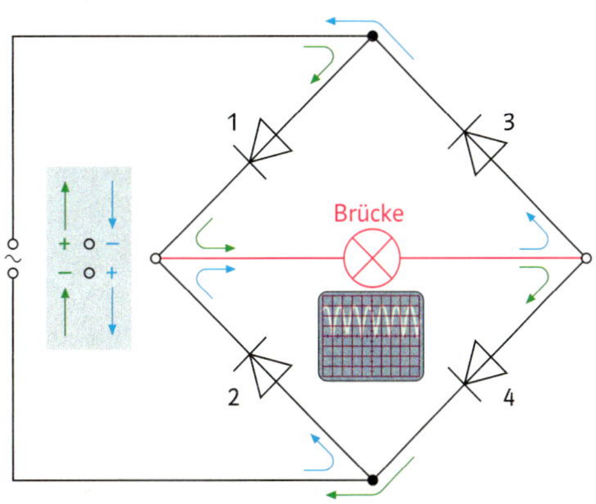

B6 Zwei-Weg-Gleichrichter mit technischer Stromrichtung

Die Kennlinie einer Diode

V1 Wir untersuchen bei einer Diode mit einer Schaltung nach **B1** die Stromstärke in Abhängigkeit von der Spannung. Als Messwerte erhalten wir bei Polung in Durchlassrichtung z. B.:

U in V	0,50	0,60	0,70	0,75	0,80
I in mA	0,070	0,81	8,9	32	111

Bei Polung in Sperrrichtung stellen wir nahezu keine Stromstärke fest.

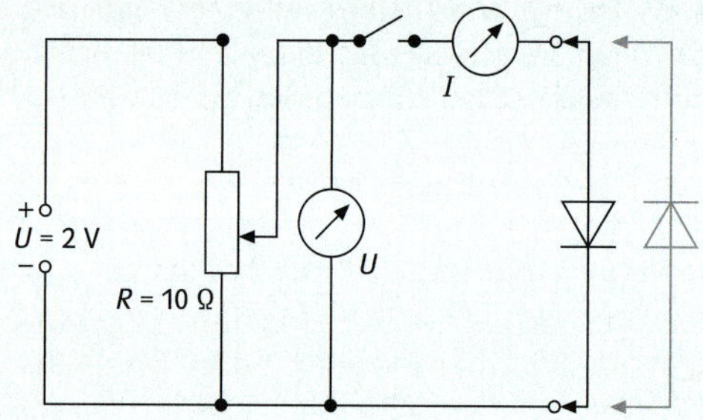

B1

ACHTUNG, Modell!

Beiderseits eines pn-Überganges bildet sich eine dünne, nichtleitende Schicht, die **Sperrschicht**.

Bei einer in **Sperrrichtung** gepolten Diode ist die Sperrschicht breiter.

Bei einer in **Durchlassrichtung** gepolten Diode verliert die Sperrschicht ihre Wirkung.

Der pn-Übergang Die Eigenschaften von Halbleiterdioden entstehen durch das Zusammenwirken einer p- und einer n-leitenden Schicht. Die Grenzfläche zwischen beiden Schichten heißt **pn-Übergang**.

Im n-leitenden Teil des Kristalls gibt es frei bewegliche Elektronen und ortsfeste positive Ladungen. Im p-leitenden Teil sind die Elektronenfehlstellen beweglich und die negativen Ladungen ortsfest (→**B2a**). Im Bereich der Grenzfläche rekombinieren die beweglichen Elektronen der n-Schicht mit den beweglichen Elektronenfehlstellen der p-Schicht. Auf der vorher p-leitenden Seite bleiben die ortsfesten negativen, auf der n-leitenden Seite die ortsfesten positiven Ladungen zurück (→**B2b**).

Die ortsfesten negativen Ladungen verhindern ein weiteres Eindringen von Elektronen aus der n-Schicht und die ortsfesten positiven Ladungen verhindern das weitere Eindringen von Elektronenfehlstellen aus der p-Schicht. Der pn-Übergang sperrt, man sagt, er bildet eine **Sperrschicht** (→**B2c**).

Wird die Diode an eine elektrische Quelle angeschlossen, so werden freie Elektronen zum Pluspol und Elektronenfehlstellen zum Minuspol gezogen. Wenn die n-Schicht mit dem Pluspol und die p-Schicht mit dem Minuspol der Quelle verbunden ist, wird dadurch die Sperrschicht breiter. Die Diode sperrt (→**B2d**). Wird stattdessen die p-Schicht der Diode an den Pluspol und die n-Schicht an den Minuspol der Quelle angeschlossen, so dringen freie Elektronen und Elektronenfehlstellen in die Sperrschicht ein. Sie verliert ihre Wirkung und die Diode leitet (→**B2e**). Die Kennlinie der Diode (→**B3**) zeigt, dass zur Überwindung der Sperrschicht einer Si-Diode eine Spannung von etwa 0,7 V erforderlich ist.

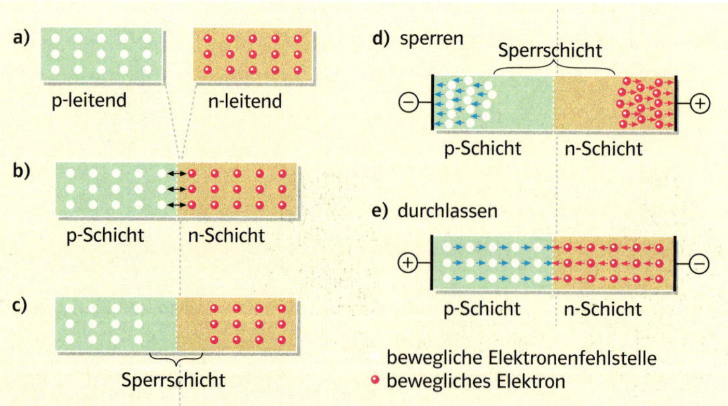

B2 Entstehung und Änderung der Sperrschicht (pn-Übergang)

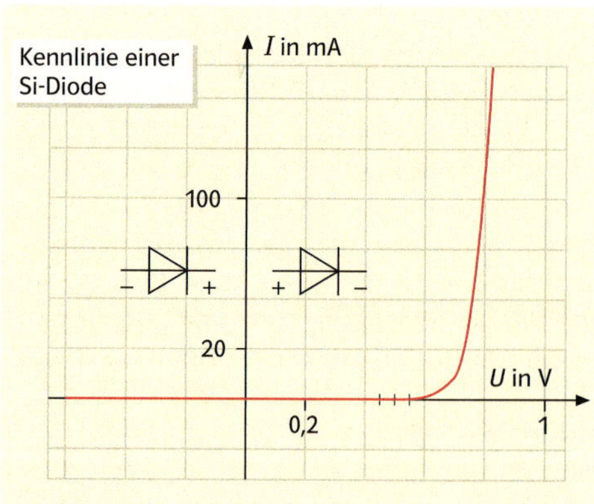

B3 Kennlinie einer Diode

Transistoren

V1 Baue eine Schaltung mit einem Transistor wie in **B1** auf. Das Lämpchen leuchtet nicht, wenn die Elektroden in reines Wasser tauchen, es leuchtet aber mit Salzlösung.

V2 Wir schließen einen npn-Transistor mit den Anschlüssen B, C und eine Glühlampe in Reihe an eine Quelle mit Gleichspannung. Die Lampe leuchtet nur, wenn der Pluspol der Quelle mit B verbunden ist (→**B2a**).

Wiederholen wir den Versuch mit den Anschlüssen B und E, so leuchtet die Lampe ebenfalls nur, wenn der Pluspol mit B verbunden ist (→**B2b**). Schließlich wiederholen wir den Versuch mit den Anschlüssen E und C des Transistors. Die Lampe bleibt bei jeder Polung dunkel (→**B2c**).

V3 Benutze die Transistorschaltung aus Versuch 2 und schließe zusätzlich eine Quelle mit 1,5 V über einen Schutzwiderstand (1 kΩ) zwischen Basis (B) und Emitter (E) an. Pole die Spannung um (→**B3**). Nur wenn der Pluspol am Anschluss B liegt, beobachten wir, dass die Lampe leuchtet.

V4 Wir ändern den Versuch 3 so ab, dass wir die zusätzliche Quelle weglassen und den Widerstand zwischen Anschluss B und Pluspol legen. Auch jetzt leuchtet die Lampe.

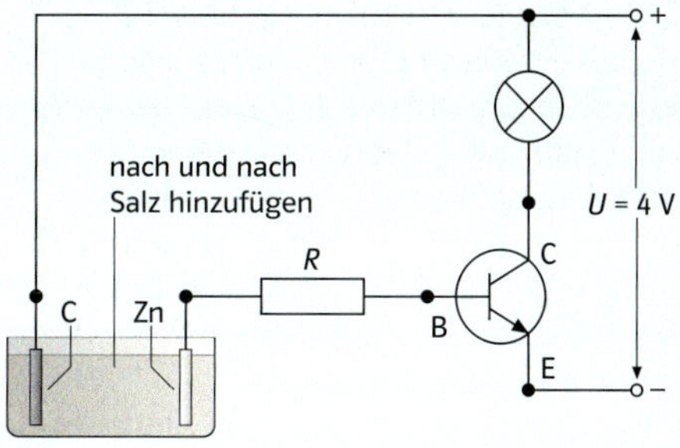

B1

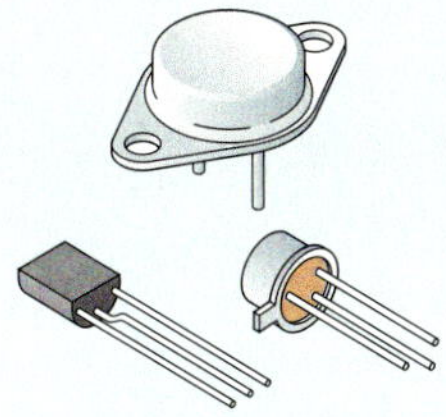

B4 Die drei Anschlüsse eines Transistors heißen Emitter (E), Basis (B) und Kollektor (C).

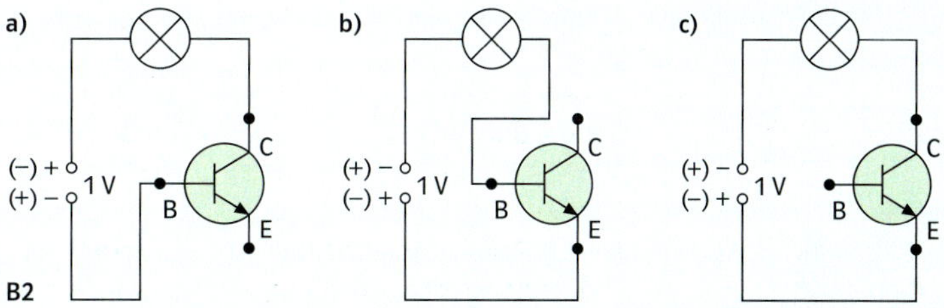

B2

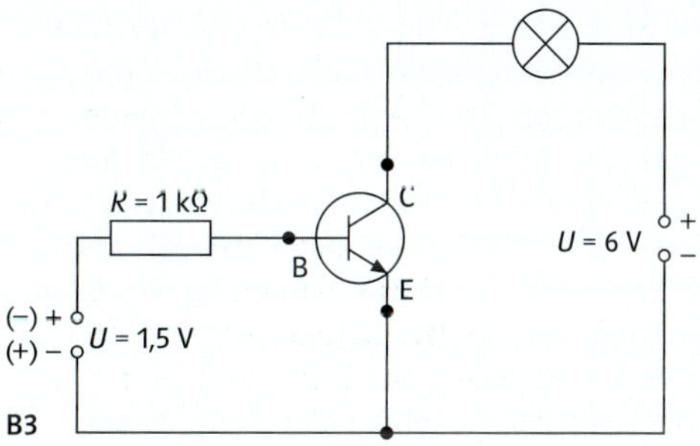

B3

Die Funktionsweise des Transistors Ein **Transistor** ist ähnlich wie eine Diode aufgebaut. Er besteht aus einem Siliciumkristall mit drei verschieden dotierten Schichten (→**B5**). Wir betrachten hier nur Transistoren mit der Schichtfolge n-p-n. Die Anschlüsse der drei Schichten heißen **Emitter E**, **Basis B** und **Kollektor C** (→**B5**).

Emitter und Basis haben wie Basis und Kollektor paarweise die Eigenschaften einer Diode. Wird der Anschluss zur Basis offen gelassen, so gelingt es nicht, zwischen Emitter und Kollektor einen Strom zu erzeugen. Stets ist eine der beiden Dioden in Sperrrichtung gepolt.

Durchlässig vom Emitter zum Kollektor wird ein npn-Transistor erst dann, wenn eine zusätzliche Spannung zwischen Emitter und Basis so angelegt wird, dass der Emitter-Basis-Übergang in der Durchlassrichtung gepolt ist (→**B5**).

● **Ein Transistor enthält zwei pn-Übergänge. Er leitet, wenn zwischen Emitter und Basis eine Spannung mit dem Pluspol an der Basis von mindestens 0,7 Volt besteht.**

Neben npn-Transistoren gibt es noch pnp-Transistoren. Sie unterscheiden sich in ihrem Verhalten im Prinzip nicht.

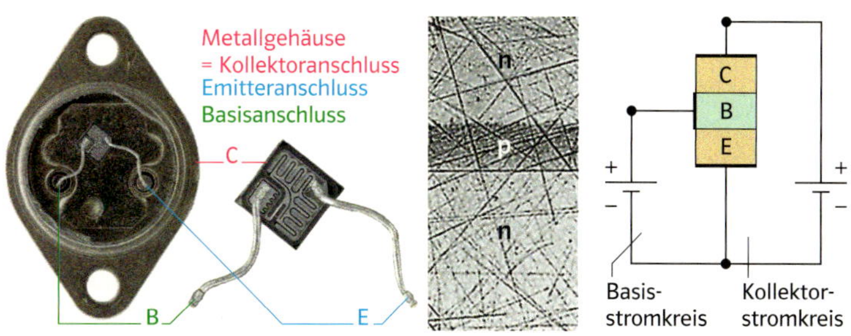

B5 npn-Transistor, Aufbau und Bezeichnungen

Der Transistoreffekt

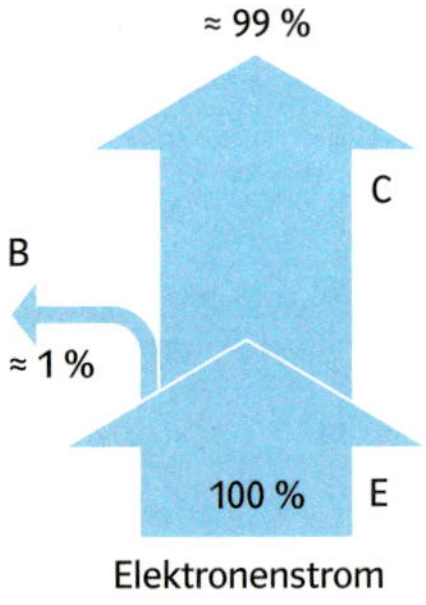

B1

Der Transistoreffekt Wird der Emitter-Basis-Übergang in Durchlassrichtung gepolt, so bewegen sich Elektronen vom Emitter zur Basis und die Sperrschicht wird leitend. Die Basisschicht ist sehr dünn. Deshalb geraten viele Elektronen, die vom Emitter in die Basis gelangt sind, in den Bereich des folgenden Kollektor-Basis-Überganges. Hier werden sie durch starke elektrische Kräfte in den Bereich des positiv geladenen Kollektors gezogen. Durch geeignete Bauweise lässt sich erreichen, dass die meisten Elektronen, die vom Emitter kommen, zum Kollektor gelangen, und nur ein geringer Anteil (etwa 1%) über den Anschluss der Basis abfließt. Man spricht vom **Transistoreffekt** (→**B1** und **B3**).

Wenn der Basisstromkreis unterbrochen wird, wird auch die Sperrschicht zwischen Basis und Emitter wieder wirksam. Der Transistor sperrt.

● **Der Transistor wirkt wie ein elektronischer Schalter, bei dem ein kleiner Basisstrom einen großen Kollektorstrom schaltet.**

Mit zwei einzelnen Dioden (→**B3b**) ist der Transistoreffekt nicht erreichbar, erst eine gemeinsame p-Schicht ermöglicht ihn. Folgende Maßnahmen erhöhen die Wahrscheinlichkeit dafür, dass Elektronen aus der Basis die angrenzende Kollektor-Basis-Sperrschicht überwinden, so dass der Transistoreffekt möglich wird:
- Die Basisschicht wird sehr dünn gemacht (etwa 0,005 mm).
- Die p-Schicht der Basis wird nur wenig dotiert, damit nicht zu viele Elektronen durch Rekombination verloren gehen.
- Der Weg vom Emitteranschluss zum Basisanschluss ist möglichst lang.
- Die Berührungsfläche zwischen Emitter und Basis ist viel kleiner als die zwischen Kollektor und Basis. Die beiden n-Schichten des Transistors sind also nicht gleichwertig. Dies zeigt sich, wenn der Transistor umgekehrt angeschlossen wird, d. h. Emitter und Kollektor vertauscht werden. Der Transistoreffekt ist dann kleiner.

Basisstrom bedeutet: Strom über den Basisanschluss;

Kollektorstrom heißt: Strom über den Kollektoranschluss.

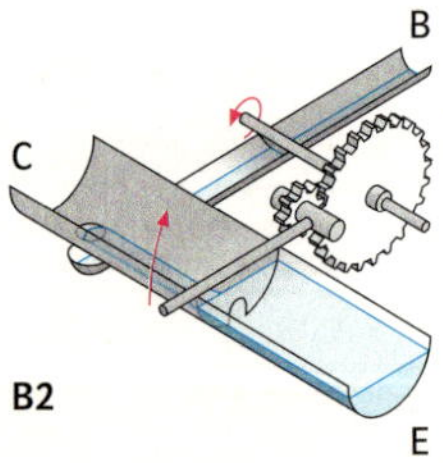

B2

Modell für die Wirkungsweise eines Transistors Elektrisches Verhalten: Ein npn-Transistor besteht aus zwei pn-Übergängen, die durch eine dünne p-Schicht verbunden sind. Eine kleine Spannung zwischen Emitter und Basis ruft einen großen Strom vom Emitter zum Kollektor hervor.

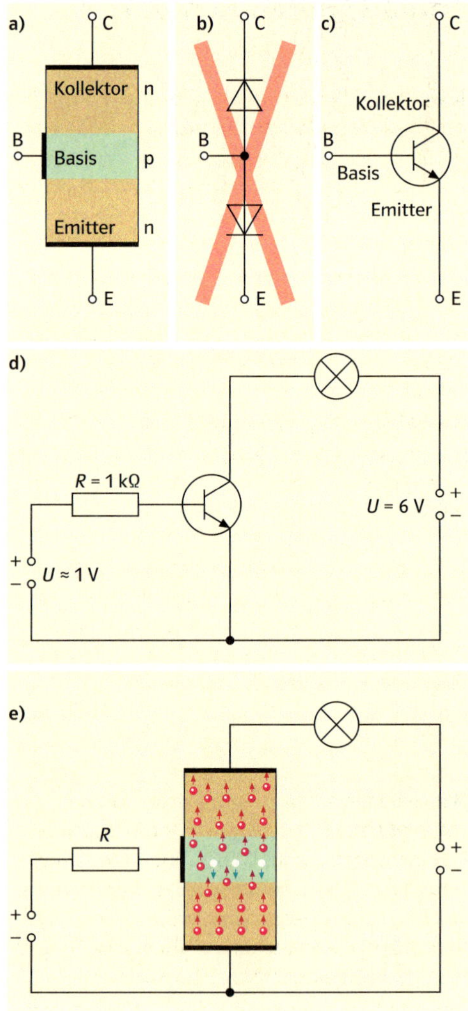

B3 Der npn-Transistor und seine Wirkungsweise

Mechanisches Verhalten (→**B2**): Eine große Wasserleitung vom „Emitter" zum „Kollektor" hat eine kleine Abzweigung zur „Basis". Diese Basisleitung hat eine Sperrvorrichtung. Wird sie entriegelt (analog zum Anlegen der Spannung), so öffnet ein Hebelmechanismus die Absperrung der großen Wasserleitung zum „Kollektor".

A1 Warum ist in Schaltungen wie **B3d** und **B3e** die Basis über einen großen Widerstand mit der Quelle verbunden?

Transistorschaltungen

V1 Verbinde wie in **B1a** einen Transistor über eine Lampe mit einer elektrischen Quelle von 6 V. Die Spannung zwischen Basis und Emitter kommt nicht von einer zweiten Quelle, sondern wird mit einem Spannungsteiler aus der vorhandenen Quelle gewonnen. Das Lämpchen leuchtet bei geeigneter Wahl der Widerstände.

V2 Ersetze in Versuch 1 den Widerstand R_1 durch einen veränderlichen Widerstand. Du kannst ihn so einstellen, dass die Lampe gerade ausgeht (→**B1b**). Ersetzt du statt R_1 den Widerstand R_2 durch einen veränderlichen Widerstand, so kannst du auch mit diesem die Lampe steuern (→**B1c**).

V3 Baue eine Schaltung wie in **B1a** auf. Verwende einen veränderbaren Widerstand anstelle von R_1 und einem Fotowiderstand anstelle von R_2. Stelle den Widerstand so ein, dass die Lampe gerade nicht leuchtet.

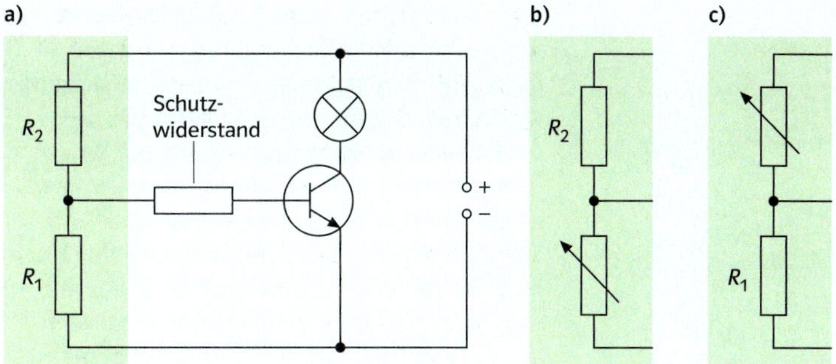

B1 Welchen Einfluss hat der Widerstand im Basisstromkreis?

Decke den Fotowiderstand mit der Hand ab. Die Lampe leuchtet.

Ersetze den Fotowiderstand durch einen Heißleiter, den du vorsichtig mit der Hand oder einer Glühlampe erwärmst und den du mit Eiswasser oder mit dem kalten Luftstrom aus einem Föhn abkühlst.

Warnschaltungen Halbleitersensoren reagieren mit Änderungen einer Messgröße (Temperatur, Beleuchtungsstärke usw.) durch Änderungen ihres Widerstandes. Mit dem Transistoreffekt lassen sich diese Änderungen in Stromkreisen nutzen. Transistorschaltungen kommen mit einer einzigen elektrischen Quelle aus, wenn die Spannung zwischen Basis und Emitter durch einen Spannungsteiler erzeugt wird (→**B2**). Der Transistor wird zum Leiter, wenn der Emitter-Basis-Übergang durchlässig wird, bei Siliciumkristallen also bei etwa 0,7 V. Dementsprechend ist der Spannungsteiler zu berechnen. Ist der andere Widerstand von der Temperatur oder Beleuchtungsstärke oder einer anderen physikalischen Größe abhängig, so kann die Änderung dieser Größe zum Öffnen und Schließen des Transistors dienen.

Will man beispielsweise die Temperatur eines Kessels überwachen, so ersetzt man den oberen Widerstand durch einen Heißleiter (→**B2**). Dessen Widerstand verringert sich beim Erwärmen, so dass die Teilspannung am Heißleiter sinkt und die Teilspannung am unteren Widerstand steigt. Es besteht eine größere Spannung zwischen Basis und Emitter. Da dieser untere Widerstand vorher so eingestellt

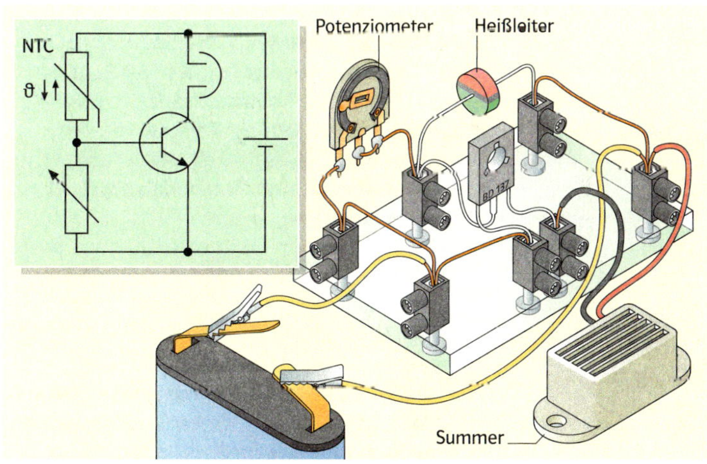

B2 Warnanlage, die die Temperatur am Heißleiter überwacht.

war, dass der Transistor gerade noch sperrt, wird er nun schalten. Der Kollektorstrom betätigt einen Summer.

Wird der NTC-Widerstand durch einen LDR ersetzt, so entsteht ein Wecker, der bei Helligkeit den Summer ertönen lässt.

A1 Wie ist die Schaltung in **B2** zu verändern, damit sie etwa als Eiswarner im Auto Alarm auslösen kann?

Physik überall

Elektronische Schaltungen

Die Notbeleuchtung Fällt die normale Beleuchtung aus, so muss z. B. im Krankenhaus für eine Notbeleuchtung gesorgt sein. Ein lichtempfindlicher Halbleiter wie die **Fotodiode** kann einen Stromkreis einschalten, wenn es dunkel wird (→**B2**). Der Widerstand einer beleuchteten Fotodiode nimmt zu, wenn sie abgedunkelt wird. Dadurch steigt die Basisspannung an und der Transistor schließt den Stromkreis mit der Notbeleuchtung. Damit der Transistor beim Spannungsanstieg durch Dunkelheit nicht zerstört wird, braucht man einen Schutzwiderstand an der Basis.

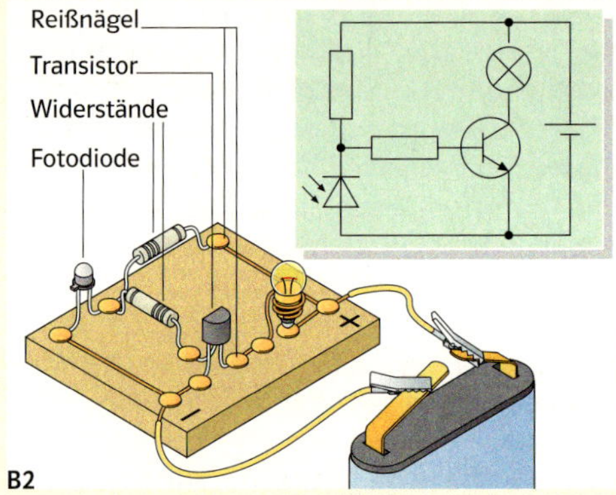

B2

Die Lichtschranke Solange die Fotodiode in der Schaltung von **B3** beleuchtet wird, ist ihr Widerstand und damit die Spannung an der Basis des Transistors klein. Geht eine Person durch die Lichtschranke, wird die Fotodiode abgedunkelt, die Basisspannung steigt und der Motor der Rolltreppe wird angeschaltet. Eine Schaltuhr lässt den Motor eine gewisse Zeit laufen; wird die Fotodiode in der Zwischenzeit durch einen weiteren Passanten abgedunkelt, beginnt sie von neuem abzulaufen.

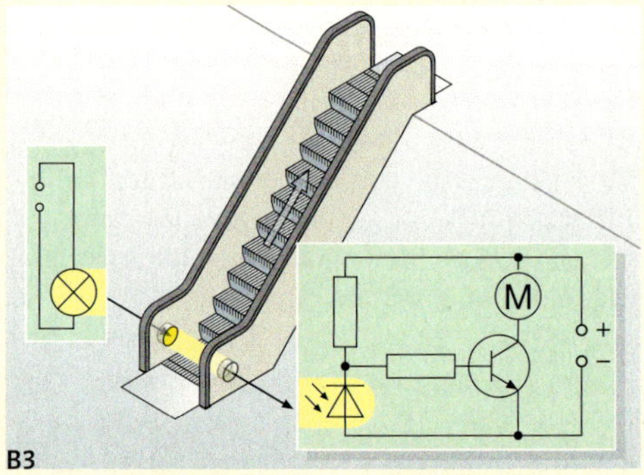

B3

In der Digitaltechnik benutzt man das Binärsystem:

Stromkreis	Binärziffer
AUS	0
EIN	1

Die Flip-Flop-Schaltung Viele Informationen wie Texte, Messdaten oder auch Musik werden durch elektrische Impulse übertragen. Vor ihrer Verarbeitung müssen die Impulse in geeigneten Speichern gesammelt werden. Ein elektronisches Gedächtnis, das auch wieder gelöscht werden kann, übernimmt diese Aufgabe. Es besteht im einfachsten Fall aus zwei Transistoren und heißt **Flip-Flop** (→**B1**).

Das Flip-Flop hat zwei Eingänge, die mit S (set = setzen) und R (reset = zurücksetzen) bezeichnet werden. Drückt man den Taster S, so öffnet der Transistor T_1 den Stromkreis mit der Lampe L_1, sie leuchtet nicht. Die Reihenschaltung aus L_1 und T_1 ist ein Spannungsteiler, in dem L_1 ein sehr kleiner Widerstand ist. Daher besteht zwischen Emitter und Basis des Transistors T_2 eine Spannung, die größer als 0,7 V ist, und T_2 schließt den Stromkreis (in **B1** gelb markiert) mit der Lampe L_2, sie leuchtet. In diesem Zustand beträgt die Spannung zwischen Kollektor und Emitter nur etwa 0,1 V. Diese kleine Spannung besteht auch über R_1 zwischen Emitter und Basis von T_1. Selbst wenn man den Taster S wieder frei gibt, so leuchtet L_1 weiterhin nicht, weil erst eine Spannung zwischen Basis und Emitter von mindestens 0,7 V den Transistor T_1 öffnet.

Die Zustände „L_1 leuchtet nicht" und „L_2 leuchtet" werden vertauscht, wenn nun der Taster R gedrückt wird. Danach kann nur ein Drücken des Tasters S die Zustände wieder vertauschen. Die FLIP-FLOP-Schaltung kann sich also Impulse merken.

Werden R und S elektrisch über Spannungen gesteuert, so erhält man einen elektronischen Speicher. Die Digitaltechnik beruht auf FLIP-FLOP-Schaltungen. Die zu verarbeitenden Signale werden in eine Folge von EIN/AUS-Werten umgewandelt.

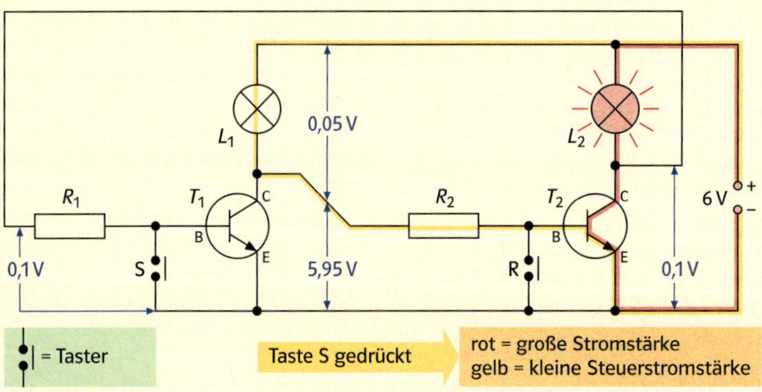

B1 FLIP-FLOP-Schaltung

Binäre Logik mit Schaltungen

Logische Schaltungen Die Informationstechnik nutzt die Möglichkeit, logische Verknüpfungen wie UND, ODER und NICHT durch Transistorschaltungen auszuführen und die Ergebnisse in elektronischen Bausteinen, wie etwa die Speicherchips für Computer (→**B1**), festzuhalten. Heute lassen sich viele zigtausend Einzelfunktionen auf wenigen mm^2 der Halbleiterfläche eines sogenannten Prozessors unterbringen. So ein Chip kann sehr komplexe Steuerungsaufgaben lösen.

Die NOT-Schaltung Eine Alarmanlage soll anzeigen, ob ein elektrischer Kontakt unterbrochen ist. Diese Aufgabe löst eine Schaltung, die das Vorhandensein bzw. Fehlen einer Eingangsspannung U_B durch eine unterschiedliche Ausgangsspannung U_T anzeigt (→**B2**).
Ist die Spannung $U_B < 0{,}7\,V$, so sperrt der Transistor ($R_T \gg R_1$). Zwischen Anschluss T und Minuspol der Quelle besteht dann die Spannung $U_T \gg U_1$. Ist $U_B > 0{,}7\,V$, so leitet der Transistor ($R_T \ll R_1$). Zwischen T und dem Minuspol der Schaltung besteht dann die kleinere Spannung $U_T \ll U_1$. Die Schaltung erzeugt mit den Werten für U_T eine **Negation** der Eingangsspannung U_B.

Die NAND-Schaltung In einem Auto soll die Zündkontrolllampe während der Fahrt genau dann aufleuchten, wenn
- Lichtmaschine oder Batterie oder
- beide Geräte zugleich defekt sind.

Die Schaltung muss also am Ausgang T eine Spannung $U_T > 0$ haben, wenn entweder beim Eingang A von der Lichtmaschine oder beim Eingang B von der Batterie oder von beiden keine Spannung vorhanden ist. Die Schaltung nach **B3** löst das Problem.

Besteht an den Anschlüssen A und B durch einen Defekt keine Spannung mehr gegenüber dem Minuspol, so sind die Dioden in Durchlass-Richtung geschaltet. Am Eingang der NOT-Schaltung besteht ebenfalls keine Spannung, also leuchtet die Kontrolllampe auf. Diese Schaltung heißt NAND-Schaltung. Durch Reihenschaltung von NAND und NOT entsteht das logische AND (UND).

Die NOR-Schaltung Bei der NOR-Schaltung (→**B4**) besteht zwischen dem Minuspol und T nur dann eine Spannung, wenn sowohl zwischen A und dem Minuspol als auch zwischen B und dem Minuspol keine Spannung vorhanden ist.

B1

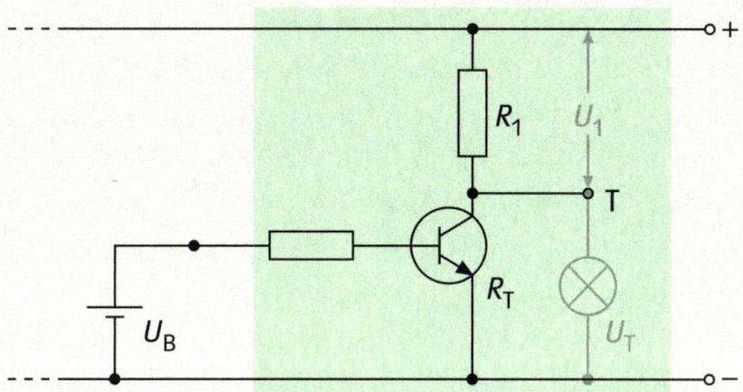

B2 NOT-Schaltung

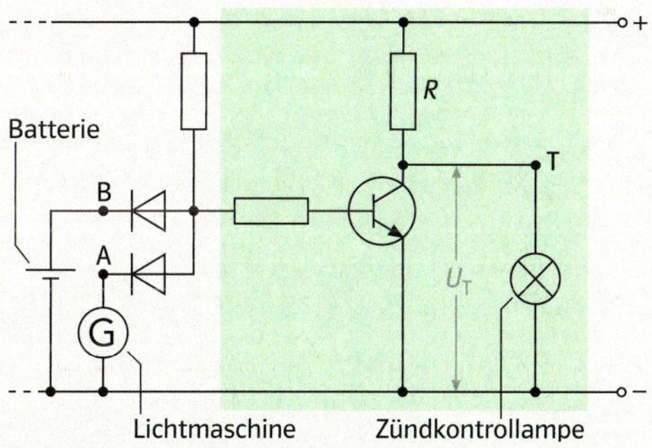

B3 NAND-Schaltung

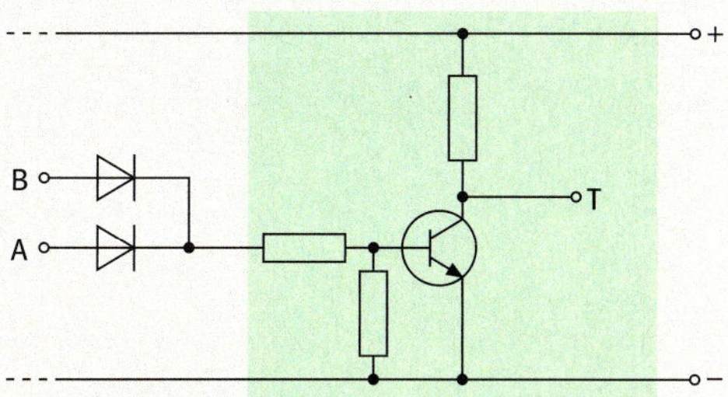

B4 NOR-Schaltung

Eine Kombination von NOR- und NOT-Schaltung liefert das logische OR (ODER).

Wahrheitstabelle für logische Schaltungen

B	0	1
NOT	1	0

A	0	0	1	1
B	0	1	0	1
AND	0	0	0	1
OR	0	1	1	1
XOR	0	1	1	0
NAND	1	1	1	0
NOR	1	0	0	0

XOR bedeutet Exklusiv-Oder (entweder/oder)

Physik überall — Verstärkerschaltungen

Der Transistor als Verstärker In einer Schaltung entsprechend **B2** wird durch Verstellen des Widerstandes R_1 die Basisstromstärke I_B des Transistors geändert. Das Diagramm zeigt die dabei gemessene Änderung der Kollektorstromstärke I_C. In den bisherigen Beispielen haben wir Transistoren als Schalter benutzt. Neben dem Schalten von Strömen ist aber das Verstärken von Strömen eine wichtige Aufgabe.

Die im Mikrofon durch den Schall hervorgerufenen Schwankungen der Stromstärke sind so schwach, dass sie zuerst verstärkt werden müssen, bevor sie im Lautsprecher Schwingungen erzeugen können (→**B1**). Wichtig ist dabei, dass leise und laute Töne in gleichem Maße verstärkt werden. Das Diagramm in **B2** zeigt, dass die Kollektorstromstärke I_C proportional zur Basisstromstärke I_B ist. Das Verhältnis von I_C zu I_B hat Werte zwischen 30 : 1 und 300 : 1. Es wird **Verstärkungsfaktor** genannt. Kleine Schwankungen der Basisstromstärke I_B bewirken große Schwankungen der Kollektorstromstärke I_C. Der Basisstrom wird verstärkt.

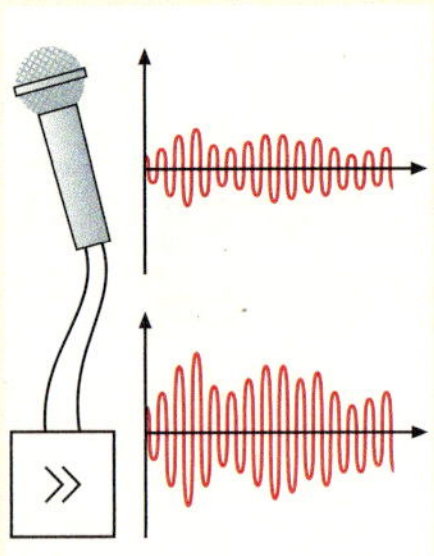

B1

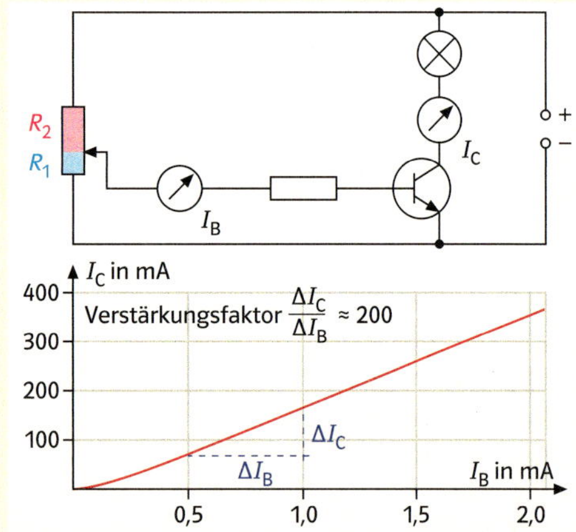

B2

Werkstatt — Das Selbstbau-Radio für Mittelwelle

Aufbau und Betrieb
- Grundlage ist ein Brett mit Lüsterklemmen oder eine Lochplatine.
- Für guten Kontakt bei Antenne A und Erdung E sorgen.
- Nur von Sendern, die sich in der Nähe befinden, erhält man eine befriedigende Lautstärke.

Material für den Radioempfänger
- C_1 Drehkondensator mit 500 pF
- F Ferritstab mit etwa 10–15 cm Länge
- L Spule mit 60 Windungen aus feinem Kupferdraht, bei 14 Windungen eine Anzapfung
- D Germanium-Diode, z. B. AA 119
- R_1 Widerstand mit etwa 300 kΩ
- C_2 Kondensator mit etwa 200 pF

Material für den Verstärker
- C_3 Kondensator mit etwa 30 nF
- R_2 Widerstand mit etwa 200 kΩ
- R_P Drehwiderstand mit etwa 150 kΩ
- T Transistor, z. B. BC 108
- H_2 Kopfhörer als Lautsprecher, 2 000 Ω
- B Batterie 4,5 V

So wirken die Teile zusammen: Die Antenne erzeugt aus dem Signal des Senders elektrische Schwingungen. Spule und Drehkondensator wählen eine bestimmte Sendefrequenz aus. Die Diode erzeugt aus dem Signal des Senders einen pulsierenden Gleichstrom entsprechend dem gesendeten Schallsignal. Der Kondensator C_3 verhindert, dass ein konstanter Gleichstrom den Lautsprecher bzw. Transistor erreicht. Widerstand R_2 und Drehwiderstand R_P stellen die Verstärkung des Transistors ein. Der Transistor verstärkt die Änderung der Basisstromstärke und erzeugt eine entsprechend starke Änderung der Kollektorstromstärke.

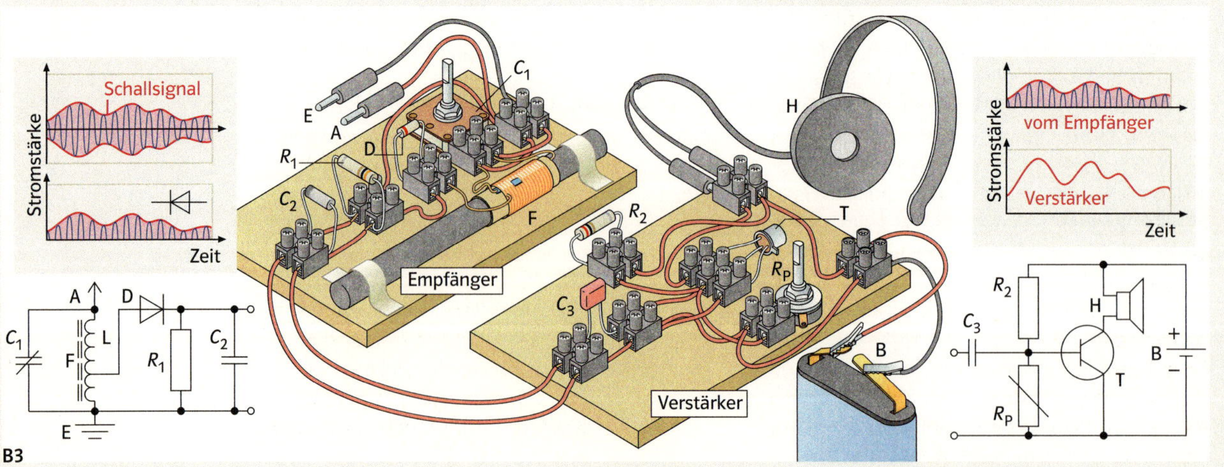

B3

Fotovoltaik

B1 Fotovoltaikanlage auf Hausdach

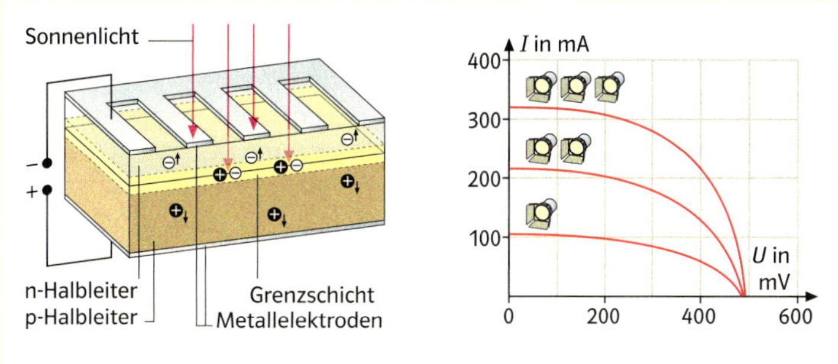

B2 Prinzip und Kennlinie einer Siliciumsolarzelle

Die Solarzelle Schon 1839 wurde die direkte Umwandlung von Strahlungsenergie in elektrische Energie („fotoelektrischer Effekt") von Alexandre Becquerel beschrieben. Erst 1905 gelang Albert Einstein die Erklärung des Phänomens, wofür er 1921 den Nobelpreis erhielt. Erste nutzbare technische Anwendungen der Solarzelle wurden in den 1950er Jahren für die Raumfahrt entwickelt.

Die **Fotovoltaik**, also die direkte Umwandlung von Strahlungsenergie des Sonnenlichtes in elektrische Energie, weist in den letzten 20 Jahren ein starkes Wachstum auf. Trotzdem stammen nur ungefähr 0,2 % der in Deutschland benötigten elektrischen Energie aus Fotovoltaikanlagen. Im Jahr 2005 war dies eine Gesamtleistung von 1 Gigawatt. Die zur Zeit größte Fotovoltaikanlage der Welt („Solarfeld Erlasee") steht bei Arnstein nahe Würzburg.

Die klassische Silicium-Solarzelle (→**B2**) besteht aus einer dünnen n-leitenden Schicht („n-Emitter"), in der ein Elektronenüberschuss vorhanden ist, und einer dickeren p-leitenden Schicht. Der Übergang zwischen n-Schicht und p-Schicht heißt pn-Übergang und wird auch Grenzschicht genannt. Die n-Schicht ist deshalb so dünn, weil so das Licht durch die n-Schicht dringen und in der pn-Grenzschicht absorbiert werden kann. Ein Lichtteilchen (Photon) kann in der Grenzschicht nun ein Elektron herausschlagen. Es entsteht ein freies Elektron und eine Elektronenfehlstelle („Loch"). Aufgrund des durch die Dotierung vorhandenen elektrischen Feldes wandert das nun freie Elektron zum negativen Kontakt und das positiv geladene Loch entsprechend zum positiven Kontakt. Durch diese Ladungsbewegung wird der Strom erzeugt. Die zur Bildung des Elektron-Loch-Paares notwendige Photonenenergie ist materialabhängig.

Kennlinie der Solarzelle Die Spannung bei offenem Stromkreis bei einer Solarzelle liegt unter 1 V. Bei Kurzschluss der beiden Anschlüsse misst man die Stromstärke. Sie hängt von der Fläche der Solarzelle ab. Für verschiedene Beleuchtungen ergeben sich U-I-Kennlinien wie in **B2** rechts. Die maximale elektrische Leistung $P = U \cdot I$ entspricht dem größtmöglichen Flächeninhalt unter der Kennlinie.

Anwendung und Wirkungsgrad Der Wirkungsgrad einer Solarzelle ist das Verhältnis von nutzbarer elektrischer Energie zu der einfallenden Lichtenergie. Bei kommerziellen Anwendungen beträgt der Wirkungsgrad zur Zeit rund 14 %. Bei optimalen Beleuchtungsbedingungen müssten Solarzellen eine Fläche von über 6 km^2 bedecken, um ein Kraftwerk mit 1200 MW zu ersetzen. Durch Reihen- und Parallelschaltung von Zellen können in Solarmodulen technisch übliche Werte für Spannung und Stromstärke erreicht werden. Mit dem Strom von Solarzellen lassen sich Akkumulatoren aufladen, aber auch durch Elektrolyse aus Wasser Wasserstoff gewinnen. Dieser klimaneutrale „Solarwasserstoff" könnte wie Erdgas zu Heizzwecken und in Brennstoffzellen für Elektroantriebe genutzt werden.

Aufgrund von Dunkelheit und Bewölkung schwankt das Angebot fotovoltaischer Energie. Diese Schwankungen im Stromnetz werden im Tageslastgang des Kraftwerksfahrplans berücksichtigt. Bei einer dezentralen Stromversorgung aus vielen großflächig verteilten Fotovoltaikanlagen (Hausdächer, →**B1**) wird allerdings ohnehin die meiste erzeugte elektrische Energie direkt vor Ort genutzt. Immer noch sind die Kosten für Solaranlagen sehr hoch und werden erst durch Massenproduktion so weit sinken, dass sie konkurrenzfähig werden.

Der Begriff „Fotovoltaik" leitet sich von griech. photos = Licht und dem Nachnamen des Physikers Alessandro Volta ab.

Physik überall

Elektronik „mit Herz"

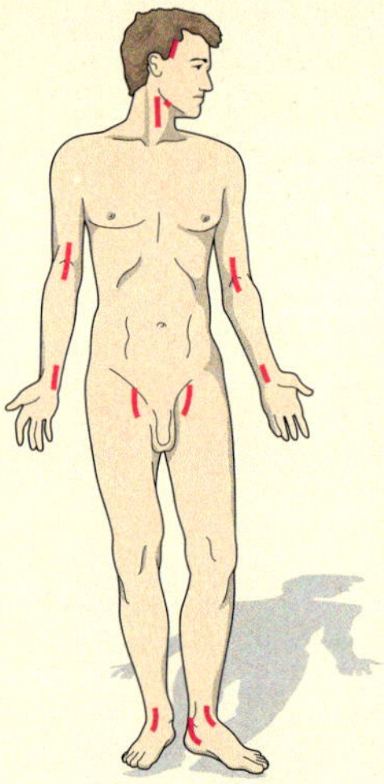

B1 Körperstellen, an denen der Puls getastet werden kann.

Die Messung des Pulses Prinzipiell ist der Puls an jeder größeren Arterie messbar, aber die Gefäße liegen oft tief im Muskelgewebe, so dass sie nicht tastbar sind. Wo große Arterien unmittelbar unter der Haut liegen, fühlt man den Pulsschlag besonders deutlich. Solche Stellen befinden sich an den Schläfen, am Kiefer, am Hals, an den Armen, Handgelenken, Leisten, Kniekehlen und Fußrücken (→ **B1**). Um den Puls z. B. am Handgelenk zu fühlen, legt man die Fingerspitze des Mittelfingers locker unterhalb des Daumens auf das Handgelenk und führt sie so lange hin und her, bis man die Pulsschläge spürt.

Auf Intensivstationen von Krankenhäusern muss der Puls kontinuierlich überwacht und aufgezeichnet werden. Die Tabelle (→ **B3**) gibt einen Überblick über die Anwendung von Sensoren zur Pulsmessung. In (→ **B5**) wird das Funktionsprinzip eines optischen Pulsfühlers für das Durchstrahlungsverfahren vorgestellt. Die Kuppe des kleinen Fingers wird zwischen Lichtquelle und Fotowiderstand bzw. -transistor gehalten. Die Lichtdurchlässsigkeit ändert sich mit der Blutfüllung der Fingerkuppe. Im Fotowiderstand bzw. Fototransistor wird im Rhythmus des Pulses eine Stromstärken- bzw. Widerstandsänderung hervorgerufen. Dieses elektrische Signal kann über ein Oszilloskop sichtbar gemacht werden. Man registriert auch ohne Verstärkung ein im Herzrhythmus pulsierendes Signal. Statt des Fingers wird häufig in der Praxis auch das Ohrläppchen zur Pulsmessung genutzt. Mithilfe solcher Pulsmesser kann die Pulserhöhung bei körperlicher oder seelischer Belastung (Stress) exakt nachgewiesen werden, z. B. an vielen Fitnessgeräten.

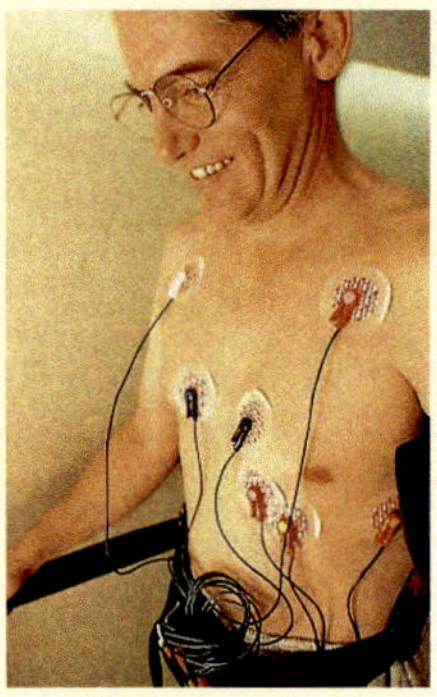

B2 Aufnahme eines EKGs

Das EKG Im Jahre 1903 wies der niederländische Arzt Willem Einthoven erstmals elektrische Impulse nach, die vom Herzen eines Hundes ausgingen. Für seine Entdeckung erhielt Einthoven 1924 den Nobelpreis.
Bei heutigen Messgeräten werden die bei der Erregung des Herzens auftretenden elektrischen Spannungen an bestimmten Stellen der Haut (→ **B2**) mit Elektroden abgeleitet und von einem hochempfindlichen Messgerät ein **Elektrokardiogramm** (kurz EKG) registriert. Dies ist möglich, weil der vom Herzen ausgehende Spannungsimpuls sich bis auf die Körperoberfläche ausbreitet. Die Aufzeichnung der Spannungswerte ergibt die typische EKG-Kurve mit Zacken und Strecken (→ **B4**). Die einzelnen Zacken sind nach internationaler Übereinkunft mit bestimmten Buchstaben bezeichnet. Jeder Zacken hat beim gesunden Herzen eine bestimmte Höhe und eine bestimmte Zeitdauer. Aus den Veränderungen der Zacken hinsichtlich Zeitdauer, Höhe und Form können Rückschlüsse auf die Erkrankung des Herzens gezogen werden (→ **B4**).

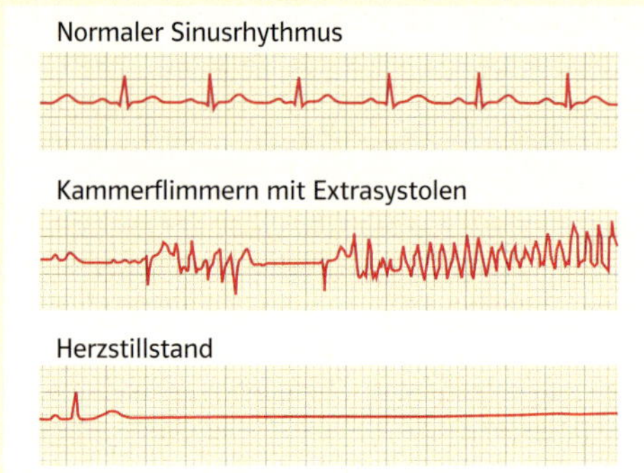

B4 Typische EKG-Befunde

Wandlerart	Bauelement	Wirkprinzip
Akustischer Wandler	Mikrofon	Druckänderung Widerstandsänderung
Fotoelektrischer Wandler	Fotowiderstand	Änderung der Beleuchtungsstärke Widerstandsänderung
Piezoelektrischer Wandler	Piezokristall	Druckänderung Spannungsänderung
Mechanischer Wandler	Dehnungsmessstreifen	Längenänderung Widerstandsänderung
Kapazitiver Wandler	elastischer Kondensator	Änderung des Plattenabstandes Kapazitätsänderung

B3 Überblick über Sensoren für die kontinuierliche Pulsmessung

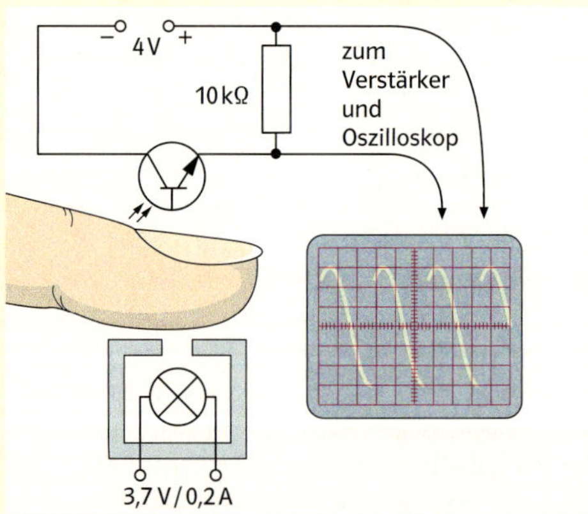

B5 Fotoelektrischer Pulsmesser (Schaltung mit Fototransistor)

Die „Elektronik“ des menschlichen Körpers

Elektrische Vorgänge in Nervenzellen Die Zahl unserer Nervenzellen beträgt 25 Milliarden (→ **B1**). Da eine Zelle Informationen von vielen anderen erhält, gibt es viele Billionen Verbindungen. Man schätzt ihre Länge auf 50 000 Kilometer! In diesen Verbindungen müssen die Informationen der Sinnesorgane schnell und sicher zum Gehirn geleitet werden, um rechtzeitig reagieren zu können. Eine technische Möglichkeit für eine solche Informationsübertragung ist das Telefonnetz, und tatsächlich arbeiten auch unsere Nerven ähnlich wie eine Telefonverbindung. Nötig dafür sind Leitungskabel, elektrische Quelle, elektrischer Strom und, wie bei langen Telefonverbindungen, ein Verstärker, um eine Abschwächung elektrischer Signale zu verhindern.

Im Körper stehen allerdings keine gut leitenden, kunststoffummantelten Kupferdrähte zur Verfügung, sondern Nervenfasern, die Fortsätze der Nervenzellen (→ **B2**). Sie sind sehr dünn (nur 1 µm dick) und bestehen aus Zellplasma, umgeben von der Zellmembran. Millionen solcher biologischer „Kabel“ verlaufen in nur Millimeter dicken Nerven. Eine Spannungsquelle befindet sich zwischen dem Innenraum der Faser und der Körperflüssigkeit außen. Grund dafür ist die ungleiche Verteilung von Ionen innen und außen und die unterschiedliche Durchlässigkeit der Membran für Ionen. Deshalb sind im Zellplasma mehr negativ geladene Teilchen als außen und so entsteht eine Spannung von −70 mV, das „**Ruhepotenzial**“ (→ **B3**).

Elektrischer Strom kann fließen, wenn die Membran plötzlich viel durchlässiger für eine Ionenart wird. Dazu befinden sich Tunnelproteine in der Membran. Öffnen zum Beispiel solche für Na^+, wird der Innenraum in deren Umgebung durch die einströmenden Na^+-Ionen positiver, was man als „**Depolarisation**“ bezeichnet (→ **B4a** und **b**). Dies bewirkt bei Erreichen eines bestimmten Schwellenwertes das schnelle, kurzzeitige Öffnen weiterer spannungsempfindlicher Na^+-Kanäle. Durch den Na^+-Einstrom wird die Nervenfaser innen sogar positiver als außen, die Spannung steigt auf etwa +35 mV! Zeitlich verzögert öffnen sich nun K^+-Tunnelproteine und der K^+-Ausstrom stellt den Ruhezustand schnell wieder her (→ **B4d**, „Repolarisation“). Die Ionen-Kanäle schließen selbsttätig. Diese etwa 1 ms dauernde Änderung der Spannung von −70 mV auf +35 mV und wieder zurück heißt „**Aktionspotenzial**“. Durch den Na^+-Einstrom am Ort des Aktionspotenzials werden die Na^+-Kanäle benachbarter Membranbereiche geöffnet, sodass dort auch ein Aktionspotenzial entsteht – so wandert es an der Faser entlang, als Informationseinheit unseres Nervensystems.

Nervenfasern können bis zu 300 solcher Spannungswellen pro Sekunde fortleiten. Durch die Ionenströme würde allerdings nach kurzer Zeit die ungleiche Verteilung der Ionen im Ruhezustand ausgeglichen, die „Batterie“ wäre entladen. Damit dies nicht geschieht, sorgen spezielle Proteinmoleküle in der Membran, Na^+/K^+-Ionenpumpen, unter Energieeinsatz für den Rücktransport von Na^+ nach außen und K^+ nach innen. Das tödliche Gift Zyankali blockiert die Energieversorgung. In wenigen Sekunden versagt die Informationsleitung.

Unsere Nervenfasern sind somit keine passiven Leiterkabel, sondern bilden aktiv gleichbleibende Signale und sorgen selbst für die dafür nötigen elektrischen Voraussetzungen. Natürlich beruht auch die Aufnahme von Reizen, zum Beispiel von Schall, auf elektrischen Vorgängen in Hörsinneszellen des Innenohrs, analog zum Mikrofon im Telefon.

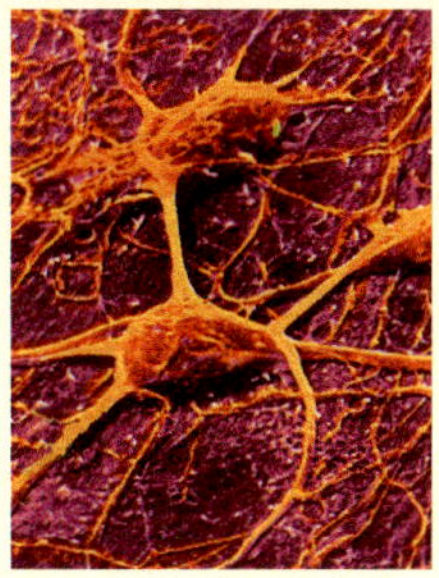

B1 Zellen unseres Nervensystems

B2 Nervenzellen mit Zellfortsätzen

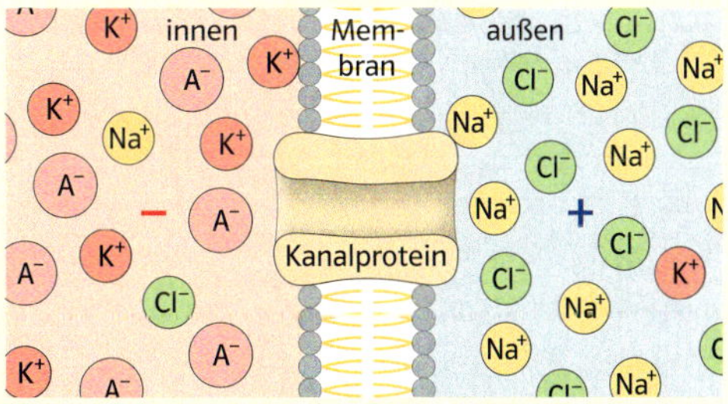

B3 Ionenverteilung an der Zellmembran

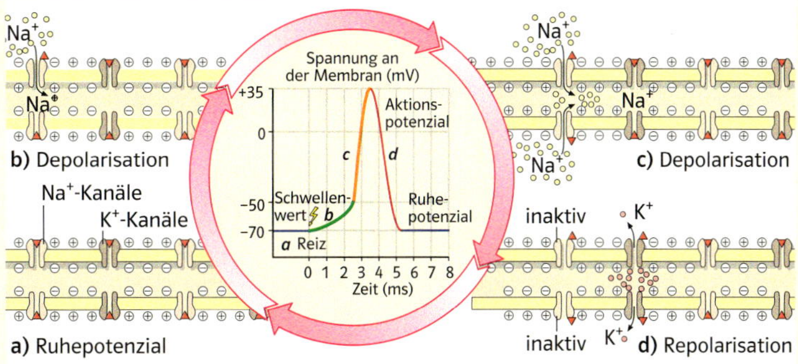

B4 Entstehung des Aktionspotenzials

Rückblick

1 Begriffe

Was versteht man unter
- Dotieren?
- Elektronenfehlstelle?
- einer p-Schicht?
- einer n-Schicht?
- p-leitend?
- n-leitend?
- pn-Übergang?
- einer Sperrschicht?
- einer Diode?
- einem Heißleiter (NTC)?
- LED und LDR?
- einem Sensor?

2 Beobachtungen

Was beobachtet man, wenn
- in einem Stromkreis eine Siliciumprobe erwärmt wird?
- Licht auf einen LDR fällt?
- eine Diode mit der p-Schicht am Pluspol, mit der n-Schicht am Minuspol einer Quelle angeschlossen ist?
- der Basisanschluss eines Transistors mit dem Pluspol einer Quelle verbunden wird?

3 Erklärungen

Wie lässt sich erklären, dass
- ein Halbleiter auf Temperaturänderungen anders als ein Metall reagiert?
- aus zwei Dioden kein Transistor entsteht?
- der Leitungsvorgang in einem Halbleiter durch Dotieren erheblich verbessert wird?
- Metalle den elektrischen Strom leiten?
- beim Einschalten sofort elektrischer Strom fließt?

4 Gesetzmäßigkeiten

Beschreibe mit eigenen Worten,
- in welchem Verhältnis Basis- und Kollektorstromstärke eines Transistors stehen.
- wie es zu einer Spannung beim Kontakt von p- mit n-leitendem Material kommt.
- wie eine Diode beim Anschluss an eine Quelle für Wechselspannung reagiert.

Erläutere die Erscheinungen in den folgenden Bildern und beantworte die Fragen!

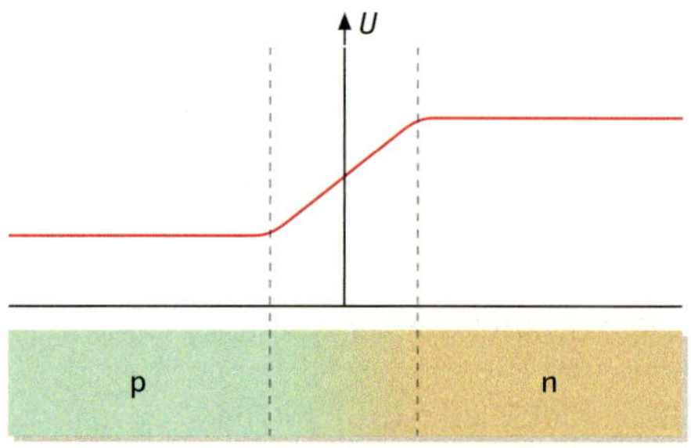

B1 Erkläre den Verlauf der Spannung in einem pn-Übergang.

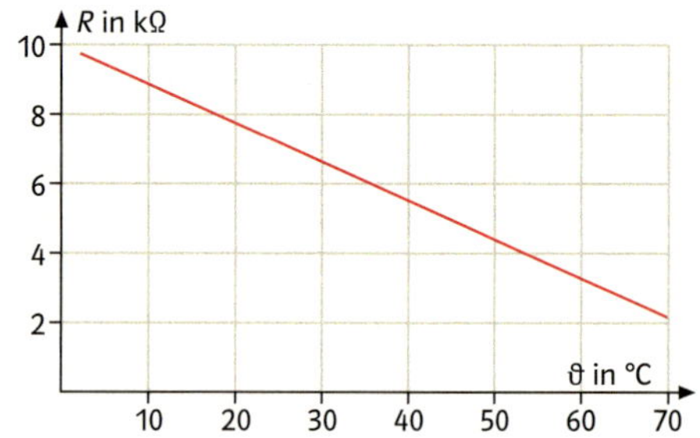

B4 Interpretiere den Graphen eines hier dargestellten NTC-Widerstandes.

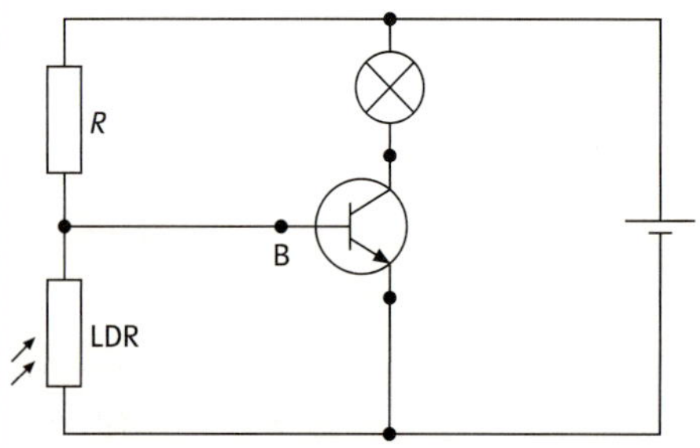

B2 Leuchtet die Lampe bei Dunkelheit oder bei Helligkeit? Erkläre die Schaltung!

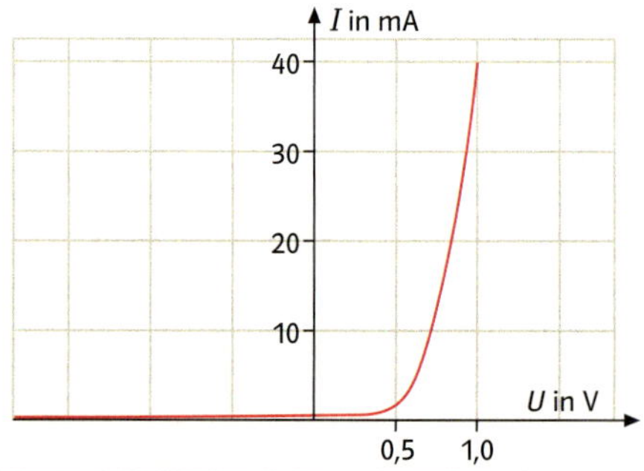

B5 Interpretiere den Graphen und ordne ihm ein passendes Bauteil zu.

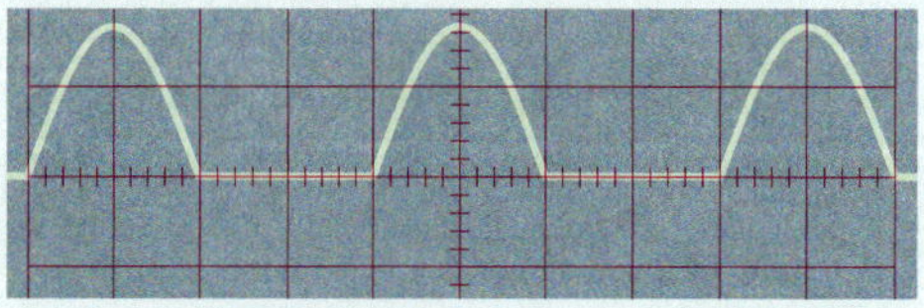

B3 Beschreibe eine Schaltung, die dieses Bild auf dem Oszilloskopschirm erzeugt.

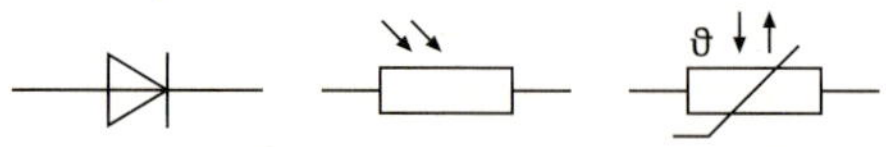

B6 Für welche elektronischen Bauteile stehen diese Schaltzeichen?

Heimversuche

1 Spannungsprüfer, Polaritätsanzeiger
Mit einem Widerstand und zwei Leuchtdioden kannst du feststellen, ob eine Batterie funktioniert und wie sie gepolt ist. Aus der Helligkeit der Dioden lässt sich im Bereich von 3 V bis 25 V auf die anliegende Spannung schließen. Baue die Schaltung nach und teste verschiedene Batterien. Der Widerstand bewahrt die Dioden vor zu großen Strömen. ACHTUNG: Die Schaltung darf auf keinen Fall zum Testen der Netzspannung benutzt werden!

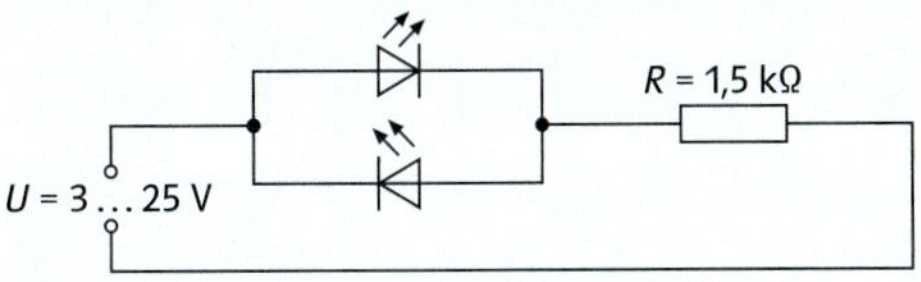

B1

2 Das Zauberlämpchen Ein Lämpchen (3,5 V/0,2 A) hängt an zwei dünnen Drähten nach unten und leuchtet. Wenn jemand dagegen bläst, erlischt es wie eine Kerze. Noch merkwürdiger ist, dass man es mit einem Streichholz wieder anzünden kann. Dahinter steckt eine Transistorschaltung mit Fotowiderstand. Der veränderbare Widerstand muss so eingestellt werden, dass

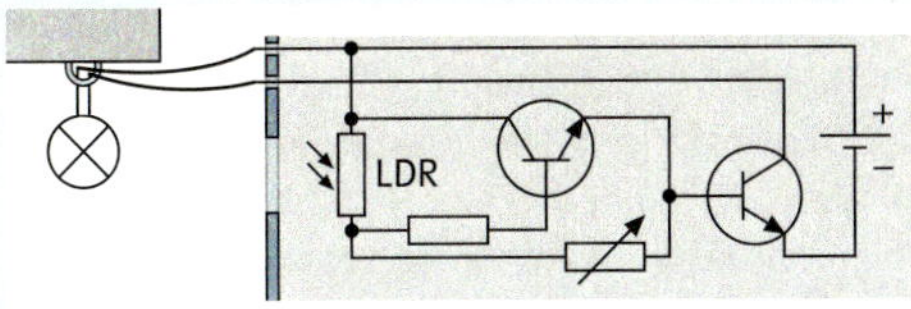

B2

das Lämpchen bei Raumbeleuchtung gerade nicht leuchtet.

3 Der Blumentopfwächter Topfblumen mögen es nicht gerne, wenn sie zu selten gegossen werden. Hier kann eine Schaltung helfen, die ein Signal gibt, wenn es im Topf zu trocken geworden ist. Die beiden Drähte, die im Boden stecken, bilden mit dem Boden zusammen einen elektrischen Widerstand, der sich mit der Feuchtigkeit ändert.

Man benötigt einen Widerstand von etwa 10 kΩ, einen (veränderlichen) Widerstand von etwa 100 kΩ, zwei npn-Transistoren und ein Glühlämpchen. Baue die Schaltung auf. Was ändert sich, wenn man die Drähte unterschiedlich tief mit unterschiedlichem Abstand in verschieden feuchte Erde steckt?

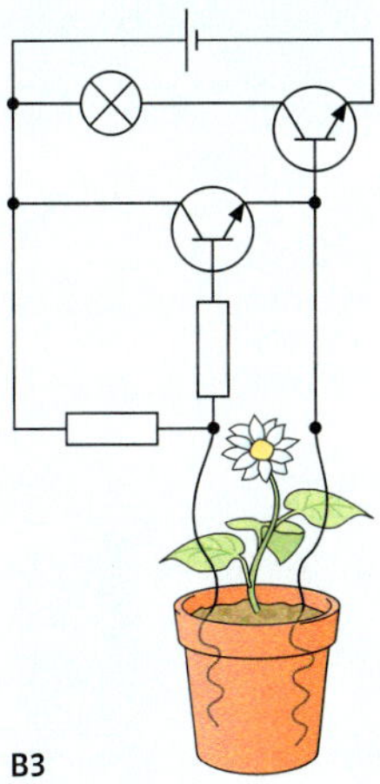

B3

Fragen

Metalle

1 Welche wesentlichen Unterschiede bestehen im Aufbau eines Leiters und eines Isolators?

2 Erkläre, warum sich der elektrische Widerstand eines Metalls bei Erwärmung erhöht!

3 Im Diagramm sind die *U*-*I*-Kennlinien von drei Bauteilen dargestellt.
a) Wie verhält sich jeweils der Widerstand bei steigender Spannung? Erkläre!
b) Um welche Bauelemente könnte es sich handeln?

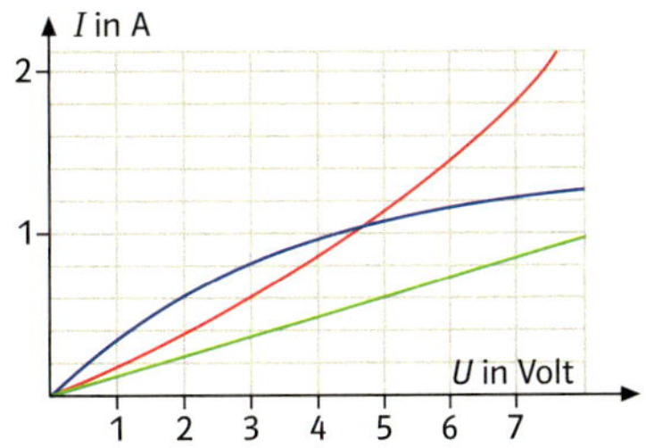

Halbleiter und Dioden

4 a) Welche Elemente eignen sich zum Dotieren von Silicium oder Germanium?
b) Wie entstehen p-Leiter und n-Leiter?

5 Warum sollten Heißleiter stets mit einem Vorwiderstand betrieben werden?

6 Ist ein dotierter Halbleiter nach außen elektrisch neutral? Begründe!

7 Lassen sich Wechselspannungen unter 0,7 V mit Siliciumdioden gleichrichten?

8 Drei Siliciumdioden sind in Reihe geschaltet. Welche Spannung ist ungefähr nötig, damit es zu einem Strom kommt?

9 Welche Eigenschaften hat die Diode mit einem Fahrradventil gemeinsam?

10 Was geschieht, wenn an eine Diode eine Spannung von 6 V in Durchlassrichtung ohne Vorwiderstand angelegt wird?

11 Erkläre die Wirkungsweise eines pn-Überganges!

Fragen

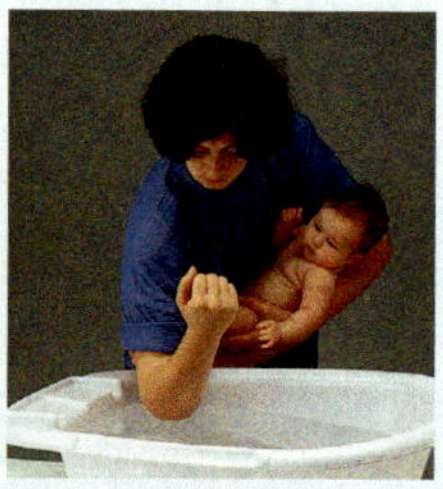

Wie würde man das Verhalten dieser Mutter „elektronisch“ nachvollziehen?

12 Zwischen den Anschlüssen eines Heißleiters besteht die Spannung von 6 V. Wie groß ist sein Widerstand bei den Temperaturen
a) 20 °C, **b)** 40 °C, **c)** 50 °C?
Entnimm die erforderlichen Werte aus dem folgenden ϑ-I-Diagramm.

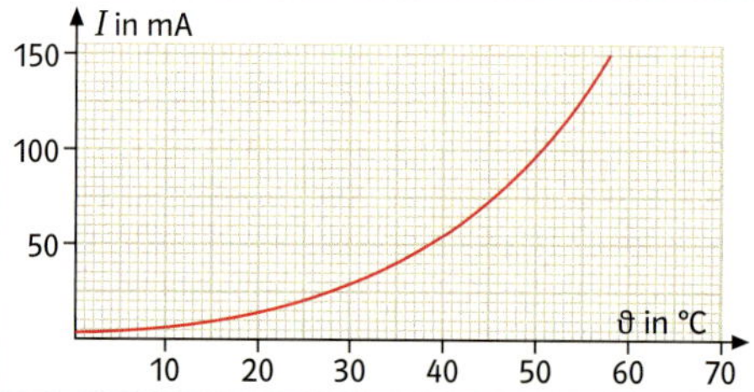

13 Erläutere, weshalb beim Messen von Temperaturen mit Halbleiterwiderständen die Stromstärke möglichst klein sein soll.

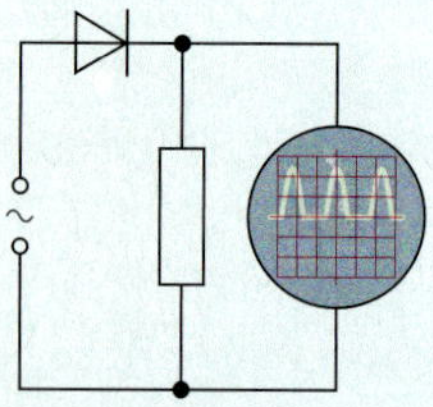

B1 Zu Aufgabe 14

14 Welches Bild ist am Oszilloskop zu sehen, wenn in der Schaltung **B1** am Rand die Diode
a) überbrückt wird? **b)** umgepolt wird?

15 Informiere dich anhand von Bedienungsanleitungen darüber, in welchen Temperaturbereichen Taschenrechner, Quarzuhren, Radios und Fernsehgeräte eingesetzt werden dürfen. Begründe die Begrenzungen!

Zu Transistoren

16 a) Wie ist ein pnp-Transistor aufgebaut?
b) Warum muss die Basisschicht eines Transistors sehr dünn sein?

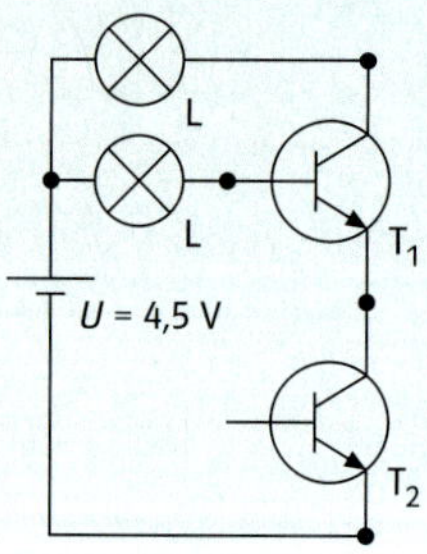

B2 Zu Aufgabe 17

17 Welche Lampe wird nach nebenstehender Schaltung (→**B2**) leuchten?

18 Eine Lampe, die für einen Betrieb bei $U = 3{,}8\,\text{V}$ und $I = 0{,}07\,\text{A}$ vorgesehen ist, wird – wie unten gezeigt – in verschiedenen Schaltungen eingesetzt (→**B3**). In welchen Fällen **a)** bis **c)** schaltet der Transistor die Lampe?

19 Welche Vorteile hat ein Transistor gegenüber einem Relais? Gibt es auch Nachteile?

B3 Zu Aufgabe 18

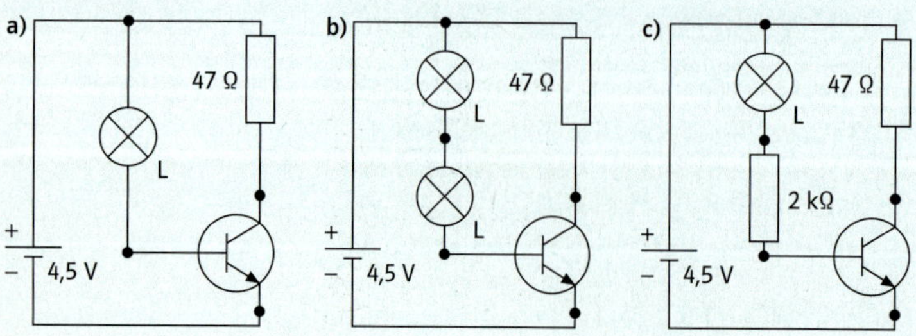

20 Wie lässt sich mit einem Widerstandsmessgerät der Basisanschluss eines Transistors finden?

21 Die Bauteile der folgenden Schaltung sind so gewählt, dass die Transistoren schalten können.

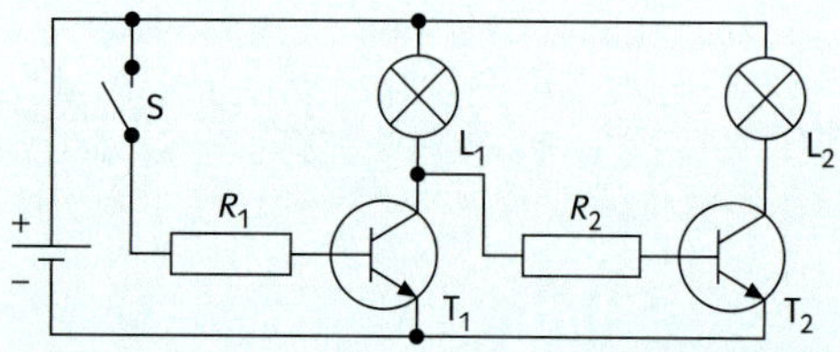

a) Welche Lampe leuchtet, wenn der Schalter S geöffnet ist?
b) Welche Lampe leuchtet, wenn S geschlossen ist?
c) Unter welchen Voraussetzungen können beide Lampen leuchten?

Zu Anwendungen von Sensoren

22 Beim Föhn (Haartrockner) ist ein automatischer Schalter eingebaut, der ihn vor Überhitzung schützen soll und der auch die Wahl einer Temperatur erlaubt. Diskutiere, ob dieser Schalter ein Sensor ist.

23 Konstruiere für dein Zimmer eine Alarmanlage, damit ungebetene Gäste dich nicht bei den Hausaufgaben stören. Welche Sensoren sind dafür geeignet?

24 Ein Positionssensor hat eine Länge von $l = 20\,\text{cm}$. In welcher Entfernung vom linken Rand A trifft ein Lichtstrahl auf, wenn $I_a = 3\,\text{mA}$ und $I_b = 7\,\text{mA}$ gemessen werden?

Schwierigere Probleme

25 Warum ist die Spannung hinter einem Zwei-Weg-Gleichrichter um etwa 1,4 V kleiner als davor?

26 Ein Transistor habe den Verstärkungsfaktor 200. Wie groß ist die Kollektorstromstärke bei einem Basis-Emitter-Widerstand von 10 kΩ und der Spannung 5 V?

27 Ein Transistor habe den Verstärkungsfaktor 400. Wie groß ist die angelegte Spannung, wenn die Kollektorstromstärke (bei einem Basis-Emitter-Widerstand von 10 kΩ) 100 mA beträgt?

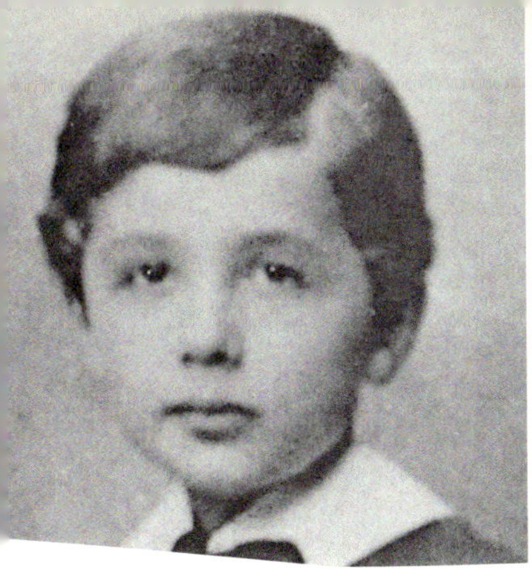

Grenzen klassischer Physik

Licht – ein ganz besonderer „Stoff"? 1905 veröffentlichte Albert Einstein in den „Annalen der Physik" einen Artikel „Zur Elektrodynamik bewegter Körper", in dem er revolutionäre Gedanken zu Raum und Zeit darlegte. Grundlage der Überlegungen war die Erkenntnis des amerikanischen Physikers Michelson aus dem Jahre 1881, dass für die Ausbreitung des Lichtes in allen Richtungen, auch bei bewegter Quelle oder bewegtem Beobachter, die gleiche Geschwindigkeit gemessen wird.

Der bewegte Wald Bei dieser Aufnahme wurde die Kamera mit dem Rennboot mitbewegt. Der Hintergrund scheint am stehenden Boot vorbeizurasen. Wir wissen, es ist genau umgekehrt. Oder ist dieses Wissen auch nur relativ?

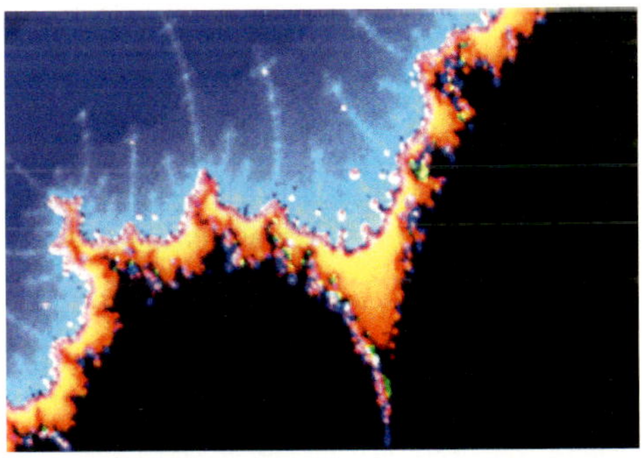

Apfelmännchen Wenn man bestimmte mathematische Folgen berechnet und die Werte durch Computerprogramme in Farben „übersetzt", entstehen bestimmte geometrische Muster, sogenannte Fraktale (hier das „Apfelmännchen"), die in ihren Randbereichen hochkomplexe selbstähnliche Strukturen zeigen.

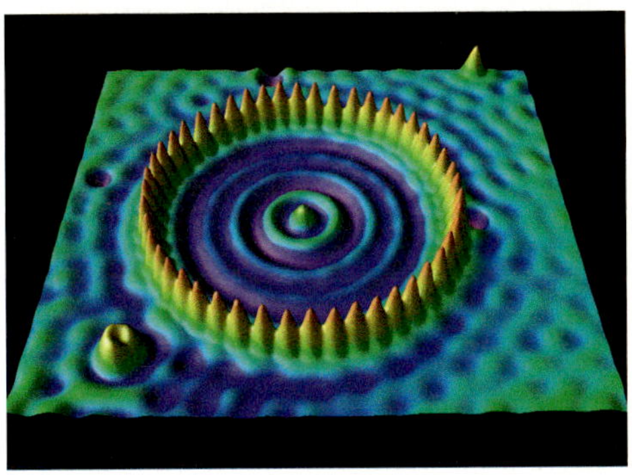

Atomare Wellenmuster Das Bild ist die Rekonstruktion einer Aufnahme mit einem Raster-Tunnelmikroskop. Das Höhenmuster stellt einzelne Atome dar. In diesem Fall sieht man einen „Korallenring" aus 48 Eisenatomen auf einer Oberfläche aus Kupferatomen. Das Höhenmuster im Innern zeigt das Aussehen einer Welle!

Relativität und Licht

Ein Boot fährt flussabwärts. Für einen Beobachter am Ufer addieren sich Bootsgeschwindigkeit relativ zu Wasser und Strömungsgeschwindigkeit. Fährt das Boot flussaufwärts, so sind die Geschwindigkeiten zu subtrahieren. Für die gleiche Strecke entlang des Ufers wird eine andere Zeitspanne benötigt. Fährt das Boot quer zur Strömungsrichtung, so ist die Zeit zum Überqueren von der Strömungsgeschwindigkeit unabhängig.

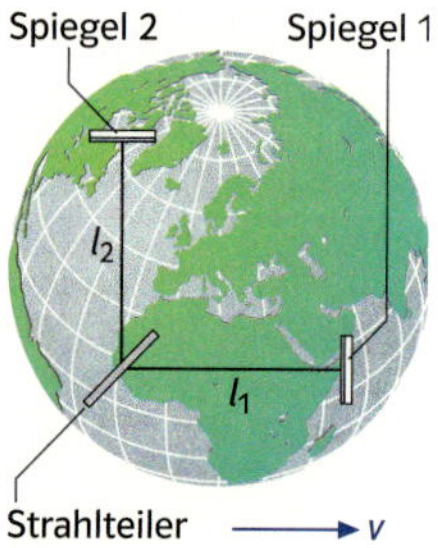

B1 Vergleich der Laufzeiten auf verschiedenen Lichtwegen

Analogien & Strukturen →S. 263

B2 Ball und Licht aus unterschiedlicher Sicht

Inertialsysteme und Relativität In einem mit konstanter Geschwindigkeit geradlinig fahrenden Zug spielen zwei Kinder mit einem Ball. Zwei Beobachter, beispielsweise einer im Zug und ein anderer draußen auf der Wiese, beobachten zwar unterschiedliche Geschwindigkeiten und Bahnkurven des Balls, führen die Ballbewegung aber auf dieselben Wurfgesetze zurück.

Physikalisch gesehen liegen hier zwei **Bezugssysteme** vor, die mit konstanter Geschwindigkeit gegeneinander bewegt werden. Sie unterscheiden sich bei der gesetzmäßigen Beschreibung von Bewegungsabläufen nicht, auch wenn sich die gemessenen Werte einiger Größen unterscheiden. Solche Bezugssysteme heißen **Inertialsysteme**, wenn sich Körper, auf die keine Kräfte wirken, in ihnen infolge ihrer Trägheit (lat. inertia) mit konstanter Geschwindigkeit geradlinig weiter bewegen. Erst wenn der Zug beschleunigt, unterscheiden sich die Gesetzmäßigkeiten zum Ballspiel für die beiden Beobachter. Ein beschleunigtes Bezugssystem ist kein Inertialsystem.

● **Relativitätsprinzip: Alle Inertialsysteme sind bezüglich physikalischer Gesetze gleichberechtigt.**

Besonderheit von Lichtsignalen Beobachtete Geschwindigkeiten hängen im Allgemeinen davon ab, in welchem Bezugssystem sie gemessen werden. Ein Auto hat zum Beispiel aus der Sicht eines Fußgängers eine andere Geschwindigkeit als aus einem vorbeifahrenden Zug betrachtet. Beim Schall ist die Geschwindigkeit relativ zum Medium Luft fest, deshalb hängt die Übertragungsgeschwindigkeit nicht von der Bewegung der Quelle ab, wohl aber von der des Beobachters. Nähert sich z. B. ein Beobachter einer Schallquelle mit der Geschwindigkeit v, so misst er als Signalgeschwindigkeit die Summe aus Schallgeschwindigkeit und eigener Geschwindigkeit v.

Bei Lichtsignalen verhält es sich grundlegend anders. Die Physiker A. A. Michelson und E. W. Morley untersuchten von 1881 an, ob die Bahngeschwindigkeit der Erde bei ihrer Bewegung um die Sonne einen Einfluss auf die Ausbreitung von Licht hat. Sie beträgt $30\,\text{km/s} = 3 \cdot 10^4\,\text{m/s}$, also 0,01 % der Lichtgeschwindigkeit. Sie konstruierten einen Versuch, in dem Licht, das zwei senkrecht zueinander stehende Wege durchlaufen hat, überlagert wird (→**B1**). Wird die Anordnung so aufgestellt, dass die Lichtwege parallel bzw. senkrecht zur Erdbahn verlaufen, so sollte sich die Erdbewegung auf beide Lichtwege unterschiedlich auswirken. Sie beobachteten aber keinerlei Einfluss! Viele Jahre lang hat man Experimente, die das überprüfen sollten, wiederholt und verbessert. Doch alle bestätigten, dass die Lichtgeschwindigkeit im Vakuum unabhängig vom Bewegungszustand von Quelle und Beobachter ist.

Wird in unserem Beispiel der Ball im Zug in Fahrtrichtung geworfen, so erhöht sich die Geschwindigkeit des Balles für einen Beobachter auf der Wiese um die Geschwindigkeit des Zuges. Wird im fahrenden Zug ein Lichtblitz erzeugt, so ist die Geschwindigkeit des Lichtes in beiden Bezugssystemen gleich groß (→**B2**). Durch Messung der Lichtgeschwindigkeit lässt sich also nicht feststellen, mit welcher Geschwindigkeit sich die Bezugssysteme gegeneinander bewegen.

Albert Einstein (1879–1955) hat diese Beobachtungen in seiner speziellen Relativitätstheorie von 1905 als **Postulat** festgelegt:

● **Konstanz der Lichtgeschwindigkeit: Die Lichtgeschwindigkeit c im Vakuum ist unabhängig von der Bewegung der Quelle und vom Inertialsystem, in dem sie gemessen wird.**

Es ist $c = 299\,792\,458\,\text{m/s}$; dieser Wert dient heute als Grundlage unserer Längenmessung.

Relativität, Zeit und Raum

V1 Ein Beobachter am Bahndamm sieht, dass sich ein Reisender in einem mit konstanter Geschwindigkeit vorbeifahrenden Zug nach vorne bewegt. Beide geben verschiedene Werte für die beobachteten Geschwindigkeiten an.

V2 Ein Gedankenversuch (→**B1**): Raumschiff I fliegt mit $v = 0{,}5 \cdot c$ an einem Beobachter-Raumschiff "I vorbei und sendet in diesem Moment ein Lichtsignal in Flugrichtung aus. Nach 1 s befindet sich Raumschiff I $1{,}5 \cdot 10^8$ m entfernt, das Signal $3 \cdot 10^8$ m. In Raumschiff I beobachtet man aber, dass sich das Signal mit Lichtgeschwindigkeit von ihm entfernt hat und deshalb nach 1 s den Abstand $3 \cdot 10^8$ m hat. l_1 ist von l_2 verschieden. Zeit- und Längenmessungen liefern verschiedene Werte!

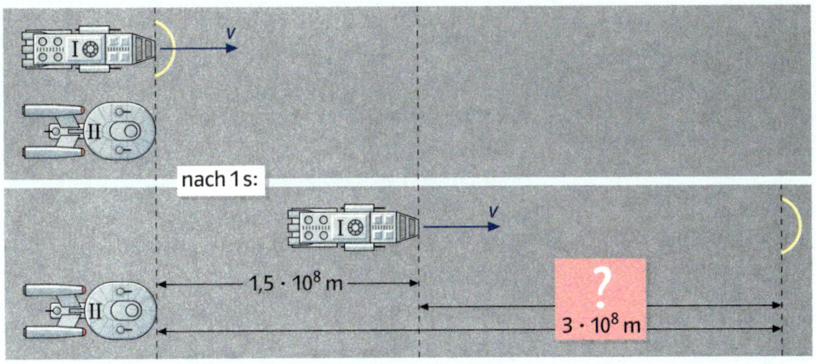

B1 Gedankenversuch: Gleiche Strecken mit verschiedenen Längen

V3 Werden Atome von schnellen Protonen getroffen, so können Myonen entstehen. Statistisch zerfällt die Hälfte davon in $2{,}2 \cdot 10^{-6}$ s. Im Kernforschungszentrum Cern in Genf wurden Myonen auf 99,94 % der Lichtgeschwindigkeit gebracht. Nun zerfiel die Hälfte von ihnen in $44 \cdot 10^{-6}$ s. Sie „lebten" also 20-mal länger als ruhende Myonen.

Dass die Lichtgeschwindigkeit unabhängig von der Bewegung des Systems, in dem sie gemessen wird, immer gleich ist, bedingt, dass sich Zeit und Länge, mit denen die Geschwindigkeit bestimmt wird, mit der Bewegung des Systems ändern müssen.

Zeitdilatation Newton schrieb 1687: „Die absolute, wahre und mathematische Zeit verfließt an sich und vermöge ihrer Natur gleichförmig und ohne Beziehung auf irgend einen äußeren Gegenstand. Der absolute Raum bleibt vermöge seiner Natur … stets gleich und unbeweglich". 1971 startete ein Flugzeug zu einem Flug um die Erde. An Bord befand sich eine hochgenaue sogenannte „Caesium-Atomuhr", die beim Start exakt die gleiche Zeit wie eine zweite Caesium-Atomuhr anzeigte, die am Startort zurückblieb. Bei der Ankunft nach der Erdumrundung und einer Flugzeit von 41,2 Stunden zeigte die bewegte Uhr 59 ns weniger als die am Startort befindliche an. Man spricht von einer Zeitdehnung, der **Zeitdilatation.** Dieser Unterschied stellt Newtons Vorstellungen in Frage. Zeit ist systemabhängig!

● **Gegeneinander bewegte Uhren zeigen verschieden lange Zeitspannen an. Eine bewegte Uhr geht gegenüber ruhenden Uhren nach.**

Längenkontraktion Neben der Zeit gehört die Länge zu den wichtigsten fundamentalen Größen, die in der Physik gemessen werden. Unter der Ruhelänge eines Stabes versteht man die Länge, die ein relativ zum Stab ruhender Beobachter feststellt. Bewegt sich nun der Stab, so ergeben jetzt für den Beobachter die gleichzeitig ermittelten Ortskoordinaten eine kleinere Differenz als vorher. Dieser Effekt heißt **Längenkontraktion.** Dieser „Zerreffekt" bei der Betrachtung von Gegenständen macht sich erst bei Geschwindigkeiten in der Größenordnung der Lichtgeschwindigkeit bemerkbar. Die sehr geringen Gangunterschiede von bewegten Uhren sind hingegen auch im Alltag bedeutsam, z. B. bei der Satellitennavigation („GPS").

Albert Einstein im Alter von 23 Jahren

B2 „Fahrt durch Tübingen mit 95% Lichtgeschwindigkeit"

Vorsicht! Der Effekt in **B2** entsteht nicht durch Längenkontraktion, sondern dadurch, dass sich Beobachter und Licht mit ähnlicher Geschwindigkeit bewegen!

Relativität, Masse und Energie

V1 Messungen in Beschleunigern zeigen, dass die Beschleunigung von Elektronen bei hohen Spannungen nicht mehr den klassischen Gesetzen folgt (hier $F = m_e \cdot a = e \cdot E$).

Danach müssten Elektronen durch eine Spannung von 256 kV so stark beschleunigt werden, dass sie die Lichtgeschwindigkeit erreichen (→**B1**).

Die Messungen zeigen, dass diese bei keiner noch so hohen Spannung erreicht wird.

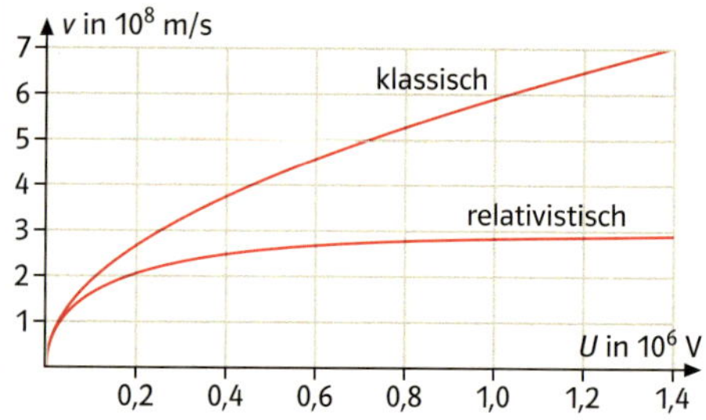

B1 Beschleunigung von Elektronen

„Tempolimit" Lichtgeschwindigkeit Wird ein Körper aus seiner Ruhelage durch dauernde Vergrößerung seiner kinetischen Energie beschleunigt, dann nehmen seine Geschwindigkeit und sein Impuls ständig zu. In der klassischen Mechanik kann ein Körper auf diese Weise beliebig schnell werden, der Geschwindigkeit ist keine Grenze gesetzt.

Beschleunigt man jedoch Elektronen in einem starken elektrischen Feld, so kann sie auch eine noch so hohe Beschleunigungsspannung nicht auf Geschwindigkeiten jenseits der Lichtgeschwindigkeit bringen.

Es ist auch nicht möglich, „körperlose" Informationen mit höheren Geschwindigkeiten zu übertragen. In der speziellen Relativitätstheorie ist die höchstmögliche Geschwindigkeit eines Körpers oder Signals die Lichtgeschwindigkeit!

● **Kein Körper und kein Signal kann die Lichtgeschwindigkeit überschreiten.**

B2 Teilchenbeschleuniger

Die Erhaltung von Impuls und Energie ermöglicht in der Mechanik die Vorhersage von Bewegungen. Wie können trotz der Geschwindigkeitsgrenze von 299 792 km/s diese Erhaltungssätze ihre Gültigkeit behalten?

Einstein ging davon aus, dass ein Unterschied zwischen **Ruhemasse** und bewegter Masse eines Objektes besteht und sich bei Bewegung auch die Masse ändert. Hierzu hinterfragte er die Natur der Eigenschaft „Masse" an sich. Die berühmte Gleichung $E = m \cdot c^2$ wurde von ihm 1905 in seiner Arbeit „Ist die Trägheit eines Körpers von seinem Energieinhalt abhängig?" hergeleitet. Einstein nahm hierbei nämlich weiter an, dass „Energie" und „Masse" zwei Erscheinungsformen derselben Eigenschaft sind, die über obige Gleichung miteinander verknüpft sind.

● **Energie und Masse eines Körpers sind äquivalent.**

„Masse besitzen" bedeutet also gleichzeitig „Energie besitzen" und umgekehrt. Vereinfacht kann man sagen, dass „Energie und Masse ineinander umwandelbar" sind, z. B. in Teilchenbeschleunigern (→**B2**). Wird der Energiegehalt eines Körpers beim Beschleunigen also durch Energiezufuhr erhöht, vergrößert sich dadurch auch seine Masse. Einsteins Theorie zeigt: Je näher der Körper der Lichtgeschwindigkeit kommt, umso mehr steigt seine Masse ins Unermessliche. Um ihn auf Lichtgeschwindigkeit zu beschleunigen, wäre rechnerisch eine unendlich große Energiezufuhr vonnöten, die Lichtgeschwindigkeit stellt also einen unerreichbaren Grenzwert dar.

Allgemeine Relativitätstheorie

V1 Ein Beobachter im System A eines Raumschiffs weitab von jeglichen Gravitationsquellen führt ein Experiment durch, ein Beobachter im frei fallenden System B führt das gleiche Experiment durch. Beide erhalten die gleichen Messwerte (→**B1**).

V2 Ein Beobachter im System C eines Raumschiffs, das mit $9{,}81\,\mathrm{m/s^2}$ gleichmäßig beschleunigt wird, führt ein Experiment durch, ein Beobachter im System D, das auf der Erde steht, führt das gleiche Experiment durch. Beide erhalten die gleichen Messwerte (→**B2**).

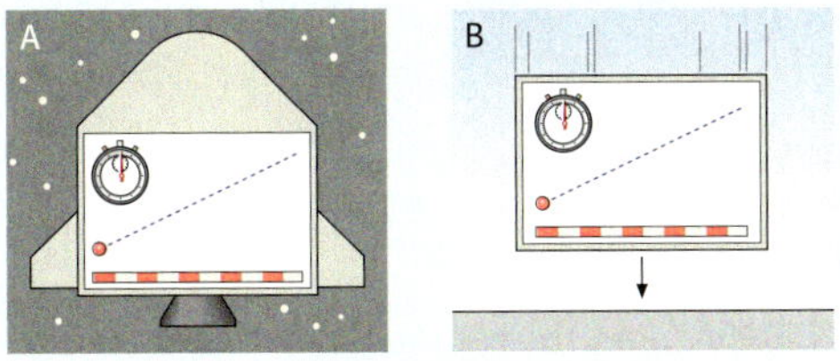

B1 Systeme ohne merkliche Gravitation

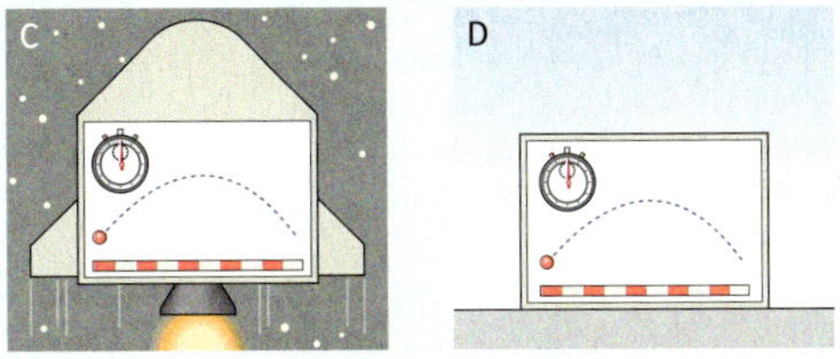

B2 Systeme mit beschleunigten Körpern

Das Äquivalenzprinzip Einstein formulierte 1915 das **Äquivalenzprinzip** der Allgemeinen Relativitätstheorie: Die Wirkung einer konstanten Beschleunigung eines Bezugssystems ist von der Wirkung einer konstanten Gravitationskraft nicht unterscheidbar. Mit einer entsprechenden Beschleunigung kann es also gelingen, auch im freien Weltall in einem Raumschiff eine Flugkurve eines geworfenen Balles wie auf der Erde zu erzeugen (→**B2**). Der Werfer könnte dann nicht unterscheiden, ob die Gravitation eines nahen Himmelskörpers oder die Beschleunigung des Raumschiffes für die Wurfparabel des Balles verantwortlich ist.

● **Schwerkraft und Trägheit sind ununterscheidbare Eigenschaften.**

Daraus folgerte Einstein konsequent, dass analog zum Wurf eines Balles der „Wurf eines Lichtstrahles", der in einem beschleunigten System gekrümmt erscheint, auch in einem ruhenden System unter dem Einfluss von Gravitation wie der Ball zur Gravitationsquelle hin abgelenkt werden müsste. Und tatsächlich ließ sich dieser Effekt erstmals bei einer Sonnenfinsternis 1919 am Lichtweg von Sternen nachweisen.

Die Raum-Zeit Zeitdilatation und Längenkontraktion zeigen, dass dreidimensionaler Raum und eindimensionale Zeit nicht absolut und für sich alleine existieren, sondern als ein einziges Phänomen, die vierdimensionale **Raum-Zeit**, aufgefasst werden können. Albert Einstein erkannte, dass sich Gravitation nicht im Rahmen der speziellen Relativitätstheorie beschreiben lässt. Die Grundidee der Allgemeinen Relativitätstheorie besteht darin, die Gravitation nicht als „Kraft", sondern als eine geometrische Veränderung der Raum-Zeit zu betrachten. Der Lichtweg als kürzeste Verbindung zwischen zwei Ereignissen ist unter dem Einfluss der Gravitation keine Gerade mehr; daher muss die Geometrie der Raum-Zeit durch die Anwesenheit der Masse eines Körpers verändert sein. Man sagt, die Raum-Zeit ist „gekrümmt". Diese Krümmung bewirkt zahlreiche Effekte, die auch experimentell nachgeprüft sind:

- Die Lichtgeschwindigkeit hängt vom Gravitationspotenzial ab. Uhren gehen in größerer Höhe schneller als näher am Gravitationszentrum. Dies ist sogar mit Atomuhren auf der Erde nachweisbar.
- Die Farbe von Licht einer Quelle im Gravitationsfeld ist im Vergleich zu einer Quelle außerhalb zum Roten hin verschoben, dies wird **gravitative Rotverschiebung** genannt. Ursprünglich sichbares Licht aus dem Zentrum unserer Milchstraße ist bis in den Radiowellenbereich hinein verschoben.
- Die Planetenbahnen sind keine Ellipsen.

Analogien & Strukturen →S. 254

Kosmologie Die Allgemeine Relativitätstheorie beschreibt auch das Verhalten der Massen im gesamten Universum, insbesondere die Expansion des Weltalls nach dem Urknall sowie die Entstehung von „Schwarzen Löchern", Sternen mit so großer Masse und Gravitation, dass nicht einmal mehr Licht aus ihrem Inneren entkommen kann.

Die Sonne wäre ein „Schwarzes Loch", wenn ihre Masse auf weniger als sechs Kilometer Durchmesser konzentriert wäre.

Eingeschränkte Vorhersagbarkeit

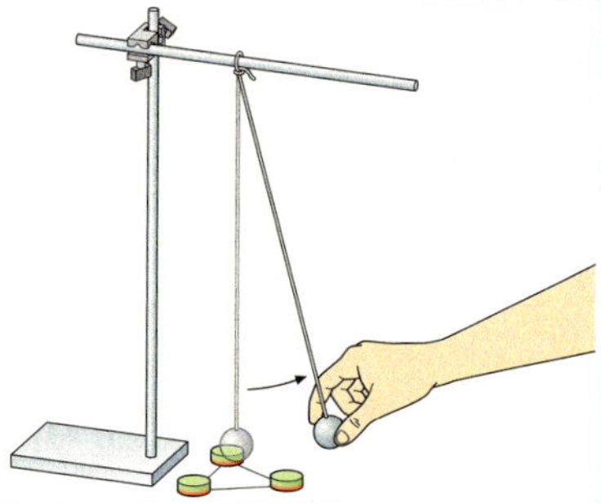

B1 Wo bleibt die Stahlkugel am Ende stehen?

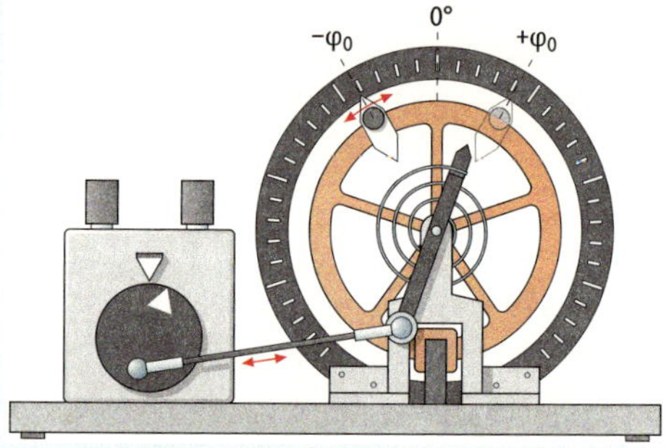

B2 Drehpendel mit Unwucht

V1 Drei Scheibenmagnete werden in gleicher Orientierung so angebracht, dass sie ein gleichseitiges Dreieck bilden. Über der Mitte des Dreiecks hängt eine Eisenkugel an einem Faden (→**B1**). Die Kugel wird mehrfach von möglichst gleicher Stelle außerhalb des Dreiecks gestartet. Es ergeben sich einander ähnelnde Bewegungen. Bei welchem Magneten die Kugel zur Ruhe kommt, ist jedoch kaum vorhersagbar.

V2 Die Abbildung **B2** zeigt ein drehbar gelagertes Rad, das mit einer an der Achse befestigten Spiralfeder verbunden ist. Das Rad kann dadurch Drehschwingungen ausführen. Wird außen am Rad ein Massestück angebracht, dann hat das System „Rad-Feder-Massestück" zwei Ruhelagen, bei $-\varphi_0$ und bei $+\varphi_0$.

Lenkt man das Rad etwas aus einer der Ruhelagen aus, so schwingt es um diese Position, bis es zur Ruhe kommt. Die Dämpfung kann dabei mit Hilfe einer Wirbelstrombremse verändert werden. Über einen Motor wird der Feder periodisch Energie zugeführt. Damit lassen sich die Energieverluste durch die Reibung ausgleichen. Bei starker Dämpfung schwingt das Rad mit konstanter Periode um eine der beiden Ruhelagen.

Verringert man die Dämpfung, so ändert sich ab einem bestimmten Wert der Dämpfung die Periodizität der Bewegung: Die Drehschwingung wiederholt sich immer erst nach zweimaliger Hin- und Herbewegung. Bei weiterer Verringerung der Dämpfung treten weitere Periodenverdopplungen auf, bis die Bewegung völlig unregelmäßig wird.

Kausalität und Chaos „Der momentane Zustand des Systems „Natur" ist offensichtlich eine Folge des vorigen Zustandes und wenn wir uns eine Intelligenz vorstellen, die zu einem gegebenen Zeitpunkt alle Beziehungen zwischen den Teilen des Universums verarbeiten kann, so könnte sie Orte, Bewegungen und allgemeine Beziehungen zwischen all diesen Teilen für alle Zeitpunkte in Vergangenheit und Zukunft vorhersagen."

Marquis Pierre de Laplace (1749 – 1827)

So beschrieb 1776 der französische Mathematiker **Pierre de Laplace** den Grundgedanken eines deterministischen Weltbildes, in dem natürliche und technische Vorgänge nach unveränderlichen Gesetzmäßigkeiten wie bei einem Uhrwerk ablaufen (→**B3**). Dieses von Laplace in einem Gedankenspiel entworfene Wesen, der „Laplace'sche Dämon", wäre demnach fähig, alle zukünftigen Ereignisse vorherzusagen und damit den Fortgang des Weltgeschehens zu kennen.

Hingegen sagte **Henri Poincaré** (1854 – 1912): „... dass kleine Unterschiede in den Anfangsbedingungen große Unterschiede in den späteren Erscheinungen bedingen (können); ein kleiner Irrtum in den Ersteren kann einen außerordentlich großen in den Letzteren nach sich ziehen. Die Vorhersage wird unmöglich."

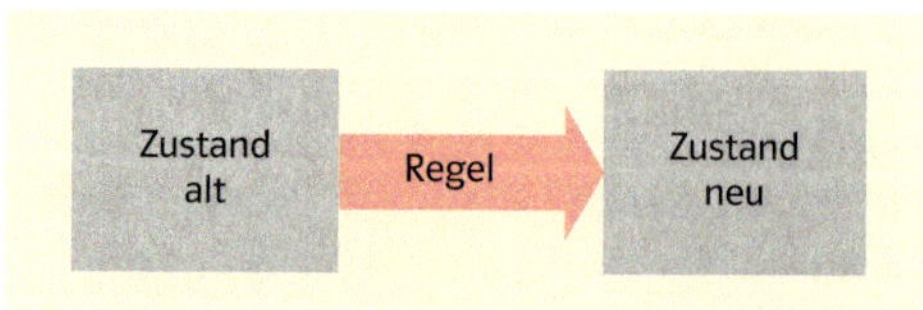

B3 Das deterministische Weltbild

Im alten Zustand werden Anfangsbedingungen festgelegt, bei einem Ballwurf z. B. Geschwindigkeit und Richtung. Nach den Wurfgesetzen kommt der Ball an einer bestimmten Stelle an und man erwartet, dass bei Wiederholung unter gleichen Bedingungen die gleiche Stelle getroffen wird. Wenn man etwas zu kurz geworfen hat, wird man die Abwurfgeschwindigkeit etwas steigern. Man erwartet, dass kleine Änderungen der Anfangsbedingungen nur kleine Auswirkungen auf die weitere Entwicklung haben. Man spricht vom **Prinzip der starken Kausalität**. Es besagt:

● **Ähnliche Ursachen haben ähnliche Wirkungen (starke Kausalität).**

Eine Stahlkugel wird von einem Magnet angezogen, die Kraft nimmt mit der Entfernung ab. Genau in der Mitte zwischen zwei gleichen Magneten müsste die Stahlkugel ruhen. Es gelingt nicht, diesen Zustand zu erreichen. Eine Kugel, die über drei in Form eines gleichseitigen Dreiecks angeordneten gleichartigen Magnetpolen pendelt, kommt immer bei einem der Magnete zur Ruhe. Es ist nicht vorhersagbar, bei welchem das der Fall ist. In der Mitte zwischen zwei Magnetpolen führen kleinste Unterschiede zu einer Entscheidung für die eine oder andere Richtung. Man spricht vom **Prinzip der schwachen Kausalität**. Es besagt:

● **Gleiche Ursachen haben gleiche Wirkungen, aber kleinste Abweichungen führen zu völlig anderen Folgen (schwache Kausalität).**

Auch Vorgänge mit schwacher Kausalität unterliegen bekannten physikalischen Gesetzen. Dennoch ist eine Vorhersage nicht möglich, wenn im Verlauf eines Vorganges häufig Entscheidungssituationen mit sehr unterschiedlichen Ergebnissen auftreten, wobei die Entscheidung sehr empfindlich von den Anfangsbedingungen und den Einflüssen während des Vorgangs abhängt. Solche Vorgänge nennt man **chaotische Vorgänge**. Da im Prinzip Gesetzmäßigkeiten gelten, spricht man vom **deterministischen Chaos**. Es gilt

● **Beim deterministischen Chaos sind langfristige Vorhersagen nicht möglich.**

A1 Recherchiere die Begriffe stabiles und labiles Gleichgewicht. Stelle anhand von Beispielen Beziehungen zu starker und schwacher Kausalität her.

Der Weg ins Chaos

Physik überall

Im deterministischen Weltbild ergibt sich ein neuer Zustand, z. B. gekennzeichnet durch die Größe x_{n+1}, nach einer bestimmten Regel, z. B. durch Multiplikation mit einem Faktor k aus einem alten mit der Größe x_n. Die Gleichung $x_{n+1} = k \cdot x_n$ beschreibt einen Wachstumsvorgang wenn $k > 1$ gewählt wird (→ **B1**). Bei diesem exponentiellen Wachstum werden die Werte beliebig groß. Häufig ist Wachstum nach oben begrenzt, z. B. durch begrenzte Verfügbarkeit von Rohstoffen. Um große Zahlen zu vermeiden, ist es jetzt sinnvoll, den maximal möglichen Wert mit 1 festzulegen und mit x_n einen Bruchteil zu bezeichnen, $(1 - x_n)$ bedeutet dann den Abstand des momentanen Wertes von der oberen Grenze. Die Gleichung $x_{n+1} = r \cdot x_n \cdot (1 - x_n)$ erfasst dann einerseits die Abhängigkeit vom momentanen Wert und zugleich die Begrenzung. Man spricht vom logistischen Wachstum. Der neue Wert hängt jetzt nicht mehr linear vom alten ab. Je nach Wahl von r zeigt sich sehr unterschiedliches Verhalten (→ **B2**).

$r = 2{,}5$: x_n nähert sich 0,5 an.
$r = 3{,}2$: x_n springt zwischen 2 Werten.
$r = 3{,}5$: x_n springt zwischen 4 Werten.
$r = 3{,}7$: Keine Regelmäßigkeit, chaotisch.

● **Nichtlineare Gesetzmäßigkeiten können zu chaotischem Verhalten führen.**

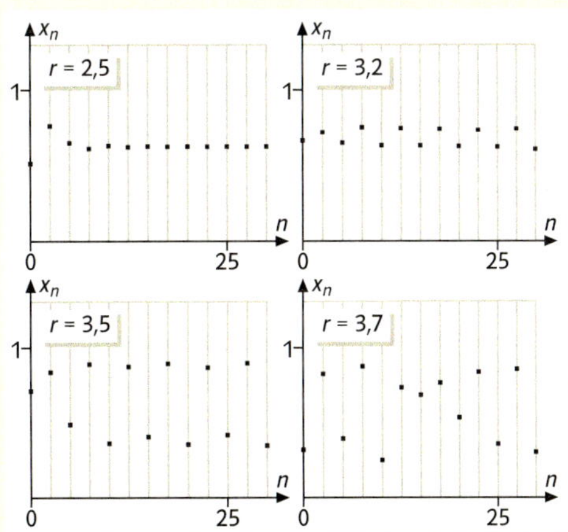

B2 Logistisches Wachstum und Chaos

$k = 2,\ x_0 = 3$
$x_0 = 3$
$x_1 = 2 \cdot x_0 = 2 \cdot 3 = 6$
$x_2 = 2 \cdot x_1 = 2^2 \cdot 3 = 12$
$x_3 = 2 \cdot x_2 = 2^3 \cdot 3 = 24$
...
$x_n = 2x_{n-1} \cdot 3 = 2^n \cdot 3$

B1 Exponentielles Wachstum

Schwingungen und Chaos

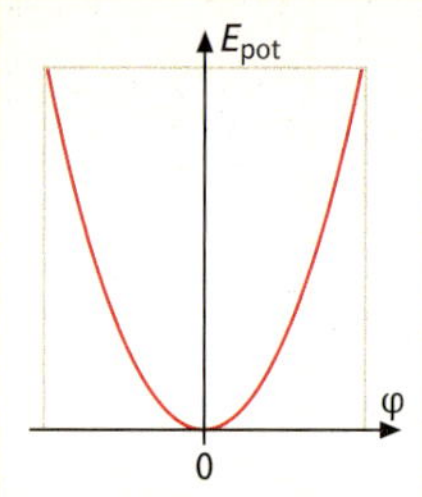

B2 Die Parabel der potenziellen Energie

Ein Drehpendel schwingt harmonisch um eine Ruhelage, d. h. es gilt das lineare Kraftgesetz und die potenzielle Energie kann durch eine Parabel beschrieben werden (→**B2**). Wegen der Drehbewegung sind Auslenkungswinkel φ und Winkelgeschwindigkeit ω geeignete Größen zur Beschreibung. In Grafik **B1** sieht man die t-φ- und t-ω-Graphen ohne und mit Dämpfung. Im φ-ω-Diagramm, dem sogenannten **Phasendiagramm**, weist eine geschlossene Kurve auf die fehlende Dämpfung hin. Bei Dämpfung kommt das Pendel schließlich zur Ruhe, eine Spirale mit kleiner werdendem Radius zeigt das an. Dieser Punkt zeigt die langfristige Entwicklung an, für den ungedämpften Fall ist es die Ellipse. Man nennt beide einen **Attraktor**. Auch bei Dämpfung lässt sich durch periodische Energiezufuhr ein geschlossener Attraktor erreichen.

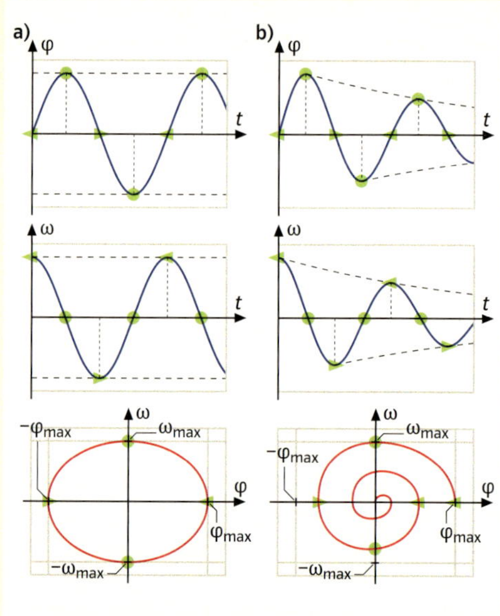

B1 Das harmonische Drehpendel

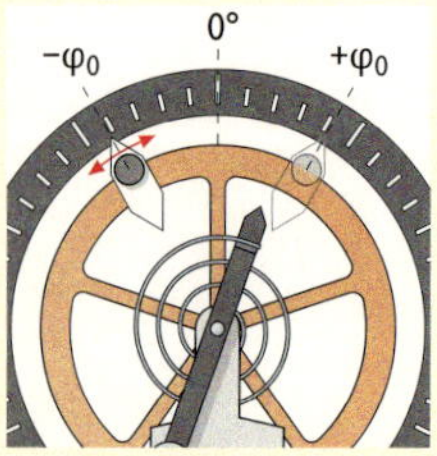

B3 Unwucht führt zu zwei Ruhelagen

Durch ein zusätzlich angebrachtes Massestück erhält das Rad eine Unwucht und damit zwei neue Ruhelagen (→**B3**), die Kurve der potenziellen Energie bekommt eine W-Form (→**B4**). Das Verhalten des Drehpendels kann mit dem einer Kugel verglichen werden, die in einer entsprechend der W-Form gebogenen Rinne rollt. Bei kleinen Auslenkungen bewegt sich das Drehpendel annähernd harmonisch um eine der beiden Ruhelagen, solange die Kurve etwa die Form einer Parabel hat (→**B1**). Ein Antrieb von außen kompensiert den Energieverlust durch Dämpfung. Bei geringerer Dämpfung wird die Amplitude größer, das Phasendiagramm weicht immer mehr von der Ellipsenform ab, weil die Energiekurve nicht mehr symmetrisch zur Ruhelage verläuft. Die Schwingung wird anharmonisch, das lineare Kraftgesetz gilt nicht mehr. Man spricht daher auch von einer nichtlinearen Schwingung. Die Amplitude beginnt zwischen zwei und vier Werten zu springen, aus der einfach periodischen Bewegung wird eine zweifach bzw. vierfach periodische, die Phasendiagramme sind mehrfache Kurven. Schließlich ist keine Regelmäßigkeit mehr zu erkennen, die Schwingung ist chaotisch geworden (→**B5**). Wie beim logistischen Wachstum führt die Nichtlinearität bei der Bewegung des angetriebenen Drehpendels um eine Ruhelage zum Chaos.

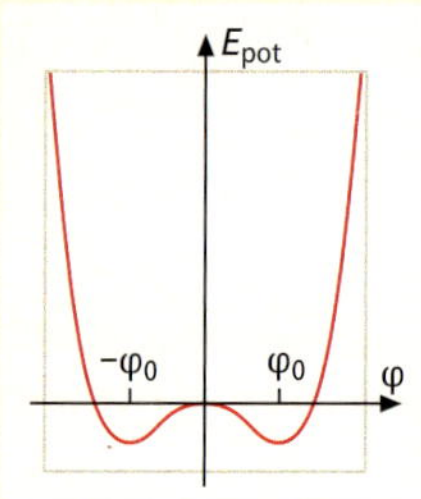

B4 Potenzielle Energie bei Unwucht

● **Eine nichtlineare Schwingung kann zusammen mit einem äußeren Antrieb zu chaotischem Verhalten führen.**

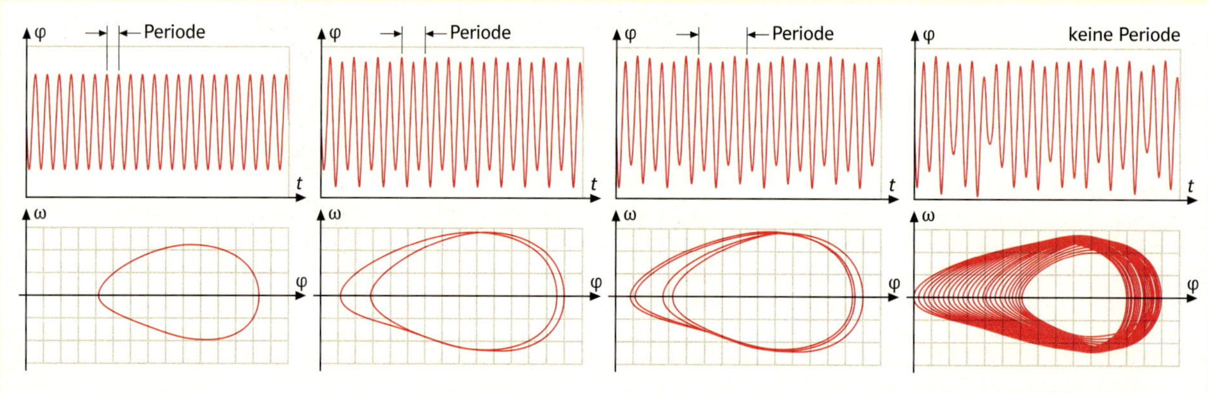

B5 Der Weg zum Chaos beim Drehpendel

Ordnung im Chaos

Im n-x_n-Diagramm beim logistischen Wachstum und im t-φ-Diagramm des angetriebenen Drehpendels sind für den Fall des chaotischen Zustandes keine Regelmäßigkeiten zu erkennen. Bei letzterem zeigt das φ-ω-Diagramm keine geschlossenen Kurven mehr, völliges Durcheinander herrscht aber trotzdem nicht. In der φ-ω-Ebene bilden die Punkte, die Zustände des Systems kennzeichnen, ein Gebiet mit klar umrissener Form und es gibt Bereiche, in die das System „Drehpendel" nie gelangt. Man spricht auch hier von einem Attraktor, in diesem Fall nennt man ihn einen **seltsamen Attraktor**. Attraktoren sind oft erst nach längeren Versuchsreihen zu erkennen.

● **Attraktoren weisen auf gewisse Regelmäßigkeiten in einem chaotischen System hin.**

In der Medizin werden im EEG Gehirnströme gemessen (→**B1**). Man nimmt an, dass das Gehirn als nichtlineares dynamisches System einen Attraktor besitzt und versucht, diesen aus dem EEG zu rekonstruieren. Man hofft, so z.B. bei der Behandlung von Epilepsie nützliche Hinweise zu erhalten. Bei einer über 3 Magneten pendelnden Stahlkugel in Abbildung **B2** ist nicht vorhersehbar, bei welchem Magnet sie zur Ruhe kommt. Die Karte in **B3** ist wie folgt entstanden. Man färbt die Magnete, startet die Kugel und markiert anschließend den Startpunkt in der Farbe des Magneten, bei dem sie landet. Die so entstehenden „Einzugsbereiche" der Magnete weisen eine gewisse Struktur auf. Das Feigenbaumdiagramm **B4** zeigt den Weg ins Chaos. Auf der waagerechten Achse ist ein Parameter aufgetragen, z.B. der Faktor beim logistischen Wachstum oder eine Dämpfungskonstante beim Drehpendel. Zu jedem Wert wird dann ab einer gewissen Zahl n z.B. jeder 50-ste Wert x_n aufgetragen. Man erkennt, dass sie zunächst alle identisch sind, dass dann 2 oder 4 Werte und schließlich bei chaotischem Verhalten in einem gewissen Intervall beliebig viele Werte auftreten. Auffällig ist, dass nach einem Bereich von r, der zu chaotischem Verhalten führt, wieder nur wenige Werte für x_n auftreten. Man spricht vom **Fenster im Chaos**.

B3 Karte des Magnetpendels

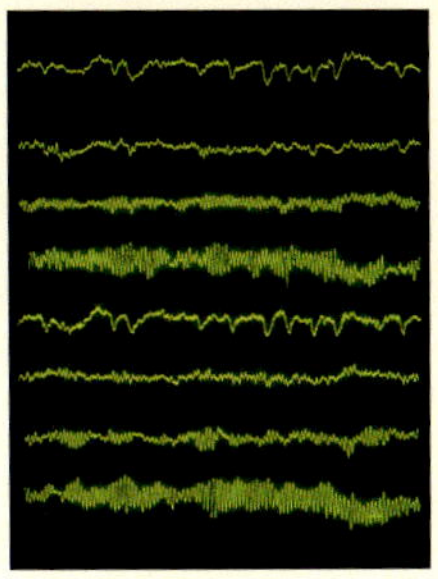

B1 Gehirnströme

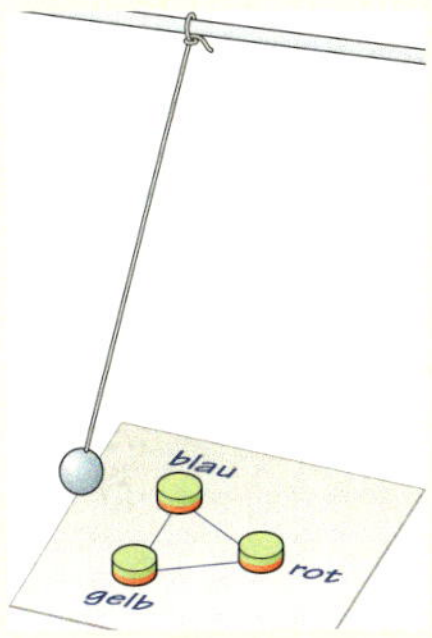

B2 Magnetpendel

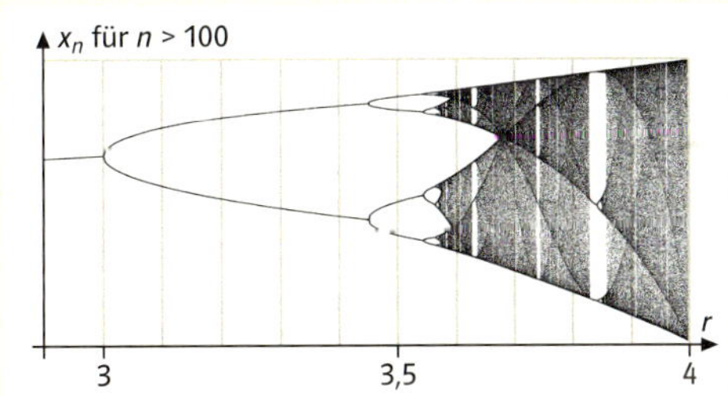

B4 Feigenbaumdiagramm mit Fenstern

Der Lorenzattraktor

Der amerikanische Meteorologe **Edward N. Lorenz** wollte um 1962 ein mathematisches Modell für großräumige Wetterlagen schaffen.

Er kombinierte Gleichungen aus der Energie- und Strömungslehre und berechnete die Wetterentwicklung mit Computern. Bei der Kontrolle von Rechnungen gab er, um Rechenzeit zu sparen, die Eingangsdaten mit geringerer Stellenzahl ein. Wider Erwarten wichen die Ergebnisse nicht nur geringfügig ab, sondern unterschieden sich grundlegend. Lorenz erkannte, dass sein Wettermodell ungeeignet war. Dafür fand er einen Attraktor, der nach ihm benannt wurde (→**B5**).

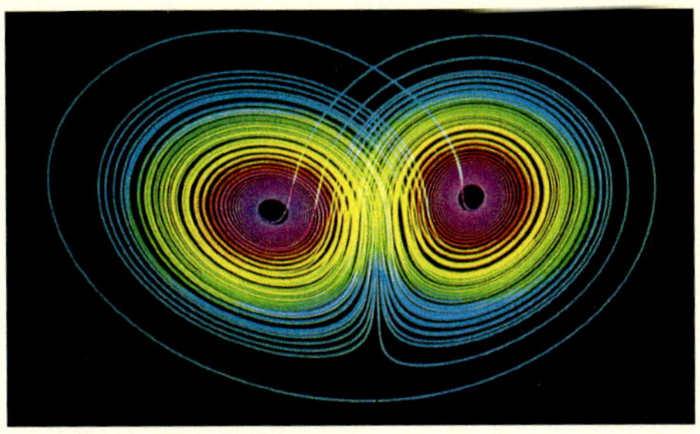

B5 Der Lorenzattraktor

Heute wird die Wetterentwicklung mehrfach mit leicht unterschiedlichen Eingangsdaten berechnet. Nur wenn die Ergebnisse nahe beieinander liegen, ist eine einigermaßen zuverlässige Vorhersage möglich.

Was ist Licht?

B1 Kern- und Halbschatten

Das Licht hat schon immer die Menschen fasziniert und beeinflusst. Kerze und Feuer sind Symbole in vielen Religionen. Viele Eigenschaften des Lichts waren schon im Altertum bekannt. Doch manche Prinzipien hat man erst in den letzten 100-200 Jahren entdeckt. Also musste man auch die Modelle, mit denen man das Licht beschreibt, im Laufe der Zeit den neu entdeckten Eigenschaften anpassen.

B2 Spiegelbild

Das Modell „Lichtstrahl" Der griechische Mathematiker **Euklid** benutzte schon im 3. Jhd. v. Chr. die Geometrie zur Beschreibung des Lichtes. Damit konnte er alle Phänomene beschreiben, die mit der geradlinigen Ausbreitung von Licht zusammenhängen. Das Modell „Lichtstrahl" (→**B3**) beschreibt z. B. Schatten (→**B1**) und Spiegelungen (→**B2**) sehr gut. Auch **Ptolemäus** verwendete im 2. Jhd. n. Chr. das Lichtstrahlenmodell und konnte damit sogar die Brechung von Licht und das Verhalten an Linsen erklären. Das geometrische Modell der Optik hielt sich noch bis ins 17. Jahrhundert. Erst dann entdeckte man durch immer bessere optische Geräte neue Phänomene. Dies führte zu einer rasanten Entwicklung der Optik.

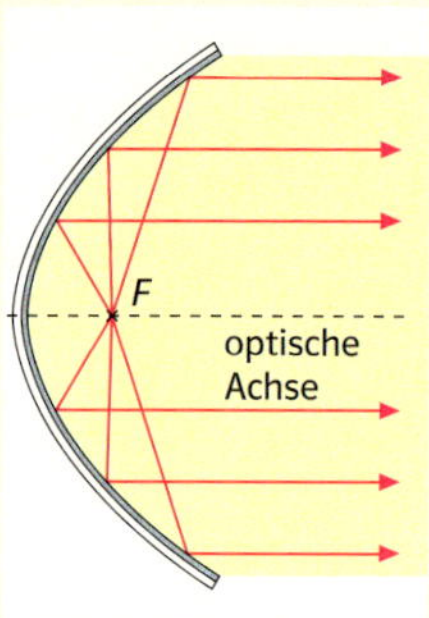

B3 Konstruktion mit Lichtstrahlen

Das Modell „Lichtwelle" Die im 17. und 18. Jahrhundert entdeckten Phänomene waren mit dem Lichtstrahlenmodell nicht mehr erklärbar. An der Entwicklung des Lichtwellenmodells waren sehr viele Physiker beteiligt; die wichtigsten hießen Boyle, Hooke, Huygens, Newton, Young, Fresnel und Fraunhofer. Eine ihrer Entdeckungen war: Sendet man Licht durch zwei große Spalte, so erkennt man an der Wand ein Schattenbild, das genau die beiden Öffnungen wiedergibt (→**B4a**). Macht man die beiden Spalte aber immer enger, so erscheinen helle und dunkle Streifen (→**B4b**).

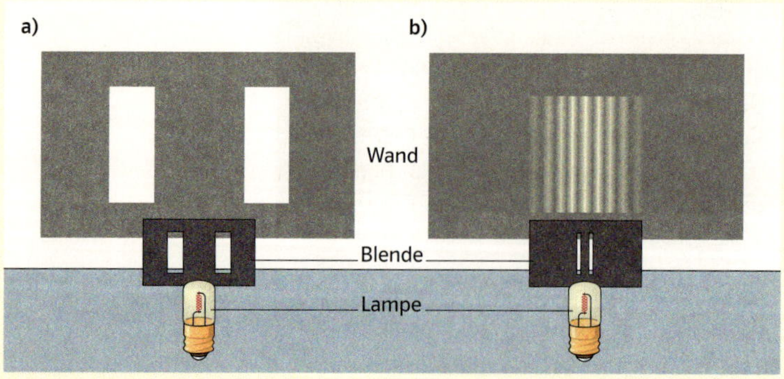

B4 Zwei große Öffnungen ergeben ein scharfes Schattenbild (a). Kleine Öffnungen führen zu hellen Streifen (b).

Der holländische Pyhsiker **Christiaan Huygens** (1629 – 1695) entwickelte ein neues Modell für Licht, das das Licht mit Wasser vergleicht.

Wasserwellen, die sich überlagern, können sich verstärken oder abschwächen. Treffen zwei Wellenberge aufeinander, so entsteht ein viel höherer Berg. Treffen ein Wellenberg und ein Wellental aufeinander, so löschen sich die beiden gegenseitig aus. Trifft eine gerade Wasserwelle auf zwei kleine Öffnungen, so bilden sich zwei Halbkreiswellen, die sich gegenseitig überlagern. Dabei entstehen Stellen der Verstärkung und Stellen der Abschwächung, die man **Interferenzen** nennt (→**B5**).

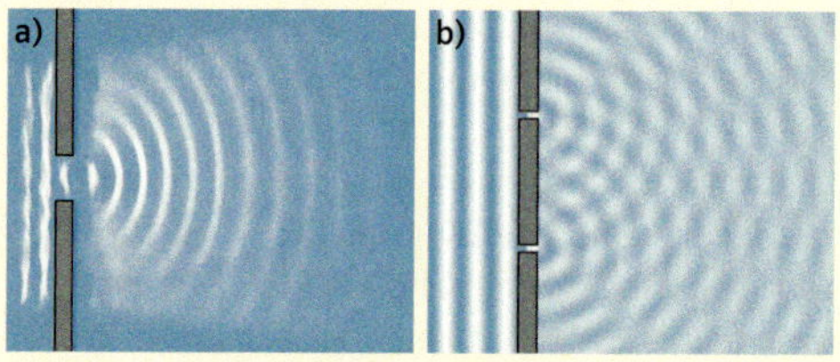

B5 Einfachspalt (a); Zweifachspalt (b)

Wenn man Licht als Welle beschreibt, so kann man mit diesem Modell sowohl die schon bekannten Phänomene wie z. B. Spiegelung und Brechung beschreiben, aber auch neu entdeckte Phänomene wie z. B. die Interferenz.

Das Modell „Elektromagnetische Welle" Neben der Analogie zu Wasser gab es auch noch einen anderen Weg, der zum Wellenmodell des Lichtes führte: Im 19. Jahrhundert entdeckte der Engländer **Michael Faraday** die Induktion (→**S.39**). Er erkannte, das es dabei ein Zusammenspiel von magnetischen und elektrischen Feldern gab, das eine elektromagnetische Welle erzeugen konnte. Dem Schotten **James Clerk Maxwell** gelang es 1873, die von Faraday entdeckten Ergebnisse in vier mathematischen Gleichungen zu formulieren. Aus diesen Gleichungen konnte man die Geschwindigkeit berechnen, mit der sich eine elektromagnetische Welle ausbreitet. Erstaunlicherweise stimmte diese Geschwindigkeit mit der Lichtgeschwindigkeit überein. Daher nahm man an, dass auch das Licht eine elektromagnetische Welle sein müsse.

Mit den vier Maxwell-Gleichungen lassen sich also elektrische, magnetische und optische Phänomene beschreiben.

Teilchen oder Welle?

Teilchen Der Begriff Teilchen verbindet sich mit etwas Kleinem, Körnigem, z. B. Weizenkörnern. Im Weizenmehl kann man die einzelnen Teilchen nur noch erahnen (→B1). Man braucht technische Geräte wie z. B. eine Lupe oder ein Mikroskop, um die einzelnen Teilchen wahrnehmen zu können. Unabhängig von der Größe der Teilchen scheint aber das Prinzip zu gelten, dass man mehr erhält, wenn man zwei Mengen gleichartiger Teilchen vereinigt: Zwei Löffel Mehl sind mehr als ein Löffel Mehl.

Wellen Wellen nimmt man eigentlich nur als Wasserwellen wahr, aber auch Schall und Licht werden oft als Welle beschrieben. Beim Wasser kann man eine der typischen Wellenerscheinungen beobachten: Wasserwellen, die sich überlagern, können sich verstärken oder abschwächen. Treffen zwei Wellenberge aufeinander, so entsteht ein viel höherer Berg. Treffen ein Wellenberg und ein Wellental aufeinander, so löschen sich die beiden gegenseitig aus (→B2). Bei Schall und Licht gilt dies genauso: Man kann zwei Schallquellen so aufbauen, dass sie zusammen leiser sind als allein. Man kann zwei Lichtquellen so aufbauen, dass sie zusammen dunkler sind als allein.

● **Teilchen und Wellen sind zwei verschiedene physikalische Modelle mit völlig unterschiedlichen Eigenschaften.**

Bis zum Ende des 19. Jahrhunderts wurde Licht mit dem Modell „Welle" und wurden Elektronen mit dem Modell „Teilchen" erklärt. Man sagte sogar meistens: „Licht ist eine Welle" und „Elektronen sind Teilchen".

Quantenphysik Untersucht man die Welt des Allerkleinsten (man sagt dazu auch Mikrokosmos), so stellt man fest, dass es dort Phänomene gibt, die wir aus unserer Alltagswelt (Makrokosmos) nicht kennen. Deshalb dauerte es auch bis zum Beginn des 20. Jahrhunderts, bis die Physik des Mikrokosmos, die sogenannte **Quantenphysik**, entwickelt werden konnte. Die Gesetze der Quantenphysik widersprechen fast immer dem gesunden Menschenverstand.

Einer der Väter der Quantenphysik, **Niels Bohr** (1885–1962), behauptete daher sogar: „Wer über die Quantentheorie nicht entsetzt ist, der hat sie nicht verstanden."

Das Modell „Lichtteilchen" In den Jahren um die Wende vom 19. in das 20. Jahrhundert haben Physiker in Experimenten beobachtet, dass Licht unter bestimmten Bedingungen aus Metallen Elektronen freisetzt, also elektrischen Strom auslösen kann. Die Energie des Lichtes wird dann als elektrische Energie transportiert. Dieses Phänomen wird **Fotoeffekt** genannt. Man beobachtete, dass nicht die Beleuchtungsstärke des Lichtes für die Aufnahme der Lichtenergie verantwortlich ist, sondern die Farbe des Lichtes.

Im Wellenmodell des Lichts ist unklar, warum eine erhöhte Beleuchtungsstärke, d. h. Wellen mit größerer Amplitude, keine stärkere Wirkung hat. Das Wellenmodell des Lichts kommt hier also an seine Grenzen.

Um den Fotoeffekt zu erklären, entwickelte **Albert Einstein** im Jahr 1905 ein neues Modell und stellte folgende Hypothese auf: „Lichtquellen senden Energie nicht kontinuierlich, sondern in Portionen aus. Die Energieportionen heißen Photonen."

Die **Photonen** lassen sich als Einzelobjekte nachweisen, können gezählt werden und sind nicht teilbar.

● **Licht verhält sich manchmal wie Teilchen.**

Für diese damals bahnbrechende Erklärung, dass Licht Energie in Portionen (Quanten) transportiert, erhielt Einstein später den Physiknobelpreis. Diese Energieportionen bezeichnet man heute noch als Photonen oder als **Lichtquanten**. Die Energieportionen sind extrem klein: Bei rotem Licht etwa $3 \cdot 10^{-19}$ J und bei blauem $5 \cdot 10^{-19}$ J.

Mit Hilfe dieses neuen Modells lässt sich der Fotoeffekt erklären: Ist die Energie eines einzelnen Photons groß genug, so kann es im Metall ein Elektron freisetzen. Da die Photonen unterschiedlicher Farben unterschiedlich viel Energie transportieren, ist die Farbe des Lichts für den Fotoeffekt verantwortlich.

Eine größere Beleuchtungsstärke hat keine Wirkung, da hier nur mehr Photonen ankommen, die aber alle einzeln zu wenig Energie transportieren.

B1

B2

Im „Modell Welle" wird elektromagnetische Strahlung betrachtet, im „Modell Teilchen" die Strahlung von Elementarteilchen.

Doppelspaltexperiment

Teilchen und Wellen verhalten sich am Doppelspalt völlig unterschiedlich. Lässt man Teilchen wie z.B. Sandkörner durch Spalte rieseln, so muss man drei Fälle unterscheiden (→B1)

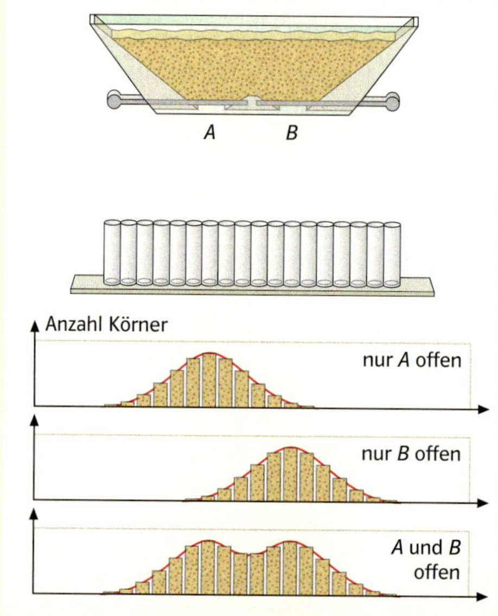

B1 Verteilung von Sand am Zweifachspalt

Ist nur Spalt A offen, bildet sich ein Haufen, dessen höchster Punkt direkt unterhalb des Spaltes liegt. Ist nur Spalt B offen, bildet sich wieder ein Haufen, dessen höchster Punkt direkt unterhalb des Spaltes liegt. Sind beide Spalte offen, so bildet sich ein großer Haufen, der zwei höchste Punkte direkt unter Spalt A und Spalt B besitzt.

Doppelspaltexperiment mit Wellen Lässt man eine Welle auf einen Doppelspalt treffen (→**B2**), so muss man wieder drei Fälle unterscheiden: Ist Spalt A oder B offen, so ergibt sich eine Verteilung wie bei den Sandkörnern. Sind aber beide Spalte offen, so bilden sich zwei Halbkreiswellen, die sich gegenseitig überlagern. Dabei entsteht das typische Muster wie bei Wasserwellen.

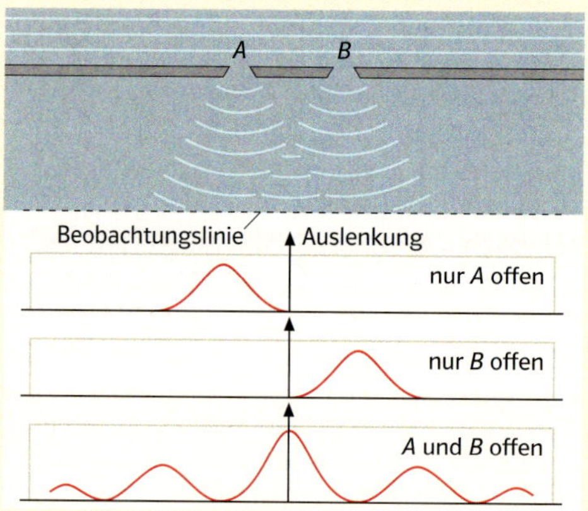

B2 Wasserwellen am Zweifachspalt

Man kann seit einigen Jahren sogar Experimente durchführen, in denen das Verhalten der Quantenobjekte noch seltsamer ist. Dann verhalten sie sich weder nur als Teilchen noch nur als Welle, sondern als wären sie etwas Drittes.

Der Unterschied zwischen den beiden Mustern von Teilchen und Welle ist deutlich zu erkennen.

Doppelspaltexperiment mit Elektronen Der Physiker **Claus Jönsson** führte 1961 an der Universität Tübingen ein schwieriges Experiment durch, in dem er Elektronen durch zwei sehr schmale Spalte schickte. **B3** zeigt das Ergebnis seines Versuches.

B3 Interferenz bei Elektronen

Dies ist das typische Muster einer Welle, obwohl es doch Teilchen waren, die hindurchgeschossen wurden. In diesem Experiment haben sich also Elektronen („Teilchen") wie eine Welle verhalten.

● **Teilchen verhalten sich manchmal wie Wellen.**

Das Jönsson-Experiment wurde im Jahre 2002 zum schönsten physikalischen Experiment aller Zeiten gewählt. In vergleichbaren Versuchen wurde das widersprüchliche Verhalten für andere Objekte nachgewiesen (1974 mit Neutronen; 1991 mit Atomen; 1999 mit C-60-Molekülen; 2003 mit Biomolekülen).

Weder Teilchen noch Welle Aufgrund dieser Versuche kann man also nicht mehr sagen, dass etwas eine Welle oder ein Teilchen „ist". Man kann nur noch davon davon sprechen, dass man das Verhalten manchmal am besten mit dem Wellenmodell und manchmal am besten mit dem Teilchenmodell erklären kann.

In der Physik heißen Photonen, Elektronen, Atome usw. daher heute **Quantenobjekte**, um sich nicht mehr auf die Begriffe Teilchen oder Welle festlegen zu müssen.

Licht und Atome

Laserlicht Laser – das Wort hat sich bei uns so eingebürgert, dass niemand mehr daran denkt, dass es sich dabei eigentlich um eine Abkürzung handelt: **L**ight **A**mplification by **S**timulated **E**mission of **R**adiation (wörtlich übersetzt: „Licht-Verstärkung durch stimulierte Emission von Strahlung").

Laser sind aus unserem Alltag nicht mehr wegzudenken: Laser schneiden Metall (→**B3**) und „kühlen Atome", sie weisen die Richtung beim Tunnelbau und vermessen das Ozonloch. Ohne Laser gäbe es kein Hologramm, keinen Laserdrucker und keine CD-ROM!

Laserlicht besitzt Eigenschaften, die das Licht einer herkömmlichen Lichtquelle (Glühlampe, Kerze, etc.) nicht besitzt.

Laserlicht ist einfarbig („**monochromatisch**"), es besitzt eine ganz bestimmte Farbe. Mit keiner anderen Lichtquelle lässt sich solche eine Farbreinheit erzeugen. Ohne diese Einfarbigkeit würde ein CD-Player gleichzeitig verschiedene Signale lesen und versagen.

Laserlicht ist gebündelt, es „divergiert" praktisch nicht, d.h., es ist nahezu parallel. In einer Entfernung von 1 km wird ein Laserstrahl auf nur 8 cm aufgeweitet! Deshalb kann man mit Lasern die Richtung beim Tunnelbau vorgeben.

Laserlicht ist intensiv, mit ihm lassen sich dicke Stahlplatten schneiden oder schweißen, da man mit ihm sehr hohe Temperaturen erreichen kann. Mit einem Laser lassen sich Temperaturen von über 1 000 000 °C erreichen, was einer Leistung von bis zu 10^{15} Watt pro Quadratzentimeter entspricht.

Laserlicht ist **kohärent**, die Wellen des Laserlichts laufen im gleichen Takt. Und sie behalten diesen Gleichtakt über extrem lange Wegstrecken bei: Bei einer Glühlampe gelingt dies gerade einmal für 3 mm, das Laserlicht hingegen ist auch nach 1000 km noch kohärent. Damit kann man noch weit entfernt Interferenzmuster (→**S. 246**) erzeugen.

Um das Prinzip verstehen zu können, das hinter einem Laser steckt, muss zuerst betrachtet werden, wie Licht in Atomen erzeugt werden kann und welche energetischen Vorgänge dabei ablaufen können.

Energieniveaus und Photonen Stoffe können Licht bestimmter Farben absorbieren oder emittieren. Die Aufnahme und Abgabe einer Energieportion bei einem Atom eines Stoffs mittels Absorption und Emission von Licht einer charakteristischen Farbe zeigt, dass ein Atom in verschiedenen Energiezuständen vorkommen kann. All die für ein Atom möglichen Energiezustände äußern sich in den charakteristischen Farben des Lichts, das von einem Atom ausgesandt wird, wenn es von einem höheren in einen niedrigeren Energiezustand übergeht (→**B1**).

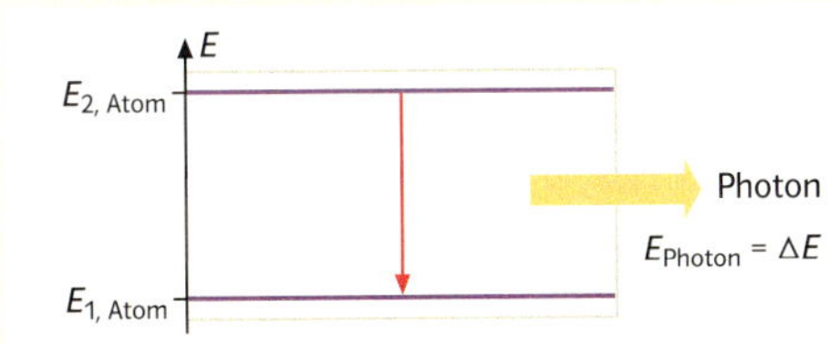

B1

● **Photonen sind die Energieportionen, die von einem Atom emittiert werden, wenn es von einem höheren, angeregten Energiezustand in einen niedrigeren übergeht. Den niedrigsten Energiezustand bezeichnet man als Grundzustand.**

Die Ursache dafür, dass bei einem Atom überhaupt unterschiedliche diskrete Energiezustände, man nennt sie meist **Energieniveaus**, auftreten, ist der Aufbau der Atome. Es stellte sich heraus, dass es die Bestandteile der Atomhülle, also die Elektronen sind, die bei einem Atom mit vorgegebenem Kern aus Protonen und Neutronen die möglichen Energieniveaus bestimmen.

● **Energieportionen, die ein Atom in Form von Licht aussendet, werden durch Übergänge zwischen unterschiedlichen Energiezuständen der Atome verursacht.**

Man sagt: „Ein Atom geht von einem höheren in einen niedrigeren Energiezustand über und sendet dabei ein Photon mit der Energie aus, die der Differenz der Energien der beiden Energieniveaus entspricht."

$$E_{\text{Photon}} = \Delta E = E_{2,\text{Atom}} - E_{1,\text{Atom}}$$

Physik überall

Niemals mit ungeschützten Augen in Laserlicht schauen!

diskret (von lat. discretus = getrennt): bezeichnet im Gegensatz zu kontinuierlich eine zeitliche oder räumliche Trennung von Objekten oder Ereignissen.

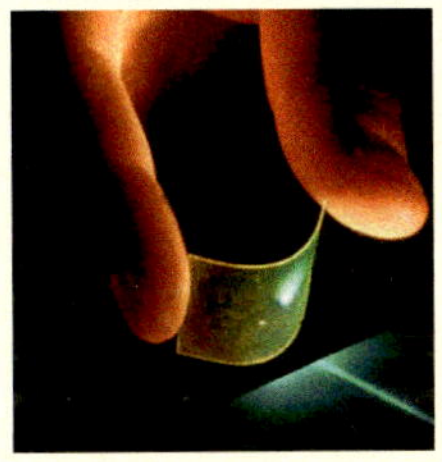

B2 „Plastiklaser"

B3 Metallschneider

Licht und Atome

Vergleiche hierzu auch S. 206 (Strahlungsgesetze)!

Wie entsteht Laserlicht? Laserlicht ist monochromatisch. Dies liegt am Prinzip seiner Erzeugung. Die Einfarbigkeit bedeutet, dass das Spektrum von Laserlicht jeweils nur aus einer Linie besteht, die wiederum einem bestimmten Übergang eines Elektrons der Atomhülle von einem bestimmten hohen auf einen bestimmten niedrigeren Energiezustand entspricht.

Die Besonderheit ist, dass dieser Übergang und die damit verbundene Emission eines Photons der Energie $\Delta E_{21} = E_2 - E_1$ durch ein Photon derselben Energie ausgelöst wird. Man nennt dies **stimulierte Emission**.

Wie bringt man nun die Elektronen der Atome des Stoffes von ihrem niedrigen Energieniveau auf höhere Niveaus?

Hierzu betrachten wir einen einfachen Laser, den Stickstoff-Laser. Er benutzt den Luftstickstoff in der Atmosphäre als den Stoff, dessen Atome angeregt werden. Er beruht auf denselben Prinzipien wie die Laser bzw. Laserpointer im Alltag, ist aber einfacher zu verstehen.

Die Stickstoff-Moleküle können mit Licht auf drei Arten wechselwirken:

1 Absorption: Das Stickstoff-Molekül kann ein Photon passender Energie absorbieren und wechselt dabei vom niedrigen in den höheren Energiezustand (→ **B3**).

2 Spontane Emission: Befindet sich das Stickstoff-Molekül im hohen Energieniveau, so nimmt es spontan wieder den niedrigeren Energiezustand an. Dabei sendet es ein Photon aus. Dieses Photon besitzt dieselbe Energie wie das zuvor absorbierte (→ **B4** und → **S. 249**).

1 Stimulierte Emission: Trifft ein Photon ein Stickstoff-Molekül, das sich im hohen Energiezustand befindet, so kann es eine vorzeitige Emission stimulieren: Das Stickstoff-Molekül nimmt sofort wieder den energieärmeren Zustand an und sendet ein Photon aus (→ **B5**). Das stimulierende und das entstandene Photon haben dieselbe Energie und „laufen beide im gleichen Takt", sie sind also kohärent.

Damit aus einem Anfangsphoton durch stimulierte Emission eine ganze Lawine von Photonen entsteht, müssten möglichst viele Stickstoff-Moleküle im energiereicheren Zustand sein. In der Realität befinden sich bei Zimmertemperatur aber fast alle Moleküle im unteren Niveau, selbst bei ca. 5 000 000 °C sind immer noch doppelt so viele im energieärmeren Zustand.

Durch alleinige Erhöhung der Temperatur kann man also die gewünschte Verteilung nicht erzielen.

Man kann allerdings die Stickstoff-Moleküle mit Hilfe des Zusammenstoßes mit Elektronen in den energetisch angeregten Zustand bringen. Man erreicht dies durch einen mit Hochspannung ausgelösten elektrischen Funkenüberschlag im Gas (→ **B2**).

B1 Lasershow

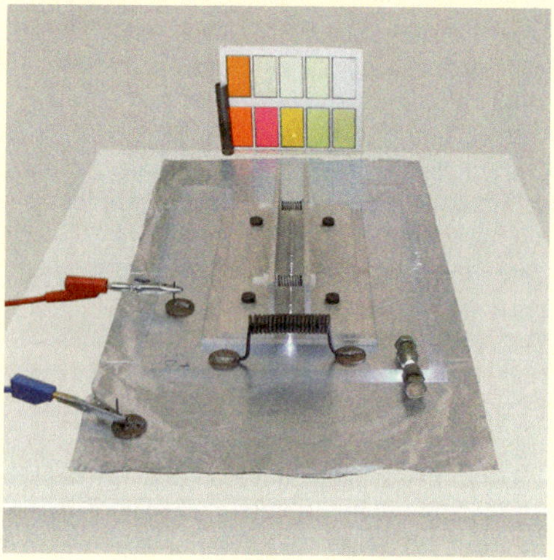

B2 Stickstofflaser: Funkenüberschlag (vorne) und Laserlichtpunkt (hinten)

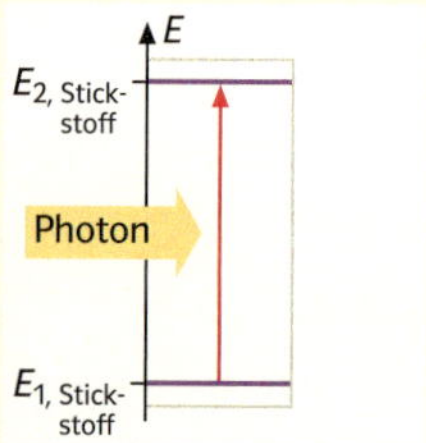

B3 Absorption eines Photons

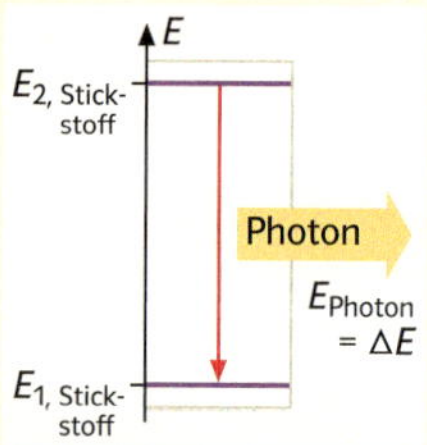

B4 Spontane Emission eines Photons

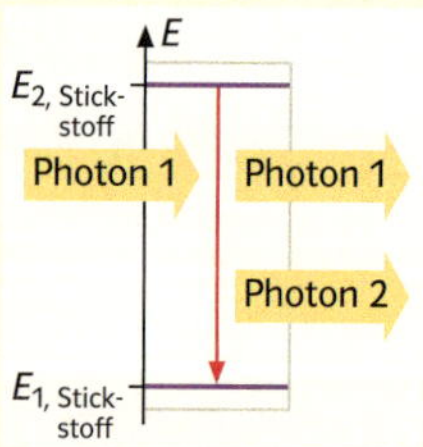

B5 Stimulierte Emission eines Photons

Analogien und Strukturen

Überall Physik? Dieses Kapitel enthält keine Physikthemen im eigentlichen Sinne. Denn dir wird im Unterricht oder in diesem Buch sicher schon aufgefallen sein, dass viele Sachverhalte eine ähnliche Struktur zeigen, egal aus welchem Themengebiet sie stammen.

Ähnlich verhält es sich mit dem „Handwerkszeug" des Physikers: Die Methoden, wie man fragt, forscht und erklärt, sind oft gleichartig. Man benützt hierbei Modelle und Analogien, also Vorstellungen und Bilder aus Alltag und Wissenschaft.

Oft zieht man auch Parallelen zu Phänomenen und Erfahrungen aus anderen physikalischen Forschungsgebieten, mit denen man sich Phänomene veranschaulicht bzw. Erklärungswege sucht.

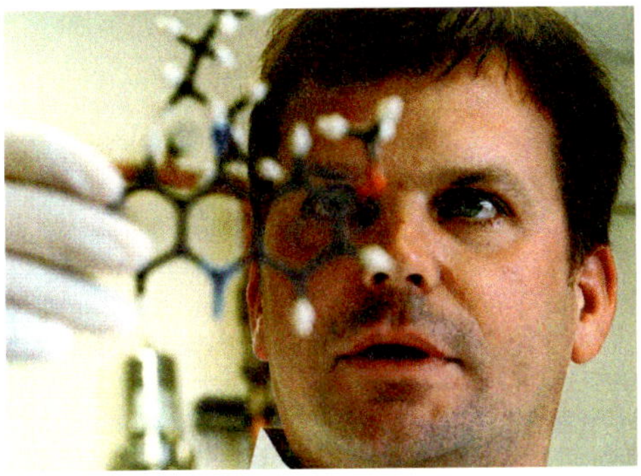

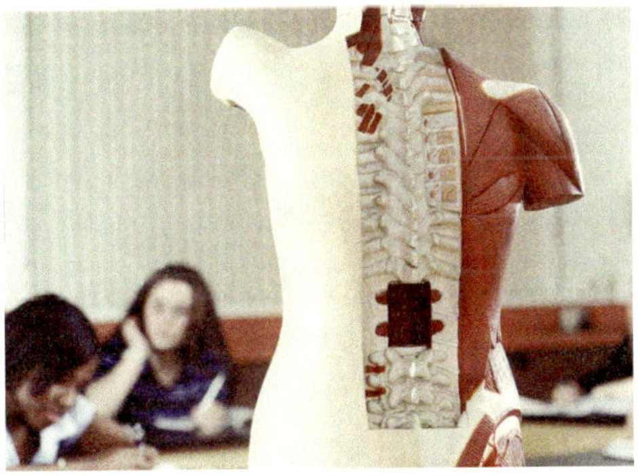

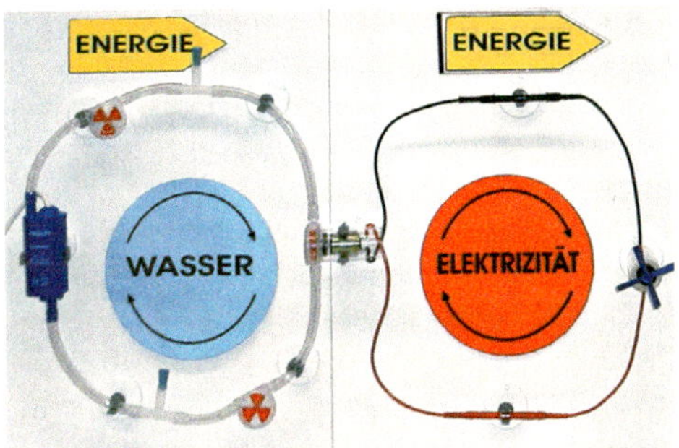

Naturwissenschaftliche Modelle

Was ist ein Modell? In den Naturwissenschaften werden Modelle als Vorstellungen des menschlichen Geistes über die Vorgänge in der Natur angesehen. Naturwissenschaften beschreiben damit nicht die Natur „wie sie ist" (dies ist prinzipiell nicht möglich), sondern auf der Grundlage von Vorstellungen. Sie sind vereinfachte ideelle oder materielle Abbildungen der Wirklichkeit bzw. eines Ausschnittes der Wirklichkeit. Ein Modell ist also eine Vorstellungshilfe für Abläufe und Phänomene in der Natur. Modelle beschreiben also nur, wie sich bestimmte Dinge verhalten. Die Frage nach dem „warum" bleibt (zumindest naturwissenschaftlich) immer ungeklärt. Es gibt verschiedene Modelltypen. Bei Anschauungsmodellen wird entweder auf die Struktur (Modell des Auges, Modelleisenbahn) oder aber die Funktion (Rutherford-Modellversuch, Gummiband-Muskelmodell) Wert gelegt. Denk- und Konstruktmodelle beschreiben Ideen, Analogien und Vorstellungen, wie etwa Atommodelle, Reaktionsgleichungen oder mathematische Formeln.

Vorsicht:
„Induktion" ist nicht zu verwechseln mit der physikalischen Induktion (Elektromagnetismus) oder der Induktion in der Biologie, also dem Auslöser eines Entwicklungsvorgangs.

Wie entsteht ein Modell? Prinzipiell gibt es zwei Arten, wie man zu einem Modell gelangen kann: **Induktion** nennt man das Verfahren, vom besonderen Einzelfall auf das Allgemeine, Gesetzmäßige zu schließen. Der Induktion liegt die Annahme zugrunde, dass, wenn sich etwas bei einer Reihe von beobachteten Ereignissen als wahr erweist, es sich bei allen gleichartigen Ereignissen als wahr erweisen wird. Die Wahrscheinlichkeit der Richtigkeit hängt dabei von der Anzahl der beobachteten Ereignisse ab und wie repräsentativ die Einzelbeobachtungen sind (→**B1**).

B1 „In der Tüte sind nur rote Gummibärchen." Wie sicher ist diese Aussage?

Beispiel: Sokrates, Picasso und Einstein sind gestorben. Daraus lässt sich induktiv ableiten, dass alle Menschen sterblich sind.

Schwäche des Verfahrens ist, dass sich so Unsterblichkeit bei Menschen nicht ausschließen lässt, auch wenn sie extrem unwahrscheinlich erscheint. Schon 1740 machte **David Hume** auf die Widersprüche dieser Methode aufmerksam. Es wäre in den Erfahrungswissenschaften eine Methode notwendig, mit der man von den bisher beobachteten Fällen auf noch nicht beobachtbare Fälle schließen kann. Dieses Verfahren existiert nicht, weshalb Theoretiker die Induktion als gescheitert ansehen und durch die **Deduktion** ersetzen.

B2 Wie schnell fällt ein zusammengeknülltes Blatt Papier?

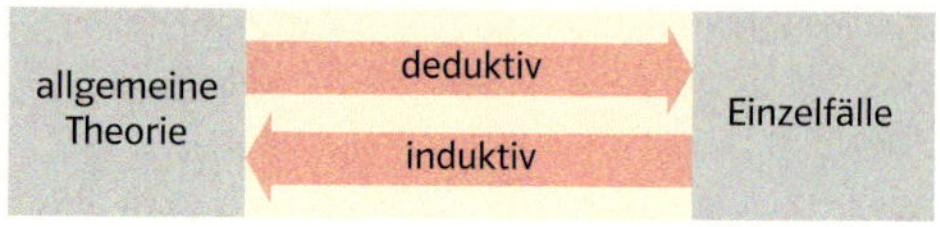

B3

Unter Deduktion versteht man ein Verfahren, das es erlaubt, aus allgemeinen, vorausgesetzten und elementaren Sätzen speziellere oder kompliziertere Sätze korrekt abzuleiten, d.h. die Deduktion ist der Weg von der allgemeinen Theorie zum Einzelfall. Beispiel: Alle Menschen sind sterblich. Der Papst ist ein Mensch. Daraus lässt sich deduktiv schließen, dass der Papst sterblich ist.

Wie gut ist ein Modell? Aus eigener, zahlreicher Beobachtung ist bekannt, dass schwerere Körper schneller zu Boden fallen scheinen als leichtere. Daraus wird ein Modell über den freien Fall gebildet:

Theorie über den freien Fall – Schwerere Körper fallen schneller als leichtere.

Diese Theorie soll nun auf folgendem Versuch angewandt werden: Ein Blatt Papier wird möglichst klein zusammengeknüllt und gleichzeitig mit einem schweren Radiergummi aus gleicher Höhe fallen gelassen (→**B2**). Nach unserer Theorie fällt der Radiergummi schneller. Tatsächlich aber kommen beide ungefähr gleich schnell am Boden an. Diese Beobachtung widerspricht der anfangs formulierten Theorie. Woran liegt das? Das Blatt Papier fällt nur dann langsamer, wenn es nicht so klein zusammengeknüllt ist. Es wird beim Fallen von der Luftreibung gebremst. Da sich bei leichteren Körpern die Luftreibung an ihrer Oberfläche stärker auswirkt als bei schwereren, ist ihr Luftwiderstand höher und sie fallen deshalb langsamer. Mit diesen Ergebnissen kann man die anfangs formulierte Theorie verbessern:

Theorie über den freien Fall – Alle Körper fallen ohne Luftreibung gleich schnell.

Schon Galilei erkannte mit Hilfe folgender Überlegungen deduktiv, dass alle Körper gleich schnell fallen: In Gedanken verband er zwei unterschiedlich schwere Körper miteinander. Der entstandene neue Körper müsste schneller fallen als jeder einzeln. Andererseits würde der leichte Körper den schweren bremsen und sie würden langsamer fallen. Dieser Widerspruch zeigt, dass die Annahme, Körper würden unterschiedlich schnell fallen, falsch ist.

Der Modellbildungsprozess Jedes Modell (→**B1**) beschreibt die Abläufe der Natur nur in einem gewissen Rahmen. Die Gültigkeit eines Modells hängt von seiner prinzipiellen Vorläufigkeit ab. Modelle können nämlich durch ein einziges Gegenbeispiel widerlegt werden. Aus diesen Gründen müssen alle Modelle durch **Experimente** überprüft werden. Ein Experiment kann als „Frage an die Natur" verstanden werden. Zunächst werden unter Verwendung der bestehenden Modelle **Vorhersagen** getroffen, wie das Experiment ausgehen wird. Der tatsächliche Ausgang des Experiments ist dann die „Antwort der Natur".

Wenn die Beobachtungen des Experiments mit den Modellvorhersagen nicht übereinstimmen, spricht man von der **Falsifikation** der Vorhersagen. Das zugehörige Modell muss man dann verwerfen, korrigieren oder ergänzen. Stellt man aufgrunddessen, dass sich Eisen, Kupfer und Öl bei Erwärmung ausdehnen, die Hypothese auf, dass dies alle Stoffe immer tun, so genügt schon ein Beispiel aus der Natur (z. B. hier das Verhalten von Wasser zwischen 0 °C und 4 °C), um die Hypothese zu falsifizieren.

Bestätigen alle Beobachtungen die Vorhersagen, so nennt man dies **Verifikation**. Das Modell gilt dann aber als nur vorläufig gesichert und man kann es z. B. dazu benutzen, weiterführende Theorien zu entwerfen oder technische Anwendungen zu konstruieren.

Jedes Modell muss sich ständig neu bewähren und gegebenenfalls angepasst, korrigiert oder verworfen werden. Die Hauptaufgabe von naturwissenschaftlichen Forschern besteht darin, Experimente zu planen und durchzuführen, die eine Falsifikation eines Modells ermöglichen, um die bestehenden Modelle und Vorstellungen weiterentwickeln und verbessern zu können, da eine Theorie nie im engen wissenschaftlichen Sinn als „wahr" bewiesen werden kann, sondern nur als „falsch".

Ein wichtiger Vertreter dieser zugrunde liegenden Wissenschaftstheorie ist **Karl Popper** (1902 – 1994), ein Philosoph und bedeutender Wissenschaftstheoretiker. Er lehnte den empirischen Erkenntnisgewinn der induktiven Methode ab, da er der Auffassung war, dass sich durch Beobachtung verschiedener Einzelfälle streng logisch keine allgemeingültigen Gesetze ableiten lassen: Wenn ein Stein hundert Mal nach unten fällt, beweist das noch nicht, dass er beim hundertersten Versuch nicht doch nach oben fällt. Nach Popper können Theorien sogar frei erfunden werden, um sich später im Modellbildungsprozess zu bewähren. Wichtig ist nur, dass die Falsifizierbarkeit einer Aussage gegeben sein muss, es muss also eine Beobachtung denkbar sein (formal: ein empirischer Beobachtungssatz), mit der sie angreifbar ist.

Karl Popper
(1902 – 1994)

A1 Kennst du Theorien oder Modelle, die durch Falsifikation widerlegt worden sind?

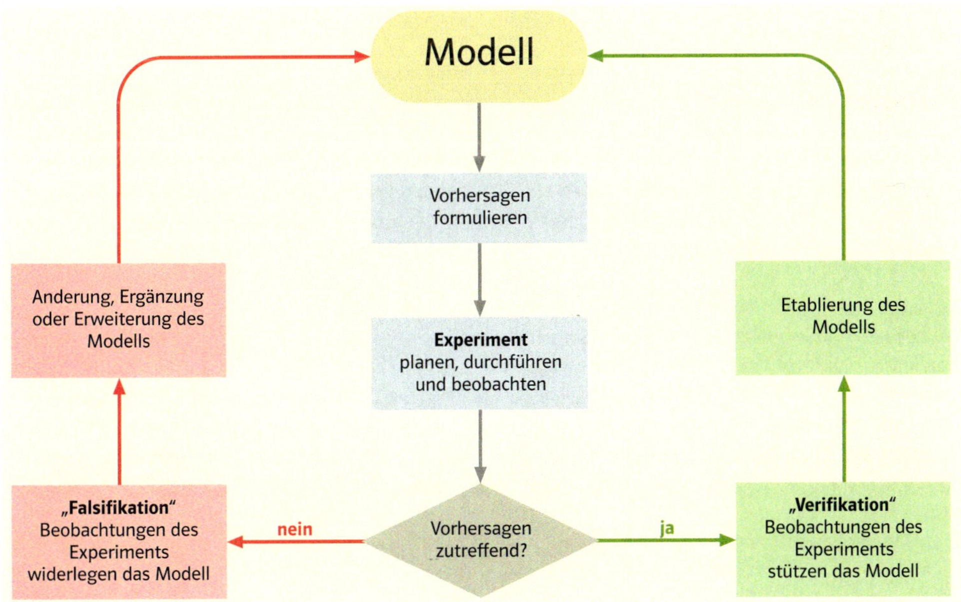

B1

Weltmodelle

B1 Mittelalterliche Weltvorstellung

Schon immer hat die Menschen der Blick zum Himmel fasziniert. Dort konnten sie regelmäßig wiederkehrende Ereignisse wie Tag und Nacht, Mondphasen und Jahreszeiten beobachten. Es gab aber auch unerwartete oder unregelmäßig eintretende Beobachtungen wie Sonnen- oder Mondfinsternisse oder das Auftreten von Kometen. Die Menschen waren schon immer bestrebt, für all diese Erscheinungen Erklärungen zu finden, die zu einem besseren Verständnis der Welt und damit auch zu einem Selbstverständnis des darin lebenden Menschen führen. Anfangs dachten die Menschen, dass übernatürliche Kräfte und Gottheiten für die Abläufe am Himmel verantwortlich sind. Aber schon früh wurden Modelle entwickelt, die astronomische Beobachtungen auf natürliche Abläufe zurückführten.

Das geozentrische Weltbild Die Weltkarte ist historisch gesehen immer der unmittelbarste Ausdruck unserer Vorstellungen von der Erde und unserer engeren Heimat gewesen. Vor fast 3 500 Jahren wurde in Mesopotamien jene erste Weltkarte in Ton geritzt, die unsere Erde als runde Scheibe im Weltmeer schwimmend darstellt (→ **B3**).

Sie wurde in den folgenden Jahrhunderten falsifiziert, es wurden immer wirklichkeitsgetreuere Erdkarten erarbeitet; von den Griechen bis zur Weltkarte des Eratosthenes, der in Alexandria vor gut 2 200 Jahren die Kugelgestalt der Erde nachwies.

Doch die Römer kehrten zur Vorstellung der Erde als einer runden, im Meere ruhenden Scheibe zurück. Nur in Alexandria lebte das wissenschaftliche Weltbild des Eratosthenes fort. Noch Kolumbus lehnte die Kugelgestalt der Erde ab, er stellte sie sich in Form einer Birne vor. Als 1522 nach dreijähriger Weltumsegelung und Entdeckung des Pazifischen Ozeans eines der Schiffe aus Magellans Flotte nach Sevilla zurückkehrte, war die Kugelgestalt der Erde nicht mehr zu bezweifeln. Das Zeitalter der Entdeckung der außereuropäischen Welt gab dem Bild der Erde als runde Scheibe den Todesstoß.

Von der Antike bis zum Beginn der Neuzeit herrschte die Vorstellung vor, die Erde ruhe im Zentrum des Universums. Der Philosoph **Aristoteles** (384 – 322 v. Chr.) entwickelte die Vorstellung, das Universum sei durch konzentri-

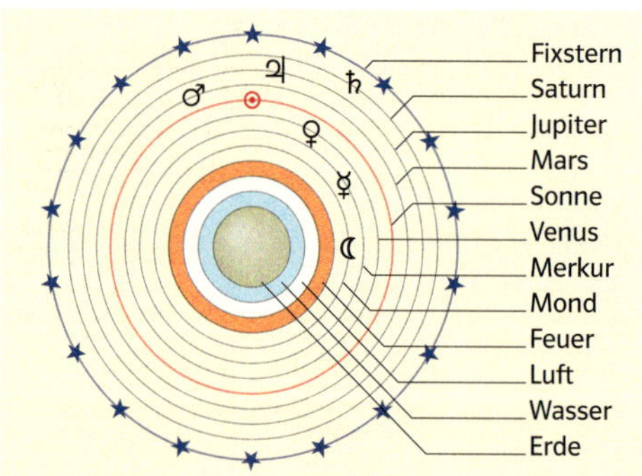

B2 Sphärenmodell des Aristoteles

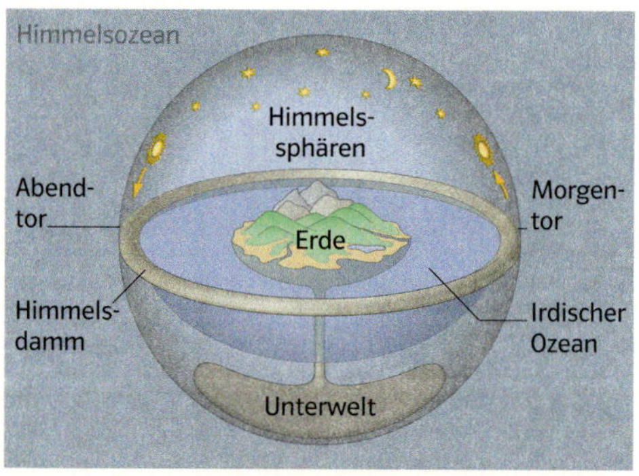

B3 Babylonisches Weltbild

sche Kugelschalen, die Sphären, unterteilt, deren äußerste die Fixsterne beherbergt (→**B2**, S. 254). Nach innen folgen die Sphären der Planeten Saturn, Jupiter und Mars, der Sonne, der Planeten Venus und Merkur und die des Mondes, den man auch zu den Planeten rechnete. Darunter folgen schließlich die Sphären des Feuers, der Luft, des Wassers und der Erde. Die beobachtete Bewegung der Fixsterne erklärte man mit einer gleichmäßigen Rotation der Fixsternsphäre. Die kreisförmigen Bewegungen der Himmelskörper waren nach Ansicht von Aristoteles ein Abbild der makellosen, himmlischen, ewigen Abläufe. Irdische Bewegungen hingegen waren immer zielgerichtet und damit endlich.

Der Astronom **Ptolemäus** von Alexandria (85 – 160 n. Chr.) wandelte das Modell der Sphären ab, um bessere Übereinstimmung zwischen Vorhersage und Beobachtung zu erzielen. Zwar nahm auch er an, die Erde ruhe im Zentrum des Universums und die Fixsternsphäre rotiere gleichmäßig. Für die Sonne musste er aber eine Kreisbahn mit Mittelpunkt außerhalb der Erde annehmen.

Um die Schleifenbahn eines Planeten (→**B1**, **B2**) zu erklären, nahm er an, der Planet bewege sich gleichmäßig auf einem Hilfskreis, dem Epizykel, dessen Mittelpunkt seinerseits die Erde auf einem großen Kreis, dem Deferent, gleichmäßig umkreist (→**B3**).

Auch diese Konstruktion reichte nicht in allen Fällen, so dass Ptolemäus sich auf den Epizykeln weitere Epizykeln abrollend denken musste. Um die Bewegungen von Merkur und Mond zu erklären, musste Ptolemäus sogar den Hauptkreis, auf dem die Epizykeln abrollen (Deferent), durch eine anders gekrümmte Bahn ersetzen.

Das wurde als Mangel angesehen, denn man erwartete, dass für die Gestirne als göttliche Wesenheiten nur ideale Bewegungen, nach damaliger Auffassung also nur gleichförmige Kreisbewegungen, in Frage kämen.

Das heliozentrische Weltbild Schon der griechische Philosoph **Aristarch** von Samos (ca. 320 – 250 v. Chr.) versuchte, die beobachteten Bewegungen der Himmelskörper mit der Vorstellung zu erklären, die Sonne ruhe und die Erde bewege sich. Diese Auffassung blieb etwa 1800 Jahre lang nahezu vergessen.

Erst **Nikolaus Kopernikus** (1473 – 1543) griff in seinem 1543 erschienenen Werk „De revolutionibus orbium coelestium" (Über die himmlischen Kreisbewegungen, →**B4**) die heliozentrische Vorstellung wieder auf und zeigte, dass damit die Planetenschleifen einfacher erklärt werden können als mit dem ptolemäischen System.

Überdies konnte Kopernikus aus den Größen der Schleifen auf das Verhältnis der Bahnradien schließen. Aus dem Epizykelmodell hingegen konnten keine Schlüsse über die Bahnradien gezogen werden. Andererseits konnte auch Kopernikus Planetenstellungen nicht genauer vorhersagen, als dies mit dem ptolemäischen System möglich war. Die Bedeutung der von Kopernikus vertretenen Vorstellung liegt nicht nur darin, dass er die Planetenbewegungen einfacher beschreiben konnte. In seinem Weltmodell nimmt die Erde, also der Wohnplatz der Menschen, keine Sonderstellung ein, sondern ist ein Planet neben anderen. Das konnten die Menschen damals aus religiösen Gründen nur schwer akzeptieren, weil sie überzeugt waren, die Erde müsse im Kosmos einen ausgezeichneten Platz haben, weil Gott sie mit Menschen bevölkert habe. Es dauerte deshalb rund 100 Jahre, bis die Vorstellung des Kopernikus weithin akzeptiert war. Dieses Umdenken bezeichnet man als **kopernikanische Wende**.

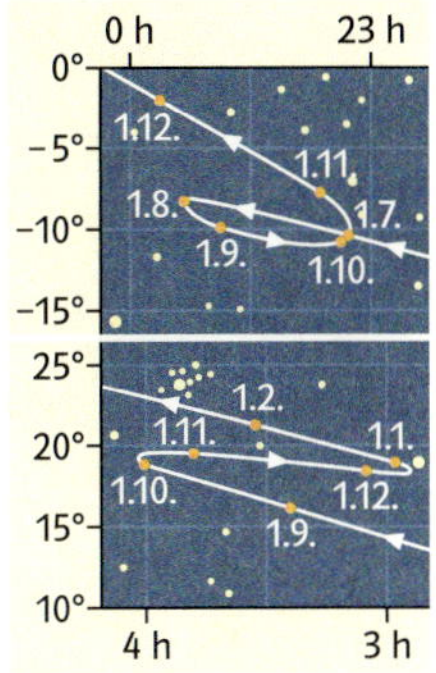

B1 Schleifen des Mars am Himmel in verschiedenen Jahren

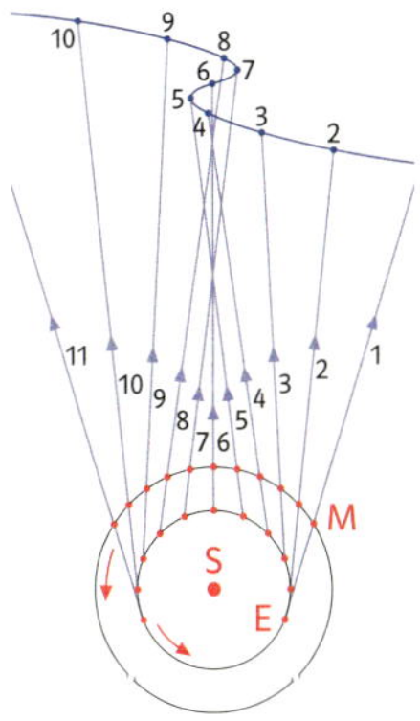

B2 Erklärung der Schleifenbewegung im heliozentrischen Weltbild

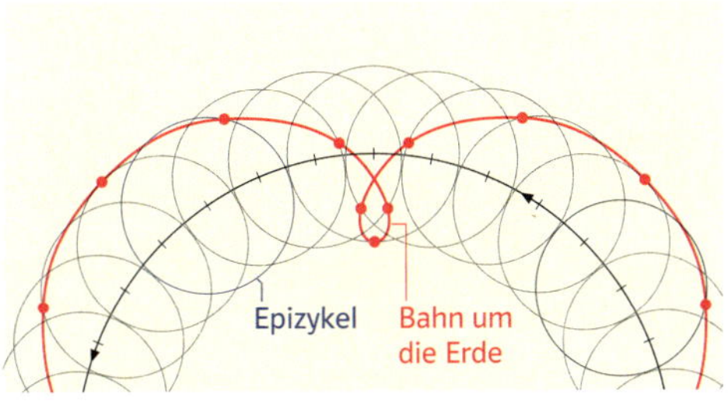

B3 Epizykelmodell nach Ptolemäus

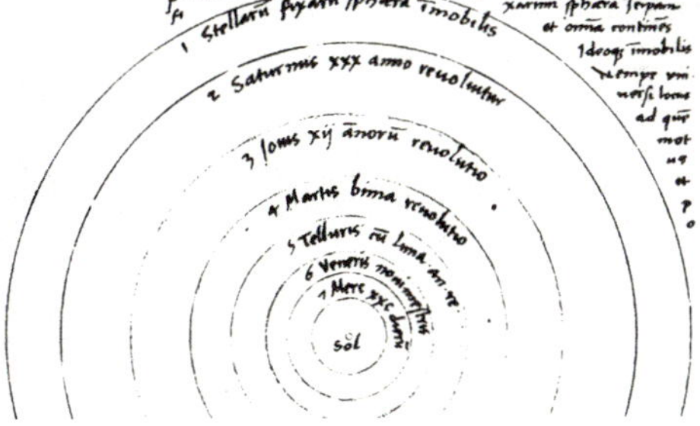
B4 Original-Entwurf von Kopernikus

Das Weltbild der Neuzeit

Galileo Galilei (1564 – 1642) festigte das heliozentrische Weltbild durch Entdeckungen, die er mit dem erst 1608 erfundenen Fernrohr machte (→**B1**):
- Der Mond hat Krater und Gebirge wie die Erde.
- Die Sonne hat Flecken, deren Zahl und Größe sich ändert. Sie ist also kein makelloses, unveränderliches, göttliches Himmelsfeuer.
- Der Planet Jupiter hat mehrere Monde. Er bildet also selber ein kleines „Planetensystem“, so dass das Planetensystem der Sonne mit der Erde nicht einzigartig ist.
- Der Planet Venus kann ähnlich wie der Mond Sichelgestalt zeigen. Planeten sind also von der Sonne beleuchtete Körper.

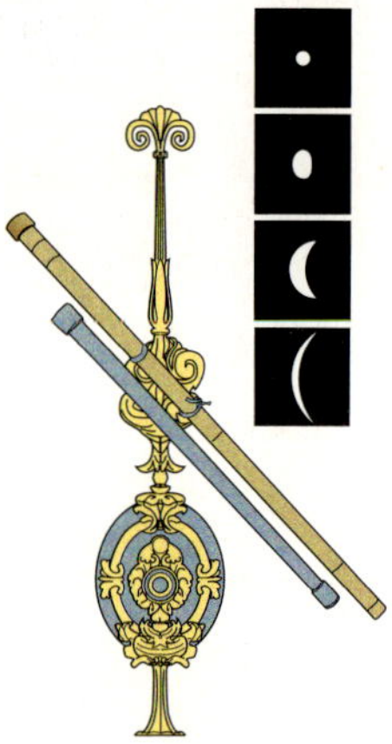
B1 Phasen der Venus, von Galilei mit diesem Fernrohr entdeckt.

Diese Beobachtungen zusammen besagen, dass für alle Körper im Weltraum die gleichen Naturgesetze zu gelten scheinen und dass die Erde nur ein Weltraumkörper unter vielen anderen ist. Galileis Ergebnisse erfuhren weite Verbreitung, weil er sie nicht in der nur von wenigen verstandenen Gelehrtensprache Latein, sondern in der Volkssprache Italienisch veröffentlichte. Dies führte dazu, dass Galilei 1633 in einem Inquisitionsprozess gezwungen wurde, dem heliozentrischen Weltbild abzuschwören. Für den Rest seines Lebens erhielt er Hausarrest.

Der dänische Astronom **Tycho Brahe** (1546 – 1601) verfeinerte noch vor Erfindung des Fernrohres in seinem Privatobservatorium auf einer dänischen Insel die Beobachtungstechnik so sehr, dass er die Positionen von Sternen im günstigsten Fall bis auf eine Bogenminute, das ist auf 0,017° genau, messen konnte.

Es war sein Ziel, durch genaue Beobachtungen sowohl das ptolemäische als auch das kopernikanische Modell zu widerlegen und ein eigenes Kompromissmodell zu bestätigen. Brahe starb, ehe er seine Messungen auswerten konnte, als kaiserlicher Hofastronom in Prag. Die Messprotokolle Brahes wurden **Johannes Kepler** (1571 – 1630), seinem früheren Assistenten und Nachfolger als kaiserlicher Hofastronom, übergeben. Kepler, der wegen eines Augenfehlers kaum eigene Messungen anstellte, bemühte sich, mit Brahes Messungen der Marsbewegung das kopernikanische System zu bestätigen. Dieses Bemühen schlug fehl, und zwar ergab sich der winzige Unterschied von 0,13° zwischen Rechnung und Beobachtung.

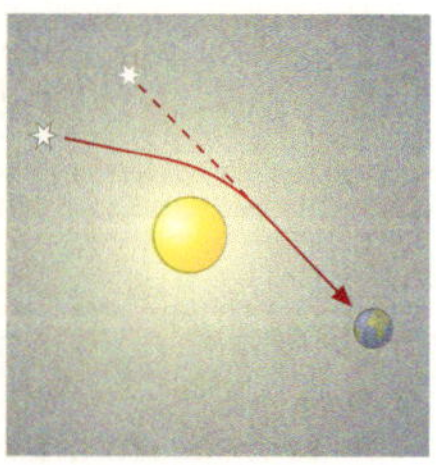
B3 Lichtablenkung nach Einstein

Dies veranlasste Kepler, seine mathematischen Ansätze zu überprüfen. Obwohl es ihm aufgrund seines Geometrie- und Ästhetikverständnisses schwerfiel, gab Kepler endgültig das aus der Antike überlieferte, auch von Kopernikus noch aufrecht erhaltene Modell auf, die Himmelskörper könnten nur ideale Bewegungen, nämlich gleichförmige Kreisbewegungen, ausführen. Kepler ging in seinen drei **Kepler'schen Gesetzen** nun vielmehr von Ellipsen als möglichen Planetenbahnen aus, die eine bessere Übereinstimmung mit Brahes Messungen zuließen (→**B2**).

Erst einige Zeit später konnte der englische Physiker **Isaac Newton** (1643 – 1727) die Kepler'schen Gesetze durch die Gravitationstheorie erklären. Sie geht davon aus, dass sich alle Körper, egal ob irdische oder Himmelskörper, sich aufgrund ihrer Masse gegenseitig anziehen. Daraus ergaben sich die Kepler'schen Gesetze als Sonderfall der Newton'schen Gravitationstheorie.

Eine große gedankliche Leistung Newtons bestand darin, die Himmelsmechanik und die irdische Mechanik, die seit Aristoteles als streng getrennt zu sehen waren, mit Hilfe der Gravitationstheorie zu vereinigen.

Auch in der heutigen Zeit wandeln sich die Modelle über den Aufbau der Welt. So sagte beispielsweise **Albert Einstein** (1879 – 1955) mit seiner Relativitätstheorie voraus, dass Lichtstrahlen von massereichen Körpern abgelenkt zu werden scheinen (was an der Beeinflussung der Raumgeometrie durch die Masse liegt). Einige Jahre später konnte dies bestätigt werden, als während einer totalen Sonnenfinsternis die Ablenkung von Lichtstrahlen weit entfernter Sterne in der Nähe der schweren, verdunkelten Sonne beobachtet werden konnte (→**B3**).

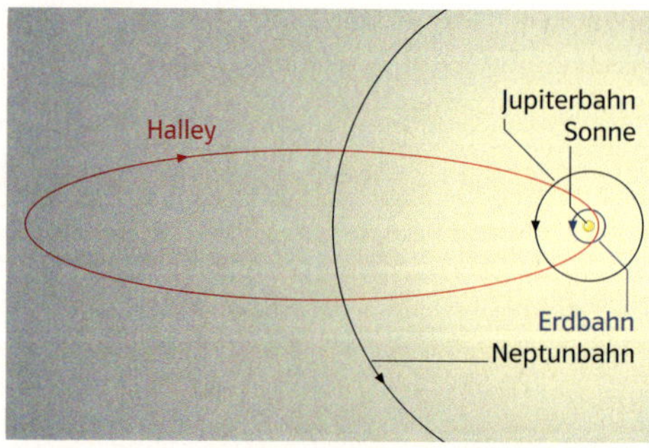

B2 Elliptische Kometenumlaufbahn (auch Planetenbahnen sind leicht elliptisch)

Modellbildung in der Praxis

Im Physikunterricht stellt man oft ein Modell der Wirklichkeit über lösbare Gleichungen auf („Analytische Methode"). Dann kann man Werte variieren und die Ergebnisse mit der Wirklichkeit vergleichen. Ist dies nicht möglich, muss man Näherungslösungen mit sogenannten Gleichungssystemen suchen („Iteratives Verfahren"). Dabei helfen Modellbildungsprogramme. Es gibt gleichungsorientierte Programme, bei denen Formeln bzw. Gleichungen eingegeben werden müssen, und grafikorientierte, bei denen das Modell in Diagrammen bzw. in Symbolschreibweise dargestellt wird. Um Werte für die Modelle zu erhalten, kann man elektronische Sensoren verwenden oder Videoanalyseprogramme.

Beschleunigungsvorgänge im Alltag – Anfahren mit dem Fahrrad

Messungen mit einem Interface

Datenerfassung:

- Miss den Anfahrvorgang eines Radfahrers, dessen Dynamo eingeschaltet und über bewegliche Kabel mit einer elektronischen Datenerfassung verbunden ist (→**B2**).
- Kalibriere dazu zunächst die Spannung des eingeschalteten Dynamos bei verschiedenen Fahrgeschwindigkeiten durch die Anzeige des Tachometers.

Auswertung:

- Stelle ausgehend von den Messwerten ein *t*-*s*-Diagramm (etwa wie in **B1**) her.
- Ermittle einige Geschwindigkeitswerte und skizziere ein idealisiertes *t*-*v*-Diagramm.
- Nimm an, dass sich die Bewegung des Radfahrers in gleicher Weise fortsetzt. Welche Geschwindigkeit würde er zu späteren Zeitpunkten erreichen?

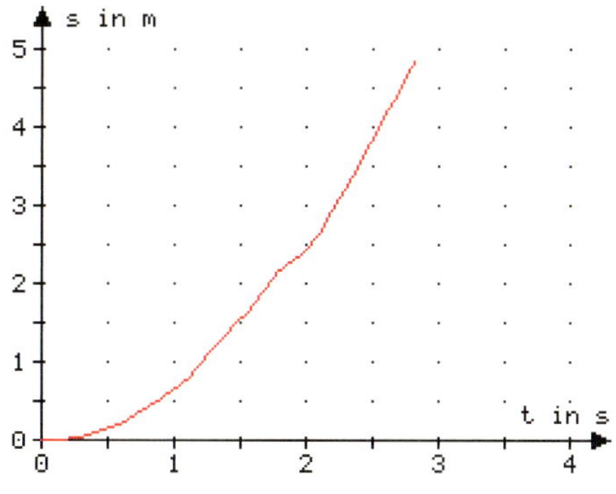

B1 *t*-*s*-Diagramm des Anfahrvorgangs

B2

Videoanalyse

Datenerfassung:

Versieh ein Fahrrad mit einem Schild, das sich gut vom Hintergrund abhebt. Lege im Hintergrund einen Maßstab fest und zeichne den Anfahrvorgang aus dem Stand mit einer geeigneten Kamera auf (→**B3**).

Auswertung:

- Verfolge die Bewegung des Schildes mit einem Videoanalyseprogramm.
- Ermittle das Zeit-Weg-Diagramm für diesen Vorgang.
- In Abbildung **B4** wird das Zeit-Geschwindigkeit-Diagramm eines Anfahrvorgangs dargestellt. Interpretiere die „Wellen" in dieser Kurve.
- Ermittle einige Beschleunigungswerte im Diagramm **B4** und skizziere ein idealisiertes *t*-*a*-Diagramm.
- Bestimme damit die mittlere Beschleunigung während der ersten 3 s. Welche Geschwindigkeit hätte die Fahrerin nach 4 s bzw. 20 s? Begründe deine Antwort.

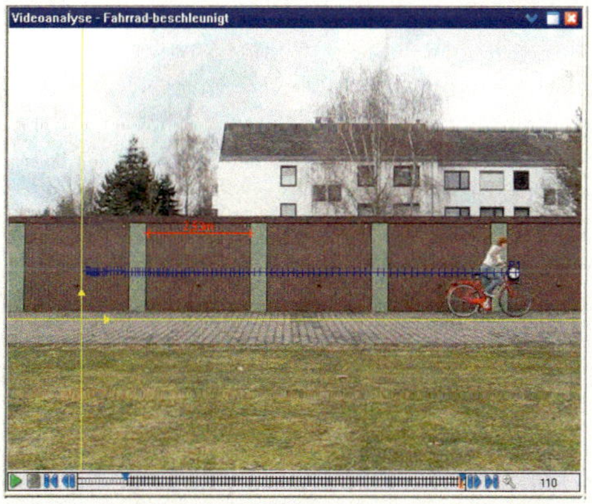

B3 Eine Radfahrerin fährt an.

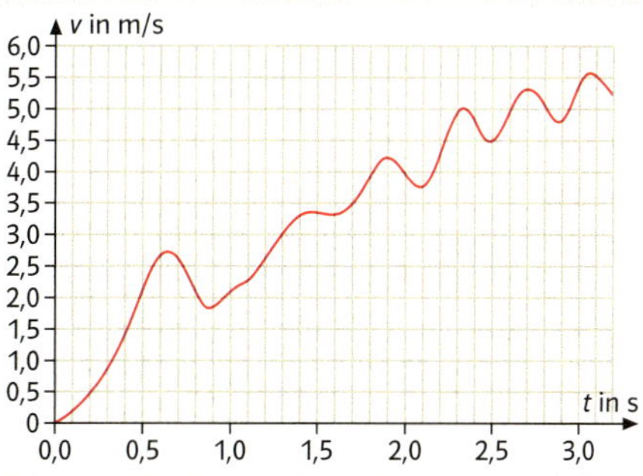

B4 *t*-*v*-Diagramm des Anfahrvorgangs

V_02, V_03 siehe beiliegende CD-ROM

Werkstatt Einführung in die computergestützte Modellbildung

Wahrnehmungen und Beobachtungen zu erklären bedeutet, sie mit unseren Modellvorstellungen in Einklang zu bringen. In mathematisch schwierigen Fällen, z. B. bei der Berücksichtigung der Luftreibung bei der Bewegung eines Körpers, helfen Computerprogramme, die komplexen Zusammenhänge zu vereinfachen, indem die Bewegung in kleine zeitliche Abschnitte unterteilt wird. Die Abläufe für diese Abschnitte können idealisiert berechnet und die Zusammenhänge als Funktionsgraphen dargestellt werden.

Grafische Modellbildungsprogramme unterscheiden für Größen drei Kategorien (→**B1**):
1 Die zentrale Größe, die in ihrer zeitlichen Änderung betrachtet wird, heißt **Zustandsgröße bzw. Bestandsvariable**.
2 Die Veränderung der Zustandsgröße pro Zeitintervall wird durch die **Änderungsrate** bzw. den **Fluss** bestimmt.
3 Daneben können andere Größen oder Konstanten die Werte beeinflussen. Sie heißen **Einflussgrößen**.

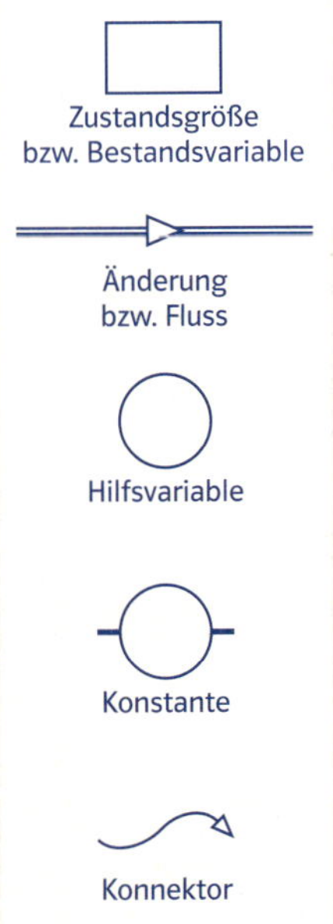

B1

Als Beispiel wird das Ziehen eines Wagens mit der Masse *m* auf einer horizontalen Ebene durch eine Kraft *F* betrachtet. Gesucht ist der zeitliche Verlauf der Geschwindigkeit *v*. Sie ist die zu betrachtende Zustandsgröße, die Beschleunigung $a = \Delta v / \Delta t$ die zugehörige Änderungsrate und Kraft *F* und Masse *m* sind Einflussgrößen für die Beschleunigung *a*. Damit ergeben sich folgende Einflüsse der Größen aufeinander:

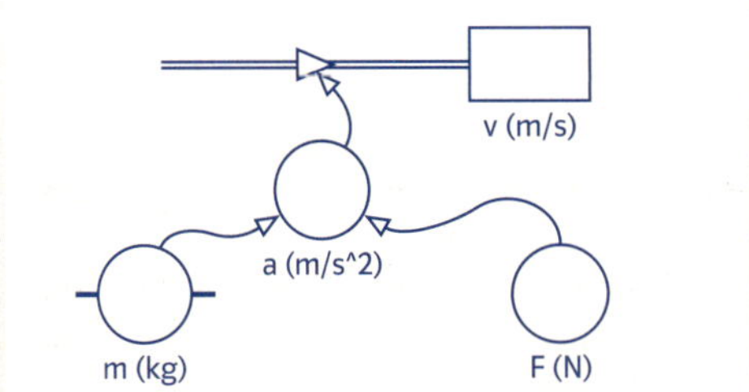

B2

Diese Darstellung heißt **Wirkungsgefüge**. Es sagt noch nichts aus über die Einflussgrößen und deren Wirkungen. Bei den Einflussgrößen werden die physikalischen Gesetze, Formeln und Werte in das Programm eingegeben, z. B.: $a = F/m$; $F = 1{,}2\,\text{N}$; $m = 0{,}8\,\text{kg}$.
Aus diesen berechnet das Modellbildungsprogramm iterativ, d. h. immer wiederholend, die Werte für die Geschwindigkeit zum neuen Zeitpunkt $t_{\text{neu}} = t_{\text{alt}} + \Delta t$ nach der Formel

$$v_{\text{neu}} = v_{\text{alt}} + a \cdot \Delta t$$

Neben den Werten für *m* und *F* müssen nun noch die Werte für die Iterationsschrittweite Δt und der Anfangswert für die Geschwindigkeit v_{Anfang} eingegeben werden, z. B.:

$v_{\text{Anfang}} = 0$; und $\Delta t = 0{,}1\,\text{s}$.

Für den grafischen Zusammenhang erhält man:

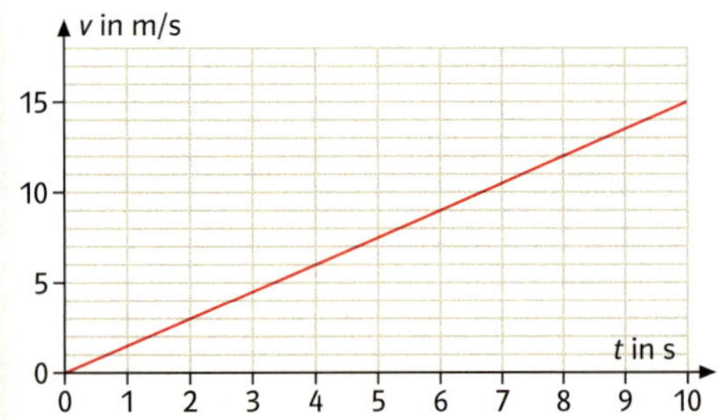

B3

A1 Die Geschwindigkeit *v* ist die Änderungsrate der Strecke *s*. Erweitere das Modell um die Berechnung der Strecke *s* in Abhängigkeit von der Zeit *t*. Stelle *s* und *v* dar. Abbildung **B3** liefert eine Hilfestellung:

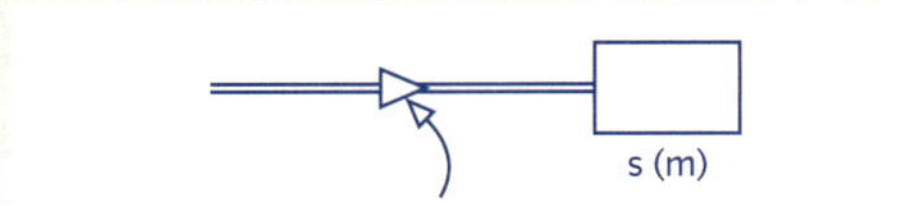

B4

A2 Bei Berücksichtigung des Luftwiderstandes gilt $F_R = C_R \cdot v^2$ (z. B. mit $C_R = 0{,}005\,\text{kg/m}$). Erweitere dein Modell entsprechend (→**B5**) und bestimme die Geschwindigkeit. Welche Bedeutung hat die Kraft F_a?

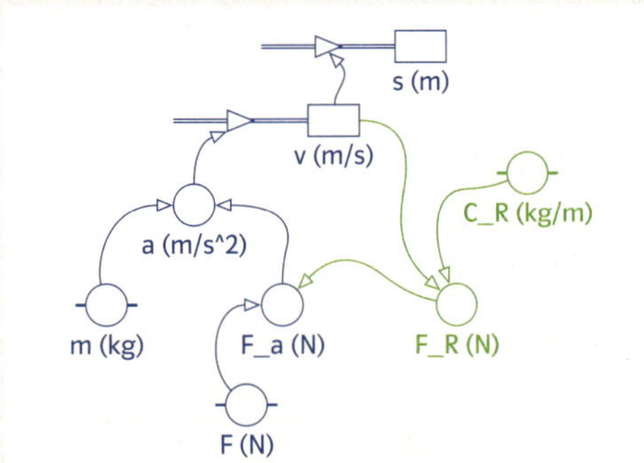

B5

Simulation der Fallbewegung

Mit Kenntnis der Kraft lässt sich jede Bewegung simulieren. Das Wirkungsgefüge **B1** zeigt die Grundstruktur des Programms.

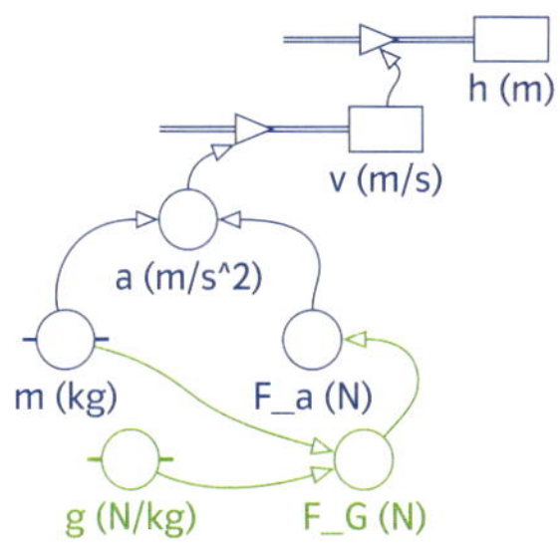

B1 Simulation einer Bewegung ohne Reibung

Bei einer Fallbewegung ohne Einfluss der Luft ist die beschleunigende Kraft F_a nur die Gewichtskraft F_G. Dementsprechend ist die Beschleunigung a gleich der konstanten Fallbeschleunigung g. Die farbige Hervorhebung im Wirkungsgefüge **B1** verdeutlicht dies.

Das Stroboskopbild eines fallenden Papiertrichters (→**B5**) zeigt seinen Ort zu bestimmten Zeitpunkten. Man erkennt, dass nach kurzer Zeit die in gleichen Zeitspannen zurückgelegten Weglängen nicht mehr wie beim freien Fall zunehmen. Ursache ist die entgegengesetzt zur Gewichtskraft wirkende Luftwiderstandskraft

$F_R = \frac{1}{2} \cdot c_W \cdot \varrho_L \cdot A \cdot v^2$.

Dabei bedeuten

c_W: den „Luftwiderstandsbeiwert", der von der Form des Körpers abhängt.

ϱ_L: die Dichte der Luft.

A: die Querschnittsfläche des Trichters.

v: die Geschwindigkeit.

Die beschleunigende Kraft F_a ergibt sich aus der Gewichtskraft F_G des Körpers und aus der geschwindigkeitsabhängigen Reibungskraft F_R. Der Ausschnitt des Kraftwirkungsgefüges zeigt diesen Zusammenhang (→**B2**).

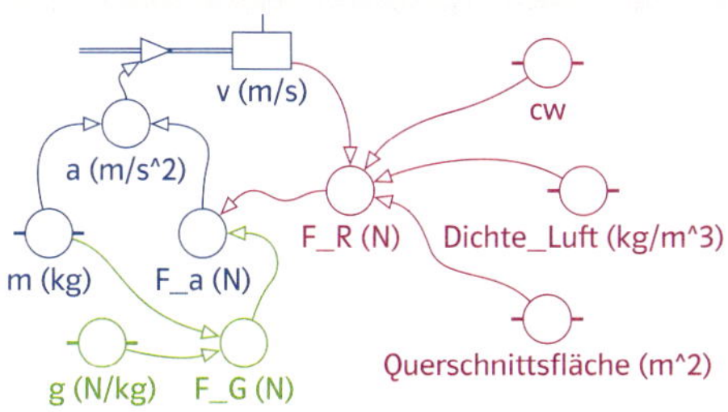

B2 Zur Berücksichtigung der Luftwiderstandskraft

Das Diagramm **B3** zeigt, dass die Höhe eines fallenden Trichters schon nach kurzer Zeit nahezu linear abnimmt, die Geschwindigkeit nähert sich einem Grenzwert. Dann ist die Reibungskraft so groß wie die Gewichtskraft, die beschleunigende Kraft beträgt 0 (→**B4**). Es ergibt sich:

● **Eine geschwindigkeitsabhängige Reibungskraft führt zu einer konstanten Grenzgeschwindigkeit.**

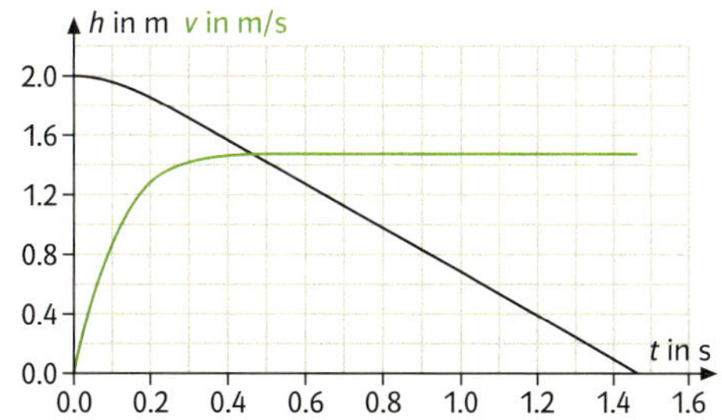

B3 *t-v-* und *t-h-*Diagramm

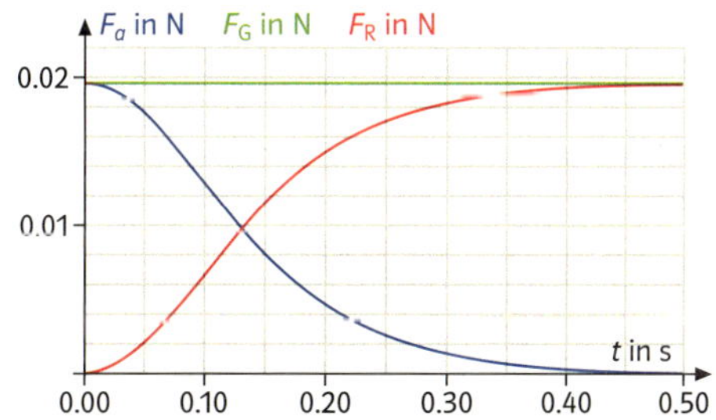

B4 t-F_G-, t-F_R- und t-F_a-Diagramm

A1 Ermittle aus dem Stroboskopbild **B5** die Grenzgeschwindigkeit und vergleiche das Ergebnis mit der Simulation.

A2 Verändere bei einem Papiertrichter die Querschnittsfläche A.

a) Messe mit geeigneten Messgeräten jeweils die konstante Grenzgeschwindigkeit und vergleiche diese mit der Simulation.

b) Welche Änderung der Grenzgeschwindigkeit erwartest du, wenn in dem Papiertrichter mit der Schere Einschnitte gemacht werden? Überprüfe deine Vermutung durch ein Experiment.

c) Lege ein kleines Gewicht in den Papiertrichter und überprüfe auch hier deine Vermutung.

d) Warum ist es für Fallschirmspringer wichtig zu wissen, ob $F_R \sim v^2$ oder $F_R \sim v$ ist?

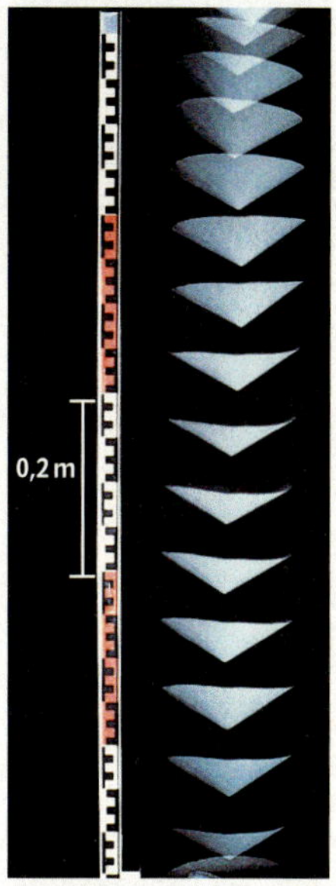

B5 Fall eines Papiertrichters. Stroboskopaufnahme mit 20 Bildern pro Sekunde

Startwerte	
h_0	2 m
v	0 m/s
g	9,81 N/kg
c_W	0,7
ϱ_L	1,3 kg/m³
A	0,02 m²
m	0,002 kg

c_W-Werte verschiedener Körperformen		
Tropfen		0,1
Kugel		0,4
Halbkugel	(	0,34
	)	1,33
Kegel	60°	0,51
Kreisscheibe	|	1,11

Das Abkühlen von Kaffee

Problem Kaffeetrinkern wird dieses Problem sicherlich bekannt vorkommen. Der Kaffee ist frisch gekocht, aber noch zu heiß zum Trinken. Gießt man Milch dazu, kühlt der Kaffee um 20 °C ab. Sollte man nun die Milch gleich zugeben oder eine Minute warten und dann die Milch zugießen, um möglichst schnell an trinkbaren Kaffee der Temperatur von ca. 40 °C zu kommen?

Modellbildung Je größer der Temperaturunterschied zwischen Kaffee und Außentemperatur, umso größer ist die Abkühlung. Die Oberfläche des Kaffees (Tasse und Luft) bewirkt die Abkühlung und wird durch den (Abkühlungs-)Koeffizienten beschrieben.
Im Modell wird die Situation folgendermaßen wiedergegeben: Die Differenz zwischen Kaffee- und Außentemperatur nimmt Einfluss auf die Änderungsrate der Temperatur (Temperatur ← Temperaturkoeffizient · Δt).

Um das Zugießen der Milch zu verschiedenen Zeitpunkten zu simulieren, wird ein „Ereignisschalter" eingebaut. Der Trigger ist dabei die Zeit (→**B1**). Im ersten Fall wird zum Zeitpunkt $t = 0$ die Temperatur um 20 °C vermindert, im zweiten erst nach einer Minute (→**B2**). Wie man sieht, ist es günstiger mit dem Zugießen etwas zu warten, da dann schneller die gewünschte Temperatur erreicht wird.
(günstige Werte: Temperatur = 95 °C; Außentemperatur = 20 °C; Koeffizient = 0,01)

A1 Erkläre, wie aus der Energiebetrachtung dieses Ergebnis nachvollzogen werden kann.

A2 Wandle das Modell so um, dass die Temperaturabnahme nicht wie vereinfacht angenommen konstant 20 °C ist, sondern auf einen sinnvollen Mittelwert zwischen Kaffeetemperatur T_K und Milchtemperatur T_M absinkt (→**B3**).
(günstiger Wert: $T_{mittel} = (5 \cdot T_K + T_M)/6$)

A3 Überprüfe damit erneut die gemachte Annahme mit einer Simulation (→**B4**). Unterscheide die drei Fälle
a) Milchtemperatur < Außentemperatur,
b) Milchtemperatur = Außentemperatur und
c) Milchtemperatur > Außentemperatur.

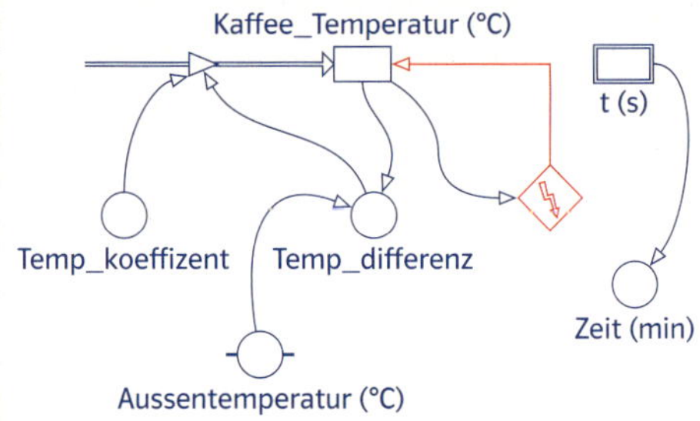

B1 Wirkungsgefüge für das einfache Modell

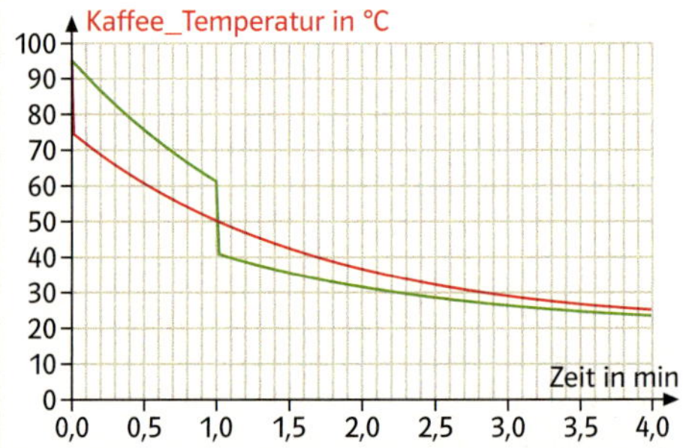

B2 Abkühlkurve des Kaffees mit Milch nach dem einfachen Modell: Zugießen der Milch zu Beginn bzw. nach einer Minute

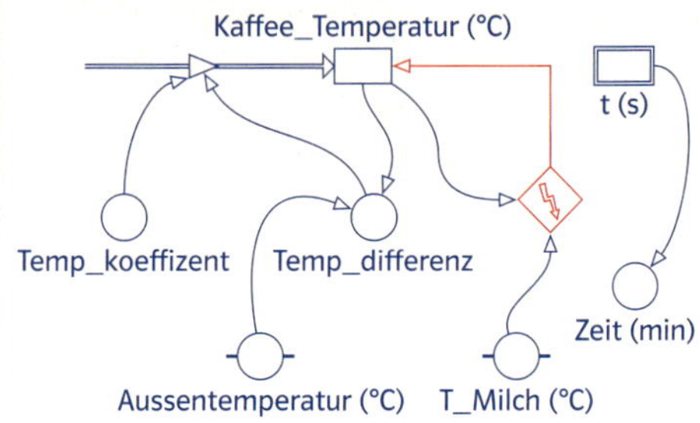

B3 Wirkungsgefüge für das verbesserte Modell

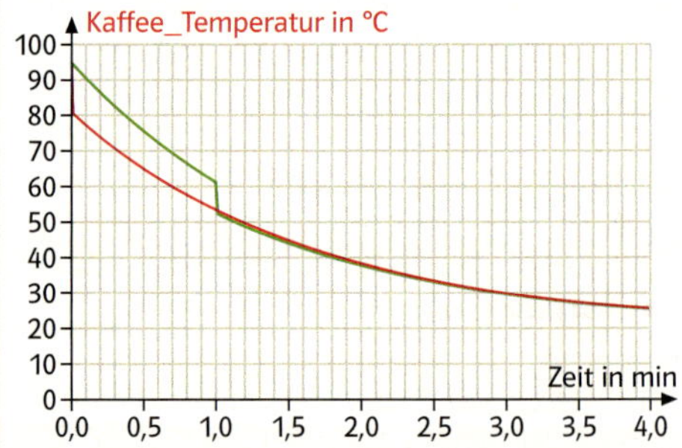

B4 Abkühlkurve des Kaffees mit Milch nach dem verbesserten Modell: Zugießen der Milch zu Beginn bzw. nach einer Minute (T_{Milch} = 10 °C, $T_{außen}$ = 20 °C)

Zerfallsreihen

Problem Zerfällt ein Atomkern eines radioaktiven Isotops, so ist der dadurch entstehende Kern häufig wiederum radioaktiv, diese **Tochterkerne** zerfallen gleichzeitig mit den **Mutterkernen.** Auf diese Weise entstehen Zerfallsreihen, deren Halbwertszeit $T_{1/2}$ bzw. sogenannte Zerfallskonstante $\lambda = \ln(2)/T_{1/2}$ und Aktivität A von den beteiligten Kernen abhängt.

Zerfall eines Nuklids:

Modellbildung Das Wirkungsgefüge nach Bild **B2** modelliert den radioaktiven Zerfall eines Nuklids.
Die Änderungsrate ergibt sich aus der Aktivität. Es ist:

$$A(t) = \frac{\Delta N(t)}{\Delta t} = \lambda \cdot N(t) \iff \Delta N(t) = \lambda \cdot N(t) \cdot \Delta t$$

A1 Modelliere den radioaktiven Zerfall vom angeregten Barium 137. Die Halbwertszeit beträgt 152 s. Vergleiche dein Ergebnis mit experimentellen Daten.

Auch das entstehende Nuklid zerfällt:

Die Verdopplung der Struktur nach dem Bild **B3** berücksichtigt, dass auch die Tochterkerne zerfallen. Der Modellierung liegt zugrunde, dass es zur Zeit $t = 0\,\text{s}$ nur Mutterkerne `N_Nuklid 1` $= N_M(0)$ gibt, die Zahl der Tochterkerne ist `N_Nuklid 2` $= N_T(t)$ ist zu Beginn null.
Zum Zeitpunkt t zerfallen in der Zeitspanne Δt $\Delta N_M = \lambda \cdot N_M(t) \cdot \Delta t$. Dies ist gleichzeitig die Änderungsrate für die Tochterkerne, welche nun zu zerfallen beginnen.

A2 Modelliere folgende Fälle und diskutiere die Ergebnisse.

a) Die Zerfallskonstante λ_M des Mutterkerns ist kleiner als die Zerfallskonstante λ_T des Tochterkerns.

b) Untersuche auch den Fall, dass die Zerfallskonstante des Mutterkerns sehr viel kleiner ist als die des Tochterkerns. Wähle z. B. $^{137}_{55}Cs \longrightarrow {}^{137}_{56}Ba^* \longrightarrow {}^{137}_{56}Ba$. Warum spricht man hier von einem radioaktiven Gleichgewicht?

c) Die Zerfallskonstante λ_M des Mutterkerns ist größer als die Zerfallskonstante λ_T des Tochterkerns.

d) Simuliere das Verhalten der Tochterkerne für wachsende Zerfallskonstanten.

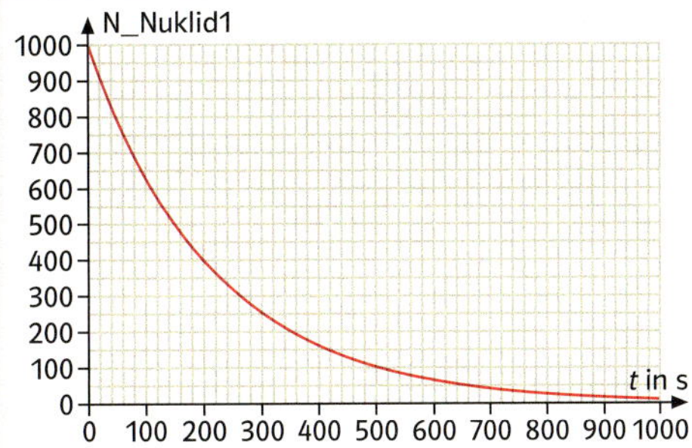

B1 Anzahl der noch nicht zerfallenen Nuklide in Abhängigkeit von der Zeit

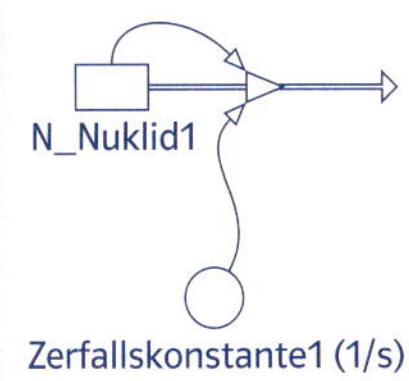

B2 Nuklid1 zerfällt mit der Aktivität_1.

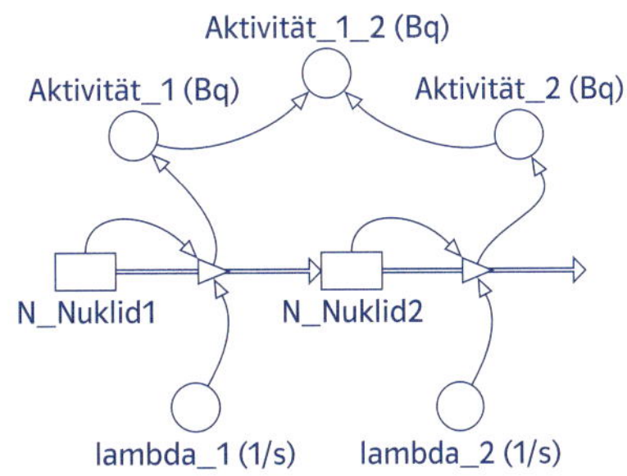

B3 Wirkungsgefüge für Mutter-Tochter-Zerfall

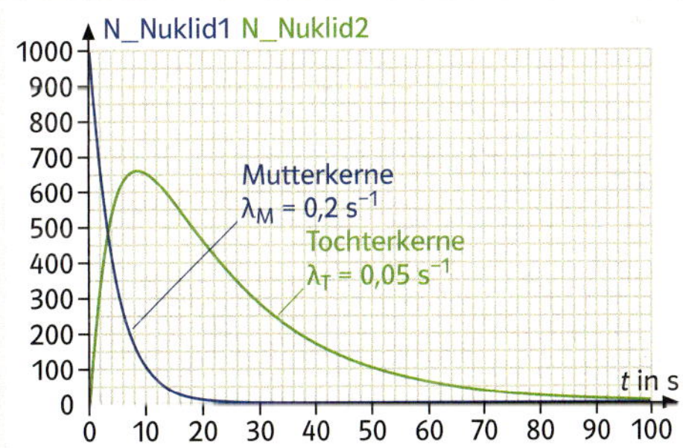

B4 Anzahl nicht zerfallener Nuklide

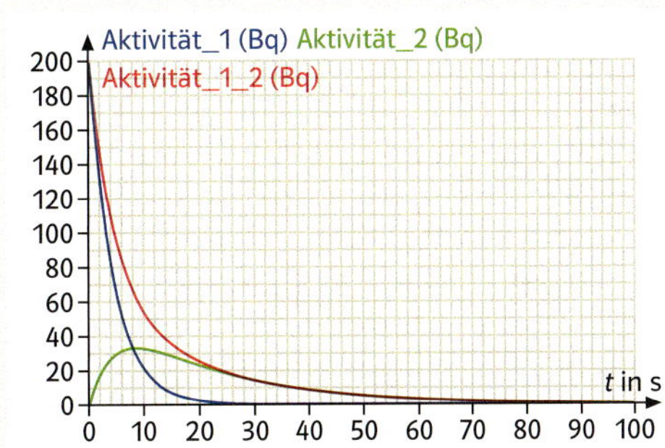

B5 Aktivität beim Mutter-Tochter-Zerfall

M_20, M_21

Eine Erweiterung des Wassermodells

Schon häufig stellten wir uns elektrische Stromkreise mit Hilfe des Wassermodells vor. Beispielsweise modellierten wir einen elektrischen Stromkreis aus einer elektrischen Quelle, elektrischen Leitungen und einem betriebenen elektrischen Gerät aus einer Wasserpumpe, gefüllten Wasserrohren und einer betriebenen Turbine. In der folgenden Gegenüberstellung werden dazu nochmals die wichtigsten elektrischen Begriffe im Wassermodell dargestellt.

Im Wassermodell	Im elektrischen Stromkreis
Die **Wasserstromstärke** an einem bestimmten Punkt der Leitung gibt an, welche **Wassermenge** an diesem Punkt in einer Zeitspanne vorbeifließt.	Die **elektrische Stromstärke** an einem bestimmten Punkt der Leitung gibt an, welche **Ladung** an diesem Punkt in einer Zeitspanne vorbeifließt.
Einheit: 1 Liter pro Sekunde	Einheit: 1 Coulomb pro Sekunde
An jedem Punkt der Wasserleitung herrscht während des Betriebs ein **Druck**.	Jeder Punkt der elektrischen Leitung liegt während des Betriebs auf einem **elektrischen Potenzial**.
Die **Druckdifferenz** zwischen zwei Punkten unterschiedlichen Drucks gibt an, wie viel Energie pro Wassermenge zwischen den beiden Punkten von diesem Wasserstromkreis abgegeben wird.	Die **Potenzialdifferenz** – genannt **Spannung** – zwischen zwei Punkten unterschiedlichen Potenzials gibt an, wie viel Energie pro Ladung zwischen den Punkten von diesem elektrischen Stromkreis abgegeben wird.
Einheit: 1 Joule pro Liter	Einheit: 1 Joule pro Coulomb = 1 Volt

Die Spannung im Wassermodell Der Potenzialunterschied, d.h. die Spannung zwischen zwei Punkten, wird im Wassermodell oben mit der Druckdifferenz zwischen zwei Leitungsstellen verglichen. Wie kann man sich so eine Differenz vorstellen, und ist dies ein gültiger Vergleich oder stößt hier das Wassermodell an seine Grenzen?

Der Druck ist ein Maß für die Energie pro Volumen. Die Wasserhöhe in einer Wassersäule ist ein Maß für diesen Druck: In **B1** herrscht im rechten Teil des Wasserkreislaufes ein großer Druck, im linken Teil ein kleiner Druck.

Wollte man den Druck auf der rechten Seite erhöhen, so müsste man etwas Wasser um eine bestimmte Höhe anheben, um es von oben in den Behälter zu kippen.

Diese Wassermenge hätte dann mehr potenzielle Energie, womit klar wird, dass die Höhe der Wassersäule mit dem Druck, also der Energie pro Volumen, gleichzusetzen ist. Der Höhenunterschied zwischen linkem und rechtem Wasserstand entspricht somit dem Unterschied potenzieller Energie pro Volumen zwischen linker und rechter Seite.

Die Wassermenge – also das Volumen des Wassers – entspricht der Ladung im Stromkreis. Die Höhendifferenz der beiden Wasserpegel entspricht somit dem Energieunterschied pro Ladung. Dies ist die Definition der Spannung im Stromkreis.

Der Kondensator im Wassermodell Durch **B1** kann man auch einen Kondensator als Energiespeicher erklären. Schließt man die Hahnen und entfernt die Pumpe, so hat man zwei voneinander getrennte Wassersäulen. Man benötigt Energie, um Wasser von links nach rechts zu transportieren (Ladung zu trennen), das Wasser fließt aber durch das Gerät selbstständig zurück, wenn man die Hahnen wieder öffnet.

B1

Bezugssysteme und Vektoren

Ein Fischer überquert mit seinem Motorboot einen breiten Fluss. Der Motor treibt das Boot mit der Geschwindigkeit $\vec{v}_{\text{Antrieb}}$ im Wasser an. Der Fluss selbst fließt mit der Geschwindigkeit $\vec{v}_{\text{Fluss}}$. Wir beschreiben nun die Bewegung des Fischers. Abhängig vom **Bezugssystem** gibt es mehrere Möglichkeiten.

1 Im Bezugssystem „Boot" ruht der Fischer, da er an der gleichen Stelle im Boot sitzt.
2 Im Bezugssystem „Fluss" fährt der Fischer (samt Boot) mit der Geschwindigkeit $\vec{v}_{\text{Antrieb}}$ direkt auf das Ufer zu.
3 Im Bezugssystem „Ufer" bewegt sich der Fischer schräg auf das Ufer zu, er wird von der Strömung abgetrieben.
4 Im Bezugssystem „Sonne" bewegt sich der Fischer (mit der Erde) mit einer Geschwindigkeit von ca. 108 000 km/h durch das Weltall.

Wie eine Bewegung wahrgenommen wird, hängt immer vom gewählten Bezugssystem ab. Es gibt sehr viele denkbare Bezugssysteme, es gibt kein besonders ausgezeichnetes „Ruhesystem". Allerdings beschränkt man sich beim Beschreiben von Bewegungen meist auf eine spezielle Klasse von Bezugssystemen, die sogenannten **Inertialsysteme**.

● **Eine Inertialsystem ist ein Bezugssystem, in dem ein Körper ohne äußere Einwirkung seinen Bewegungszustand beibehält.**
Beschleunigte oder rotierende Bezugssysteme sind keine Inertialsysteme. Oft wird als ruhendes Bezugssystem das sogenannte **Laborsystem** gewählt, also das System, in dem der Beobachter selbst ruht, wie etwa die Erde oder auch der Physiksaal. Da die Erde aber rotiert, ist sie genau genommen kein Inertialsystem, was in Einzelfällen, z. B. bei der Betrachtung von Rotationsbewegungen, zu besonderen Effekten führen kann (z. B. Corioliskraft, Zentrifugalkraft, → **S. 264**).

Um die Bewegungen von Körpern in verschiedenen Bezugssystemen klar bezeichnen zu können benutzen wir für die Geschwindigkeit eines Körpers K im Bezugssystem S die folgende Schreibweise: $\vec{v}_{\text{K von S}}$

Das Boot bewegt sich nach dieser Schreibweise also mit $\vec{v}_{\text{Boot von Fluss}}$ im Bezugssystem Fluss. Der Fluss selbst bewegt sich mit $\vec{v}_{\text{Fluss von Ufer}}$ im Bezugssystem Ufer (→**B2**). Vom Ufer aus betrachtet hat das Boot also die Geschwindigkeit

$$\vec{v}_{\text{Boot von Ufer}} = \vec{v}_{\text{Boot von Fluss}} + \vec{v}_{\text{Fluss von Ufer}}$$

● **Allgemein gilt:**
Bewegt sich ein Körper mit der Geschwindigkeit $\vec{v}_{\text{K von B}}$ im Bezugssystem B und bewegt sich dieses mit einer Geschwindigkeit $\vec{v}_{\text{K von A}}$ im Bezugssystem A, so ist die Geschwindigkeit des Körpers im Bezugssystem A

$$\vec{v}_{\text{K von A}} = \vec{v}_{\text{K von B}} + \vec{v}_{\text{B von A}}$$

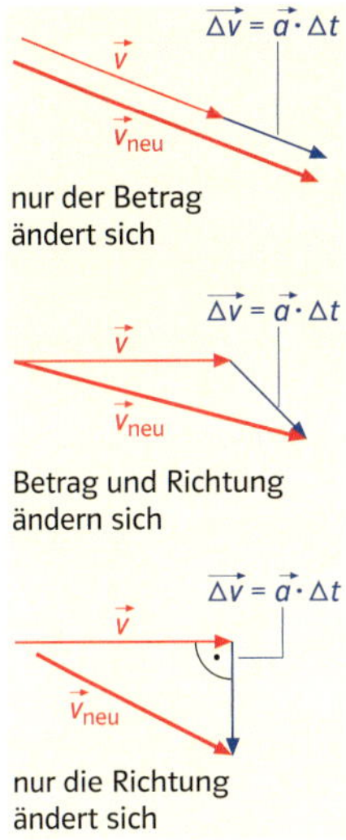

B1

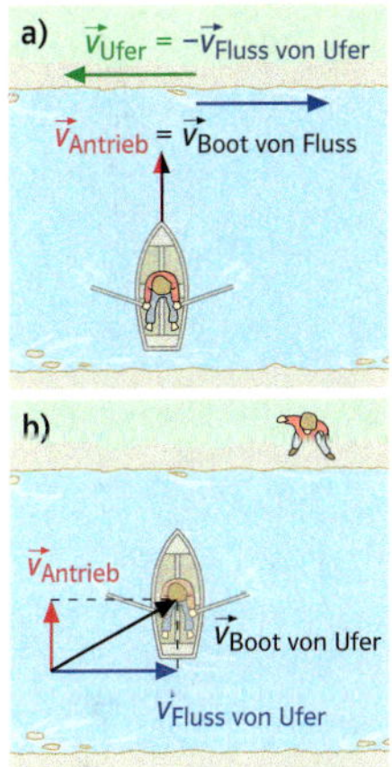

B2

Werkstatt

Regeln für den Umgang mit Vektoren

Vektoren werden durch Pfeile dargestellt. Die Multiplikation eines Vektors $\vec{a}$ mit einer positiven reellen Zahl k ergibt einen Vektor mit dem k-fachen Betrag und gleicher Richtung. Ist k negativ, so bedeutet dies eine Umkehrung der Richtung von $\vec{a}$.

Die Addition zweier Vektoren erfolgt nach dem Vektorparallelogramm. Vereinfachend kann auch der zweite Pfeil an die Spitze des ersten angefügt werden. Der Vektor $\vec{c}$ vom Anfangspunkt des ersten Vektors $\vec{a}$ zur Spitze des zweiten Vektors $\vec{b}$ ist die Summe $\vec{a} + \vec{b}$.

Ferner gilt: $\vec{a} - \vec{b} = \vec{a} + (-\vec{b})$

Ebenfalls gilt: $|\vec{a}| + |\vec{b}| \geq |\vec{c}| = |\vec{a} + \vec{b}|$
Entgegengesetzte Richtungen können durch verschiedene Vorzeichen gekennzeichnet werden. Bei der Addition ergibt sich ein Vektor, dessen Betrag die Differenz ist und der die Richtung des Vektors mit dem größeren Betrag hat.

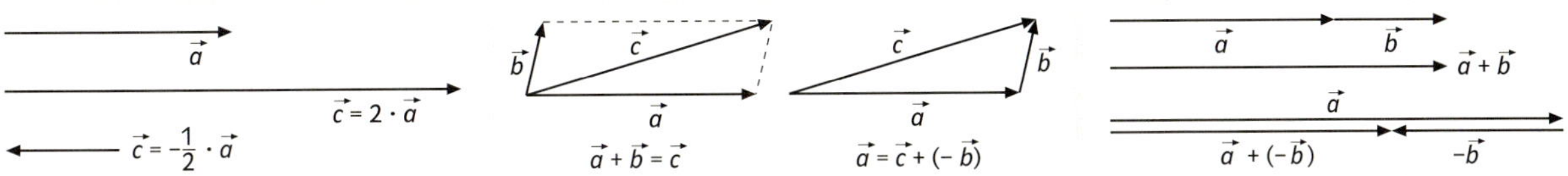

Scheinkräfte

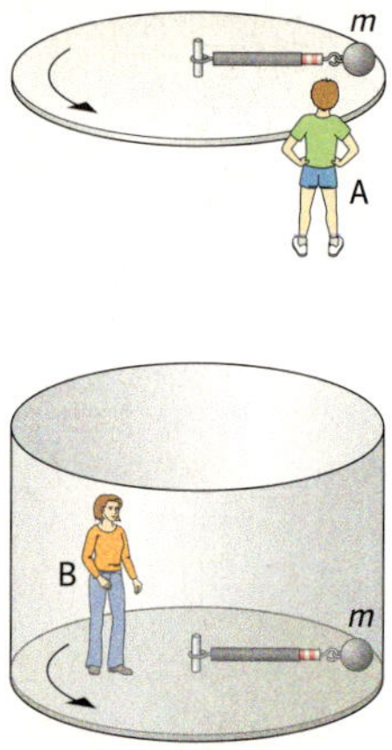

B1 Scheibe mit wegfliegender Kugel

Verschiedene Sichtweisen Zwei verschiedene Beobachter A und B beschreiben den Vorgang in Bild **B1**. Beobachter A außerhalb der Scheibe stellt fest: „Ich befinde mich in Ruhe. Der Kraftmesser zeigt an, dass auf das Massestück eine Kraft wirkt. Dies erklärt mir die Beschleunigung, die ich beobachte."

Beobachter B auf der Scheibe stellt fest: „Ich befinde mich in Ruhe. Das Massestück ebenfalls. Das wundert mich, denn der Kraftmesser zeigt an, dass eine Kraft auf das Massestück wirkt. Sie müsste daher beschleunigt werden. Es muss eine zweite Kraft F_Z mit gleichem Betrag und entgegengesetzter Richtung auf den Körper wirken."

Wenn die Verbindung zwischen Kraftmesser und Kugel durchtrennt wird, zeigt der Kraftmesser nichts mehr an.

A stellt fest: Auf die Kugel wirkt keine Kraft, sie bewegt sich deshalb entsprechend ihrer Trägheit auf einer Geraden.

B stellt fest: Es wirkt nur noch die Kraft F_Z. Deswegen bewegt sich die Kugel beschleunigt von mir weg. B bezieht seine Aussagen auf die Scheibe als Bezugssystem. Ihre Kreisbewegung ist eine beschleunigte Bewegung. Für Beobachter in einem beschleunigten Bezugssystem wirkt sich die Trägheit eines Körpers so aus, als wirke eine Kraft auf ihn. Solche (Schein-)kräfte heißen **Trägheitskräfte**. Bei der Kreisbewegung nennt man sie **Zentrifugalkräfte**. Karussellfahrer spüren diese nach außen weisende Zentrifugalkraft ebenso wie Autofahrer beim Passieren einer Kurve (→ **B2**).

Außenstehende Beobachter schließen bei einem Körper auf einer Kreisbahn auf eine Zentralkraft. Beobachter auf einer Kreisbahn schließen wegen der Bahnkurve auf ein Gleichgewicht zwischen Zentralkraft und Zentrifugalkraft.

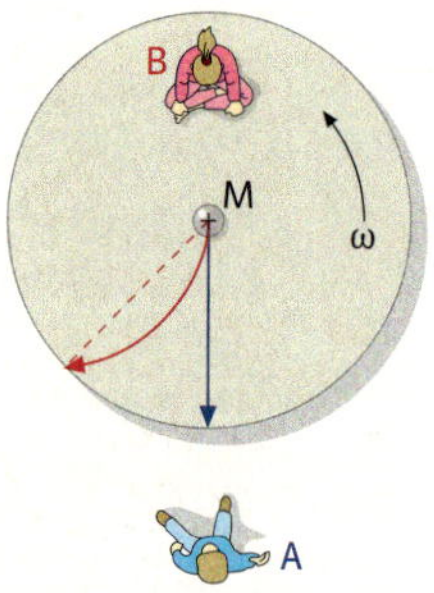

B3 Corioliskraft: Eine Kugel rollt vom Scheibenmittelpunkt zum Rand. Für Betrachter B beschreibt die Kugel eine Kurve, auf Betrachter A rollt sie geradlinig zu.

B2 Auto beim Schleudertest

Corioliskraft Wie verhält sich nach den klassischen Bewegungsgesetzen eine Kugel, wenn sie sich auf einer rotierenden Scheibe (z. B. einem Kinderkarussell oder einem Schallplattenspieler) befindet und dann ihre Entfernung zum Drehmittelpunkt (also den Radius) ändert? Die Bewegung der Kugel setzt sich dann aus zwei Anteilen zusammen: Der Bewegung in radialer Richtung und der tangentialen Richtung entlang der Kreisbahn.

Nach dem Trägheitssatz behält sie beide Bewegungszustände bei, nachdem sie einmal in Bewegung gesetzt wurde. Sie wird mit konstanter Geschwindigkeit in radialer Richtung „geradeaus rollen".

Allerdings wird sie auch ihre Bahngeschwindigkeit beibehalten, die sie am Ausgangspunkt hatte. Wenn die Kugel sich in Richtung Mittelpunkt bewegt, wird sie die Scheibe „überholen", da die Bahngeschwindigkeit auf der Scheibe außen größer ist als innen. Die Kugel wird scheinbar in Drehrichtung beschleunigt, sie beschreibt von außerhalb der Scheibe betrachtet eine Kurve!

Wenn sich der Körper vom Mittelpunkt weg bewegt, dann bleibt der Körper aufgrund seiner geringeren Bahngeschwindigkeit gegenüber der Scheibe zurück, er wird scheinbar gegen die Drehrichtung abgebremst.

Diese Scheinkraft, die für diese Scheinbeschleunigung verantwortlich ist, wird nach ihrem Entdecker **Gaspard Coriolis** (1792–1843) **Corioliskraft** genannt, die entsprechende Scheinbeschleunigung **Coriolisbeschleunigung**.

Beide sind nur in rotierenden Systemen vorhanden, nicht in Inertialsystemen. Ein Betrachter außerhalb der Scheibe sieht die Kugel geradlinig von sich weg bzw. zu sich her rollen (→ **B3**).

Wir befinden uns auf dem Erdball in einem rotierenden System. Wenn Luft von Hochdruckgebieten in Tiefdruckgebiete strömt, dann erfolgt dies in Nord-Süd-Richtung nicht geradlinig. Winde weichen auf der nördlichen Halbkugel nach rechts, auf der südlichen Halbkugel nach links ab. Tiefdruckgebiete drehen sich daher auf der Nordhalbkugel gegen den Uhrzeigersinn. Ursache sind die Corioliskräfte.

SI-Einheiten

Die Physik befasst sich mit den messbaren Eigenschaften der Natur. Dazu muss man für physikalische Größen jeweils eine Maßeinheit („Maßstab") festlegen und erläutern, wann eine Gleichheit oder eine Vielfachheit des Maßstabs vorliegt.

Diese Einheit ist nicht eindeutig und so gab es früher verschiedene Maßeinheiten für dieselbe physikalische Größe. Die Elle als Maßeinheit der Weglänge ging beispielsweise vom Ellenbogen bis zur Mittelfingerspitze. Dies war natürlich personenabhängig.

Um eine Vereinheitlichung zu bekommen, wurde um 1790 jeweils ein Prototyp für das Meter und das Kilogramm hergestellt, das sogenannte Urmeter (→ **B1**) und Urkilogramm (→ **B2**). Diese sind im französischen Nationalarchiv gelagert. Weitere Kopien besitzen die Länder, die sich dieser Konvention angeschlossen haben.

Als erstes **Basissystem** wurde das Meter-Kilogramm-Sekunde-System (kurz: mks-System) beziehungsweise das cgs-System (Zentimeter, Gramm, Sekunde) verwendet. Diese Basissysteme wurden um vier weitere Basisgrößen erweitert und mündeten 1954 im Internationalen Einheitensystem (Système Internationale d'Unités; kurz: **SI-System**).

Das SI-System hat sieben **Basisgrößen**: Zeit, Länge, Masse, elektrische Stromstärke, Temperatur, Stoffmenge und Lichtstärke. Die zugehörigen Einheiten, die per Definition festgelegt sind, heißen **Basiseinheiten** (→ **B3**).

Alle anderen physikalischen Einheiten sind abgeleitete Einheiten. Die zugehörigen Größen heißen abgeleitete Größen. Beispiele hierfür sind das Volumen, die Frequenz und die elektrische Ladung.

Beispiele für abgeleitete Größen		
Größe	Definition	SI-Einheit
Volumen V	$1\,m^3$	$1\,m^3$
Frequenz f	1 Hz	$1\,^1/_s$
Ladung Q	1 As	1 C

Die Definition der Basiseinheiten sind abhängig von den naturwissenschaftlichen Möglichkeiten, die die Physiker im Moment besitzen. Sie sind quasi „Momentaufnahmen" des gegenwärtigen naturwissenschaftlichen Standes.

Die Definition des Meters mit Hilfe des Urmeters ist überholt. Heute wird das Urmeter mit Hilfe der Lichtgeschwindigkeit definiert.

Die Definition des Kilogramms mit Hilfe des Urkilogramms in Paris ist problematisch, da dieses jedes Jahr um etwa 0,5 µg an Masse verliert. Man ist auf der Suche nach einer neuen Definition des Kilogramms. Eine Möglichkeit ist die Anzahl der Siliciumatome zu bestimmen, die dem heutigen Kilogramm entsprechen. Dies sind etwa $2{,}1 \cdot 10^{24}$. Eine Festlegung für das Kilogramm eignet sich aber erst dann, wenn man die Anzahl auf 10^{18} genau bestimmen kann.

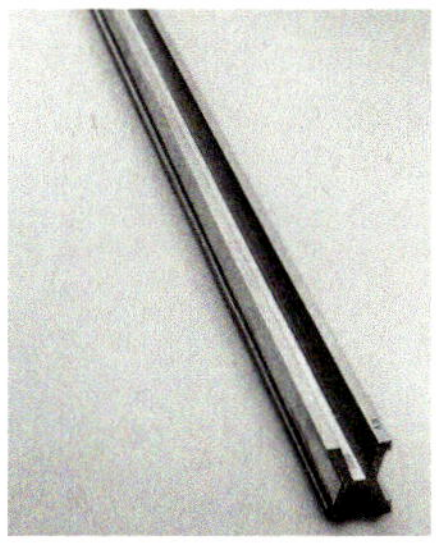

B1 Urmeter

B2 Urkilogramm

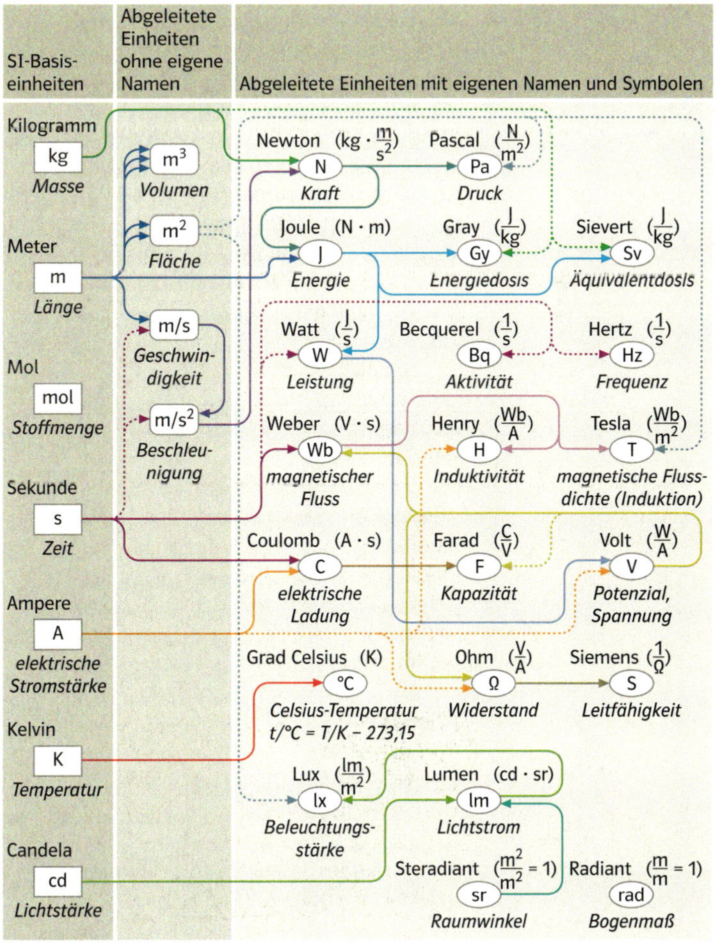

B3 SI-System

Punkte in Feldern und Potenzial

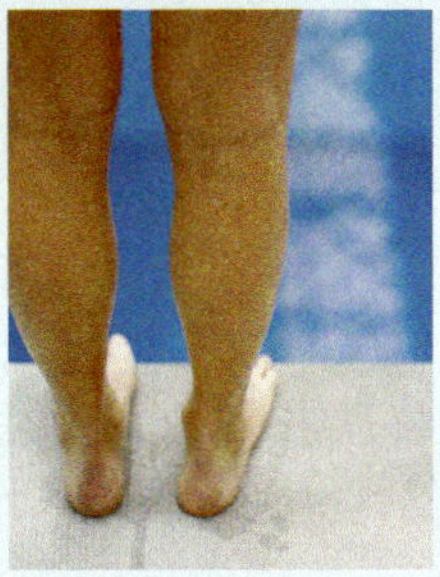

Pia und Tim sind im Freibad. „Los geht´s, Tim, springen wir vom 5-m-Turm!“, sagt Pia. Voller Vorspannung auf den Sprung ins kühle Nass laufen sie hinüber zum Sprungturm. Je näher sie der Sprunganlage kommen, desto bedrohlicher wirkt sie schon von unten. Als Tim dann oben am Rand der Plattform steht und in die Tiefe blickt, überkommt ihn ein mulmiges Gefühl. Er weicht zurück und steht nun in der Mitte der Plattform, so dass er weder seitlich, noch nach vorne oder hinten herunterfallen kann. Das Angstgefühl verschwindet, er spürt nur noch den festen Boden unter den Füßen. „Das ist schon komisch“, meint Tim, „schon unten hatte ich eine Gänsehaut. Oben wurde es auch erst besser, als ich von der Kante zurücktrat. Was ist denn nun los?“ Pia grinst – und springt ... Woran mag es physikalisch gelegen haben, dass Tim sich so verhielt?

Potenzial und Feld In der Freibadgeschichte hat Tim am Rand und in der Mitte der Plattform dieselbe Höhe. Sein Körper erfährt dieselbe Gewichtskraft, der Körper ruht aber, weil er durch die gleich große Gegenkraft der Plattform gehalten wird.

Das Feld ist ein physikalisches Modell.

Am Rand der Plattform könnte Tim ohne Weiteres den Turm hinunterfallen, eine Höhendifferenz überwinden und dabei bis zum Aufprall auf die Wasseroberfläche beschleunigt werden, also seine Geschwindigkeit vergrößern und damit Bewegungsenergie aufnehmen. Woher erhält er diese? Tims Körper hat auf dem Turm Lageenergie, die sich mit $E_{Lage} = m \cdot g \cdot h$ für seine gesamte Körpermasse berechnen lässt. Aber auch für jedes einzelne Kilogramm seiner Masse lässt sich so eine Energieportion pro Kilogramm ausrechnen. Selbst wenn kein Körper mit einer bestimmten Masse auf dem Turm liegt, wissen wir, dass ein Körper die entsprechende Lageenergie hätte, falls er auf dem Absprungpunkt liegen würde.

„Mit einem Feld ordnet man jedem Punkt im Raum bestimmte messbare physikalische Eigenschaften zu.“

In der Physik sagt man deshalb, dass der Absprungpunkt ein (Höhen-)Potenzial mit einer bestimmten Energie pro Kilogramm besitzt. Das Potenzial hat der Punkt unabhängig davon, ob sich nun ein Körper mit einer bestimmten Masse auf ihm befindet (also tatsächlich Lageenergie vorhanden ist) oder nicht. Dies hat Tim in der Geschichte intuitiv gewusst, als er noch unten stand.

Woher erhält der Absprungpunkt das Potenzial? Dazu machen wir das folgende Gedankenexperiment: Wir stellen uns vor, der Turm würde sich in der Schwerelosigkeit befinden. Dann würde nichts passieren, wenn man am Absprungpunkt einen Schritt nach vorne macht. Man hätte keine Lageenergie mehr, somit hätte der Absprungpunkt auch kein Potenzial mehr. Er erhält sein Potenzial also von der Erdanziehung. Man kann aber noch so eingehend den Weg zwischen der Plattform des Sprungturmes und der Wasseroberfläche betrachten, man wird nichts erkennen – außer man bringt ein Objekt in den beobachteten Bereich, das dann eine Wirkung erfährt. Beobachtbar ist allerdings nur eben diese Wirkung.

Man geht in der Modellvorstellung davon aus, dass für diese Wirkung „etwas“ verantwortlich ist, das man als **Feld** bezeichnet, in diesem Fall ist es das Gravitationsfeld der Erde.

- **Ohne Feld kein Potenzial!**

Allgemein definiert man aus den dargestellten Beobachtungen eine „Feldkraft“ als Ursache, die einerseits von der Körpereigenschaft des reagierenden Objekts (hier die Masse), andererseits von der **Feldstärke** an dem Ort abhängt, an dem sich das Objekt befindet.

Man kann in einem Koordinatensystem jeden Punkt im Feld als einen Potenzialpunkt beschreiben und Wirkungen für alle möglichen Objekte vorhersagen.

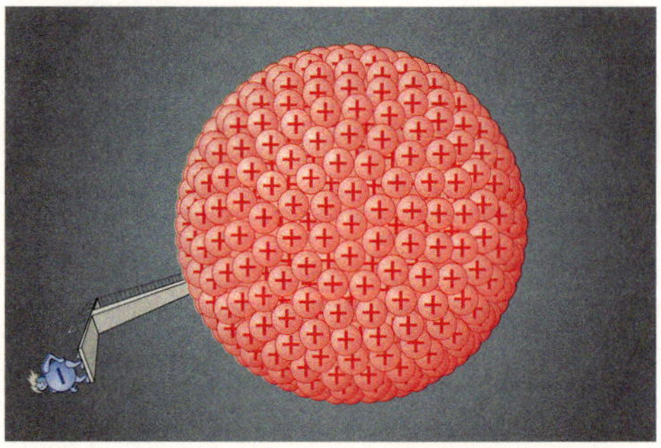

B1

Entsprechend wird dann eine Vorhersage einer Wirkung auf einen Körper an einem Ort möglich, da die Differenz der Feldstärke zwischen zwei Potenzialpunkten („Potenzialdifferenz") der Antrieb für die Wirkung ist.

● **Das Potenzial eines Punktes in einem Gravitationsfeld gibt an, wie viel Lageenergie ein Körper an diesem Ort pro Kilogramm besitzen würde.**

Gilt dieses Prinzip auch bezogen auf andere Körpereigenschaften als die Masse, z. B. die Ladung?

Wir stellen uns dazu (in der Schwerelosigkeit!) einen „Sprungturm" auf einer Kugel vor, die positiv geladen ist. Eine negative Ladung, die sich auf dem Absprungpunkt befindet, besitzt dort oben eine „Lageenergie", allgemein potenzielle Energie genannt, durch die anziehenden Kräfte des elektrischen Feldes (→ **B1**, S. 266).

Je größer die negative Ladung ist, umso größer ist ihre Energie an diesem Punkt. Deshalb gibt man im elektrischen Feld das Potenzial nicht in Joule pro Kilogramm, sondern in Joule pro Coulomb an. Die Prinzip bleibt aber gleich.

● **Das Potenzial eines Punktes in einem elektrischen Feld gibt an, wie viel potenzielle Energie eine Ladung an diesem Ort pro Coulomb besitzen würde.**

Die Einheit 1 Joule pro Coulomb, also 1 J/C ist nichts anderes als 1 Volt (1 V)!

Allgemein	Gravitationsfeld der Erde	Elektrisches Feld
Geeignete Beschreibung des Raumes	Höhenangaben auf vertikaler Achse h	Achse zur Angabe von Weglängen d
Feldbeschreibende Größe (in den hier betrachteten homogenen Feldern sei diese Größe konstant)	Fallbeschleunigung g	Elektrische Feldstärke E
Wirkungslinien von einem hohen zu einem niedrigeren Potenzial	Feldlinien zeigen zum Erdmittelpunkt hin.	Feldlinien gehen vom Pluspol zum Minuspol.
Festlegung eines Nullpotenzials	Sinnvolle Wahl des Nullniveaus (Wasseroberfläche des Sprungbeckens, Erdoberfläche oder Meeresspiegel) $h_0 = 0\,\text{m}$	Hier wird das Nullpotenzial meist „Erdung" oder „Masse" genannt. Im Normalfall ist es der Endpunkt der Feldlinien, bei einer Batterie oder einem Kondensator der Minuspol. $d_0 = 0\,\text{m}$
Potenzial als Wirkungsfähigkeit des Feldes an einem Ort	Produkt aus der Fallbeschleunigung und der Höhenangabe über dem Nullniveau $\varphi = g \cdot h$	Produkt aus der elektrischen Feldstärke und der Ortsangabe $\varphi = E \cdot d$
Äquipotenziallinien	Höhenlinien – bei Tim die gleiche Höhe der Plattform in der Mitte und am Rand	Linien bestehend aus Punkten des gleichen elektrischen Potenzials
Potenzialdifferenz als Antrieb	Produkt aus der Fallbeschleunigung und der zu überwindenden Höhendifferenz $\Delta\varphi = g \cdot \Delta h = g \cdot (h_{end} - h_{anf})$	Produkt aus elektrischer Feldstärke und der zu überwindenden Distanz (= elektrische Spannung) $\Delta\varphi = E \cdot \Delta d = E \cdot (d_{end} - d_{anf})$
Feldkraft als Produkt aus Körpereigenschaft des Objekts und der feldbeschreibenden Größe	Gewichtskraft als Produkt aus Masse des Objekts und der Fallbeschleunigung $F_G = m \cdot g$	Elektrische Feldkraft als Produkt aus elektrischer Ladung des Objekts und der elektrischen Feldstärke $F_{el} = Q \cdot E$
Potenzielle Energie als Produkt aus Feldkraft und der möglichen zu überwindenden Strecke	Lageenergie bezüglich des Nullniveaus $E_{Lage} = m \cdot g \cdot h$	Elektrische Feldenergie bezüglich einer Erdung bzw. Masse $E_{el} = Q \cdot E \cdot d$

Strom – Antrieb – Widerstand

B1

B2

B3

Eine Batterie lässt ein Lämpchen leuchten (→**B1**). Mit einer Pumpe wird ein Fahrradschlauch aufgepumpt (→**B2**). Eine Herdplatte erhitzt einen Topf (→**B3**). Diese drei Beispiele sehen so verschieden aus, dass man darin auf den ersten Blick kaum Gemeinsamkeiten sehen kann. Aber mit Hilfe von Analogien kann man die Physik, die dahinter steckt, dreimal mit genau derselben Sprache beschreiben.

Ein analoges Konzept lässt sich auch für den Strom von Impuls aufstellen.

Strom In den drei Situationen findet man einen Strom: Im ersten Fall fließt elektrische Ladung, im zweiten Fall strömt Luft und im dritten Fall strömt Entropie von der Herdplatte in den Topf. Die Stromstärke gibt an, wie viel Menge (Ladung, Luftvolumen, Entropie) in einer bestimmten Zeit strömt. In einem unverzweigten Stromkreis ist die Stromstärke an jeder Stelle gleich.

Antrieb Damit ein Strom fließen kann, muss ein Antrieb vorhanden sein. Was treibt in den Beispielen jeweils den Strom an? Die Ladung wird durch die Potenzialdifferenz (Spannung) angetrieben, die die Batterie erzeugt. Die Luft wird durch die Druckdifferenz angetrieben, die in der Pumpe entsteht. Und die Entropie strömt, weil zwischen Herdplatte und Topf eine Temperaturdifferenz besteht. Je größer die Potenzial-, Druck- oder Temperaturdifferenz ist, desto stärker wird der Strom.

Widerstand Der Strom wird fast immer von einem Widerstand am Fließen gehindert. Wegen des Widerstandes brauchen die Ströme einen Antrieb. Der elektrische Widerstand entsteht in den Kabeln und in der Batterie. Beim Aufpumpen muss man den Strömungswiderstand beachten, der z. B. durch das Ventil entsteht. Auch die Entropie wird durch einen Entropiewiderstand am Strömen gehindert. Dies passiert z. B. wenn der Topf nicht eben auf der Herdplatte steht und die Luftschicht dazwischen für unerwünschte Dämmung sorgt. Je größer der Strömungswiderstand ist, desto größer muss die Potenzial-, Druck-, Temperaturdifferenz sein, um einen Strom zu bewirken.

Energiestrom In allen drei Beispielen fließt natürlich auch Energie. Elektrische Energie fließt von der Batterie zum Lämpchen, mechanische Energie von der Pumpe in den Reifen und innere (genau genommen thermische) Energie von der Herdplatte in den Topf. Umgekehrt kann man sagen: Damit Energie fließen kann, muss eine zweite physikalische Größe (z. B. Ladung, Volumen, Entropie) strömen. Die zweite Größe wird oft auch als **Energieträger** bezeichnet. Der Energiestrom ist umso größer, je größer die Stromstärke der zweiten Größe ist und je größer der Antrieb (Potenzial-, Druck-, Temperaturdifferenz) ist.

Die Energie muss nicht immer auf demselben Weg strömen, den der Energieträger nimmt. Im elektrischen Stromkreis fließt die Ladung im Kabel, während die elektrische Energie durch den Raum um die Kabel strömt (→**B4**).

Strom	Stromstärke	Antrieb	Widerstand
Elektrischer Strom	Elektrische Stromstärke Ladung/Zeit	Elektrische Potenzialdifferenz (Spannung)	Elektrischer Widerstand
Flüssigkeitsstrom/ Gasstrom	Volumenstromstärke Volumen/Zeit	Druckdifferenz	Strömungswiderstand
Entropiestrom	Entropiestromstärke Entropie/Zeit	Temperaturdifferenz	Entropiewiderstand

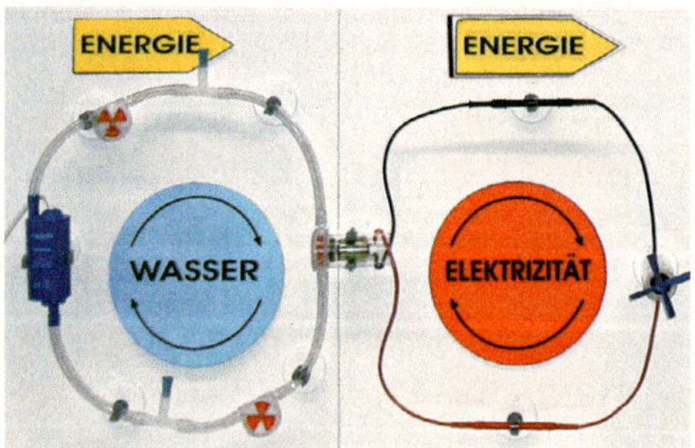

B4 Modell zum Energiestrom

Flächen unter Kurven in Diagrammen

Flächen unter Kurven **B1** zeigt die Bewegung eines Körpers mit konstanter Geschwindigkeit v_0. Will man wissen, wie weit der Körper in der Zeit von t_1 bis t_2 gekommen ist, also in der Zeitspanne $\Delta t = t_2 - t_1$, so berechnet man dies als $\Delta s = v_0 \cdot \Delta t$.
Betrachtet man das Schaubild der Bewegung, so stellt man fest, dass diese zurückgelegte Strecke dem Flächeninhalt unter der Geraden durch v_0 entspricht.

In gleicher Weise kann man die entwertete Energie ΔE bei einem Bremsvorgang aus einem Diagramm bestimmen (→**B2**). Die Reibungskraft F_0 ist konstant, die Weglänge Δs ergibt sich zwischen den Orten s_1 und s_2. Die entwertete Energie ist $\Delta E = F_0 \cdot \Delta s$ und entspricht der Fläche unter dem Diagramm. In dieser Weise kommt die Polizei über die Bremsspur zur entwerteten Energie, damit zur Bewegungsenergie des Autos und so zur Geschwindigkeit vor einem Unfall.

Meist haben wir es aber nicht mit konstanten Größen zu tun. Wie muss man vorgehen, wenn sich die Geschwindigkeit ändert, man z. B. gleichmäßig beschleunigt? Das zugehörige Schaubild ist dann **B3**. Diese Bewegung denkt man sich zunächst durch eine Bewegung mit abschnittsweise konstanter Geschwindigkeit ersetzt. Die Intervallgeschwindigkeiten werden jeweils mit den Geschwindigkeiten zu Beginn der Intervalle gleichgesetzt, so dass die Ersatzbewegung sprunghaft und in den einzelnen Abschnitten langsamer als die tatsächliche Bewegung verläuft. Man bekommt ein treppenförmiges Schaubild (→**B4**). Dies ergibt eine Näherung der beschleunigten Bewegung.
Für die Zeitspannen mit konstanter Geschwindigkeit können wir wieder die zurückgelegte Stecke als Fläche unter den Kurven bestimmen.

Nun verbessern wir die Annäherung an die tatsächliche Beschleunigung, indem wir die Zeitspannen mit konstanter Geschwindigkeit immer kürzer wählen. Es ergibt sich (→**B5**). Die genäherte Strecke unter den Stufen ist eine bessere Näherung der zurückgelegten Strecke.

Diese Verfeinerung kann man beliebig weiterführen. Man nennt dies die Bildung eines **Grenzwertes**. Das Ergebnis ist, dass die Fläche unter der Kurve ebenfalls die zurückgelegte Strecke darstellt.

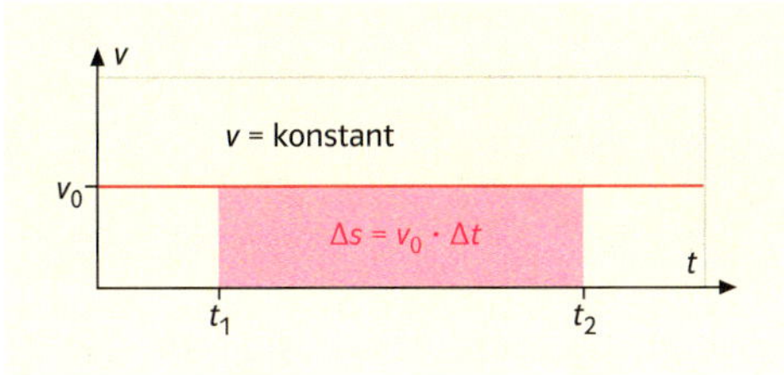

B1

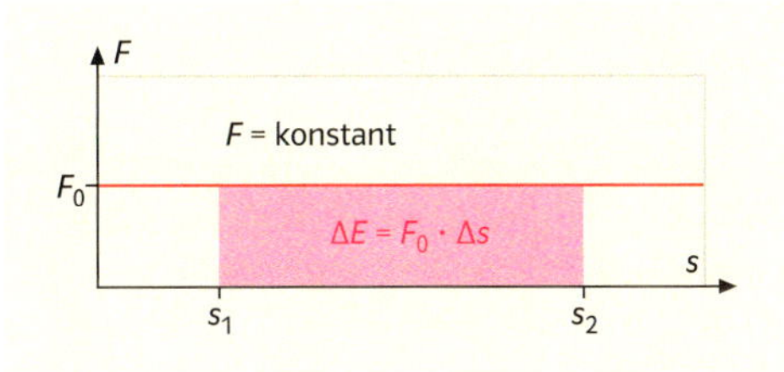

B2

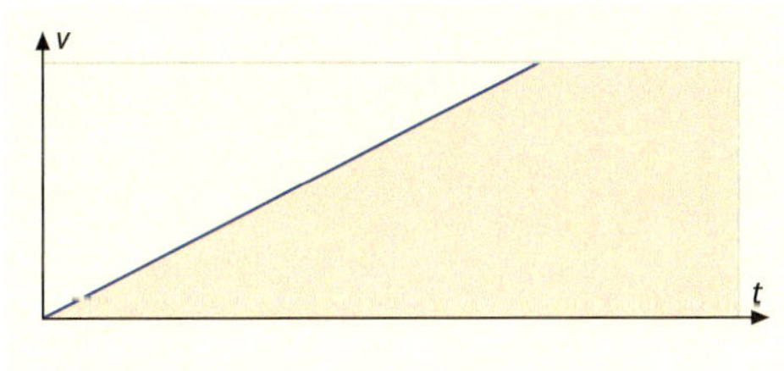

B3 *t-v*-Diagramm

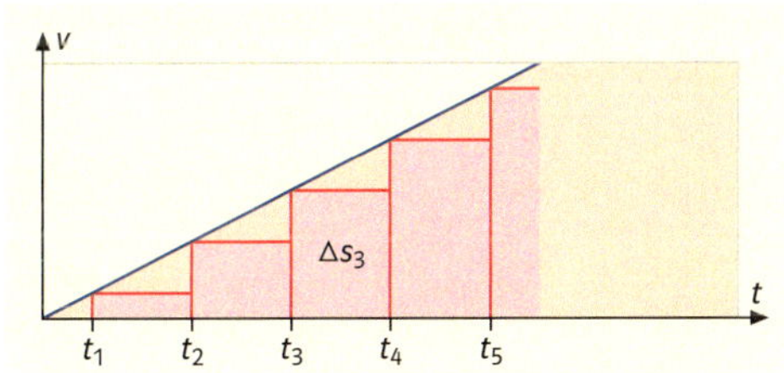

B4

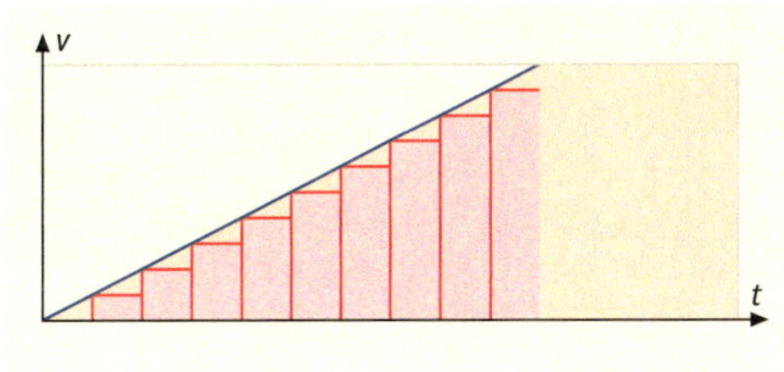

B5

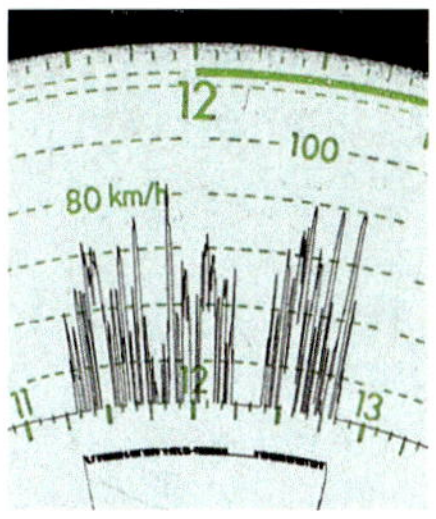

B6 Analoger Fahrtenschreiber: Die Fläche unter der Kurve entspricht der zurückgelegten Strecke.

Dies kann man auf alle krummlinigen Graphen in Schaubildern verallgemeinern:

● **Die Fläche unter einem krummlinigen Graphen kann physikalisch interpretiert werden.**

Anwendung „Dämpfung" Spannt man eine Feder und zeichnet die benötigte Kraft über der Dehnungsstrecke auf, so ergibt sich das Diagramm (→**B1**):

Erinnert man sich an die „Goldene Regel der Mechanik", dann weiß man, dass die Energie gleich dem Produkt aus Kraft und Weglänge ist, also im Schaubild der Fläche unter der Kurve entspricht. Spannen wir die Feder, d.h. bewegen wir uns im Schaubild nach rechts, dann übertragen wir Energie auf die Feder. Wird die Feder entspannt, d.h. bewegen wir uns im Schaubild nach links, dann gibt die Feder die gespeicherte Energie zurück.

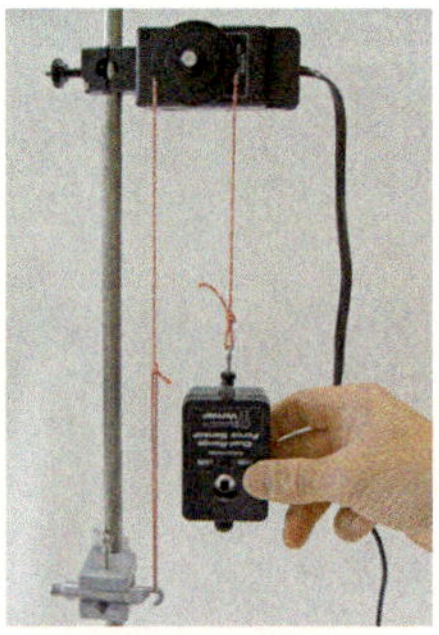

B2 Messwerterfassung eines Dehnungsstrecke-Kraft-Diagramms

Wir nehmen statt der Feder ein normales Gummi und wiederholen den Versuch. Die Messwerte nehmen wir mit einem Messwerterfassungssystem auf (→**B2, B3**). Hierzu verwenden wir einen Drehwinkelmesser für die Weglänge und einen Kraftmesser für die zur Dehnung gehörige Kraft. Spannt man das Gummi, so bewegt man sich „entlang der blauen Kurve", der hierzu benötigten Energie entspricht die blaue Fläche. Entspannt sich das Gummi, so geschieht dies „entlang der grünen Kurve", der frei werdenden Energie entspricht die grüne Fläche.

Nun ist jedoch die blaue Fläche größer als die grüne Fläche, d.h., bei einem Spannen-Entspannen-Vorgang wird Energie entwertet und zwar entsprechend der eingeschlossenen gelben Fläche. Diese kann man als den Grad der Dämpfung bezeichnen. Je kleiner diese Fläche ist, desto weniger Energie geht bei einem Schwingvorgang verloren, was bei einer Feder recht gut realisiert ist. Je größer die Fläche ist, desto mehr Energie wird entwertet, es wird mehr gedämpft. Die Federgabel eines Mountainbikes sollte somit eine möglichst große „gelbe Fläche" haben.

Anwendung „Carnot-Prozess" Nach dem Gesetz von Boyle und Mariotte ist das Produkt aus Druck und Volumen konstant, es ist die im Gas gespeicherte Energie. Es ist $E = p \cdot V$. In Klasse 7/8 haben wir erfahren, dass man den Druck daher auch als Energiedichte $p = E/V$ interpretieren kann. Wird ein Gas komprimiert, wird das Volumen kleiner, der Druck steigt und man wendet Energie auf. Bei entsprechenden Randbedingungen entspricht die Kompression der blauen Linie (→**B4**), die benötigte Energie der blauen Fläche. Die Entspannung des Gases kann man so gestalten, dass man sich auf der grünen Linie bewegt, die grüne Fläche entspricht dann der frei werdende Energie. Da die grüne Fläche größer als die blaue ist, wird Energie frei bzw. nutzbar, dargestellt durch die gelbe Fläche. Diesen „Carnot'schen Kreisprozess" wendet man in Wärmekraftmaschinen wie z.B. dem Stirlingmotor (→**S.156**) an.

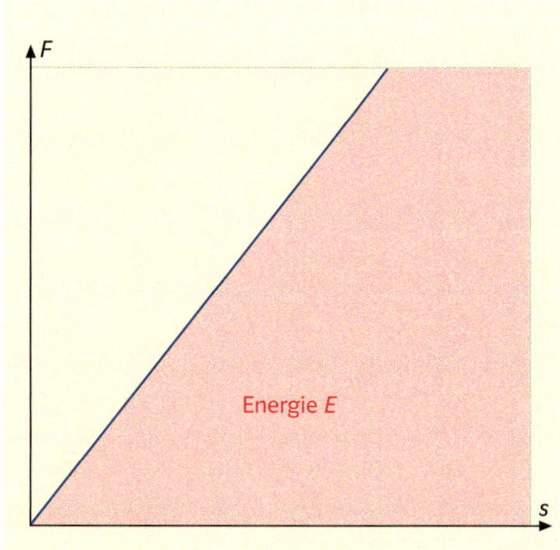

B1 Dehnungsstrecke-Kraft-Diagramm einer Feder

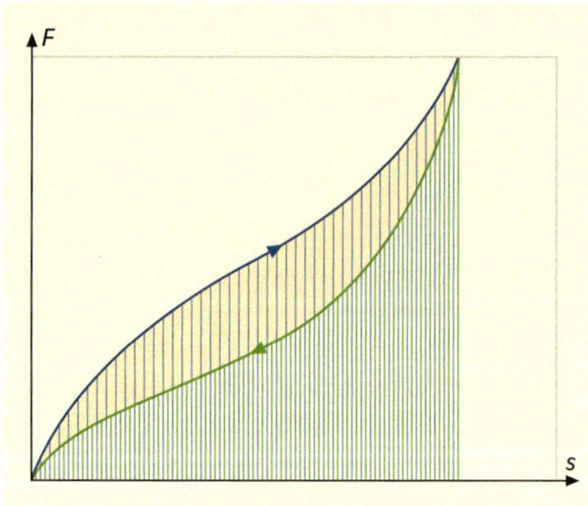

B3 Dehnung-Kraft-Diagramm eines Gummis

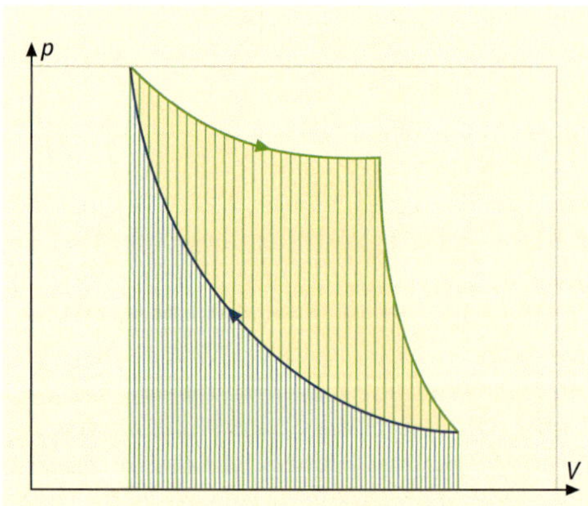

B4 p-V-Diagramm des Carnot'schen Kreisprozesses

Anwendung „Kraftstoß" Mit einer Kraftmessplatte kann man den Verlauf der Kraft bei einem Absprung messen. Was kann man hiermit für Aussagen treffen?

In **B1** wurde eine Person auf die Kraftmessplatte gestellt. Diese zeigt die Gewichtskraft der Person an. Vor dem Absprung führt man aus dem Stand nach unten eine Auftaktbewegung durch, um Schwung zu holen. Hierbei entlastet man die Platte und die gemessene (Stütz-) Kraft sinkt auf ein Minimum ab; man lässt sich (und damit seinen Körperschwerpunkt) „auf seine eigenen Füße fallen".

Bis man unten in der Hockstellung angekommen ist, spannt man die Muskeln, um den Fall abzubremsen, und übt somit eine zunehmende Kraft auf die Platte aus („Bremsstoß"). Die nach oben gerichtete Gegenkraft der Platte bremst auf dem Weg nach unten in die Hockstellung den Körper ab. Die bremsende Muskelkraft des Springers muss deshalb bereits größer sein als seine Gewichtskraft, die ihn in die Hocke fallen lässt. Damit ist in der tiefsten Lage des Körperschwerpunktes, also zu Beginn der eigentlichen Sprungbewegung in der Hocke, bereits eine positive Kraft, die sogenannte **Anfangskraft**, messbar.

Die folgende Streckbewegung der Beine erzeugt einen weiteren Anstieg der Kraft („Beschleunigungsstoß"). Man beschleunigt nach oben. Die Beschleunigung hält so lange an, wie die Kraft auf den Boden größer ist als die Gewichtskraft. Sinkt der Kraftverlauf wieder unter die Gewichtskraftlinie, so hat man die Maximalgeschwindigkeit erreicht, man wird wieder langsamer. Da man aber noch Kontakt zum Boden hat, wird man noch nicht durch die volle Gewichtskraft verzögert. Dies passiert erst, wenn man die Kraftplatte überhaupt nicht mehr berührt, der Kraftwert sinkt auf Null.

Aus **B2** kann man erkennen: Die Gewichtskraft der gesprungenen Person ist der Abstand des Absprungwertes zur Nulllinie, hier ca. 870 N, die Person hat somit etwa die Masse 870 N: (9,81 N/kg) = 89 kg. Der Springer hat sehr gut Schwung geholt, da die Entlastung bis fast zum Eigengewicht in den negativen Bereich ging. Beim Absprung hat der länger am Boden bleibende Fuß nochmals eine kleine „Zusatzkraftspitze" aufgebaut. An der Steilheit des Anstiegs erkennt man, dass die Person eine gute Schnellkraft hat, da hier eine große Kraftentwicklung innerhalb kürzester Zeit war.

Kann man die Sprunghöhe aus **B2** ermitteln? Die Impulsänderung ist das Produkt aus Kraft und Zeitspanne („Kraftstoß") und entspricht somit der Fläche unter der Kurve. Ebenso ist die Impulsänderung das Produkt aus Masse und Geschwindigkeitsänderung. Also ist $F \cdot \Delta t = m \cdot \Delta v$.

Den beschleunigenden Kraftstoß kann man aus dem Diagramm (abzüglich des Bremsstoßes) bestimmen, er war 226 Ns. Die Masse der Person beträgt 89 kg. Die Absprunggeschwindigkeit war im obigen Fall also $\Delta v = (F \cdot \Delta t)/m =$ 226 Ns/89 kg = 2,54 m/s.

Mit dieser Geschwindigkeit also „springt der Körperschwerpunkt ab". Es ist ein senkrechter Sprung und hier gelten die Gesetze der gleichmäßig beschleunigten Bewegung:

$$h = \tfrac{1}{2} \cdot g \cdot t^2 \quad \text{und} \quad v = g \cdot t.$$

Eliminiert man t und verknüpft die Gleichungen, so bekommt man $h = v^2/(2g)$. Bei **B2** wäre das ca. 0,33 m. Dies kann man überprüfen, indem man im Stehen an der Tafel die erreichbare Höhe mit Kreide markiert und am Scheitelpunkt des Sprungs nochmals (→**B3**).

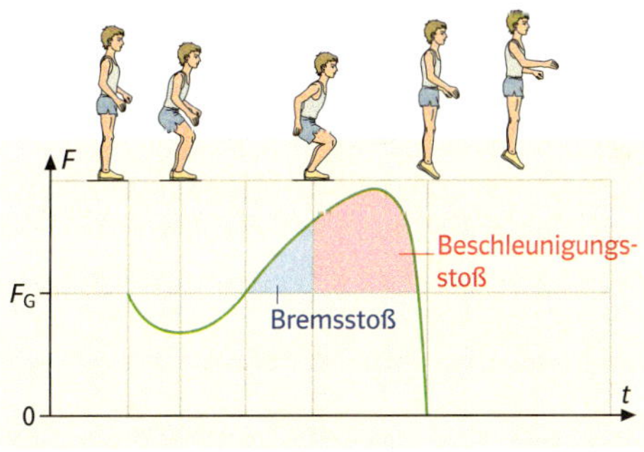

B1 Theoretischer Kraftverlauf beim Absprung

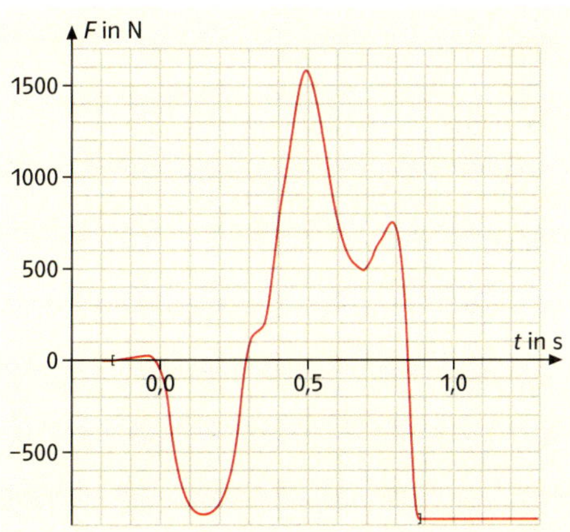

B2 Realer Kraftverlauf beim Absprung

B3 Messung mit Computer und Tafel

Fermi-Aufgaben – Wie viele Klavierstimmer gibt es in Chicago?

Enrico Fermi
(1901–1954)

Eine solche Frage soll der Physiker **Enrico Fermi** einmal seinen Studenten als Aufgabe gestellt haben. Auf diese Frage kann man natürlich keine exakte Antwort geben, jedoch kann man die Zahl relativ gut abschätzen, indem man einige Annahmen trifft. Wir wollen dies an einem einfacheren Beispiel veranschaulichen:

„Wie groß ist der Impuls eines fahrenden Autos?“ Ohne die genaue Angabe von Masse und Geschwindigkeit des Autos lässt sich der Impuls natürlich nicht genau berechnen, wir müssen also für Masse und Geschwindigkeit „typische“ Werte annehmen, die wir unserer Alltagserfahrung entnehmen.

Die Masse eines neueren Mittelklasse-Pkw liegt im Bereich zwischen 1200 kg und 1700 kg, für die Geschwindigkeit können wir Werte zwischen 50 km/h (ca. 14 m/s) und 100 km/h (ca. 28 m/s) annehmen. Damit lässt sich der Impuls nach unten und nach oben abschätzen:

$$p_{min} = m \cdot v = 1200\,\text{kg} \cdot 14\,\text{m/s} = 16\,800\,\text{kg} \cdot \text{m/s}.$$
$$p_{max} = m \cdot v = 1700\,\text{kg} \cdot 28\,\text{m/s} = 47\,600\,\text{kg} \cdot \text{m/s}.$$

Unsere beiden Ergebnisse unterschieden sich um den Faktor drei! Sind sie damit überhaupt zu etwas zu gebrauchen? Die Antwort ist ja – denn wir können davon ausgehen, dass der Impuls eines im Straßenverkehr fahrenden Autos je nach Masse und Geschwindigkeit zwischen 17 000 und 48 000 kg · m/s beträgt (und nicht etwa 50 kg · m/s oder 5 000 000 kg · m/s) und haben damit eine Vorstellung von der ungefähren Größenordnung, nämlich „wenige zehntausend“.

Wenn wir dies mit dem genauso abgeschätzten Impuls eines Radfahrers (300 bis 1000 kg · m/s) vergleichen, können wir so ein Szenario von den Verhältnissen bei einem Unfall zwischen Radfahrer und Pkw entwickeln.

Solche Fragestellungen, bei denen prinzipiell kein exaktes Ergebnis angegeben werden kann, man die ungefähre Lösung aber durch Annahmen abschätzen kann bzw. muss, werden als Fermi-Aufgaben oder Fermi-Probleme bezeichnet. Ziel dabei ist also im Wesentlichen, die Größenordnung bestimmter Größen zu erfassen.

B1 Empire-State-Building

Jede getroffene Annahme ist natürlich mit einer gewissen Unsicherheit oder einem Fehler behaftet. Sind jedoch viele Annahmen zu treffen, so ist es aber recht unwahrscheinlich, dass man sich bei jeder Annahme in die gleiche Richtung verschätzt. Nimmt man nämlich zufällig einen Wert zu klein, einen anderen zu groß an, so können sich die Fehler sogar wieder ausgleichen, so dass der letzendlich geschätzte Wert einem genau berechneten Ergebnis oft erstaunlich nahe kommt.

Wie geht man bei komplizierteren Fermi-Problemen vor?

- Das Gesamtproblem muss in kleinere, handhabbare Unterprobleme zerlegt werden.
- Für jede kleinere Unterrechnung sollte man die Größenordnung der Antwort kennen.
- Die Unterprobleme und anschließend das Gesamtproblem muss man auf Plausibilität der Ergebnisse prüfen.

Vorgehen am „Klavierstimmer-Beispiel“:
1. Wie viele Einwohner hat Chicago?
2. Wie viele Haushalte hat Chicago?
3. Wie viele Haushalte besitzen ein Klavier?
4. Wie oft wird ein Klavier gestimmt?
5. Wie lange dauert bzw. wie viel kostet das?
6. Wie viele Jahresarbeitsstunden bzw. welches Jahreseinkommen hat ein Klavierstimmer?
7. Auf wie viel Jahresarbeitsstunden kommt man in Chicago?
8. Wie viele Klavierstimmer können davon leben?

Man erkennt, dass Ungenauigkeiten stark davon abhängen, ob man in den Unterfragen keinerlei Vorkenntnisse über Größenordnungen hat (z. B. die Einwohnerzahl von Chicago oder den Aufwand, ein Klavier zu stimmen).

A1 Wie viele Menschen arbeiten im Empire-State-Building in New York (Höhe 443 m inkl. Antenne, → **B1**)?

A2 Wie viele Kieferorthopäden gibt es in Deutschland?

A3 Wie viel Mal kommt der Buchstabe „e“ in diesem Buch vor?

Anhang

Universelle physikalische Konstanten

Lichtgeschwindigkeit im Vakuum	$c_0 = 2{,}99792458 \cdot 10^8 \frac{\text{m}}{\text{s}}$
Gravitationskonstante	$\gamma = 6{,}67259 \cdot 10^{-11} \frac{\text{m}^3}{\text{kg} \cdot \text{s}^2}$
Elementarladung	$e = 1{,}60217733 \cdot 10^{-19}\,\text{C}$
elektrische Feldkonstante	$\varepsilon_0 = 8{,}854188 \cdot 10^{-12} \frac{\text{C}}{\text{V} \cdot \text{m}}$
magnetische Feldkonstante	$\mu_0 = 1{,}256637 \cdot 10^{-6} \frac{\text{V} \cdot \text{s}}{\text{A} \cdot \text{m}}$
Planck'sches Wirkungsquantum	$h = 6{,}6260755 \cdot 10^{-34}\,\text{Js}$ $h = 4{,}1356692 \cdot 10^{-15}\,\text{eVs}$
Avogadro'sche Konstante	$N_A = 6{,}0221367 \cdot 10^{23} \frac{1}{\text{mol}}$
Faraday'sche Konstante	$F = 9{,}6485309 \cdot 10^4 \frac{\text{C}}{\text{mol}}$
Stefan-Boltzmann'sche Konstante	$\sigma = 5{,}67051 \cdot 10^{-8} \frac{\text{W}}{\text{m}^2 \cdot \text{K}^4}$
Allgemeine Gaskonstante	$R = 8{,}314510 \frac{\text{J}}{\text{K} \cdot \text{mol}}$
Absoluter Nullpunkt (0 K)	$\vartheta = -273{,}15\,°\text{C}$
Molvolumen idealer Gase (bei 273,15 K, 1013,25 hPa)	$V_{m_0} = 22{,}4140 \frac{\text{dm}^3}{\text{mol}}$

Atomare Konstanten

	Zeichen	Ladung	Ruhemasse
Elektron	${}^{0}_{-1}\text{e}$	$-1{,}6022 \cdot 10^{-19}\,\text{C}$	$9{,}1093897 \cdot 10^{-31}\,\text{kg}$
Neutron	${}^{1}_{0}\text{n}$	0	$1{,}6749286 \cdot 10^{-27}\,\text{kg}$
Proton	${}^{1}_{1}\text{p}$	$+1{,}6022 \cdot 10^{-19}\,\text{C}$	$1{,}6726231 \cdot 10^{-27}\,\text{kg}$
Deuteron	${}^{2}_{1}\text{d}$	$+1{,}6022 \cdot 10^{-19}\,\text{C}$	$3{,}3444877 \cdot 10^{-27}\,\text{kg}$
a-Strahlung	${}^{4}_{2}\text{He}$	$+3{,}2044 \cdot 10^{-19}\,\text{C}$	$6{,}6446622 \cdot 10^{-27}\,\text{kg}$

Elektronvolt $1\,\text{eV} = 1{,}60217733 \cdot 10^{-19}\,\text{J}$
Atomare Masseneinheit $1\,\text{u} = 1/12\,\text{m}\,({}^{12}\text{C}) = 1{,}6605402 \cdot 10^{-27}\,\text{kg}$
Energie-Masse-Äquivalent $1\,\text{u} = 931{,}49433\,\text{MeV}/c^2$

Astronomische Konstanten

Sonne	Masse	$m_S = 1{,}989 \cdot 10^{30}\,\text{kg}$
	Radius	$r_S = 6{,}96 \cdot 10^8\,\text{m}$
Mond	Masse	$m_M = 7{,}349 \cdot 10^{22}\,\text{kg}$
	Radius	$r_M = 1{,}738 \cdot 10^6\,\text{m}$
	Abstand zur Erde (mittlerer)	$= 3{,}844 \cdot 10^8\,\text{m}$
	Umlaufzeit um Erde (synodisch[1])	1 Monat = 29,53051 d
Erde	Masse	$m_E = 5{,}974 \cdot 10^{24}\,\text{kg}$
	Radius	$r_E = 6{,}378 \cdot 10^6\,\text{m}$
	Abstand zur Sonne (mittlerer)	$1\,\text{AE} = 1{,}4959787 \cdot 10^{11}\,\text{m}$
	Umlaufzeit um Sonne (siderisch[2])	1 Jahr = 1 a = 365,2564 d
	Normfallbeschleunigung	$g_n = 9{,}80665\,\text{m/s}^2$
	Solarkonstante (über der Lufthülle)	$S = 1{,}368 \cdot 10^3\,\text{W/m}^2$

Astronomische Einheit
$1\,\text{AE} = 1{,}4959787 \cdot 10^{11}\,\text{m}$
Lichtjahr $1\,\text{LJ} = 63275\,\text{AE} \approx 9{,}46 \cdot 10^{15}\,\text{m}$
Parsec $1\,\text{parsec} = 3{,}26\,\text{LJ} \approx 3{,}09 \cdot 10^{16}\,\text{m}$

[1] synodisch: von Neumond zu Neumond
[2] siderisch: 360°-Umrundung der Sonne

Grundeinheiten

1 Meter (1 m) ist die Strecke, die Licht im Vakuum in 1/29972458 s durchläuft.

1 Kilogramm (1 kg) ist die Masse eines Prototyps (Urkilogramm) in Paris.

1 Sekunde (1 s) ist das 9192631770-fache der Dauer einer Periode der Strahlung, die das Caesiumisotop ${}^{133}_{55}\text{Cs}$ beim Wechsel zwischen zwei gewissen Energieniveaus aussendet.

1 Ampere (1 A) ist die Stromstärke, die zwischen zwei unendlich langen, parallelen Leitern im Abstand 1 m die Kraft von $2 \cdot 10^{-7}\,\text{N}$ hervorruft.

1 Kelvin (1 K) ist der 273,16te Teil der Temperatur des Tripelpunktes von Wasser (bei 0,01 °C und 6 hPa).

1 Mol (1 mol) ist die Stoffmenge, deren Teilchenzahl genauso groß ist, wie es Atome in 0,012 kg des Stoffes ${}^{12}_{6}\text{C}$ gibt.

Wichtige Größen und ihre Einheiten

Größe	Zeichen	Einheitenname	Zeichen	Festlegung	
Länge	s, l	Meter	1 m	Lichtgeschwindigkeit c_0 mal Zeit	
Fläche	A	Quadratmeter	$1\,m^2$	$1\,m^2 = 1\,m \cdot 1\,m$	
Volumen	V	Kubikmeter	$1\,m^3$	$1\,m^3 = 1\,m \cdot 1\,m \cdot 1\,m$	
Masse	m	Kilogramm	1 kg	Grundeinheit, festgelegt durch ein Normal	
Dichte	ϱ		$1\,kg/m^3$; $1\,g/cm^3$	Masse durch Volumen	
Stoffmenge	n	Mol	1 mol	Grundeinheit, festgelegt durch ein Normal	
Zeit	t	Sekunde	1 s	Grundeinheit, festgelegt durch ein Normal	
Geschwindigkeit	v		1 m/s; 1 km/h	Weglänge durch Zeitspanne	
Frequenz	f	Hertz	1 Hz	1 Hz = 1 1/s; Anzahl Perioden durch Sekunde	
Kraft	F	Newton	1 N	$1\,N = 1\,kg\,m/s^2$; Masse mal Beschleunigung	
Druck	p	Pascal	1 Pa	$1\,Pa = 1\,N/m^2$; Kraft/Fläche	
Arbeit	W	Joule, Wattsekunde	1 J, 1 Ws	Kraft mal Weg in Kraftrichtung	
Energie	E	Joule, Wattsekunde	1 J, 1 Ws	$1\,J = 1\,Ws = 1\,N \cdot 1\,m$	
Leistung	P	Watt	1 W	1 W = 1 J/s; Arbeit durch Zeit	
Temperatur	ϑ	Grad Celsius	1 °C	festgelegte Skala	Temperaturunterschied:
	T	Kelvin	1 K	festgelegte Skala	1 °C = 1 K
Ladung	Q	Coulomb	1 C	$1\,C = 1\,A \cdot 1\,s$; Stromstärke mal Zeit	
Stromstärke	I	Ampere	1 A	Grundeinheit, festgelegt durch ein Normal	
Spannung	U	Volt	1 V	1 V = 1 Ws/C; Arbeit durch Ladung	
Widerstand	R	Ohm	1 Ω	1 Ω = 1 V/A; Spannung durch Stromstärke	

Vorsilben für dezimale Vielfache und Teile von Einheiten

Vorsilbe	Exa (E)	Peta (P)	Tera (T)	Giga (G)	Mega (M)	Kilo (k)	Hekto (h)	Deka (da)
bedeutet	10^{18}	10^{15}	10^{12}	10^{9}	10^{6}	10^{3}	10^{2}	10^{1}
Vorsilbe	Dezi (d)	Zenti (c)	Milli (m)	Mikro (μ)	Nano (n)	Piko (p)	Femto (f)	Atto (a)
bedeutet	10^{-1}	10^{-2}	10^{-3}	10^{-6}	10^{-9}	10^{-12}	10^{-15}	10^{-18}

Spezielle Einheiten, ausländische Einheiten

1 geografische Meile	= 7420 m
1 Seemeile (sm)	= 1852 m
1 Knoten (kn) = 1 sm/h	= 0,5144 m/s
1 Faden	= 1,829 m
1 Registertonne	= $2{,}832\,m^3$
1 internat. Karat	= 0,2051 g
1 Feinunze (troy ounce)	= 31,1035 g
1 inch (in, Zoll)	= 2,54 cm
1 foot (ft) = 12 in	= 30,48 cm
1 yard (yd) = 3 ft	= 91,44 cm
1 mile = 1760 yd	= 1609 m
1 acre	= $4047\,m^2$

		englisch	amerik.
1 pint (liq. pt.)	=	0,5683 l	0,4732 l
1 quart = 2 pints	=	1,1365 l	0,9464 l
1 gallon = 4 quarts	=	4,5460 l	3,7854 l
1 petroleum barrel	=	159,11 l	158,99 l
1 °Fahrenheit (°F)	=	5/9 °C; (0 °C ≙ 32 °F)	
		x °C = (9/5 x + 32) °F	
1 ounce (oz)	=		28,35 g
1 pound (lb) = 16 oz	=		453,60 g
1 quarter (qu) = 28 lbs	=		12,70 kg
1 short ton = 2000 lbs	=		907,20 kg
1 long ton = 2240 lbs	=		1016,00 kg

Veraltete Einheiten

Druck	
1 at	= 98 066,5 Pa
1 atm	= 101 325 Pa
1 Torr	= 133 Pa

Energie	
1 kcal	= 4186,8 J
1 kpm	= 9,80665 J

Leistung	
1 PS	= 736 W
1 kcal/h	= 1,16 W
1 kpm/s	= 9,80665 W

Eigenschaften verschiedener Stoffe

ϱ = Dichte bei 20 °C, für Gase bei 0 °C und 1013 hPa;
γ = Volumenausdehnungszahl bei 20 °C;
c = spezifische Wärmekapazität, bei Gasen bei konstantem Druck;
s = spezifische Schmelzenergie;
α = Längenausdehnungszahl bei 18 °C;
v = Schallgeschwindigkeit in Gasen bei 0 °C;
ϑ_f = Schmelztemperatur;
ϑ_d = Siedetemperatur;
r = spezifische Verdampfungsenergie

Feste Stoffe	ϱ g/cm³	α 1/(10⁶ K)	c kJ/(kg · K)	ϑ_f °C	s kJ/kg	ϑ_d °C	r kJ/kg
Aluminium	2,70	23,8	0,896	660	404	2400	10539
Beton	2,2–2,5	11	0,879				
Blei	11,35	29,4	0,129	327	24,7	1750	871
Cobalt	8,8	12,6	0,419	1493	260	2880	4815
Eis (–4 °C)	0,92	37	2,09	0	334	100	2257
Eisen	7,86	11,59	0,452	1535	270	2800	6322
Glas	2,23	3,2	0,799	815			
Gold	19,3	14,2	0,129	1063	64,5	2660	1578
Graphit	2,25	19	0,711	3800		4400	
Iod	4,93	64,1	0,214	114	124	183	163
Kochsalz	2,16	48	0,854	808	519	1461	2789
Kupfer	8,93	16,8	0,385	1083	205	2582	4798
Messing (MS 7,2)	8,6	18,5	0,375	~320		1160	
Natrium	0,97	71	1,23	98	113	890	4600
Paraffin	0,8–0,9	150	2,51	50			
Platin	21,45	9,1	0,134	1769	111	4300	2470
Plexiglas	1,16	75	1,30	~110			
Porzellan	2,3	4	0,846	1670			
Quarzglas	2,20	5,6	0,712	1585			
Schwefel	2,06	56,5	0,720	113	50,2	445	293
Silber	10,5	19,3	0,237	961	105	2180	2361
Silicium	2,4	2,5	0,703	1423	166	2350	12561
Wolfram	19,27	4,5	0,142	3390	192	5500	4354
Zink	7,13	26,3	0,389	420	111	907	1754
Zinn	7,30	27	0,226	232	59,5	2680	2387
Flüssigkeiten	ϱ g/cm³	α 1/(10³ K)	c kJ/(kg · K)	ϑ_f °C	s kJ/kg	ϑ_d °C	r kJ/kg
Aceton	0,791	1,43	2,22	–95	82,1	56	519
Benzol	0,879	1,23	1,70	6	126	80	394
Ethanol	0,789	1,10	2,40	–114	105	78	854
Ether	0,714	1,62	2,26	–116		34,6	356
Glycerin	1,260	0,50	2,39	18	201	291	
Petroleum	0,847	0,96	2,14			150	
Quecksilber	13,546	0,181	0,138	–39	11,8	357	285
Schwefelsäure (rein)	1,834	0,22	1,42	10,4	109	338	
Wasser	0,998	0,21	4,19	0	334	100	2257
Gase	ϱ g/dm³	v m/s	c kJ/(kg · K)	ϑ_f °C	s kJ/kg	ϑ_d °C	r kJ/kg
Ammoniak	0,771	415	2,16	–77,7	332	–33,4	1374
Chlor	3,214	206	0,486	–101,5	90,4	–34,7	289
Helium	0,179	965	5,23	–273,2		–268,98	20,5
Kohlenstoffdioxid	1,977	266	0,837	–78,5	181	–57	574
Kohlenstoffmonooxid	1,25	337	1,05	–204	29,7	–191,5	216
Luft	1,293	332	1,005	–213		–193	
Propan	2,010	260	1,63	–187,7	80,0	–42,1	427
Sauerstoff	1,429	315	0,917	–219	13,8	–182,97	214
Stickstoff	1,251	334	1,04	–210,5	25,5	–195,8	201
Wasserstoff	0,0899	1286	14,32	–259,5	58,2	–252,8	448
Xenon	5,897	170	0,126	–111,8	17,6	–108,1	99,2

Bereich	Bezeichnung	Frequenz/Wellenlänge in Hz = 1/s	in m	Erzeugung (Herkunft)
Radiowellen		$3 \cdot 10^3$	10^5	
	Langwellen (LW)	$3 \cdot 10^4$	10^4	
		$3 \cdot 10^5$	10^3	**Synchrotron-Strahlung**
	Mittelwellen (MW)	$3 \cdot 10^6$	10^2	beschleunigte, geladene Teilchen in Feldern
	Kurzwellen (KW)	$3 \cdot 10^7$	10^1	
	Ultrakurzwellen (UKW)	$3 \cdot 10^8$	1	
Mikrowellen	Dezimeterwellen (Radar)	$3 \cdot 10^9$	10^{-1}	**Elektrischer Schwingkreis**
	Zentimeterwellen	$3 \cdot 10^{10}$	10^{-2}	
	Mikrowellen	$3 \cdot 10^{11}$	10^{-3}	Weltall ($T \approx 2{,}7$ K)
Lichtartige Strahlung	fernes Infrarot	$3 \cdot 10^{12}$	10^{-4}	
	nahes Infrarot	$3 \cdot 10^{13}$	10^{-5}	
		$3 \cdot 10^{14}$	10^{-6}	Sonne ($T \approx 6000$ K)
	sichtbares Licht			
	Ultraviolett	$3 \cdot 10^{15}$	10^{-7}	Weiße Zwerge ($T \approx 27000$ K)
		$3 \cdot 10^{16}$	10^{-8}	
Röntgenstrahlung	weiche Röntgenstrahlung	$3 \cdot 10^{17}$	10^{-9}	Röntgenröhren Bremsstrahlung
		$3 \cdot 10^{18}$	10^{-10}	
	harte Röntgenstrahlung	$3 \cdot 10^{19}$	10^{-11}	**Strahlung bei Kernreaktionen**
Kosmische Strahlung	γ-Strahlung	$3 \cdot 10^{20}$	10^{-12}	Erzeugung und Vernichtung von Elementarteilchen
		$3 \cdot 10^{21}$	10^{-13}	
	Höhenstrahlung	$3 \cdot 10^{22}$	10^{-14}	Zerstrahlung von Materie in Sternen
		$3 \cdot 10^{23}$	10^{-15}	

B1 Bereiche elektromagnetischer Wellen im Spektrum

Dichte von Gebrauchsstoffen

(bei 20 °C) in g/cm³

Benzin	0,7
Beton	2,2–2,5
Erdgas L	0,00083
Gummi	0,9–1,1
Heizöl EL	0,86
Holz	0,1–0,7
Glas	2,23
Keramik	2,0
Kerzenwachs	0,9
Kohle	0,9–1,4
Papier	0,8–1,1
Messing (MS 7,2)	8,6
Plexiglas	1,16
Polystyrol (Styropor)	0,03
Polyvinylchlorid (PVC)	1,3
Polyethylen (PE)	0,95
Porzellan	2,3
Sand (trocken)	1,6–1,8
Stahl	7,6–7,8

Dichte und Wärmeleitzahl von Baustoffen

Baustoff	Dichte	Wärmeleitzahl
Ziegel	1400 kg/m³	0,58 W/mK
Kalksandstein	1600 kg/m³	0,79 W/mK
Beton	2400 kg/m³	2,10 W/mK
Gasbeton	600 kg/m³	0,19 W/mK
Mineralfaser	110 kg/m³	0,041 W/mK
Hartschaum	30 kg/m³	0,041 W/mK
Kork	160 kg/m³	0,044 W/mK
Fichte	800 kg/m³	0,20 W/mK

Transurane (Beispiel mit einem Isotop; Z = Kernladungszahl, A = Atommassenzahl, $T_{1/2}$ = Halbwertszeit)

Name		Z	A	$T_{1/2}$
Neptunium	Np	93	237	$2{,}1 \cdot 10^6$ a
Plutonium	Pu	94	244	$8 \cdot 10^7$ a
Americium	Am	95	243	$7{,}4 \cdot 10^3$ a
Curium	Cm	96	247	$1{,}6 \cdot 10^7$ a
Berkelium	Bk	97	247	1400 a
Californium	Cf	98	251	≈ 800 a
Einsteinium	Es	99	254	276 d
Fermium	Fm	100	257	100 d
Mendelivium	Md	101	258	55 d
Nobelium	No	102	259	59 min
Lawrencium	Lr	103	260	3 min
Rutherfordium	Rf	104	261	65 s
Dubnium	Db	105	262	40 s
Seaborgium	Sg	106	263	0,9 s
Bohrium	Bh	107	262	102 ms
Hassium	Hs	108	269	1,8 ms
Meitnerium	Mt	109	268	3,4 ms

Nuklide mit $Z = 110$ bis $Z = 118$ bereits entdeckt

Radioaktive Zerfallsreihen

Thorium-Reihe

- $^{232}_{90}$Th 1,4 · 10[10] a —α→ $^{228}_{88}$Ra 6,7 a —β→ $^{228}_{89}$Ac 6,2 h —β→ $^{228}_{90}$Th 1,9 a —α→ $^{224}_{88}$Ra 3,6 d —α→ $^{220}_{86}$Rn 55 s —α→ $^{216}_{84}$Po 0,15 s
- $^{216}_{84}$Po —β→ $^{216}_{85}$At $3 \cdot 10^{-4}$ s —α→ $^{212}_{83}$Bi
- $^{216}_{84}$Po —α→ $^{212}_{82}$Pb 10,5 h —β→ $^{212}_{83}$Bi 61 min
- $^{212}_{83}$Bi —β→ $^{212}_{84}$Po $3 \cdot 10^{-7}$ s —α→ $^{208}_{82}$Pb stabil
- $^{212}_{83}$Bi —α→ $^{208}_{81}$Tl 3,1 min —β→ $^{208}_{82}$Pb stabil

Uran-Radium-Reihe

- $^{238}_{92}$U $4{,}5 \cdot 10^{9}$ a —α→ $^{234}_{90}$Th 24,1 d —β→ $^{234}_{91}$Pa 1,18 min —β→ $^{234}_{92}$U $2{,}5 \cdot 10^{5}$ a —α→ $^{230}_{90}$Th $7{,}5 \cdot 10^{4}$ a —α→ $^{226}_{88}$Ra $1{,}6 \cdot 10^{3}$ a —α→ $^{222}_{86}$Rn 3,82 d —α→ $^{218}_{84}$Po 3,05 min
- $^{218}_{84}$Po —β→ $^{218}_{85}$At 2 s —α→ $^{214}_{83}$Bi
- $^{218}_{84}$Po —α→ $^{214}_{82}$Pb 26,8 min —β→ $^{214}_{83}$Bi 19,7 min
- $^{214}_{83}$Bi —β→ $^{214}_{84}$Po $1{,}6 \cdot 10^{-4}$ s —α→ $^{210}_{82}$Pb 22 a
- $^{214}_{83}$Bi —α→ $^{210}_{81}$Tl 1,3 min —β→ $^{210}_{82}$Pb 22 a
- $^{210}_{82}$Pb —β→ $^{210}_{83}$Bi 5 d
- $^{210}_{83}$Bi —β→ $^{210}_{84}$Po 138 d —α→ $^{206}_{82}$Pb stabil
- $^{210}_{83}$Bi —α→ $^{206}_{81}$Tl 4,2 min —β→ $^{206}_{82}$Pb stabil

Uran-Actinium-Reihe

- $^{235}_{92}$U $7{,}0 \cdot 10^{8}$ a —α→ $^{231}_{90}$Th 25,6 h —β→ $^{231}_{91}$Pa $3{,}4 \cdot 10^{4}$ a —α→ $^{227}_{89}$Ac 22 a
- $^{227}_{89}$Ac —β→ $^{227}_{90}$Th 18,2 d —α→ $^{223}_{88}$Ra 11,6 d
- $^{227}_{89}$Ac —α→ $^{223}_{87}$Fr 22 min
- $^{223}_{87}$Fr —β→ $^{223}_{88}$Ra 11,6 d —α→ $^{219}_{86}$Rn 3,96 s
- $^{223}_{87}$Fr —α→ $^{219}_{85}$At 0,9 min
- $^{219}_{85}$At —β→ $^{219}_{86}$Rn 3,96 s
- $^{219}_{85}$At —α→ $^{215}_{83}$Bi 8 min —β→ $^{215}_{84}$Po
- $^{219}_{86}$Rn —α→ $^{215}_{84}$Po $1{,}8 \cdot 10^{-3}$ s
- $^{215}_{84}$Po —β→ $^{215}_{85}$At 10^{-4} s —α→ $^{211}_{83}$Bi
- $^{215}_{84}$Po —α→ $^{211}_{82}$Pb 36,1 min —β→ $^{211}_{83}$Bi 2,15 min
- $^{211}_{83}$Bi —β→ $^{211}_{84}$Po 0,5 s —α→ $^{207}_{82}$Pb stabil
- $^{211}_{83}$Bi —α→ $^{207}_{81}$Tl 4,8 min —β→ $^{207}_{82}$Pb stabil

Plutonium-Neptunium-Reihe (künstlich)

- $^{241}_{94}$Pu 13,3 a —β→ $^{241}_{95}$Am 458 a —α→ $^{237}_{93}$Np $2{,}2 \cdot 10^{6}$ a —α→ $^{233}_{91}$Pa 27 d —β→ $^{233}_{92}$U $1{,}6 \cdot 10^{5}$ a —α→ $^{229}_{90}$Th $7{,}3 \cdot 10^{3}$ a —α→ $^{225}_{88}$Ra 14,8 d —β→ $^{225}_{89}$Ac 10,0 d —α→ $^{221}_{87}$Fr 4,8 min —α→ $^{217}_{85}$At $3 \cdot 10^{-2}$ s —α→ $^{213}_{83}$Bi 46 min
- $^{213}_{83}$Bi —β→ $^{213}_{84}$Po $4{,}3 \cdot 10^{-6}$ s —α→ $^{209}_{82}$Pb 3,3 h
- $^{213}_{83}$Bi —α→ $^{209}_{81}$Tl 2,2 min —β→ $^{209}_{82}$Pb 3,3 h
- $^{209}_{82}$Pb —β→ $^{209}_{83}$Bi stabil

Ausgewählte Isotope

Angegeben sind in Spalte **1** = Element, **2** = Kernladung, **3** = Massenzahl, **4** = Kernmasse in u, **5** = Halbwertszeit bzw. Häufigkeit im natürlichen Isotopengemisch ($1\,u = 1{,}66053837 \cdot 10^{-27}$ kg)

1	2	3	4	5
H	1	1	1,0072765	stabil, 99,985 %
	1	2	2,0135534	stabil, 0,015 %
	1	3	3,0155004	β^-/12,346 a
He	2	3	3,014932	stabil, 0,00013 %
	2	4	4,001506	stabil, 99,99987 %
	2	6	6,017793	β^-/0,802 s
Li	3	6	6,013479	stabil, 7,4 %
	3	7	7,014358	stabil, 92,6 %
Be	4	9	9,009992	stabil, 100 %
B	5	10	10,010196	stabil, 20 %
	5	11	11,006562	stabil, 80 %
C	6	12	11,996708	stabil, 98,89 %
	6	13	13,000044	stabil, 1,11 %
	6	14	13,999948	β^-/5730 a
O	8	16	15,990526	stabil, 99,756 %
	8	17	16,994741	stabil, 0,039 %
	8	18	17,994771	stabil, 0,205 %
K	19	39	38,953287	stabil, 93,2 %
	19	40	39,953577	$\beta^-/1{,}2 \cdot 10^{9}$ a
	19	41	40,951407	stabil, 6,7 %
Fe	26	56	55,920676	stabil, 91,8 %
Kr	36	82	81,893731	stabil, 11,6 %
	36	83	82,891754	stabil, 11,5 %
	36	84	83,891754	stabil, 57,0 %
	36	85	84,910890	β^-/10,78 a
	36	86	85,890867	stabil, 17,3 %

1	2	3	4	5
I	53	123	122,877045	γ/13,3 h
	53	127	126,875396	stabil, 100 %
	53	131	130,877045	β^-/8,05 d
Ba	56	137	136,874780	stabil, 11,2 % *)
	56	138	137,874290	stabil, 71,9 %
	56	144	143,871420	β^-/11,9 s
Tl	81	206	205,932065	β^-/4,19 min
Pb	82	206	205,929471	stabil, 24,1 %
	82	207	206,930619	stabil, 22,1 %
	82	208	207,931516	stabil, 52,4 %
Po	84	210	209,936795	α/138,38 d
	84	218	217,962850	α/3,05 min
Rn	86	219	218,962302	α/3,96 s
	86	220	219,964222	α/55,4 s
	86	222	221,970352	α/3,824 d
Ra	88	224	223,971945	α/3,64 d
	88	226	225,977085	α/1620 a
	88	228	227,982865	β^-/5,75 a
U	92	233	232,989061	$\alpha/1{,}62 \cdot 10^{5}$ a
	92	234	233,990431	$\alpha/2{,}47 \cdot 10^{5}$ a
	92	235	234,99346	$\alpha/7{,}04 \cdot 10^{8}$ a
	92	236	235,995221	$\alpha/2{,}39 \cdot 10^{7}$ a
	92	237	236,998211	β^-/6,75 d
	92	238	238,000301	$\alpha/4{,}47 \cdot 10^{9}$ a
	92	239	239,003821	β^-/23,5 min
Pu	94	239	239,000534	$\alpha/2{,}439 \cdot 10^{4}$ a

*) angeregter Zustand $T_{1/2} = 2{,}55$ min

Stichwort- und Personenverzeichnis

Bildquellenverzeichnis

Einband U1 Yves Sucksdorff, Berlin; — U4.1 Motor-Presse International, Stuttgart; — U4.2 Getty Images (First Light / Robert Postma), München

11.1 Okapia (Ulla Spiegel), Frankfurt; — 11.3 Mauritius, Mittenwald; — 11.4 Braun GmbH (Peter P. Volkmer), Kronberg; — 16.2 Deutsches Museum München; — 19.1 Harald Lange Naturbild, Bad Lausick; — 20 Getty Images RF (Photodisc), München; — 22.2 Vodafone D2 GmbH, Düsseldorf; — 22.4 Varta AG, Hannover; — 23.1 Getty Images (PhotoDisc), München; — 26.3 Wikipedia / Philipp Neuhaus; — 28.1 Universitätsbibliothek Leipzig, Leipzig; — 28.2 Universitätsbibliothek Leipzig, Leipzig; — 28.a AKG, Berlin; — 28.b AKG, Berlin; — 30.4 Varta AG, Hannover; — 31.1 Harald Lange Naturbild, Bad Lausick; — 33.1 Superbild, Taufkirchen/München; — 35.1 LD Didactic GmbH, Hürth; — 39.1 Deutsches Museum, München; — 41.1 Martin Volkmer, Hamburg; — 46.4 RWE Net AG, Dortmund; — 46.1 Conrad Electronic GmbH, Hirschau; — 48.2 Dieter Gebhardt, Asperg; — 51.1 Müller, Matthias, Böbingen an der Rems; — 51.3 Braun GmbH (Peter P. Volkmer), Kronberg; — 51.4 Müller, Matthias, Böbingen an der Rems; — 56.6 Photo Affairs, Deisslingen; — 57.1 Corbis (NASA), Düsseldorf; — 57.2 Corbis (NASA), Düsseldorf; — 57.3 Corbis (NASA), Düsseldorf; — 57.5 Mauritius (E. Herfert), Mittenwald; — 59.1 Mauritius (Herfert), Mittenwald; — 59.2 Grote, Manfred, Lüchow; — 59.6 STUDIO X (Thorsten Laursen), Limours; — 60.1 MEV (Christina Sieber), Augsburg; — 62 iStockphoto (Eric Bechtold), Calgary, Alberta; 65.1 Pressefoto GES, Karlsruhe; — 68.3 Picture-Alliance (dpa / Camera Press), Frankfurt; — 70.1 MEV (Cornelius Scheidter), Augsburg; — 70.6 Avenue Images GmbH (IndexStock), Hamburg; — 71.2 Helga Lade (David Hornback), Frankfurt; — 72 Grote, Manfred, Lüchow; — 72 Grote, Manfred, Lüchow; — 72.1 MAGO (Kosecki), Berlin; — 74.1 Helga Lade (Lothar Reupert), Frankfurt; —74.5 Astrofoto, Sörth; — 75 Picture-Alliance (ZB), Frankfurt; — 75.1 Rist, Uwe, Dortmund; — 77 Avenue Images GmbH (Getty Images / Digital Vision), Hamburg; — 77.2 iStockphoto, Calgary, Alberta; — 77.3 Galen Rowell / Mountain Light, Bishop, California 93514; — 79.2 Sven Simon Fotoagentur, Mülheim an der Ruhr; — 80.1 Daimler AG, Stuttgart; — 82.2 Grote, Manfred, Lüchow; — 83.2 Picture-Alliance (dpa/epa anp Robert Vos), Frankfurt; — 84 Bulls Press (Joscha Sauer), Frankfurt; — 85.4 Getty Images (AFP / JOHANNES EISEL), München; — 90.1 Spear u Jackson GmbH Wuppertal; — 91.1 Mauritius (Nakamura), Mittenwald; — 93 Deutsches Museum, München; — 95.1 Reuters (Pascal Rossignol), Berlin; — 95.3 Picture-Alliance (ZB/Matthias Hiekel), Frankfurt; — 95.4 MEV, Augsburg; — 95.5 Astrofoto, Sörth; — 95.2a Picture-Alliance (ZB/Hubert Link), Frankfurt; — 95.2b Getty Images (AFP / JAVIER SORIANO), München; — 97.1 Angermayer (Hans Pfletschinger), Holzkirchen; — 97.3 unbekannter Lieferant, Stuttgart; — 100.5 Corel Corporation, Unterschleissheim; — 100.6 Fotosearch RF (Digital Vision), Waukesha, WI; — 100.7 Corel Corporation, Unterschleissheim; — 101 Motor-Presse International, Stuttgart; — 102.1 Getty Images (Taxi /Melissa McManus), München; — 105.3 Leupold, Johann, Wendisch-Evern; — 105.4 Leupold, Johann, Wendisch-Evern; — 108.2 Conrad Electronic GmbH (Artikelnr. 823162-62), Hirschau; — 110.1 Deutscher Wetterdienst, Offenbach; — 111.1 Corbis (zefa/ Pieter Magielsen, Nederland), Düsseldorf; — 112.1 Dummy Cumulus (David Fierstein, San), Stuttgart; — 114.5 Hansa Luftbild, Münster; — 115.1 Helga Lade (Photri), Frankfurt; — 115.3 Mauritius (Potorski), Mittenwald; — 116.1 FOCUS (T. Deketelaere, A. V), Hamburg; — 116.3 Okapia (Daniel J. Cox), Frankfurt; — 116.4 Greiner&Meyer, Braunschweig; — 116.5 Okapia (Nils Reinhard), Frankfurt; — 117.1a Flir AG Infrarottechnik, Kriens; — 117.1b Flir AG Infrarottechnik, Kriens; — 118.2 Grünzweig & Hartmann AG, Ludwigshafen; — 119.1 D. Halder, Stuttgart; — 121.1 Deutscher Aeroclub, Calw; — 122.4 Mauritius (Troisfontaines), Mittenwald; — 122.5 Deutsches Rotes Kreuz Landesverband, Stuttgart; — 123.1 Getty Images (Glen Allison), München; — 123.2 Helga Lade, Frankfurt; — 123.3 Picture-Alliance (dpa/Gero Breloer), Frankfurt; — 123.5 Picture-Alliance (dpa/Berg), Frankfurt; — 123.6 EnBW Energie Baden-Württemberg AG (TWS), Karlsruhe; — 124.1 Argus (Peter Frischmuth), Hamburg; — 124.3 Getty Images (Taxi / Ken Reid), München; — 126.1 Picture-Alliance (AFP / Rolf Haid), Frankfurt; — 126.2 Getty Images (Bongarts/Peter Schatz), München; — 128.1 Hochschule für Technik und Architektur, Biel; — 128.2 Motor-Presse International, Stuttgart; — 128.4 Picture-Alliance (dpa / Wolfgang Weihs), Frankfurt; — 128.5 Picture-Alliance (European Press), Frankfurt; — 128.7 Picture-Alliance, Frankfurt; — 129.3 Visum (Sven Picker), Hamburg; — 131.3 Avenue Images GmbH (Image Source), Hamburg; — 133.3 H. Geissler/U. Weng, F. H. Darmstadt; — 134.1 Argum (Thomas Einberger), München; — 134.2 Getty Images (Ian Walton), München; — 136.1 Das Fotoarchiv, Essen; — 137.1 Picture-Alliance (AFP / Rolf Haid), Frankfurt; — 139.1 Picture-Alliance (Haid), Frankfurt; — 139.3 Mauritius (West Studios), Mittenwald; — 139.4 Corbis (Randy Faris), Düsseldorf; — 139.5 Mauritius (Marzell), Mittenwald; — 139.7 Getty Images (stone/Dave Cannon), München; — 139.8 Picture-Alliance (AFP / Rolf Haid), Frankfurt; — 142.3 Corbis (RF), Düsseldorf; — 143.1 Mauritius (age fotostock), Mittenwald; — 144.5 Picture-Alliance (dpa / Wolfgang Weihs), Frankfurt; — 146.1 Picture-Alliance (dpa, epa afp Pascal), Frankfurt; — 146.2 Mauritius (age fotostock), Mittenwald; — 150.1 Ingram Publishing, Tattenhall Chester; — 150.2 H. Geissler/U. Weng, F. H. Darmstadt; — 151.2a Visum (Axel M. Mosler), Hamburg; — 151.2b Visum (Axel M. Mosler), Hamburg; — 151.2c Visum (Axel M. Mosler), Hamburg; — 153.1 MEV, Augsburg; — 153.2 Wikimedia Foundation Inc., St. Petersburg FL; — 153.3 Corbis (Sygma), Düsseldorf; — 155.1 Motor-Presse International, Stuttgart; — 155.3 Mauritius (Gilsdorf), Mittenwald; — 156.1 Phywe Systeme GmbH & Co. KG, Göttingen; — 157 Deutsches Museum, München; — 159.1 h-tec Wasserstoff-Energie-Syst. GmbH, Lübeck; — 159.2 Daimler AG, Stuttgart; — 161.2 Alpha Innotec, Kasendorf; — 164.2 AKG, Berlin; — 164.3 h-tec Wasserstoff-Energie-Syst. GmbH, Lübeck; — 164.4 Visum (Axel M. Mosler), Hamburg; — 164.5 Visum (Axel M. Mosler), Hamburg; — 164.6 Visum (Axel M. Mosler), Hamburg; — 164.7 Alpha Innotec, Kasendorf; — 167.1 Picture-Alliance (dpa), Frankfurt; — 167.2 Achim Zweygarth, Stuttgart; — 168.1 Achim Zweygarth, Stuttgart; — 168.2 Rainer Weisflog, Cottbus; — 168.3 FOCUS (JERRY MASON / SPL), Hamburg; — 169.1 Corbis (Cees Van Leeuwen), Düsseldorf; — 169.2 Bildagentur-online (TH-Foto), Burgkunstadt; — 169.3 K+S Kali GmbH, Kassel; — 169.4 Look at Sciences (CNRS), Pantin; — 170.1 Getty Images RF (PhotoDisc), München; — 171.2a Deutsches Museum, München; — 171.2b Deutsches Museum, München; — 173.1a Heinze, Bernhard, Stuttgart; — 173.1b Heinze, Bernhard, Stuttgart; — 173.1c Heinze, Bernhard, Stuttgart; — 173.1d Heinze, Bernhard, Stuttgart; — 173.1e Heinze, Bernhard, Stuttgart; — 173.1f Heinze, Bernhard, Stuttgart; — 173.1g Heinze, Bernhard, Stuttgart; — 173.1h Heinze, Bernhard, Stuttgart; — 174.1a Picture-Alliance, Frankfurt; — 174.1b AMS Radiokarbonlabor Erlangen (Thomas Uhl), Erlangen; — 175.4 Deutsches Museum, München; — 177.3 AKG, Berlin; — 179.4 Okapia (NAS/Will Deni McIntyre), Frankfurt; — 181.2 Arco Images GmbH (C. Huetter), Lünen; — 182.4 MEV (Marius König), Augsburg; — 183.1 Deutsches Museum, München; — 184.5 BPK, Berlin; — 185.1 Informationskreis Kernenergie (Rainer Kiedrowski), Bonn; — 185.3 Siemens AG Power Generation, Erlangen; — 188.3 Jürgens Photo, Berlin; — 188.4b Jünger Verlag, Offenbach; — 191.1 alimdi.net (Herbert Kehrer), Deisenhofen; — 191.2 Visum (Gustavo Alabiso), Hamburg; — 193.1 Gerster, Dr. Georg, Zumikon; — 193.3 Sammlung Gesellschaft für ökologische Forschung, München; — 193.4 Gesellschaft für ökologische Forschung, Sylvia Hamberger, München; — 196.2 Mauritius (Marzell), Mittenwald; — 199.1 RWE Net AG, Dortmund; — 199.2 RWE Net AG, Dortmund; — 199.3 RWE Net AG, Dortmund; — 200.1 Corbis / Schenectady Museum; Hall of Electrical History Foundation, — Düsseldorf; —200.2 ZDF (Engstfeld Film), Mainz; — 200.3 Hip/Scala, Florence; — 200.4 Corbis (Bettmann), Düsseldorf; — 200.5 Süddeutscher Verlag (Blanc Kunstverlag), München; — 200.6 Interfoto (Science Museum/SSPL), München; — 201.1 Gerster, Dr. Georg, Zumikon; — 202.1 Getty Images (Image Bank/Martin Ruegner), München; — 202.3 AP (Calpine), Frankfurt am Main; — 204.4 MEV (Thomas Kübler), Augsburg; — 206.1 unbekannter Lieferant, Stuttgart; — 206.2 unbekannter Lieferant, Stuttgart; — 206.3 FOCUS (ROSENFELD IMAGES LTD), Hamburg; — 207.4 Picture-Alliance (Consolidated N), Frankfurt; — 211.2 Visum (Steinmetz), Hamburg; — 211.5 Okapia (Johan de Meester), Frankfurt; — 212.1 NASA (NASA, courtesy Rick Kohrs/UW-SSEC), Washington, D.C.; — 213.1 RWE Essen /Jörg Fasholz; — 213.2 Okapia (Hans Reinhard), Frankfurt; — 213.3 Dt. Aerospace AG München; — 213.4 Mauritius (Marzell), Mittenwald; — 213.5 Picture-Alliance (Consolidated N), Frankfurt; — 213.7 EnBW Energie Baden-Württemberg AG (TWS), Karlsruhe; — 215.1 FOCUS (ANDREW SYRED/SPL), Hamburg; — 215.2 Dieter Busch, Bremen, — 215.3 BPK, Berlin; — 215.4 Getty Images RF (Eyewire), München; — 222.1 Wacker-Chemie, München; — 222.2h IBM Deutschland GmbH, Stuttgart; — 222.2i IBM Deutschland GmbH, Stuttgart; — 222.3a IBM Deutschland GmbH (IBM Deutschland GmbH), Stuttgart; — 229.1 Siemens AG, München; — 231.1 Mauritius (Hackenberg), Mittenwald; — 232.2 Okapia, Frankfurt; — 233.1 FOCUS (SPL, Secchi-Lecaque; Roussel-Uclaf/CNRI), Hamburg; — 237.1a Süddeutscher Verlag (Scherl), München; — 237.1b AKG, Berlin; — 237.1c BPK, Berlin; — 237.3 Bildagentur Schapowalow (Sandner), Hamburg; — 237.6 IBM Deutschland GmbH, Stuttgart; — 239.2 Institut für theoretische Astrophysik, Universität Tübingen; Max-Planck-Institut für biologische Kybernetik, Tübingen; — 239.3 AKG, Berlin; — 240.2 DESY, Hamburg; — 242.4 Deutsches Museum, München; — 245.1 FOCUS (SPL), Hamburg; — 245.5 Heinz-Otto Peitgen / Hartmut Jürgens / Dietmar Saupe „Bausteine der Ordnung", Klett Cotta / Springer, Farbtafel 4; — 246.1 Wessels, Peter, Bremen; — 247.1 Aurora Mühlen GmbH, Hamburg; — 248.3 Prof. Dr. C. Jönsson, Tübingen; — 249.1 Rist, Uwe, Dortmund; — 249.3 Feldmann, Prof. Dr. Jochen, München; — 249.4 MEV, Augsburg; — 250.1 Mauritius (Phipp), Mittenwald; — 251.1 Getty Images (Taxi/Steve Bloom), München; — 251.2 Picture-Alliance (UCSF/Mcdougall), Frankfurt; — 251.3 Image 100, Berlin; — 251.4 CONATEX-DIDACTIC Lehrmittel GmbH, Neunkirchen; — 253.1 Süddeutscher Verlag (Tappe H.), München; — 254.1 AKG, Berlin; — 255.2 Interfoto, München; — 255.4 Interfoto, München; — 257.2 Grote, Manfred, Lüchow; — 263.2 Daimler AG, Stuttgart; — 264.1 Picture-Alliance (dpa), Frankfurt; — 267.2 Mauritius (Superstock), Mittenwald; — 267.3 AEG, Nürnberg; — 268.4 CONATEX-DIDACTIC Lehrmittel GmbH, Neunkirchen; — 271 Picture-Alliance (akg), Frankfurt; — 271.1 Corbis (Arthus-Bertrand), Düsseldorf; 299: Getty Images (PhotoDisc), München;

Alle anderen Fotografien gehören dem Ernst Klett Verlag GmbH, Stuttgart:

Horst Welker 7.1; 8.2–8.7; 11.2; 11.5; 12.1; 17.1; 44.1; 44.2; 46.2; 49.3; 50.1; 52.3; 70.3; 74.3; 81.3; 96.1–2; 99.1; 100.1; 100.3; 119.5; 269.2; 270.1; — Peter Anselment 8.1, 52.2; 55.2; 55.3; 74.4; 124.4; 152.1; 152.2; Zuckerfabrik digital 9.6; 27.1; 30.2; 32.2; 34.1; 44.4a+b; 45.1; 45.2; 51.5; 78.1; 91.1b; 105.2a, b, c; 107.1; 107.2;119.4; 122.3; 133.2; 139.2; 147.4; 163; 163.1a; 163.2; 175.2, 3a, b; 176.3; 177.2; 188.1; 213.6; 218.3; 220.1; 225.5; 236.1; 246.2; 247.2; — Hartmut Kreienbrink 22.3; — Georg Trendel 30.1; 123.7; 155.2; — Jens Werlein 30.3a, b; — Rudolf Pfaff 42.1; — Gunter Klar 51.2; Hans-Jerg Dorn 51.6; 164.8; — Christian Wolf 55.1; 56.1–5; 63.1; 66.1–3; 67.4–14; — Michael Wagner — 57.4; 237.4; — Florian Karsten 69.1; 74.2; 143.2, 3; 154.1–3; 250.2; — Alexander Mittag 79.3a + b; — Harald Köhncke 104.1; — Toni Wiedemann 125.2–7; 129.2; 130.1; 130.3; 131.1; 132.4–7; 139.6; 142.1–2; — Erwin Spehr 146.4; 222.3b; — Matthias Müller 188.5; — Aribert Jung 211.4; — Jens Maier 252.1–2; — E. Claus 264.2;

Archiv EKV 22.1; 33.2; 69.2; 74.1; 105.5, 6, 123.4; 128.3; 146.5; 163.1b; 170.4, 176.1; 178.1; 188.2; 188.4a; 189.1; 190.1; 246.5a, b; 267.1; 268.6.

Nicht in allen Fällen war es uns möglich, den uns bekannten Rechteinhaber ausfindig zu machen. Berechtigte Ansprüche werden selbstverständlich im Rahmen der üblichen Vereinbarungen abgegolten.

Periodensystem der Elemente

(Hauptgruppen I–VIII/0) (Nebengruppen Ia–VIIIa)

* beim Elementsymbol: Alle Isotope dieses Elements sind radioaktiv.
Die Zahl oberhalb des Elementsymbols gibt die Atommasse in u an.
Die Zahl links unterhalb des Elementsymbols ist die Ordnungszahl.
Nach den Gesetzen der Quantenphysik können sich Elektronen im Atom nur aufhalten, wenn sie bestimmte Bedingungen erfüllen. Danach kann man sich vorstellen, dass sie in Schalen (von innen nach außen mit K, L, M, N, O, P bezeichnet) und Unterschalen (Zustände mit s, p, d, f bezeichnet) geordnet sind. Hier wird jeweils der Zustand mit der niedrigsten Gesamtenergie, der Grundzustand, wiedergegeben. Unterschalen, von denen aus Elektronen durch geringe Energiezufuhr den Grundzustand verlassen können, sind farbig hervorgehoben.

I	II	IIIa	IVa	Va	VIa	VIIa	VIIIa			Ia	IIa	III	IV	V	VI	VII	VIII/0	Perioden	
1,0794 $_{1}$H Wasserstoff																	4,0026 $_{2}$He Helium	1	
1																	2	K-Schale	n = 1
6,941 $_{3}$Li Lithium	9,01218 $_{4}$Be Beryllium											10,811 $_{5}$B Bor	12,0107 $_{6}$C Kohlenstoff	14,0067 $_{7}$N Stickstoff	15,999 $_{8}$O Sauerstoff	18,998 $_{9}$F Fluor	20,180 $_{10}$Ne Neon	2	
2	2											2	2	2	2	2	2	K-Schale	n = 1
1	2											2 1	2 2	2 3	2 4	2 5	2 6	L-Schale	n = 2
22,990 $_{11}$Na Natrium	24,305 $_{12}$Mg Magnesium											26,982 $_{13}$Al Aluminium	28,086 $_{14}$Si Silicium	30,974 $_{15}$P Phosphor	32,066 $_{16}$S Schwefel	35,453 $_{17}$Cl Chlor	39,948 $_{18}$Ar Argon	3	
2	2											2	2	2	2	2	2	K-Schale	n = 1
2 6	2 6											2 6	2 6	2 6	2 6	2 6	2 6	L-Schale	n = 2
1	2											2 1	2 2	2 3	2 4	2 5	2 6	M-Schale	n = 3
39,098 $_{19}$K Kalium	40,078 $_{20}$Ca Calcium	44,956 $_{21}$Sc Scandium	47,867 $_{22}$Ti Titan	50,942 $_{23}$V Vanadium	51,996 $_{24}$Cr Chrom	54,381 $_{25}$Mn Mangan	55,845 $_{26}$Fe Eisen	58,933 $_{27}$Co Cobalt	58,693 $_{28}$Ni Nickel	65,546 $_{29}$Cu Kupfer	65,39 $_{30}$Zn Zink	69,723 $_{31}$Ga Gallium	72,61 $_{32}$Ge Germanium	74,922 $_{33}$As Arsen	78,96 $_{34}$Se Selen	79,904 $_{35}$Br Brom	83,80 $_{36}$Kr Krypton	4	
2	2	2	2	2	2	2	2	2	2	2	2	2	2	2	2	2	2	K-Schale	n = 1
2 6	2 6	2 6	2 6	2 6	2 6	2 6	2 6	2 6	2 6	2 6	2 6	2 6	2 6	2 6	2 6	2 6	2 6	L-Schale	n = 2
2 6	2 6	2 6 1	2 6 2	2 6 3	2 6 5	2 6 5	2 6 6	2 6 7	2 6 8	2 6 10	2 6 10	2 6 10	2 6 10	2 6 10	2 6 10	2 6 10	2 6 10	M-Schale	n = 3
1	2	2	2	2	1	2	2	2	2	1	2	2 1	2 2	2 3	2 4	2 5	2 6	N-Schale	n = 4
85,468 $_{37}$Rb Rubidium	87,62 $_{38}$Sr Strontium	88,906 $_{39}$Y Yttrium	91,224 $_{40}$Zr Zirconium	92,906 $_{41}$Nb Niob	95,94 $_{42}$Mo Molybdän	98,906 $_{43}$Tc* Technetium	101,07 $_{44}$Ru Ruthenium	102,906 $_{45}$Rh Rhodium	106,42 $_{46}$Pd Palladium	107,868 $_{47}$Ag Silber	112,411 $_{48}$Cd Cadmium	114,818 $_{49}$In Indium	118,71 $_{50}$Sn Zinn	121,760 $_{51}$Sb Antimon	127,60 $_{52}$Te Tellur	126,904 $_{53}$I Iod	131,29 $_{54}$Xe Xenon	5	
2	2	2	2	2	2	2	2	2	2	2	2	2	2	2	2	2	2	K-Schale	n = 1
2 6	2 6	2 6	2 6	2 6	2 6	2 6	2 6	2 6	2 6	2 6	2 6	2 6	2 6	2 6	2 6	2 6	2 6	L-Schale	n = 2
2 6 10	2 6 10	2 6 10	2 6 10	2 6 10	2 6 10	2 6 10	2 6 10	2 6 10	2 6 10	2 6 10	2 6 10	2 6 10	2 6 10	2 6 10	2 6 10	2 6 10	2 6 10	M-Schale	n = 3
2 6	2 6	2 6 1	2 6 2	2 6 4	2 6 5	2 6 5	2 6 7	2 6 8	2 6 10	2 6 10	2 6 10	2 6 10	2 6 10	2 6 10	2 6 10	2 6 10	2 6 10	N-Schale	n = 4
1	2	2	2	1	1	2	1	1		1	2	2 1	2 2	2 3	2 4	2 5	2 6	O-Schale	n = 5
132,905 $_{55}$Cs Caesium	137,327 $_{56}$Ba Barium	138,906 ← $_{57}$La Lanthan	178,49 $_{72}$Hf Hafnium	180,948 $_{73}$Ta Tantal	183,84 $_{74}$W Wolfram	186,207 $_{75}$Re Rhenium	190,23 $_{76}$Os Osmium	192,217 $_{77}$Ir Iridium	195,078 $_{78}$Pt Platin	196,967 $_{79}$Au Gold	200,59 $_{80}$Hg Quecksilber	204,383 $_{81}$Tl Thallium	207,2 $_{82}$Pb Blei	208,980 $_{83}$Bi Bismut	209,0 $_{84}$Po* Polonium	210,0 $_{85}$At* Astat	222,0 $_{86}$Rn* Radon	6	
2	2	2	2	2	2	2	2	2	2	2	2	2	2	2	2	2	2	K-Schale	n = 1
2 6	2 6	2 6	2 6	2 6	2 6	2 6	2 6	2 6	2 6	2 6	2 6	2 6	2 6	2 6	2 6	2 6	2 6	L-Schale	n = 2
2 6 10	2 6 10	2 6 10	2 6 10	2 6 10	2 6 10	2 6 10	2 6 10	2 6 10	2 6 10	2 6 10	2 6 10	2 6 10	2 6 10	2 6 10	2 6 10	2 6 10	2 6 10	M-Schale	n = 3
2 6 10	2 6 10	2 6 10	2 6 10 14	2 6 10 14	2 6 10 14	2 6 10 14	2 6 10 14	2 6 10 14	2 6 10 14	2 6 10 14	2 6 10 14	2 6 10 14	2 6 10 14	2 6 10 14	2 6 10 14	2 6 10 14	2 6 10 14	N-Schale	n = 4
2 6	2 6	2 6 1	2 6 2	2 6 3	2 6 4	2 6 5	2 6 6	2 6 7	2 6 9	2 6 10	2 6 10	2 6 10	2 6 10	2 6 10	2 6 10	2 6 10	2 6 10	O-Schale	n = 5
1	2	2	2	2	2	2	2	2	1	1	2	2 1	2 2	2 3	2 4	2 5	2 6	P-Schale	n = 6
223,0 $_{87}$Fr* Francium	226,025 $_{88}$Ra* Radium	227,028 ← $_{89}$Ac* Actinium	261,109 $_{104}$Rf* Rutherfordium	262,114 $_{105}$Db* Dubnium	263,118 $_{106}$Sg* Seaborgium	262,123 $_{107}$Bh* Bohrium	269 $_{108}$Hs* Hassium	268 $_{109}$Mt* Meitnerium	273 $_{110}$Ds* Darmstadtium	272 $_{111}$Rg* Roentgenium	277 112 ••*	284 113 ••*	289 114 ••*	288 115 ••*	293 116 ••*		294 118 ••*	7	
2	2	2	2	2	2	2	2	2	2	2	2							K-Schale	n = 1
2 6	2 6	2 6	2 6	2 6	2 6	2 6	2 6	2 6	2 6	2 6	2 6							L-Schale	n = 2
2 6 10	2 6 10	2 6 10	2 6 10	2 6 10	2 6 10	2 6 10	2 6 10	2 6 10	2 6 10	2 6 10	2 6 10							M-Schale	n = 3
2 6 10 14	2 6 10 14	2 6 10 14	2 6 10 14	2 6 10 14	2 6 10 14	2 6 10 14	2 6 10 14	2 6 10 14	2 6 10 14	2 6 10 14	2 6 10 14							N-Schale	n = 4
2 6 10	2 6 10	2 6 10	2 6 10 14	2 6 10 14	2 6 10 14	2 6 10 14	2 6 10 14	2 6 10 14	2 6 10 14	2 6 10 14	2 6 10 14							O-Schale	n = 5
2 6	2 6	2 6 1	2 6 2	2 6 3	2 6 4	2 6 5	2 6 6	2 6 7	2 6 9	2 6 10	2 6 10							P-Schale	n = 6
1	2	2	2	2	2	2	2	2	1	1	2							Q-Schale	n = 7
s p d f	s p d f	s p d f	s p d f	s p d f	s p d f	s p d f	s p d f	s p d f	s p d f	s p d f	s p d f	s p d f	s p d f	s p d f	s p d f	s p d f	s p d f	Zustand	

→ Lanthanoide (57–71) füllen f-Zustand der N-Schale auf.
→ Actinoide* (89–103) füllen f-Zustand der O-Schale auf.